"十四五"职业教育国家规划教材

# 有机化学

第四版

刘军 王萍 张文雯 主编 高雅男 副主编

卢华 主审

·北京·

《有机化学》第四版是按照化学、化工、医药及相关专业有机化学教学的基本要求，在原第三版教材教学实践和广泛征集使用学校意见的基础上修订而成的。全书共有十七章，主要内容有脂烃、芳烃、立体异构、卤代烃、烃的含氧衍生物、烃的含氮衍生物、杂环化合物、糖、氨基酸、蛋白质、萜类和甾族化合物、有机化学实验基础知识、物理常数的测定、有机化合物的制备及分离纯化技术、有机化合物的分析方法等。

本书有机融入了党的二十大精神，集理论、实验、习题于一体，特色鲜明，可操作性强。每章开篇编写的学习目标包含“知识目标”和“能力目标”，表述定位准确，对教与学有较强的指导作用；每章设有“导学案例”，激发学习者的求知欲望和学习兴趣，也为课程思政教学提供了充实的素材；各章节中的“习题”，内容丰富，题型多样，有难有易，能满足不同层次学习者的需要；为拓宽学习者的视野，在大部分章节后安排了反映有机化学前沿领域的新知识、新技术和新进展的“知识拓展”材料，体现了科学性和先进性。

本次修订，书中还以二维码链接的形式，加入了微课、视频、动画等学习资源，学生扫码即可观看。

本书有配套的电子教案、微课、动画演示、录像视频等信息化资源及习题答案，可登陆 www. cipedu. com. cn 免费下载，非常方便教师的教学和学生的使用。

本书可作为高职高专院校制药、化工、分析检验等相关专业的教学用书，也可供相关专业的培训和从事制药、化工技术专业的工作人员参考。

**图书在版编目（CIP）数据**

有机化学/刘军，王萍，张文雯主编．—4 版．—北京：化学工业出版社，2020.7 （2024.9重印）
“十二五”职业教育国家规划教材
ISBN 978-7-122-37009-9

Ⅰ.①有… Ⅱ.①刘…②王…③张… Ⅲ.①有机化学-高等职业教育-教材 Ⅳ.①O62

中国版本图书馆 CIP 数据核字（2020）第 084163 号

责任编辑：蔡洪伟 陈有华
责任校对：宋 玮　　　　装帧设计：关 飞

出版发行：化学工业出版社（北京市东城区青年湖南街 13 号 邮政编码 100011）
印　　装：河北延风印务有限公司
787mm×1092mm 1/16 印张 21½ 字数 581 千字 2024 年 9 月北京第 4 版第 6 次印刷

购书咨询：010-64518888　　　　售后服务：010-64518899
网　　址：http://www. cip. com. cn
凡购买本书，如有缺损质量问题，本社销售中心负责调换。

**定　　价：48.00 元**

# 前言

《有机化学》教材自出版以来，得到高职高专院校广大师生的肯定与称誉。此次修订进一步贯彻《国家职业教育改革方案（2019年）》，落实立德树人的根本任务，深化职业教育“三教”改革，提升新时代职业教育现代化水平，充分发挥教材建设在提高人才培养质量中的基础性作用，增强本教材对高职高专教育的标准化与实用性。

本版教材在编排体系、教学内容上延续原教材的独特性、适应性、实用性、可读性、前瞻性、可操作性及习题集功能，以职业教育国家教学标准为基本遵循，以职业需求为导向，以实践能力培养为重点，将“互联网＋职业教育”教学思想及课程思政的理念渗透于教材中。修订内容突出以下两点：

（1）应用信息化技术，优化课堂教学　教材中以二维码的形式增加了微课、动画、视频等教学素材，既方便教师“教”，又方便学生“学”，运用现代信息技术改进教学方式方法，调动学生的学习积极性和主动性。

（2）有机融入党的二十大精神，使化学文化与课程思政相融合　教材中每章开篇的“导学案例”、结尾的“知识拓展”和穿插于章节中的“小资料”，有启迪思考、耐人寻味的科学家故事，有对接科技发展趋势和市场需求的新知识和新技术，有培养学生规范意识的安全知识，这些为课程思政教学提供了充实的素材。

刘军负责本次修订的组织工作，河北化工医药职业技术学院刘军、申玉双、王萍、高雅男、赵志才、伊赞荃、杨学林、袁金磊，常州工程职业技术学院张文雯，沧州职业技术学院王景慧，华北制药股份有限公司倍达分厂师书迪参加了教材的修订。具体分工如下：刘军修订第二、十四、十五、十六章及附录；王萍修订第八、九、十七章及全书的章后习题；师书迪、伊赞荃修订第四、五、十章；赵志才、杨学林修订第十二、十三章；赵志才、张文雯修订第一、三、六章；袁金磊、王景慧修订第七、十一章。书中所有微课、动画、视频由王萍、高雅男、申玉双负责制作和整理，全书由刘军统一修改定稿。

为了更好地反映职业岗位能力标准，对接企业用人需求，特聘请石药集团高级工程师（教授级）卢华担任本书的主审，全程指导修订工作，对书稿提出了极为宝贵的意见，同时也得到化学工业出版社相关专家的悉心指导，在此致以深切的谢意！本书编写时参考了大量的相关专著和文献资料，在此向编者一并表示衷心感谢。

限于编者的水平，书中定有疏漏和不足，恳请同行与读者批评指正。

编者

# 第一版前言

进入21世纪，有机化学发展已呈现出新的趋势。现代生命科学和生物技术的崛起给有机化学注入了新的活力，制药行业的迅猛发展，对有机化学课程提出了新的要求。因此编写一本既能反映有机化学在生命科学、生物、制药等领域的新成果和发展动态，又能体现高职教育特色和专业特点的有机化学教材成了当务之急。

本教材以教育部高等教育司审定下发的高职三年制制药技术类专业《有机化学》教学大纲为依据，以高等职业教育制药技术类专业对有机化学知识、能力和素质的要求为指导思想，按照官能团体系，将脂肪族化合物和芳香族化合物混合编写而成。本教材具有如下特点。

1.体系编排新颖，内容取材与专业息息相关。本教材将有机化学理论和实验两部分有机地融为一体，对脂肪烃类进行了优化组合，突出了开链烃和脂环烃的联系。内容的选择以基本知识和基本反应为主，突出结构与性质、性质与制备的关系，在保持学科系统性的基础上，注重专业特点。如对与后续课程联系不大的石油产品——烃类做了淡化处理，增加了萜类、甾族化合物、核酸、生物碱、磷脂等与医药相关的内容，在各章尽量选择与医药有关的重要化合物进行介绍。基本理论的选择立足于“必需、够用”，着重于理论知识的应用。如对立体化学最基本的知识，典型、成熟的有机反应机理予以一定的讨论，为后续课程奠定基础。

2.体现职业教育思想，突出实用性。本教材适当淡化或删减了理论性偏深或实用性不强的内容，降低了知识的难度和广度，注重理论与实践相结合，紧紧围绕制药行业的药物、医药中间体展开叙述和讨论。例如，强化了工业生产或实验室中广为应用的化学反应及反应产物，尤其对于与医药密切相关的化合物加重笔墨予以描述，但对制药专业实用意义不大的反应（如烷烃的裂化、裂解，不饱和烃的聚合反应等）予以回避，对复杂的反应机理进行简化处理，力求少而精。体现了高职教材“实用为主，够用为度，应用为本”的特色。

3.体现以学生为主体的教学思想，培养学生的学习能力。本教材的内容编排符合教学规律，做到由浅入深，层次分明。在每章的开篇编有“学习目标”，使学生有的放矢地进行学习；每章中间配有启迪思考、题型多样的“思考与练习”，帮助学生对知识的理解消化；每章的后面附有综合性“习题”，培养学生融会贯通、综合利用所学知识的能力。

4.采用国标，配有多媒体课件，体现教材的科学性和先进性。全书采用了现行国家标准规定的术语、符号和单位并配有多媒体课件。课件的实验和理论内容完全与本教材吻合。课件的具体编排是教材中每一章以及实验内容都独立作为一个文件，其中实验内容制作成仿真型，结构和立体化学内容制作成三维动画效果。充分体现了21世纪新教材的科学性和先进性。如您购书有一定量，可以免费索取电子课件，登陆 www.cipedu.com.cn 免费下载。

5.编写选学内容，增强可读性。教材大部分章节中编写了专业性强、有一定趣味性的选学内容（以*标记），如手性药物、卤代烃的生理活性、生物碱、核酸、生物酶及克隆技术等。使学生在掌握基本知识的同时进一步拓宽视野，激发学习兴趣。

参加本书编写工作的有河北化工医药职业技术学院刘军（第二、第十四、第十六章）、申玉双（第四、第五、第十章），常州工程职业技术学院张文雯（第一、第三、第六、第十五章），石家庄职业技术学院王丽君（第八、第九、第十三章），沧州职业技术学院王景慧

（第七、第十一、第十二章）。全书由刘军统稿。

河北化工医药职业技术学院程桂花书记自始至终关注、支持并指导本书的编写工作。常州工程职业技术学院的丁敬敏副教授担任本书的主审，对书稿提出了极为宝贵的意见。河北化工医药职业技术学院王萍老师参与了对本书的校核工作。在编写过程中也得到了化学工业出版社的大力支持和帮助，在此一并表示衷心感谢。

由于编者水平有限，编写时间仓促，书中不当之处恳请同行与读者批评指正。

编者

2005年2月

# 第二版前言

本书第一版作为教育部高职高专规划教材，2005 年出版至今已重印多次，受到广大使用者的喜爱和好评。随着高等职业教育的不断发展和课程改革进程的不断深入，对有机化学课程又提出了新的要求。因此，我们在本书第一版的基础上重新进行了修订。

本书按照全国高等职业教育制药技术教学指导委员会通过的专业培养计划和有机化学教学大纲修订而成，在保留了原教材的精华与特色的基础上，拓宽了教材的适用范围，可作为高职高专院校制药、化工、分析检验等专业的教学用书，也可供相关专业的培训人员和制药、化工技术专业的工作人员参考。

修订后的教材从教学实际出发，重新整合教学内容。为避免与后续课程在内容上不必要的重复，删去了氨基酸、蛋白质及糖类；增加了有机化合物的分析方法，以满足相关专业教学的要求；各章节增加了应用知识，更加突出教材的实用性；重新编写了章后习题，增加了填空和选择题型，章后习题覆盖了各章节重要的知识点，有难有易，能满足不同层次学生的需要；在每章开篇编排的“学习目标”包含了“知识目标”和“能力目标”，更有助于学生有的放矢地学习和教师有针对性地进行指导；在精心选择的实验项目中，安排了“信息收集”，以培养学生的自主学习能力，同时也方便教师组织教学，实施教学方法的改革。

本版教材在大部分章节后编写了“知识拓展”，介绍有机化学前沿领域的新知识、新技术和新进展等，以帮助学生了解本学科的前沿知识和信息，增加环保意识，同时使学生拓宽视野，激发学习兴趣。

本书由刘军、张文雯、申玉双主编，王萍副主编，各章的编写分工如下：河北化工医药职业技术学院刘军（第二、十二、十四章）、申玉双（第四、五、十章）、王萍（第十三章第二节、第十五章及全书的章后习题），常州工程职业技术学院张文雯（第一、三、六章及第十三章第一节），石家庄职业技术学院王丽君（第八、九章），沧州职业技术学院王景慧（第七、十一章）。全书由刘军统一修改定稿。

常州工程职业技术学院的丁敬敏教授担任本书的主审，对书稿提出了宝贵的意见，河北化工医药职业技术学院的高洪潮老师对有关章节的编写给予了精心指导，在此对他们致以深切的谢意！

本书在编写时参考了大量的相关专著和文献资料，在此向作者一并表示衷心感谢。

由于编者水平有限，书中难免有疏漏和不足，恳请同行与读者批评指正。

编者

2010 年 5 月

# 第三版前言

本书第二版是以全国高等职业教育制药技术教学指导委员会通过的专业培养计划和有机化学教学大纲为指导；以有机化学精品课建设为依托，融入编者在教学改革实践中的体会编写而成。为进一步锤炼与完善教材，使之更符合高职教育目前的改革与发展需求，更切合专业人才培养目标和人才培养素质的要求，更有利于制药、化工、分析检验等专业领域相关工作岗位职业能力的培养，我们在第二版的基础上重新修订此书。本版《有机化学》经全国职业教育教材审定委员会审定立项为“十二五”职业教育国家规划教材。

本版教材不仅保留了原教材的精华与特色，而且充分考虑了高职高专的教育特点，将“以服务为宗旨，以就业为导向，以能力为核心”的人才培养目标及“工学结合”的人才培养模式渗透于教材中。修订内容主要体现在以下几个方面：

1.体现教材的适应性。为满足更多使用者的需求及各学校的专业设置，重新将糖、氨基酸及蛋白质教学内容编入教材。

2.体现教材编排体系的独特性。本版教材仍将开链烃和脂环烃归属为脂烃，以突出二者性质上的相似性。将有机化学理论与实验相融合，精心编配习题，使教材集理论、实验、习题于一体。

3.体现教学内容的实用性。本版教材在知识点的选取上更符合高职教育要求和目前的生源情况，教学内容偏重应用，淡化理论，将难理解的反应机理、电子理论用“*”标出，列为选学内容。

4.体现教材的可读性。每章开篇增加“导学案例”，导学案例有启迪思考、耐人寻味的小故事；有与生产、生活密切相关的应用实例；还有趣味小试验等，能很好地激发学生的求知欲望和学习兴趣。

5.体现教材的前瞻性。教材中的“知识拓展”材料和穿插于文中的“小资料”反映了有机化学前沿领域的新知识、新技术和新进展，帮助学生了解本学科的前沿知识和信息，以拓宽学生视野；还编写了一定数量的选学内容与自学内容（用“*”标记），以满足学生的可持续发展。

6.体现教材的可操作性。为方便教师实施项目化教学，本版教材附有实践环节的教学设计，给课堂教学提供新颖独特的素材。为夯实学生的基础知识，教材还配有随堂教学电子课件以及所有习题并附参考答案的电子课件，学生可在微机上进行模拟练习。

7.体现教材的习题集功能。本版教材习题丰富，题型多样。其中填空题涵盖了各章的知识要点，通过填空形式，对章节知识归纳总结，起到了章节小结的作用。

刘军负责本次修订的组织工作，刘军、张文雯、申玉双任主编，王萍任副主编。本次修订工作的分工为：河北化工医药职业技术学院刘军修订第二、十四、十五、十六章及附录；申玉双修订第四、五、十章；王萍修订第八、九、十七章及全书的章后习题；赵志才和杨学林共同修订第十二、十三章；常州工程职业技术学院张文雯修订第一、三、六章；沧州职业技术学院王景慧修订第七、十一章。与教材配套的习题、课件由霍鹏（河北化工医药职业技术学院）制作，其他教学课件由申玉双负责，全书由刘军统一修改定稿。

常州工程职业技术学院的丁敬敏教授担任本书的主审，对书稿提出了宝贵的意见，在此致以深切的谢意！本书编写时参考了大量的相关专著和文献资料，在此向作者一并表示衷心感谢。

本书有配套的电子课件、习题及参考答案，可登录 www. cipedu. com. cn 免费下载。

限于编者的水平，书中定有错误和不足，恳请同行与读者批评指正。

编者

2014 年 11 月

# 目录

# 第一章　走进有机化学

## 学习目标

**知识目标**

▸ 掌握有机化合物的特性、结构特点、结构表示法及分类方法。

▸ 理解共价键的本质、基本属性和断裂方式；理解有机反应中的酸碱理论。

▸ 了解有机化合物、有机化学的含义及其与医药的关系；了解反应机理的描述方法。

**能力目标**

▸ 会正确表达有机化合物的构造式。

▸ 能根据分子间力和氢键的特点判断化合物的沸点和熔点的变化情况；根据相似相溶原理判断液体化合物的相溶性。

▸ 能区分不同类型的酸、碱，会运用酸碱平衡常数判断酸碱的强弱。

▸ 能认识官能团，并初步确定有机物的类型。

**导学案例**

柏齐利阿斯在1806年最早提出了“有机化学”的概念，它是著名的瑞典化学家，也是德国化学家韦勒的老师。他曾讲过这样一个故事：在北方极远的地方，居住着一位叫“钒”的女神。一天，来了一个人敲这位女神的门，女神因为身体太疲倦，懒得去开门，呆了一会儿，那个敲门人便转身回去了。女神想看看那个敲门人是谁，就到窗口一瞧，原来是韦勒。之后不久，又有一个人来敲门了，这个人很热心很激烈地敲了又敲，敲了又敲，女神只好把门打开了。这位后来的敲门人就是塞夫斯特瑞姆——他终于把“钒”发现了。柏齐利阿斯以科学史上化学元素“钒”的发现过程为依据，编出了一个优美而富有教育意义的科学神话。韦勒功亏一篑的教训给我们什么启示呢？韦勒虽然与“钒”失之交臂，但他却是在实验室由无机物制备出有机物——尿素的第一人，在化学方面做出了巨大贡献。让我们走进有机化学世界，探知有机化学的奥秘吧。

## 第一节　有机化合物和有机化学

### 一、有机化合物和有机化学的含义及发展概况

1.微课：有机化学第一课

有机化合物，简称“有机物”，最初是从有生机之物——动植物有机体中得到的物质，故命名为“有机物”。随着科学的发展，越来越多的由生物体中取得的有机物，可以用人工的方法来合成，而无需借助生命体，但“有机”这个名称

仍被保留了下来。由于有机化合物数目繁多，且在性质和结构上又有许多共同特点，使其逐渐发展成为一门独立的学科。

有机化合物在结构上的共同点是：它们都含有碳原子，因此有机化合物被定义为“碳化合物”，有机化学即是研究碳化合物的化学。但有机化合物中，除了碳，绝大多数还含有氢，且许多有机物分子中还常含有氧、氮、硫、卤素等其他元素，因此，确切地说，有机化合物是碳氢化合物及其衍生物，有机化学是研究碳氢化合物及其衍生物的化学。

随着社会的发展，有机化学的发展已呈现出新的趋势。建立在现代物理学和物理化学基础上的物理有机化学，可定量地研究有机化合物的结构、反应活性和反应机理，这不仅指导了有机合成化学，而且对生命科学的发展也有重大意义。有机合成化学在高选择性反应方面的研究，特别是不对称催化方法的发展，使得更多具有高生理活性、结构新颖分子的合成成为可能。金属有机化学和元素有机化学的丰富，为有机合成化学提供了高选择性的反应试剂和催化剂及各种特殊材料和加工方法。近年来，计算机技术的引入，使有机化学在结构测定、分子设计和合成设计上如虎添翼，发展更为迅速。另外，组合化学的发展不仅为有机化学提出了一个新的研究内容，也使高能量的自动化合成成为现实。

有机化学从它的诞生之日起就是为人类合成新物质服务的，如今由化学家们合成并设计的数百万种有机化合物，已渗透到了人类生活的各个领域。在对重要的天然产物和生命基础物质的研究中，有机化学取得了丰硕的成果。维生素、抗生素、甾体和萜类化合物、生物碱、糖类、肽、核苷等的发现、结构测定和合成，为医药卫生事业提供了有效的武器。高效低毒农药、动植物生长调节剂和昆虫信息物质的研究和开发，为农业的发展提供了重要的保证。自由基化学和金属有机化学的发展，促使了高分子材料特别是新的功能材料的出现。有机化学在蛋白质和核酸的组成与结构的研究、序列测定方法的建立、合成方法的创建等方面的成就为生物学的发展奠定了基础。

## 二、有机化合物的来源

有机化合物的天然来源有石油、天然气、煤和农副产品，其中最重要的是石油。

### 1. 石油

石油是从地底下开采出来的深褐色黏稠液体，也称原油。其主要成分是烃类，包括烷烃、环烷烃、芳烃等，此外还含有少量烃的氧、氮、硫等衍生物。原油的组成复杂，因产地不同或油层不同而有所差别。

石油是工业的血液，是现代工业文明的基础，是人类赖以生存与发展的重要能源之一。原油通常不能直接使用，经过常压或减压分馏，可以得到不同沸点范围的多种产品，由这些产品经进一步加工，可制备一系列重要的化工原料，以满足橡胶、塑料、纤维、染料、医药、农药等不同行业的需要。

我国石油分布广泛，不仅有陆地石油资源，也有海底石油资源，近几年的原油年产量均在1.9亿吨以上。但随着我国经济的高速增长，原油消耗逐年上升，目前已成为世界第二大原油消费国。因此，每年仍需从国外进口大量原油。

### 2. 天然气

天然气是蕴藏在地层内的可燃性气体，其主要成分是甲烷。根据甲烷含量的不同，可分为干气和湿气两类。干气甲烷的含量为86%～99%（体积分数）；湿气除含60%～70%（体积分数）的甲烷外，还含有乙烷、丙烷和丁烷等低级烷烃以及少量氮、氦、硫化氢、二氧化碳等杂质。

天然气是国内外很有发展前景的一种清洁能源，也是一种化工原料，可由此制取甲醛、甲醇、炭黑、氨、尿素等有机化工原料及产品。专家预计，天然气将超过石油成为世界上第一大能源。我国天然气地质资源量估计超过38万亿立方米，主要分布在中西部地区和近海地区。虽然储量不小，但需求更大，这使我国将正式成为天然气进口国。

3. 煤

煤是埋藏在地底下的可燃性固体。通过对煤的干馏，即将煤在隔绝空气的条件下加热到950～1050℃，就可得到焦炭、煤焦油和焦炉气。由煤焦油可以制得苯、二甲苯、联苯、酚类、萘、蒽等多种芳香族化合物及沥青。焦炉气的主要成分是甲烷、一氧化碳和氢气，还含有少量苯、甲苯和二甲苯。焦炭可用于钢铁冶炼和金属铸造及生产电石。

煤炭是我国的主要能源，被喻为“乌金”。我国煤炭资源比石油等其他资源相对更为丰富，但由于煤质、生态、环境等诸多因素的制约，煤炭资源的开发利用仍需不断优化。

4. 农副产品

许多农副产品是制备有机化合物的原料。如淀粉发酵可制乙醇；玉米芯、谷糠可制糠醛；从植物中可提取天然色素和香精；由天然植物经过加工可制得中成药；从动物内脏可提取激素；用动物的毛发可制取胱氨酸等。

从长远来看，农副产品是取之不尽的资源。我国农产品极其丰富，因地制宜综合利用农副产品，必将使天然有机化合物的提取大有可为。

## 三、有机化学与医药的关系

有机化学是医药的基础，它为制药专业的后续课程奠定理论基础。我国对药物的研究历史悠久，早在战国秦汉时期，就著有《神农本草经》，这是世界上最早的一部药书，其中的几百种药物大部分来源于植物和动物，其大多数的药用成分为有机化合物。目前国内外的各类药物，绝大多数是由有机化合物通过化学方法合成得到的，药物合成在很大程度上是一个有机合成过程。学习药物合成，不仅要了解药物的组成、结构、性质、配制和药效，还要开发和研制新药，为此都需要具备丰富的有机化学知识。

制药的目的是为了身体健康，组成人体的物质除水和一些无机盐以外，绝大部分也是有机物。例如构成人体组织的蛋白质，与体内代谢有密切关系的酶、激素和维生素，人体储藏的养分——糖原、脂肪等。这些有机化合物在体内进行着一系列复杂的变化（也包括化学变化），以维持体内新陈代谢作用的平衡。因此要了解药物对人体的药理作用，也必须要有有机化学知识。

# 第二节　有机化合物的特点

有机化学作为化学科学的一个分支，独立成一门学科，是由有机化合物的结构和性质特点决定的。

## 一、有机化合物在结构上的特点

2

2.微课：有机物表达方法

### 1. 碳原子是四价的

碳元素是形成有机化合物的主体元素，它位于元素周期表的第二周期第ⅣA族。碳原子的最外层有4个电子，可与其他原子形成4个化学键，所以说，碳原子是四价的。

### 2. 碳原子与其他原子以共价键结合

由于碳元素在周期表中的特殊位置，使它的原子既不容易得电子，也不容易失电子，即不易形成离子键。碳原子是以共用电子对的形式与其他原子形成分子的，形成的这种键称为共价键。碳原子可以与其他原子相结合，也可以自身相结合。碳原子间的连接方式可以是链状，也可以是环状。通过共用电子对形成共价键时，可以共用一对、两对或三对电子，分别称为单键、双键或三键结合。如：

```
 |  |  |          |  |  |                  |          \ /
—C—C—C—       —C═C—C—         —C≡C—C—            C
 |  |  |                |                  |        \ /  \ /
                                                      C——C
                                                     /    \
```

### 3. 分子中的原子按一定的次序和方式相连接

有机化合物分子中的原子是按一定的顺序和方式相连接的。分子中原子间的相互连接方式和排列顺序叫做分子的构造，表示分子构造的式子叫构造式。

### 4. 同分异构现象

在有机化合物中，同一分子式可以代表原子间几种不同的排列次序和连接方式的不同物质。如分子式 $C_2H_6O$ 可以代表以下两种化合物：

$CH_3CH_2—OH$　　　　$CH_3—O—CH_3$

乙醇　　　　二甲醚

这种分子式相同而构造式不同的化合物称为同分异构体，这种现象称为同分异构现象。

### 5. 有机化合物构造式的表示方法

有机化合物构造式的表示方法常用的有 3 种：价键式、缩简式、键线式。

价键式是用短线代表共价键，并完整地表示出价键上原子的连接情况。“—”、“═”、“≡”分别代表共价单键、双键和三键。有时，为了书写方便，在不引起理解错误的情况下，可省略一些代表单键的短线，并将同一碳原子上相同的原子合并，以阿拉伯数字表示相同原子的数目，这就是缩简式，或称构造简式。键线式是不写出碳原子和氢原子，仅用短线代表碳碳键，短线的连接点和端点代表碳原子。如丁烷有以下几种表示方法：

```
   H  H  H  H
   |  |  |  |
H—C—C—C—C—H          CH3CH2CH2CH3          /\/
   |  |  |  |
   H  H  H  H
```

价键式　　　　缩简式　　　　键线式

## 二、有机化合物在性质上的特点

### 1. 容易燃烧

大多数有机化合物都容易燃烧，燃烧时生成二氧化碳、水和分子中所含碳、氢元素以外的其他元素的氧化物。正是由于这一特点，在人类常用的燃料中，有很多含有有机化合物，如汽油、天然气、酒精、煤等。人们也常用引燃方法初步鉴别有机化合物和无机化合物。

### 2. 熔点、沸点较低

有机化合物的熔点一般在 400℃以下，沸点也较低，这是因为有机化合物分子是共价分子，分子间是以范德华力结合而成的，破坏这种晶体所需的能量较少。也正因为如此，许多有机化合物在常温下是气体、液体。而无机化合物通常是由离子键形成的离子晶体，破坏这种静电引力所需的能量较高，所以无机化合物的熔点、沸点一般也较高。例如，苯酚的熔点为 43℃，沸点为 182℃；氯化钠的熔点为 801℃，沸点为 1413℃。

### 3. 受热易分解

一般有机化合物的热稳定性差，许多有机化合物在 200～300℃时即逐渐分解，随着温度的升高甚至碳化而变黑。而多数无机物加热至几百度高温也无变化。

### 4. 难溶于水，易溶于有机溶剂

有机化合物大多为非极性或极性很弱的分子，根据相似相溶原理，有机化合物难溶于极性的水，而易溶于非极性的有机溶剂。如石蜡不溶于水，但可溶于汽油。

### 5. 反应速率慢

有机化合物的反应速率一般较慢，需要一定时间，有的可长达几十个小时才能完成。这是因为大多数有机物以分子状态存在，分子间发生化学反应，必须使分子中的某个键断裂才能进行。而无机物的反应一般为离子反应，反应速率较快。

在进行有机反应时，为了提高反应速率，常采用加热、加压、使用催化剂等方法。

### 6. 副反应多

有机物分子大多是由多个原子形成的复杂分子，当它与另一试剂反应时，分子中受试剂影响的部位较多，因此在主反应之外，还伴随着不同的副反应，使反应产物为混合物。有机化合物的这一特征给研究有机反应及制备纯的有机物带来很多麻烦。

## 三、有机化合物中的共价键

物质的性质取决于物质的结构，在有机化合物的结构中，普遍存在着共价键。

### 1. 共价键的本质

路易斯经典共价键理论认为：共价键是原子间通过共用电子对所形成的化学键，这一理论初步揭示了共价键的本质。1926 年以后，在量子力学基础上建立起来的现代价键理论，对共价键的木质有了更深入的理解。

现代价键理论认为：共价键是由成键的两个原子间自旋方向相反的未成对电子所处的原子轨道的重叠或电子云的交盖而形成的。即当两个含有自旋相反的未成对原子相互接近到一定距离时，不仅受自身原子核的吸引，同时也受另一原子核的吸引，使得相互配对的电子均可出现在两个原子轨道上，同时这两个原子轨道相互重叠，重叠的程度越大，核间排斥力越小，系统能量越低，形成的共价键越稳定。

一般来说，原子核外未成对的电子数就是该原子可能形成的共价键的数目。例如，氢原子外层只有 1 个未成对电子，所以它只能与另 1 个氢原子或其他一价的原子结合形成双原子分子，而不能再与第 2 个原子结合，这就是共价键的饱和性。

而共价键又是由参与成键原子的原子轨道的最大重叠而形成的，根据这一原理，共价键形成时将尽可能采取轨道最大重叠方向，这就是共价键的方向性。

共价键的饱和性和方向性决定了每一个有机分子都是由一定数目的某几种元素的原子按特定的方式结合而成的，这使得每个有机物分子都有特定的大小及立体形状。

### 2. 共价键的基本属性

共价键的属性可通过键长、键角、键能以及键的极性等物理量表示。

（1）键长　是指成键两原子的原子核间的距离。它除了与组成键的两个原子种类有关外，还与原子轨道的重叠程度有关，重叠程度越大，键长越短。键长越长，也越易受外界影响而发生极化，易发生化学反应。

应用电子衍射、光谱等近代物理方法，可测定键长。一些常见共价键的键长见表 1-1

**表 1-1　一些常见共价键的键长和键能**

| 共价键 | 键长/nm | 键能/(kJ/mol) | 共价键 | 键长/nm | 键能/(kJ/mol) |
|---|---|---|---|---|---|
| C—F | 0.142 | 485 | C═O | 0.122 | 736 |
| C—Cl | 0.177 | 339 | C≡N | 0.116 | 880 |

续表

| 共价键 | 键长/nm | 键能/(kJ/mol) | 共价键 | 键长/nm | 键能/(kJ/mol) |
|---|---|---|---|---|---|
| C—Br | 0.191 | 285 | C—H | 0.109 | 415 |
| C—I | 0.213 | 218 | C—N | 0.147 | 305 |
| C—C | 0.154 | 347 | C—O | 0.143 | 360 |
| C═C | 0.133 | 611 | N—H | 0.103 | 389 |
| C≡C | 0.120 | 837 | O—H | 0.097 | 464 |

(2) 键角　是指二价以上的原子与其他原子所形成的共价键之间的夹角。它是有机化合物分子空间结构和某些物理性质的重要因素。如甲烷分子中4个C—H键间的键角都是109.5°，所以甲烷分子是正四面体。

(3) 键能　共价键的形成或断裂都伴随着能量的变化。原子成键时需释放能量使体系的能量降低，断键时则必须从外界吸收能量。气态原子A和气态原子B结合成气态A—B分子所放出的能量，也就是A—B分子（气态）离解为A和B两个原子（气态）时所需吸收的能量，这个能量叫做键能。1个共价键离解所需的能量也叫离解能。但应注意，对多原子分子来说，即使是一个分子中同一类型的共价键，这些键的离解能也是不同的。

例如，将1mol甲烷分解成4个氢原子与1个碳原子，要打开4个C—H键，每打开1个C—H键所需的能量是不完全一样的。

$$CH_4 \longrightarrow \cdot CH_3 + H\cdot \qquad \text{键的离解能}=435kJ/mol$$

$$\cdot CH_3 \longrightarrow \cdot \dot{C}H_2 + H\cdot \qquad \text{键的离解能}=443kJ/mol$$

$$\cdot \dot{C}H_2 \longrightarrow \cdot \dot{\underset{\cdot}{C}}H + H\cdot \qquad \text{键的离解能}=443kJ/mol$$

$$\cdot \dot{\underset{\cdot}{C}}H \longrightarrow \cdot \dot{\underset{\cdot}{C}}\cdot + H\cdot \qquad \text{键的离解能}=339kJ/mol$$

因此，离解能指的是离解特定共价键的键能，而键能则泛指多原子分子中几个同类型键的离解能的平均值。例如，一般把C—H键的键能定为（435+443+443+339)/4=415.2（kJ/mol)。

键能是化学强度的主要标志之一，在一定程度上反映了键的稳定性，在相同类型的键中，键能越大，键越稳定。一些常见共价键的键能见表1-1。

(4) 键的极性　由于形成共价键原子的电负性差别，使共价键有极性和非极性之分。相同元素的原子间形成的共价键为非极性共价键；不同元素的原子间形成的共价键为极性共价键。共用电子对偏向于电负性较大的元素的原子，而使其显部分负电性，另一电负性较小的元素原子显部分正电性。

可以用$\delta^+$表示正电性，$\delta^-$表示负电性，用→表示其方向，箭头指向负电中心。例如：

$$\overset{\delta^+}{H} \rightarrow \overset{\delta^-}{Cl} \qquad H_3\overset{\delta^+}{C} \rightarrow \overset{\delta^-}{Cl}$$

### 3. 共价键的断裂方式和有机反应类型

有机反应总是伴随着旧键的断裂和新键的生成，按照共价键断裂的方式可将有机反应分为相应的类型。共价键的断裂主要有两种方式，下面以碳与另一非碳原子Z间共价键的断裂说明这一问题。

一种方式称为共价键的均裂，是成键的一对电子平均分给两个原子或基团。

$$C:Z \xrightarrow{\text{均裂}} C\cdot + Z\cdot$$

均裂生成的带单电子的原子或基团称为自由基或游离基，如$\cdot CH_3$叫甲基自由基。常用R·表示烷基自由基。

共价键经均裂而发生的反应叫自由基反应。这类反应一般在光和热的作用下进行。

另一种方式称为共价键的异裂，是共用的1对电子完全转移到其中的1个原子上。

$$C:Z \xrightarrow{异裂} \begin{cases} C^+ \ (碳正离子) + :Z^- \\ :C^- \ (碳负离子) + Z^+ \end{cases}$$

异裂生成了正离子或负离子，如 $CH_3^+$ 叫甲基碳正离子，$CH_3^-$ 叫甲基碳负离子。常用 $R^+$ 表示碳正离子，$R^-$ 表示碳负离子。

共价键经异裂而发生的反应叫离子型反应。这类反应一般在酸、碱或极性物质（包括极性溶剂）催化下进行。

## 四、有机反应中的酸碱理论

在无机反应中，采用阿仑尼乌斯酸碱理论，它能较好地适用于水溶液中。而在有机反应中，很多是非水溶液体系，广泛应用的则是布朗斯特酸碱理论和路易斯酸碱理论，简单介绍如下。

### 1. 布朗斯特酸碱概念和路易斯酸碱概念

布朗斯特酸碱理论认为：凡是能给出质子的叫做酸，凡是能接受质子的叫做碱。例如：

$$\underset{酸}{HCl} + \underset{碱}{H_2O} \rightleftharpoons \underset{酸}{H_3^+O} + \underset{碱}{Cl^-} \qquad \underset{酸}{H_2SO_4} + \underset{碱}{CH_3OH} \rightleftharpoons \underset{酸}{CH_3OH_2^+} + \underset{碱}{HSO_4^-}$$

从上两式可以看出，1 个酸给出质子后即变为碱，这个碱称为原来酸的共轭碱；反之，1 个碱与质子结合后即变为酸，这个酸称为原来碱的共轭酸。

路易斯酸碱理论认为：凡是能接受外来电子对的叫做酸，凡是能给予电子对的叫做碱。例如：

$$\underset{路易斯酸}{H^+} + \underset{路易斯碱}{:Cl^-} \longrightarrow HCl \qquad \underset{路易斯碱}{:Cl^-} + \underset{路易斯酸}{AlCl_3} \longrightarrow AlCl_4^-$$

路易斯酸能接受外来电子对，它们具有亲电性，常作为亲电试剂；路易斯碱能给出电子对，它们具有亲核性，常作为亲核试剂。

按以上两种酸碱概念，布朗斯特定义的碱也是路易斯定义的碱，布朗斯特酸和路易斯酸略有不同。例如质子 $H^+$，按布朗斯特定义它不是酸，按路易斯定义它因能接受外来电子对而是酸。又如 HCl、$H_2SO_4$ 等，按布朗斯特定义它们都是酸，按路易斯定义它们只有所给出的质子是酸，而本身不是酸。

### 2. 酸碱的强弱与酸碱反应

有机化学中所说的酸碱强弱，一般指布朗斯特酸所给出质子能力的强弱，其大小可在多种溶剂中测定，但最常用的是在水溶液中，通过酸碱反应的平衡常数来描述。

$$HA + H_2O \rightleftharpoons H_3^+O + A^-$$

$$K_a = \frac{c(H_3^+O)c(A^-)}{c(HA)}$$

$c(H_3^+O)$、$c(A^-)$、$c(HA)$ 分别为 $H_3^+O$、$A^-$、HA 平衡时浓度。

酸性强度常用 $pK_a$ 表示，$pK_a = -\lg K_a$。强酸具有较低的 $pK_a$，弱酸具有较高的 $pK_a$。同理，碱的反应可表示为：

$$B^- + H_2O \rightleftharpoons BH + OH^-$$

$$K_b = \frac{c(BH)c(OH^-)}{c(B^-)}$$

$c(BH)$、$c(OH^-)$、$c(B^-)$ 分别为 BH、$OH^-$、$B^-$ 平衡时浓度。

碱性强度常用 $pK_b$ 表示，$pK_b = -\lg K_b$。强碱具有较低的 $pK_b$，弱碱具有较高的

$pK_b$。但有机碱也常用它的共轭酸的 $pK_a$ 值来表示碱性的强弱，一种酸的酸性越强，其共轭碱的碱性越弱；反之，酸的酸性越弱，其共轭碱的碱性越强。

# 第三节　有机化合物的分类

数目庞大的有机化合物需要有一个合理的分类方法，才可便于研究。一般的分类方法有两种：按碳架分类；按决定分子主要化学性质的特殊原子或基团——官能团分类。

## 一、按碳架分类

碳架是有机物分子中碳原子的连接方式，据此可将有机化合物分为以下几类。

### 1. 开链化合物

开链化合物是碳原子间相互连接成碳链，不成环的化合物。这类化合物又称为脂肪族化合物。例如：

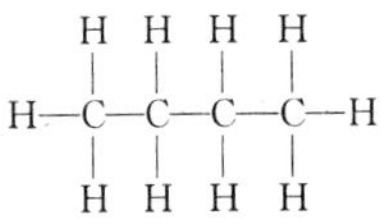

正丁烷 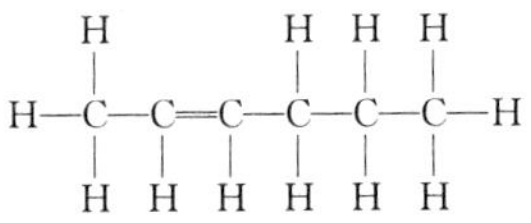　　2-己烯

### 2. 环状化合物

环状化合物又分为脂环化合物、芳环化合物和杂环化合物。

（1）脂环化合物　碳原子间连接成环，环内也可有双键、三键。这类化合物与开链化合物的性质相似，故与开链化合物统称为脂肪族化合物。例如：

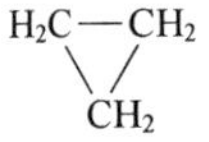

环丙烷 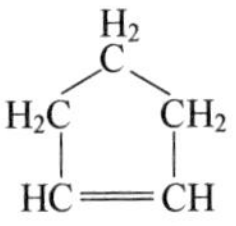　　环戊烯

（2）芳环化合物　分子中含有一个或多个苯环的化合物称为芳环化合物。例如：

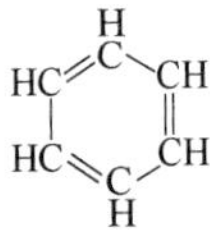

苯 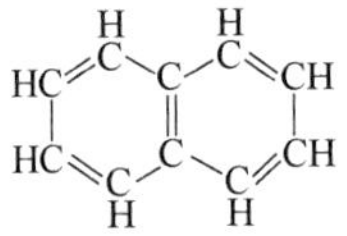　　萘 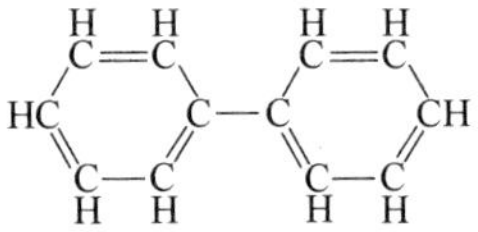　　联苯

（3）杂环化合物　碳原子与氧、硫、氮等其他原子共同组成的环状化合物称为杂环化合物。例如：

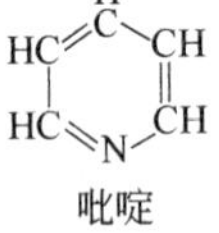

吡啶 　　噻吩

## 二、按官能团分类

有机化合物的化学性质主要取决于官能团。由于含有相同官能团的化合物的化学性质基本相似，所以可将含有同样官能团的化合物归为一类。表 1-2 列举了一些有机化合物的类别及其官能团。

表 1-2　有机化合物的分类及其官能团

| 化合物类别 | 官能团结构 | 官能团名称 | 化合物类别 | 官能团结构 | 官能团名称 |
| --- | --- | --- | --- | --- | --- |
| 烷烃 | 无 | | 酮 | $>C=O$ | 酮基(羰基) |
| 烯烃 | $>C=C<$ | 双键 | 羧酸 | $-COOH$ | 羧基 |
| 炔烃 | $-C\equiv C-$ | 三键 | 磺酸 | $-SO_3H$ | 磺(酸)基 |
| 卤代物 | $-X(F、Cl、Br、I)$ | 卤素 | 硝基化合物 | $-NO_2$ | 硝基 |
| 醇 | $-OH$ | 醇羟基 | 胺 | $-NH_2$ | 氨基 |
| 酚 | $-OH$ | 酚羟基 | 腈 | $-CN$ | 氰基 |
| 醚 | $-O-$ | 醚键 | 重氮化合物 | $-N^+\equiv N$ | 重氮基 |
| 醛 | $-CHO$ | 醛基 | 偶氮化合物 | $-N=N-$ | 偶氮基 |

烷烃没有官能团，但各种含有官能团的化合物可以看作是烷烃的氢原子被官能团取代而衍生出来的。苯环不是官能团，但在芳香烃中，苯环具有官能团的性质。

## 第四节　有机化学的学习方法

有机化学既是制药专业一门必不可少的基础课，也是一门系统性和实用性都很强的自然学科。学好这门课，对今后的工作和学习都很重要。在学习时，应注意以下学习方法。

**1. 课前预习，提高听课效率**

课前预习，是对老师授课内容的总体了解，可对课程重点、难点做到心中有数，上课时就能有的放矢，对新知识的接受更快，明显提高听课效率。

**2. 课堂理解，提高记忆效率**

有机化学结构复杂，反应繁多，不可不记，但死记硬背同样效果甚微，有机化学必须在理解的基础上记忆。要做到这一点，认真听课非常重要。课堂上要注意老师对物质间各类反应来龙去脉的讲解，理解物质与结构间的关系，才可提高记忆效率。

**3. 课后归纳比较，提高复习效率**

听懂只是掌握知识的前提，要将听懂的知识变为自己的知识，还必须复习巩固。有机化合物虽种类繁多，但物质间有着千丝万缕的联系，复习时要善于归纳比较，找出各类物质，尤其是相关物质的共同点和差异性，对理解记忆及复习本身都将起到事半功倍的作用。

### 【知识拓展】

**绿色化学**

一、绿色化学的诞生与概念

“绿色化学”又称环境无害化学、环境友好化学、清洁化学，这一概念的提出是人类对生态环境关注的必然产物。几百年来，化学在为人类提供了数不尽的物质产品的同时，也产生了大量有害物质，造成了严重的环境污染，人类生存的生态环境不断恶化。随着环境污染的日益严重和公众对环境问题的日益关心，人们开始对化学产生质疑，化学必须由传统化学转向绿色化学。

20 世纪 90 年代初期，美国首先提出了最佳的环境保护方法是从源头防止污染的产生。1991 年美国化学会首次提出了“绿色化学”的概念，并成为美国环境保护署的中心口号，由此确立了绿色化学的重要地位。后来，美国环境保护署在全美化学学会年会上对绿色化学进行了简述，即“被设计成减低或消除有害物质的使用或产生的化学过程和化学产品”，美国政府还设立了“总统绿色化学挑战奖”。1996年联合国环境规划署对绿色化学进行了新的定义，即“用化学技术和方法去减少或消灭那些对人类健康或环境有害的原料、产物、副产物、溶剂和试剂的生产及应用”，从而更加确切地规定了绿色化学的范畴。从科学观点看，绿色化学是化学科学基础内容的更新；从环境观点看，绿色化学是从源头上消除污染；从经济观点看，绿色化学是要合理利用资源和能源，降低生产成本，符合经济可持续发展的要求。

1999年英国皇家化学会创办了第一份国际性《绿色化学》杂志，标志着绿色化学成为化学科学的前沿。至此，全世界掀起了绿色化学的研究热潮。

二、绿色化学的研究内容

1. 设计合成绿色化学产品

设计对人类健康和环境更安全的化合物，要求产品在加工、应用及功能消失之后均不会对人类健康和生态环境产生危害。如美国 Rohm & Haas 公司开发的 Sea-NineTM 海洋生物防垢剂，就是一个典型的绿色化学产品。该物质通过与海洋微生物接触，导致生物细胞的死亡，达到阻止海洋船底污物形成的目的，同时，涂料在环境中易降解成为无毒物质乙酸，在环境中不积累、不挥发。美国的罗姆-哈斯公司因成功开发该产品获得了1996年美国“总统绿色化学挑战奖”。

2. 探求绿色化学生产工艺

设计更安全的、对环境更友好的化学合成路线，一方面要求在化学生产工艺中尽可能采用无毒无害的原料、催化剂和溶剂，变换基本原料和起始化合物以及引入新试剂，淘汰有毒原材料，尽量使用可再生材料，从源头上杜绝污染，逐渐摆脱对石油、煤等矿产资源的依赖。如美国 Monsanto 公司从无毒无害的二乙醇胺原料出发，经过催化脱氢，开发了安全生产氨基二乙酸钠的新工艺，避免了使用剧毒原料氢氰酸。

另一方面是改善反应条件，在反应过程中降低对人类健康和环境的危害，减少废弃物的生产和排放。尽可能使参加反应的原子都进入终端产物，这样不仅可以防止污染，也提高了经济效益，即通常所说的“原子经济”性，它是绿色化学的核心内容。寻找最佳转换反应和良性循环，使用高选择性催化剂，实现“零排放”，降低副产物，使整个过程只有原料和能量的消耗，而产出只有产品。BCH 公司的布洛芬合成新工艺就是一个很好的例证，布洛芬是一种广泛使用的非类固醇类的镇静、止痛药物，传统生产工艺包括6步化学计量反应，原子的有效利用率低于40%，新工艺采用3步催化反应，原子的有效利用率达80%（如果考虑副产物乙酸的回收则达到99%）。

总之，绿色化学是对传统化学的挑战与变革，是人类生存的需要，化学反应必将沿着无害原料、绿色反应条件、环境友好产品的方向发展。

## 习　题

**1. 填空题**

(1) 有机化合物是碳氢化合物及其________，其结构特点是碳原子都是____价的，分子中的原子主要以_____键结合，并且各原子间是以一定的_____和_____相互连接的，这种排列顺序和方式叫做分子的构造，表示分子构造的式子叫做_______。

(2) 大多数有机化合物具有如下特性_______、________、_______、________、_______、_______。

(3) 元素的电负性是指__________________。______越大的原子吸引电子的能力越强；成键两原子的_________越大，所形成的共价键的____也越大。

(4) 共价键的断裂方式有______和________两种方式，其相应的有机化学反应类型分别是__________和___________两类反应。

(5) 有机化合物的主要天然来源是______、______、______、______。

（6）布朗斯特酸是指______________________，例如____、______；路易斯酸是指________________________，例如______、______。

**2. 选择题**

（1）有机化合物的种类比无机物种类多的原因是（　　）。

A. 碳原子活性较大　　B. 地壳中碳原子含量较高

C. 碳原子可以和许多原子结合，也可以与碳结合且结合方式多样，存在同分异构现象

D. 碳可以与所有原子结合

（2）燃烧石油会产生污染的成分，主要原因是石油中含有少量的（　　）。

A. 碳　　B. 氢　　C. 氧　　D. 氮、硫

（3）植物色素、染料、食盐、味精、合成洗涤剂、煤炭、石灰石、小苏打、$CCl_4$、NaCN这10种物质中，其主要成分属于有机化合物的有（　　）种。

A. 4　　B. 5　　C. 7　　D. 9

（4）大多数有机物分子是（　　）。

A. 离子键结构，属于离子晶体　　B. 共价键结构，属于原子晶体

C. 共价键结构，属于分子晶体

D. 既有共价键，又有离子键，属于原子晶体与离子晶体的混合物

**3. 分别用结构简式和键线式表示下列化合物。**

（1）
```
     H  H  H
     |  |  |
  H—C—C—C—H
     |  |  |
     H  H  H
```

（2）
```
     H           H  H
     |           |  |
  H—C—C=C—C—C—H
     |  |  |  |  |
     H  H  H  H  H
```

（3）
```
     H  H  H  H
     |  |  |  |
  H—C—C—C—C—H
     |  |  |  |
     H  |  H  H
     H—C—H
        |
        H
```

（4）
```
       H   H
        \ /
    H    C    H
     \  / \  /
      C————C
     /      \
    H        H
```

（5）
```
          O—H
          |
   H—C ⫽ C \ C—H
      |        ‖
   H—C ⫽  C ⁄ C—H
           |
           H
```

（6）
```
     H  H  H  H
     |  |  |  |
  H—C—C—C—C—H
     |  |  |  |
     H  H  Cl H
```

**4. 列表将下列化合物按碳架和官能团两种方法进行分类。**

（1）$CH_3CH_2CH_2OH$　　（2）$CH_3CH=CH_2$　　（3）$CH_3CH_2OCH_2CH_3$

（4）苯环—OH　　（5）$CH_3CH_2COOH$　　（6）苯环—C(=O)—$CH_3$

（7）$CH_3CH_2CHO$　　（8）苯环—$NO_2$　　（9）$CH_3CH_2Cl$

（10）呋喃环—CHO　　（11）环己烷—OH　　（12）萘环—$NH_2$

# 第二章　脂　烃

## 学习目标

**知识目标**

▶ 掌握同系列概念；掌握烷烃、烯烃、炔烃、二烯烃、环烷烃的通式、构造异构、命名方法、化学性质及在生产和生活中的实际应用。

▶ 理解碳原子的杂化方式及烷烃、烯烃、炔烃的结构和 σ 键、π 键的特点；理解共轭二烯烃的结构与共轭效应和环烷烃的结构与稳定性的关系；理解马氏加成规则的理论解释。

▶ 了解烃的分类；了解脂烃的含义、物理性质及其变化规律；了解烷烃的自由基取代反应机理和烯烃的亲电加成反应机理。

**能力目标**

▶ 能根据烃分子的碳架和官能团确定烃的类别；能运用脂烃的命名规则命名脂烃化合物，能根据化合物的名称正确书写出构造式。

▶ 能通过对分子结构的分析学会判断分子中碳原子的杂化类型，进一步判断简单烃类化合物的构型。

▶ 能通过分子中共价键的键型（σ 键、π 键和大 π 键），判断脂烃的反应类型；能根据各种反应的特点，书写出正确的反应式。

▶ 能运用马氏加成规则，判断烯烃、炔烃、共轭二烯烃等的加成产物。

▶ 能运用各种烃的特征反应分离和鉴定烷烃、烯烃、末端炔烃、共轭二烯烃及环烷烃；能推测出各种烃类的结构；能根据重要的反应设计典型化合物的合成路线。

▶ 能运用电子效应判断亲电加成反应的活性。

## 导学案例

▶ 1864 年，美国人发现一件奇怪的事情，煤气灯泄漏出的气体可使附近的树木提前落叶。1892 年，在亚速尔群岛，有个木匠在温室中工作时，无意中将美人蕉的碎屑当作垃圾焚烧，结果美人蕉屑燃烧的烟雾弥漫开来后，温室中的菠萝一齐开了花。什么原因使树叶早落，又是什么原因促使花儿开放呢？

▶ 百慕大三角，位于北大西洋的马尾藻海，是由英属百慕大群岛、美属波多黎各及美国佛罗里达州南端所形成的三角区海域，因在这一海域曾多次发生过莫名其妙的航船、飞机失踪，被称之为“魔鬼三角”或“丧命地狱”。为揭开百慕大三角之谜，世界各国的科学家纷纷运用自己已知的各种知识，去解释发生在百慕大三角的种种怪事，提出了磁场说、黑洞说、次声说、水桥说等。英国地质学家，利兹大学的克雷奈尔教授提出了新观点——可燃冰说。可燃冰的成分是什么呢，可燃冰说又是如何揭示百慕大三角之谜的呢？

▶ 趣味实验——玻璃棒点冰：在一玻璃皿中倒入少量的高锰酸钾粉末，再滴入几滴浓硫酸，用玻璃棒搅拌均匀。然后用蘸有混合物的玻璃棒轻轻往准备好的冰块上一触，冰块立即燃烧起来。你知道冰块上藏有什么玄机吗？

仅由碳氢两种元素组成的有机化合物叫做烃。烃是有机化合物的母体，其他各类有机化合物则可看作它的衍生物。

根据烃分子中碳架的不同，烃有如下分类：

烃
- 链烃（脂肪烃）
- 环烃
  - 脂环烃
  - 芳香烃

其中脂肪烃和脂环烃的性质相似，本章将脂肪烃和脂环烃统称为脂烃，旨在强调它们在性质上的相似性。

# 第一节　脂烃的分类、通式和同分异构现象

## 一、脂烃的分类

脂烃涵盖脂肪烃和脂环烃，根据脂烃分子中的共价键或官能团不同，脂烃有以下分类。

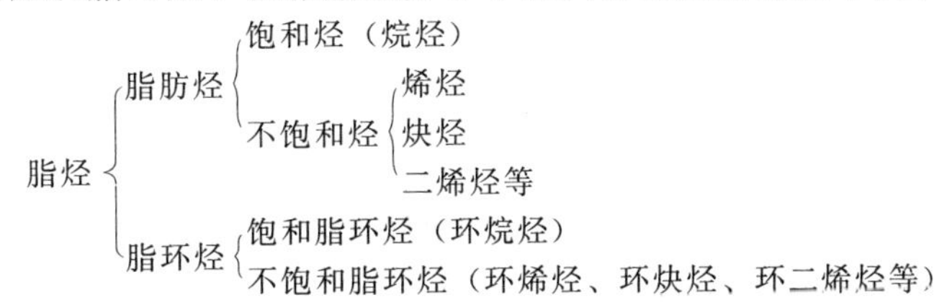


脂环烃还可以根据碳环的数目进行分类。

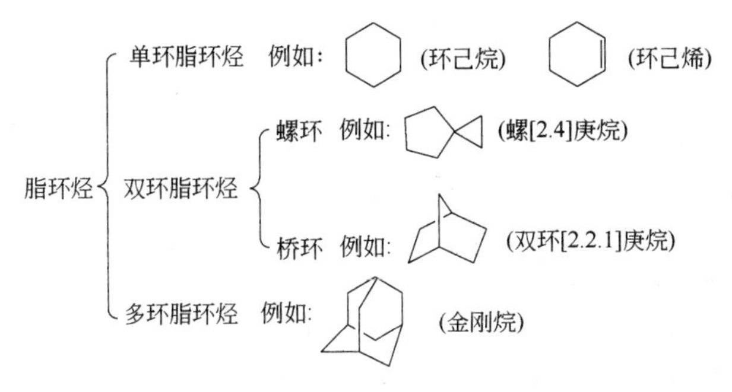


## 二、脂烃的通式和同分异构现象

### 1. 烷烃的通式、同系列和构造异构

分子中的碳原子以单键相互连接，其余价键与氢原子结合的链烃叫做烷烃，烷烃又称为饱和烃。

烷烃是饱和烃这一系列化合物的总称。在烷烃分子中，碳原子数由一向上递增，这些烷烃分别称为甲烷、乙烷、丙烷、丁烷等。它们的分子式和构造式如下：

| 名称 | 分子式 | 构造式（价键式） | 构造式（构造简式） |
|---|---|---|---|
| 甲烷 | $CH_4$ | $\begin{array}{c} H \\ \vert \\ H-C-H \\ \vert \\ H \end{array}$ | $CH_4$ |
| 乙烷 | $C_2H_6$ | $\begin{array}{c} H\ \ H \\ \vert\ \ \ \vert \\ H-C-C-H \\ \vert\ \ \ \vert \\ H\ \ H \end{array}$ | $CH_3CH_3$ |

| | | | |
|---|---|---|---|
| 丙烷 | $C_3H_8$ | $\begin{array}{ccccccc} & & H & H & H & & \\ & & \vert & \vert & \vert & & \\ H & — & C & —C— & C & — & H \\ & & \vert & \vert & \vert & & \\ & & H & H & H & & \end{array}$ | $CH_3CH_2CH_3$ |
| 丁烷 | $C_4H_{10}$ | $\begin{array}{cccccccc} & & H & H & H & H & & \\ & & \vert & \vert & \vert & \vert & & \\ H & — & C & —C— & —C— & C & — & H \\ & & \vert & \vert & \vert & \vert & & \\ & & H & H & H & H & & \end{array}$ | $CH_3CH_2CH_2CH_3$ |

由上面的分子式和构造式可以看出，碳原子和氢原子之间的数量关系是一定的。从甲烷开始，每增加一个碳原子，就相应增加两个氢原子，若烷烃分子中含有 $n$ 个碳原子，则含有 $2n+2$ 个氢原子，因此烷烃的通式为 $C_nH_{2n+2}$。

由上面的构造式也不难看出，相邻的两烷烃分子间相差一个 $CH_2$ 基团，这个 $CH_2$ 基团叫做系差。像烷烃分子这样，通式相同、结构相似、在组成上相差一个或多个系差的一系列化合物叫做同系列。同系列中的各化合物互称为同系物。同系物一般具有相似的化学性质。例如，分子式为 $C_4H_{10}$ 的烷烃，存在以下两种构造：

$$CH_3—CH_2—CH_2—CH_3 \qquad \begin{array}{c} CH_3—CH—CH_3 \\ \vert \\ CH_3 \end{array}$$

前者称为正丁烷，后者称为异丁烷。显然，正丁烷和异丁烷是同分异构体。这种由分子中各原子的不同连接方式和次序而引起的同分异构现象叫做构造异构。实际上，正丁烷是直链烷烃，异丁烷则带支链，它们的不同是碳原子间相连形成的碳链发生了变化，因此又叫做碳链异构。碳链异构是构造异构的一种形式。

烷烃分子中，随着碳原子数的增加，构造异构体的数目迅速增加。例如，$C_5H_{12}$ 有 3 种异构体，$C_6H_{14}$ 有 5 种，$C_7H_{16}$ 有 9 种，$C_8H_{18}$ 有 18 种，$C_{20}H_{42}$ 则有 36 万多种。

### 2. 烯烃、炔烃的通式和构造异构

分子中含有碳碳双键的烃叫做烯烃，含有碳碳三键的烃叫做炔烃。与碳原子数相同的烷烃相比，它们的氢原子数较少，因此烯烃和炔烃都属于不饱和烃。碳碳双键是烯烃的官能团，碳碳三键是炔烃的官能团，通常将双键和三键称为不饱和键。

分子中只含有一个碳碳双键的链烃叫做单烯烃。单烯烃比相应烷烃少两个氢原子，通式为 $C_nH_{2n}$。通常所说的烯烃就是指单烯烃。

烯烃的构造异构现象比烷烃复杂，除碳链异构外，还存在着由碳碳双键位置不同引起的位置异构。例如，烯烃 $C_4H_8$ 有以下 3 种构造异构体：

$$① \ CH_2═CHCH_2CH_3 \qquad ② \ \begin{array}{c} CH_2═C—CH_3 \\ \vert \\ CH_3 \end{array} \qquad ③ \ CH_3CH═CHCH_3$$

其中，①或③和②互为碳链异构体，①和③互为位置异构体。

分子中含有两个碳碳双键的链烃叫做二烯烃。通式为 $C_nH_{2n-2}$。根据二烯烃分子中两个碳碳双键的相对位置不同，可以将其分为累积二烯烃、共轭二烯烃和孤立二烯烃。

两个双键连在同一个碳原子上的二烯烃叫做累积二烯烃。例如：

$$CH_2═C═CH_2 \qquad \text{(丙二烯)}$$

两个双键被一个单键隔开的二烯烃叫做共轭二烯烃。例如：

$$CH_2═CH—CH═CH_2 \qquad \text{(1,3-丁二烯)}$$

两个双键被两个或多个单键隔开的二烯烃叫做孤立二烯烃。例如：

$$CH_2═CH—CH_2—CH═CH_2 \qquad \text{(1,4-戊二烯)}$$

3 种不同类型的二烯烃中，累积二烯烃很不稳定，自然界极少存在；孤立二烯烃相当于两个孤立的单烯烃，与单烯烃的性质相似；只有共轭二烯烃因结构比较特殊，具有独特的性

质，是本章学习讨论的重点。

通常所说的炔烃是指分子中含有一个碳碳三键的链烃，它的通式也是 $C_nH_{2n-2}$，与二烯烃相同。故相同碳原子数的炔烃和二烯烃互为构造异构体。这种因官能团不同引起的异构现象叫做官能团异构。此外，炔烃也存在着碳链异构和位置异构。

### 3. 脂环烃的通式和构造异构

分子中只有单键的脂环烃叫做环烷烃。环烷烃一般指的是单环环烷烃，其通式为 $C_nH_{2n}$。环烷烃和烯烃的通式相同，碳原子数相同的环烷烃和烯烃是同分异构体。例如，环烷烃 $C_5H_{10}$ 有以下 5 种构造异构体：

$CH_3$　$C_2H_5$　$CH_3$ $CH_3$　$CH_3$ $CH_3$

这些构造异构体又叫碳架异构体。

若脂环烃分子中含有双键称为环烯烃，含有三键称为环炔烃，含有两个双键则称为环二烯烃。它们的结构特征和研究方法均与链烃相同。

## 思考与练习

2-1　丁烷的两种构造异构体是同系物吗？

2-2　推导烷烃的构造异构体应采用什么方法和步骤？试写出 $C_6H_{14}$ 的所有构造异构体。

2-3　脂烃的含义是什么？它包括哪些烃类？分别写出它们的通式。

2-4　指出下列化合物中哪些是同系物？哪些是同分异构体？哪些是同一化合物？

(1) $CH_2{=}C(CH_3){-}CH_2CH_3$　(2) $CH_3{-}CH(CH_2{-}CH_3){-}CH_3$　(3) $CH_3{-}CH_2{-}CH(CH_3){-}CH_3$　(4) 

(5) $C_3H_8$　(6) 　(7) $CH{\equiv}C{-}CH(CH_3)CH_2CH_3$　(8) $CH_2{=}CH{-}CH_3$

# 第二节　脂烃的命名

有机化合物的数目、种类繁多，而且随着科学技术的发展，新的有机化合物不断被发现和合成，为了使科研工作者、学者更好地进行学术交流，促进有机化学的发展，有必要对其名称的系统化和统一化作出科学的规定。在有机化学发展过程中产生了多种命名法和原则。目前采用的主要有 3 种：习惯命名法（也称普通命名法）、衍生物命名法和系统命名法。其中，习惯命名法和系统命名法应用较为广泛。

## 一、烷烃的命名

3

3.微课：烷烃的习惯命名法

### 1. 习惯命名法

习惯命名法根据烷烃分子中碳原子的数目命名为“正（或异、新）某烷”。其中“某”字代表碳原子数目，其表示方法为：含碳原子数目为 1～10 的用天干名称甲、乙、丙、丁、戊、己、庚、辛、壬、癸来表示；含 10 个以上碳原子时，用中文数字“十一、十二、……”来表示。习惯命名法的命名原则如下。

① 当分子结构为直链时，将其命名为“正某烷”。例如：

$CH_3CH_2CH_2CH_3$　　$CH_3(CH_2)_{10}CH_3$

正丁烷　　正十二烷

② 当分子结构为 $\begin{array}{l}CH_3—CH(CH_2)_nCH_3\\ \quad\quad\ \ |\\ \quad\quad\ CH_3\end{array}$ ($n=0,1,2,\cdots$) 时，将其命名为“异某烷”。例如：

$$\begin{array}{c}CH_3—CH—CH_3\\ |\\ CH_3\\ \text{异丁烷}\end{array}\qquad\qquad \begin{array}{l}CH_3—CHCH_2CH_2CH_2CH_3\\ \qquad\ \ |\\ \qquad\ CH_3\\ \qquad\ \text{异庚烷}\end{array}$$

但异辛烷的名称是例外，它的构造式为：

$$\begin{array}{l}\qquad\qquad\qquad\qquad\ CH_3\\ \qquad\qquad\qquad\qquad\ \ |\\ CH_3CH—CH_2—C—CH_3\\ \qquad\ |\qquad\qquad\quad\ |\\ \quad\ CH_3\qquad\qquad CH_3\end{array}$$

异辛烷通常用来衡量汽油质量，由于它的特殊用途，“异辛烷”是给予它的特定名称。

【小资料】

“辛烷值”是评价汽油质量的一个指标。汽油蒸气和空气的混合物在内燃机中燃烧时，一部分汽油往往在着火以前即发生爆炸，产生很大的爆鸣声，使机器强烈振动，这种现象叫做爆震。爆震不但降低机器效率，而且损坏机器，浪费汽油。汽油爆震程度的大小与汽油分子的构造有关。直链烷烃的爆震性较大，而支链烷烃和芳香烃的爆震性较小。

为了衡量汽油爆震程度的大小，通常取爆震程度最大的正庚烷和爆震程度最小的异辛烷作标准：规定正庚烷的辛烷值为 0，异辛烷的辛烷值为 100。在两者的混合物中，异辛烷所占的百分比叫做辛烷值。例如：某汽油的辛烷值为 90，也就是 90 号汽油，就表示这种汽油在一种标准的单汽缸内燃机中燃烧时，所发生的爆震程度与由 90% 异辛烷和 10% 正庚烷组成的混合物的爆震程度相当。因此，辛烷值只是表示汽油爆震程度的指标，并不是汽油中异辛烷的真正含量。

③ 当分子结构为 $\begin{array}{l}\qquad\ \ CH_3\\ \qquad\quad |\\ CH_3—C(CH_2)_nCH_3\\ \qquad\quad |\\ \qquad\ \ CH_3\end{array}$ ($n=0,1,2,\cdots$)时，将其命名为“新某烷”。例如：

$$\begin{array}{c}CH_3\\ |\\ CH_3—C—CH_3\\ |\\ CH_3\\ \text{新戊烷}\end{array}\qquad\qquad \begin{array}{l}\qquad\ \ CH_3\\ \qquad\quad |\\ CH_3—C—CH_2CH_3\\ \qquad\quad |\\ \qquad\ \ CH_3\\ \qquad\ \text{新己烷}\end{array}$$

显而易见，这种命名方法很简便，但是适用范围有限，对于结构比较复杂的烷烃，还需要有一套系统的命名方法。

**2. 碳、氢原子的类型**

在烷烃分子中，由于碳原子所处的位置不完全相同，所以连接的碳原子数目也不一样。根据所连碳原子的数目，碳原子可分为 4 类。

(1) 伯碳原子　又称为一级碳原子，指只与 1 个碳原子直接相连的碳原子，常用 1°表示。

(2) 仲碳原子　又称为二级碳原子，指与 2 个碳原子直接相连的碳原子，常用 2°表示。

(3) 叔碳原子　又称为三级碳原子，指与 3 个碳原子直接相连的碳原子，常用 3°表示。

(4) 季碳原子　又称为四级碳原子，指与 4 个碳原子直接相连的碳原子，常用 4°表示。

例如：

$$\begin{array}{l}\qquad\quad\ \ 1^\circ\\ \qquad\quad CH_3\\ 1^\circ\qquad 4^\circ|\qquad 2^\circ\qquad\quad 3^\circ\qquad 1^\circ\\ CH_3—C—CH_2—CH—CH_3\\ \qquad\quad\ |\qquad\qquad\quad\ |\\ \qquad\quad CH_3\qquad\qquad CH_3\\ \qquad\quad\ \ 1^\circ\qquad\qquad\quad 1^\circ\end{array}$$

与伯、仲、叔碳原子直接相连的氢原子分别叫伯、仲、叔氢原子（常用 1°H、2°H、3°H 表示）。因季碳原子上不连氢原子，所以氢原子只有 3 种类型。

### 3. 烷基

4.微课：烷基的命名及应用

烷烃分子中去掉一个氢原子所剩余的部分叫做烷基，通式为—$C_nH_{2n+1}$，常用 R—表示。值得注意的是，烷基是一种人为的定义，它不是由 C—H 键的均裂或异裂形成的，因此烷基既不是自由基也不是离子，不能独立存在。

烷基是根据相应烷烃的习惯名称以及去掉的氢原子的类型来命名的。例如：

$CH_4 \xrightarrow{-H} CH_3—$（甲烷 → 甲基）　　$CH_3—CH_3 \xrightarrow{-H} CH_3CH_2—$ 或 $C_2H_5—$（乙烷 → 乙基）

$CH_3—CH_2—CH_3$（丙烷）
- $\xrightarrow{-1°H}$ $CH_3CH_2CH_2—$　正丙基
- $\xrightarrow{-2°H}$ $CH_3—CH(—)—CH_3$ 或 $(CH_3)_2CH—$　异丙基

$CH_3—CH_2—CH_2—CH_3$（正丁烷）
- $\xrightarrow{-1°H}$ $CH_3CH_2CH_2CH_2—$　正丁基
- $\xrightarrow{-2°H}$ $CH_3—CH(—)—CH_2—CH_3$ 或 $(CH_3)(C_2H_5)CH—$　仲丁基

$CH_3—CH(CH_3)—CH_3$（异丁烷）
- $\xrightarrow{-1°H}$ $CH_3—CH(CH_3)—CH_2—$ 或 $(CH_3)_2CHCH_2—$　异丁基
- $\xrightarrow{-3°H}$ $CH_3—C(CH_3)_2—$ 或 $(CH_3)_3C—$　叔丁基

$CH_3(CH_2)_nCH_2—$　($n$=1,2,…)　正某基

$CH_3—CH(CH_3)(CH_2)_nCH_2—$　($n$=0,1,2,…)　异某基

$CH_3—C(CH_3)_2(CH_2)_nCH_2—$　($n$=0,1,2,…)　新某基

### 4. 系统命名法

5.微课：烷烃的系统命名法

系统命名法是根据国际上通用的 IUPAC(International Union of Pure and Applied Chemistry，国际纯粹与应用化学联合会）命名原则，结合我国文字特点制定出来的命名方法。其特点是名称与结构密切相关，可以根据分子结构命名，也可以根据名称写出结构。

（1）直链烷烃的命名　直链烷烃的系统命名法与习惯命名法基本一致，只是把“正”字去掉。例如：

$CH_3(CH_2)_9CH_3$　　习惯命名法：正十一烷
　　　　　　　　　系统命名法：十一烷

（2）支链烷烃的命名　支链烷烃的命名是将其看作直链烷烃的烷基衍生物，即将直链作为母体，支链作为取代基，命名原则如下。

① 选主链（或母体）。选择分子中最长的碳链作为主链（见例 1），若有两条或两条以上等长碳链时，应选择支链最多的一条为主链（见例 2），根据主链所含碳原子数目称“某烷”。

［例 1］ $CH_3-CH(CH_2CH_3)-CH_2-CH(CH_3)-CH_3$ ←主链(母体)

母体名称为“己烷”

［例 2］ $CH_3-CH_2-CH(CH(CH_3)CH_3)-CH_2-CH_3$ ←主链(母体)

母体名称为“戊烷”

② 给主链碳原子编号。为标明支链在主链中的位置，需将主链上的碳原子依次编号（用阿拉伯数字 1,2,3,…），编号应遵循“最低系列”原则。即给主链从不同方向编号，得到两种不同编号的系列，则顺次逐项比较各系列的不同位次，最先遇到的位次最小者定为“最低系列”（见例 3、例 4）。

［例 3］ ① ② ③ ④ ⑤ ⑥ →
6 5 4 3 2 1 ←
$CH_3-CH(CH_3)-CH_2-CH(CH_3)-CH(CH_3)-CH_3$

从左至右：② ④ ⑤
从右至左： 2 3 5（最低系列）

［例 4］ ⑩ ⑨ ⑧…⑤ ④ ③ ② ① ←
1 2 3…6 7 8 9 10 →
$CH_3-CH(CH_3)-(CH_2)_4-CH(CH_3)-CH(CH_3)-CH_2-CH_3$

从左至右：2 7 8（最低系列）
从右至左：③ ④ ⑨

若两个系列编号相同时，较小基团（非较优基团）占较小位号，基团大小由“次序规则”（见第四章）确定（见例 5）。

［例 5］ ⑥ ⑤ ④ ③ ② ① ←
1 2 3 4 5 6 →
$CH_3-CH_2-CH(CH_3)-CH(C_2H_5)-CH_2-CH_3$

选从左至右：3 4
（不能选—$C_2H_5$占3位，—$CH_3$占4位）

③ 写出全名称。按照取代基的位次（用阿拉伯数字表示）、相同取代基的数目（用中文数字“二、三、……”表示）、取代基的名称、母体名称的顺序写出全名称。

注意：阿拉伯数字之间用“,”隔开；阿拉伯数字与文字之间用“-”相连；不同取代基列出顺序应按“次序规则”，较优基团后列出的原则处理。

根据上述命名原则，例 1 名称为 2,4-二甲基己烷；例 2 名称为 2-甲基-3-乙基戊烷；例 3 名称为 2,3,5-三甲基己烷；例 4 名称为 2,7,8-三甲基癸烷；例 5 名称为 3-甲基-4-乙基己烷。

【小资料】

本书系统命名法仍采用 1980 年制定的《有机化合物命名原则》（CCS1980），它是根据国际上通用的 IUPAC 命名原则，结合我国文字特点制定出来的。随着 IUPAC 对命名的不断更新，中国化学会有机化合物命名审核委员会也对现行规则进行了修订，并于 2017 年 12 月 20 日正式发布了《有机化学命名原则 2017》（CCS2017）。鉴于目前尚处于两种规则并行阶段，现仅对 CCS2017 新规则的相关内容作一介绍，供读者了解。例如：

$$CH_3-CH(CH_3)-CH_2-CH(C_2H_5)-CH_2-CH_3$$

CCS1980：2-甲基-4-乙基己烷

CCS2017：4-乙基-2-甲基己烷

新修订的 CCS2017 规则是按照 IUPAC 命名方法，将取代基按其英文名称的字母顺序排列次序。由于乙基（Ethyl）的英文名字母 E 排在甲基（Methyl）的英文名字母 M 之前，所以按 CCS2017 规则应称为 4-乙基-2-甲基己烷。

## 二、烯烃、炔烃和二烯烃的命名

6

6.微课：烯烃、炔烃命名

### 1. 习惯命名法和衍生物命名法

烯烃和二烯烃的个别化合物常采用习惯命名法命名。例如：

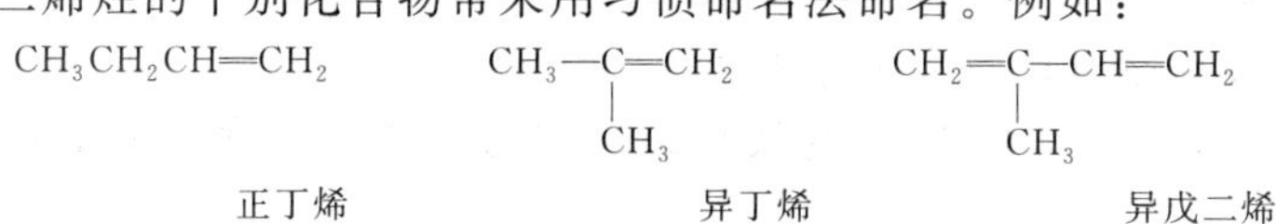

正丁烯　　异丁烯　　异戊二烯

简单的炔烃可采用衍生物命名法命名为“某某乙炔”。例如：

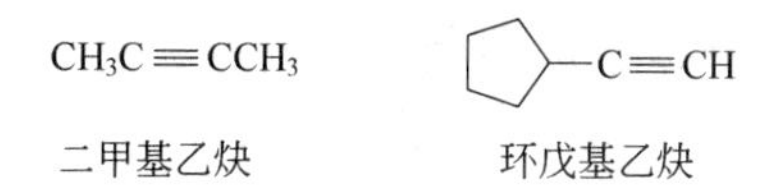

二甲基乙炔　　环戊基乙炔

### 2. 系统命名法

（1）直链烯烃、炔烃和二烯烃的命名　按分子中碳原子数目称为“某烯（或炔）”，若含10个以上碳原子称为“某碳烯（或炔）”。从靠近双（或三）键一端开始编号并在母体名称之前用双（或三）键碳中较小的位次标出双（或三）键的位置。对于二烯烃，编号要使两个双键的位次符合“最低系列”。母体称为“某二烯”，用“$a,b$-某二烯”表示。其中，$a$、$b$各自代表两个双键的位次，并且$a<b$。例如：

$\overset{12}{CH_3}\overset{\cdots\cdots}{(CH_2)_9}\overset{2}{CH}{=}\overset{1}{CH_2}$　　$\overset{5}{CH_3}\overset{4}{CH_2}\overset{3}{C}{\equiv}\overset{2}{C}\overset{1}{CH_3}$　　$\overset{5}{CH_3}\overset{4}{CH}{=}\overset{3}{CH}{-}\overset{2}{CH}{=}\overset{1}{CH_2}$

1-十二碳烯　　2-戊炔　　1,3-戊二烯

（2）支链烯烃、炔烃和二烯烃的命名　命名方法与烷烃基本相似，但由于这些分子中含有官能团，因此命名时要考虑官能团的存在。命名原则如下。

① 选择含有官能团（碳碳双键或三键）在内的最长碳链作为主链，主链命名原则同直链烯、炔和二烯化合物。若有多条最长链可供选择时，选择原则与烷烃相同。

② 靠近官能团一端编号，即使官能团的位次符合“最低系列”。若官能团（双键或三键）居中，编号原则与烷烃相同。

③ 书写化合物名称时要注明官能团的位次。其表示方法为：取代基位次-取代基名称-官能团位次-母体名称。例如：

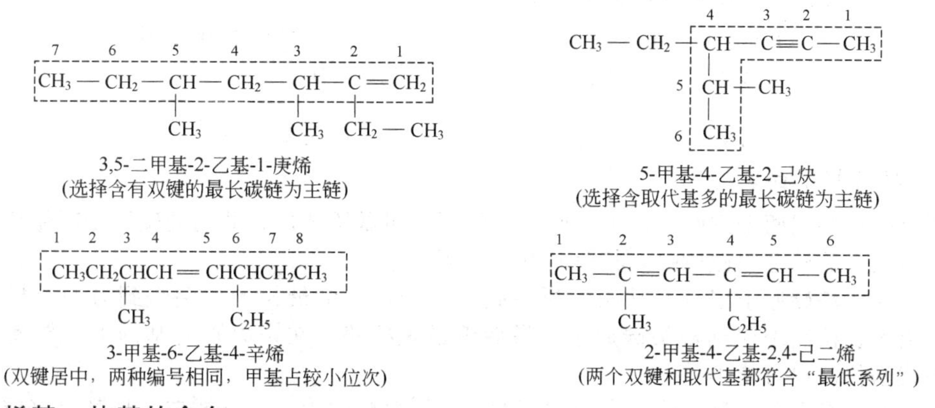

3,5-二甲基-2-乙基-1-庚烯
（选择含有双键的最长碳链为主链）

5-甲基-4-乙基-2-己炔
（选择含取代基多的最长碳链为主链）

3-甲基-6-乙基-4-辛烯
（双键居中，两种编号相同，甲基占较小位次）

2-甲基-4-乙基-2,4-己二烯
（两个双键和取代基都符合“最低系列”）

### 3. 烯基、炔基的命名

烯烃分子去掉一个氢原子剩下的部分，叫做烯基；炔烃分子去掉一个氢原子剩下的部分，叫做炔基。常见的烯基、炔基有：

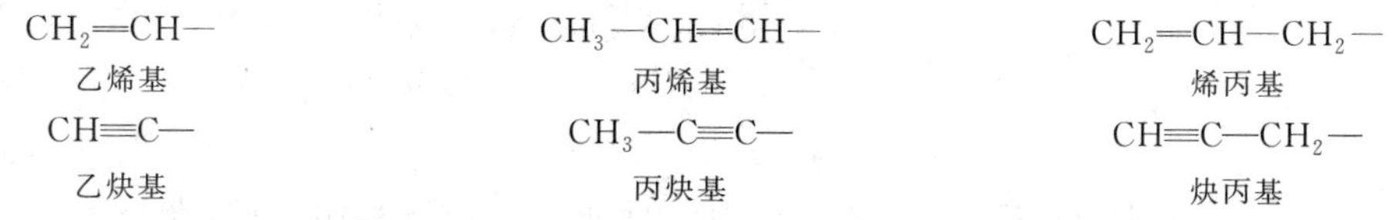

乙烯基　　丙烯基　　烯丙基

乙炔基　　丙炔基　　炔丙基

## 三、烯炔的命名

分子中既有碳碳双键又有碳碳三键的烃叫做烯炔。简单的烯炔可用衍生物命名法命名。例如，$CH_2{=}CH{-}C{\equiv}CH$ 可命名为乙烯基乙炔。

通常普遍采用的是系统命名法，命名原则如下。

① 选择既含 C═C 又含 C≡C 在内的最长碳链作为主链，根据主链中碳原子数目称“某烯炔”。

② 编号使 C═C 和 C≡C 的位次符合“最低系列”，在此前提下优先给 C═C 以最小位次。

③ 全名称的书写方法与各类烃基本相同，只是母体要用“*a*-某烯-*b*-炔”表示，其中 *a* 表示“ C═C ”位次，*b* 表示“ C≡C ”位次。例如：

$$\overset{1}{C}H{\equiv}\overset{2}{C}{-}\overset{3}{C}H(CH(CH_3)_2){-}\overset{4}{C}H{=}\overset{5}{C}H{-}\overset{6}{C}H_3$$

3-异丙基-4-己烯-1-炔

$$\overset{5}{C}H{\equiv}\overset{4}{C}{-}\overset{3}{C}H_2{-}\overset{2}{C}H{=}\overset{1}{C}H_2$$

1-戊烯-4-炔

## 四、脂环烃的命名

### 1. 单环脂环烃的命名

（1）环上连有简单的烷基　以环为母体，根据成环碳原子数称为“环某烷（或烯等）”，环上的烷基作为取代基。对于环烷烃，若分子中含有多个取代基时，则需将环上碳原子编号，即选择较小取代基作为第 1 号，编号顺序遵循“最低系列”原则。对于环烯烃或其他不饱和脂环烃，编号优先考虑不饱和键，并使取代基的位次尽可能小。例如：

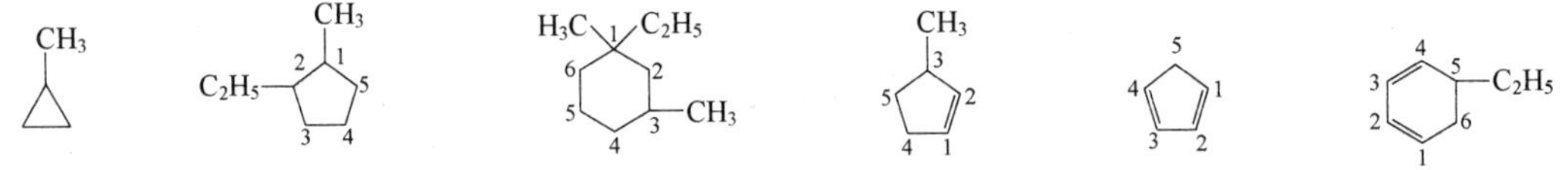


甲基环丙烷　1-甲基-2-乙基环戊烷　1,3-二甲基-1-乙基环己烷　3-甲基环戊烯　1,3-环戊二烯（简称环戊二烯）　5-乙基-1,3-环己二烯

（2）环上连有复杂的烷基或不饱和烃基　以环上的支链为母体，将环作为取代基，称为“环某基”，按支链烃的命名原则命名。例如：

$$CH_3{-}CH(C_5H_9){-}CH_2{-}CH(CH_3){-}CH_3$$

2-甲基-4-环戊基戊烷

$$C_6H_{11}{-}CH(CH_3){-}CH{=}CHCH_2CH_3$$

2-环己基-3-己烯

### *2. 桥环烃的命名

两个碳环共用两个或两个以上碳原子的脂环烃叫做桥环烃，共用的碳原子叫做桥头碳原子，每条成环的碳链叫做桥路。其命名方法如下。

（1）给成环碳原子编号　从某一桥头碳原子开始，沿最长的桥路编到另一个桥头碳原子，再沿次长桥路编回到桥头碳原子，最后编最短桥路。在该原则的基础上，要使不饱和键、取代基位次尽可能小。

（2）写出全名称　母体根据参与成环的碳原子总数称为“双（或二）环某烷（或烯）”，将各桥路中所含碳原子数按由大到小的顺序写在“双环”后面的方括号中（桥头碳原子除外），各数字之间用圆点隔开。例如：

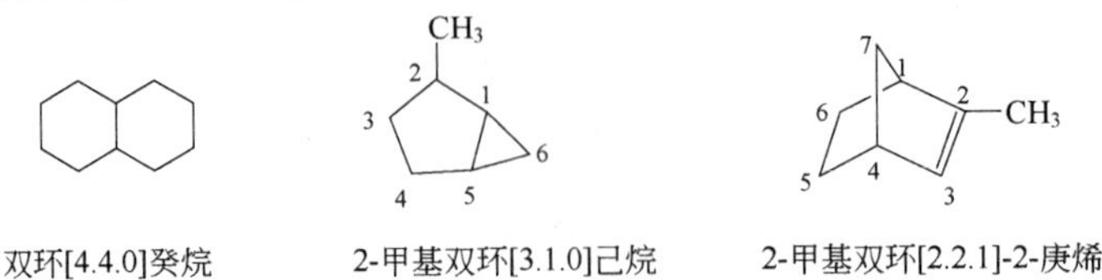


双环[4.4.0]癸烷　2-甲基双环[3.1.0]己烷　2-甲基双环[2.2.1]-2-庚烯

### *3. 螺环烃的命名

两个碳环共用一个碳原子的脂环烃叫做螺环烃，共用的碳原子叫做螺原子。其命名方法如下。

（1）给成环碳原子编号　从螺原子的邻位碳原子（注意使不饱和键、取代基位次尽可能小）开始沿小环编号，通过螺原子再编大环。

（2）写出全名称　母体根据参加成环碳原子的总数叫做“螺某烷（或烯）”，将两环中碳原子数按由小到大的顺序写在“螺”字后面的方括号中（不包括螺原子）。例如：

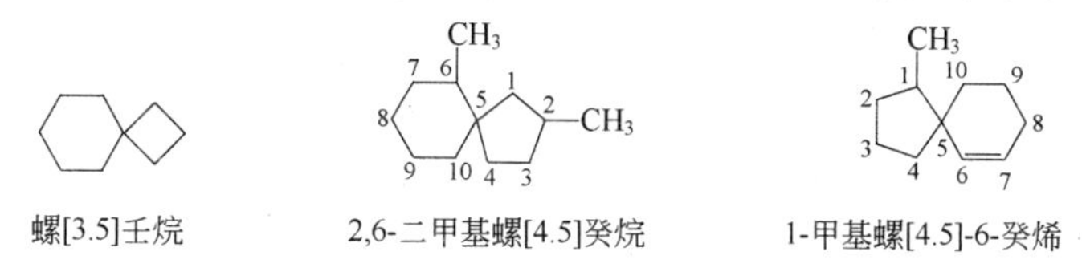

螺[3.5]壬烷　　2,6-二甲基螺[4.5]癸烷　　1-甲基螺[4.5]-6-癸烯

## 思考与练习

2-5　写出下列烃或烃基的构造式。

（1）叔丁基　（2）仲丁基　（3）丙烯基　（4）烯丙基　（5）异戊烷

（6）新己烷　（7）异丁烯　（8）异戊二烯　（9）乙烯基乙炔　（10）环戊基乙炔

2-6　给下列烷烃命名，用1°、2°、3°、4°标出下列烷烃分子中的伯、仲、叔、季碳原子。

（1）$CH_3—CH_2—CH(CH(CH_3)_2)—CH(CH(CH_3)_2)—CH_2—CH_3$

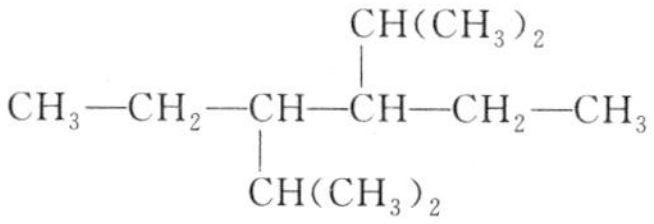

（2）$(CH_3)_2CH—C(CH_3)_3$

（3）$CH_3—CH(C_2H_5)—CH_2—CH(CH_3)—CH_3$

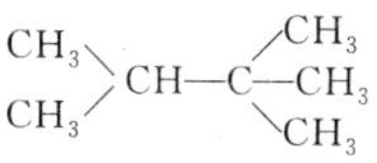

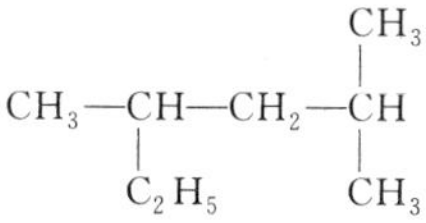

（4）$(CH_3)_2CHCH(C_2H_5)(CH_2)_6C(CH_3)_3$

2-7　下列化合物的名称是否符合系统命名原则，若不符合请改正，并说明理由。

（1）1,1-二甲基丁烷　（2）3-乙基-4-甲基己烷　（3）2,3,3-三甲基丁烷

（4）2,2-二甲基-4-戊烯　（5）2-乙基-3-戊炔　（6）3-乙基-3,5-己二烯

2-8　用系统命名法命名下列化合物。

（1）$CH_3—CH(CH_3)—C(=CH_2)—CH_2—CH_3$

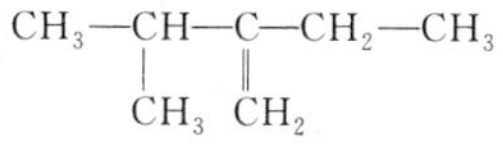

（2）$CH≡CCH(C(CH_3)_3)(CH_2)_8CH_3$

（3）$CH_3—C(C_2H_5)=CH—CH_2—C(CH_2—CH_3)=CH_2$

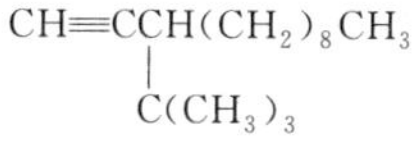

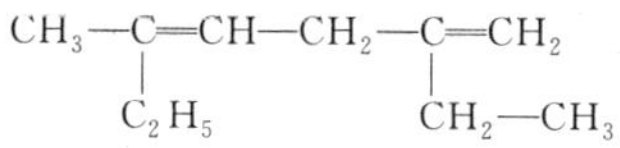

（4）$CH_3C≡CCH_2CH=C(CH_3)CH_3$

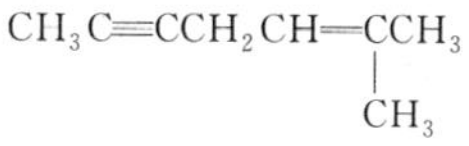

（5） 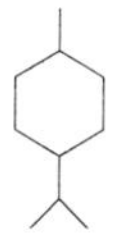　（6）

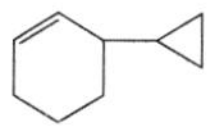

（7） 　（8）

（9）$CH_3$—（环戊二烯）—$C_2H_5$

（10）（环戊基）—$CH(C≡CH)—CH(CH_3)_2$

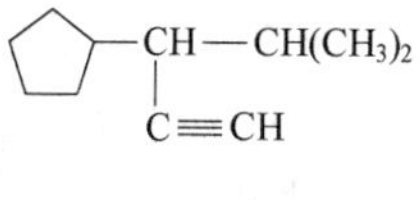

# 第三节　脂烃的结构与杂化轨道

7.动画：甲烷的SP³杂化过程形成

## 一、烷烃的结构及 $sp^3$ 杂化

### 1. 甲烷的正四面体构型

甲烷是最简单的烷烃，分子中4个氢原子的状态完全相同。用物理方法测得甲烷为正四面体构型，碳原子处于正四面体的中心，与碳原子相连的4个氢原子位于正四面体的4个顶点，4个碳氢键完全相同，键长为0.110nm，彼此间的键角为109.5°。甲烷的正四面体构型

如图 2-1 所示。

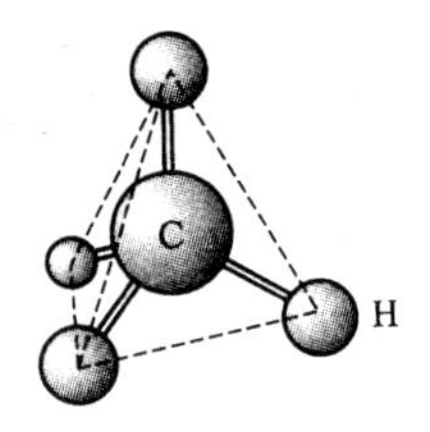


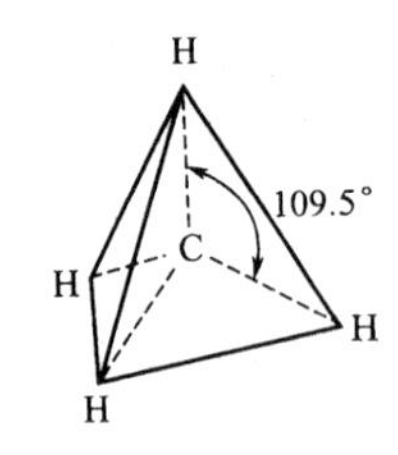


图 2-1 甲烷的正四面体构型

### 2. 碳的 $sp^3$ 杂化

碳原子基态时的最外层电子构型是 $2s^2 2p_x^1 2p_y^1$，只有两个未成对电子，按照价键理论，碳原子只能与两个氢原子成键，这显然与碳原子的四价和甲烷的真实构型不相符。应用杂化轨道理论可以很好地解释这个问题。

杂化轨道理论认为，碳原子在成键时，首先从碳原子的 2s 轨道上激发 1 个电子到空的 $2p_z$ 轨道上去，形成了具有 4 个未成对电子的电子结构。然后碳原子的 2s 轨道和 3 个 2p 轨道重新组合分配，组成了 4 个完全相同的新的原子轨道，称之为 $sp^3$ 杂化轨道。如下图所示：

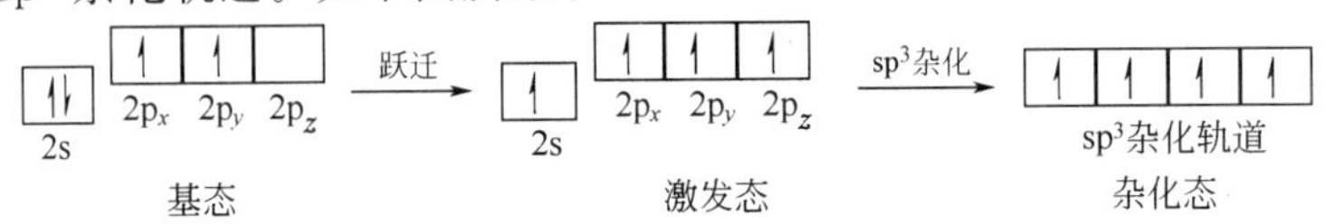


每一个 $sp^3$ 杂化轨道含有 1/4 s 成分和 3/4 p 成分，其形状一头大，一头小（通常称为葫芦形）。这样的杂化轨道有明显的方向性，杂化轨道的大头表示电子云密度较大，成键时由大头与其他原子的轨道重叠，重叠程度大，形成的键比较牢固。4 个完全等同的 $sp^3$ 杂化轨道以正四面体形对称地排布在碳原子的周围，它们的对称轴之间的夹角为 109.5°。$sp^3$ 杂化轨道的形状、分布如图 2-2 所示。

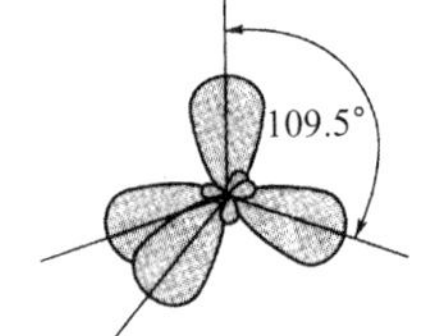


图 2-2 碳原子的 $sp^3$ 杂化轨道

甲烷分子形成时，4 个氢原子分别沿着 $sp^3$ 杂化轨道对称轴方向接近碳原子，这样氢原子的 1s 轨道与碳原子的 $sp^3$ 杂化轨道可以进行最大程度的重叠，形成 4 个等同的碳氢键，因此甲烷分子具有正四面体构型。

### 3. σ 键

像甲烷分子中的碳氢键这样，成键原子沿键轴方向重叠（也称为“头碰头”重叠）形成的共价键叫做 σ 键。σ 键的特点是轨道重叠程度大，键比较牢固；成键电子云呈圆柱形对称分布在键轴周围，成键两原子可以绕键轴相对自由旋转。σ 键的自由旋转，使分子中的原子产生不同的空间排布，从而形成不同的构象（见第四章）。

### 4. 其他烷烃的结构

其他烷烃分子中的碳原子也都是发生 $sp^3$ 杂化，除 C—H σ 键外，碳原子之间还以 $sp^3$ 杂化轨道形成 C—C σ 键。例如乙烷分子中，两个碳原子各以一个 $sp^3$ 杂化轨道沿键轴方向重叠形成 C—C σ 键，每个碳原子以剩余的 3 个 $sp^3$ 杂化轨道分别与 3 个氢原子的 1s 轨道沿键轴方向重叠，共形成 6 个 C—H σ 键。实验证明，乙烷分子中 C—C 键长为 0.154nm，C—H 键长为 0.110nm，键角也是 109.5°。而其他烷烃分子中的各个碳原子上相连的四个原子或基团并不完全相同，因此每个碳原子上的键角也不尽相同，但都接近于 109.5°。

正是因为烷烃分子中的碳原子基本保持 109.5°的键角（也就是四面体结构），所以除乙烷外，其他烷烃分子的碳链并不是呈直线形排列的，而是曲折地排布在空间，一般呈锯齿形排列。例如，己烷的结构模型如图 2-3 所示。

图 2-3 己烷的结构模型

己烷的碳链结构可表示如下：

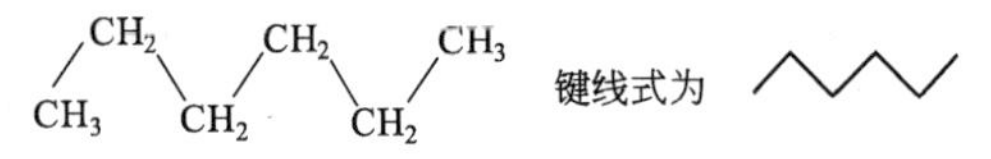

虽然烷烃分子中的碳链排列是曲折的，但为方便起见，书写构造式时，仍将其写成直链形式。

## 二、烯烃的结构及 $sp^2$ 杂化

8.动画：乙烯的$SP^2$杂化过程

### 1. 乙烯的平面构型

乙烯是最简单的烯烃，分子式为 $C_2H_4$，构造式为 $CH_2{=}CH_2$。用物理方法测得乙烯分子中的两个碳原子和 4 个氢原子分布在同一平面上。其中 H—C—C 键角约为 121°，H—C—H 键角约为 118°，接近于 120°；C ═C 键长约为 0.133nm，C—H 键长约为 0.108nm。实验还测知，C ═C 的键能为 611kJ/mol，并不是 C—C 单键键能（C—C 的键能为 347kJ/mol）的两倍。乙烯分子模型如图 2-4 所示。

### 2. 碳的 $sp^2$ 杂化

杂化轨道理论认为，乙烯分子中的碳原子在成键时发生了 $sp^2$ 杂化，即碳原子的 2s 轨道和两个 2p 轨道重新组合分配，组成了 3 个完全相同的 $sp^2$ 杂化轨道，还剩余一个未参与杂化的 2p 轨道。碳原子的 $sp^2$ 杂化过程如下：

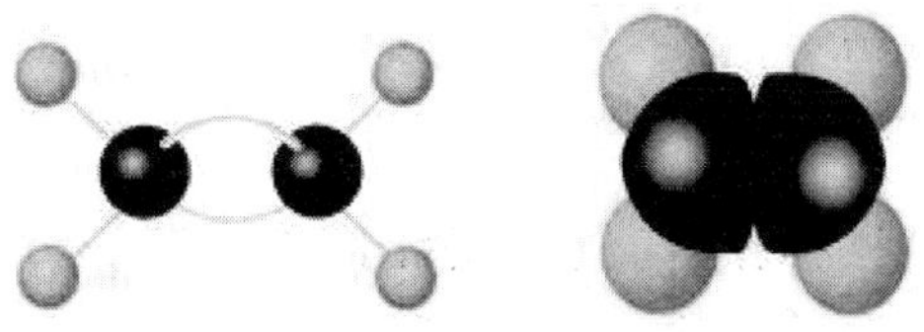
图 2-4　乙烯分子模型

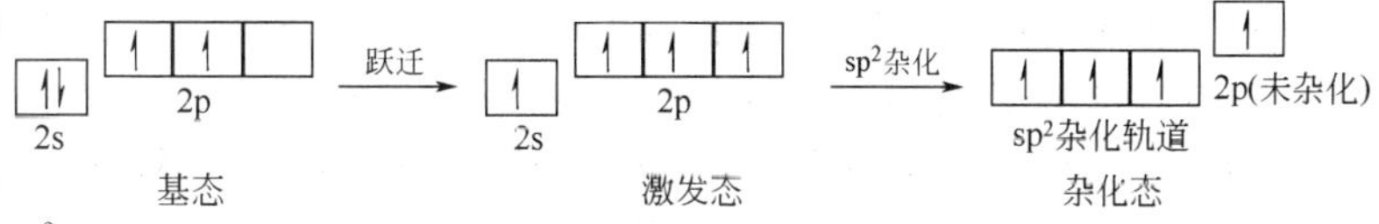


每一个 $sp^2$ 杂化轨道含有 1/3 s 成分和 2/3 p 成分，其形状也是一头大，一头小的葫芦形（与 $sp^3$ 杂化轨道完全相同吗?）。3 个 $sp^2$ 杂化轨道以平面三角形对称地排布在碳原子周围，它们的对称轴之间的夹角为 120°，未参与杂化的 2p 轨道垂直于 3 个 $sp^2$ 杂化轨道组成的平面，如图 2-5 所示。

### 3. π 键

乙烯分子形成时，两个碳原子各以一个 $sp^2$ 杂化轨道沿键轴方向重叠形成一个 C—C σ 键，并以剩余的两个 $sp^2$ 杂化轨道分别与两个氢原子的 1s 轨道沿键轴方向重叠形成 4 个等同的 C—H σ 键，5 个 σ 键都在同一平面内，因此乙烯为平面构型。

此外，每个碳原子上还有一个未参与杂化的 p 轨道，两个碳原子的 p 轨道相互平行，于是侧面重叠（也称为“肩并肩”重叠）成键。这种成键原子的 p 轨道平行侧面重叠形成的共价键叫做 π 键。乙烯分子中的 σ 键和 π 键如图 2-6 所示。

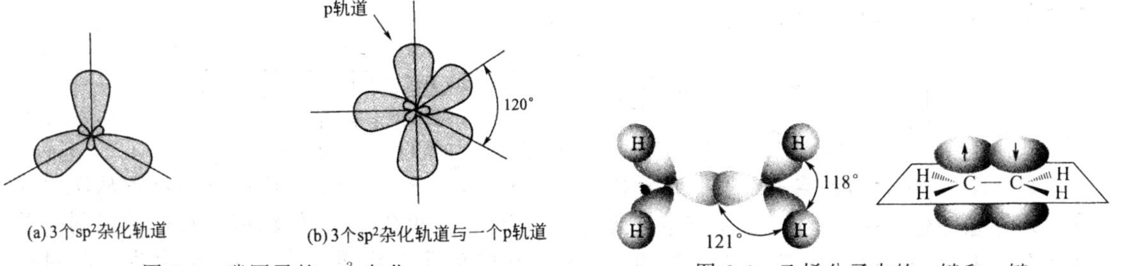

图 2-5　碳原子的 $sp^2$ 杂化　　　图 2-6　乙烯分子中的 σ 键和 π 键

由于 π 键是由两个平行的 p 轨道侧面重叠形成的，重叠程度小且分散，因此 π 键键能较小，容易断裂。另外，π 键电子云对称分布于 σ 键所在平面的上下，它不是轴对称的，所以成键原子不能围绕键轴自由旋转。正因为如此，烯烃存在着顺反异构现象（详见第四章）。σ

键和 π 键的特点比较见表 2-1。

表 2-1　σ 键和 π 键的特点比较

| 项目 | σ 键 | π 键 |
|---|---|---|
| 存在 | 可以单独存在 | 不能单独存在，只能与 σ 键共存 |
| 形成 | 成键轨道沿键轴重叠，重叠程度大 | 成键轨道平行侧面重叠，重叠程度小 |
| 分布 | 电子云对称分布在键轴周围呈圆柱形 | 电子云对称分布于 σ 键所在平面的上下 |
| 性质 | ①键能较大，比较稳定<br>②成键的两个原子可沿键轴自由旋转<br>③电子云受核的束缚大，不易极化 | ①键能较小，不稳定<br>②成键的两个原子不能沿键轴自由旋转<br>③电子云受核的束缚小，容易极化 |

其他烯烃的结构与乙烯相似，双键碳原子也是 $sp^2$ 杂化，与双键碳原子相连的各个原子在同一平面上，碳碳双键都是由一个 σ 键和一个 π 键组成的。丙烯分子模型如图 2-7 所示。

在丙烯分子中，双键碳原子及其相连的氢原子与甲基碳原子在同一平面上，但甲基碳原子为四面体构型。

## 三、炔烃的结构及 sp 杂化

9

9.动画：SP杂化及乙炔的形成

### 1. 乙炔的直线构型

乙炔是最简单的炔烃，分子式为 $C_2H_2$，构造式为 CH≡CH 。实验表明，乙炔分子中的 C≡C 的键能为 837kJ/mol，既不是 C—C 单键键能的 3 倍，也不是 C—C 单键和 C═C 双键键能之和。C≡C 键长约为 0.120nm，C—H 键长约为 0.106nm，而且键角为 180°，也就是说，乙炔分子中的两个碳原子和两个氢原子在同一条直线上，乙炔为直线型分子。乙炔分子模型如图 2-8 所示。

图 2-7　丙烯分子模型

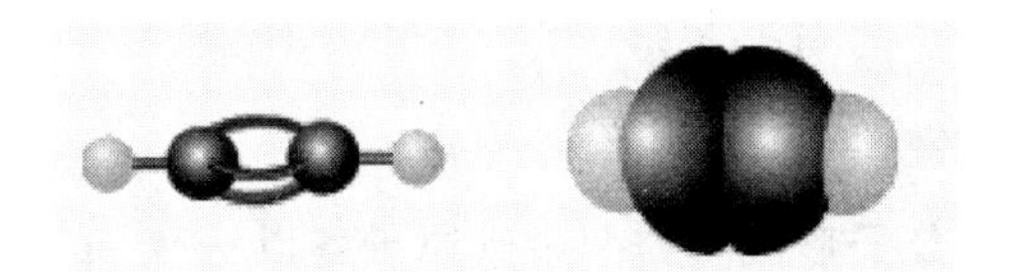
图 2-8　乙炔分子模型

### 2. 碳的 sp 杂化

杂化轨道理论认为，乙炔分子中的每个碳原子，各以一个 2s 轨道和一个 2p 轨道进行 sp 杂化，组成了两个完全相同的 sp 杂化轨道，每个碳原子还剩余两个未参与杂化的 2p 轨道。碳原子的 sp 杂化过程如下：

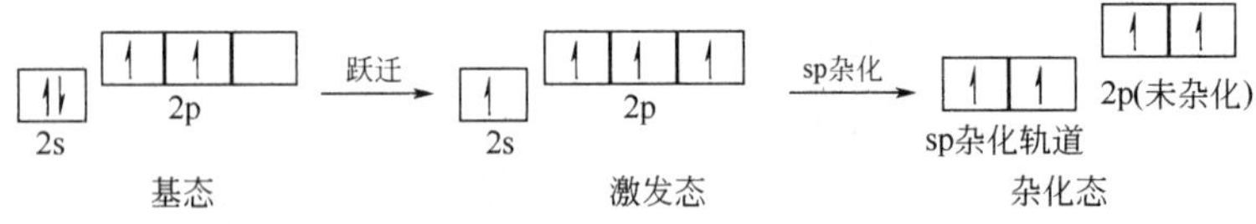


每一个 sp 杂化轨道含有 1/2 s 成分和 1/2 p 成分，其形状仍是葫芦形（请读者从轨道成分的差异想一想，$sp^3$、$sp^2$ 与 sp 杂化轨道有何不同?）。两个 sp 杂化轨道的对称轴在同一条直线上，夹角为 180°，未参与杂化的两个 2p 轨道相互垂直并同垂直于 sp 杂化轨道的对称轴，如图 2-9 所示。

乙炔分子形成时，两个碳原子各以一个 sp 杂化轨道沿键轴方向重叠形成一个 C—C σ 键，并以剩余的 sp 杂化轨道分别与氢原子的 1s 轨道沿键轴方向重叠形成两个 C—H σ 键，这 3 个 σ 键的对称轴在同一条直线上，因此乙炔为直线构型。

此外，每个碳原子上都有两个未参与杂化且又相互垂直的 p 轨道，两个碳原子的 4 个 p 轨道，其对称轴两两平行，侧面“肩并肩”重叠，形成两个相互垂直的 π 键。这两个 π 键电子云对称地分布在 σ 键周围，呈圆筒形，如图 2-10 所示。

可见，乙炔分子中的碳碳三键是由一个 σ 键和两个 π 键组成的。其他炔烃分子中碳碳三键的结构与乙炔完全相同。

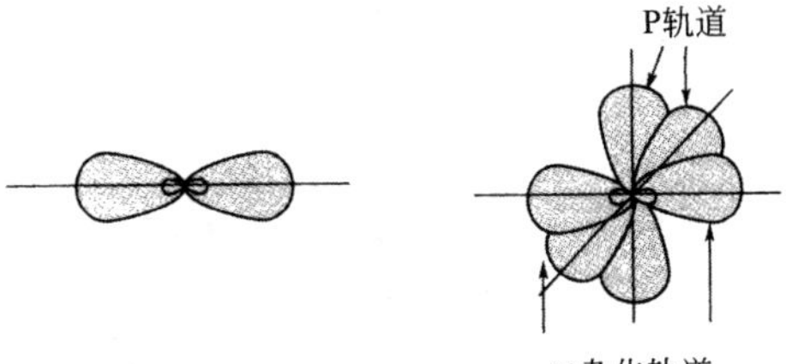


图 2-9 碳原子的 sp 杂化

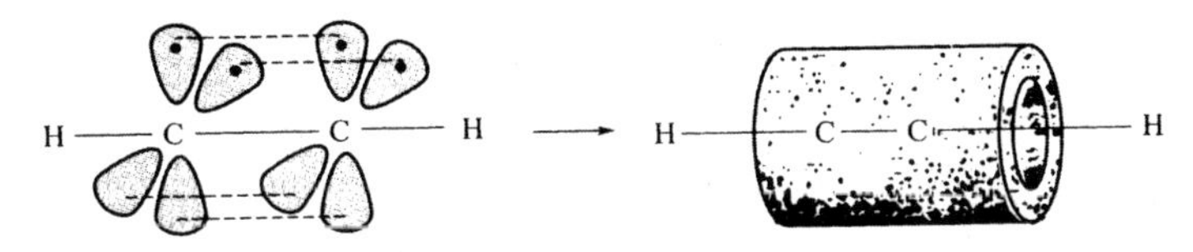


图 2-10 乙炔分子中的 π 键

### 3. $sp^3$、$sp^2$、sp 杂化的比较

$sp^3$、$sp^2$、sp 杂化轨道的特征比较见表 2-2。

**表 2-2 $sp^3$、$sp^2$、sp 杂化轨道的特征比较**

| 项目 | $sp^3$ | $sp^2$ | sp |
|---|---|---|---|
| 数目 | 4 | 3 | 2 |
| 成分 | 1/4 s,3/4 p | 1/3 s,2/3 p | 1/2 s,1/2 p |
| | s 成分愈大,电子云离原子核愈近,其电负性愈强 | | |
| 形状 | 葫芦形 | 葫芦形 | 葫芦形 |
| | 在长度上依次缩小,在宽度上依次增大 | | |
| 杂化轨道的分布 | 正四面体分布(对称轴间夹角为 109.5°) | 平面三角形分布(对称轴间夹角为 120°) | 直线分布(对称轴间夹角为 180°) |
| 杂化轨道与未杂化轨道的关系 | — | 未杂化 p 轨道垂直于 3 个杂化轨道组成的平面 | 两个未杂化 p 轨道相互垂直,并垂直于杂化轨道 |

## 四、共轭二烯烃的结构及共轭效应

### 1. 1,3-丁二烯的结构

1,3-丁二烯（简称丁二烯）是最简单的共轭二烯烃，它的结构体现了所有共轭二烯烃的结构特征。用物理方法测得，丁二烯分子中的 4 个碳原子和 6 个氢原子在同一平面上，其键长和键角的数据如图 2-11 所示。

由图 2-11 中所示的数据可以看出，丁二烯分子中碳碳双键的键长比一般烯烃的双键（0.133nm）稍长，碳碳单键的键长比一般烷烃的单键（0.154nm）短，碳碳双键和单键的键长有平均化的趋势。这是因为丁二烯分子中的 4 个碳原子都是 $sp^2$ 杂化的。它们各以 $sp^2$ 杂化轨道沿键轴方向相互重叠形成 3 个 C—C σ 键，其余的 $sp^2$ 杂化轨道分别与氢原子的 1s 轨道沿键轴方向相互重叠形成 6 个 C—H σ 键，这 9 个 σ 键都在同一平面上，它们之间的夹角都接近 120°。每个碳原子上还剩下一个未参与杂化的 p 轨道，这 4 个 p 轨道的对称轴都与 σ 键所在的平面相垂直，彼此平行，并从侧面重叠，形成 π 键。这

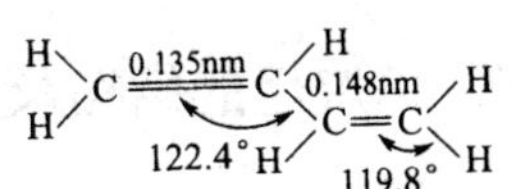


图 2-11 1,3-丁二烯的键长和键角

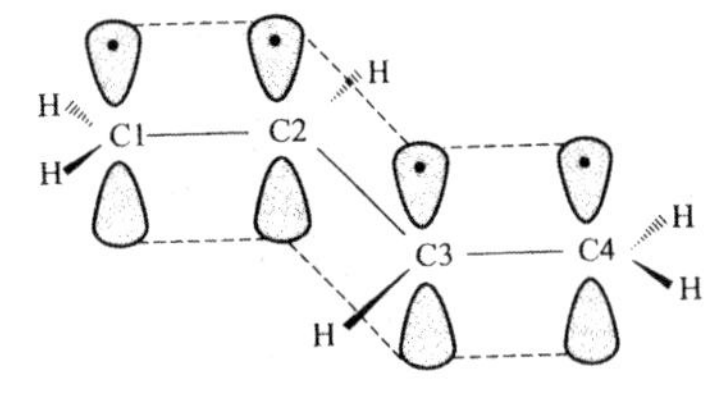

图 2-12　1,3-丁二烯分子中的大 π 键

样 p 轨道就不仅是在 C1 与 C2、C3 与 C4 之间平行重叠，而且在 C2 与 C3 之间也有一定程度的重叠，从而造成 4 个 p 电子的运动范围扩展到 4 个原子的周围，这种现象叫做 π 电子的离域。形成的 π 键包括了 4 个碳原子，这种包括多个（至少 3 个）原子的 π 键叫做大 π 键，也叫做离域 π 键或共轭 π 键。1,3-丁二烯分子中的大 π 键如图 2-12 所示。

### 2. 共轭体系

具有共轭 π 键的体系或者说连续 3 个或更多个相键连原子的 p 轨道处于平行取向从而相互重叠的体系叫做共轭体系。它是指分子中发生原子轨道重叠的部分，可以是整个分子，也可以是分子的一部分。共轭体系主要包括以下几类。

（1）π-π 共轭体系　凡双键和单键交替排列的结构是由 π 键和 π 键形成的共轭体系，叫做 π-π 共轭体系。1,3-丁二烯以及其他的共轭二烯烃都属于 π-π 共轭体系。

（2）p-π 共轭体系　具有 p 轨道且与双键碳原子直接相连的原子，其 p 轨道与双键 π 轨道平行并侧面重叠形成共轭，这种共轭体系叫做 p-π 共轭体系。例如氯乙烯的 p-π 共轭体系如图 2-13 所示。

（3）超共轭体系　碳氢 σ 轨道与相邻 π 轨道（或 p 轨道）之间发生的一定程度的重叠，叫做 σ-π(或 σ-p) 超共轭。这种体系中，由于 σ 轨道与 π 或 p 轨道并不平行，轨道之间重叠程度较小，所以称为超共轭体系。例如丙烯的 σ-π 超共轭体系如图 2-14 所示。

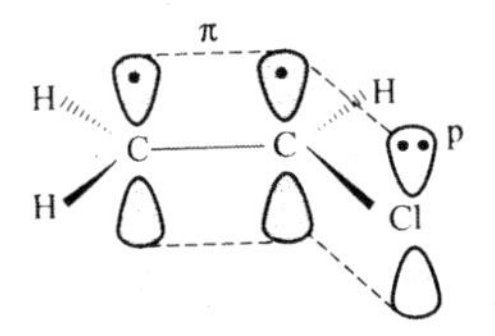

图 2-13　氯乙烯的 p-π 共轭体系

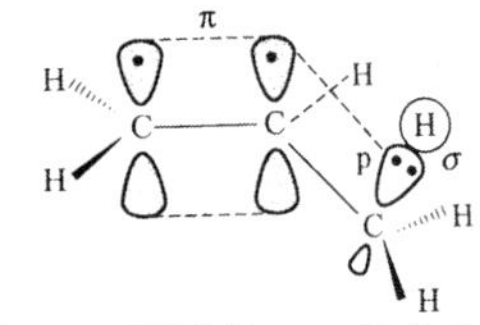

图 2-14　丙烯的 σ-π 超共轭体系

### 3. 共轭效应

组成共轭体系的所有原子是一个整体，体系中各原子的电子分布的特点对分子特性的影响叫做共轭效应。共轭效应具有如下特点。

（1）键长趋于平均化　由于发生了电子的离域，共轭体系的电子云密度趋于平均化，从而使体系中双键和单键的键长趋于平均化。

（2）体系能量低，比较稳定　由于电子的离域导致共轭体系内能降低，体系比较稳定。一般电子云密度平均化程度愈大，说明共轭程度愈大，体系愈稳定。

（3）极性交替现象沿共轭链传递　当共轭体系受到外界试剂进攻或分子中其他基团的影响时，形成共轭键的原子上的电荷会发生正负极性交替现象，这种现象可沿共轭链传递而不减弱。例如，1,3-丁二烯分子受到试剂（如 $H^+$）进攻时，发生极化：

$$\overset{\delta^+}{CH_2}=\overset{\delta^-}{CH}-\overset{\delta^+}{CH}=\overset{\delta^-}{CH_2}\leftarrow H^+$$

1,3-戊二烯受分子内甲基的影响，发生极化：

$$CH_3\rightarrow\overset{\delta^+}{CH}=\overset{\delta^-}{CH}-\overset{\delta^+}{CH}=\overset{\delta^-}{CH_2}$$

## 五、环烷烃的结构及环的稳定性

### 1. 环丙烷的结构

在环丙烷分子中，3 个碳原子都是 $sp^3$ 杂化的。显然，它们的 $sp^3$ 杂化轨道不可能沿键轴方向重叠。相邻两个碳原子的两个 $sp^3$ 杂化轨道，在形成 C—C 键时，其对称轴不在同一条直线上，而是以弯曲方向重叠，形成的 C—C 键是弯曲的，形似“香蕉”，称为“弯曲键”或“香蕉键”，如图 2-15 所示。

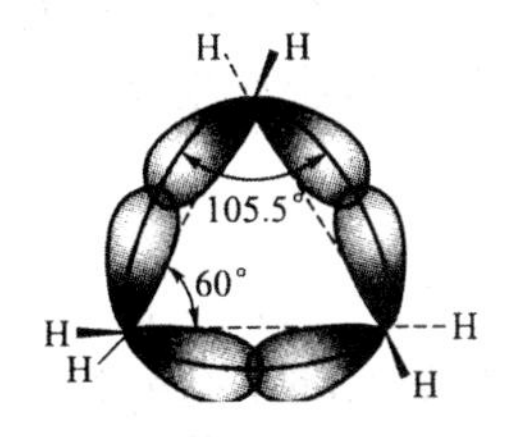


图 2-15　环丙烷分子中弯曲键的形成

弯曲键不是沿键轴方向重叠形成的，比正常 σ 键重叠小，形成的键角也小于 109.5°（环丙烷分子中 C—C—C 键的键角为 105.5°），相当于轨道向内压缩形成的键，这种键具有向外扩张、恢复正常键角的趋势，这种趋势叫做角张力。此外，环中相邻两碳原子上的原子或基团处于最合适排列时，它们之间的作用力最小。当这些原子或基团偏离最合适排列时，碳碳键便受到扭转而产生张力，这种张力叫做扭转张力。

角张力和扭转张力总称为环张力。环张力越大，分子的内能就越高，稳定性越差。环烷烃的环张力大小可以用燃烧热数值加以衡量。

## 2. 燃烧热与稳定性

有机化合物在燃烧时会放出热量。1mol 化合物分子燃烧时放出的热量叫做该化合物分子的燃烧热。分子的平均燃烧热高，说明该化合物分子的内能高，内能越高，分子稳定性越差。一些环烷烃的燃烧热见表 2-3。

**表 2-3　环烷烃的燃烧热**

| 化合物 | 碳原子数 | 分子燃烧热/(kJ/mol) | 平均每个 $CH_2$ 的燃烧热/(kJ/mol) |
|---|---|---|---|
| 环丙烷 | 3 | 2078.6 | 692.9 |
| 环丁烷 | 4 | 2728.0 | 682.0 |
| 环戊烷 | 5 | 3299.1 | 659.8 |
| 环己烷 | 6 | 3928.8 | 654.8 |
| 烷烃 | — | — | 654.8 |

在烷烃中，不论分子中含有多少个碳原子，每个 $CH_2$ 的燃烧热都接近 654.8kJ/mol。而在环烷烃中，每个 $CH_2$ 的燃烧热却因环的大小不同而差异较大。由表 2-3 可见，环丙烷、环丁烷分子中 $CH_2$ 的燃烧热较高，这说明环丙烷、环丁烷分子的环张力大，内能较高，很不稳定。而环戊烷、环己烷分子中 $CH_2$ 的燃烧热则与烷烃接近或相同，这说明环戊烷、环己烷分子的环张力小，内能较低，比较稳定。

为什么环的稳定性有如此差异呢？不同大小的环的稳定性分析见表 2-4。

**表 2-4　环的稳定性分析**

| 化合物 | 结构 | 环张力 | | 稳定性 |
|---|---|---|---|---|
| | | 角张力 | 扭转张力 | |
| 环丙烷 | 平面型 | 大（109.5°>60°） | 大 | 很不稳定 |
| 环丁烷 | 折叠式（25°） | 较大（109.5°>90°） | 较小 | 不稳定 |
| 环戊烷 | 信封式（30°） | 较小（109.5°≈108°） | 较小 | 较稳定 |
| 环己烷 | 椅式 | 无（正常 σ 键） | 无 | 稳定 |

在环烷烃中，除环丙烷的碳原子为平面结构外，其余的成环碳原子都不在同一平面上，这样可以很好地克服环的扭转张力，从而形成稳定的结构。

### 思考与练习

2-9　乙烷、乙烯、乙炔分子中的碳氢键键长分别为 0.110nm、0.108nm、0.106nm，试从碳原子的杂化特点解释键长依次缩短的原因。

2-10　试根据乙烷、乙烯、乙炔的 $pK_a$ 值，比较它们的相对酸性并解释原因。

| | (1) $CH_3—CH_2—H$ | (2) $CH_2═CH—H$ | (3) $CH≡C—H$ |
|---|---|---|---|
| $pK_a$ | 42 | 36.5 | 25 |

2-11　形成共轭体系，产生共轭效应的条件是什么？

2-12　判断正误

（1）环丙烷和环己烷中的碳原子都是 $sp^3$ 杂化，所以分子中的碳碳键均为正常 σ 键。

（2）环丙烷和环己烷的通式相同，彼此相差 3 个 $CH_2$ 基团，因此互为同系物。

2-13　什么叫做角张力？什么叫做扭转张力？为什么环丙烷最不稳定？

## 第四节　脂烃的物理性质

物质的物理性质通常是指它们的状态、颜色、气味、熔点、沸点、相对密度和溶解度等。纯物质的物理性质在一定条件下常有固定的数值，称为物质的物理常数。物理常数是物理性质的准确量度。

同系列的化合物，随着碳原子数的增加，其物理性质呈规律性变化。一些常见的直链烷烃、烯烃、炔烃和环烷烃的物理常数见表 2-5。

**表 2-5　一些直链烷烃、烯烃、炔烃和环烷烃的物理常数**

| 名　　称 | 沸点/℃ | 熔点/℃ | 相对密度($d_4^{20}$) |
|---|---|---|---|
| 甲烷 | −164.0 | −182.5 | 0.4660(−164℃) |
| 乙烷 | −88.6 | −172.0 | 0.5720(−100℃) |
| 丙烷 | −42.1 | −189.7 | 0.5853(−45℃) |
| 丁烷 | −0.5 | −138.4 | 0.5788 |
| 戊烷 | 36.1 | −130.0 | 0.6262 |
| 己烷 | 69.0 | −95.0 | 0.6603 |
| 庚烷 | 98.4 | −90.6 | 0.6837 |
| 辛烷 | 125.7 | −56.8 | 0.7025 |
| 壬烷 | 150.8 | −51.0 | 0.7176 |
| 癸烷 | 174.1 | −29.7 | 0.7300 |
| 十七烷 | 301.8 | 22.0 | 0.7767 |
| 十八烷 | 316.1 | 28.2 | 0.7768 |
| 乙烯 | −103.7 | −169.0 | 0.5660(−102℃) |
| 丙烯 | −47.4 | −185.2 | 0.5193 |
| 1-丁烯 | −6.3 | −185.3 | 0.5951 |
| 1-戊烯 | 30.0 | −138.0 | 0.6405 |
| 1-己烯 | 63.3 | −139.8 | 0.6731 |
| 1-十八碳烯 | 179.0 | 17.5 | 0.7910 |
| 1-十九碳烯 | 177.0(1333Pa) | 21.5 | 0.7858 |
| 乙炔 | −84.0 | −80.8 | 0.6208(−82℃) |
| 丙炔 | −23.2 | −101.5 | 0.7062(−50℃) |
| 1-丁炔 | 8.1 | −125.7 | 0.6784(0℃) |
| 1-戊炔 | 40.2 | −90.0 | 0.6901 |
| 1-己炔 | 71.3 | 131.9 | 0.7155 |
| 1-十八碳炔 | 180.0(52kPa) | 28.0 | 0.8025 |
| 环丙烷 | −32.9 | −127.6 | 0.7200(−79℃) |
| 环丁烷 | 12.0 | −80.0 | 0.7030(0℃) |
| 环戊烷 | 49.2 | −93.0 | 0.7457 |
| 环己烷 | 80.7 | 6.5 | 0.7785 |
| 环十二烷 | | 61.0 | 0.8610 |

## 一、物态

常温常压下，4个碳原子以内的烷烃、烯烃、炔烃和环烷烃为气体；$C_5$～$C_{16}$的烷烃、$C_5$～$C_{18}$的烯烃、$C_5$～$C_{17}$的炔烃、$C_5$～$C_{11}$的环烷烃为液体；高级烷烃、烯烃、炔烃和环烷烃为固体。

## 二、沸点

同系列的烃化合物的沸点（b. p.）随分子中碳原子数的增加而升高。这是因为随着分子中碳原子数目的增加，分子量增大，分子间的范德华力增强，若要使其沸腾汽化，就需要提供更多的能量，所以同系物分子量越大，沸点越高。

同碳数的环烷烃比相应的烷烃的沸点高。同碳数的炔烃比相应的烯烃和烷烃的沸点高。

在碳原子数目相同的烷烃异构体中，直链烷烃的沸点较高，支链烷烃的沸点较低，支链越多，沸点越低。戊烷的三种异构体的沸点见表2-6。这主要是由于烷烃的支链产生了空间阻碍作用，使得烷烃分子彼此间难以靠得很近，分子间引力大大减弱的缘故。支链越多，空间阻碍作用越大，分子间作用力越小，沸点就越低。

在烯烃或炔烃的异构体中，不饱和键位于碳链中间的比位于碳链一端的沸点高，这是由于分子对称的结果。戊烯和戊炔的异构体的沸点见表2-6。

**表2-6 戊烷、戊烯、戊炔异构体的沸点**

| 名　称 | 沸点/℃ | 名　称 | 沸点/℃ | 名　称 | 沸点/℃ |
|---|---|---|---|---|---|
| 正戊烷 | 36.1 | 1-戊烯 | 30.0 | 1-戊炔 | 40.2 |
| 异戊烷 | 28.0 | 顺-2-戊烯 | 36.9 | 2-戊炔 | 56.0 |
| 新戊烷 | 9.5 | 反-2-戊烯 | 36.4 | 3-甲基-1-丁炔 | 29.5 |

**【知识应用】** 通常利用烃的不同沸点，将混合的烃分离开来。例如，加工原油采用的分馏方法，就是根据这个原理将其分成汽油、煤油、柴油、石蜡等不同的馏分。

## 三、熔点

同系列的烃化合物的熔点（m. p.）基本上也是随分子中碳原子数目的增加而升高。对于烷烃，$C_3$以下的变化不规则，自$C_4$开始随着碳原子数目的增加而逐渐升高，其中含偶数碳原子烷烃的熔点比相邻含奇数碳原子烷烃的熔点升高多一些。这种变化趋势称为锯齿形上升，如图2-16所示。

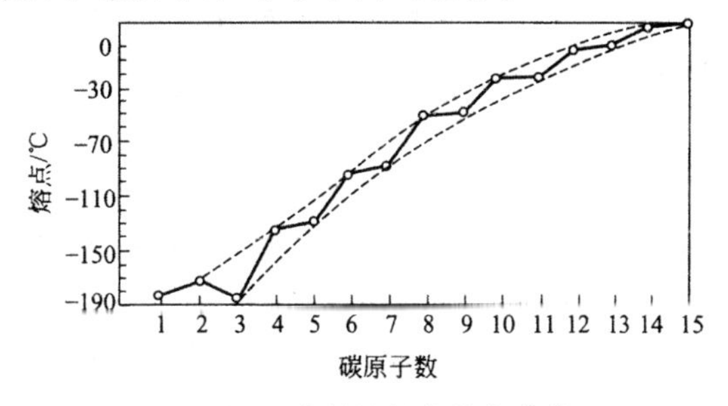

图2-16　直链烷烃的熔点曲线

这是因为在晶体中，分子之间的引力不仅取决于分子的大小，还取决于它们在晶格中的排列情况。对称性大的化合物分子在晶体中的排列更有序、紧密，若要使其熔化需克服较高的能量，所以对称性大的化合物熔点较高。含偶数碳原子的烷烃比含奇数碳原子烷烃的对称性大。当从含奇数碳原子的烷烃增加一个$CH_2$到下一个含偶数碳原子的烷烃时，由于分子量的增加，分子对称性的增大，熔点的增加就比较明显；而从含偶数碳原子的烷烃增加一个$CH_2$到下一个含奇数碳原子的烷烃时，虽然分子量的增加使熔点升高，但由于分子的对称性变小，因此熔点的增加不明显。从而形成了含偶数碳原子烷烃的熔点在上，含奇数碳原子烷烃的熔点在下的两条熔点曲线。

## 四、相对密度

同系列的烃化合物，随分子中碳原子数目的增加，相对密度逐渐增大。其相对密度都小于1，比水轻。

## 五、溶解性

根据相似相溶的经验规则，脂烃分子没有极性或极性很弱，因此难溶于水，易溶于有机溶剂。

### 思考与练习

2-14　烷烃分子的对称性越大，熔点越高。据此推测一下，正戊烷、异戊烷和新戊烷这三个构造异构体中，哪一个熔点最高？哪一个最低？

2-15　将下列各组化合物的沸点由高到低排列。

（1）正己烷　异己烷　新己烷　正庚烷　2,2,3-三甲基丁烷

（2）2-戊炔　1-戊炔　1-戊烯　环丙烷　丙烷

10

10.视频：烃的性质实验

# 第五节　脂烃的化学性质

脂烃的化学性质与其结构密切相关。对于分子中仅含有牢固 σ 键的烷烃，其化学性质比较稳定，一般与强碱、强酸、强氧化剂、强还原剂和活泼金属都不发生化学反应。例如石油醚常用作溶剂，石蜡可作为药物基质，煤油用来保存金属钠，都是利用了烷烃的稳定性。但稳定是相对的，在一定条件下，σ 键也可以断裂发生某些反应。对于分子中含有活泼 π 键的不饱和烃，则很容易发生加成、氧化等一系列化学反应，在工业生产中有着广泛的应用。

## 一、取代反应

### 1. 烷烃、环烷烃的卤代反应

烷烃、环烷烃能与卤素在高温或光照条件下发生取代反应。$X_2$ 的反应活性为 $F_2 > Cl_2 > Br_2 > I_2$，其中氟代反应太剧烈，难以控制；而碘代反应太慢，难以进行；实际上广为应用的是氯代和溴代反应。例如：

$$CH_4 + Cl_2 \xrightarrow[\text{或 } h\nu,25℃]{400℃} CH_3Cl + HCl$$

氯甲烷

$$CH_4 + Br_2 \xrightarrow[h\nu]{125℃} CH_3Br + HBr$$

溴甲烷

$$\text{C}_6\text{H}_{10}(\text{H})(\text{H}) + Cl_2 \xrightarrow[h\nu]{25℃} \text{C}_6\text{H}_{10}(\text{Cl})(\text{H}) + HCl$$

氯代环己烷

**【知识应用】** 通过卤代反应制得的卤代烃是一类重要的化工原料，也是药物合成中常用的中间体。其中氯甲烷可用作制冷剂和医药上的麻醉剂，也是很好的溶剂和甲基化试剂；溴甲烷是农业上常用的杀虫蒸熏剂，也可作冷冻剂；氯代环己烷有麻醉和刺激皮肤的作用，在药物合成中用于制取抗癫痫、痉挛药盐酸苯海索。

烷烃的卤代反应一般难以停留在一取代阶段，通常得到各卤代烃的混合物。例如甲烷的氯代：

$$CH_4 + Cl_2 \xrightarrow[\text{或 } h\nu,\ 25℃]{400℃} CH_3Cl + CH_2Cl_2 + CHCl_3 + CCl_4$$

一氯甲烷　二氯甲烷　三氯甲烷　四氯化碳

若要得到其中的某一产物，可通过控制甲烷和氯气的配料比来实现。如当反应在 400～450℃，$CH_4$ 与 $Cl_2$ 的摩尔比为 10∶1 时，主要产物为 $CH_3Cl$；而当 $CH_4$ 与 $Cl_2$ 的摩尔比为 0.263∶1 时，主要产物为 $CCl_4$。

烷烃分子中各类氢（伯、仲、叔）原子与卤素反应的活性不同，而且氯代和溴代反应的

选择性差异很大。例如：

$$CH_3CH_2CH_3 \begin{cases} \xrightarrow[h\nu,\ 25℃]{Cl_2} \underset{\text{1-氯丙烷(45\%)}}{CH_3CH_2CH_2Cl} + \underset{\text{2-氯丙烷(55\%)}}{CH_3\underset{Cl}{\underset{|}{C}}HCH_3} \\ \xrightarrow[h\nu,\ 25℃]{Br_2} \underset{\text{1-溴丙烷(3\%)}}{CH_3CH_2CH_2Br} + \underset{\text{2-溴丙烷(97\%)}}{CH_3\underset{Br}{\underset{|}{C}}HCH_3} \end{cases}$$

$$CH_3-\overset{CH_3}{\overset{|}{C}}H-CH_3 \begin{cases} \xrightarrow[h\nu,\ 25℃]{Cl_2} \underset{\text{2-甲基-1-氯丙烷(64\%)}}{CH_3-\overset{CH_3}{\overset{|}{C}}H-CH_2Cl} + \underset{\text{2-甲基-2-氯丙烷(36\%)}}{CH_3-\overset{CH_3}{\overset{|}{\underset{CH_3}{\underset{|}{C}}}}-Cl} \\ \xrightarrow[h\nu,\ 25℃]{Br_2} \underset{\text{2-甲基-1-溴丙烷(1\%)}}{CH_3-\overset{CH_3}{\overset{|}{C}}H-CH_2Br} + \underset{\text{2-甲基-2-溴丙烷(99\%)}}{CH_3-\overset{CH_3}{\overset{|}{\underset{CH_3}{\underset{|}{C}}}}-Br} \end{cases}$$

从以上反应产物的比例可以看出，烷烃中伯、仲、叔氢原子的反应活性为 3°H＞2°H＞1°H，并且溴代反应的选择性比氯代反应好。

### 2. 烯烃 α-氢原子上的卤代反应

与官能团直接相连的碳原子叫做 α-碳原子，α-碳原子上的氢原子叫做 α-氢原子。含 α-氢原子的烯烃，由于 α-碳氢 σ 电子云与 π 电子云重叠形成超共轭体系，受超共轭效应的影响，α-氢原子有较强的活性，也可与卤素发生取代反应。例如：

$$CH_3-CH=CH_2 + Cl_2 \xrightarrow{500℃} \underset{\text{3-氯丙烯}}{\underset{Cl}{\underset{|}{CH_2}}-CH=CH_2} + HCl$$

**【知识应用】** 3-氯丙烯最主要的用途是制备环氧氯丙烷，进而生产环氧树脂和合成甘油。

### *3. 自由基取代反应机理

反应机理又称为反应历程，它是指由反应物到产物所经历的途径的详细描述，是建立在实验基础上的一种理论假说。研究反应机理，可以认清反应本质，把握反应规律，从而有效地为生产实践服务。

上述卤代反应均属于自由基取代反应。自由基取代反应是通过共价键的均裂生成自由基而进行的链反应。它包括链引发、链增长和链终止 3 个阶段。可以用下面的式子表示：

$$\text{链引发}\quad X_2 \xrightarrow{h\nu} 2X\cdot$$

$$\text{链增长}\begin{cases} RH + X\cdot \longrightarrow R\cdot + HX \\ R\cdot + X_2 \longrightarrow RX + X\cdot \end{cases}$$

$$\text{链终止}\begin{cases} X\cdot + X\cdot \longrightarrow X_2 \\ X\cdot + R\cdot \longrightarrow RX \\ R\cdot + R\cdot \longrightarrow R-R \end{cases}$$

例如，甲烷氯代反应机理如下：

链引发　　$Cl:Cl \xrightarrow{h\nu} \underset{\text{氯原子（氯自由基）}}{2Cl\cdot}$

链增长　　$Cl\cdot + H:CH_3 \longrightarrow HCl + \underset{\text{甲基自由基}}{\cdot CH_3}$

$$\cdot CH_3 + Cl{:}Cl \longrightarrow CH_3Cl + Cl\cdot$$
$$Cl\cdot + H{:}CH_2Cl \longrightarrow HCl + \cdot CH_2Cl$$
一氯甲基自由基
$$\cdot CH_2Cl + Cl{:}Cl \longrightarrow CH_2Cl_2 + Cl\cdot$$
$$Cl\cdot + H{:}CHCl_2 \longrightarrow HCl + \cdot CHCl_2$$
二氯甲基自由基
$$\cdot CHCl_2 + Cl{:}Cl \longrightarrow CHCl_3 + Cl\cdot$$
$$Cl\cdot + H{:}CCl_3 \longrightarrow HCl + \cdot CCl_3$$
三氯甲基自由基
$$\cdot CCl_3 + Cl{:}Cl \longrightarrow CCl_4 + Cl\cdot$$

链终止
$$Cl\cdot + Cl\cdot \longrightarrow Cl_2$$
$$\cdot CH_3 + \cdot CH_3 \longrightarrow CH_3CH_3$$
$$Cl\cdot + \cdot CH_3 \longrightarrow CH_3Cl$$

甲烷的氯代反应首先是氯分子吸收能量均裂为氯自由基，从而引发反应进行。在链增长阶段，由于大量甲烷存在，氯自由基主要与甲烷分子碰撞生成甲基自由基，而氯自由基自相结合的概率很小；同样因大量氯存在，生成的甲基自由基自相作用的概率也很小，甲基自由基主要与氯分子作用生成一氯甲烷。当一氯甲烷达到一定浓度时，氯自由基也可以和生成的一氯甲烷作用生成一氯甲基自由基，它又可与氯分子作用，逐步生成二氯甲烷、三氯甲烷和四氯甲烷。当甲烷和氯分子的量减少时，各自由基相遇的概率也随之增加，它们相互作用的结果最终使反应链终止。

在自由基卤代反应中，决定反应速率的最慢步骤是氢原子的获取。

$$RH + X\cdot \longrightarrow R\cdot + HX$$

而氢原子的获取，即氢原子的活泼性取决于形成的烃基自由基的稳定性。形成的自由基越稳定，越容易形成。实验表明，各种烃基自由基的稳定性以如下次序减小：

$$CH_2{=}CH\dot{C}H_2 > CH_3{-}\underset{CH_3}{\underset{|}{\dot{C}}}{-}CH_3 > CH_3{-}\dot{C}H{-}CH_3 > CH_3\dot{C}H_2 > \dot{C}H_3$$

烯丙基自由基　3°自由基　2°自由基　1°自由基　甲基自由基

则各类氢原子的活泼性应按以下次序减弱：

$$CH_2{=}CH{-}CH_2{-}H > 3°H > 2°H > 1°H > CH_3{-}H$$

烃的卤代反应是制备卤代烃的方法之一，在工业上具有重要的应用价值。

### 思考与练习

2-16　为什么异丁烷一溴代反应的主要产物为 $(CH_3)_3CBr$？

2-17　完成下列化学反应式。

(1) 甲基环己烷（环己基—$CH_3$） $+ Br_2 \xrightarrow{h\nu}$ ?

(2) 亚甲基环己烷（环己烷$=CH_2$） $+ Cl_2 \xrightarrow{h\nu}$ ?

## 二、加成反应

烯烃等不饱和烃与某些试剂作用时，不饱和键中的 π 键断裂，试剂中的两个原子或基团加到不饱和碳原子上，生成饱和化合物，这种反应叫做加成反应。加成反应是不饱和烃的特征反应之一。

### 1. 催化加氢（催化氢化）

不饱和烃在催化剂铂（Pt）、钯（Pd）、镍（Ni）等金属存在下与氢气加成，得到饱和烃，这是一种还原反应。通常催化剂 Pt 和 Pd 被吸附在惰性材料活性炭上使用，催化剂 Ni 则是由镍铝合金经碱处理得到的，具有较大表面积的海绵状金属镍，称为兰尼镍（Raney Ni）。

$$CH_3—CH=CH_2 + H_2 \xrightarrow{Pt/C} CH_3—CH_2—CH_3$$

$$\text{(环己烯)} + H_2 \xrightarrow{Pd/C} \text{(环己烷)}$$

$$CH \equiv CH + H_2 \xrightarrow{Raney\ Ni} CH_2=CH_2 \xrightarrow[Raney\ Ni]{H_2} CH_3—CH_3$$

当炔烃催化加氢时，若采用林德拉（Lindlar）催化剂（将金属钯沉结在碳酸钙上，再用醋酸铅处理制得），可使反应停留在烯烃阶段，并得到顺式烯烃。

$$CH_3—C \equiv C—CH_3 + H_2 \xrightarrow[Pb(OOCCH_3)_2]{Pd/CaCO_3} \text{顺-2-丁烯}$$

顺-2-丁烯

$$CH_2=CH—C \equiv CH + H_2 \xrightarrow[Pb(OOCCH_3)_2]{Pd/CaCO_3} CH_2=CH—CH=CH_2$$

环丙烷和环丁烷存在较大的环张力，环不稳定，也容易发生催化加氢反应。

$$\triangle + H_2 \xrightarrow[80℃]{Ni} CH_3CH_2CH_3$$

$$\square + H_2 \xrightarrow[200℃]{Ni} CH_3CH_2CH_2CH_3$$

**【知识应用】** 催化加氢反应是放热反应，所放出的热量叫做氢化热。通过测定反应的氢化热可以比较不同烃的稳定性，因为氢化热越高，说明分子体系能量越高，越不稳定。

催化加氢反应能定量进行，在分析上可根据吸收氢气的体积，计算出混合物中不饱和化合物的含量。

汽油中含有少量烯烃，性能不稳定，可通过催化加氢使烯烃变成烷烃，从而提高汽油的质量；液态油脂的结构中含有双键，容易变质，可通过催化加氢将液态油脂转变为固态油脂，便于保存和运输。

炔烃可通过控制加氢制备烯烃、二烯烃等重要的有机合成原料。

**2. 亲电加成**

（1）烯烃的加成　烯烃具有双键，其 π 键电子云分布在分子平面的上方和下方，受碳原子核束缚较小，π 电子云流动性强，容易极化，因而使烯烃具有给电子性能，容易受到带正电荷或带部分正电荷的离子或分子的进攻而发生反应。带正电荷或带部分正电荷的离子或分子具有亲电的性质，叫做亲电试剂。由亲电试剂首先进攻而引起的加成反应叫做亲电加成反应。

① 基本反应及应用。烯烃容易与 $X_2$、HX、$H_2SO_4$、$H_2O$、HOX 等试剂发生亲电加成反应。反应如下：

$$R—CH=CH_2 \xrightarrow[(活性:Cl_2>Br_2)]{X—X} R—CH(X)—CH_2(X)$$

$$R—CH=CH_2 \xrightarrow[(活性:HI>HBr>HCl)]{\overset{\delta^+}{H}—\overset{\delta^-}{X}} R—CH(X)—CH_2(H)\text{(主)} + R—CH(H)—CH_2(X)$$

$$R—CH=CH_2 \xrightarrow{\overset{\delta^+}{H}—\overset{\delta^-}{OSO_3H}} R—CH(OSO_3H)—CH_3\text{(主)} + R—CH(H)—CH_2(OSO_3H)$$

两种产物分别经 $H_2O/\triangle$ 水解得相应的醇。

$$R—CH=CH_2 \xrightarrow[H^+]{\overset{\delta^+}{H}—\overset{\delta^-}{OH}} R—CH(OH)—CH_2(H)\text{(主)} + R—CH(H)—CH_2(OH)$$

$$R—CH=CH_2 \xrightarrow[(X_2+H_2O)]{\overset{\delta^+}{X}—\overset{\delta^-}{OH}} R—CH(OH)—CH_2(X)\text{(主)} + R—CH(X)—CH_2(OH)$$

**【知识应用】** 烯烃与溴作用，通常以四氯化碳为溶剂，在室温下即发生反应。溴的四氯化碳溶液是棕红色的，与烯烃加成生成二溴化物后转变为无色，褪色过程迅速，易于观察，通常用于验证是否存在碳碳双键。烯烃与硫酸加成再水解或和水直接作用，都可以生成醇，这是工业上制备醇的两种方法，前者称为烯烃的间接水化法，后者称为烯烃的直接水化法；此外利用烯烃与硫酸作用可生成能溶于硫酸的硫酸氢烷基酯的性质来除去烷烃中的烯烃。

【例 2-1】 庚烷是聚丙烯生产中使用的溶剂，但要求不能含有烯烃。试设计一个简便的方法进行检验，若含有烯烃予以除去。

【解析】 检验实际上就是鉴别；除杂质即为分离提纯。烯烃室温下能使溴的四氯化碳溶液褪色，纯的庚烷则不能。因此可用溴的四氯化碳溶液进行鉴别；若含有烯烃，可用浓硫酸除去。

做鉴别题和分离提纯题可分别采用下列简便格式。

鉴别：

$$\left.\begin{matrix}\text{庚烷}\\ \text{烯烃}\end{matrix}\right\}\xrightarrow[\text{室温}]{Br_2/CCl_4}\begin{matrix}\times\\ \text{褪色}\end{matrix}$$

分离：

$$\left.\begin{matrix}\text{庚烷}\\ \text{烯烃}\end{matrix}\right\}\xrightarrow[\text{振荡后静置}]{\text{浓硫酸}}\left.\begin{matrix}\text{庚烷}\\ \text{硫酸氢烷基酯}\\ \text{硫酸}\end{matrix}\right\}\xrightarrow{\text{分离}}\begin{cases}\xrightarrow{\text{上层}}\text{庚烷}\\ \xrightarrow{\text{下层}}\text{硫酸氢烷基酯和硫酸(弃去)}\end{cases}$$

② 马氏加成规则。通常将双键两端连接不同烃基的烯烃称为不对称烯烃。从上述反应可以看出，当不对称烯烃与 HX 等极性试剂加成时，得到两种加成产物。其中主要产物是氢原子或带部分正电荷的部分加到含氢原子较多的双键碳原子上，这是俄国科学家马尔科夫尼科夫（Markovnikov）发现的一条经验规则，叫做马尔科夫尼科夫规则，简称马氏加成规则。

马氏加成规则可由亲电加成反应的机理得以解释。

11.动画：烯烃的亲电加成过程

* ③ 亲电加成反应机理。大量实验表明，亲电加成反应是分步进行的。现以烯烃与 HX 的亲电加成反应为例加以说明。

烯烃与 HX 的亲电加成反应机理分两步进行。第一步是烯烃与 HX 相互极化影响，π 电子云偏移而极化，使一个双键碳原子上带有部分负电荷，更易于受极化分子 HX 带正电部分或 $H^+$ 的进攻，结果生成了带正电的中间体碳正离子（注意：碳正离子中的碳原子最外层只有 6 个电子）和卤素负离子（$X^-$）；第二步是碳正离子迅速与 $X^-$ 结合生成卤代烷。

$$>\overset{}{\underset{\delta^+}{C}}=\underset{\delta^-}{C}< + \overset{\delta^+}{H}-\overset{\delta^-}{X}\xrightarrow{\text{慢}}>\overset{+}{C}-\underset{|\atop H}{C}< + X^-$$

$$>\overset{+}{C}-\underset{|\atop H}{C}< + X^-\xrightarrow{\text{快}}>\underset{|\atop X}{C}-\underset{|\atop H}{C}<$$

第一步反应是由亲电试剂的进攻而发生的，所以与 HX 的加成反应叫做亲电加成反应。第一步碳正离子的形成是反应过程中最慢的一步，因此是决定整个反应关键的一步，也是决定反应速率的一步。

* ④ 马氏加成规则的理论解释

a. 从诱导效应角度解释。当不对称烯烃（如丙烯）与 HX 加成时，反应第一步应由 $H^+$ 首先进攻而发生反应。在丙烯分子中，含氢原子较少的双键碳原子上连接着甲基，双键中电子云密度的分布取决于甲基的影响。甲基碳原子为 $sp^3$ 杂化，电负性小，双键碳原子为 $sp^2$ 杂化，电负性较大，因此甲基具有给电性能，其结果使双键上的 π 电子云向双键的另一个碳原子偏移，从而使含氢原子较多的双键碳原子上带部分负电荷。加成时，$H^+$ 首先加到含氢原子较多而带部分负电荷的双键碳原子上，生成碳正离子，然后 $X^-$ 与碳正离子结合而加到含氢原子较少的双键碳原子上。

$$\overset{\delta^-}{CH_2}=\overset{\delta^+}{CH} \leftarrow CH_3 + H^+ \xrightarrow{\text{第一步}} CH_3-\overset{+}{CH}-CH_3 \xrightarrow[X^-]{\text{第二步}} CH_3-\underset{\underset{X}{|}}{CH}-CH_3$$

这种由于分子中成键原子或基团的电负性不同，引起整个分子中成键的电子云向着一个方向偏移，使分子发生极化的效应，叫做诱导效应。用符号I表示。

诱导效应中电子云偏移的方向通常是以C—H键中的氢原子作为比较标准。由其他原子或基团取代C—H键中的氢原子后，键的电子云分布将发生一定程度的改变。如果取代基Y的电负性大于氢原子，C—Y键的电子云就会偏向Y，与氢原子相比，Y具有吸电性，则称Y为吸电子基，由它所引起的诱导效应叫做吸电子诱导效应，一般用－I表示；如果电负性小于氢原子的取代基X取代氢原子后，C—X键的电子云就会偏向碳原子，与氢原子相比，X具有给电性，则称X为给电子基，由它所引起的诱导效应叫做给电子诱导效应，一般用＋I表示。

不同的诱导效应对烯烃中碳碳双键的影响表示如下：

$$\overset{\delta^+}{CH_2}=\overset{\delta^-}{CH} \rightarrow Y \qquad -I$$

$$\overset{\delta^-}{CH_2}=\overset{\delta^+}{CH} \leftarrow X \qquad +I$$

常见取代基的吸电或给电能力的强弱顺序为：

吸电子基　$-NO_2 > -CN > -COOH > -F > -Cl > -Br > -I > -OR > -H$

给电子基　$(CH_3)_3C- > (CH_3)_2CH- > CH_3CH_2- > CH_3- > H-$

诱导效应是以静电诱导的形式沿着碳链朝一个方向由近到远依次传递，并随着距离的增加，其效应迅速降低，一般经过3个碳原子后，诱导效应的影响极小，可以忽略不计。例如：

$$CF_3 \leftarrow \overset{\delta^-}{CH}=\overset{\delta^+}{CH_2} \qquad CF_3 \leftarrow CH_2 \leftarrow \overset{\delta\delta^-}{CH}=\overset{\delta\delta^+}{CH_2} \qquad CF_3 \leftarrow CH_2-CH_2-CH_2-CH=CH_2$$

$CF_3$使双键极化　　$CF_3$使双键极化程度明显减弱　　$CF_3$对双键的影响忽略不计

b. 从碳正离子稳定性角度解释。当丙烯与HX加成时，$H^+$首先和不同的双键碳原子加成形成两种碳正离子，然后碳正离子再和卤素结合，得到两种加成产物。

$$CH_3-CH=CH_2 + H^+ \begin{cases} \xrightarrow{\text{I}} CH_3-\overset{+}{CH}-CH_3 \xrightarrow{X^-} CH_3-\underset{\underset{X}{|}}{CH}-CH_3 \\ \xrightarrow{\text{II}} CH_3-CH_2-\overset{+}{CH_2} \xrightarrow{X^-} CH_3-CH_2-\underset{\underset{X}{|}}{CH_2} \end{cases}$$

第一步加成究竟采用哪种途径取决于生成碳正离子的难易程度和稳定性。碳正离子的稳定性越大，也就越容易生成，所以可以从碳正离子的稳定性来判断反应途径。

碳正离子的稳定性决定于所带正电荷的分散程度，正电荷越分散，体系越稳定。甲基是给电子基，当甲基与碳正离子相连时，甲基的成键电子云向缺电子的碳正离子方向移动，使碳正离子的正电荷分散，稳定性提高。与碳正离子相连的甲基越多，碳正离子的电荷越分散，从而稳定性越高。当与碳碳双键连接的$\alpha$-碳原子上带有正电荷时（称为烯丙基碳正离子），$\alpha$-碳原子上的p轨道与双键$\pi$电子云形成p-$\pi$共轭体系，使碳正离子的正电荷得到充分分散，因而稳定性加强。不同碳正离子的稳定性以如下次序减小：

$$CH_2=CH\overset{+}{C}H_2 > CH_3-\underset{\underset{CH_3}{|}}{\overset{+}{C}}-CH_3 > CH_3-\overset{+}{C}H-CH_3 > CH_3\overset{+}{C}H_2 > \overset{+}{C}H_3$$

烯丙基碳正离子　3°碳正离子　2°碳正离子　1°碳正离子　甲基碳正离子

在丙烯与HX的反应中，途径Ⅰ形成的是仲碳正离子，途径Ⅱ形成的是伯碳正离子。根据碳正离子稳定性次序，显然加成主要采取途径Ⅰ，得到符合马氏加成规则的加成产物。

（2）炔烃的加成　炔烃具有三键，其分子的两个$\pi$键电子云成圆筒状绕轴分布，离碳原子核较近，受到原子核的束缚较强，发生亲电加成反应的活性比烯烃弱，但其加成规律与烯烃类似。炔烃能与 $X_2$、HX、$H_2O$ 等亲电试剂发生亲电加成反应。

$$R-C\equiv CH \xrightarrow{1mol\ X_2} R-\underset{X}{C}=\underset{X}{CH} \xrightarrow{1mol\ X_2} R-\underset{X}{\overset{X}{C}}-\underset{X}{\overset{X}{CH}}$$

$$R-C\equiv CH \xrightarrow{1mol\ HX} R-\underset{X}{C}=\underset{H}{CH} \xrightarrow{1mol\ HX} R-\underset{X}{\overset{X}{C}}-CH_3$$

$$R-C\equiv CH \xrightarrow[HgSO_4/H_2SO_4]{H_2O} [R-\underset{OH}{C}=\underset{H}{CH}] \xrightarrow{重排} R-\underset{O}{\overset{}{\underset{\|}{C}}}-CH_3$$

炔烃与 $X_2$、HX 作用可以停留在一分子加成阶段。若分子中同时含有碳碳双键和碳碳三键，反应首先发生在碳碳双键上。

$$CH_2=CHCH_2C\equiv CH \xrightarrow[低温]{1mol\ Br_2} \underset{Br}{CH_2}-\underset{Br}{CH}CH_2C\equiv CH$$

4,5-二溴-1-戊炔

**【知识应用】** 炔烃与溴的四氯化碳溶液作用，使溴的四氯化碳溶液褪色，也用于检验碳碳三键是否存在；炔烃与水加成得到烯醇，烯醇不稳定经重排得到醛、酮，这是工业上制备醛、酮的方法。

（3）二烯烃的加成　非共轭二烯烃含有两个双键，与亲电试剂的加成是分两个阶段进行的，反应可看作是孤立双键的加成，每一个双键加成都符合马氏加成规则。例如：

$$CH_2=CHCH_2CH=CH_2 \xrightarrow{1mol\ HBr} CH_2=CHCH_2\underset{Br}{CH}-CH_3 \quad \text{4-溴-1-戊烯}$$

$$\xrightarrow{1mol\ HBr} CH_3-\underset{Br}{CH}CH_2\underset{Br}{CH}-CH_3$$

2,4-二溴戊烷

共轭二烯烃含有大 π 键，由于分子中的极性交替现象，与 1mol 卤素或卤化氢进行亲电加成反应时，得到 1,2-和 1,4-两种加成产物。例如：

$$\overset{\delta^+}{\underset{4}{CH_2}}=\overset{\delta^-}{\underset{3}{CH}}-\overset{\delta^+}{\underset{2}{CH}}=\overset{\delta^-}{\underset{1}{CH_2}}+Br_2 \xrightarrow{CCl_4}$$

$$\xrightarrow{1,2-加成} CH_2=CH-\underset{Br}{CH}-\underset{Br}{CH_2} \quad \text{3,4-二溴-1-丁烯}$$

$$\xrightarrow{1,4-加成} \underset{Br}{CH_2}-CH=CH-\underset{Br}{CH_2} \quad \text{1,4-二溴-2-丁烯}$$

控制反应条件，可调节两种产物的比例。一般在低温下或非极性溶剂中有利于 1,2-加成产物的生成；在高温下或极性溶剂中则有利于 1,4-加成产物的生成。例如：

$$CH_2=CH-CH=CH_2+HBr \xrightarrow{-80℃} CH_2=CH-\underset{Br}{CH}-CH_3\ (80\%) + \underset{Br}{CH_2}-CH=CH-CH_3\ (20\%)$$

$$CH_2=CH-CH=CH_2+HBr \xrightarrow{40℃} \underset{Br}{CH_2}-CH=CH-CH_3\ (80\%) + CH_2=CH-\underset{Br}{CH}-CH_3\ (20\%)$$

1-溴-2-丁烯　　3-溴-1-丁烯

（4）环烷烃的加成　环丙烷和环丁烷及其烷基衍生物容易开环，与卤素或卤化氢发生亲电加成反应。例如环丙烷与溴在室温下就能反应，使溴的颜色褪去。

$$\triangle + Br_2 \xrightarrow[\text{室温}]{CCl_4} \underset{\substack{|\\Br}}{CH_2}-CH_2-\underset{\substack{|\\Br}}{CH_2}$$

1,3-二溴丙烷

环丁烷与溴的加成反应需在加热下进行。

$$\square + Br_2 \xrightarrow[\triangle]{CCl_4} \underset{\substack{|\\Br}}{CH_2}-CH_2-CH_2-\underset{\substack{|\\Br}}{CH_2}$$

1,4-二溴丁烷

**【知识应用】** 1,3-二溴丙烷和1,4-二溴丁烷都是重要的医药中间体。其中1,4-二溴丁烷在医药工业中用于制取氨茶碱、咳必清、驱蛲净等药物。

环戊烷和环己烷由于环比较稳定，在加热下也不易发生加成反应。利用这一性质可以鉴别各种环烷烃。

若取代环丙烷与卤化氢反应时，含氢原子最多和含氢原子最少的碳碳键断裂，且加成产物符合马氏加成规则。例如：

$$\text{(1,1,2-三甲基环丙烷)} + HCl \longrightarrow CH_3-\overset{\substack{CH_3\\|}}{CH}-\underset{\substack{|\\Cl}}{\overset{\substack{CH_3\\|}}{C}}-CH_3$$

2,3-二甲基-2-氯丁烷

### 3. 其他加成

（1）硼氢化反应　烯烃与乙硼烷（乙硼烷为甲硼烷的二聚体，在反应时以甲硼烷形式参与）作用，可以得到三烷基硼，三烷基硼在氢氧化钠水溶液中能被过氧化氢氧化成醇，整个反应称为硼氢化反应。若采用不对称烯烃进行反应，则得到反马氏加成产物。

$$3CH_2{=}CH_2 + BH_3 \longrightarrow (CH_3CH_2)_3B \xrightarrow[NaOH/H_2O]{H_2O_2} CH_3CH_2OH$$

$$RCH{=}CH_2 \xrightarrow[\text{②}H_2O_2,\ OH^-]{\text{①}BH_3} RCH_2CH_2OH$$

**【知识应用】** 硼氢化反应是重要的有机合成反应之一，通过烯烃的硼氢化-氧化反应可以制备伯醇。需要注意的是，乙硼烷是一种在空气中能自燃的气体，不能预先制备，通常是把氟化硼的乙醚溶液加到硼氢化钠与烯烃的混合物中，使乙硼烷一生成立即与烯烃发生反应。商品乙硼烷是乙硼烷的四氢呋喃溶液。

（2）过氧化物效应　不对称烯烃与溴化氢反应，若在过氧化物存在下，则得到反马氏加成产物，过氧化物的这种影响称为过氧化物效应。其他卤化氢没有这种反应。例如：

$$\text{(1-甲基环己烯)} + HBr \xrightarrow{R-O-O-R} \text{(1-甲基-2-溴环己烷)}$$

1-甲基-2-溴环己烷

$$\text{(1-甲基环己烯)} + HCl \xrightarrow{R-O-O-R} \text{(1-甲基-1-氯环己烷)}$$

1-甲基-1-氯环己烷

### 4. 双烯合成

共轭二烯烃与含 C=C 或 C≡C 的不饱和化合物发生1,4-加成反应，生成环状化合物的反应叫做双烯合成反应，也叫狄尔斯-阿尔德（Diels-Alder）反应。这种反应的特点是旧键断裂与新键形成同时进行，称为协同反应。

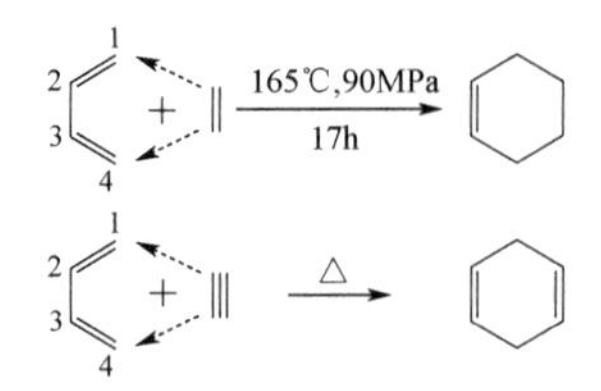


在反应中，共轭二烯烃叫做双烯体，含 C═C 或 C≡C 的不饱和化合物叫做亲双烯体。当亲双烯体中连有—COOH、—CHO、—CN 等吸电子基时，有利于反应的进行。例如：

苯
100℃

顺丁烯二酸酐　　　　(固体,100%)

【知识应用】 共轭二烯烃与顺丁烯二酸酐的反应是定量进行的，且生成了白色固体，常用于鉴定共轭二烯烃。狄尔斯-阿尔德反应提供了制备萜烯类化合物的合成方法，推动了萜烯化学的发展。双烯合成在实验室合成，并在工业操作中获得广泛应用，利用这一反应可制备许多工业产品，其中包括染料、药剂、杀虫剂、润滑油、干燥油、合成橡胶和塑料等。由于双烯合成，阿尔德与狄尔斯于 1950 年同获诺贝尔化学奖。

## 思考与练习

2-18 脂烃的催化氢化及其他加成反应在工业生产和分析中有什么实际应用？

2-19 试根据丁烯 3 种异构体的氢化热来比较它们的相对稳定性。

(1) $CH_3CH_2CH{=}CH_2$　　(2) $CH_3(H)C{=}C(H)CH_3$（顺式）　　(3) $CH_3(H)C{=}C(CH_3)H$（反式）

氢化热　126.8kJ/mol　　119.7kJ/mol　　115.5kJ/mol

2-20 乙烯与溴的氯化钠水溶液反应，生成 $BrCH_2CH_2Br$、$BrCH_2CH_2Cl$ 和 $BrCH_2CH_2OH$ 等混合产物，试根据烯烃的亲电加成反应机理加以说明。

2-21 比较丙烯和异丁烯与硫酸发生加成反应的反应活性，并说明原因。

2-22 炔烃的亲电加成反应活性为什么比烯烃难，试从碳原子的杂化状态和 π 键电子云分布加以解释。

2-23 盛有环己烷和环己烯的两瓶试剂，由于年久标签已失落。你能用两种简便的方法加以鉴别，将正确的标签贴上吗？

2-24 完成下列化学反应式。

(1) 1-甲基环己烯（$CH_3$）
- $\xrightarrow{HBr}$ ?
- $\xrightarrow[H_2O_2]{HBr}$ ?
- $\xrightarrow[H^+]{H_2O}$ ?
- $\xrightarrow[②\ H_2O_2,OH^-]{①\ BH_3}$ ?

(2) 环己烯 + HCl ⟶ ?

(3) 环戊二烯 + $CH_2{=}CHCHO \xrightarrow{\triangle}$ ?

## 三、氧化反应

在有机化学中，通常把加氧或脱氢的反应统称为氧化反应。脂烃在不同的氧化剂氧化下，可以生成不同的产物。

### 1. 催化氧化

一些脂烃在催化剂存在下，用空气氧化可以生成重要的化合物，在工业上有重要应用。例如：

$$\text{环己烷} + O_2 \xrightarrow[125\sim165^\circ C,\ 1.5MPa]{\text{环烷酸钴}} \text{环己酮} + \text{环己醇}$$

$$CH_2{=}CH_2 + O_2 \xrightarrow[250^\circ C]{Ag} \underset{\text{环氧乙烷}}{CH_2{-}CH_2 \ (\text{-O-})}$$

$$CH_3{-}CH{=}CH_2 + O_2 \xrightarrow[90\sim120^\circ C,\ 1MPa]{PdCl_2\text{-}CuCl_2} \underset{\text{丙酮}}{CH_3{-}\overset{\overset{O}{\|}}{C}{-}CH_3}$$

【知识应用】 这是环己酮、环己醇、环氧乙烷及丙酮的工业制法。环己酮和环己醇主要用作合成尼龙纤维的原料，也是优良的工业溶剂；环氧乙烷可用于制备洗涤剂、乳化剂和塑料等，是重要的有机合成中间体；丙酮在无烟火药、赛璐珞、醋酸纤维、喷漆等工业中用作溶剂，是制备醋酐、环氧树脂、甲基丙烯酸甲酯等的重要原料。

### 2. 高锰酸钾氧化

烯烃和炔烃可以被高锰酸钾氧化，氧化产物视烃的结构和反应条件的差异而不同。

（1）用稀、冷高锰酸钾氧化　在碱性或中性条件下，用稀、冷高锰酸钾溶液氧化，烯烃中的 π 键发生断裂，生成产物邻二元醇。

$$3RCH{=}CHR' + 2KMnO_4 + 4H_2O \longrightarrow 3R\underset{OH}{\underset{|}{C}}H{-}\underset{OH}{\underset{|}{C}}HR' + 2MnO_2\downarrow + 2KOH$$

反应后高锰酸钾溶液的紫色褪去，生成褐色的二氧化锰沉淀。此反应是鉴别碳碳双键的常用方法之一。

（2）用浓、热高锰酸钾或酸性高锰酸钾氧化　在碱性或中性条件下用浓、热高锰酸钾溶液，或酸性高锰酸钾溶液氧化，烯烃和炔烃中的不饱和键发生断裂，生成不同的产物。例如：

$$CH_3{-}\underset{CH_3}{\underset{|}{C}}{=}CHCH_3 \xrightarrow[H^+]{KMnO_4} CH_3{-}\underset{O}{\underset{\|}{C}}{-}CH_3 + CH_3COOH$$

$$CH_3CH{=}\underset{CH_3}{\underset{|}{C}}{-}CH_2{-}CH{=}CH_2 \xrightarrow[H^+]{KMnO_4} CH_3COOH + CH_3\overset{O}{\overset{\|}{C}}CH_2COOH + CO_2\uparrow + H_2O$$

$$\text{1-甲基环己烯}\ (\text{-}CH_3) \xrightarrow[H^+]{KMnO_4} CH_3\overset{O}{\overset{\|}{C}}CH_2CH_2CH_2CH_2COOH$$

$$CH_3CH_2C{\equiv}CH \xrightarrow[H^+]{KMnO_4} CH_3CH_2COOH + CO_2$$

【知识应用】 由于氧化产物保留了原来烃中的部分碳链结构，因此通过一定的方法，测定氧化产物的结构，便可推断烯烃和炔烃的结构。

烷烃、环烷烃不能被高锰酸钾氧化，这是区别烷烃、环烷烃与不饱和烃的一种方法。

### 3. 臭氧氧化

烯烃和炔烃经臭氧（$O_3$）氧化形成臭氧化物，臭氧化物在锌粉存在下可以水解。最终烯烃双键断裂生成两种羰基化合物（醛或酮）；炔烃的氧化水解产物为羧酸。

$$R{-}CH{=}CH_2 + O_3 \longrightarrow R{-}\overset{\ \ O}{CH}\ \ CH_2\ (\text{O-O}) \xrightarrow[Zn]{H_2O} RCHO + HCHO$$

$$R{-}\underset{R}{\underset{|}{C}}{=}CH{-}R \xrightarrow[\text{② } H_2O/Zn]{\text{① } O_3} R{-}\underset{O}{\underset{\|}{C}}{-}R + RCHO$$

$$R{-}C{\equiv}CH \xrightarrow[\text{② } H_2O/Zn]{\text{① } O_3} RCOOH + HCOOH$$

通过测定产物的结构，也可以推断原来烯烃和炔烃的结构。

【例 2-2】 化合物 A、B 分子式均为 $C_4H_8$，它们分别用高锰酸钾溶液氧化时，A 生成 $CH_3CH_2COOH$ 和 $CO_2$，B 仅生成一种产物。试推测它们的构造式。

【解析】 根据化合物 A、B 的分子组成和性质可知它们都是烯烃。A 用高锰酸钾溶液氧化时，生成 $CH_3CH_2COOH$ 和 $CO_2$，说明氧化前，应具有 $CH_3CH_2CH=$ 和 $=CH_2$ 结构，把二者通过双键连接起来得到 $CH_3CH_2CH=CH_2$ ，即为 A 的构造式。B 是 A 的同分异构体，也是含 4 个碳原子的烯烃。用高锰酸钾溶液氧化时，仅生成一种产物，说明它具有对称结构，构造式为 $CH_3CH=CHCH_3$。推测过程如下：

$$A(C_4H_8)\xrightarrow{KMnO_4}CH_3CH_2COOH+CO_2\Longrightarrow \text{A 的构造式为 } CH_3CH_2CH=CH_2$$

$$B(C_4H_8)\xrightarrow{KMnO_4}\text{一种产物(说明具有对称结构)}\Longrightarrow \text{B 的构造式为 } CH_3CH=CHCH_3$$

## 思考与练习

2-25 脂烃的氧化反应有什么实际应用？

2-26 完成下列化学反应式。

(1) $?\xrightarrow{\text{稀，冷 }KMnO_4}$ (环己烷-1,2-二醇：六元环上相邻两个碳原子各连一个 —OH)

(2) $?\xrightarrow[\text{② } H_2O/Zn]{\text{① } O_3}CH_3\overset{\overset{O}{\|}}{C}CH_2CH_2CH_2CHO$

(3) $?\xrightarrow[H^+]{KMnO_4}CH_3COOH+CH_3\overset{\overset{O}{\|}}{C}CH_2COOH+CH_3—\overset{\overset{O}{\|}}{C}—CH_3$

2-27 用化学方法区别下列两组化合物。

(1) 丙烷、环丙烷、丙烯

(2) 戊烷、1-戊烯、异戊二烯

## 四、炔氢原子的反应

在炔烃分子中，与三键碳原子直接相连的氢原子叫做炔氢原子。由于三键碳原子是 sp 杂化，其中 s 成分比 $sp^2$、$sp^3$ 杂化轨道的 s 成分多，s 成分愈多，电负性愈强，因此三键碳原子的电负性较强，从而炔氢原子具有微弱的酸性。含有炔氢原子的炔烃（通常称为末端炔）能与钠或氨基钠反应，也能被某些金属离子取代生成金属炔化物。

### 1. 与钠或氨基钠反应

乙炔和其他末端炔烃可以与熔融的金属钠或在液氨溶剂中与氨基钠（$NaNH_2$）作用得到炔化物。

$$2CH\equiv CH+2Na\xrightarrow{110℃}\underset{\text{乙炔钠}}{2CH\equiv CNa}+H_2\uparrow$$

$$CH\equiv CH+2Na\xrightarrow{190\sim220℃}\underset{\text{乙炔二钠}}{NaC\equiv CNa}+H_2\uparrow$$

$$R—C\equiv CH+NaNH_2\xrightarrow{\text{液氨}}R—C\equiv CNa+NH_3\uparrow$$

炔化钠的性质活泼，可与卤代烷作用，在炔烃中引入烷基。

$$R—C\equiv CNa+R'X\longrightarrow R—C\equiv C—R'+NaX$$

**【知识应用】** 此反应叫做炔烃的烷基化反应，这是有机合成中用作增长碳链的一个方法。

【例 2-3】 以乙炔为原料合成 3-己炔。

【解析】 从原料和产物的构造骨架看，产物比原料增加了两个乙基，显然这是一个增长碳链的合成。依据增长碳链的方法，可利用乙炔二钠与氯乙烷反应制得。合成过程中所用的氯乙烷原料也需由乙炔来合成。合成路线如下：

$$HC\equiv CH \xrightarrow[Pb(OOCCH_3)_2]{H_2, Pd/CaCO_3} CH_2=CH_2 \xrightarrow{HCl} CH_3CH_2Cl$$

$$HC\equiv CH \xrightarrow[190\sim220℃]{Na} NaC\equiv CNa \xrightarrow{2CH_3CH_2Cl} CH_3CH_2C\equiv CCH_2CH_3$$

### 2. 金属炔化物的生成

末端炔烃加到硝酸银或氯化亚铜的氨溶液中，立即生成金属炔化物。

$$CH\equiv CH \xrightarrow{Ag(NH_3)_2NO_3} AgC\equiv CAg\downarrow（灰白色）$$
乙炔银

$$CH\equiv CH \xrightarrow{Cu(NH_3)_2Cl} CuC\equiv CCu\downarrow（红棕色）$$
乙炔亚铜

$$R—C\equiv CH \xrightarrow{Ag(NH_3)_2NO_3} R—C\equiv CAg\downarrow（灰白色）$$
炔化银

$$R—C\equiv CH \xrightarrow{Cu(NH_3)_2Cl} R—C\equiv CCu\downarrow（红棕色）$$
炔化亚铜

干燥的金属炔化物很不稳定，受热易发生爆炸，为避免危险，生成的炔化物应加稀酸将其分解。例如：

$$R—C\equiv CAg + HNO_3 \longrightarrow R—C\equiv CH + AgNO_3$$

$$2R—C\equiv CCu + 2HCl \longrightarrow 2R—C\equiv CH + Cu_2Cl_2$$

**【知识应用】** 乙炔银和其他炔化银为灰白色沉淀，乙炔亚铜和其他炔化亚铜为红棕色沉淀。此反应非常灵敏，现象显著，可用于鉴别末端炔的结构。此外，利用炔化物可被稀酸分解的性质分离末端炔烃。

## 思考与练习

2-28 用化学方法区别下列两组化合物。

(1) 乙烷、乙烯、乙炔

(2) 1-己炔和 2-己炔

2-29 用适当的化学方法将下列混合物中的少量杂质除去。

(1) 乙烷气体中混有少量的乙烯

(2) 乙烷气体中混有少量的乙炔

2-30 试以乙炔为原料合成 1-丁炔进而合成丁酮（$CH_3COCH_2CH_3$）。

# 第六节 重要的化合物

## 一、天然烷烃

### 1. 天然气与可燃冰

（1）天然气 天然气的主要成分是甲烷。我国是最早开发和利用天然气的国家，天然气资源也十分丰富，在四川、甘肃等地都有丰富的储藏量。

沼泽地的植物腐烂时，经细菌分解也会产生大量的甲烷，所以甲烷俗称沼气。目前我国农村许多地方就是利用农产品的废弃物、人畜粪便及生活垃圾等经过发酵来制取沼气作为燃料的。

在实验室中常用醋酸钠和碱石灰共热来制备甲烷。

$$CH_3COONa + NaOH \xrightarrow[\triangle]{CaO} CH_4\uparrow + Na_2CO_3$$

（2）可燃冰　可燃冰是在特定低温高压条件下形成的天然气水合物，它是一种似冰状的白色固体物质，因含有大量甲烷而燃烧，所以被称为“可燃冰”。据科学家预算，$1m^3$ 的可燃冰，在常温常压下可释放 $164m^3$ 甲烷气体和 $0.8m^3$ 的淡水。

可燃冰主要储藏于浅海地层沉积物、深海大陆斜坡沉积地层和高纬度极地地区永久冻土层中，它的形成具有 3 个基本条件，即温度在 0～20℃、压力 3MPa 以上和充足的甲烷气源。海底的地层是多孔介质，在具备上述 3 个条件下，便会在介质的空隙中生成可燃冰的晶体。

【小资料】

可燃冰是 1972 年由前苏联科学家在北极圈内首次发现并确认的。随着各国科学家不断地勘测，到目前为止，估计全球可燃冰储藏量高达石化燃料储藏量的两倍，勘测出的储藏地区包括 30 个海洋储藏地和 8 个大陆储藏地。今天，科学家已把开发和利用可燃冰作为研究目标。

2008 年 11 月，我国国土资源部在青海省祁连山南缘永久冻土带（青海省天峻县木里镇，海拔 4062m）成功钻获天然气水合物（可燃冰）实物样品。在青海发现可燃冰，使我国成为世界上第一次在中低纬度冻土区发现可燃冰的国家，也是继加拿大 1992 年在北美麦肯齐三角洲、美国 2007 年在阿拉斯加北坡通过国家计划钻探发现可燃冰之后，在陆域通过钻探获得可燃冰样品的第三个国家。青海发现可燃冰的意义可与发现大庆油田相媲美，据科学家粗略估算，远景资源量至少有 350 亿吨油当量。

可燃冰的开发利用还面临着种种难题，首先是要寻找出安全有效的开采方法，目前可以考虑的开采方法有热解法、降压法、置换法及核辐射效应分解法等，这些方法都面临着如何收集甲烷气体的问题，同时可燃冰的开采还可能会造成大陆架边缘动荡，引起海底塌方并导致灾难性的海啸。但随着人类对可燃冰研究的不断深入，这些难题相信会在不远的将来得到解决，可燃冰将成为 21 世纪极具潜势的洁净新能源。

**2. 烷烃混合物**

石油的主要成分是烷烃的复杂混合物。从油田开采出来的原油经过分馏，可将烷烃混合物按不同的沸程分成石油气、石油醚、汽油、煤油、柴油、石蜡和凡士林等若干馏分。其中一些混合物在制药工业和医药中有着重要的应用。

（1）石油醚　主要由戊烷和己烷组成，有 30～60℃、60～90℃等几种等级。石油醚是透明液体，不溶于水，能溶于大多数有机溶剂，能溶解油和脂肪，主要用作溶剂。因其极易燃烧和具有毒性，使用和储存时应注意安全。

（2）液体石蜡　主要成分是 $C_{16}$～$C_{20}$ 的直链烷烃混合物，为透明状液体，不溶于水和冷乙醇，能溶于乙醚和氯仿。由于在体内不被吸收，因此常用作肠道润滑的缓泻剂。

（3）凡士林　主要成分是 $C_{18}$～$C_{22}$ 的烷烃混合物，为软膏状半固体，不溶于水，溶于乙醚和石油醚。因其不能被皮肤吸收，且化学性质稳定，不易与软膏中的药物发生变化，所以在医药上常用作软膏基质。

近年来发现一些微生物能在石油或某些石油成分中生存，它们在生活过程中会产生一些脂肪酸、氨基酸、蛋白质、糖和维生素等有机化合物。所以以石油产品为原料，通过微生物发酵法制取这些有机化合物，是一个值得探究的新课题。

**3. 生物体中的烷烃**

一些植物表皮外的蜡质层中含有少量的高级烷烃。例如，白菜叶中含有二十九烷；菠菜叶中含有三十三烷、三十五烷和三十七烷；烟草叶中含有二十七烷和三十一烷；成熟的水果中含有 $C_{27}$～$C_{33}$ 的烷烃。另外，一些昆虫体内用来传递信息而分泌的信息素（称为昆虫外激素）也含有烷烃。例如，一种蚂蚁用来传递警戒信息的信息素中含有正十一烷和正十三烷；某种雌虎蛾引诱雄虎蛾的性外激素是 2-甲基十七烷。人们利用合成性外激素来诱杀雄虫，就可以使害虫不能繁衍而灭绝。新兴的“第三代农药”就是这种影响害虫某项生理活动而达到灭除害虫的农药，有着广阔的发展前景。

#### 4. 环烷烃及来源

石油是环烷烃的主要来源。随产地不同，石油中环烷烃的含量也不相同，其中俄罗斯和罗马尼亚所产的石油中含环烷烃较多。石油中的环烷烃主要是环戊烷和环己烷以及它们的烷基衍生物。例如：

环戊烷　　甲基环戊烷（—$CH_3$）　　1,2-二甲基环戊烷（$CH_3$ $CH_3$）

环己烷　　甲基环己烷（—$CH_3$）

在这些环烷烃中，最重要的是环己烷。除可从石油馏分中蒸馏得到外，工业上还用苯加氢的方法生产环己烷。

$$\text{苯} + 3H_2 \xrightarrow[200℃]{Ni} \text{环己烷}$$

12

12.微课：认识塑料的真身——人工聚合物

## 二、重要的单烯烃

#### 1. 乙烯和聚乙烯

乙烯是有机化学工业最重要的起始原料之一。由乙烯出发，通过各类化学反应，可以制得诸如乙醇、乙醛、氯乙烷、氯乙烯、氯乙醇、二氯乙烷、环氧乙烷、聚乙烯、聚氯乙烯等许多有用的化工产品和中间体。

此外，乙烯还具有催促水果成熟的作用。许多水果如苹果、橘子、香蕉、柿子等果实在未完全成熟之前，自身可产生极少量乙烯，产生的乙烯促进了水果的进一步成熟。由于乙烯是气体，作为催熟剂，运输与使用都不太方便。因此近年来，人们合成了名为乙烯利（化学名称叫 2-氯乙基膦酸）的液态乙烯型植物催熟激素，这种植物催熟激素能被植物吸收，并在植物体内水解释放出乙烯，从而发挥催熟作用。

乙烯在过氧化物引发下，经高压聚合可制得高压聚乙烯（简称 LDPE，又称低密度聚乙烯）；若采用齐格勒-纳塔催化剂（烷基铝与氯化钛），在常压或略高于常压下聚合得到低压聚乙烯（简称 HDPE，又称高密度聚乙烯）。

聚乙烯常温时为乳白色半透明物质，熔化后是无色透明液体。从分子构造来看，聚乙烯相当于大分子烷烃，化学性能稳定。可耐酸、碱及无机盐类的腐蚀作用，常用作化工生产中的防腐材料；对水的抵抗力较强，水蒸气透过率很低，是良好的防潮材料；具有较好的电绝缘性能，可用于制电线、电缆及电工部件的绝缘材料；透光性好，可制成农用薄膜；无毒、易加工成形，可制作食品、药品的容器及各类工业或生活用具。

#### 2. 丙烯和聚丙烯

丙烯也是有机化学工业最重要的起始原料之一。以丙烯为原料，可以制得丙酮、丙烯醛、丙烯酸、丙烯腈、氯丙烯、环氧丙烷、聚丙烯、聚丙烯腈等重要的化工产品和中间体。

由丙烯为单体，在齐格勒-纳塔催化剂作用下可聚合得到聚丙烯（简称 PP）。

聚丙烯的结构和聚乙烯接近，因此很多性能也和聚乙烯类似。但是由于其存在一个甲基构成的侧支，聚丙烯更易氧化，通过改性和添加抗氧剂可以克服。聚丙烯可用注射、挤出、吹塑、层压、熔纺等工艺成型，也适于双向拉伸，广泛用于制造容器、管道、包装材料、薄膜和纤维；也常用增强方法获得性能优良的工程塑料，大量应用于汽车、建筑、化工、医疗器具、农业和家庭用品方面。聚丙烯纤维的中国商品名为丙纶，强度与尼龙相仿而价格低廉，用于织造地毯、滤布、缆绳、编织袋等。

【小资料】

齐格勒（Karl Ziegler）是德国化学家，1898 年出生，1973 年逝世，享年 75 岁。齐格勒于 1920 年在德国的马尔堡大学获得有机化学博士学位，从 1943 年开始任德国普朗克煤炭研究院院长，1949 年任德国化学学会第一任主席。

齐格勒对自由基化学反应、金属有机化学等都有深入的研究。1953 年，齐格勒在研究乙基铝与乙烯的反应时，只生成了乙烯的二聚体，后经仔细分析，发现是金属反应器中存在的微量镍所致。这说明除了乙基铝外，过渡金属的存在会影响乙烯的聚合反应，为此齐格勒做了大量的试验研究。通过一系列筛选试验，他发现由四氯化钛和乙基铝组成的催化剂可使乙烯在较低压力下聚合，并且聚合物完全是线型的，易结晶、密度高、硬度大，这就是低压聚乙烯（也叫高密度聚乙烯）。低压聚乙烯与高压聚乙烯相比，具有生产成本低、设备投资少和工艺条件简便等优点。

纳塔（Giulis Natta）是意大利科学家，出生于 1903 年，逝世于 1979 年，享年 76 岁。在齐格勒研制的催化剂 $TiCl_4/Al(C_2H_5)_3$ 问世后不久，纳塔试图将此催化剂用在丙烯的聚合反应中，但结果得到的却是无定形和结晶形聚丙烯混合物。后来纳塔经过一系列试验研究，改进了齐格勒催化剂，用 $TiCl_3/Al(C_2H_5)_3$ 成功地制得了结晶形聚丙烯。1955 年纳塔发表了丙烯聚合方面的研究论文。

由于齐格勒和纳塔发明了乙烯和丙烯聚合的新催化剂，奠定了定向聚合的理论基础，改进了高压聚合工艺，使聚乙烯、聚丙烯等工业得到了巨大的发展。为此，他们两人于 1963 年共同获得了诺贝尔化学奖。

### 3. 乙烯、丙烯的来源与制法

工业上将石油馏分或湿天然气与水蒸气混合后，经高温（750～930℃）裂解，大规模生产乙烯和丙烯。

炼油厂在炼制石油时，其炼厂气中含有乙烯、丙烯和丁烯等低级烯烃，可通过分馏等方法进行分离和提纯。这是低级烯烃一个重要的工业来源。

在实验室通常是在催化剂存在下，由醇脱水制得乙烯和丙烯。

$$CH_3CH_2OH \xrightarrow[170℃]{\text{浓 } H_2SO_4} CH_2{=}CH_2 + H_2O$$

$$\underset{\displaystyle \overset{|}{OH}}{CH_3CHCH_3} \xrightarrow[350\sim400℃]{Al_2O_3} CH_3CH{=}CH_2 + H_2O$$

## 三、重要的二烯烃

### 1. 1,3-丁二烯和顺丁橡胶

1,3-丁二烯是无色气体，不溶于水，可溶于汽油、苯等有机溶剂。工业上可从石油裂解的 $C_4$ 馏分中提取，也可由丁烷和丁烯脱氢来制取。

1,3-丁二烯分子中含有共轭双键，可以发生 1,4-加成和聚合反应。例如：

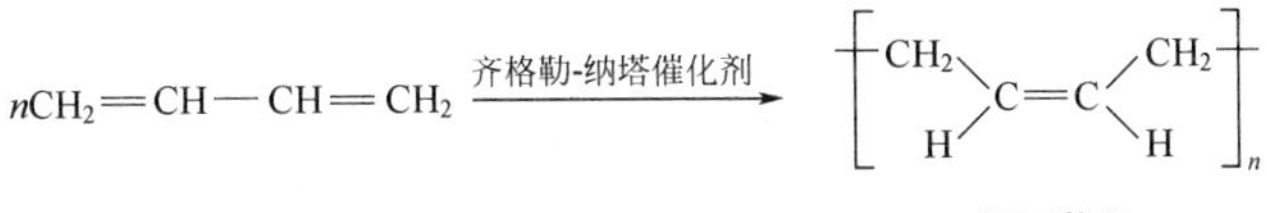

$$nCH_2=CH-CH=CH_2 \xrightarrow{\text{齐格勒-纳塔催化剂}} \left[ CH_2-C(H)=C(H)-CH_2 \right]_n$$

顺丁橡胶

上述反应是按1,4-加成方式，首尾相接而成的聚合物。由于链节中，相同的原子或基团在 C═C 的同侧，所以称作顺式。这样的聚合方式称为定向聚合。

由定向聚合生产的顺丁橡胶，由于结构排列有规律，具有耐磨、耐低温、抗老化、弹性好等优良性能，因此顺丁橡胶在合成橡胶中的产量占世界第二位，仅次于丁苯橡胶。

### 2. 异戊二烯和天然橡胶

异戊二烯的系统名称为2-甲基-1,3-丁二烯，是无色刺激性液体，沸点为34℃，不溶于水，易溶于苯、汽油等有机溶剂。工业上可从石油裂解的 $C_5$ 馏分中提取，也可由异戊烷和异戊烯脱氢来制取。

异戊二烯分子中也含有共轭双键，可以发生1,4-加成和聚合反应。天然橡胶就可以看作是由异戊二烯单体1,4-加成聚合而成的聚合体。在天然橡胶中，异戊二烯之间“头尾”相连，形成一个线性分子，并且双键上较小的取代基都位于双键的同侧，如下式所示：

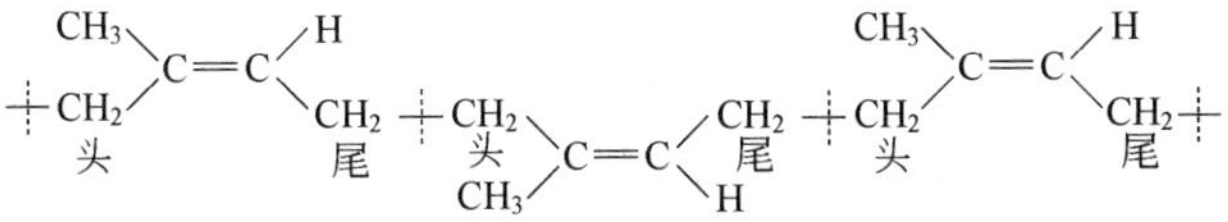

$$\cdots CH_2(\text{头})-C(CH_3)=CH-CH_2(\text{尾}) \cdots CH_2(\text{头})-C(CH_3)=CH-CH_2(\text{尾}) \cdots CH_2(\text{头})-C(CH_3)=CH-CH_2(\text{尾}) \cdots$$

天然橡胶是由栽培的橡胶树割取的胶乳经过加工制成的，橡胶树的生长受地理环境的影响很大，其产量也受到了限制。由于橡胶制品的应用日趋广泛，需求量极大，因此在天然橡胶结构的基础上，发展了合成橡胶。目前，采用齐格勒-纳塔催化剂，可使异戊二烯定向聚合成在结构和性质上与天然橡胶极为相近的聚合物，称为合成天然橡胶，广泛应用于轮胎业和其他橡胶制品中。

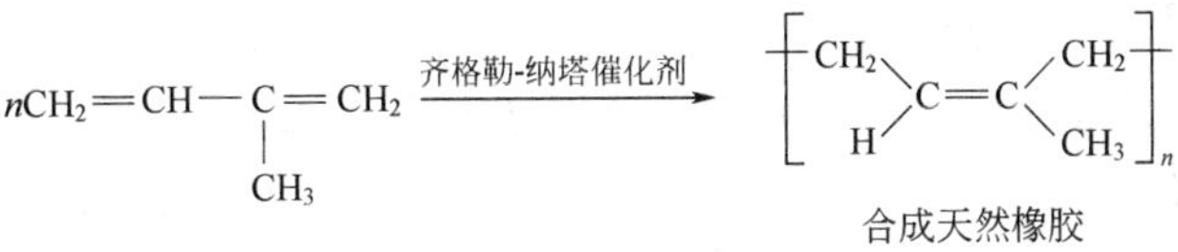

$$nCH_2=CH-C(CH_3)=CH_2 \xrightarrow{\text{齐格勒-纳塔催化剂}} \left[ CH_2-C(H)=C(CH_3)-CH_2 \right]_n$$

合成天然橡胶

异戊二烯还是天然化合物——萜类化合物的基本结构单元（详见第十四章）。

### 3. 环戊二烯和环戊二烯铁

环戊二烯是无色液体，沸点为41.5℃，易燃，易挥发，不溶于水，易溶于有机溶剂。工业上可从石油裂解产物中分离，也可由环戊烷或环戊烯催化脱氢制取。

环戊二烯是共轭二烯烃，可以发生1,4-加成和双烯合成等反应。在双烯合成反应中，环戊二烯作为双烯体可以合成生物碱和萜类化合物。环戊二烯也是制备二烯类农药、医药、香料、合成树脂及塑料的原料。

此外，其亚甲基（$-CH_2-$）上的氢原子，由于处于两个双键的 $\alpha$ 位，变得非常活泼，具有一定酸性，可被钾、钠等金属离子取代，生成较为稳定的盐。例如：

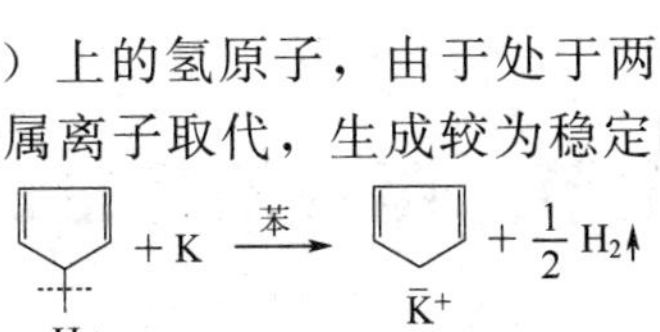

$$C_5H_6 + K \xrightarrow{\text{苯}} C_5H_5^-K^+ + \frac{1}{2}H_2\uparrow$$

环戊二烯钾与氯化亚铁在溶剂四氢呋喃中反应可以得到环戊二烯铁。

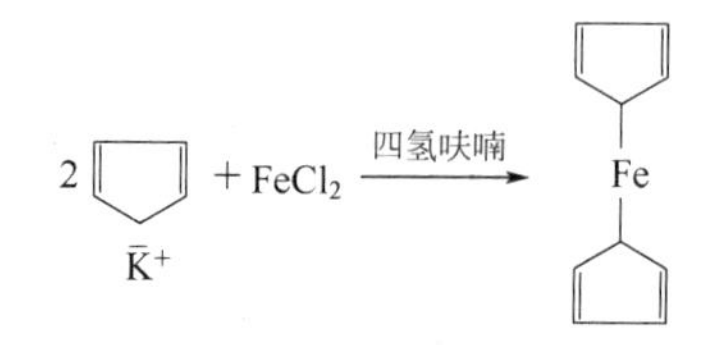


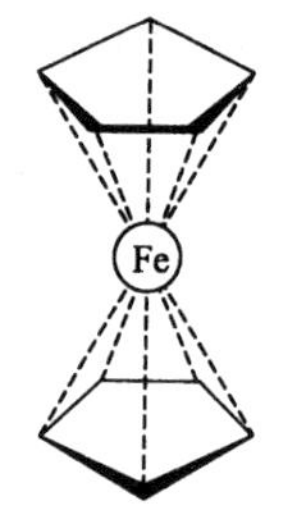

图 2-17　二茂铁的“夹心”结构

环戊二烯铁又叫二茂铁，是橙黄色针状晶体，熔点为 173.5℃，不溶于水，可吸收紫外线并耐高温，加热到 400℃不熔化也不分解。二茂铁是环戊二烯和亚铁离子的配合物，亚铁离子被对称地夹在两个平行的环戊二烯环的中间，形成一种特殊的“夹心”结构，如图 2-17 所示。

二茂铁是第一个被合成的“夹心”化合物。由于其特殊的结构，二茂铁性能稳定，与热碱、沸酸都不反应，常用作火箭的助燃剂、汽油的抗震剂、硅树脂的熟化剂和紫外线的吸收剂。

## 四、乙炔的来源及用途

13.视频：乙炔的制备及性质

乙炔是最简单也是最重要的炔烃。目前工业上生产乙炔的方法主要有两种。

### 1. 电石法

将石灰和焦炭在高温电炉中加热至 2200～2300℃，生成电石（碳化钙）。电石水解立即生成乙炔，所以乙炔俗称电石气。

$$CaO + 3C \xrightarrow{2200\sim2300^\circ C} \overset{C\equiv C}{\underset{Ca}{\diagdown\ \diagup}} + CO\uparrow$$

$$\overset{C\equiv C}{\underset{Ca}{\diagdown\ \diagup}} + 2H_2O \longrightarrow HC\equiv CH\uparrow + Ca(OH)_2$$

电石法技术比较成熟，生产工艺流程简单，应用比较普遍，但因能耗大，成本高，其发展受到限制。

### 2. 甲烷部分氧化法

甲烷在 1500～1600℃发生部分氧化裂解，可制得乙炔，同时伴有副产物水煤气生成。

$$5CH_4 + 3O_2 \xrightarrow{1500\sim1600^\circ C} HC\equiv CH + 3CO + 6H_2 + 3H_2O$$

此法要求生成的乙炔快速（0.001～0.01s）离开反应体系，否则将会发生乙炔的裂解或聚合。生成的反应气中，乙炔占 8%～9%，需要用溶剂提取浓缩。我国目前采用 *N*-甲基吡咯烷酮提取浓缩乙炔，取得了较好的效果。

随着天然气工业的发展，甲烷部分氧化法将成为今后工业上生产乙炔的主要方法。

纯净的乙炔为无色无臭气体，微溶于水，易溶于丙酮。乙炔与一定比例的空气混合后，可形成爆炸性混合物，其爆炸极限为 2.6%～80%（体积分数）。乙炔在加压下不稳定，液态乙炔受到震动会爆炸，因此使用时必须注意安全。乙炔的丙酮溶液是稳定的，为便于安全储存和运输，一般用浸有丙酮的多孔物质（如石棉、活性炭等）吸收乙炔后，一起储存在钢瓶中。

乙炔是有机合成的基本原料，可以制得乙醛、氯乙烯、四氯乙烯、丙烯腈、乙酸乙烯酯、乙烯基乙炔、聚乙烯醇、聚丙烯腈、聚乙炔等重要的化工产品。乙炔在燃烧时所形成的氧炔焰温度高达 3500℃，广泛用来焊接和切割金属。

# 第七节　脂烃的特征比较

脂烃是脂肪烃和脂环烃的统称。脂肪烃与脂环烃虽然碳架不同，但它们的性质相似，因此归属为一类，习惯上称为脂肪族烃类。脂肪族烃类包括烷烃、环烷烃、烯烃、炔烃、二烯烃等，它们都是碳氢化合物。现将这些烃类的特征及鉴别方法进行归纳比较，见表2-7和表2-8。

**表 2-7 烷烃、环烷烃、单烯烃、单炔烃、共轭二烯烃的特征比较**

<table>
<tr><th>项目</th><th>烷烃</th><th>环烷烃</th><th>单烯烃</th><th>单炔烃</th><th>共轭二烯烃</th></tr>
<tr><td>定义</td><td>碳原子以单键相互结合的饱和链烃</td><td>碳原子以单键相互结合的环烃</td><td>含一个碳碳双键的不饱和链烃</td><td>含一个碳碳三键的不饱和链烃</td><td>含两个碳碳双键并被一个单键隔开的不饱和链烃</td></tr>
<tr><td>通式</td><td>$C_nH_{2n+2}$</td><td>$C_nH_{2n}$</td><td>$C_nH_{2n}$</td><td>$C_nH_{2n-2}$</td><td>$C_nH_{2n-2}$</td></tr>
<tr><td>C的杂化方式</td><td>$sp^3$</td><td>$sp^3$</td><td>$sp^2$(双键碳原子)</td><td>sp(三键碳原子)</td><td>$sp^2$(双键碳原子)</td></tr>
<tr><td>键型</td><td>σ键</td><td>σ键、弯曲键</td><td>σ键、π键</td><td>σ键、π键</td><td>σ键、大π键</td></tr>
<tr><td rowspan="2">构造异构类型</td><td rowspan="2">碳链异构</td><td colspan="2">官能团异构</td><td colspan="2">官能团异构</td></tr>
<tr><td>碳架异构</td><td>碳链异构<br>位置异构</td><td>碳链异构<br>位置异构</td><td>碳链异构<br>位置异构</td></tr>
<tr><td rowspan="2">系统命名</td><td>① 选择最长碳链为主链<br>② 靠近支链给主链编号</td><td>① 选择环为母体<br>② 从支链给环编号</td><td colspan="3" rowspan="2">①选择含官能团的最长碳链为主链<br>②靠近官能团一端给主链编号，并以较小位次标出官能团位置<br>③表示：取代基位次-取代基名称-官能团位次-某烯(某炔、某二烯)</td></tr>
<tr><td colspan="2">③表示：取代基位次-取代基名称某烷(环某烷)</td></tr>
<tr><td rowspan="2">化学性质</td><td rowspan="2">①卤代反应<br>②氧化反应(催化氧化)</td><td rowspan="2">① 五、六元环发生卤代反应<br>② 三、四元环发生加成反应<br>③ 氧化反应(催化氧化)</td><td colspan="2">① 加成反应(不对称烯烃或炔烃与极性试剂加成，遵循马氏加成规则)<br>② 氧化反应</td><td rowspan="2">① 1,2-加成；1,4-加成<br>② 氧化反应<br>③ 双烯合成</td></tr>
<tr><td>③α-H卤代反应</td><td>③ 炔氢原子的反应</td></tr>
</table>

**表 2-8 烷烃、环烷烃、烯烃、末端炔烃、共轭二烯烃的鉴别**

| 试剂 \ 种类 | 烷烃 | 环烷烃 小环 | 环烷烃 大环 | 烯烃 | 末端炔烃 | 共轭二烯烃 |
|---|---|---|---|---|---|---|
| $Br_2/CCl_4$ | — | 褪色 | — | 褪色 | 褪色 | 褪色 |
| $KMnO_4/H^+$ | — | — | — | 褪色 | 褪色 | 褪色 |
| $Ag(NH_3)_2NO_3$<br>$Cu(NH_3)_2Cl$ | — | — | — | — | 灰白色沉淀<br>红棕色沉淀 | — |
| 顺丁烯二酸酐 | — | — | — | — | — | 白色沉淀 |

注：小环指三、四元环，大环指五、六元环。

## 【知识拓展】

### 取之不尽、用之不竭的可再生资源——生物质

所谓生物质（biomass）是指由光合作用产生的所有生物有机体的总称，包括植物、农作物、林产物、海产物（各种海草）和城市废弃物（报纸、天然纤维）等。生物质资源不仅储量丰富，而且可再生。据估计，作为植物生物质的最主要成分——木质素和纤维素每年以约1640亿吨的速度不断再生，如以能量换算，相当于目前石油年产量的15～20倍。如果这部分资源能得到利用，人类就拥有了一个取之不尽、用之不竭的资源宝库。

植物资源的利用需要将组成植物体的淀粉、纤维素、木质素等大分子物质转化为葡萄糖

等低分子物质，以便作为燃料和有机化工原料使用。目前研究的主要方法有物理法、化学法、生物转化法。

物理法和化学法是通过热裂解、分馏、氧化还原降解、水解和酸解等方法，将纤维素、木质素等大分子生物质降解成低分子量的碳氢化合物、可燃气体和液体，直接作为能源或经分离提纯后作为化工原料。物理法和化学法一般能耗高、产率低且过程污染较严重，因此单独使用一般缺乏实用性，往往作为生物转化法的辅助手段。

生物转化法是将生物质降解为葡萄糖，然后转化为各种化学品。在各种转化中酶都起关键作用，可以说，酶是打开生物质资源宝库的钥匙。

人类利用酶以生物质为原料制造所需物质已有相当悠久的历史。大约5000年前，我国人民就已掌握制饴、酿酒、造醋等技术。20世纪初，人类利用微生物发酵技术生产出青霉素与链霉素等抗生素药物。今天，利用微生物制造的药物、特殊化学品、生化试剂在品种上已达数万种之多。但是，以生物质资源生产化学品的规模一般较小，其数量还不足化学品年产量的2%。作为可再生资源的利用，生物质只有在能够代替石油等矿物质资源用于大规模制造各种燃料和有机化工原料时，才算是真正意义上的应用成功。

从绿色化学的高度来考虑，人类能够长久依赖的未来资源和能源，必须储量丰富、可再生，它的利用不会引起环境污染。基于这一原则，以植物为主的生物质资源将是人类未来的理想选择，可再生生物质资源替代石油等矿物资源将成为不可阻挡的历史潮流。

## 习 题

**1. 填空题**

(1) 烃是________的有机化合物，由于脂肪烃和脂环烃的____相似，本章将二者统称为脂烃。

(2) 在有机化学中，把结构相似、具有同一通式、组成上相差______的一系列化合物称为______。________互称为同系物。

(3) 烷烃的通式是______；烯烃的通式是______，因与环烷烃的通式相同，故碳原子数相同的两类化合物互为______异构体；炔烃、二烯烃与环烯烃的通式同为______，它们也属于_____异构。

(4) 在烷烃分子中，碳原子采用_____杂化，与氢原子或碳原子之间形成 $\sigma$ 键。该键的特点是稳定性___、____自由旋转。

(5) 在烯烃分子中，双键碳原子采用_____杂化，两个双键碳原子之间除形成 $\sigma$ 键之外，还形成了___键，该键的特点是稳定性___、_____自由旋转。

(6) 共轭二烯烃的四个双键碳原子均采用____杂化，它们在形成三个 $\sigma$ 键的同时，每个双键碳原子上未参与杂化的p轨道也彼此平行重叠形成一个包括四个碳原子在内的____键，含___键的体系称为____体系，其特点是能量较___，性质较____。

(7) 炔烃分子中的 C≡C 由一个___键和两个___键组成，三键碳原子采用___杂化。

(8) 单环烷烃分子中的碳原子采用_____杂化，但因为形成环状结构，杂化轨道对称轴的夹角发生变化，键角随环的大小不同而不同。环丙烷分子中碳原子形成的碳碳键，形状呈香蕉状，俗称___键。这种键与 $\sigma$ 键相比，轨道重叠程度____，碳碳键变____，环易___。

(9) 环烷烃的稳定性与角张力有关，角张力越大，分子内能越____，环的稳定性越____。

(10) 沼气的主要成分是_____；天然气的主要成分是_____；液化石油气的主要成分是_____；电石气的主要成分是_____；可燃冰的主要成分是_____。

(11) 在相同碳原子数的烷烃异构体中，直链烷烃的沸点_____，支链烷烃的沸点_____，支链越多，沸点越_____。

(12) 异辛烷是工业上用于测定汽油辛烷值的基准物质。异辛烷的构造式是________，用系统命名法命名应叫做________。

(13) 石油裂解气中含有大量的乙烯、丙烯、异丁烯气体，用浓硫酸吸收水解成醇，其产物的构造式分别是________、________、________。

（14）碳正离子的稳定性影响着烯烃亲电加成反应速率，碳正离子越稳定，加成反应的速率越______。将碳正离子 $(CH_3)_2\overset{+}{C}CH_3$、$CF_3\overset{+}{C}H_2$、$\overset{+}{C}H_3$、$CH_3CH_2\overset{+}{C}H_2$、$CH_3\overset{+}{C}HCH_3$ 的稳定性由大到小排序为________________。

（15）丙烯中的少量丙炔杂质，实验室可用__________洗涤除去，工业上则用________催化剂催化加氢来提纯。

（16）狄尔斯-阿尔德反应（也叫双烯合成）是共轭二烯烃的特征反应之一。其中，共轭二烯烃称为双烯体，另一种反应物称为________，通过此反应可以将链状化合物转变成________状化合物。与__________的反应定量进行，且生成白色固体，常用于鉴定共轭二烯烃。

（17）虽然炔烃的不饱和度大于烯烃，但是炔烃的亲电加成反应活性比烯烃________。

（18）炔烃催化加氢时，催化剂有选择性。若要制备烷烃，使用催化剂__________；若要制备烯烃，使用催化剂__________。

**2. 选择题**

（1）下列描述 $CH_3—CH═CH—C≡CCH_3$ 分子结构的叙述中，正确的是（　　）。

A. 6个碳原子有可能都在一条直线上　　B. 6个碳原子都不可能在一条直线上

C. 6个碳原子有可能都在同一平面上　　D. 6个碳原子不可能都在同一平面上

（2）下列烯烃与 $Br_2$ 在 $CCl_4$ 溶液中发生加成反应，反应速率最快的是（　　）。

A. 异丁烯　　B. 丙烯　　C. 乙烯　　D. 乙炔

（3）下列对共轭效应的叙述正确的是（　　）。

A. 共轭效应的产生，有赖于参加共轭的各个原子不在同一平面上

B. 具有共轭效应的分子，其所有原子或基团都在同一平面上

C. 共轭效应的显著特点之一是键长趋于平均化

D. 共轭效应与诱导效应类似，会随着碳链的增长而逐渐减弱

（4）下列化合物中沸点最高的是（　　）。

A. 3,3-二甲基戊烷　　B. 正己烷　　C. 2-甲基己烷　　D. 正戊烷

（5）下列实验方法可制取纯净物的是（　　）。

A. 电石与水反应制备乙炔

B. 1,3-丁二烯与溴加成，再加氢制1,4-二溴丁烷

C. 乙醇与浓硫酸加热至170℃制乙烯

D. 乙烯与氯化氢加成制氯乙烷

（6）用林德拉催化剂对烯炔催化加氢时，进行加氢反应的情况是（　　）。

A. 首先在双键上进行　　B. 首先在三键上进行　　C. 在双键和三键上同时进行

**3. 写出符合下列条件的 $C_5H_{12}$ 烷烃的构造式，并用系统命名法命名。**

（1）分子中只有伯氢原子　　（2）分子中有一个叔氢原子

（3）分子中有伯氢和仲氢原子，而无叔氢原子

**4. 写出分子量为86，并符合下列条件的烷烃的构造式。**

（1）有两种一氯代产物　　（2）有三种一氯代产物

（3）有四种一氯代产物　　（4）有五种一氯代产物

**5. 根据下列名称写出相应的构造式，并指出哪些物质是同系物，哪些互为同分异构体。**

（1）异丁烯　（2）异戊二烯　（3）3-甲基环丁烯　（4）2-甲基-4-异丙基-2-庚烯

（5）烯丙基乙炔　（6）叔丁基乙炔　（7）1-戊炔　（8）环戊二烯

**6. 用简便的化学方法鉴别下列两组化合物。**

（1）乙烯基乙炔　1,3-己二烯　1,5-己二烯　己烷

（2）—C≡CH　　　　　　—$C_2H_5$　—CH═$CH_2$

**7. 用化学方法分离下列两组化合物。**

（1）1-己炔和2-己炔

（2）戊烷、1-戊烯、1-戊炔

8. 完成下列化学反应式。

(1) $CH_3-\underset{\displaystyle CH_3}{\underset{|}{C}}=CH_2 + Cl_2 + H_2O \longrightarrow ?$

(2) $CH_3-\underset{\displaystyle CH_3}{\underset{|}{C}}=CHCH_3 + H_2SO_4 \longrightarrow ? \xrightarrow[\triangle]{H_2O} ?$

(3) $CH_2=CH-C\equiv CH + H_2 \xrightarrow[Pb(OOCCH_3)_2]{Pd/CaCO_3} ? \xrightarrow[\triangle]{CH\equiv CH} ?$

(4) 环戊烯 $+ Cl_2 \xrightarrow{500℃} ? \xrightarrow[CCl_4,常温]{Br_2} ?$

(5) 环丙基$-CH=CH_2$
- $\xrightarrow[Ni,\triangle]{H_2(足量)} ?$
- $\xrightarrow[②\ Zn/H_2O]{①\ O_3} ?$

(6) 1-甲基环戊烯（环戊烯环$-CH_3$）
- $\xrightarrow[Ni,\triangle]{H_2} ?$
- $\xrightarrow{HI} ?$
- $\xrightarrow[稀,冷]{KMnO_4} ?$
- $\xrightarrow[H^+]{KMnO_4} ?$

(7) $CH_3CH_2C\equiv CH$
- $\xrightarrow[Pd\text{-}CaCO_3/Pb(OOCCH_3)_2]{H_2} ? \xrightarrow[Ni,\triangle]{H_2} ?$
- $\xrightarrow{2HBr} ?$
- $\xrightarrow[HgSO_4/H_2SO_4]{H_2O} ?$
- $\xrightarrow[\triangle]{Na} ? \xrightarrow{CH_3I} ?$

(8) $CH_3CH=CH-CH=CH_2 + HBr$
- $\xrightarrow{低温} ?$
- $\xrightarrow[\triangle]{CHCl_3} ?$

9. 以 $C_4$ 及其以下的烃为有机原料和其他的无机试剂合成下列化合物。

(1) $CH_3CH_2CH_2CH_2OH$

(2) $CH_3\overset{\displaystyle O}{\overset{\|}{C}}CH_2CH_2CH_3$

(3) $CH_3-\underset{\displaystyle Br}{\underset{|}{\overset{\displaystyle Cl}{\overset{|}{C}}}}-CH_3$

(4) 环己烯环$-CH_2Cl$

(5) 环己烷环（邻位）$-CH_2Br$，$-CH_2Br$

(6) $\underset{\displaystyle Cl}{\underset{|}{CH_2}}-\underset{\displaystyle OH}{\underset{|}{CH}}-\underset{\displaystyle OH}{\underset{|}{CH_2}}$

10. 推断结构

(1) 化合物 A 的分子式为 $C_4H_8$，室温能使溴的四氯化碳溶液褪色，但不能使高锰酸钾溶液褪色。1mol A 与 1mol HCl 作用生成 B，B 也可以从 A 的同分异构体 C 与 HCl 作用得到。C 既能使溴的四氯化碳溶液褪色，又能使高锰酸钾溶液褪色。试写出 A、B、C 的构造式及各步反应式。

(2) 化合物 A 和 B 的分子式为 $C_6H_{10}$，经催化加氢都可得到相同的产物正己烷。A 与氯化亚铜的氨溶液作用产生红棕色沉淀，B 则不能。B 经臭氧氧化后再还原水解，得到 $CH_3CHO$ 和 OHC—CHO（乙二醛）。试写出 A 和 B 的构造式及各步反应式。

(3) 化合物 A、B、C 的分子式为 $C_6H_{12}$，它们都能在室温下使溴的四氯化碳溶液褪色。用高锰酸钾溶液氧化时，A 得到含有季碳原子的羧酸、$CO_2$ 和 $H_2O$；B 得到 $CH_3COCH_2CH_3$ 和 $CH_3COOH$；C 则不能被氧化。C 经催化加氢可得到一种直链烷烃。试推测 A、B、C 的构造式。

(4) 有四种化合物 A、B、C、D，分子式均为 $C_5H_8$，且都能使溴的四氯化碳溶液褪色。A 与硝酸银的氨溶液作用生成灰白色沉淀，B、C、D 则不能。当用酸性高锰酸钾溶液氧化时，A 得到 $CH_3CH_2CH_2COOH$ 和 $CO_2$；B 得到 $CH_3COOH$ 和 $CH_3CH_2COOH$；C 得到 $HOOCCH_2COOH$（丙二酸）和 $CO_2$；D 得到 $CH_3COCH_2CH_2COOH$(4-戊酮酸)。试推测 A、B、C、D 的构造式。

# 第三章 芳香烃

## 学习目标

### 知识目标

▸ 掌握单环芳烃的同分异构现象和命名；掌握苯、萘的结构特征及单环芳烃和萘的化学性质；掌握芳环上定位基的定位规律及在药物合成中的应用。

▸ 理解芳环上亲电取代反应的机理。

▸ 了解多环芳烃、稠环芳烃的结构及应用。

### 能力目标

▸ 能运用命名规则命名单环芳烃、简单的稠环芳烃及芳烃衍生物。

▸ 能运用芳环的结构特点及亲电取代反应定位规律，写出苯环上各类亲电取代反应产物，判断二元取代反应的难易，选择简单芳香化合物的合成路线。

▸ 能运用芳烃的磺化反应在有机合成中进行芳环占位、芳烃的分离纯化。

▸ 能运用芳环的侧链氧化，学会芳环侧链有无 α-H 原子的鉴别方法。

▸ 能运用萘的化学性质及定位规律，判断萘亲电取代反应的产物。

▸ 能写出顺酐、苯酐及芳酮等重要有机化合物的合成路线。

## 导学案例

▸ 1912 年至 1913 年间，德国在国际市场上大量收购石油，很多国家的石油商争着要与德国成交，有的还尽量压低售价，但是德国却只购买婆罗洲石油，并急急忙忙运到德国本土去，由此看来，德国人专购婆罗洲的石油，必然是别有用心的了。德国人安的是什么心？

▸ 2006 年中央电视台新闻报道，我国南方一辆运输几十吨苯的货车，不慎将苯洒落在路边坑中，救援人员接到消息立即赶到现场。救援人员头戴防毒面具，用防爆泵收取洒落的苯。正当按既定方法收集洒落苯量不到三分之二时，接到通知说马上要有暴风雨来临，救援人员决定用点燃方法，将剩余苯燃烧掉。点燃时看到带有浓浓黑烟的火球升入空中。为什么事故处理中要采用如上措施呢？苯有哪些性质呢？

在有机化学中，有一类最早是由树脂或香精油中取得的具有香味的物质，当初发现它们在结构上都含有苯环，且有独特的化学性质，人们称其为“芳香性”，将这类物质称为“芳香族化合物”。后来发现，许多芳香族化合物不仅没有香味，而且味道非常难闻，并且这类化合物有许多不含苯环，也具有与苯相似的“芳香性”。所以，“芳香族化合物”一词虽沿用至今，已失去了它原有的含义。

芳香烃是芳香族碳氢化合物的简称。本章主要讨论含有苯环的碳氢化合物。

# 第一节　苯的结构

苯是芳香族化合物的母体，也是芳香烃中最简单最重要的物质，要掌握芳香烃的特性，首先要了解苯的结构。

## 一、凯库勒构造式

根据元素分析和分子量的测定，证明苯的分子式为 $C_6H_6$。由苯的分子式可见，碳氢比和乙炔相同，都是 1∶1，它应具有不饱和性，但是事实并非如此。苯极为稳定，不易氧化，难发生加成反应，但在催化剂的作用下，易发生取代反应。由此证明，苯的性质与不饱和烃大有区别。苯的这种性质来自苯的特殊结构。

1865 年凯库勒（Kekule）首先提出了苯的环状结构，即 6 个碳原子在同一平面上彼此连接成环，每个碳原子上都结合着 1 个氢原子。为了满足碳的四价，凯库勒提出如下的构造式：

或简写为

这个式子称为凯库勒构造式，它虽然可以说明苯分子的组成以及原子间的次序，但仍存在问题。其一，在上式中既然有 3 个双键，为什么苯不发生类似烯烃的加成反应？其二，据上式，苯的邻二元取代物应有以下两种异构体，但事实只有 1 种。

由此，凯库勒又假设苯环是下列两种结构式的平衡体系：

它们间相互转化极快，因而分不出两种异构体。

许多事实证明，以上两种异构体呈平衡的假设是不存在的。但凯库勒关于苯分子的六元环状结构的提出是一个非常重要的假设，至今人们仍用凯库勒式来表示苯分子的结构，然而苯分子中并不存在简单的碳碳单键和碳碳双键。

## 二、闭合共轭体系

14

14.动画：苯分子的结构

近代物理方法测定，苯分子中的 6 个碳原子都是 $sp^2$ 杂化的，每个碳原子各以两个 $sp^2$ 杂化轨道分别与另外两个碳原子形成 C—C σ 键，这样 6 个碳原子构成了一个平面正六边形。每个碳原子上的另一个 $sp^2$ 轨道与氢原子的 1s 轨道形成 C—H σ 键，使苯分子中的所有原子都在同一平面上，键角都是 120°，见图 3-1（a）。每个碳原子还有一个未参与杂化的 p 轨道，它的对称轴垂直于此平面，与相邻的两个碳原子上的 p 轨道分别从侧面平行重叠，形成一个闭合的共轭体系，见图 3-1(b)。

在这个体系中，环上有 6 个碳原子和 6 个 π 电子，离域的 π 电子云完全平均化，体系能量低，比较稳定。π 电子云成两个轮胎状，均匀分布在苯环平面的上下两侧，见图 3-1(c)。苯分子中的碳碳键长也完全平均化，都是 0.1393nm。这种具有 6π 电子的闭合共轭体系，使得苯环具有高度的对称性和特殊的稳定性。由于形成了闭合共轭体系，无单、双键之分，故苯的邻位二元取代物只能有一种。

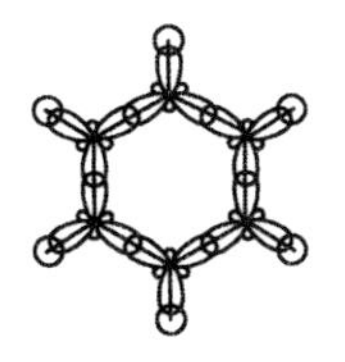
(a) 苯的骨架

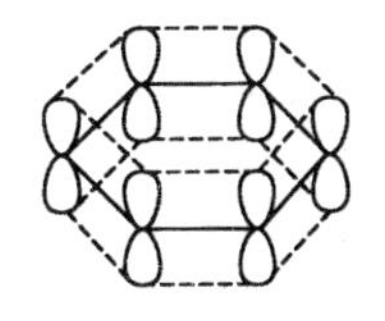
(b) 苯的环状共轭体系

(c) 苯的π电子云

图 3-1　苯的骨架、环状共轭体系和 π 电子云

至今还没有更好的结构式表示苯的这种结构特点，出于习惯和解释问题的方便，仍沿用凯库勒式表示苯的结构。目前，为了描述苯分子中完全平均化的大 π 键，也用下式表示苯的结构：

## 思考与练习

3-1　苯具有高度不饱和性，却不易发生加成或氧化反应，这是为什么？

3-2　苯的分子结构有什么特点？

# 第二节　单环芳烃的分类、同分异构和命名

根据分子中所含苯环的数目和连接方式，芳香烃可分为如下几类。

芳香烃
- 单环芳烃　例如：（苯）
- 多环芳烃　例如：（联苯）
- 稠环芳烃　例如：（萘）

其中，单环芳烃是指分子中含有一个苯环的芳烃。本章主要讨论单环芳烃。

## 一、单环芳烃的分类

单环芳烃分为苯、烷基苯和不饱和烃基苯 3 类。

苯是最简单的单环芳烃，当苯环上的氢原子被不同的烷基取代时，可得到烷基苯。苯和烷基苯互为同系物，它们的通式为 $C_nH_{2n-6}(n\geqslant6)$。例如：

$CH_3$　　$C_2H_5$　　$CH_3$ / $CH_3$

甲苯　　乙苯　　邻二甲苯

不饱和烃基苯是与苯环相连的侧链上含有 C═C 或 C≡C 键。例如：

$CH═CH_2$　　C≡CH

苯乙烯　　苯乙炔

## 二、单环芳烃的同分异构

单环芳烃的异构主要是构造异构，有以下两种情况。

### 1. 苯环上的侧链异构

当苯环上的侧链有 3 个以上碳原子时，可能因碳链排列方式不同而产生构造异构现象。例如：

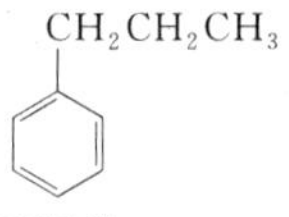

$CH_2CH_2CH_3$　　　$CH(CH_3)-CH_3$

正丙苯 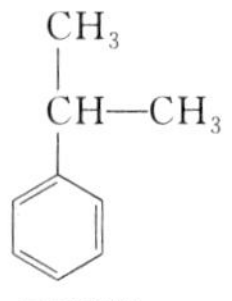　　　异丙苯

### 2. 侧链在环上位置异构

当苯环上连有两个或两个以上侧链时，就会因侧链在环上位置的不同而产生异构现象。例如：

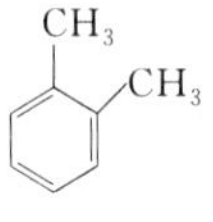

邻二甲苯 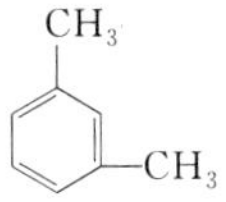　　　间二甲苯 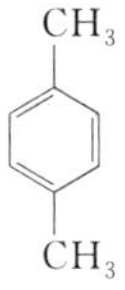　　　对二甲苯

## 三、单环芳烃的命名

当苯环上只有一个构造简单的烷基时，可以苯环为母体命名，烷基作取代基，称为“某烷基苯”，其中“基”字常省略。若侧链为不饱和烃基（如烯基或炔基等），则以不饱和烃为母体命名，苯环作为取代基。例如：

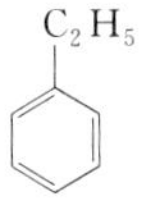

$C_2H_5$　　　$CH(CH_3)-CH_3$　　　$CH{=}CH_2$　　　$C{\equiv}CH$

乙苯 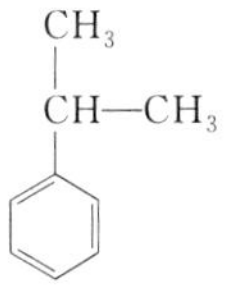　　　异丙苯 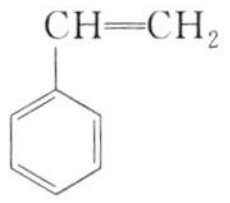　　　苯乙烯 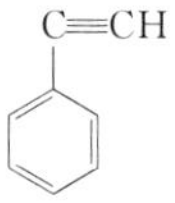　　　苯乙炔

当苯环上有两个或两个以上烷基时，可用阿拉伯数字标明烷基的位置。苯环上有两个取代烷基时，也可用邻（*o*）、对（*p*）和间（*m*）标明两个取代基的相对位置。苯环上有 3 个取代烷基时，则用阿拉伯数字表示取代基的位置，若 3 个取代烷基相同，则可用“连”、“偏”、“均”标明取代基的相对位置。例如：

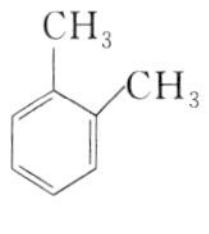

1,2-二甲苯（邻二甲苯） 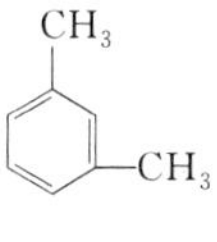　　1,3-二甲苯（间二甲苯） 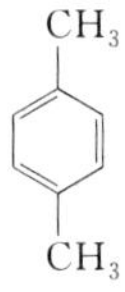　　1,4-二甲苯（对二甲苯） 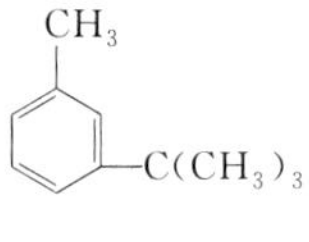　　3-叔丁基甲苯（间叔丁基甲苯）

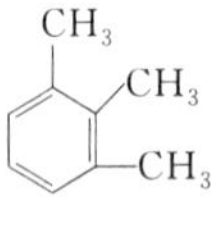

1,2,3-三甲苯（连三甲苯） 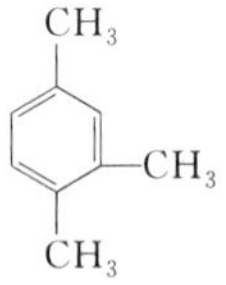　　1,2,4-三甲苯（偏三甲苯） 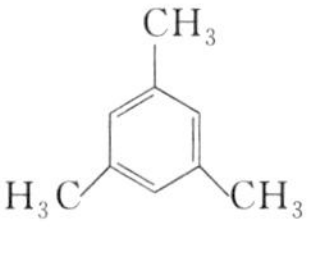　　1,3,5-三甲苯（均三甲苯）

当苯环上连有构造复杂的烷基时，则将苯环作取代基，烷基碳链作母体。例如：

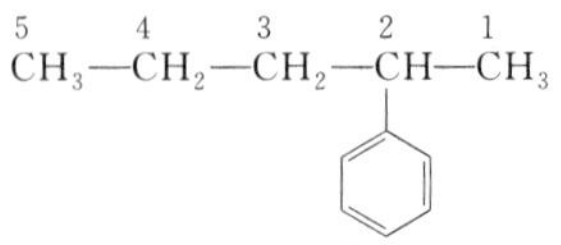

$\overset{5}{C}H_3-\overset{4}{C}H_2-\overset{3}{C}H_2-\overset{2}{C}H(C_6H_5)-\overset{1}{C}H_3$

2-苯基戊烷

若侧链有两个或两个以上不饱和烃基时，则以苯环为母体。例如：

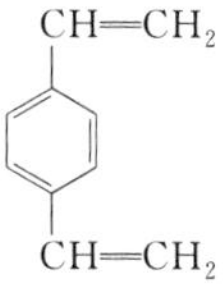

对二乙烯苯

芳烃分子中的1个氢原子被去掉后，所余下的基团称为芳基，常用Ar—表示。如苯分子去掉1个氢原子后余下的基团叫做苯基（ 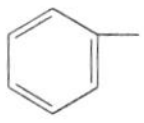 ），用Ph—表示；甲苯分子去掉1个甲基上的氢原子后余下的基团叫做苯甲基或苄基（ 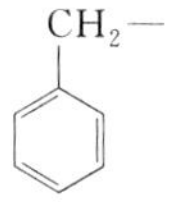 ）；甲苯分子中去掉一个邻位苯环上的氢原子后余下的基团叫做邻甲苯基（ 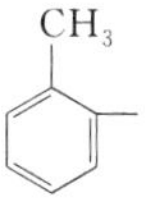 ）。

## 四、芳烃衍生物的命名

苯环上的氢原子被其他原子或基团取代后生成的化合物叫做芳烃衍生物。芳烃衍生物的命名一般有以下几种情况。

① 以芳烃为母体，—X(卤原子)、—$NO_2$(硝基）及结构简单的烷基为取代基命名。例如：

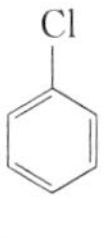

氯苯 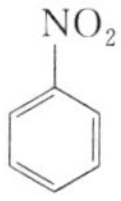　　硝基苯 　　对二溴苯

② 以芳烃为取代基，其他基团如—OH(羟基)、—CHO(醛基)、—COOH(羧基)、—$SO_3H$(磺酸基)、—$NH_2$(氨基）等作为母体命名。例如：

苯酚 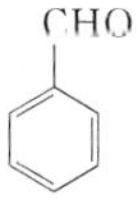　　苯甲醛 　　苯甲酸 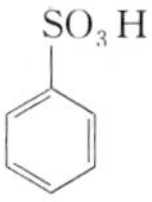　　苯磺酸 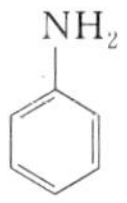　　苯胺

③ 苯环上连有两个或两个以上不同的官能团时，需按官能团的优先次序确定母体。常见官能团的优先次序一般参照表3-1。

**表3-1　常见官能团的优先次序**（按优先递降排列）

| 类别 | 官能团 | 类别 | 官能团 | 类别 | 官能团 |
|---|---|---|---|---|---|
| 羧酸 | —COOH | 醛 | —CHO | 炔烃 | —C≡C— |
| 磺酸 | —$SO_3H$ | 酮 | >C=O | 烯烃 | >C=C< |
| 羧酸酯 | —COOR | 醇 | —OH | 醚 | —OR |
| 酰氯 | —COCl | 酚 | —OH | 烷烃 | —R |
| 酰胺 | —$CONH_2$ | 硫醇、硫酚 | —SH | 卤化物 | —X |
| 腈 | —CN | 胺 | —$NH_2$ | 硝基化合物 | —$NO_2$ |

在表3-1中，排在前面的官能团为母体，后面的为取代基。例如：

$SO_3H$ / $NH_2$

对氨基苯磺酸

$COOC_2H_5$ / $NO_2$

间硝基苯甲酸乙酯

OH / Br

邻溴苯酚

## 思考与练习

3-3 单环芳烃分为哪几类？各举一例。

3-4 写出分子式为 $C_9H_{12}$ 的芳烃的所有异构体并命名。

3-5 命名下列化合物。

(1) $CH_2CH_3$ / $CH_2CH_3$ (对位)

(2) $CH{=}CH_2$ / $CH(CH_3)_2$ (间位)

(3) $CH_3—CH(C_2H_5)—CH_2—CH(C_6H_5)—CH_3$

(4) $CH_3CH_2$— / COOH / —OH

# 第三节 单环芳烃的物理性质

苯及其常见同系物一般为无色透明、有特殊气味的液体，不溶于水，易溶于有机溶剂，液态芳烃本身也是良好的溶剂。其相对密度大多为 0.86～0.93；沸点随分子量的升高而升高；熔点除与分子量有关外，还与结构的对称性有关，通常结构对称性高的化合物，熔点较高。苯及其同系物的物理常数见表 3-2。

**表 3-2 苯及其同系物的物理常数**

| 名 称 | 熔点/℃ | 沸点/℃ | 相对密度($d_4^{20}$) |
|---|---|---|---|
| 苯 | 5.5 | 80.1 | 0.8765 |
| 甲苯 | −95.0 | 110.6 | 0.8669 |
| 邻二甲苯 | −25.2 | 144.4 | 0.8802(10℃) |
| 间二甲苯 | −47.9 | 139.1 | 0.8642 |
| 对二甲苯 | 13.3 | 138.3 | 0.8611 |
| 乙苯 | −95.0 | 136.2 | 0.8670 |
| 连三甲苯 | −25.5 | 176.1 | 0.8943 |
| 偏三甲苯 | −43.9 | 169.4 | 0.8758 |
| 均三甲苯 | −44.7 | 164.6 | 0.8651 |
| 正丙苯 | −99.5 | 159.2 | 0.8620 |
| 异丙苯 | −96.0 | 152.4 | 0.8618 |

【安全知识】 芳香烃一般都有毒性，长期吸入其蒸气，会损害造血器官及神经系统。

# 第四节 单环芳烃的化学性质

苯的结构特征表明苯环相当稳定，不易被氧化，不易进行加成反应，而容易发生取代反应，这是芳香族化合物共有的特性，常把它叫做“芳香性”。

## 一、苯环上的取代反应及亲电取代反应机理

由于苯环中离域的π电子云分布在环平面的上下两侧，受原子核的束缚小，易流动，这就与烯烃中的π电子一样，它们对亲电试剂都能起提供电子的作用，所不同的是，烯烃容易进行亲电加成反应，而芳香烃则由于其结构特点，具有保持稳定的共轭体系倾向，所以易进行亲电取代反应，而不易进行加成反应。

### 1. 卤化反应

有机化合物分子中的氢原子被卤素取代的反应称为卤化反应。

在铁粉或路易斯酸（卤化铁、卤化铝等）的催化下，氯或溴原子可取代苯环上的氢原子，主要生成氯苯或溴苯。

$$C_6H_6 + Cl_2 \xrightarrow[\text{或 Fe}]{FeCl_3} C_6H_5Cl + HCl$$

$$C_6H_6 + Br_2 \xrightarrow[\text{或 Fe}]{FeBr_3} C_6H_5Br + HBr$$

在卤化反应中，卤素的活性顺序如下：

$$F_2 > Cl_2 > Br_2 > I_2$$

其中，氟化反应太剧烈，反应不易控制而无实际意义；碘的活性太低，不易发生反应。因此，单环芳烃的卤化反应主要是与氯和溴的反应。

氯苯和溴苯易继续反应生成二元取代物，且主要发生在卤原子的邻、对位。例如：

$$C_6H_5Cl + Cl_2 \xrightarrow[\text{或 Fe}]{FeCl_3} o\text{-}C_6H_4Cl_2 + p\text{-}C_6H_4Cl_2 + HCl$$

邻二氯苯(50%)　　对二氯苯(45%)

烷基苯发生环上的卤化反应时，比苯容易进行，主要生成邻位和对位取代物。例如：

$$C_6H_5CH_3 + Cl_2 \xrightarrow[\text{或 Fe}]{FeCl_3} o\text{-}ClC_6H_4CH_3 + p\text{-}ClC_6H_4CH_3 + HCl$$

邻氯甲苯(59%)　　对氯甲苯(40%)

### 2. 硝化反应

有机化合物分子中的氢原子被硝基（$-NO_2$）取代的反应称为硝化反应。

苯与浓硝酸及浓硫酸的混合物（混酸）共热后，苯环上的氢原子被硝基取代，生成硝基苯。

$$C_6H_6 + HO-NO_2(\text{浓}) \xrightarrow[50\sim60℃]{\text{浓 } H_2SO_4} C_6H_5NO_2 + H_2O$$

在此反应中，浓硫酸除了起催化作用外，还是脱水剂。

硝基苯不易继续硝化，若增加硝酸的浓度，并提高反应温度，可得间二硝基苯。

$$C_6H_5NO_2 + HNO_3(\text{发烟}) \xrightarrow[100℃]{\text{浓 } H_2SO_4} m\text{-}C_6H_4(NO_2)_2 + H_2O$$

显然，当苯环上带有硝基时，再引入第二个硝基到苯环上就比较困难。或者说，硝基苯进行硝化反应比苯要难。此外，第二个硝基主要是进入苯环上原有硝基的间位。

烷基苯的硝化反应比苯容易进行。例如甲苯在30℃就可以反应，主要生成邻硝基甲苯和对硝基甲苯。

$$C_6H_5CH_3 + HNO_3(浓) \xrightarrow[30℃]{浓H_2SO_4} o\text{-}CH_3C_6H_4NO_2 + p\text{-}CH_3C_6H_4NO_2 + H_2O$$

邻硝基甲苯(58%)　对硝基甲苯(38%)

### 3. 磺化反应

有机化合物分子中的氢原子被磺酸基（$—SO_3H$）取代的反应称为磺化反应。

苯与浓硫酸共热，苯环上的氢原子被磺酸基取代，生成苯磺酸。

$$C_6H_6 + HO—SO_3H(浓) \underset{}{\overset{70\sim80℃}{\rightleftharpoons}} C_6H_5SO_3H + H_2O$$

**【知识应用】** 磺化反应是可逆反应，苯磺酸与水共热可脱去磺酸基，这一性质常被用来在苯环的某些特定位置引入某些基团，即利用磺酸基占据苯环上的某一位置，待新的基团引入后，再将磺酸基水解脱除。

苯磺酸是有机强酸，其酸性可与无机强酸相比，是重要的有机合成原料。苯磺酸在水中的溶解度很大，利用这一性质，在难溶于水的芳香族化合物中引入磺酸基可增加在水中的溶解度，也可用于芳烃的分离纯化。

苯磺酸继续磺化时，需要发烟硫酸及较高温度，产物主要为间苯二磺酸。

$$C_6H_5SO_3H + H_2SO_4(SO_3) \xrightarrow{200\sim250℃} m\text{-}C_6H_4(SO_3H)_2 + H_2O$$

间苯二磺酸（90%）

可见，苯环上已有了磺酸基后，再引入第二个磺酸基时比苯要难，而且第二个磺酸基主要进入原来磺酸基的间位。

烷基苯的磺化反应比苯容易进行。例如，甲苯与浓硫酸在 0℃ 下即可发生磺化反应，主要产物是邻甲苯磺酸及对甲苯磺酸；而在 100～120℃ 时反应，则对甲苯磺酸为主要产物。

$$C_6H_5CH_3 + H_2SO_4 \xrightarrow{0℃} o\text{-}CH_3C_6H_4SO_3H + p\text{-}CH_3C_6H_4SO_3H$$

邻甲苯磺酸(43%)　对甲苯磺酸(53%)

$$C_6H_5CH_3 + H_2SO_4 \xrightarrow{100\sim120℃} o\text{-}CH_3C_6H_4SO_3H + p\text{-}CH_3C_6H_4SO_3H$$

(13%)　(79%)

### 4. 傅-克（Friedel-Crafts）反应

1877 年法国化学家傅瑞德（C. Friedel）和美国化学家克拉夫茨（J. M. Crafts）发现了制备烷基苯和芳酮的反应，简称为傅-克（F-C）反应。前者叫 F-C 烷基化反应；后者叫 F-C 酰基化反应。

（1）烷基化反应　凡在有机化合物分子中引入烷基的反应，称为烷基化反应。反应中提供烷基的试剂叫做烷基化剂，它可以是卤代烷、烯烃和醇。芳烃与烷基化剂在催化剂作用下，芳环上的氢原子可被烷基取代。例如：

$$C_6H_6 + C_2H_5Br \xrightarrow{AlCl_3} C_6H_5C_2H_5 + HBr$$

$$C_6H_6 + CH_2{=}CH_2 \xrightarrow{AlCl_3} C_6H_5{-}C_2H_5$$

**【知识应用】** 乙苯是无色油状液体，不溶于水，易溶于有机溶剂。具有麻醉与刺激作用，是重要的医药原料。

当烷基化剂含有 3 个或 3 个以上碳原子的直链烷基时，容易获得碳链异构化产物。例如：

$$C_6H_6 + CH_3CH_2CH_2Cl \xrightarrow{AlCl_3} C_6H_5{-}CH(CH_3)CH_3 + HCl$$

在烷基化反应中，当苯环上引入 1 个烷基后，反应可继续进行，得多烷基取代物。只有当苯过量时，才以一元取代物为主。但当苯环上已有硝基等吸电子基团时，苯的烷基化反应不再发生。

芳烃的烷基化反应传统上使用的催化剂是无水氯化铝，但由于氯化铝在使用时还需加入盐酸作助催化剂，腐蚀性较大，目前使用了一些固体催化剂，如分子筛、离子交换树脂等。此外 $FeCl_3$、$SnCl_4$、$ZnCl_2$、$BF_3$、HF、$H_2SO_4$ 等均可作为该反应的催化剂。

(2) 酰基化反应　凡在有机化合物分子中引入酰基（$R{-}C(=O){-}$）的反应，称为酰基化反应。反应中提供酰基的试剂叫做酰基化剂，常用的酰基化剂主要是酰卤和酸酐。例如：

$$C_6H_6 + CH_3C(=O)Cl \xrightarrow{AlCl_3} C_6H_5{-}C(=O){-}CH_3 + HCl$$

苯乙酮

$$CH_3{-}C_6H_5 + (CH_3CO)_2O \xrightarrow{AlCl_3} CH_3{-}C_6H_4{-}C(=O){-}CH_3 + CH_3COOH$$

甲基对甲苯基酮

**【知识应用】** 酰基化反应是制备芳酮的重要方法之一。其中苯乙酮为无色液体，有类似山楂的香味，微溶于水，易溶于有机溶剂。用于制造香皂、果汁和香烟的添加剂，医药上用于生产安眠酮。

酰基化反应不能生成多元取代物，也不发生异构化。当苯环上已有硝基等吸电子基团时，酰基化反应也不能发生。所以硝基苯是傅-克反应很好的溶剂。

### *5. 亲电取代反应机理简介

苯环上的取代反应都属于共价键异裂的离子型反应。和芳环发生作用的试剂都是缺电子或带正电的亲电试剂，如卤素、硝酸、硫酸。它们中的 $X^+$、$^+NO_2$、$^+SO_3H$ 取代了芳环上的氢原子，因此叫做亲电取代反应。其反应机理可表示如下：

首先，试剂在催化剂作用下离解出亲电的正离子。

$$A{-}B \rightleftharpoons A^+ + B^-$$

其次，离解出来的亲电试剂 $A^+$ 进攻苯环，从苯环的闭合 π 体系中获得两个电子，与苯环的某一个碳原子结合成 σ 键，此时苯环原有的 6 个 π 电子只剩下 4 个 π 电子，形成了一个环状的碳正离子中间体（称为 σ-配合物），这个中间体的形成步骤是反应速率的决定步骤。

$$C_6H_6 + A^+ \rightleftharpoons [C_6H_6A]^+$$

碳正离子(σ-配合物)

碳正离子（σ-配合物）是苯亲电取代反应的中间体，能量较高，不稳定。

最后碳正离子中间体中与亲电试剂 A 相连的碳原子上失去一个 $H^+$，重新恢复为稳定的苯环结构，形成了最后的取代产物。而反应体系中的负离子 $B^-$ 与环上取代下来的 $H^+$ 结合，形成了另一取代产物。

$$\text{H(A)-环己二烯正离子} \xrightarrow{B^-} C_6H_5A + HB$$

在这种反应机理中，碳正离子生成的一步是加成过程，失去氢离子的一步是消除过程，故此反应分两步进行，其机理亦称加成-消除机理。

## 二、苯同系物侧链上的取代反应

苯环除了可与卤素发生环上取代反应外，还可发生侧链的卤代反应，该反应是在光照或加热的条件下，卤素取代苯环侧链 $\alpha$-碳原子上的氢原子，属于自由基取代反应。例如：

$$C_6H_5CH_3 \xrightarrow[\text{光}]{Cl_2} C_6H_5CH_2Cl \xrightarrow[\text{光}]{Cl_2} C_6H_5CHCl_2 \xrightarrow[\text{光}]{Cl_2} C_6H_5CCl_3$$

苯氯甲烷（氯化苄）　苯二氯甲烷　苯三氯甲烷

$$C_6H_5CH_2CH_3 + Cl_2 \xrightarrow{\text{光}} C_6H_5CHClCH_3 + HCl$$

1-苯基-1-氯乙烷

## 三、氧化反应

### 1. 苯环氧化

苯环一般较稳定，不易被氧化，但在激烈的条件下也可发生氧化反应。例如：

$$2C_6H_6 + 9O_2 \xrightarrow[450℃]{V_2O_5} 2\,(\text{H—C—C(=O)})_2\text{O} + 4H_2O + 4CO_2$$

顺丁烯二酸酐

**【知识应用】** 苯环氧化是工业上生产顺丁烯二酸酐的主要方法。顺丁烯二酸酐又名马来酸酐或失水苹果酸酐，为无色结晶粉末，有强烈的刺激气味。用于制备聚酯树脂、马来酸及脂肪和油类的防腐剂。

### 2. 侧链氧化

含有 $\alpha$-H 的烷基苯，在强氧化剂（如高锰酸钾、重铬酸钾）作用下，都能使侧链发生氧化反应，且无论侧链长短，氧化产物均为苯甲酸。例如：

15

15.视频：甲苯与高锰酸钾反应

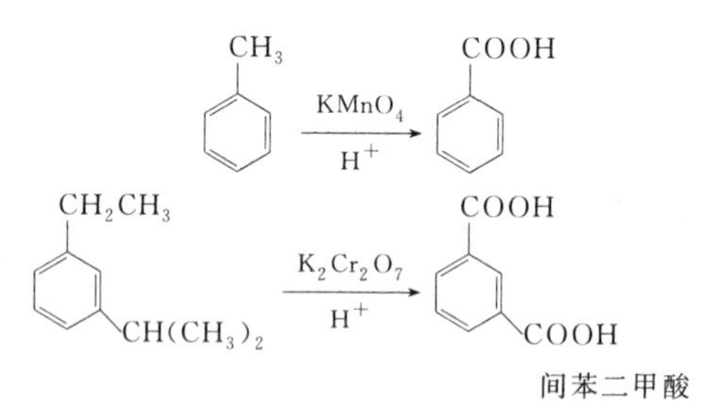


间苯二甲酸

对于侧链无 $\alpha$-H 的烷基苯，则不能发生此类氧化反应。

**【知识应用】** 用酸性高锰酸钾作氧化剂时，随着苯环侧链氧化的发生，高锰酸钾的紫色逐渐褪去，用此反应可鉴别苯环侧链有无 $\alpha$-H。此外，烷基苯氧化也是制备芳香族羧酸的常用方法。

## 思考与练习

3-6 乙苯与单质溴的反应，在光照下和溴化铁催化下的反应产物有何不同？

3-7 在单环芳烃的硝化反应中，浓硫酸起什么作用？

3-8 苯环侧链氧化的条件是什么？有什么特点？

3-9 苯环上的亲电取代反应包括几个步骤？生成什么中间体？

3-10 完成下列反应式。

(1) $C_6H_5-CH(CH_3)CH_3 + Cl_2 \xrightarrow[\triangle]{FeCl_3} ?$

(2) $C_6H_5-CH_2CH_3 \xrightarrow[\triangle]{\text{混酸}} ?$

(3) $C_6H_5-CH_3 + H_2SO_4 \xrightarrow{100℃} ?$

(4) $C_6H_6 + C_6H_5-CH_2Cl \xrightarrow{AlCl_3} ?$

(5) $C_6H_6 + (CH_3-CO)_2O \xrightarrow{AlCl_3} ?$

(6) $C_6H_5-CH(CH_3)_2 \xrightarrow[H^+]{K_2Cr_2O_7} ?$

# 第五节　苯环上亲电取代反应的定位规律

## 一、一元取代苯的定位规律

从前面讨论的一些苯环亲电取代反应可以看出，当苯环上已有1个烷基存在时，如果让它再进一步发生取代反应，则无论发生什么取代反应，都比苯容易进行，且第2个取代基主要进入烷基的邻位和对位。当苯环上已有硝基或磺酸基存在时，让它们再进一步进行取代反应，则要比苯困难，且第2个取代基主要进入硝基或磺酸基的间位。

由此可知，一元取代苯在进行亲电取代反应时，第2个基团取代环上不同位置的氢原子则可得到邻、间、对3种二元取代产物，在任何一个具体反应中，这些位置上的氢原子被取代的机会不是均等的，第2个取代基进入的位置常决定于第1个取代基，也就是说第1个取代基对第2个取代基的进入有定位的作用，这种起定位作用的取代基常称作定位基。定位基一是决定新的基团进入苯环的位置，二是影响取代反应进行的难易，这两个作用称为定位基的定位效应。

根据大量的实验结果，可以将一些常见的基团按其定位效应分为两类。

### 1. 邻、对位定位基

邻、对位定位基也称第一类定位基，当苯环上已有1个这类基团时，再进行取代反应时，第2个基团主要进入它的邻位和对位，产物主要是邻位和对位两种二元取代物，并且比苯更易发生亲电取代反应（卤素除外），因此它们大多属于致活基团。如前面所述的甲苯硝化、磺化产物都是邻、对位异构体的混合物，且它们都比苯的亲电取代反应容易。

这类定位基按照它们对苯环亲电取代反应的致活作用由强到弱排列如下：

$-O^-$（氧负离子）>$-N(CH_3)_2$（二甲氨基）>$-NHCH_3$（甲氨基）>$-NH_2$（氨基）>$-OH$（羟基）>$-OCH_3$（甲氧基）> $-NH-\underset{\underset{O}{\|}}{C}-CH_3$ （乙酰氨基）> $-O-\underset{\underset{O}{\|}}{C}-CH_3$（乙酰氧基）>$-CH_3$（甲基）>$-C_6H_5$（苯基）>$-X(Cl, Br)$

### 2. 间位定位基

间位定位基也称第二类定位基，当苯环上已有1个这类基团时，再进行取代反应时，第2个基团主要进入它的间位，并且比苯更难进行亲电取代反应，因此它们都属于致钝基团。如前面所说的硝基苯、苯磺酸再进行亲电取代反应时，取代基主要进入它们的间位，且它们比苯的取代反应更难进行。

这类定位基按照它们对苯环亲电取代反应的致钝作用由强到弱排列如下：

$-N^+H_3$（铵基）>$-N^+(CH_3)_3$（三甲铵基）>$-NO_2$（硝基）>$-CN$（氰基）>$-SO_3H$（磺酸基）>$-CHO$（醛基）>$-COOH$（羧基）>$-CCl_3$（三氯甲基）

从上述两类定位基的结构可以看出，一般邻、对位定位基与苯环直接相连的原子以单键与其他原子相连接（$-C_6H_5$ 例外）或带负电荷或带有孤对电子；而间位定位基与苯环直接相连的原子以不饱和键与电负性强的原子相连接（$-CCl_3$ 例外）或带正电荷。从上述两类定位基的排列顺序可以看出，对于邻、对位定位基，对苯环活化程度较大的基团，其定位能力较强；而对于间位定位基，对苯环钝化程度较大的基团，其定位能力较强。

应当注意的是，定位基的定位作用只表示取代基进入芳环的某些位置的比例较高，并不意味着它不进入其他位置。另外，反应条件（如温度、试剂、催化剂等）对反应中生成的各种异构体的比例也有一定的影响。

## 二、二元取代苯的定位规律

如果苯环上已有两个取代基，再进行亲电取代反应时，第3个基团进入的位置取决于已有的两个定位基的性质、相对位置、空间位阻等条件，一般可能有以下几种情况。

### 1. 两定位基定位效应一致

若苯环上原有的两个定位基的定位效应一致时，则第3个基团进入两定位基一致指向的位置。例如：

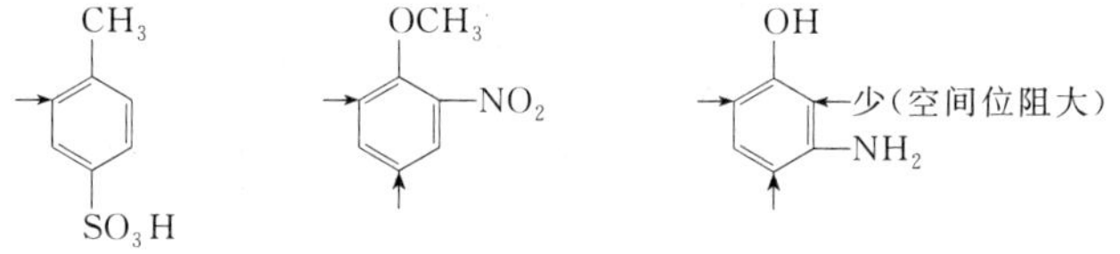

$CH_3$ $SO_3H$　　$OCH_3$ $NO_2$　　OH 少（空间位阻大） $NH_2$

### 2. 两定位基定位效应不一致

若苯环上原有的两个定位基的定位效应不一致时，会出现两种情况。

① 两个定位基属于同一类，第3个基团进入苯环的位置由定位效应强的定位基决定。例如：

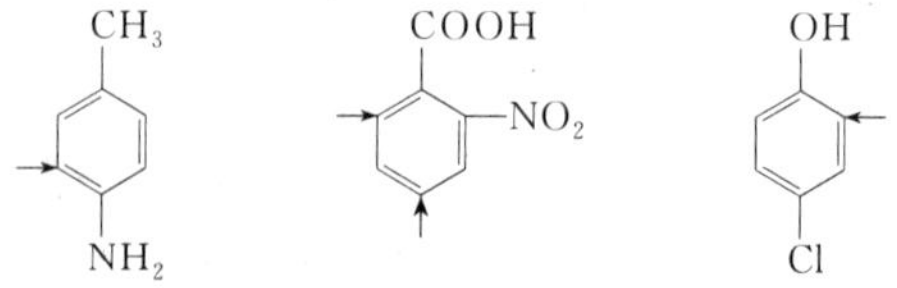

$CH_3$ $NH_2$　　COOH $NO_2$　　OH Cl

② 两个定位基属于不同类时，第3个基团进入苯环的位置主要由邻对位定位基决定。例如：

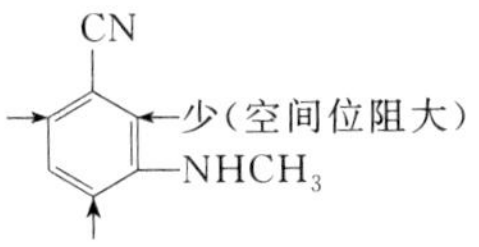

CN

←少（空间位阻大）

$NHCH_3$

## 三、定位规律在药物合成中的应用

苯环上亲电取代反应的定位规律不仅可以预测取代反应的产物，还可为药物合成选择合适的反应路线。

【例 3-1】 试以甲苯为原料，设计合成具有广泛用途的医药原料间硝基苯甲酸。即

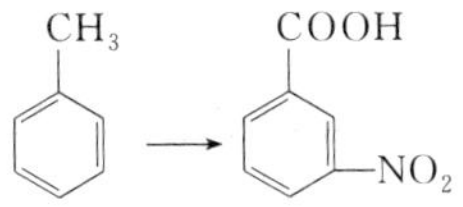

$CH_3$ → COOH, $NO_2$

【解析】 原料甲苯中的甲基为邻、对位定位基，目的产物中的羧基可由甲基氧化而获得，羧基为间位定位基。又目的产物中的羧基与硝基互为间位，因此先将甲苯氧化后得苯甲酸，再硝化，可得到间硝基苯甲酸。若将甲苯先硝化后再氧化，则得不到目的产物。具体合成路线如下：

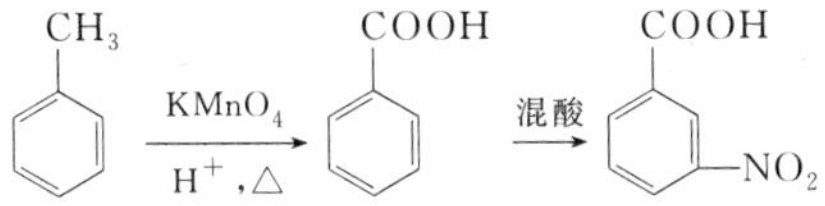

$CH_3$ $\xrightarrow[H^+,\triangle]{KMnO_4}$ COOH $\xrightarrow{混酸}$ COOH, $NO_2$

【例 3-2】 邻硝基乙苯是制备抗炎药依托吐酸的原料。试以苯为原料，设计由苯合成邻硝基乙苯的路线。即

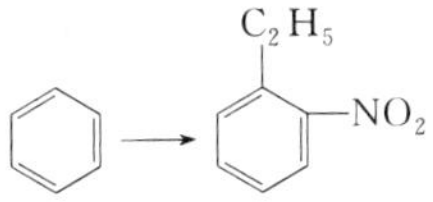

→ $C_2H_5$, $NO_2$

【解析】 硝基是间位定位基，乙基是邻、对位定位基，目的产物中的硝基和乙基互为邻位，因此合成邻硝基乙苯应先烷基化，再硝化。又因乙基是邻、对位定位基，为防止在硝化时，硝基进入乙基的对位，可在硝化前先将乙苯磺化，磺酸基的空间位阻大，主要产物为对乙基苯磺酸，再进行硝化，水解脱去磺酸基，可得目的产物，此处磺酸基起着占位的作用。具体合成路线如下：

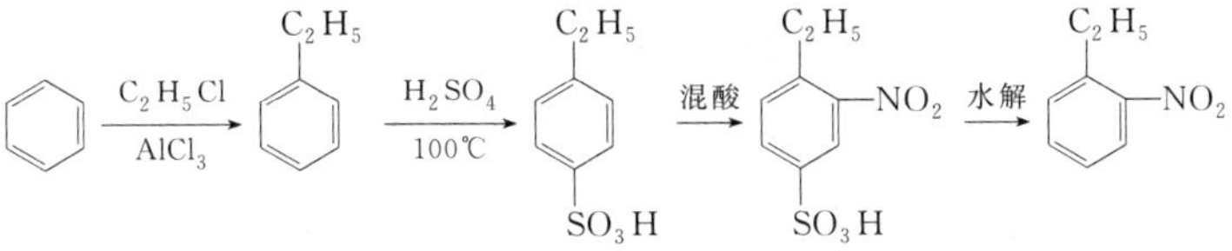

$\xrightarrow[AlCl_3]{C_2H_5Cl}$ $C_2H_5$ $\xrightarrow[100℃]{H_2SO_4}$ $C_2H_5$, $SO_3H$ $\xrightarrow{混酸}$ $C_2H_5$, $NO_2$, $SO_3H$ $\xrightarrow{水解}$ $C_2H_5$, $NO_2$

### 思考与练习

3-11 什么叫定位基？什么是定位效应？

3-12 定位基有几类？它们分别有什么定位效应？

3-13 两类定位基各有什么结构特点？

3-14 两类定位基各有哪些常见基团？

3-15 用箭头表示下列化合物进行苯环上取代反应时，取代基进入苯环的主要位置。

（1） 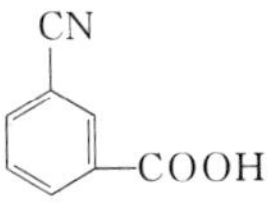 CN, COOH （2） OH, $NO_2$ 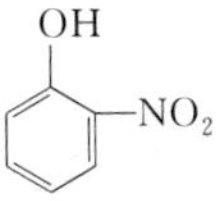 （3） 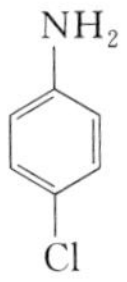 $NH_2$, Cl

(4) $OCH_3$, $SO_3H$　　(5) $C_2H_5$, $N(CH_3)_2$　　(6) OH, Br

3-16　由指定原料及必要的无机试剂合成下列化合物。

(1) 苯 ⟶ Cl, $SO_3H$　　(2) 苯 ⟶ $COCH_3$, $NO_2$

# 第六节　重要的单环芳烃

## 一、苯

苯是无色液体，具有特殊芳香气味，熔点为 5.5℃，沸点为 80.1℃，易燃，不溶于水，易溶于有机溶剂，其蒸气有毒，苯中毒时以造血器官及神经系统受损伤最为严重，急性中毒常表现为头痛、头晕、无力、嗜睡、肌肉抽搐或机体痉挛等症状，很快即可昏迷死亡。

苯主要来源于煤焦油和石油的芳构化。它是一种良好的溶剂，溶解有机分子和一些非极性的无机分子的能力很强。苯能与水生成恒沸物，沸点为 69.25℃，含苯 91.2%。因此，在有水生成的反应中常加苯蒸馏，以将水带出。

苯也是基本有机化工原料，可通过取代、氧化等反应制备多种重要的化工产品或中间体，其主要用途见图 3-2。

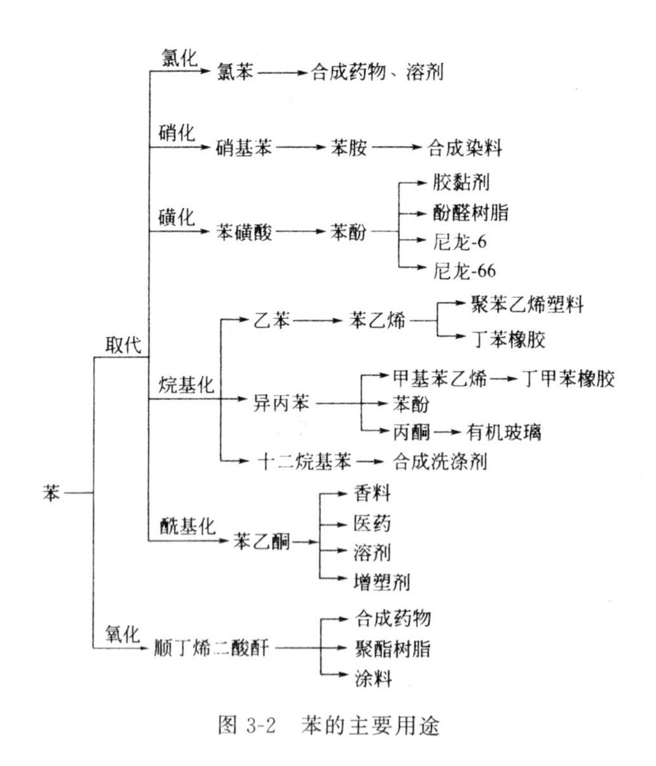


图 3-2　苯的主要用途

## 二、甲苯

甲苯是无色液体，气味与苯相似，沸点为110.6℃，易燃，易挥发，不溶于水，但可以和二硫化碳、乙醇、乙醚以任意比例混溶，在氯仿、丙酮和大多数其他常用有机溶剂中也有很好的溶解性。甲苯有毒，其毒性小于苯，但刺激症状比苯严重，通过呼吸道对人体造成危害。

甲苯主要来源于煤焦油和石油的铂重整。甲苯易发生氯化，生成的苯一氯甲烷是工业上很好的溶剂；可用于萃取溴水中的溴；易发生硝化反应，产物对硝基甲苯和邻硝基甲苯是合成染料的原料，也是制造炸药三硝基甲苯（俗名TNT）的原料；甲苯磺化，生成物邻甲苯磺酸和对甲苯磺酸是合成染料或制备糖精的原料；也可用于制备化工原料苯甲醛、苯甲酸等重要物质。

## 三、二甲苯

二甲苯是无色液体，有邻、间、对3种异构体，有芳香气味，沸程为137～140℃，易燃，易挥发，不溶于水，与乙醇、氯仿或乙醚能任意混合。二甲苯有毒，毒性小于苯。

二甲苯由分馏煤焦油的轻油、轻汽油催化重整或由甲苯经歧化而制得，工业品为3种异构体的混合物。二甲苯是$C_8$芳烃的主要成分，可作为高辛烷值汽油组分及溶剂，也是有机化工的重要原料。邻二甲苯是合成邻苯二甲酸、苯酐及二苯甲酮等化合物的原料；间二甲苯是合成树脂、染料、医药和香料的原料；对二甲苯主要用于生产聚酯纤维和树脂，是合成涤纶、涂料、染料和农药的原料。

## 四、苯乙烯

苯乙烯是无色油状液体，具有辛辣气味，沸点为145.2℃，可燃，略带毒性，能与乙醇、乙醚等有机溶剂混溶。苯乙烯含有碳碳双键，化学性质活泼，在室温下即能缓慢聚合，要加阻聚剂才能储存。

在工业上，苯乙烯可由乙苯催化去氢制得；实验室可以用加热肉桂酸的办法得到。苯乙烯是良好的溶剂及重要的有机原料，自聚生成聚苯乙烯树脂，与其他不饱和化合物共聚，生成合成橡胶和树脂等多种产物，如丁苯橡胶、ABS树脂、离子交换树脂。同时苯乙烯也可用于制造聚酯和乳胶漆。

# 第七节　稠环芳烃

两个或两个以上的苯环以共用两个相邻碳原子的方式相互稠合而成的芳烃称稠环芳烃。稠环芳烃一般是固体，且大多为致癌物质。其中比较重要的是萘、蒽、菲，它们是合成染料、药物等的重要化合物。

## 一、萘

### 1. 萘的结构和命名

萘的分子式为$C_{10}H_8$，是最简单的稠环芳烃。通过X射线测定，萘分子为平面结构，两个苯环共用两个碳原子互相稠合在一起，萘的构造式如下：

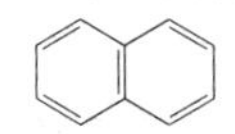

与苯相似，萘环上的每个碳原子都是$sp^2$杂化，碳原子间以及碳原子与氢原子间均以$\sigma$

键相连，每个碳原子的p轨道平行重叠形成共轭大π键，垂直于萘环平面，但各p轨道的重叠程度不同。

萘环中碳碳键的键长既不同于典型的单键和双键，也不同于苯分子中等长的碳碳键。正是由于萘分子中键长平均化程度没有苯高，使萘的稳定性比苯差，反应活性比苯高。

萘的10个碳原子上的电子云分布不同，其中1、4、5、8位为最高，又称α位，2、3、6、7位次之，又称β位。其编号如下，在命名时也以此编号为准。

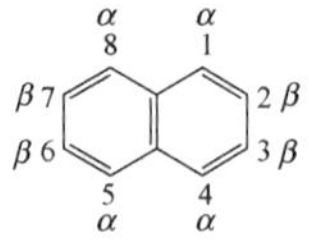

α α
8 1
β7 2β
β6 3β
5 4
α α

因此，萘的一元取代物有两种，即α-取代物和β-取代物。命名时可以用阿拉伯数字标明取代基的位次，也可用字母α、β标明取代基的位次。例如：

Br

1-溴萘(α-溴萘)

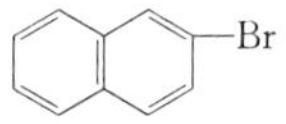

Br

2-溴萘(β-溴萘)

萘的二元取代物的异构体更多，两个取代基相同的二元取代物可有10种，两个取代基不同时则有14种。萘的二元取代物的命名可以参照下例：

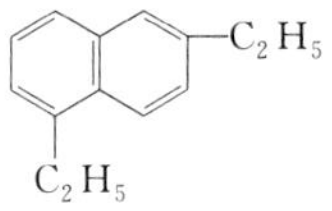

$C_2H_5$ $C_2H_5$

1,6-二乙基萘

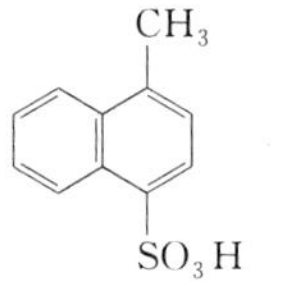

$CH_3$ $SO_3H$

4-甲基-1-萘磺酸

## 2.萘的性质

萘是白色片状晶体，熔点为80.5℃，沸点为218℃，不溶于水，溶于有机溶剂，有特殊气味，易升华。

萘的化学性质活泼，容易发生亲电取代反应、氧化反应和还原反应。

(1) 取代反应　萘可以发生卤化、硝化、磺化等亲电取代反应，由于萘分子的α位电子云密度比β位大，所以取代反应较易发生在α位。

① 卤化反应。萘与氯气在氯化铁的催化下可得无色液体α-氯萘。

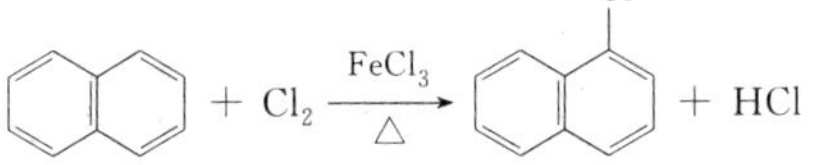

$$+ Cl_2 \xrightarrow[\triangle]{FeCl_3} (Cl) + HCl$$

② 硝化反应。萘和混酸在室温就可发生硝化反应，生成α-硝基萘。

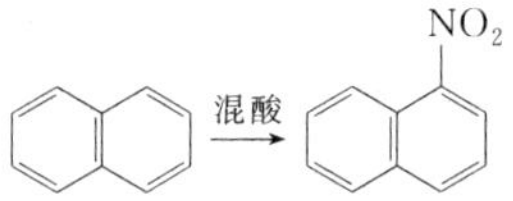

$$\xrightarrow{混酸} (NO_2)$$

③ 磺化反应。萘的磺化产物随温度的不同而不同，低温主要生成α-萘磺酸，高温主要生成β-萘磺酸。

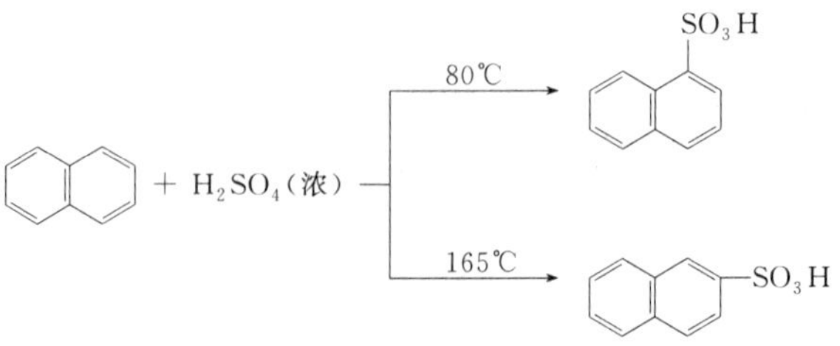

$$+ H_2SO_4(浓) \xrightarrow{80℃} (SO_3H)$$

$$\xrightarrow{165℃} -SO_3H$$

(2) 氧化反应　萘比苯更容易发生氧化反应，反应主要在 α 位。在缓和条件下，萘氧化生成醌；强烈条件下，萘氧化生成邻苯二甲酸酐。

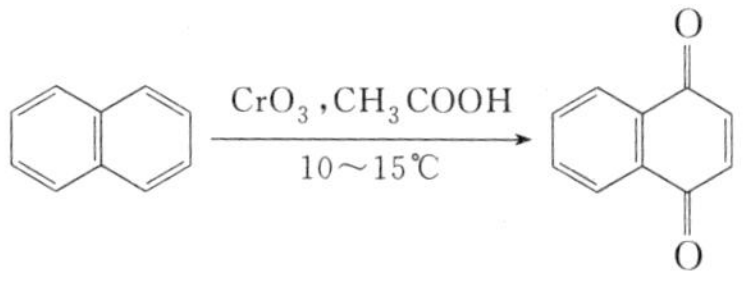

$CrO_3$, $CH_3COOH$
10～15℃


1,4-萘醌

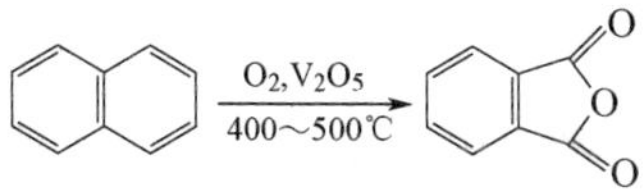

$O_2$, $V_2O_5$
400～500℃


邻苯二甲酸酐

**【知识应用】** 1,4-萘醌又称 α-萘醌，为黄色晶体，可用于生产蒽醌和 2,3-二氯萘醌。二氯萘醌是一种重要的农用杀菌剂，用于防治小麦腥黑穗病、稻瘟病、马铃薯晚疫病和蔬菜幼苗的立枯病等；邻苯二甲酸酐俗名苯酐，为白色针状晶体，是染料、医药、塑料、增塑剂及合成纤维的原料。

(3) 还原反应　萘的还原反应可以在金属钠和醇的共同作用下实现，也可以通过催化加氢的方法实现。

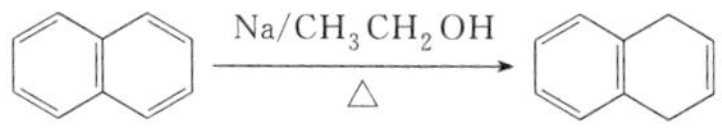

$Na/CH_3CH_2OH$
△


1,4-二氢萘

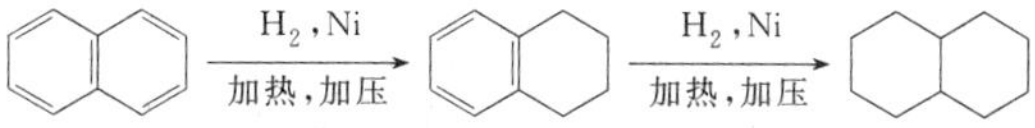

$H_2$, Ni
加热，加压
$H_2$, Ni
加热，加压


十氢化萘

### 3. 一元取代萘的定位规律

萘是由两个苯环共用相邻两个碳原子稠合而成的，因此，当萘上已有取代基时，第 2 个基团进入萘环的位置就比较复杂，下面介绍两种比较简单的情况。

(1) 环上有邻、对位定位基　由于邻、对位定位基的致活作用，取代发生在同环。如果这个定位基在 1 位，则第 2 个基团优先进入 4 位；如果这个定位基在 2 位，则第 2 个基团优先进入 1 位。例如：

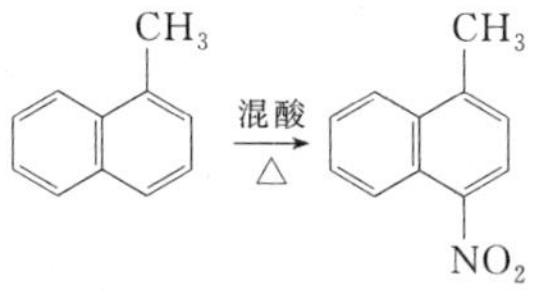

$CH_3$
混酸
△
$CH_3$
$NO_2$


4-硝基-1-甲萘

$CH_3$
混酸
△
$NO_2$
$CH_3$


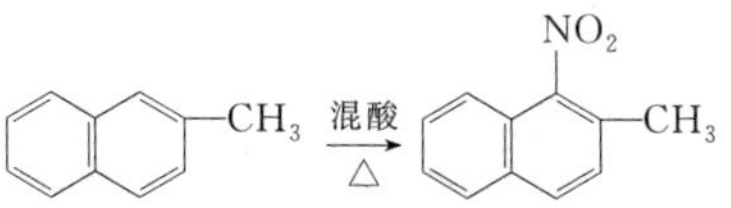

1-硝基-2-甲萘

(2) 环上有间位定位基　由于间位定位基的致钝作用，取代主要发生在另一环的 α 位。例如：

$NO_2$
混酸
△
$NO_2$ $NO_2$
+
$NO_2$
$NO_2$


1,8-二硝基萘　1,5-二硝基萘

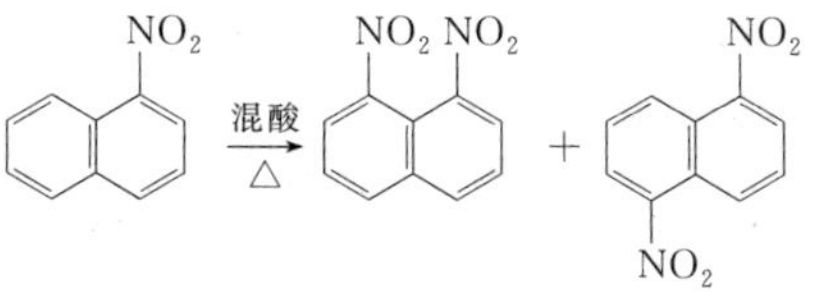

## 思考与练习

3-17　什么是稠环芳烃？

3-18　萘分子中各碳原子是怎样编号的？它的一元取代物有几种？

3-19　萘的什么位置较易发生亲电取代反应？

3-20　一元取代萘有哪些基本定位规则？

## *二、蒽、菲和致癌烃

### 1. 蒽和菲

蒽和菲都是由 3 个苯环稠合而成的稠环芳烃。其中，蒽的 3 个苯环直线稠合排列，菲的 3 个苯环角式稠合排列。两者的分子式均为 $C_{14}H_{10}$，互为同分异构体。它们的构造式及分子中碳原子的编号如下：

在蒽的各个碳原子的位置中，1、4、5、8 位等同，又称 $\alpha$ 位；2、3、6、7 位等同，又称 $\beta$ 位；9、10 位等同，又称 $\gamma$ 位。

在菲的各个碳原子的位置中，1、8 位等同，2、7 位等同，3、6 位等同，4、5 位等同，9、10 位等同。

蒽和菲都可以从煤焦油中得到。蒽是浅蓝色有荧光的片状晶体；菲是有荧光的无色晶体。

蒽和菲都比萘更容易发生氧化及还原反应，无论氧化或还原，反应都发生在 9、10 位，反应产物分子中都具有两个完整的苯环。

$\xrightarrow[H_2SO_4]{K_2Cr_2O_7}$

9,10-蒽醌

$\xrightarrow[Cu\text{-}Cr]{H_2}$

9,10-二氢化菲

蒽醌的衍生物是某些天然药物的重要原料，多氢菲的基本结构也存在于多种甾体药物中。因此，蒽和菲都是重要的医药原料。

### 2. 致癌烃

在煤焦油中除了蒽和菲外，还有许多其他的稠环芳烃，其中有一些有明显的致癌作用，称为致癌烃。这类化合物都含有 4 个或更多的苯环。例如：

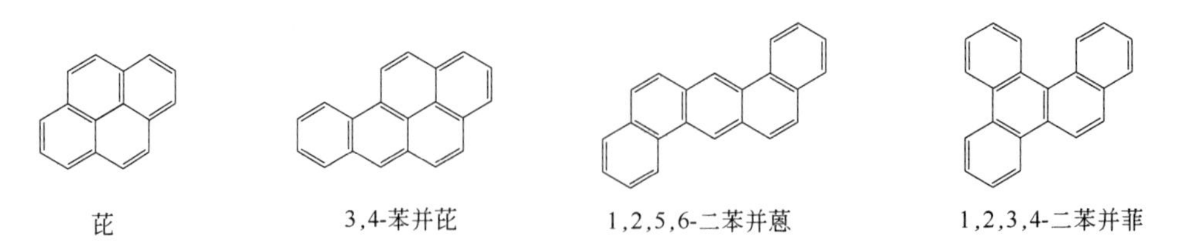

芘　　3,4-苯并芘　　1,2,5,6-二苯并蒽　　1,2,3,4-二苯并菲

这些致癌烃的致癌作用是因为它们与体内的 DNA 结合，引起细胞突变。因此，为了保

证人民健康，必须防止多环稠苯芳香烃对环境的污染。

## 【知识拓展】

### 离子交换树脂

一、离子交换树脂的组成和种类

离子交换树脂是一类带有功能基的网状结构的高分子化合物固体颗粒。其结构由3部分组成：不溶性的三维空间网状骨架、连接在骨架上的功能基团和功能基团所带的相反电荷的可交换离子。其网状骨架通常是苯乙烯和二乙烯苯混合物在引发剂作用下得到的聚合物。

根据功能基团所带的可交换离子的性质，离子交换树脂可分为阳离子交换树脂和阴离子交换树脂两类。阳离子交换树脂是骨架上连有磺酸基、羧酸基等酸性功能基团的聚合物；阴离子交换树脂是骨架上连有季铵基、伯氨基、仲氨基、叔氨基等碱性功能基团的聚合物。

二、离子交换树脂的作用原理

离子交换树脂的交换反应与溶液中的置换反应相似。连接在骨架上的功能基所带的可交换离子，可像普通离子那样在水中发生电离，得自由移动的离子，扩散到溶液中，而溶液中的同类离子如 $Na^+$，也可进入聚合物的骨架或孔内。当溶液中 $Na^+$ 的浓度较大时，就可把阳离子交换树脂上的 $H^+$ 交换下来，即树脂发生了交换作用。同理，将已被其他离子饱和了的树脂放在 $H^+$ 浓度较高的酸溶液中时，溶液中的 $H^+$ 又可将其他离子置换下来，使树脂再次成为阳离子交换树脂。这一过程称为树脂的“再生”。用方程式可表示如下（式中R表示树脂的高分子骨架）：

$$R—SO_3H + Na^+ \underset{\text{再生}}{\overset{\text{交换}}{\rightleftharpoons}} R—SO_3Na + H^+$$

阴离子交换树脂也可发生类似的交换与再生过程。

$$R—CH_2—N^+(CH_3)_3OH^- + Cl^- \underset{\text{再生}}{\overset{\text{交换}}{\rightleftharpoons}} R—CH_2—N^+(CH_3)_3Cl^- + OH^-$$

由于离子交换树脂可以再生，使树脂可循环使用，可有效地提高生产效率、降低生产成本，应用范围较广。

三、离子交换树脂应用简述

1.水处理

工业上用离子交换树脂进行硬水的软化，即通过离子交换，除去水中的 $Ca^{2+}$、$Mg^{2+}$、$Fe^{3+}$，以防管道及锅炉结垢。此外，通过阳离子交换树脂及阴离子交换树脂的串联使用，可除去水中的 $Ca^{2+}$、$Mg^{2+}$、$Na^+$ 等阳离子和 $Cl^-$、$SO_4^{2-}$、$HCO_3^-$ 等阴离子，从而得到纯净度很高的去离子水，用于分析、制药等行业。

2.制药工业

由于离子交换树脂可有效地除去杂质，提高产品纯度，这在对产品纯度要求极高的制药行业被大量用于药品提纯。如离子交换树脂可提取纯化抗生素；能从中草药中分离提纯具有良好抗癌作用的生物碱；能精制维生素。另外，离子交换树脂可作为一种医用吸附剂，用于清除血液中的尿素、降低血钾、清除尿毒症代谢产物以及处理其他药物中毒病例。

3.其他行业

在食品行业，离子交换树脂可用于糖、味精、酒的精制，如大量的离子交换树脂用于果糖甜度的提高以及糖溶液的去离子化。

在合成化学及石油化学工业中，离子交换树脂大量地取代无机酸或碱用作催化剂，不仅可反复使用，还具有反应物容易分离、反应器不易腐蚀、不污染环境和反应易控制等优点。

在环境保护上，许多水溶液或非水溶液中的有毒离子或非离子等物质可由树脂回收使用。

此外，离子交换树脂还可用于分离或萃取金属、浓缩原子能工业的贵重金属铀、水中痕量离子的富集和分析。

## 习 题

**1. 填空题**

（1）苯分子的构型是______形。苯分子中的碳原子均为______杂化，由于含有______键，形成了一个______体系，使苯分子异常稳定，从而具有易于取代，难以加成和氧化的特性，这种特性称之为______性。

（2）苯环上的氢原子被取代的反应为______反应历程，苯环侧链上的氢原子被取代、烷烃的卤代、大环烃的卤代以及烯烃 α-H 原子的取代均属于______反应历程。

（3）定位基的两个作用分别是______和______。

（4）苯中含有少量的环己烯，可采用______将其在室温下洗涤除去。

（5）二甲苯的三个异构体中，一元硝化产物只有一种的是______。

（6）当苯环上连有______基团时，难以发生烷基化和酰基化反应。

（7）聚苯乙烯是一种性能优良的塑料，其单体的构造式是______。

（8）甲苯的磺化反应在______条件下，主要生成对位产物，利用这一性质可______；芳烃不溶于浓硫酸，但磺化后生成的苯磺酸却可以溶解在硫酸中，利用这一性质可______。

（9）$C_{10}H_{14}$ 的芳烃异构体中，不能被酸性高锰酸钾氧化成芳香族羧酸的芳烃构造式是______。

（10）3,4-苯并芘（ 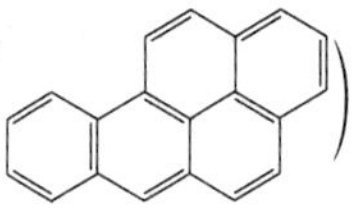 ）是强烈的致癌物质，它存在于煤焦油、燃烧烟草的烟雾和内燃机尾气中，属于______芳烃，它的分子式为______。

**2. 选择题**

（1）下列化合物中，含有 sp 杂化碳原子的是（ ）。

A. 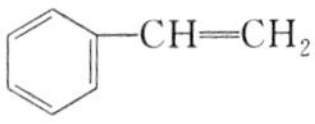 —CH═CH$_2$　B. 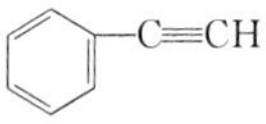 —C≡CH　C. 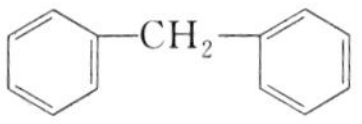 —CH$_2$—　D. 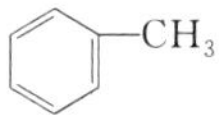 —CH$_3$

（2）下列化合物中，亲电取代反应活性最强的是（ ）。

A.  　B. 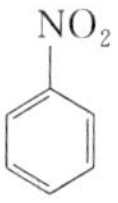 NO$_2$　C. 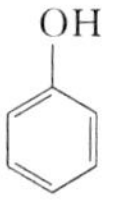 OH　D. 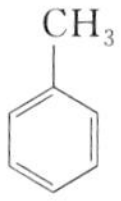 CH$_3$

（3）下列基团中能使苯环钝化程度最大的是（ ）。

A. —NH$_2$　B. —Cl　C. —NO$_2$　D. —COOH

（4）下列烷基苯中，不宜由苯通过烷基化反应直接制取的是（ ）。

A. 异丙苯　B. 叔丁苯　C. 乙苯　D. 正丙苯

（5）由苯合成 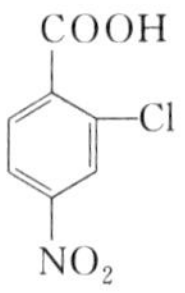 COOH / —Cl / NO$_2$ ，下列最佳合成路线是（ ）。

A. 烷基化、硝化、氯代、氧化　B. 烷基化、氯代、硝化、氧化

C. 氯代、烷基化、硝化、氧化　D. 硝化、氯代、烷基化、氧化

**3. 命名下列化合物。**

（1） 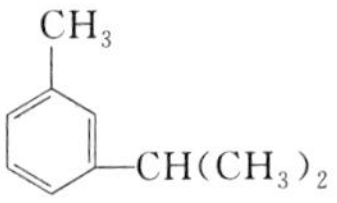 CH$_3$ / —CH(CH$_3$)$_2$　（2） CH$_3$ / —C$_2$H$_5$ / CH$_2$CH$_2$CH$_3$　（3） COOH / —NO$_2$

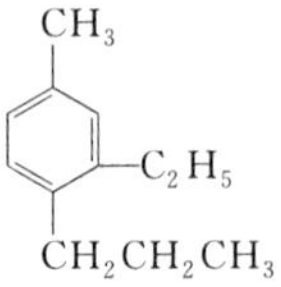

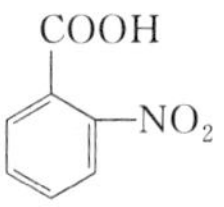

(4) 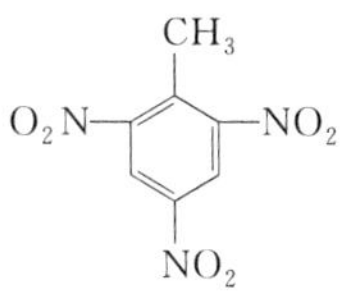 $CH_3$, $O_2N$, $NO_2$, $NO_2$　　(5) 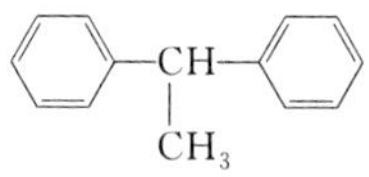 CH, $CH_3$　　(6) 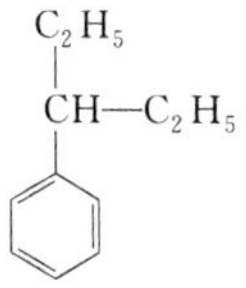 $C_2H_5$, $CH—C_2H_5$

(7) 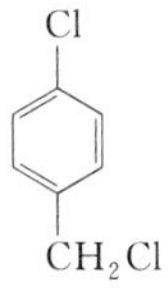 Cl, $CH_2Cl$　　(8) 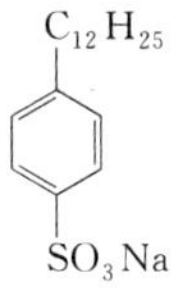 $C_{12}H_{25}$, $SO_3Na$　　(9) 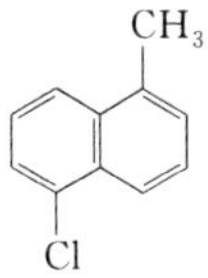 $CH_3$, Cl

(10) 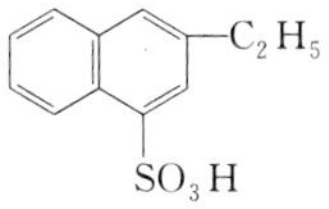 $C_2H_5$, $SO_3H$

4. 写出下列化合物的构造式。

(1) 叔丁苞　　(2) 邻二甲苯　　(3) $\beta$-萘磺酸

(4) $\alpha$-溴萘　　(5) 4-氯-2,3-二硝基甲苯　　(6) 苯乙炔

(7) 对烯丙基苯乙烯　　(8) 间甲氧基苯甲酸　　(9) 间硝基苯酚

(10) 对溴甲苯

5. 比较下列各组化合物进行硝化反应的活性。

(1) 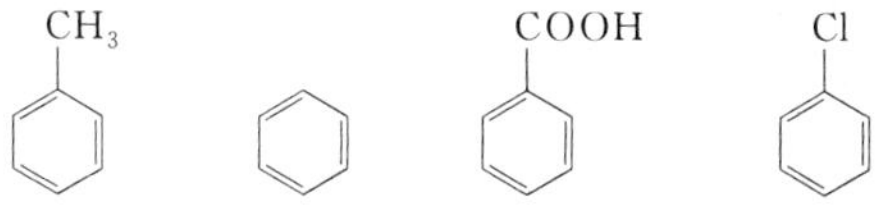 $CH_3$　　（苯）　　COOH　　Cl

(2) 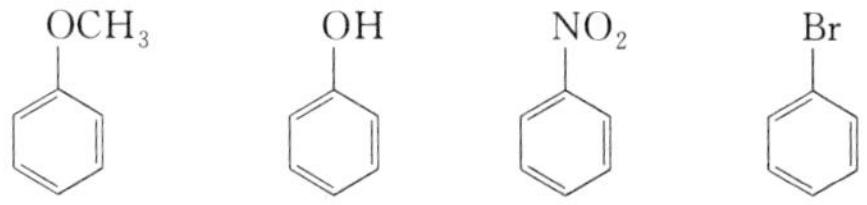 $OCH_3$　　OH　　$NO_2$　　Br

(3) 邻二甲苯、甲苯、对甲基苯甲醚、对甲基苯甲酸

(4) 对二氯苯、对氯乙酰苯胺、对硝基氯苯、对氯苯磺酸

6. 完成下列化学反应式。

(1) 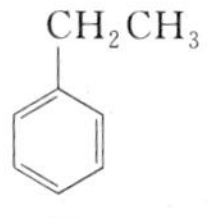 $CH_2CH_3$ $+ Cl_2 \xrightarrow[\text{或 Fe，△}]{FeCl_3}$ ?

(2)  $CH_2CH_3$ $+ Cl_2 \xrightarrow{\text{光}}$ ?

(3) $OCH_3$ 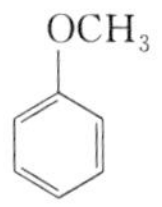 $+ H_2SO_4$（浓）$\longrightarrow$ ?

(4) 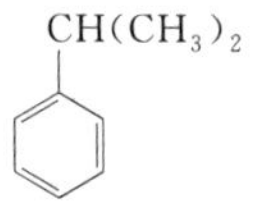 $CH(CH_3)_2$ $+ (CH_3CO)_2O \xrightarrow{AlCl_3}$ ?

(5) 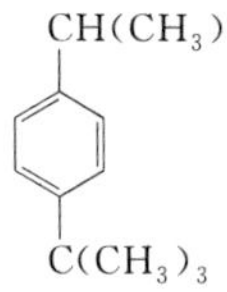 $CH(CH_3)_2$, $C(CH_3)_3$ $\xrightarrow[H^+]{KMnO_4}$ ?

(6)  （苯） $+ CH_3C{=}CH_2$（$CH_3$） $\xrightarrow{AlCl_3}$ ? $\xrightarrow{\text{混酸}}$ ?

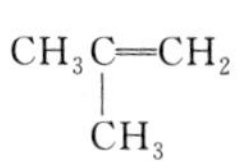

(7) $C_6H_6 + HNO_3 \xrightarrow[50℃]{浓 H_2SO_4} ? \xrightarrow[FeBr_3]{Br_2} ?$

(8) 1-甲基萘（$CH_3$）$+ H_2SO_4$（浓）$\longrightarrow ?$

**7. 下列转变中有无错误，若有，请指出，并说明原因。**

(1) $C_6H_6 + CH_3CH_2CH_2Cl \xrightarrow[(A)]{AlCl_3} C_6H_5\text{—}CH_2CH_2CH_3 \xrightarrow[(B)]{[O]} C_6H_5\text{—}CH_2CH_2COOH$

(2) $C_6H_6 + CH_3CH_2CH_2\overset{O}{\overset{\|}{C}}Cl \xrightarrow{AlCl_3} C_6H_5\text{—}\overset{O}{\overset{\|}{C}}\underset{CH_3}{\underset{|}{C}H}CH_3$

(3) $C_6H_6 + (CH_3CO)_2O \xrightarrow[(A)]{AlCl_3} C_6H_5\text{—}\overset{O}{\overset{\|}{C}}CH_3 \xrightarrow[(B)]{(CH_3CO)_2O/AlCl_3}$ 1,3-$C_6H_4(\overset{O}{\overset{\|}{C}}CH_3)(COCH_3)$

(4) $C_6H_5\text{—}NO_2 + C_2H_5OH \xrightarrow[(A)]{AlCl_3}$ 间-$C_6H_4(NO_2)(C_2H_5)$ $\xrightarrow[(B)]{Cl_2，光}$ 间-$C_6H_4(NO_2)(CH_2CH_2Cl)$

**8. 以苯或烷基苯及其他无机试剂为原料，合成下列化合物。**

(1) 对-$CH(CH_3)_2$，$SO_3H$ 取代苯

(2) 邻-$COOH$，$Cl$ 取代苯

(3) 间-$COOH$，$Br$ 取代苯

(4) 邻-$CCl_3$，$Cl$ 取代苯

(5) 1-$SO_3H$-3-$NO_2$-4-$Br$ 取代苯

(6) $C_6H_5\text{—}CH_2\text{—}C_6H_4\text{—}NO_2$（对位）

**9. 推断结构**

(1) 分子式为 $C_9H_{12}$ 的芳烃 A，以高锰酸钾氧化后得二元羧酸。将 A 硝化，只得到两种一硝基产物。试推测该芳烃的构造式并写出各步反应式。

(2) 某芳烃化合物 A 的分子式为 $C_{10}H_8$，它能使溴的四氯化碳溶液褪色，也能与硝酸银的氨溶液反应生成白色沉淀；它能催化加氢生成 B ($C_{10}H_{14}$)。B 在铬酸溶液中煮沸回流，得到酸性物 C($C_8H_6O_4$)。C 在 $FeBr_3$ 催化下与溴反应时，只得一种一溴化合物 D。试推测 A、B、C、D 的构造式并写出各步反应式。

(3) 溴苯氯代后分离得到两个分子式为 $C_6H_4ClBr$ 的异构体 A 和 B，将 A 溴代得到几种分子式为 $C_6H_3ClBr_2$ 的产物，而 B 经溴代得到两种分子式为 $C_6H_3ClBr_2$ 的产物 C 和 D。A 溴代后所得产物之一与 C 相同，但没有任何一个与 D 相同。试推测 A、B、C、D 的结构式并写出各步反应式。

# 第四章　立体异构

## 学习目标

**知识目标**

▶ 掌握取代基的次序规则和各类立体异构体构型的判断及标记方法；掌握含一个和两个手性碳原子化合物的对映异构现象。

▶ 理解手性碳原子、手性分子、物质的旋光性、对映体、内消旋体等基本概念；理解利用旋光度测定法对旋光性物质的定性和定量分析原理。

▶ 了解同分异构体的分类、含义及产生的原因；了解物质的旋光性与分子结构的关系；了解分子的立体构型对其理化性质和生理活性的影响。

**能力目标**

▶ 能利用取代基的次序规则和命名规则对各类化合物的顺反异构体、旋光异构体进行正确命名。

▶ 能通过对分子结构的分析学会查找分子中的手性原子，并能判断简单分子是否有旋光性。

▶ 能用构型式表示各类化合物的顺反异构体；能用费歇尔（Fischer）投影式表示含一个和两个手性碳原子的化合物的旋光异构体。

▶ 能通过测定旋光度，利用旋光度与比旋光度的关系式对旋光性物质进行定性和定量分析。

▶ 能利用立体化学知识指导日常生活和今后的工作，进一步提高立体化学基础知识素养。

**导学案例**

在 20 世纪 60 年代前后，欧美至少 15 个国家的医生都在使用一种称为“反应停”的药物治疗妇女妊娠反应，很多人吃了药后恶心的症状得到了明显的改善，于是它成了“孕妇的理想选择”（当时的广告用语）。于是，“反应停”被大量生产、销售，某些地方，患者甚至不需要医生处方就能购买到。但随即而来的是，许多出生的婴儿都是短肢畸形，形同海豹，被称为“海豹肢畸形”。到 1963 年受其影响的婴儿多达 1.2 万名，至今，他们的生存现状仍备受世人关注。1961 年，伦兹博士对这种怪胎进行了调查研究，终于被证实是孕妇服用“反应停”所导致的，“反应停”是一种怎样的药物呢？什么原因导致胎儿畸形？该事件给世人的警示是什么？

同分异构现象在有机化学中极为普遍，这是构成有机化合物种类繁多、数量庞大的一个重要原因。同分异构主要分为构造异构和立体异构两大类。由分子中各原子相互连接的顺序和结合方式不同而产生的异构称为构造异构；分子的构造式相同，但分子中各个原子或基团在空间的排列方式不同而产生的异构称为立体异构，它又可分为构型异构和构象异构。同分异构体的分类及实例见表 4-1。

表 4-1　同分异构体的分类与实例

| 分类 | | | 实例 |
|---|---|---|---|
| 构造异构 | 碳链异构 | | $CH_3CH_2CH_2CH_3$ 和 $CH_3\underset{CH_3}{\underset{\mid}{C}}HCH_3$ |
| | 位置异构 | | $CH_3CH{=}CHCH_3$ 和 $CH_3CH_2CH{=}CH_2$ |
| | 官能团异构 | | $CH_3CH_2OH$ 和 $CH_3OCH_3$ |
| | 互变异构 | | $CH_3\overset{O}{\overset{\|}{C}}CH_2\overset{O}{\overset{\|}{C}}OC_2H_5 \rightleftharpoons CH_3\overset{OH}{\overset{\mid}{C}}{=}CH\overset{O}{\overset{\|}{C}}OC_2H_5$ |
| 立体异构 | 构型异构 | 顺反异构 | $H_3C$、$H$ / $C{=}C$ / $CH_3$、$H$ 和 $H_3C$、$H$ / $C{=}C$ / $H$、$CH_3$；环己烷（$CH_3$、$H$ / $OH$、$CH_3$）和环己烷（$CH_3$、$CH_3$ / $OH$、$H$） |
| | | 对映异构 | $COOH$ / $C$（$H$、$HO$、$CH_3$）和 $COOH$ / $C$（$H$、$H_3C$、$OH$） |
| | 构象异构 | | $H_3C$、$Br$ 环己烷 和 $CH_3$、$Br$ 环己烷；纽曼投影式（$CH_3$、$H$、$CH_3$、$H$、$H$、$H$）和（$CH_3$、$H$、$H$、$H$、$H$、$CH_3$） |

16

16.动画：乙烷的构象

# 第一节　构象异构

## 一、乙烷的构象

乙烷分子中的两个碳原子围绕着 C—C 键相对旋转时，一个碳原子上的 3 个氢原子与另一个碳原子上的 3 个氢原子之间可以相互处于不同的位置［见图 4-1(a) 和 (b)］。这种由于围绕 C—C 单键旋转而产生的分子中原子或基团在空间的不同排列形式叫做构象。分子的构造式相同，而具有不同构象的化合物互称为构象异构体。常用来表示构象的方式有：透视式和纽曼（Newman）投影式，如图 4-1 所示。

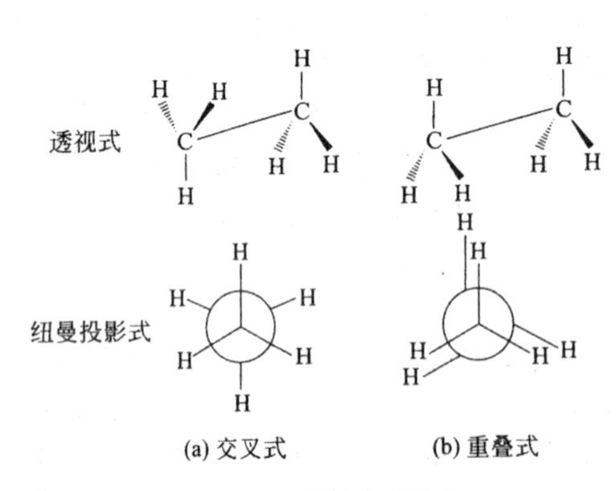

图 4-1　乙烷的典型构象

由于乙烷的 C—C 键可自由旋转，因此乙烷的构象异构体会有无限种，但典型的构象只有两种（见图 4-1）。其中，(a) 代表交叉式构象，(b) 代表重叠式构象，其余构象介于 (a) 和 (b) 之间。

透视式是从侧面观察的，能直接反映出碳原子、氢原子和它们的空间排列；纽曼投影式则是沿着碳碳键观察得出的，式中  代表离观察者较近（前面）的碳原子， 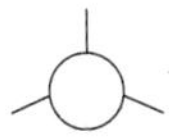 代表后面的碳原子，每个碳原子上的 3 个 C—H 键呈 120°角。如沿 C—C 键轴旋转，就会由重叠式转为交叉式，反之亦然。

在交叉式中，不同碳原子上的两个氢原子之间的距离最远，相互间的排斥力最小，因而能量最低，是最稳定的构象，称作优势构象；在重叠式中，不同碳原子上的氢原子两两相对，距离最近，相互的排斥力最大，因而能量最高，最不稳定。重叠式构象能量约比交叉式构象能量大 12.6kJ/mol。这个能值较小，室温下的热能就足以使这两种构象之间以极快的速度互相转变，因此可以把乙烷看作是交叉式与重叠式以及介于二者之间的无限个构象异构体的平衡混合物，在室温下不可能分离出某个构象异构体。在一般情况下，乙烷的主要存在形式是交叉式。

## 二、正丁烷的构象

正丁烷的构象可看作是乙烷分子中每个碳原子上有一个氢原子被甲基取代的产物，其构象异构要比乙烷复杂。以正丁烷的 C2—C3 键为轴旋转，根据不同碳原上所连接的两个甲基的空间相对位置，可以写出 4 种典型的构象式，如图 4-2 所示。

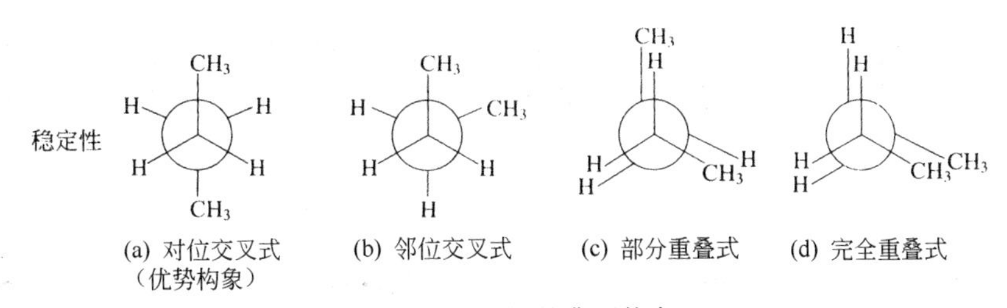


图 4-2 正丁烷的典型构象

这 4 种典型的构象式中，由于空间排布中基团之间的斥力不同，它们的能量也不同，因此有不同的稳定性，其中对位交叉式能量最低，为稳定的优势构象。

## 三、环己烷及其衍生物的构象

### 1. 环己烷的船式构象和椅式构象

在环己烷分子中，碳原子是 $sp^3$ 杂化。要使碳碳键角保持 109.5°，环己烷分子中的 6 个碳原子可以有两种典型的空间排列形式：一种像椅子，故叫椅式；另一种像船，故叫船式，如图 4-3 所示。

无论船式还是椅式，环中 C2、C3、C5、C6 都在一个平面上。船式中，C1、C4 在平面同侧；椅式中，C1、C4 在平面异侧。

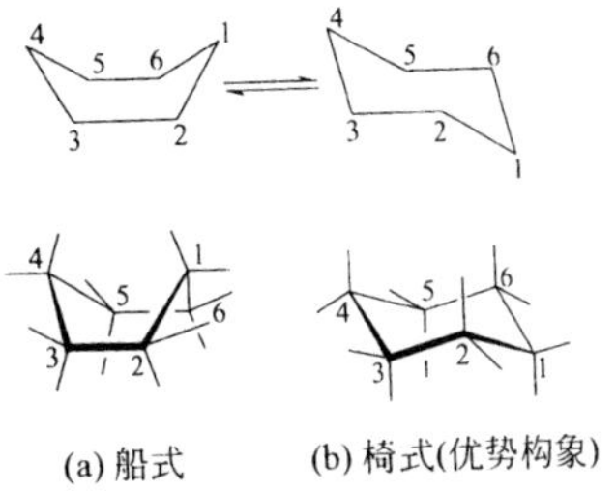

环己烷的椅式构象和船式构象可通过碳碳键的扭动而相互翻转，在常温下处于相互翻转的动态平衡。在椅式构象中，所有相邻碳原子上的氢原子都处于交叉式的位置 [见图 4-3(b)]，再加上环的两个对角 [见图 4-3(b) 中 1、4 位] 上的氢原子距离最大没有角张力，这些因素共同导致椅式构象的高稳定性。在船式构象中 C1 和 C4、C2 和 C3、C5 和 C6 之间的碳氢键则处于全

(a) 船式 (b) 椅式(优势构象)

图 4-3 环己烷的典型构象

重叠式的位置［见图 4-3(a)］，船头和船尾的两个碳氢键是内向伸展的，两个氢原子距离最近相互排斥力大，因此能量较高。所以，环己烷的椅式构象为优势构象，环己烷及其衍生物在一般情况下都以椅式存在。

### 2. 椅式构象中的直立键和平伏键

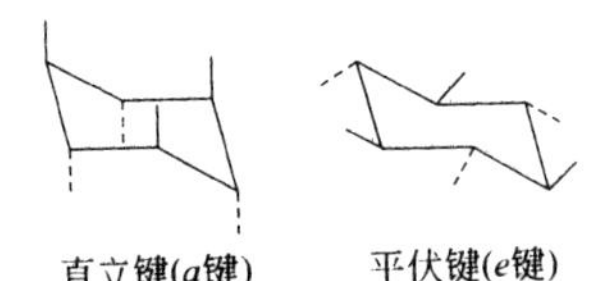


图 4-4　环己烷椅式中的直立键和平伏键

仔细考察环己烷的椅式构象可以看出，C1、C3、C5 构成一个平面，C2、C4、C6 构成一个平面，两个平面是平行的。每一个碳原子都有一个与两平面垂直的键，称为直立键（用 *a* 表示），共有 6 个，其中 3 个方向朝上，3 个方向朝下，相邻的呈上下交替变化；每一个碳原子上还连有一个与两平面几乎平行的且与 *a* 键形成约 109.5°夹角的键，称为平伏键（用 *e* 表示）。可见同一个碳原子上的两个碳氢键分别为 *a* 键和 *e* 键，如图 4-4 所示。

### 3. 环己烷衍生物的优势构象

由以上椅式构象可以看出，所有以 *a* 键相连的氢原子之间的距离比以 *e* 键相连的氢原子之间的距离近，因此取代环己烷的构象较复杂。如甲基环己烷中，甲基在 *a* 键时［见图 4-5(b)］，受到 C3 及 C5 两个 *a* 键上氢原子的排斥作用，内能较高，不太稳定；而甲基在 *e* 键时［见图 4-5(a)］，没有上述情况，内能较低，比较稳定。因此，甲基以 *e* 键与环相连的为优势构象。

多元取代环己烷的构象更为复杂，它们大多有顺反异构体，对于每一种顺反异构体来讲，取代基连在 *e* 键上越多越稳定，空间位阻大的取代基连在 *e* 键比连在 *a* 键稳定，如图 4-6 所示。

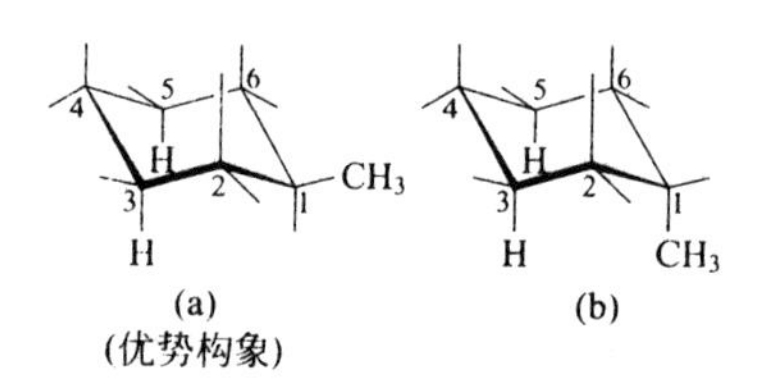


图 4-5　甲基环己烷的典型构象

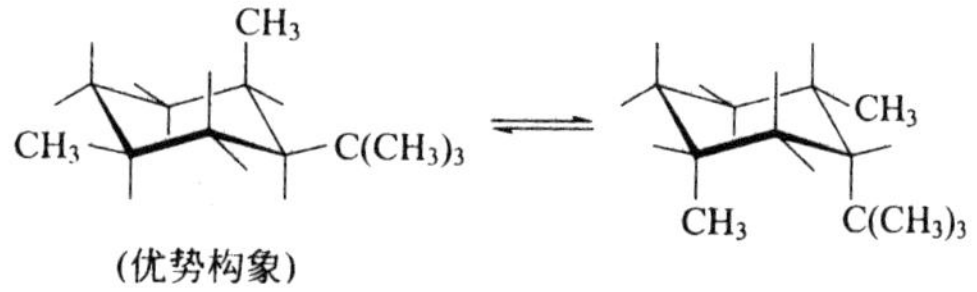

(优势构象)

图 4-6　顺-1,4-二甲基-2-叔丁基环己烷的典型构象

**【知识应用】** 在自然界中，万物的存在遵循能量最低原理，有机物的同分异构体也不例外，在一般情况下，有机物是以优势构象为主要存在形式（或唯一存在形式）。如人体内的己糖都是以六环的椅式优势构象存在，如图 4-7 所示。

图 4-7　*β*-D-(＋)-葡萄糖的优势构象

## 思考与练习

4-1　判断下列化合物的典型构象有几种，并写出它们的纽曼投影式。

（1）1,4-二溴丁烷　　　（2）丁二酸

4-2　写出 1-甲基-4-乙基环己烷的所有椅式构象，并指出哪个是优势构象。

# 第二节　顺反异构

## 一、顺反异构现象

### 1. 基本概念

前面已经讨论过，直链丁烯因双键位置不同，有两种异构体 1-丁烯和 2-丁烯。但事实上，2-丁烯本身还有两种异构体，它们的分子式和构造式完全一样，但却是物理常数完全不同的两种化合物（见表 4-2）。

**表 4-2　2-丁烯的物理常数**

| 名　称 | 沸点/℃ | 熔点/℃ | 相对密度($d_4^{20}$) | 偶极矩/D(德拜) |
|---|---|---|---|---|
| 反-2-丁烯 | 0.9 | −105.5 | 0.6042 | 0 |
| 顺-2-丁烯 | 3.5 | −139.3 | 0.6213 | 0.33 |

这两种异构体的结构差别究竟是什么呢？如前所述，两个形成双键的碳原子和它们所连的 4 个原子处于同一平面上，如果把 2-丁烯的平面结构写在纸面上，就可以发现有两种不同的形状，如下所示。

$$\begin{matrix} CH_3 & & H \\ & C{=}C & \\ H & & CH_3 \end{matrix} \qquad \begin{matrix} CH_3 & & CH_3 \\ & C{=}C & \\ H & & H \end{matrix}$$

(a) 反-2-丁烯　　(b) 顺-2-丁烯

显然，两种 2-丁烯的差别在于它们的分子几何形状不同，其中（a）式的两个甲基（或氢原子）分别位于双键的两侧（异侧），称为反式；（b）式的两个甲基（或氢原子）在双键的同侧，称为顺式。这种由于原子或基团位于分子中双键的同侧或异侧而引起的异构现象叫做顺反异构现象。这两种异构体称为顺反异构体，也称几何异构体。

17.动画：烯烃的顺反异构产生条件

### 2. 产生的原因和条件

双键中的 π 键是两个 p 轨道相互平行重叠而成，只有当两个 p 轨道的对称轴平行时，才能发生最大重叠形成 π 键，如果双键的一个碳原子沿键轴旋转，平行将被破坏，π 键势必被削弱或断裂，如图 4-8 所示。

因此，这两个不能自由旋转的碳原子上所连接的原子或基团在空间就有不同的排列方式（构型）。可见，顺反异构就是由于 π 键的存在限制了碳碳双键的自由旋转，使分子中各原子和基团的空间相对位置“固定”而引起的一种立体异构。

图 4-8　π 键的断裂

需要指出的是，并非所有含碳碳双键的化合物都具有顺反异构体。能产生顺反异构体的必须是每个双键碳原子上各自连接的两个原子或基团不相同。例如：

$$\begin{matrix} d & & a \\ & C{=}C & \\ e & & b \end{matrix} \qquad \begin{matrix} a & & a \\ & C{=}C & \\ d & & b \end{matrix} \qquad \begin{matrix} a & & a \\ & C{=}C & \\ b & & b \end{matrix}$$

(1)　　(2)　　(3)

如果同一个双键碳原子上所连接的两个基团相同，就没有顺反异构体。例如：

$$\begin{matrix} a & & d \\ & C{=}C & \\ a & & e \end{matrix} \qquad \begin{matrix} e & & a \\ & C{=}C & \\ d & & a \end{matrix} \qquad (a \neq b \neq d \neq e)$$

同一化合物

另外，在脂环类化合物中，由于环的存在，使环上碳碳σ键的自由旋转受到阻碍。当环上两个或两个以上的碳原子各自连有两个不相同的原子或基团时，就有顺反异构现象。与烯烃相似，当两个（或两个以上）相同基团在环的同一侧时，称为顺式；当两个（或两个以上）相同基团在环的异侧时，称为反式。例如：

顺-1,4-环己二醇（熔点 161℃）　　　　反-1,4-环己二醇（熔点 300℃）

综上所述，形成顺反异构体必须具备以下两个条件：

① 分子中必须存在旋转受阻的结构因素（如碳碳双键或环等）；

② 双键的两个碳原子或脂环上的两个或两个以上的碳原子上，各自连有两个不同的原子或基团。

## 二、顺反异构体的命名

18

18.微课：顺反异构体的命名方法

### 1. 习惯命名法

有机化合物的顺反异构体的习惯命名法就是在有机化合物的构造式名称前面加“顺”或“反”字。

其原则为：两个不同双键碳原子上连有的相同原子或基团位于双键（或环平面）同侧的，称为顺式异构体（*cis*-isomer）；位于双键（或环平面）异侧的，则称为反式异构体（*trans*-isomer）。例如：

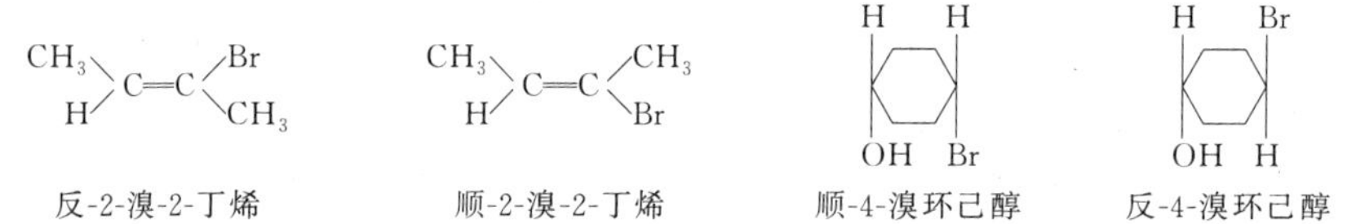

反-2-溴-2-丁烯　　顺-2-溴-2-丁烯　　顺-4-溴环己醇　　反-4-溴环己醇

这种习惯命名法是有局限性的，只适用于两个双键碳原子（或环上的两个碳原子）之间至少连有一对相同原子或基团的化合物，对于如下构型的化合物也存在顺反异构体，但用习惯命名法无法确定其为顺式或反式。

(a≠b≠d≠e)

### 2. 系统命名法（*Z*/*E* 标记法）

系统命名法规定用 *Z*/*E* 来标记顺反异构体的构型。*Z* 为德语 Zusammen 的字头（是“在一起”的意思）；*E* 为德语 Entgegen 的字头（是“相反”的意思）。其命名方法是用取代基“次序规则”来确定 *Z* 和 *E* 构型。

（1）*Z*/*E* 标记法的原则　其原则如下。

① 应用“次序规则”比较每个双键碳原子所连接的两个原子或基团的相对次序，从而确定“较优”基团。

② 如果两个“较优”基团在双键的同一侧，则称为 *Z* 型。反之，在异侧的则称为 *E* 型。

（2）取代基的“次序规则”　其主要内容如下。

① 比较与双键碳原子直接相连的两个原子的原子序数，原子序数大的取代基排列在前（称为“较优”基团），原子序数小的取代基排列在后。

几种常见的原子按原子序数递减排列次序是 I>Br>Cl>S>P>O>N>C>D>H（其中“>”表示“优于”）。所以，排列在碳以前的元素都比烃基（R）优先。

按照 *Z*/*E* 标记法，2-溴-2-丁烯的两种顺反异构体应命名如下：按原子序数排列

—Br>—$CH_3$，—$CH_3$>—H，—Br 和—$CH_3$ 在双键同侧的为 *Z* 型，而在异侧者为 *E* 型。

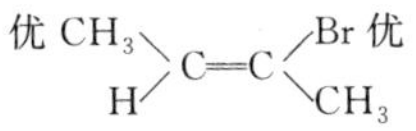

(优)$CH_3$(H)C=C(Br 优)($CH_3$)

(*Z*)-2-溴-2-丁烯(反-2-溴-2-丁烯)

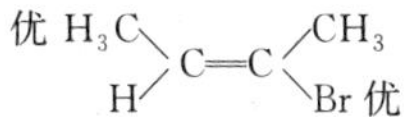

(优)$H_3C$(H)C=C($CH_3$)(Br 优)

(*E*)-2-溴-2-丁烯(顺-2-溴-2-丁烯)

② 如果两个基团与双键碳原子直接相连的第一个原子相同时（例如碳），则比较与它直接相连的几个原子。比较时，按原子序数由大到小排列，先比较各组中最大者；若仍相同，再依次比较第二、第三个，如 [Br，H，H]>[Cl，Cl，H]；若仍相同，则沿取代链逐次相比，直到能比出大小为止。

例如—$CH_2CH_2CH_3$ 和—$CH(CH_3)_2$ 比较，在—$CH_2CH_2CH_3$ 中与第一个碳原子相连的是 [C，H，H]，而在—$CH(CH_3)_2$ 中与第一个碳原子相连的是 [C，C，H]，所以—$CH(CH_3)_2$>—$CH_2CH_2CH_3$。又如—$CH_2Br$ 和—$CHCl_2$ 比较，在—$CH_2Br$ 中碳原子与 [Br，H，H] 相连，而在—$CHCl_2$ 中碳原子与 [Cl，Cl，H] 相连，二者相比溴的原子序数最高，所以—$CH_2Br$>—$CHCl_2$。

③ 当取代基是不饱和基团时，则把双键或三键看作是它以单键和 2 个或 3 个相同原子相连接。例如：

—C≡N 看作是  —C(N)(N)(N)(C)(C)　　—C≡CH 看作是 —C(C)(C)(C)(C)(C)H

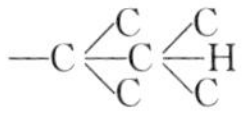

所以　—C≡N > —C≡CH

下面的两个异构体中，由于—COOH>—H，—$CH(CH_3)_2$>—$CH_2CH_2CH_3$，所以，(a) 为 *E* 型，(b) 为 *Z* 型。

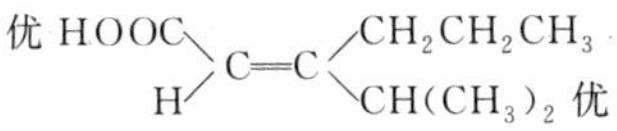

(优)HOOC(H)C=C($CH_2CH_2CH_3$)($CH(CH_3)_2$ 优)

(a)

(*E*)-3-异丙基-2-己烯酸

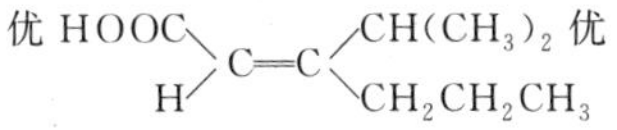

(优)HOOC(H)C=C($CH(CH_3)_2$ 优)($CH_2CH_2CH_3$)

(b)

(*Z*)-3-异丙基-2-己烯酸

## 三、顺反异构体的理化性质

顺反异构体的化学性质相似，但其物理性质不同，并表现出某些规律性。一般顺式异构体的熔点、相对密度较反式异构体低，在水中的溶解度、燃烧热等较反式的大。一些顺反异构体的物理常数见表 4-3。

**表 4-3　一些顺反异构体的物理常数**

| 名　称 | 熔点/℃ | 相对密度($d_4^{20}$) | 燃烧热/(kJ/mol) | 溶解度/[g/(100g 水)] |
|---|---|---|---|---|
| 顺-丁烯二酸 | 130 | 1.5900 | 327 | 78.8 |
| 反-丁烯二酸 | 300 | 1.6350 | 320 | 0.7 |
| 顺-2-丁烯酸 | 15 | 1.0180 | 486 | 40.0 |
| 反-2-丁烯酸 | 72 | 1.0312 | 478 | 8.3 |

顺反异构体不仅物理性质不同，而且生理活性也有较大的差异。例如，女性激素的合成代用品己烯雌酚，反式己烯雌酚的生理活性很高，而顺式异构体几乎没有生理活性。

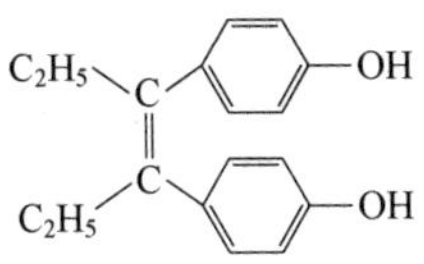

$C_2H_5$　OH　$C_2H_5$　OH

顺-己烯雌酚

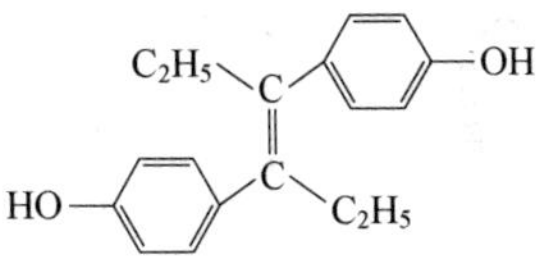

$C_2H_5$　OH　HO　$C_2H_5$

反-己烯雌酚

**【知识应用】** 顺反异构体在理化性质、生理活性方面存在的差异，对化工、医药行业和我们的生活都具有深远意义。例如，采用齐格勒-纳塔和锂系等新型催化剂合成的顺式 1,4-

聚丁二烯树脂，即我们常说的顺丁橡胶具有优越的弹性，而且特别耐寒，与天然橡胶性能相近，是制造轮胎、运输带、胶管等橡胶制品的好材料；而反式 1,4-聚丁二烯橡胶的物理机械性能较差，实用价值不大。又如，维生素 A 分子中的双键全部为反式构型；具有降血脂作用的花生四烯酸分子中的双键则全部为顺式构型。若改变以上物质的构型，将导致其生理活性降低甚至丧失。

## 思考与练习

4-3 写出下列化合物的构造式。判断下列化合物哪些有顺反异构体，若有，写出它们的顺反异构体并用顺、反或 $Z$、$E$ 表示其构型。

（1）1,3-二甲基-1-乙基环己烷　　（2）1,1,2-三溴环丁烷

（3）4-甲基-3-乙基-2-戊烯　　（4）2,4-二甲基-3-己烯

（5）2-甲基-3-乙基-2-戊烯　　（6）1,2,3-三甲基环丙烷

4-4 根据“次序规则”将下列基团由大到小排列成序。

（1）$-C(CH_3)_3$　　（2）$-CH=CH_2$　　（3）$-C\equiv CH$

（4）$-CH_2OH$　　（5）$-CHCl_2$　　（6）$-CH_2CH_2I$

# 第三节　对映异构

对映异构是立体异构的一种，它是指空间构型非常相似却不能重合，相互间呈实物与镜像对映关系的异构现象。它们就像人的左、右手，非常相似而不能重叠，互为实物与镜像对映关系，因此又把这种特征称为手性。对映异构体都能表现出一种特殊的物理性质，即能改变平面偏振光的振动方向，或者说它们都具有旋光性。

## 一、物质的旋光性

### 1. 平面偏振光和旋光性

19

19.动画：旋光仪的工作原理

光是一种电磁波，其振动方向与传播方向互相垂直。普通光的光波在所有与其传播方向垂直的平面上振动。当普通光通过一个特制的叫做尼科尔（Nicol）棱镜（由方解石制成，其作用像一个栅栏）的晶体时，只有在与棱镜晶轴平行的平面上振动的光能够通过。通过尼科尔棱镜得到的这种只在某一个平面上振动的光叫平面偏振光，简称偏振光，如图 4-9 所示。

当偏振光通过水、乙醇、丙酮、乙酸等物质时，其振动平面不发生改变，也就是说水、乙醇、丙酮、乙酸等物质对偏振光的振动平面没有影响。而当偏振光通过葡萄糖、乳酸、氯霉素等物质（液态或溶液）时，其振动平面就会发生一定角度的旋转，如图 4-10 所示。物质的这种能使偏振光的振动平面发生旋转的性质叫做旋光性，具有旋光性的物质叫做旋光性物质或光学活性物质。

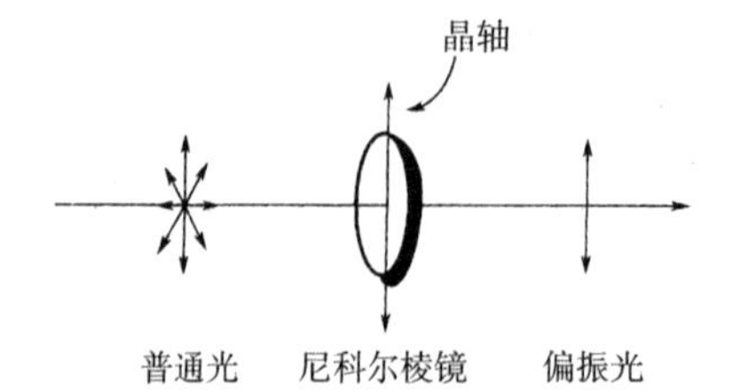

图 4-9　偏振光的产生

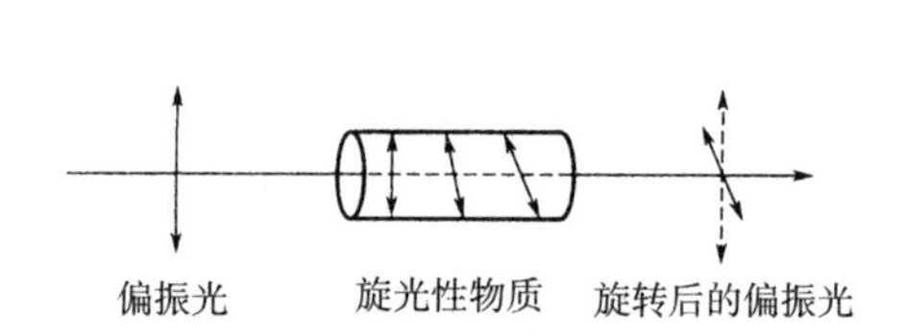

图 4-10　偏振光的旋转

能使偏振光的振动平面向右（顺时针方向）旋转的物质叫做右旋物质，反之叫做左旋物质。通常用（+）表示右旋，用（-）表示左旋。

**2. 旋光度与比旋光度**

偏振光通过旋光性物质时，其振动平面旋转的角度叫做旋光度，用 $\alpha$ 表示。旋光度及旋光方向可用旋光仪测定。旋光仪主要由光源、起偏镜、盛液管、检偏镜和目镜等几部分组成，如图 4-11 所示。一般用单色光如钠光灯作光源，起偏镜用来产生偏振光，检偏镜带有刻度盘用来检测物质的旋光度和旋光方向。

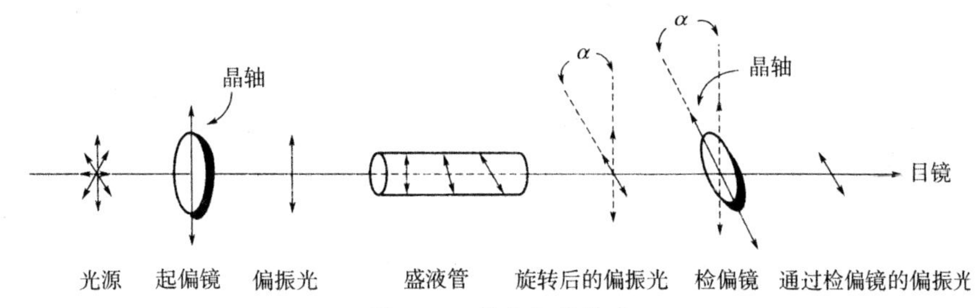


图 4-11　旋光仪的构造

由旋光仪测得的旋光度与盛液管的长度、被测样品的浓度、所用溶剂、测定时的温度和光源的波长都有关系。为了比较不同物质的旋光性，通常把被测样品的浓度规定为 1g/mL，盛液管的长度规定为 1dm，这时测得的旋光度叫比旋光度。它是旋光性物质的物理常数，可在物理常数手册中查到。一般用 $[\alpha]$ 表示，同时要注明所用溶剂（水为溶剂时可略）、测定温度、光源波长。例如，在 20℃时用钠光灯作光源，测得葡萄糖的水溶液是右旋的，其比旋光度是 52.5°，则表示为：

$$[\alpha]_{D}^{20}=+52.5^{\circ}$$

在同样条件下，测得酒石酸的乙醇溶液的比旋光度为+3.79°，则表示为：

$$[\alpha]_{D}^{20}=+3.79^{\circ}(\text{乙醇})$$

但实际上，测定物质的旋光度时，不一定在上述规定的条件下进行，盛液管可以是任意长度，被测样品的浓度也不是固定不变的，因此比旋光度要按下式进行计算：

$$[\alpha]_{\lambda}^{t}=\frac{\alpha}{cL}$$

式中　$\alpha$——用旋光仪所测的旋光度；

$c$——溶液的浓度，g/mL；若被测样品为纯液体，则用密度 $\rho$ 代替；

$L$——盛液管的长度，dm；

$\lambda$——测定时光源的波长，用钠光灯作光源时，用 D 表示；

$t$——测定时的温度，℃。

**【知识应用】** 利用比旋光度可以对旋光性物质进行定性分析，其方法为：在一定条件下通过测定一定浓度的未知旋光性物质溶液的旋光度，依据旋光度与比旋光度的关系式得出该物质的比旋光度，再与化学手册中的旋光性物质的比旋光度进行比较；利用比旋光度还可以对旋光性物质进行定量分析，其方法为：在一定条件下通过测定未知浓度的已知旋光性物质溶液的旋光度，依据旋光度与比旋光度的关系式得出该物质的含量；对于有旋光性物质参加的化学反应，通过测定不同阶段体系的旋光度，依据化学反应的比例系数和旋光度与比旋光度的关系式，通过计算可以判断化学反应进行的程度或化学反应的终点。

## 二、物质的旋光性与分子结构的关系

### 1. 分子的对称性、手性与旋光性

由前述可知，有些物质具有旋光性，而有些物质没有旋光性。大量事实表明，凡是具有手性的物质都具有旋光性。那么，什么是手性物质呢？下面以乳酸为例说明。通常从肌肉组织中分离出的乳酸是右旋乳酸，而从葡萄糖发酵得到的乳酸是左旋乳酸，这两种乳酸分子的构型如图 4-12 所示。

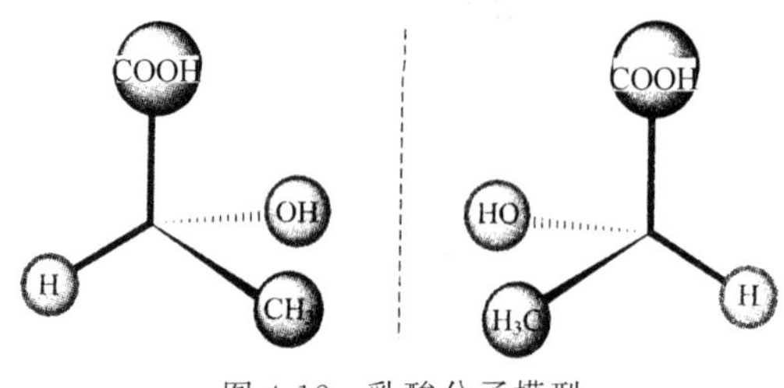


图 4-12　乳酸分子模型

通过观察乳酸分子的模型可知，这两种乳酸分子，就好像人的左手和右手一样，虽然分子构造相同，却不能重叠，如果把其中一个分子看成实物，则另一个分子恰好是它的镜像。这种与其镜像不能重叠的分子，叫做手性分子。

凡是手性分子，必有互为镜像关系的两种构型，如左旋乳酸和右旋乳酸。这种互为镜像关系的构型异构体叫做对映异构体。可见，手性分子必然存在着对映异构现象。或者说，分子的手性是产生对映异构的充分必要条件。

### 2. 对称因素

分子是否具有手性，与分子的对称性有关。通过分析分子中有无对称因素就能判断它是否具有手性。不存在任何对称因素的分子称为不对称分子，不对称分子一定是手性分子，手性分子必然具有旋光性。分子的对称因素包括对称轴、对称面和对称中心。一般来讲，不存在对称面和对称中心的分子是手性分子，即具有旋光性，但不一定是不对称分子。

（1）对称面　假设有一个平面，它可以把分子分割成互为镜像的两部分，这个平面就叫做对称面。例如，1,1-二溴乙烷和 *E*-1-氯-2-溴乙烯的分子中各自存在着一个对称面，如图 4-13 所示。

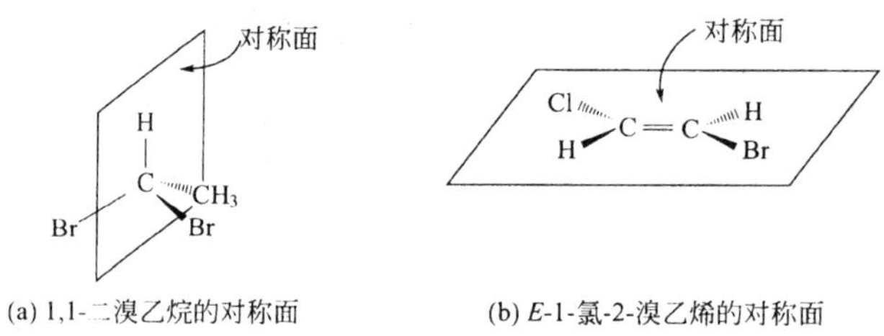


图 4-13　分子的对称面

由此可知，二者不是手性分子。

（2）对称中心　当假想分子中有一个点与分子中的任何一个原子或基团相连线后，在其连线反方向延长线的等距离处遇到一个相同的原子或基团，这个假想点即为该分子的对称中心。图 4-14 中箭头所指处即为分子的对称中心，因此它们也不是手性分子。

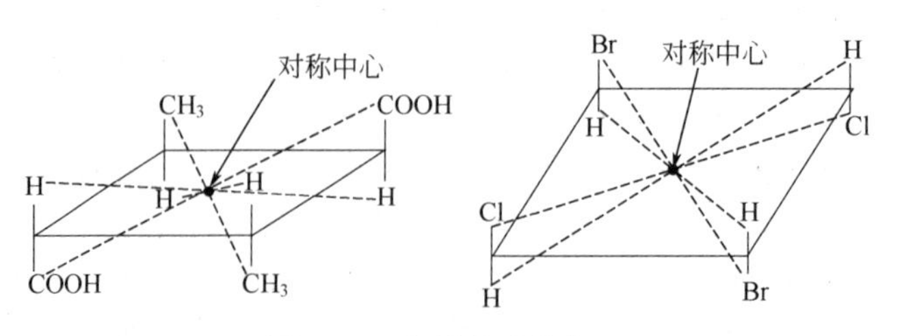


图 4-14　分子的对称中心

### 3. 手性碳原子

在乳酸（$CH_3CHCOOH$，其中 CH 上连 OH）分子中，有一个饱和碳原子连接了—H、—$CH_3$、—OH 和—COOH 4 个不同的原子或基团。这种连有 4 个不同的原子或基团的饱和碳原子，叫做手性碳原子或不对称碳原子，通常用 $C^*$ 表示。只含有一个手性碳原子的分子没有任何对称因素，所以是手性分子。

## 三、含一个手性碳原子的化合物的对映异构

### 1. 对映异构体与外消旋体

前面介绍的乳酸是只含一个手性碳原子的化合物，它有两种不同的空间构型，并且这两种异构体互为实物与镜像的关系，称之为对映异构体，简称对映体。这一对对映异构体都是手性分子，所以都有旋光性。它们使偏振光的振动平面旋转的角度相同，但方向相反，分别是右旋和左旋乳酸，分别用（+）-乳酸和（−）-乳酸表示，其比旋光度为：右旋乳酸 $[\alpha]_D^{20}=+3.8°$，左旋乳酸 $[\alpha]_D^{20}=-3.8°$。

在非手性条件下，对映体的物理性质和化学性质是相同的，如右旋乳酸和左旋乳酸的熔点都是 53℃，25℃时的 $pK_a$ 值都是 3.79。但当与手性试剂反应时，其反应活性不同，生理作用也不相同。由于生物体内存在许多手性物质，它们在生物体内造成手性环境，因此不同的对映体在生物体内的生理功能不相同。例如由酶（手性分子）催化的反应，两种对映体可按不同的形式进行。又如微生物在生长过程中，只能利用右旋丙氨酸；人体所需的糖类都是 D 构型，所需的氨基酸都是 L 构型；只有左旋的谷氨酸才有调味作用等。

由于左旋体和右旋体旋光度相同，而旋光方向相反，所以将左旋体和右旋体等量混合组成的体系，用旋光仪测得其无旋光性。这种由等量的左旋体和右旋体组成的无旋光性的体系叫外消旋体，用（±）表示。外消旋体不仅没有旋光性，而且其他的物理性质与对映体也有差异。如用化学方法合成或从酸奶中分离出的乳酸都是外消旋体，其熔点为 16.8℃。外消旋体可以拆分为左旋和右旋两个有旋光活性的异构体。外消旋体的化学性质与对映体基本相同，但在生物体内，左、右旋体各自保持并发挥自己的功效。例如，右旋的维生素 C 具有抗坏血酸的作用，但左旋的维生素 C 则无此功效，并且右旋的维生素 C 营养价值高，更利于人体吸收。值得注意的是，有些左、右旋体的生理作用是相反的。用于治疗疾病的药物大多存在着对映异构体，许多药物的一对对映体常表现出不同的药理作用，往往一种构型具有较高的治病疗效，而另一种却具有较弱或不具有疗效，甚至是具有致毒的作用。所以如何拆分外消旋体，如何制备单一的对映体将是药物合成的发展方向和热点。

**【知识应用】** 手性分子的一对对映异构体在手性环境中其反应活性、生理作用表现出的巨大差异，使人类认识到立体化学知识对人类健康生存的重要性。生命过程本身包含着复杂的立体化学问题，生物体在新陈代谢过程中所产生的化学物质具有高度的立体专一性，一切具有生物活性物质的功能都与其立体结构紧密相关。医用药物的构型与受体之间的构效关系、生物反应过程中的立体选择性都需用立体化学知识来解释。由此可知立体化学知识对医药卫生行业以及人们的日常生活具有重要的意义。具体实例详见本章知识拓展——手性药物。

### 2. 构型的表示方法

对映异构体在结构上的区别在于原子或基团在空间的相对位置不同，所以一般的平面表达式无法表示原子或基团在空间的相对位置，一般可采用透视式和费歇尔投影式表示。

（1）透视式　透视式是将手性碳原子置于纸平面，与手性碳原子相连的 4 个键，有 3 种

不同的表示法：用细实线表示处于纸平面，用楔形实线表示伸向纸平面前方，用楔形虚线表示伸向纸平面后方。例如，乳酸分子的一对对映体可表示如下：

COOH　　　　COOH
H—C(OH)(CH$_3$)　｜　(HO)C(H)—CH$_3$

这种表示方法比较直观，但书写麻烦。

(2) 费歇尔投影式　费歇尔投影式是利用分子模型在纸面上投影得到的表达式，其投影原则如下：

① 以手性碳原子为投影中心，画十字线，十字线的交叉点代表手性碳原子；

② 一般把分子中的碳链放在竖线上，且把氧化态较高的碳原子（或命名时编号最小的碳原子）放在上端，其他两个原子或基团放在横线上；

③ 竖线上的原子或基团表示指向纸平面的后方，横线上的原子或基团表示指向纸平面的前方。

例如，乳酸分子的一对对映体用模型和费歇尔投影式分别表示如下：

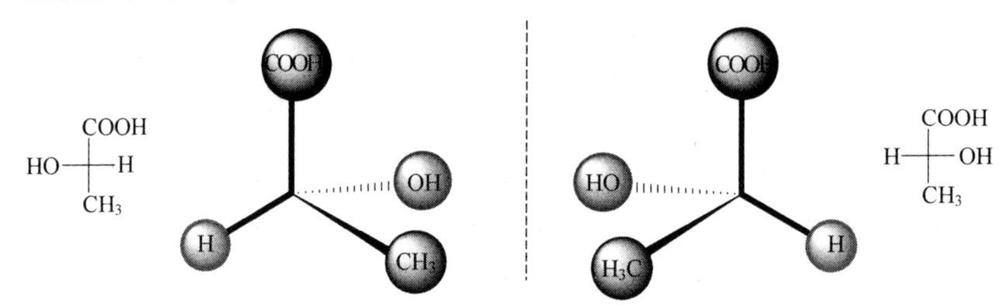


乳酸分子的一对对映体的透视式和费歇尔投影式的对比如下：

COOH, H, OH, CH$_3$ ⇢ COOH / H—OH / CH$_3$　　　COOH, HO, H, CH$_3$ ⇢ COOH / HO—H / CH$_3$

使用费歇尔投影式应注意以下几点：①由于费歇尔投影式是用平面结构来表示分子的立体构型，所以在书写费歇尔投影式时，必须将模型按规定的方式投影，不能随意改变投影原则（即横前竖后，交叉点为手性碳原子）；②费歇尔投影式不能离开纸面翻转，否则构型改变；③费歇尔投影式可在纸面内旋转 180°或它的整数倍，其构型不会改变；若旋转 90°或它的奇数倍，其构型改变。

### 3. 构型的标记法

构型的标记方法，一般采用 D/L 标记法和 $R/S$ 标记法。

(1) D/L 标记法　根据系统命名原则（1980 年），在 X—H（上 R，下 R′）型的构型异构体中，将其主链竖向排列，以氧化态较高的碳原子（或命名时编号最小的碳原子）放在上方，写出费歇尔投影式。取代基 X 在碳链右边的为 D 型，在左边的为 L 型。例如：

| COOH<br>HO—H<br>CH$_2$OH | COOH<br>H—OH<br>CH$_2$OH | CHO<br>HO—H<br>CH$_2$OH | CHO<br>H—OH<br>CH$_2$OH |
|---|---|---|---|
| L-(+)-甘油酸 | D-(−)-甘油酸 | L-(−)-甘油醛 | D-(+)-甘油醛 |

值得注意的是，D、L 只表示构型，不表示旋光方向，旋光方向只能测定。

D/L 标记法应用已久，也较为方便，但是这种标记法只能表示分子中只含有一个手性碳原子的构型。对于含有多个手性碳原子的化合物，用这种标记法并不合适，有时甚至会产生名称上的混乱。目前，除氨基酸、糖类仍使用这种方法以外，其他化合物都采用了 *R*/*S* 标记法。

（2）*R*/*S* 标记法　它是根据手性碳原子所连 4 个原子或基团在空间的排列来标记的，其方法如下：

① 根据次序规则，将手性碳原子上所连的 4 个原子或基团（a、b、c、d）按优先次序排列，设 a＞b＞c＞d；

② 将次序最小的原子或基团（d）放在距离观察者视线最远处，并令其（d）和手性碳原子及眼睛三者成一条直线，这时，其他 3 个原子或基团（a、b、c）则分布在距眼睛最近的同一平面上；

③ 按优先次序观察其他 3 个原子或基团的排列顺序，如果 a→b→c 按顺时针排列，该化合物的构型称为 *R* 型，如果 a→b→c 按逆时针排列，则称为 *S* 型，如图 4-15 所示。

当化合物的构型以费歇尔投影式表示时，确定其构型的方法是：当优先次序中最小原子或基团处于投影式的竖线上时，如果其他 3 个原子或基团按顺时针由大到小排列，该化合物的构型是 *R* 型；如果按逆时针排列，则是 *S* 型。例如：

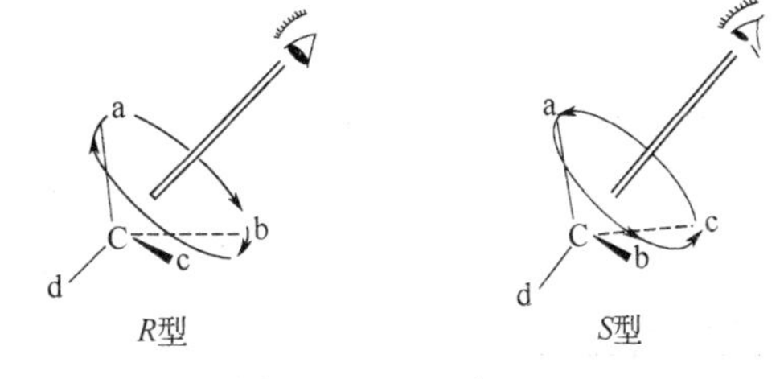

图 4-15　*R*/*S* 标记法

H
$CH_3CH_2$—C—$CH_3$
OH
*R*-2-丁醇

OH
$CH_3CH_2$—C—$CH_3$
H
*S*-2-丁醇

当优先次序中最小的原子或基团处于投影式的横线上时，如果其他 3 个原子或基团按顺时针由大到小排列，该化合物的构型是 *S* 型；如果按逆时针排列，则是 *R* 型。例如：

CHO
H—C—OH
$CH_2OH$
*R*-甘油醛

CHO
HO—C—H
$CH_2OH$
*S*-甘油醛

## 四、含两个手性碳原子的化合物的对映异构

含有两个手性碳原子的化合物，其分子中的两个手性碳原子可以不相同，也可以相同。因此，含有两个手性碳原子的化合物的对映异构现象也不一样，下面分别讨论。

### 1. 含两个不相同手性碳原子化合物的对映异构

1-苯基-2-甲氨基-1-丙醇（即麻黄碱和伪麻黄碱）分子中含有两个不相同的手性碳原子，它具有 4 个旋光异构体，用费歇尔投影式表示如下：

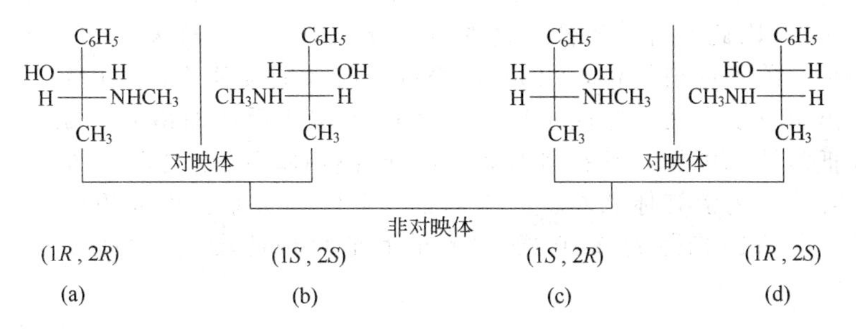

这些异构体的构型也可以用 $R/S$ 标记法来标记，其方法是分别标记每个手性碳原子的构型，如上式所示。构型确定后，（a）的系统名称可称为（1$R$,2$R$）-1-苯基-2-甲氨基-1-丙醇。同理可以标记出（b）、（c）、（d）的构型和它们的系统名称。

在上述 4 种异构体中（a）与（b）、（c）与（d）是两对对映体，经测定，（a）、（d）是左旋体，（b）、（c）是右旋体；（a）与（b）、（c）与（d）等量混合可以组成两种外消旋体。（a）与（c）或（d）、（b）与（c）或（d）之间不是互为实物与镜像的关系，这种不互为实物与镜像关系的旋光异构体叫非对映体。非对映体之间，不仅旋光性不同，其理化性质、生物活性（左旋麻黄碱的升压作用比外消旋体大 1.5 倍，比右旋体大 3.3 倍）也不相同。麻黄碱和伪麻黄碱的各种物理性质见表 4-4。

**表 4-4　麻黄碱和伪麻黄碱的物理性质**

| 构　　型 | 熔点/℃ | $[\alpha]_D^{20}$ | 溶解性 |
|---|---|---|---|
| (1$R$,2$R$)-(－)伪麻黄碱 | 118 | －52.5 | 难溶水，溶于乙醇、乙醚 |
| (1$S$,2$S$)-(＋)伪麻黄碱 | 118 | ＋52.5 | 难溶水，溶于乙醇、乙醚 |
| (±)-伪麻黄碱 | 118 | 0 | 难溶水，易溶于乙醇、溶于乙醚 |
| (1$R$,2$S$)-(－)麻黄碱 | 40 | －34.4(盐酸盐) | |
| (1$S$,2$R$)-(＋)麻黄碱 | 40 | ＋34.4(盐酸盐) | 溶于水、乙醇、乙醚 |
| (±)-麻黄碱 | 77 | 0 | |

## 2. 含两个相同手性碳原子化合物的对映异构

2,3-二羟基丁二酸（酒石酸）是含两个相同手性碳原子（即两个手性碳原子上连有同样的 4 个不同原子或基团）的化合物。因含两个手性碳原子，根据排列组合它也应有 4 种旋光异构体。用费歇尔投影式表示如下：

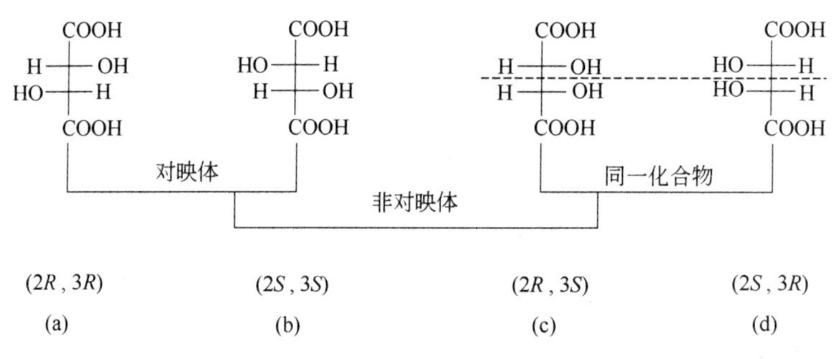


由上式可以看出，（a）和（b）互呈实物与镜像的关系，是对映体，它们等量混合组成外消旋体。从表面看，（c）与（d）也呈实物与镜像的关系，但将构型（c）在纸面内旋转 180°，与构型（d）重合，显然它们不是对映体，而是相同的化合物。也就是说（c）能与其镜像重合，它不是手性分子。在它的构型中 C2—C3 之间存在着一个对称面（投影式中的虚线所示），因此没有旋光性。这种由于分子中存在对称面而使分子内部旋光性相互抵消的化合物，称为内消旋体，用 *meso* 表示。与外消旋体不同，内消旋体之所以不具有旋光性，是由于分子中两个相同手性碳原子的构型相反，而由它们引起的旋光性在同一分子内相互抵消了。可见，酒石酸有 3 种旋光异构体，一个是左旋体，一个是右旋体，另一个是内消旋体。内消旋体和左、右旋体是非对映体关系，因此内消旋酒石酸（c）不仅没有旋光性，与有旋光性的（a）或（b）的其他物理性质也不相同。酒石酸的物理性质见表 4-5。

表 4-5　酒石酸的物理性质

| 构　型 | 熔点/℃ | $[\alpha]_D^{20}$ | 溶解度/(g/100g 水) | $pK_{a_1}$ | $pK_{a_2}$ |
|---|---|---|---|---|---|
| (2*R*,3*R*)-(+)-酒石酸 | 170 | +12 | 139 | 2.93 | 4.23 |
| (2*S*,3*S*)-(−)-酒石酸 | 170 | −12 | 139 | 2.93 | 4.23 |
| (2*R*,3*S*)-*meso*-酒石酸 | 140 | 0 | 125 | 3.11 | 4.80 |
| (±)-酒石酸 | 206 | 0 | 21 | 2.96 | 4.24 |

内消旋体和外消旋体都没有旋光性，但它们的本质不同。前者是一个单纯的非手性分子，是纯净物；而后者是两种互为对映体的手性分子的等量混合物，可以用特殊的方法拆分成两种化合物。

## *五、含 *n* 个不同的手性碳原子的化合物的对映异构

如果分子中含有 $n$ 个不相同的手性碳原子，必然存在着 $2^n$ 个构型异构体，其中有 $2^{n-1}$ 对对映体，组成 $2^{n-1}$ 个外消旋体。若分子中有相同的手性碳原子，因为存在着内消旋体，所以其构型异构体的数目少于 $2^n$ 个。

### 思考与练习

4-5　偏振光是如何产生的？什么是物质的旋光性？

4-6　测定比旋光度有什么意义？

4-7　某一物质的水溶液浓度为 1g/mL，使用 10cm 长的盛液管，以钠光灯为光源，20℃时测得其旋光度为+2.62°，试计算该物质的比旋光度。若将其稀释成 0.5g/mL 的水溶液，计算它的旋光度是多少？

4-8　使用钠光灯和 1dm 的盛液管，在 20℃时测得乳酸水溶液的旋光度为+7.6°，计算该溶液的浓度。($[\alpha]_D^{20}=+3.8°$)

4-9　什么叫手性分子？手性分子有何特点？物质的旋光性、分子的手性与对映异构有何关系？如何判断分子是否具有手性？

4-10　什么叫手性碳原子？下列分子是否含有手性碳原子？若有用“*”标出。

(1) $CH_3CH—CHCH_3$（两个CH上各连 $CH_3$）

(2) $CH_2═CHCHCH_3$（CH上连 $C_2H_5$）

(3) 环己烷环上依次连 $CH_3$、—OH，对位连 $CH(CH_3)_2$

(4) HOOCCH—CHCOOH（两个CH上各连 OH）

(5) $CH_3CHCH_2COOH$（CH上连 Br）

4-11　写出符合下列条件的化合物的构造式。

(1) 含有一个手性碳原子的分子式为 $C_7H_{16}$ 的烷烃

(2) 含有两个手性碳原子的二氯丁烷

4-12　用费歇尔投影式表示下列化合物的构型。

(1) *S*-乳酸　(2) *R*-2-氟-2-氯丁烷　(3) *S*-3-甲基己烷

(4) $C_6H_5CH(NH_2)COOH$　(5) $CH_3CH_2CHCH_2Cl$（CH上连 OH）

4-13　用 *R*/*S* 标记法命名下列化合物。

(1) 费歇尔投影式：上 H，下 OH，左 $H_3C$，右 $C_2H_5$

(2) 费歇尔投影式：上 Cl，下 C≡CH，左 H，右 $CH_3$

(3) C 上连 $C_2H_5$（上）、Cl（虚楔）、H、$CH_3$（实楔）

(4) C 上连 Br（上）、OH（虚楔）、H、$C_2H_5$（实楔）

4-14　什么叫左旋体、右旋体、对映体、内消旋体、外消旋体？并总结它们性质的异同。

4-15　凡含手性碳原子的化合物一定具有手性吗？内消旋体分子中一般含有哪种对称因素？

4-16 化合物 $CH_3CH(OH)CH(OH)CH(Br)CHO$ 有多少个手性碳原子？有多少种构型异构体？有几对对映异构体？

4-17 下列费歇尔投影式中哪些代表同一化合物？哪些是对映体？

(1) $\begin{array}{c} CH_2OH \\ HO\!-\!\!\!+\!\!\!-\!H \\ CHO \end{array}$ (2) $\begin{array}{c} CH_2OH \\ H\!-\!\!\!+\!\!\!-\!OH \\ CHO \end{array}$ (3) $\begin{array}{c} H \\ HO\!-\!\!\!+\!\!\!-\!CHO \\ CH_2OH \end{array}$ (4) $\begin{array}{c} H \\ OHC\!-\!\!\!+\!\!\!-\!OH \\ CH_2OH \end{array}$

## 【知识拓展】

### 手性药物

一、什么是手性药物

用于治疗疾病的药物大多存在着对映异构体，只含单一对映体的药物称为手性药物。大量研究结果表明，手性药物分子的立体构型对其药理功能影响很大。许多药物的一对对映体常表现出不同的药理作用，往往一种构型体具有较高的治病药效，而另一种构型体却有较弱或不具有同样的药效，甚至具有致毒作用。例如，曾因人们对对映异构体的药理作用认识不足，造成孕妇服用镇静剂“反应停”后，在1959～1963年联邦德国、荷兰和日本等国诞生了12000多名形状如海豹一样的可怜的婴儿，成为医学史上一大悲剧。于1961年，伦兹博士对这种怪胎进行了调查研究终于证实是孕妇服用“反应停”所致。于是，该药被禁用。后来的研究发现，反应停的 *S*-构型体（右旋体）是很好的镇静剂，能缓解孕期妇女恶心、呕吐等妊娠反应，而 *R*-构型体（左旋体）不但没有这种功能，反而有强烈的致畸作用。其机理是，基因上的生命密码在正常情况下，手脚的长度，以及5个手指等等都应当按照指令有规律地形成，可是反应停药物能使这种指令在某一部位受到障碍，其结果就产生畸形儿。当时的报道称，这起丑闻的产生是因为在“反应停”出售之前，有关机构并未仔细检验其可能产生的副作用。其实，梅里尔公司在申请前的确研究过“反应停”对怀孕大鼠和孕妇的影响，“反应停”的副作用则发生于怀孕初期（怀孕前三个月），即婴儿四肢形成的时期，梅里尔公司所试验的孕妇都是怀孕后期的。随着科学技术的发展，后来的研究才知道即使是服用单一右旋体反应停，也会使婴儿致畸，因为人体内存在一种能使“反应停”转化成有害异构体的酶，而大鼠却没有。所以新药用于临床前必须进行严谨的人体试验，这是动物实验不可代替的。

(*R*)-thalidomide (*S*)-thalidomide

就在“反应停”声名狼藉之际，英国科学家发现，它在治疗肺癌方面也许能发挥一定作用；一名以色列医生也偶然发现“反应停”对麻风结节性红斑有很好的疗效。经过34年的慎重研究之后，1998年，FDA批准“反应停”作为治疗麻风结节性红斑的药物在美国上市，美国成为第一个将“反应停”重新上市的国家。“反应停”还被发现有可能用于治疗多种癌症。现在“反应停”已卷土重来，90%被用于治疗癌症病人，在美国的销售额每年约两亿美元。活性更强且没有致畸性的“反应停”衍生物也已被批准上市。

目前世界上使用的药物总数约为1900种，手性药物占50%以上，在临床常用的200种药物中，手性药物达114多种，如大家所熟知的紫杉醇、青蒿素、沙丁胺醇和萘普生都是手性药物。由此可见手性药物在合成新药中已占据主导地位。

二、手性药物的分类

根据对映异构体的药理作用不同，可将手性药物分为3种类型。

1. 对映体的药理作用不同

有些药物的对映异构体具有完全不同的药理作用。例如，曲托喹酚（速喘宁）的 S-构型体是支气管扩张剂，而 R-构型体则有抑制血小板凝聚的作用； 1-甲基-5-苯基-5-丙基巴比土酸，其 R-构型体有镇静、催眠的生理活性，而 S-构型体引起惊厥；“反应停”也属这类药物。生产该类药物时，应严格分离并清除有毒性的构型体，以确保用药安全。

2. 对映体的药理作用相似

有些药物的对映异构体具有类似的药理作用。例如，异丙嗪的两个异构体都具有抗组织胺活性，其毒副作用也相似。这类药物的对映异构体不必分离便可直接使用。

3. 单一对映体有药理作用

有些药物的对映异构体中，只有一种构型体具有药理活性，而另一种则没有。例如，抗炎镇痛药萘普生的 S-构型体有疗效，而 R-构型体则基本上没有疗效，但也无毒副作用。生产该类手性药物时，要注意提高有药理活性的构型体的产率。又如，氯霉素左旋体具有强杀菌药效，而右旋体几乎无效，但二者对人体的毒副作用相同，所以其外消旋体——合霉素已被淘汰。生产该类手性药物时，不仅要注意提高有药理活性的构型体的产率，还要分离并清除无药效的构型体，使用药的毒副作用降到最低。

三、手性药物的制法

手性制药是医药行业的前沿领域， 2001 年诺贝尔化学奖就授予分子手性催化的主要贡献者。自然界中有很多手性化合物，当一个手性化合物进入生命体时，它的两个对映异构体通常会表现出不同的生物活性。手性制药就是利用化合物的这种原理，开发出药效高、副作用小的药物。在临床治疗方面，服用单一光学异构体的手性药物不仅可以排除由于无效（不良）对映体所引起的毒副作用，还能减少药剂量和人体对无效对映体的代谢负担、能对药物动力学及剂量有更好的控制、能提高药物的专一性。因而手性制药具有十分广阔的市场前景和巨大的经济价值。

手性药物的制取方法主要有两种：一种是手性合成法，另一种是手性拆分法。

1. 手性合成法

手性合成法包括化学合成和生物合成两种途径。

（1）化学合成　化学合成主要以糖类化合物作起始原料，经不对称反应，在分子的适当部位，引进新的活性功能团，合成各种有生物活性的手性化合物。因为糖是自然界存在最广的手性物质之一，而且各种糖的立体异构都研究得比较清楚。一个六碳糖可同时提供 4 个已知构型的不对称碳原子，用它作起始原料，经适当的化学改造，可以合成多种有用的手性药物。

近年来新开发了不对称催化合成法。这一方法是用手性催化剂，催化药物合成反应制取新的手性化合物。一个好的手性催化剂分子可产生十万个手性产物。因此，手性催化的研究已成为世界上许多著名有机化学研究室和各大制药公司开发研制手性药物的热点课题。

（2）生物合成　生物合成包括发酵法和生物酶法。发酵法就是利用细胞发酵合成手性化合物。例如，生物化学工业利用细胞发酵法生产 L-氨基酸。生物酶法是通过酶促反应将具有潜手性的化合物转化为单一光学异构体。可利用氧化还原酶、裂解酶、水解酶、及环氧化酶等，直接从前体合成各种复杂的手性化合物，这种方法收率高、副反应少、反应条件温和、无环境污染，有利于工业化生产。

2. 手性拆分法

手性拆分就是将外消旋体拆分成单一光学异构体。这是制取手性药物最简单的方法，主要有结晶法拆分、动力学拆分、包结拆分、酶拆分和色谱拆分等方法。其中色谱拆分已可用计算机软件控制操作。在手性色谱柱的一端注入外消旋体和溶剂，在另一端便可接收到已拆分开来的单一光学异构体。包结拆分是化学拆分中较新的一种方法，它使外消旋体与手性拆分剂发生包结作用，从而在分子-分子体系层次上进行手性匹配和选择，然后再通过结晶方法将两种对映体分离开来。例如，治疗消化道溃疡的药物奥美拉唑的 S-构型体和 R-构型体就是利用这种方法拆分开的。

随着社会需求的日益增长，手性药物的产量也在快速增加，21世纪将成为手性药物和手性技术有突破性进展的新世纪。

## 习　题

**1. 填空题**

(1) 有机化学中，立体异构是指构造式相同，但由于分子中原子或基团______不同而产生的异构现象，包括构型异构和构象异构两种类型。其中构型异构又分为______和______两类。

(2) 构象异构是由于______而产生的分子中原子或基团在空间的排列方式不同的异构现象。其常用表示方式有两种，即______式和______式。化合物丁二酸的纽曼投影式中，______式能量最低，为其稳定的优势构象。

(3) 环己烷有两种典型的构象分别是______构象和______构象，其中______构象最稳定。在甲基环己烷中，甲基以______键与环相连为优势构象。

(4) 由于碳碳双键中____键（或脂环烃中碳环）的存在限制了碳碳双键（或环上碳碳 $\sigma$ 键）的自由旋转，当构成双键的两个碳原子上及环的两个或两个以上的碳原子上，分别连有______时，就会产生顺反异构体。

(5) 顺反命名法（习惯法）的命名原则是要确定______的原子或基团是否在双键（或环）的同侧或异侧，而 $Z/E$ 命名法（系统法）的命名原则则是要确定______的原子或基团，二者没有必然联系。

(6) 对映异构是指分子的空间构型相似，但却不能______，彼此间呈实物与______的对映关系的异构现象。该特征如同人的左、右手一般，相似却不能重合，因此又称为手性，具有手性的物质都表现一种特殊的物理性质，即具有______。

(7) 对映体中的一对左、右旋体，它们使偏振光旋转的角度______，方向______。在非手性环境中，对映体的物理性质和化学性质______。将左、右旋体等量混合，其旋光性______，该混合物叫______。

(8) 含有一个 $C^*$ 的化合物______（是或否）手性化合物，存在______对对映体；含有两个不同 $C^*$ 的化合物存在______种构型异构体，即____对对映体；含有两个相同 $C^*$ 的化合物存在______种构型异构体，即____对对映体和______个内消旋体。

(9) 含有 $n$ 个不同 $C^*$ 的化合物存在的______种构型异构体，其中不呈实物与镜像关系的异构体称为______，这种异构体之间不仅旋光性______，其理化性质、生物活性也______。

(10) 用费歇尔投影式表示化合物的构型，在纸平面上旋转 90°，所得构型与原构型是______；若在纸平面上旋转 180°，则所得构型与原构型是______。

**2. 选择题**

(1) 下列情况中，能确定分子具有手性的是（　　）。

A. 分子不具有对称面　　　　B. 分子不具有对称中心

C. 分子与其镜像不能重合　　D. 分子不含有手性碳原子

(2) 有关比旋光度的叙述或表达不正确的是（　　）。

A. $[\alpha]_\lambda^t=\dfrac{\alpha}{cL}$

B. 利用比旋光度，可以比较不同物质旋光活性的大小

C. 室温下，把被测样品的浓度规定为 1g/mL，盛液管的长度规定为 1dm，这时测定的旋光度叫做比旋光度。

D. 已知葡萄糖水溶液的 $[\alpha]_D^{20}=+52.5°$，那么当葡萄糖水溶液浓度为 2g/mL 时，$[\alpha]_D^{20}=+105.0°$

(3) 反-1,4-二甲基环己烷的最稳定构象是（　　）。

A. $H_3C$ $CH_3$　　B. $CH_3$ $CH_3$　　C. $H_3C$ $CH_3$　　D. $CH_3$ $CH_3$

（4）下列化合物中与 H—C(CH$_3$)(C$_2$H$_5$)—OH（费歇尔投影式：上 CH$_3$，下 C$_2$H$_5$，左 H，右 OH）为同一物质的是（　　）。

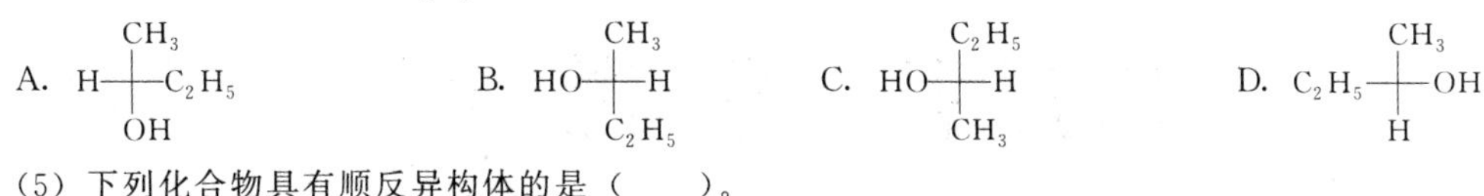


（5）下列化合物具有顺反异构体的是（　　）。

A. $CH_3CH{=}CHCH_2CH_3$　　　B. $CH_2{=}C(Cl)—CH_3$

C. $CH_3CH_2C(Cl){=}C(Cl)CH_2CH_3$　　　D. $(H_3C)(Cl)C{=}C[CH(CH_3)_2][CH(CH_3)CH_3]$

**3. 写出下列化合物的构造式并判断是否存在顺反异构体。**

（1）2,3-二氯-2-丁烯　（2）1,3-二溴环戊烷　（3）2-甲基-2-戊烯

（4）2,2,5-三甲基-3-己烯　（5）1-苯基丙烯

**4. 根据下列化合物的名称，写出相应的构型式，并 *Z*/*E* 构型标记法命名。**

（1）顺-3-甲基-2-戊烯　（2）反-4,4-二甲基-2-戊烯

（3）顺-3,4-二甲基-3-己烯　（4）反-1,3-二乙基-1-氯环己烷

**5. 判断下列结构式何者为优势构象。**

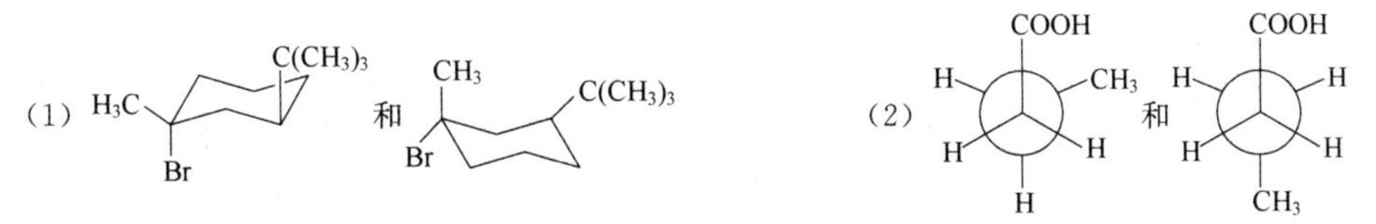


**6. 判断下列各组化合物的关系，用 * 标出下列化合物中的手性碳原子并标记 *R*/*S* 构型。**

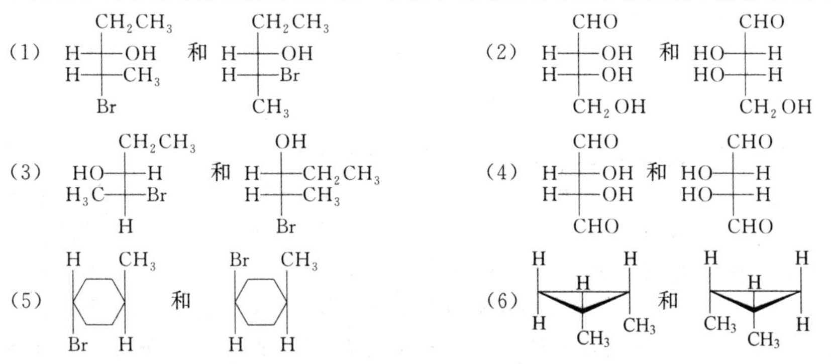


**7. 写出下列化合物的费歇尔投影式，并用 *R*/*S* 标记法命名。**

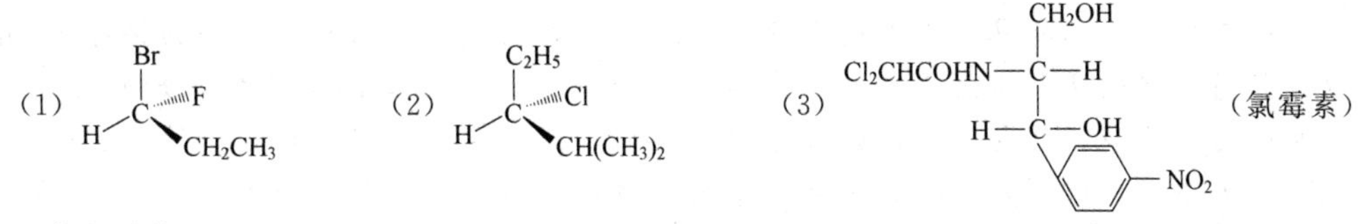


**8. 推断结构。**

（1）某烯 A($C_6H_{12}$) 具有旋光性，催化加氢后生成的烷烃 B($C_6H_{14}$) 没有旋光性，试写出 A 和 B 的构造式。

（2）化合物 A 和 B 分子式均为 $C_7H_{14}$，均能和酸性高锰酸钾反应，其中 A 的氧化产物是 $CO_2$、$H_2O$ 和具有旋光性的酮 C；B 的氧化产物是 $CO_2$、$H_2O$ 和具有旋光性的酸 D。试写出 A、B、C 和 D 的可能构造式。

# 第五章 卤代烃

## 学习目标

### 知识目标

▸ 掌握卤代烃的分类、同分异构现象、命名、制备方法、理化性质及其应用；掌握卤代烃中各类卤原子反应活性的差异。

▸ 理解卤代烃的结构特点与性质之间的关系。

▸ 了解卤代烃的亲核取代反应机理；熟悉重要卤代烃的性能及用途。

### 能力目标

▸ 能运用命名原则对各类卤代烃的构造式、构型式进行正确命名。

▸ 能利用卤代烃的理化性质及其变化规律进行卤代烃分离提纯和鉴别。

▸ 会用最基本的化工原料合成卤代烃，继而利用卤代烃的化学性质转化成医药化工产品。

▸ 能通过分析卤代烃结构特征理解各类卤代烃中卤原子反应活性的差异和卤代烃的生理活性。

▸ 能理解利用格氏试剂的化学性质对含活泼氢有机化合物定量分析原理。

▸ 能利用卤代烃知识指导日常生活和今后的工作，进一步提高化学基础知识素养。

## 导学案例

▸ 维克多·格林尼亚（ViccorGrignard）是著名的有机化学家，格氏试剂的发明者，他有着一个传奇的人生！维克多·格林尼亚 1871 年 5 月 6 日出生于法国瑟堡市一个很有名望的造船厂主之家，优越的家庭和父母的疼爱造就出没有出息的不学无术的纨绔子弟。1892 年 21 岁的维克多·格林尼亚仍然是整天无所事事，寻欢作乐。一天，瑟堡市的上流社会又举行舞会，似乎这种活动就是专门为他举办的，他可以任意挑选中意的舞伴，尽情地狂舞。这次在大庭广众之下，维克多·格林尼亚遭到巴黎著名的波多丽女伯爵的鄙夷和羞辱（“请快点走开，离我远一点，我最讨厌像你这样不学无术的花花公子挡住我的视线！”）。被人宠坏了的格林尼亚此时已无地自容了，在瑟堡市称雄称霸多年的格林尼亚被波多丽女伯爵三言两语打得落花流水。庆幸的是格林尼亚自尊心尚未丧失，知耻近乎勇。格林尼亚检讨自己多年的行为，选择离家来到里昂，想入里昂大学就读，但他中、小学的学业荒废得太多了，这样的基础如何考得上大学呀。幸好有一个叫路易·波尔韦的教授很愿意帮助他补习功课。经过老教授的精心辅导和他自己的刻苦努力，两年后格林尼亚进入了里昂大学插班读书。他深知得到读书的机会来之不易，他非常发奋、努力。当时学校有机化学权威巴比尔教授看中了他的刻苦精神和才能，于是，格林尼亚在巴比尔教授的指导下学习和从事研究工作。1901 年由于格林尼亚发现了格氏试剂而被授予博士学位。1912 年瑞典皇家科学院鉴于格林尼亚发明了格氏试剂，对当时有机化学发展产生的重要影响，授予他诺贝尔化学奖。维克多·格林尼亚传奇的人生给予后人哪些启发呢？格氏试剂是怎样的一种物质？有哪些实际应用呢？

烃分子中的氢原子被卤原子取代后生成的一类化合物称为卤代烃，常用 RX 或 ArX 表示。X 表示卤原子（F、Cl、Br、I），其中卤原子为官能团。

# 第一节　卤代烃的分类、同分异构和命名

## 一、卤代烃的分类

根据卤代烃分子中所含卤原子的种类，可分为氟代烃、氯代烃、溴代烃和碘代烃。例如：

| $CF_2{=\!=}CF_2$ | $CH_3CH_2Cl$ | $CH_3CH_2Br$ | $CH_3CH_2I$ |
|---|---|---|---|
| 四氟乙烯 | 氯乙烷 | 溴乙烷 | 碘乙烷 |
| （氟代烃） | （氯代烃） | （溴代烃） | （碘代烃） |

根据卤代烃分子中所含卤原子数目的不同，可分为一卤代烃、二卤代烃和多卤代烃。例如：

| $C_6H_5Br$ | $CH_2Cl_2$ | $CHI_3$ |
|---|---|---|
| 溴苯 | 二氯甲烷 | 三碘甲烷（碘仿） |
| （一卤代烃） | （二卤代烃） | （多卤代烃） |

根据卤代烃分子中烃基结构的不同，可分为饱和卤代烃（卤代烷烃）、不饱和卤代烃、卤代脂环烃和卤代芳香烃。例如：

| $CH_3CH_2CH_2Cl$ | $CH_2{=\!=}CHCl$ | 环己基—$CH_2Br$ | 苯环（—$CH_3$，—Cl 邻位） |
|---|---|---|---|
| 1-氯丙烷 | 氯乙烯 | 环己基一溴甲烷 | 邻氯甲苯 |
| （卤代烷烃） | （不饱和卤代烃） | （卤代脂环烃） | （卤代芳香烃） |

根据卤代烃分子中与卤原子直接相连的碳原子类型，又可分为伯卤代烃（一级卤代烃）、仲卤代烃（二级卤代烃）、叔卤代烃（三级卤代烃）、乙烯（或卤苯）型卤代烃和烯丙（或卤化苄）型卤代烃。例如：

伯卤代烃　环己基—$CH_2Cl$　　$CH_2{=\!=}CHCH_2CH_2Cl$　　$CH_3CH_2I$

仲卤代烃　苯基—$CH_2CHCH_3$（Br 连于 CH）　　环戊烯基—$CH_2CHCH_3$（Cl 连于 CH）　　$(CH_3)_2CHBr$

叔卤代烃　环戊基（同一碳上连 Br 和 $C_2H_5$）　　环戊烯基—$CH_2C(CH_3)_2$（Br 连于 C）　　$(CH_3)_3CBr$

乙烯（或卤苯）型卤代烃　$CH_3CH{=\!=}CHBr$　　苯基—Br　　环戊烯基—Br

（卤原子与双键碳原子或芳环直接相连）

烯丙（或卤化苄）型卤代烃　环戊烯基—Br（α位）　　苯基—$\overset{\alpha}{C}H_2Cl$　　$CH_3\overset{\alpha}{C}HBrCH{=\!=}CH_2$

（卤原子与双键或芳环的 α-碳原子直接相连）

## 二、卤代烃的同分异构

卤代烃的同分异构体数目比相应烃的异构体要多，因为在烃的每一种异构体上改变卤原子的位置均能引起同分异构现象，所以在烃的同分异构体的基础上把卤原子的位置异构考虑进去即可得到相应卤代烃的同分异构体。

下面以含 4 个碳原子的卤代烯烃 $C_4H_7X$ 为例，讨论卤代烃的同分异构现象。$C_4H_7X$ 有以下同分异构体：

△$XCH{=}CHCH_2CH_3$　　$CH_2{=}C(X)CH_2CH_3$　　$CH_2{=}CH\overset{*}{C}H(X)CH_3$

$CH_2{=}CHCH_2CH_2X$　　△$CH_3CH{=}CHCH_2X$　　△$CH_3CH{=}C(X)CH_3$

$XCH_2C(CH_3){=}CH_2$　　$CH_3C(CH_3){=}CHX$

其中，带△号者有顺反异构现象；带＊号者为手性碳原子，该分子有对映异构现象。

## 三、卤代烃的命名

### 1. 习惯命名法

习惯命名法是根据卤原子所连的烃基的名称将其命名为“某烃基卤”。例如：

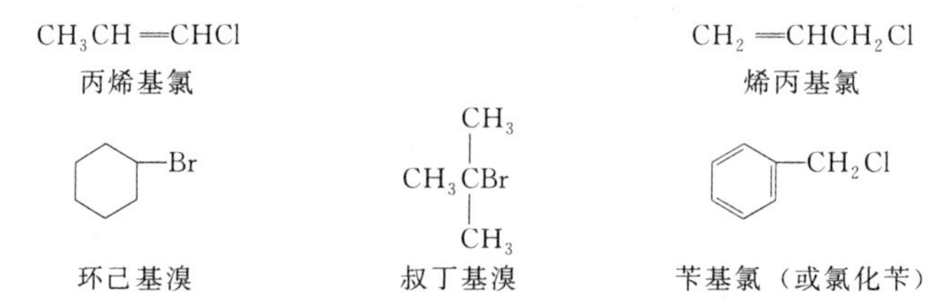

$CH_3CH{=}CHCl$ 丙烯基氯　　$CH_2{=}CHCH_2Cl$ 烯丙基氯

环己基溴　　叔丁基溴　　苄基氯（或氯化苄）

此法只适用于简单卤代烃的命名。

### 2. 系统命名法

结构复杂的卤代烃要用系统命名法。系统命名法是把卤代烃看作烃的卤素衍生物，即以烃为母体，卤原子只作为取代基。因此，其命名原则与相应烃的原则相同。

（1）饱和卤代烃（卤代烷烃）例如：

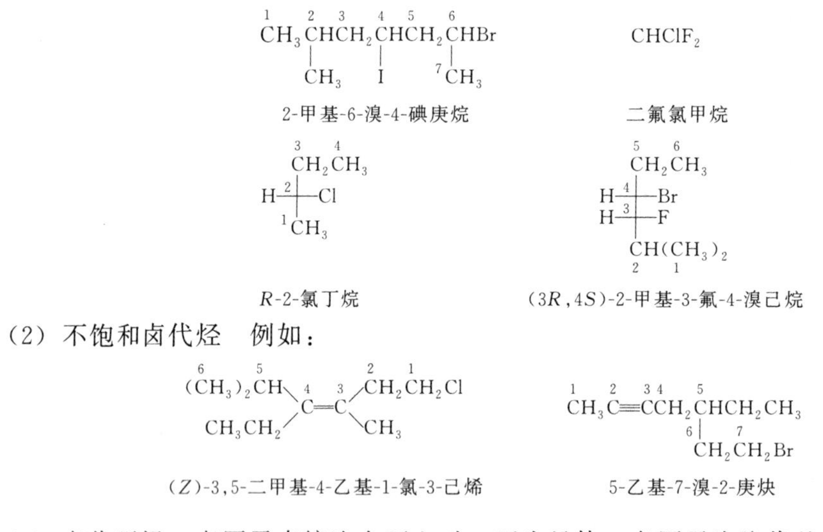

2-甲基-6-溴-4-碘庚烷　　$CHClF_2$ 二氟氯甲烷

*R*-2-氯丁烷　　(3*R*,4*S*)-2-甲基-3-氟-4-溴己烷

（2）不饱和卤代烃　例如：

(*Z*)-3,5-二甲基-4-乙基-1-氯-3-己烯　　5-乙基-7-溴-2-庚炔

（3）卤代环烃　卤原子直接连在环上时，环为母体，卤原子为取代基。例如：

2-氯甲苯（或邻氯甲苯）　　4-甲基-5-溴环己烯

若卤原子连在环的侧链上时，环和卤原子作为取代基，侧链烃为母体。例如：

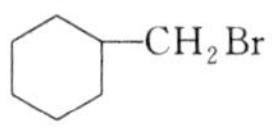

环己基一溴甲烷 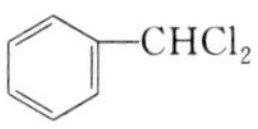　　苯二氯甲烷 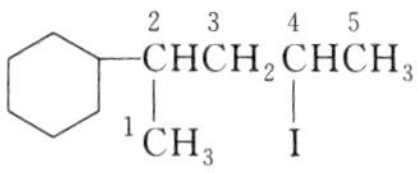　　2-环己基-4-碘戊烷

## 思考与练习

5-1　用系统命名法命名下列化合物。

（1）$CH_3CHCH_2C(Cl)(CH_3)CH_2CH(CH_3)Br$，其中 2 位为 $CH(CH_3)$　（2）1-乙基-4-溴-1,4-环己二烯（$C_2H_5$、Br）　（3）$(CH_3)_2CH$(环己基)$C{=}C(CH_2CH_2Br)CH_3$　（4）$C_6H_5CCl_3$

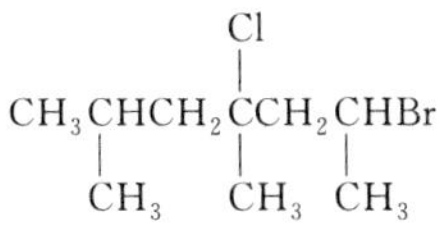

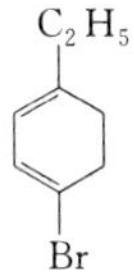

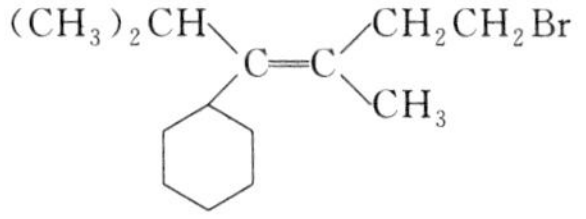

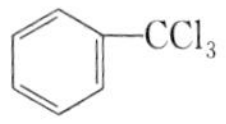

5-2　写出下列化合物的构造式。

（1）顺-1,4-二氯环己烷　（2）氯化苄　（3）烯丙基溴　（4）丙烯基氯

5-3　写出分子式为 $C_5H_9Br$ 的卤代烯烃的所有构造异构体，并标出属于哪类卤代烃。

# 第二节　卤代烃的制法

卤素的强吸电性、原子体积的大小和 C—X 的稳定性，会影响药物分子的电荷分布、分子的立体构型（如甲状腺素中的碘、氯普鲁卡因中的氯）、代谢（如药物中氟的引入）等，从而影响其药效。所以，卤原子的引入可以使有机分子的理化性质、生理活性发生一定变化。同时卤代烃的化学性质活泼，它也容易转化成其他官能团，或被还原除去，因此在药物合成中起着极为重要的桥梁作用。卤代烃通常可由下列几种方法制取。

## 一、烃的卤代

烃的卤代是制备卤代烃的重要方法。烷烃或环烷烃在光照或高温下卤代，往往所得产物比较复杂，实际应用价值不大。但在工业生产中可通过控制原料配比和反应条件来制备一氯甲烷、四氯化碳和特殊结构的卤代烷烃。例如：

$$(CH_3)_3CCH_3 + Cl_2 \xrightarrow{h\nu} (CH_3)_3CCH_2Cl + HCl$$

含 $\alpha$-氢原子的烯烃，在高温下可发生 $\alpha$-氢卤代反应，生成烯丙基型卤代烃。例如：

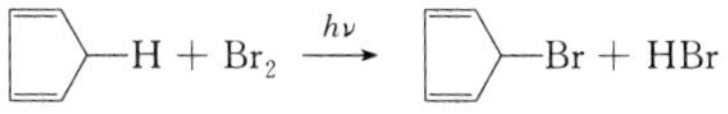

$$\text{环戊烯基}-H + Br_2 \xrightarrow{h\nu} \text{环戊烯基}-Br + HBr$$

芳烃在不同条件下与卤素作用，可发生芳环或侧链的 $\alpha$-氢卤代反应，生成卤苯型或卤化苄型卤代烃。例如：

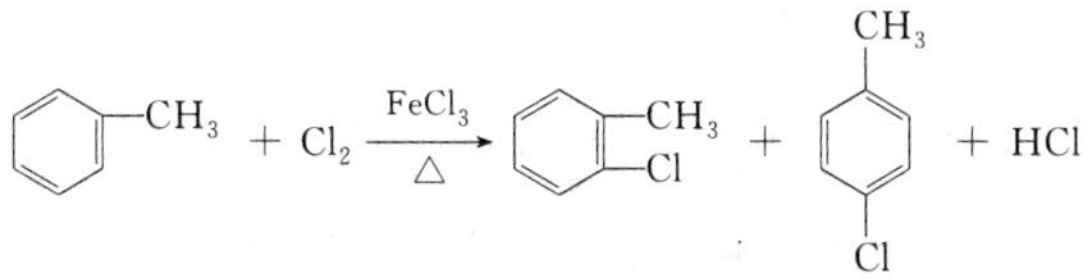

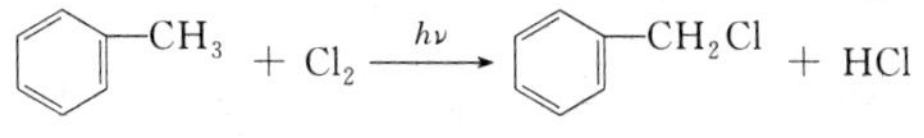

$$C_6H_5CH_3 + Cl_2 \xrightarrow[\triangle]{FeCl_3} o\text{-}ClC_6H_4CH_3 + p\text{-}ClC_6H_4CH_3 + HCl$$

$$C_6H_5CH_3 + Cl_2 \xrightarrow{h\nu} C_6H_5CH_2Cl + HCl$$

## 二、不饱和烃的加成

烯烃、炔烃、二烯烃与卤素（$Cl_2$、$Br_2$、$I_2$）、氢卤酸（HCl、HBr、HI）的加成，可以制得各种卤代烃。例如：

$$CH_3CH{=}CH_2 \begin{cases} \xrightarrow{HBr} CH_3\underset{\displaystyle Br}{\underset{|}{C}}HCH_3 & \text{马氏产物} \\ \xrightarrow[H_2O_2]{HBr} CH_3CH_2CH_2Br & \text{反马氏产物} \\ \xrightarrow{Br_2} CH_3CHBrCH_2Br & \text{二元卤代烃} \end{cases}$$

$$CH_3C{\equiv}CH \begin{cases} \xrightarrow{HBr} CH_3\underset{\displaystyle Br}{\underset{|}{C}}{=}CH_2 \xrightarrow{HBr} CH_3\overset{\displaystyle Br}{\overset{|}{\underset{\displaystyle Br}{\underset{|}{C}}}}CH_3 & \text{马氏产物} \\ \xrightarrow[H_2O_2]{HBr} CH_3CH{=}CHBr \xrightarrow[H_2O_2]{HBr} CH_3CH_2CHBr_2 & \text{反马氏产物} \\ \xrightarrow{Br_2} CH_3CBr{=}CHBr \xrightarrow{Br_2} CH_3CBr_2CHBr_2 & \text{多元卤代烃} \end{cases}$$

1,3-环己二烯 $+ Cl_2 \longrightarrow$ 3,4-二氯环己烯 $+$ 3,6-二氯环己烯

1,2-加成产物　　1,4-加成产物

## 三、由醇制备

由于醇价廉、易得，由醇制备卤代烃是工业上和实验室最常用的方法。

### 1. 醇与氢卤酸作用

$$ROH + HX \xrightleftharpoons{\text{催化剂}} RX + H_2O$$

此反应是可逆反应，为提高卤代烃的产率，可增加反应物醇的量，并设法除去反应中生成的水或及时将卤代烃分离出去。例如：

$$CH_3(CH_2)_2CH_2OH + HBr \xrightarrow[\triangle]{H_2SO_4/NaBr} \underset{(95\%)}{CH_3(CH_2)_2CH_2Br}$$

### 2. 醇与卤化磷（$PX_3$、$PCl_5$）作用

$$3ROH + PX_3 \longrightarrow 3RX + H_3PO_3$$
$$ROH + PCl_5 \longrightarrow RCl + POCl_3 + HCl$$

此法是制备卤代烃常用的方法。例如：

$$3CH_3CH_2CH_2OH + \underset{(\text{或 } P/Br_2)}{PBr_3} \longrightarrow 3CH_3CH_2CH_2Br + H_3PO_3$$

### 3. 醇与亚硫酰氯（$SOCl_2$）作用

$$ROH + SOCl_2 \xrightarrow{\text{吡啶}} RCl + SO_2\uparrow + HCl\uparrow$$

此法不仅反应速率快、产率高，并且副产物均为气体，易与氯代烷分离。例如：

$$CH_3CH_2\underset{\displaystyle CH_3}{\underset{|}{C}}HOH + SOCl_2 \xrightarrow{\text{吡啶}} CH_3CH_2\underset{\displaystyle CH_3}{\underset{|}{C}}HCl + SO_2\uparrow + HCl\uparrow$$

## 四、卤-卤置换反应和重氮盐的卤置换反应

通常氟原子主要是利用卤-卤置换反应和重氮盐的卤置换反应（见第十章第四节）等间

接方法引入。例如：

$$\text{对硝基三溴甲苯}\xrightarrow[55℃\sim m.p.]{SbF_3}\text{对硝基三氟甲苯}$$

(90%)

这是药物合成中引入三氟甲基常用的方法。

### 思考与练习

5-4　由指定原料合成下列化合物。

(1) $CH_3CH{=}CH_2 \longrightarrow CH_2ClCHClCH_2Br$　　(2) 甲苯（$CH_3$）$\longrightarrow$ 邻溴甲苯（$CH_3$，Br）

## 第三节　卤代烃的物理性质

在常温常压下，除氯甲烷、溴甲烷、氯乙烷、氯乙烯为气体外，其余多为液体，高级或一些多元卤代烃为固体。多数卤代烃是无色的，但碘代烃见光易产生游离的碘而常带红棕色，因此储存需用棕色瓶并且要避光。不少卤代烃带香味，但其蒸气有毒，应防止吸入。

在卤原子相同的同一系列的卤代烃中，沸点随着碳原子数的增加而升高。在烃基相同的一元卤代烷中，沸点的变化规律是：RI>RBr>RCl。在相同碳数的卤代烷中，与烷烃相似，支链愈多的卤代烷沸点愈低。此外，由于卤代烃中的C—X键有极性，因此其沸点比分子量相近的烃要高。

卤代烃的相对密度是值得注意的物理性质。一氟代烃和一氯代烷烃的相对密度小于1，其余卤代烃的相对密度多数大于1。此外，在一卤代烷烃的同系列中，相对密度随着碳原子数的增加反而降低，这是由于卤素在分子中所占比例逐渐减小的缘故。

卤代烃不溶于水，易溶于醇、醚、烃等有机溶剂。因此常用氯仿、四氯化碳从水层中提取有机物，在萃取时要注意水层在上而大多数卤代烃在下的特点。多卤代烃一般都难燃或不燃。

【安全知识】　卤代烃一般比母体烃类的毒性大，卤代烃经皮肤吸收后，侵犯神经中枢或作用于内脏器官，引起中毒。一般来说，碘代烃毒性最大，溴代烃、氯代烃、氟代烃毒性依次降低；低级卤代烃比高级卤代烃毒性强；饱和卤代烃比不饱和卤代烃毒性强；多卤代烃比含卤素少的卤代烃毒性强。使用卤代烃的工作场所应保持良好的通风。

常见卤代烃的物理常数见表5-1。

**表5-1　常见卤代烃的物理常数**

| 名称 | 构造式 | 熔点/℃ | 沸点/℃ | 相对密度($d_4^{20}$) |
|---|---|---|---|---|
| 氯甲烷 | $CH_3Cl$ | −97 | −24 | 0.920 |
| 溴甲烷 | $CH_3Br$ | −93 | 4 | 1.732 |
| 碘甲烷 | $CH_3I$ | −66 | 42 | 2.279 |
| 二氯甲烷 | $CH_2Cl_2$ | −96 | 40 | 1.326 |
| 三氯甲烷 | $CHCl_3$ | −64 | 62 | 1.489 |
| 四氯化碳 | $CCl_4$ | −23 | 77 | 1.594 |
| 1-氯丙烷 | $CH_3CH_2CH_2Cl$ | −123 | 47 | 0.890 |

续表

| 名称 | 构造式 | 熔点/℃ | 沸点/℃ | 相对密度($d_4^{20}$) |
|---|---|---|---|---|
| 2-氯丙烷 | $CH_3CHClCH_3$ | −117 | 36 | 0.860 |
| 氯乙烯 | $CH_2═CHCl$ | −154 | −14 | 0.911 |
| 溴乙烯 | $CH_2═CHBr$ | −138 | 16 | 1.517 |
| 氯苯 | $C_6H_5Cl$ | −45 | 132 | 1.107 |
| 氯化苄 | $C_6H_5CH_2Cl$ | −39 | 179 | 1.100 |

**【知识应用】** 卤代烃不仅是常用的有机溶剂，还可在有机合成的后处理或提取中用作萃取剂。由于卤代烃多数毒性较大，目前工业生产中正逐步以绿色溶剂（如超临界二氧化碳流体、碳酸二甲酯、2,5-二甲基己烷等）替代。此外，卤代烃可用作制冷剂［如氟里昂（如 $CHClF_2$ 和 $CCl_2F_2$，其商业代号分别为 $F_{22}$ 和 $F_{12}$）］、灭火剂［如 $CCl_4$（用于电器类起火）］、麻醉剂［如 $CHCl_3$（因有毒停用）］等。

# 第四节　卤代烷的化学性质

卤代烷中由于卤原子的电负性较强，所以C—X键为较强的极性共价键，电子云偏向于卤原子，即 $\overset{\delta^+}{C}—\overset{\delta^-}{X}$。碳卤键（C—X）的极性大小次序为：

$$C—Cl > C—Br > C—I$$

在极性试剂的影响下，C—X键的电子云会发生变形，由于氯原子的电负性较大，其原子半径又比较小，对周围的电子云束缚力较强，因此C—Cl键的可极化性较小。碳卤键的可极化性大小次序为：

$$C—I > C—Br > C—Cl$$

可极化性大的共价键，易通过电子云变形而发生键的断裂，因此各种卤代烷的化学反应活性顺序为：

$$RI > RBr > RCl$$

另外，C—X键的键能也比C—H键的键能小，因此卤代烷的反应主要发生在C—X键和受其影响而较活泼的β-H原子上。

① X原子被取代的反应；与Mg反应

$R—\overset{\beta}{C}—\overset{\alpha}{C}—X$

② 消除反应 $H^{\beta}$

## 一、取代反应及亲核取代反应的机理

21.微课：卤代烃的亲核取代反应

在一定条件下，卤代烷可与许多试剂作用，分子中的卤原子被其他基团（如—OH、—CN、$—NH_2$、—OR、—C≡CR等）取代，生成醇、腈、胺、醚、炔等各类有机化合物。

### 1. 水解

卤代烷不溶于水，水解反应很慢，并且是一个可逆反应。为了加速反应并使反应进行到底，通常用强碱（KOH或NaOH）的水溶液与卤代烷共热，使卤原子被羟基（—OH）取代而生成醇。

$$R—X + H—OH \xrightarrow[\triangle]{NaOH} R—OH + NaX$$

**【知识应用】** 一般常用醇来制备卤代烷，因此此反应似乎没有合成价值，但它适合在有机合成中将结构复杂的分子先引入卤原子，再经水解转化为羟基来制备特殊结构的醇。

2. 氰解

卤代烷与氰化钠（或氰化钾）的醇溶液共热，卤原子被氰基（—CN）取代而生成腈。

$$R-X + Na-CN \xrightarrow[\triangle]{ROH} R-CN + NaX$$

【知识应用】 在有机合成中可用烃为原料合成卤代烃再氰解增长碳链合成羧酸，或再催化加氢增长碳链合成伯胺。该应用只适用于卤代甲烷或伯卤代烷，因氰化钾具有较强碱性，与仲、叔卤代烷反应的主产物是消除产物——烯烃。

$$烃 \longrightarrow R-X \xrightarrow[醇]{KCN} R-CN \xrightarrow[\triangle]{H_3^+O} RCOOH$$

$$R-CN \xrightarrow[Pt]{H_2} R-CH_2NH_2$$

3. 氨解

卤代烷与氨在醇溶液中共热，卤原子被氨基（$-NH_2$）取代而生成胺。

$$R-X + H-NH_2 \xrightarrow[\triangle]{ROH} R-NH_2 + HX$$

因产物仍具有亲核性，所以可生成各种取代的胺以及季铵盐的混合物，因此在实际应用中多用于制备伯胺和季铵盐。

$$R-NH_2 \xrightarrow{R-X} R_2NH \xrightarrow{R-X} R_3N \xrightarrow{R-X} \underset{季铵盐}{R_4N^+X^-}$$

【知识应用】 卤代烷的氨解反应可用于制备伯胺。例如，1-卤丁烷氨解可制得正丁胺：

$$CH_3CH_2CH_2CH_2-X + H-NH_2(过量) \xrightarrow[\triangle]{ROH} CH_3CH_2CH_2CH_2NH_2 + NH_4X$$

正丁胺可用作石油产品添加剂、彩色相片显影剂，还可用于合成乳化剂、农药及治疗糖尿病的药物。

4. 醇解

卤代烷与醇钠的相应醇溶液作用，卤原子被烷氧基（—OR）取代而生成醚。此反应称为威廉森（Williamson）反应。

$$R-X + Na-OR' \xrightarrow{ROH} R-OR' + NaX$$

【知识应用】 威廉森反应用于制备醚类化合物，是制备混醚和芳香醚最好的方法。使用时最好选用卤代甲烷或伯卤代烷，因醇钠具有强碱性，与仲、叔卤代烷反应的主产物是消除产物——烯烃。例如：

$$CH_3-X + Na-O-C(CH_3)_2-CH_3 \xrightarrow{叔丁醇} \underset{甲基叔丁醚}{CH_3O-C(CH_3)_2-CH_3} + NaX$$

甲基叔丁醚是一种新型的高辛烷值汽油调和剂，可以提高汽油的使用安全性和质量，因不含铅而减少环境污染。

22.视频：卤代烃与硝酸银的反应

5. 与 $AgNO_3/C_2H_5OH$ 反应

卤代烷与硝酸银的乙醇溶液作用，卤原子被$-ONO_2$取代生成硝酸酯和卤化银沉淀。

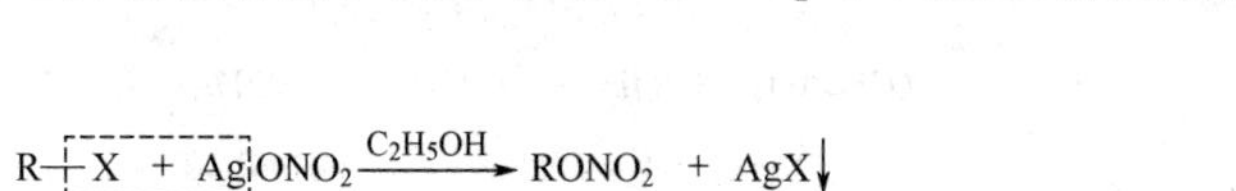

$$R-X + Ag-ONO_2 \xrightarrow{C_2H_5OH} RONO_2 + AgX\downarrow$$

其他类型的卤代烃与卤代烷一样也能反应，它们的反应活性不相同。实验表明，反应时各类卤代烃的活性次序为：

$$R-I>R-Br>R-Cl$$

烯丙型卤代烃＞叔卤代烃＞仲卤代烃＞伯卤代烃＞$CH_3X$＞乙烯型卤代烃

各类卤代烃与硝酸银的乙醇溶液反应的规律为：

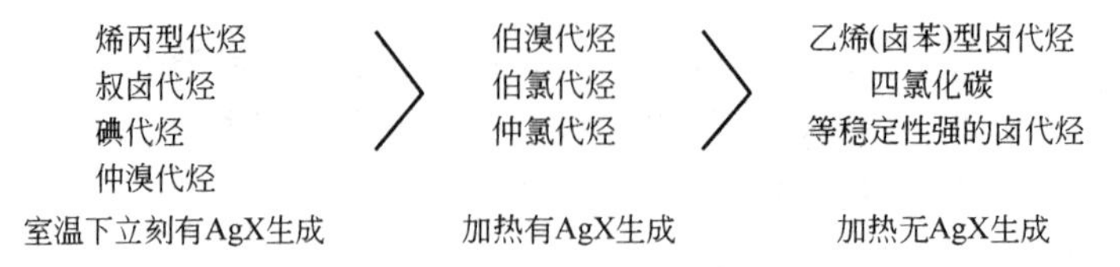


**【知识应用】** 卤代烷与硝酸银乙醇溶液的反应常用于各类卤代烃的鉴别。例如：

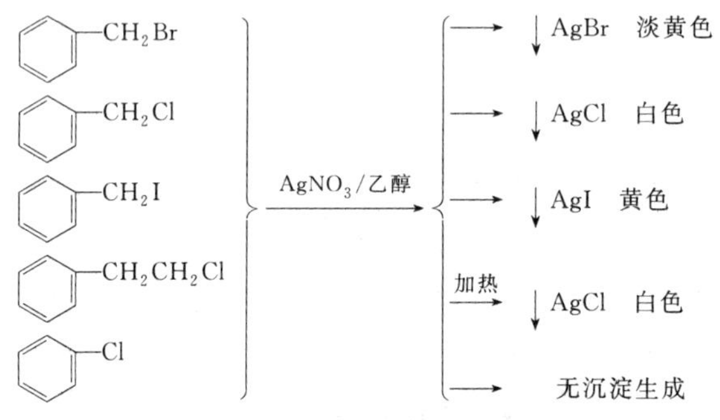


### *6. 亲核取代反应机理简介

23.动画：亲核机理

在卤代烷的取代反应中，卤素一般被负离子（如 $HO^-$、$CN^-$、$RO^-$）或带有未共用电子对的分子（如 $\ddot{N}H_3$）所取代。这些负离子或带有未共用电子对的分子具有亲核的性质，称为亲核试剂，常用：$Nu^{\ominus}$ 表示。卤代烷的取代反应是由亲核试剂首先进攻引起的，这种取代反应称为亲核取代反应，用 $S_N$ 表示。

在亲核取代反应中，研究最多的是卤代烷的水解。大量的研究结果表明，它们是按两种不同的反应机理进行的。

(1) 单分子亲核取代反应机理（$S_N1$） 实验证明，2-溴-2-甲基丙烷在碱性溶液中的水解速率只与卤代烷的浓度成正比，而与亲核试剂（$HO^-$）的浓度无关。

$$(CH_3)_3C\text{—}Br + HO^- \longrightarrow (CH_3)_3C\text{—}OH + Br^-$$

$$反应速率 = kc[(CH_3)_3CBr]$$

实际上此反应是分两步进行的。第一步是 2-溴-2-甲基丙烷离解为叔丁基碳正离子和溴负离子。这个过程需要能量，反应比较慢。第二步是碳正离子与亲核试剂（$HO^-$）结合生成产物，反应速率很快。在动力学中，反应速率决定于反应中最慢的一步，反应分子数则由决定整个反应速率的一步来衡量。上述机理中第一步是决定反应速率的一步，这一步只有卤代烷参与，所以该反应速率只与卤代烷的浓度成正比，与亲核试剂（$HO^-$）的浓度无关。这样的反应称为单分子亲核取代反应，常用 $S_N1$ 表示。以反应式表示其过程如下：

第一步 $$(CH_3)_3C\text{—}Br \xrightarrow{慢} (CH_3)_3C^+ + Br^-$$

第二步 $$(CH_3)_3C^+ + OH^- \xrightarrow{快} (CH_3)_3C\text{—}OH$$

$S_N1$ 反应机理的特点是：反应分两步进行。第一步决定整个反应速率，并有活性中间体——碳正离子生成，因此影响 $S_N1$ 反应活性的主要因素是碳正离子的稳定性。不同结构的卤代烷按 $S_N1$ 反应时的活性顺序为：

叔卤代烷>仲卤代烷>伯卤代烷>$CH_3X$

（2）双分子亲核取代反应机理（$S_N2$） 实验证明，溴甲烷的碱性水解速率，不仅与卤代烷的浓度成正比，也与碱的浓度成正比。经研究发现，反应是一步完成的，C—X 键的断裂与 C—O 键的形成是同时进行的。由于反应速率决定于过渡态的形成，而过渡态的形成需要 RX 和 $HO^-$ 两种反应物，所以称为双分子亲核取代反应，常用 $S_N2$ 表示。用反应式表示其过程如下：

$$HO^- + H_3C(sp^3)—Br \xrightarrow{慢} [HO\cdots CH_3(sp^2)\cdots Br] \xrightarrow{快} HO—CH_3(sp^3) + Br^-$$

过渡态

$$反应速率=kc(CH_3Br)c(HO^-)$$

由于带负电荷的 $HO^-$ 受溴原子电子效应与空间效应的影响，从最有利的位置即溴的背面沿 C—Br 键的轴线进攻 $\alpha$-碳原子，在逐渐接近的过程中，C—O 键开始部分地形成。与此同时，C—Br 键逐渐伸长变弱。新键尚未形成，旧键尚未完全断裂的过程（用虚线表示）称为过渡态，这时体系能量最高。随着 $HO^-$ 与碳原子进一步接近，最终形成稳定的 C—O 键，C—Br 键也就同时断裂，反应的结果生成醇。从过渡态转化成产物时，甲基上的 3 个氢原子也同时翻转到溴原子这一边，就像雨伞被大风吹翻转一样。这种转化过程，称为瓦尔登（walden）构型翻转（当反应物中与卤原子直接相连的是手性碳原子时，产物的构型与反应物的构型不同）。

$S_N2$ 反应机理的特点是：反应一步完成。旧键断裂与新键形成是协同进行的，整个反应的速率取决于过渡态形成的快慢，因此影响 $S_N2$ 反应活性的主要因素是空间位阻和电子效应。不同结构的卤代烷按 $S_N2$ 反应时的活性顺序为：

$CH_3X$>伯卤代烷>仲卤代烷>叔卤代烷

在通常情况下，这两种机理总是同时并存，并相互竞争，只是在某一特定条件下哪个占优势的问题。一般伯卤代烷主要按 $S_N2$ 机理进行，叔卤代烷主要按 $S_N1$ 机理进行，仲卤代烷则可按两种机理进行。反应条件（催化剂、溶剂的极性及亲核试剂的亲核性等）的改变对反应机理都有一定的影响，甚至起决定性作用。例如，由于银离子的催化作用，使得所有卤代烃与 $AgNO_3$ 的反应均按 $S_N1$ 机理进行。一般来讲，强极性溶剂、亲核试剂的弱亲核性有利于 $S_N1$ 反应；反之，有利于 $S_N2$ 反应。例如，各种溴代烃与 KI/丙酮作用生成 RI 的反应均按 $S_N2$ 机理进行。

## 二、消除反应

卤代烷与强碱的醇溶液共热，分子中的 C—X 键和 $\beta$-碳氢键发生断裂，脱去一分子卤化氢而生成烯烃。这种从有机物分子中相邻的两个碳原子上脱去 HX（或 $X_2$、$H_2$、$NH_3$、$H_2O$）等小分子，形成不饱和化合物的反应，称为消除反应。例如：

$$CH_3CH_2\overset{\beta}{C}H(H)\overset{\alpha}{C}H_2(X) \xrightarrow[\triangle]{KOH/C_2H_5OH} CH_3CH_2CH{=}CH_2 + KX + H_2O$$

仲卤代烷和叔卤代烷在消除卤化氢时，反应可在不同的 $\beta$-碳原子上进行，生成多种不同产物。例如：

$$CH_3-\overset{\beta'}{CH}-\overset{\alpha}{CH}(Br)-\overset{\beta}{CH_2} \xrightarrow[\triangle]{KOH/C_2H_5OH} \begin{cases} CH_3CH_2CH=CH_2 \text{ 1-丁烯 } (19\%) \\ CH_3CH=CHCH_3 \text{ 2-丁烯 } (81\%) \end{cases}$$

实验证明，卤原子主要是与含氢原子较少的$\beta$-碳原子上的氢原子结合脱去卤化氢。或者说，主要生成双键碳原子上取代基较多的烯烃。这一经验规律称为查依采夫（Saytzeff）规律。但是，对于不饱和的卤代烃发生消除反应时，若能生成共轭烯烃，则共轭烯烃是主要产物。例如：

$$\text{(2-溴-1-甲基环己烯)} \xrightarrow[\triangle]{KOH/C_2H_5OH} \begin{cases} \text{(甲基环己二烯)-}CH_3 \text{ 主产物(共轭二烯)} \\ \text{(甲基环己二烯)-}CH_3 \text{ 查依采夫产物} \end{cases}$$

**【知识应用】** 卤代烷烃的消除反应用于合成不饱和烃及衍生物。例如：

$$CH_3CBr_2-CH_2Br\text{ (}CH_3C(H)(Br)-CH(Br)(H)\text{)} \xrightarrow[\triangle]{KOH/C_2H_5OH} CH_3C\equiv CH + KBr + H_2O$$

$$\text{1,2-二溴环己烷} \xrightarrow[\triangle]{\text{叔丁醇钠/叔丁醇}} \text{1,3-环己二烯} + NaBr + (CH_3)_3COH$$

卤代烷发生消除反应的活性顺序为：

叔卤代烃＞仲卤代烃＞伯卤代烃

上述卤代烷的消除和水解反应都是在碱的作用下进行的。因此，当卤代烷脱卤化氢时，不可避免地会有卤代烷水解的副产物生成；同理，在卤代烷水解时，也会有脱卤化氢的副反应发生。卤代烷的水解反应和消除反应是同时发生的，哪一种占优势，则与卤代烷的分子结构及反应条件如试剂的碱性、溶剂的极性、反应温度等有关。

一般规律是：伯卤代烷、稀碱、强极性溶剂及较低温度有利于取代反应；叔卤代烷、浓的强碱、弱极性溶剂及高温有利于消除反应。所以卤代烷的水解反应，要在稀碱的水溶液中进行，而脱卤化氢的反应，在浓强碱的醇溶液中进行更为有利。

## 三、与金属镁反应

卤代烷在绝对乙醚（无水、无醇的乙醚，又称无水乙醚或干醚）中与金属镁作用，生成有机镁化合物——烷基卤化镁，称为格林尼亚（Grignard）试剂，简称格氏试剂，可用通式 RMgX 表示。例如：

$$CH_3CH_2CH_2CH_2Br + Mg \xrightarrow{\text{无水乙醚}} CH_3CH_2CH_2CH_2MgBr$$

正丁基溴化镁(94%)

$$CH_3CH_2CH(Br)CH_3 + Mg \xrightarrow{\text{无水乙醚}} CH_3CH_2CH(CH_3)MgBr$$

仲丁基溴化镁(78%)

一般伯卤代烷产率高，仲卤代烷次之，叔卤代烷最差。当烷基相同时，各种卤代烷的活性顺序为：

RI＞RBr＞RCl

实验室中最常用的是溴代烷，因为它的反应速率比氯化物快，价格比碘化物便宜。反应中生成的格氏试剂能溶于乙醚，无需分离即可用于各种合成反应。

在烃基卤化镁分子中，由于碳原子的电负性（2.5）比镁的电负性（1.2）大得多，C—Mg 键是很强的极性键，性质非常活泼，可与醛、酮、二氧化碳、含活泼氢的化合物等多种试剂反应。

由于格氏试剂遇到含活泼氢的化合物会立即分解，所以制备格氏试剂时要在隔绝空气的条件下，使用无水、无醇的绝对乙醚作溶剂。

**【知识应用】** 用格氏试剂与含活泼氢的化合物（如水、醇、氨等）反应可制备烷烃；也可以定量分析水、醇等含有活泼氢的物质。具体方法是：通过 $CH_3MgI$ 与样品作用产生的 $CH_4$ 的体积来计算样品的纯度或计算出被测化合物中所含活泼氢原子的数目。例如：

$$CH_3MgX \xrightarrow{\text{无水乙醚}} \begin{cases} \xrightarrow{H—OR} CH_4\uparrow + Mg(OR)X \\ \xrightarrow{H—OH} CH_4\uparrow + Mg(OH)X \\ \xrightarrow{H—OCOR} CH_4\uparrow + Mg(OCOR)X \\ \xrightarrow{H—NH_2} CH_4\uparrow + Mg(NH_2)X \\ \xrightarrow{H—X} CH_4\uparrow + MgX_2 \end{cases}$$

另外，格氏试剂与醛（酮）、二氧化碳的反应可用于制备醇、羧酸（见第七章及第八章）等一系列重要化合物，在理论研究及有机合成上都很重要。

卤原子连在不同碳原子上的多卤代烷（如 $CH_2BrCH_2Br$），其化学性质与一卤代烷相似。但卤原子连在同一碳原子上的多卤代烷，随着卤原子的增加，其反应活性一般会依次递减。例如，氯代甲烷的反应活性次序是：

$$CH_3Cl > CH_2Cl_2 > CHCl_3 > CCl_4$$

多卤代烷大量用作冷冻剂、灭火剂、烟雾剂和工业溶剂等。

## 第五节 卤代烃中卤原子的反应活性

### 一、卤代烃中各类卤原子活性的差异

以上主要介绍了卤代烷烃的性质及反应活性，其他各类卤代烃的性质与卤代烷烃的性质基本相同，所不同的是各类卤代烃中卤原子的反应活性有差异。卤代烃中卤原子的反应活性与烃基的结构有关。与卤原子相连的烃基的结构不同，卤原子所表现的反应活性也不相同。其中烯丙型（或卤化苄型）卤代烃最活泼，易发生取代反应，易制成格氏试剂；卤代烷（包括卤原子与双键碳原子或芳环相隔两个或多个碳原子的，称为孤立型的卤代烃）次之；乙烯型（或卤苯型）卤代烃最不活泼，一般条件下不发生取代反应。例如：

$$\text{(2,3-二氯环己烯，Cl 位于烯丙位)} \xrightarrow[\text{室温}]{AgNO_3/C_2H_5OH} \text{(3-}ONO_2\text{-2-Cl-环己烯)} + AgCl\downarrow$$

$$\triangle\!\!—CH_2CH_2Cl \xrightarrow[\triangle]{AgNO_3/C_2H_5OH} \triangle\!\!—CH_2CH_2ONO_2 + AgCl\downarrow$$

$$\text{(邻-Br-}C_6H_4\text{-}CH_2CH_2Cl) \begin{cases} \xrightarrow[\text{室温}]{Mg/\text{干醚}} \text{邻-Br-}C_6H_4\text{-}CH_2CH_2MgCl \\ \xrightarrow[\triangle]{Mg/\text{THF}} \text{邻-MgBr-}C_6H_4\text{-}CH_2CH_2MgCl \end{cases}$$

$$\underset{\substack{|\\X}}{CH_3C}{=}CHCH_2X \xrightarrow[\text{室温}]{NaCN/C_2H_5OH} \underset{\substack{|\\X}}{CH_3C}{=}CHCH_2CN$$

综上所述，卤代烃的反应活性顺序为：

$$RI > RBr > RCl$$

烯丙(或卤化苄)型卤代烃＞卤代烷(或孤立型的卤代烃)＞乙烯型(或卤苯型)卤代烃

若按 $S_N1$ 反应机理进行取代反应，则活性顺序为：

烯丙型卤代烃＞叔卤代烃＞仲卤代烃＞伯卤代烃＞$CH_3X$＞乙烯型卤代烃

若按 $S_N2$ 反应机理进行取代反应，则活性顺序为：

烯丙型卤代烃＞$CH_3X$＞伯卤代烃＞仲卤代烃＞叔卤代烃＞乙烯型卤代烃

## *二、各类卤代烃中卤原子反应活性差异的理论解释

### 1. 烯丙型卤代烃

烯丙型卤代烃分子中的卤原子离解后生成了稳定的烯丙基正离子。这个带正电荷的碳原子是 $sp^2$ 杂化的，它的一个缺电子的 p 空轨道和相邻的 C═C 键的两个 p 轨道相互平行重叠形成 p-π 共轭体系（见图 5-1），因此正电荷得以分散而趋向稳定，使得卤原子易带负电荷离去，因而反应容易进行。当发生取代反应时易按 $S_N1$ 机理进行。若按 $S_N2$ 机理进行，形成的过渡态也存在 p-π 共轭体系（见图 5-2），使其稳定性增大，因而反应活性最大。

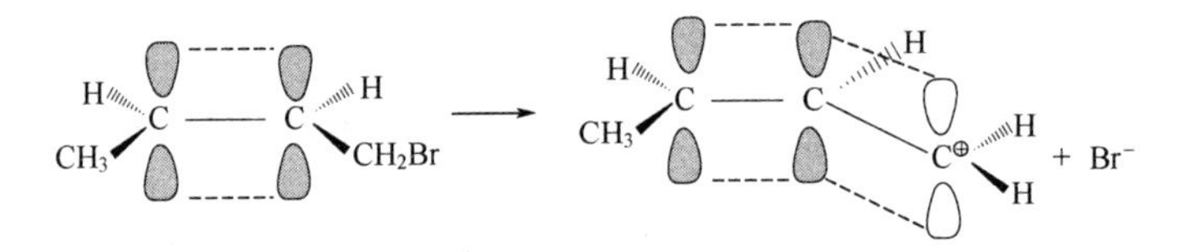


图 5-1　烯丙基正离子 p-π 共轭体系的形成

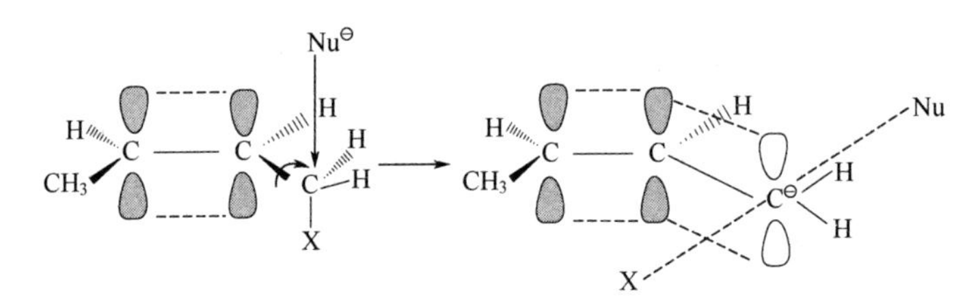


图 5-2　烯丙型过渡态 p-π 共轭体系的形成

### 2. 乙烯型卤代烃

乙烯型卤代烃分子中的卤原子的价电子层 *n*p 轨道中的一个 p 轨道，在 C—X 键自由旋转时会与 C═C 键的两个 p 轨道（或苯环碳原子的 p 轨道）平行重叠，形成 p-π 共轭体系（见图 5-3 和图 5-4），因此 C—X 键之间电子云密度增加，键能增大，使碳原子和卤原子结合得更加紧密，卤原子很难离去。所以一般条件下难发生取代反应，难制成格氏试剂。

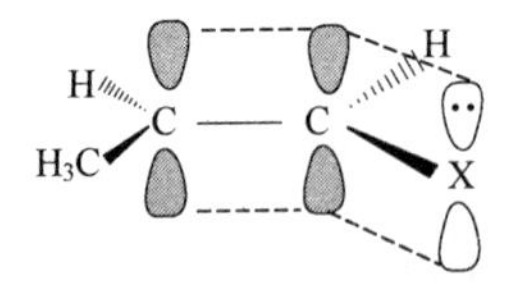


图 5-3　乙烯型分子 p-π 共轭体系的形成

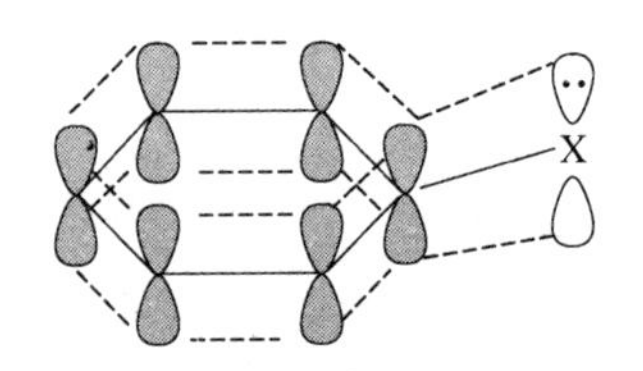


图 5-4　卤苯型分子 p-π 共轭体系的形成

## 思考与练习

5-5 乙基叔丁醚能否由乙醇钠和叔丁基卤代烃制备？为什么？

5-6 将下列各组化合物按反应活性由大到小排列成序。

(1) 按 $S_N1$ 机理发生水解反应

A. $CH_3CHICH_2CH_3$　　B. $CH_3CH_2CH{=}CBrCH_3$　　C. $CH_3CH_2CH_2Cl$

D. 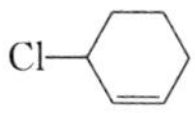 Cl-环己烯基　　E. 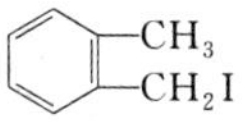 邻甲基苄基碘（苯环上连 $-CH_3$ 和 $-CH_2I$）

(2) 按 $S_N2$ 机理发生氰解反应

A. $CH_3Br$　　B. $(CH_3)_3CBr$　　C. $(CH_3)_2CHBr$　　D. 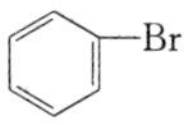 溴苯（$C_6H_5Br$）　　E. 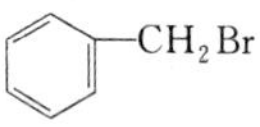 苄基溴（$C_6H_5CH_2Br$）

(3) 与硝酸银的醇溶液反应

A. $CCl_4$　　B. $CH_2{=}CHCH_2I$　　C. $BrC(CH_3)_3$　　D. $CH_3CH_2Cl$

5-7 化合物 $CH_3CHBrCH_2Br$ 发生消除反应时除去两个 HBr 分子的主要产物是什么？为什么？

5-8 化合物（Br、$H_3C$ 取代的环己烯）发生消除反应的主要产物是什么？为什么？

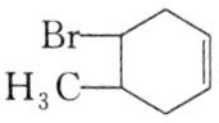

5-9 用 $CH_2(OH)CH_2Br$ 能制备成 $CH_2(OH)CH_2MgBr$ 吗？为什么？

# 第六节　重要的卤代烃

## 一、氯乙烯和聚氯乙烯

氯乙烯常温下是无色气体，沸点为－13.8℃，不溶于水，易溶于多种有机溶剂，与空气混合可形成爆炸性混合物，爆炸极限为 3.6%～26.4%。长期高浓度接触可引起许多疾病，并可致癌。

目前工业上生产氯乙烯主要采用如下方法：

$$CH_2{=}CH_2 + HCl + O_2 \xrightarrow[0.34\sim0.59MPa]{CuCl_2,215\sim300℃} CH_2ClCH_2Cl + H_2O$$

$$CH_2ClCH_2Cl \xrightarrow[1.47\sim3.92MPa]{470\sim650℃} CH_2{=}CHCl + HCl$$

氯乙烯的主要用途是制备聚氯乙烯。

$$nCH_2{=}CH(Cl) \xrightarrow[50\sim60℃,0.5MPa]{引发剂} {-\!\!\!\![}CH_2-CH(Cl){]\!\!\!\!-}_n$$

聚氯乙烯是目前我国产量最大的塑料，简称 PVC，广泛用于农业、工业及日常生活中。但聚氯乙烯制品不耐热，不耐有机溶剂，而且在使用过程中由于其缓慢释放有毒物质而不可盛放食品。

## 二、四氟乙烯和聚四氟乙烯

四氟乙烯为无色气体，沸点为 76.3℃，不溶于水，可溶于多种有机溶剂。其制备方法如下：

$$CHCl_3 + 2HF \xrightarrow{SbCl_5} CHClF_2 + 2HCl$$

$$2CHClF_2 \xrightarrow{600\sim800℃} CF_2{=}CF_2 + 2HCl$$

四氟乙烯的主要用途是合成聚四氟乙烯。

$$nCF_2{=}CF_2 \xrightarrow{催化剂} {-\!\!\!\![}CF_2-CF_2{]\!\!\!\!-}_n$$

聚四氟乙烯的商品名称为特氟隆 PTFE，是一种应用广泛、性能非常稳定的塑料。它能耐高温并具有耐寒性，机械强度高，耐强酸强碱（不与“王水”反应），无毒。其生物相溶性也很好，是一种非常有用的工程和医用塑料，有“塑料王”之称。

【小资料】

2003年11月15日中央电视台“晚间新闻”播出一条来自美国广播公司（ABC）的消息颇为引人注意：美国学者研究认为特氟隆有致癌危险。

所谓特氟隆（Teflon），是美国杜邦公司对其研发的所有碳氢树脂的总称（市面上常见为杜邦注册的“特富龙”），包括聚四氟乙烯、聚全氟乙丙烯及各种共聚物。由于其独特优异的耐热（180～260℃）、耐低温（－200℃）、自润滑性及化学稳定性等，而被称为“拒腐蚀、永不粘的特氟隆”。它带给人们的便利，最常见的就是不粘锅，其他如衣物、家居、医疗甚至宇航产品等，应用甚广。特氟隆用于衣物，是在织物表面形成特氟隆薄膜，作为衣料或衣衬，如宇航服、里衬特氟隆织物，具有透气、保暖且耐污的优点。由于特氟隆本身是稳定的高分子材料（分子量在几百万以上），不会像甲醛那样挥发，所以“这些化学物质可能会直接渗入皮肤”的说法是不确切的。而用特氟隆织物制衣时，加入的其他添加剂是否安全？

中国科学院上海有机化学研究所研究员、氟化学专家章云祥认为，特氟隆是否有害健康，不应笼统而言，必须弄清楚致癌的是聚四氟乙烯，还是中间添加剂。他认为特氟隆产品可以作为一个问题来看，但要下结论，必须有更可靠的实验、实践结果。

由于特氟隆可能会对人体健康造成潜在损害，近几年围绕是否应停用该物质一直是各界争论的焦点。2006年1月25日，美国环境保护局一纸通牒勒令杜邦等8家化学公司停用制造特氟隆所需的核心成分全氟辛酸铵（PFOA），至此为“特氟隆之争”定下了官方基调。

全氟辛酸铵是一种人工合成的化学品，是用于生产高效能氟聚合物时所不可或缺的加工助剂，是生产不粘锅涂料特氟隆的一种表面活性剂。专家指出，作为一种化学品，全氟辛酸铵对人体有一定危害，但危害程度取决于其含量的多少。

## 三、氟里昂

氟里昂（Freon）是氟氯代烷烃的总称（商品名），二氟二氯甲烷（$CCl_2F_2$）是其中一种。1928年Midgley T成功得到$CCl_2F_2$，这是氟化学发展过程中的一个里程碑。$CCl_2F_2$是无色、无臭的气体，沸点为－29.8℃。氟里昂类气体是最常见的制冷剂，它们具备加压容易液化、汽化热大、安全性高、不燃、不爆、无臭、无毒等优良性能。利用它们不同的沸点可用于不同的制冷设备，如家用冰箱用$CCl_2F_2$，冷库用$CClF_3$和$CHF_3$，空调器用$CClF_2CClF_2$等。氟里昂的另一大用处是作气溶剂，将杀虫剂和除草剂与适当的氟里昂组成的混合物加压溶解罐装，使用时氟里昂溶剂在大气压下膨胀蒸发，其中含有杀虫剂等溶质形成极为分散的细小粒子，使用效果极佳。因此，广泛用于香水、化妆品、农药、涂料、头发喷雾剂等。

【小资料】

氟氯烃的研究成果极大地改变了人类的生活质量，但同时又造成了较明显的污染问题。氟里昂是臭氧层的主要破坏者。它们到达臭氧层后，吸收3260nm波长以下的阳光，分解出氯自由基，使之与臭氧作用生成ClO•自由基，引发链反应，一个氯自由基可以破坏十万个$O_3$分子从而造成了对臭氧层的破坏作用。贴近地面的臭氧是一种污染，但是高高浮在臭氧层的臭氧可以吸收200～300nm波长的紫外光。臭氧层一旦出现空洞，每受到1%的破坏，抵达地球表面的紫外线将增加20%左右，便会引起植物生长受到抑制，生物体DNA中相邻的胸腺嘧啶发生二聚而造成基因改变并损伤细胞等。20世纪80年代后，国际上接连签署了多个关于限制使用生产氟里昂的协议，以更好地保护我们的生态环境和子孙后代。但即使我们完全停止排放氟里昂，据估计至少也要30～50年后大气层才能恢复到臭氧层的原来水平。

因为目前残留在大气中的这些氟里昂还要等几十年后才会消失。

氟里昂代用品的研究因此也开始广泛受到重视，目前它们主要包括含氯的氟里昂，它们将在到达臭氧层之前的对流圈里就被分解，或者用不含氯的氟里昂如 $CH_2F_2$、$CH_2FCF_3$ 等，即使它们到达臭氧层也不产生破坏作用。

## 四、全氟碳类血液代用品

全氟碳是一类氢原子全被氟原子所取代的环烃和链烃，用其制成的乳剂，由于能溶解大量的氧和二氧化碳，已被用作人类血液的代用品。这类商品最早由日本生产出来，商品名为 Fuoslo-DA，它是以全氟萘烷和全氟三丙胺为主体的一种乳剂。

1980 年 8 月，我国科学工作者也研制成功人造血液，它是氟碳化合物在水中的超细乳状液。这种奇妙的白色血液注入人体后，同人体正常血中的红细胞一样，具有良好的载氧能力和排出二氧化碳的能力，可以说，它是一种红细胞的代用品。氟碳化合物像螃蟹的螯那样，能够把氧抓住，在人体里再把氧气放出来，进行人体里的特种氧化还原反应。它的生物化学性质十分稳定，不管哪种血型的人，都能使用人造血液。

人造血液与人体内的血液相比，还有许多缺点，它不能输送养分，也没有凝固血液的本领，更没有对外界感染至关重要的免疫能力，因此要研究出像人的血液那样的代用品，还要经过很多的努力。

## 【知识拓展】

### 卤代烃的生理活性

许多卤代烃有很强的生理作用，这与卤代烃中卤原子的理化性质、结构特点是密切相关的。例如，烯丙型卤代烃 3-氯丙烯、氯化苄等，因为能刺激黏膜，所以有很强的催泪作用； 3,3,3-三氯丙烯对神经有麻醉作用，对心脏传导系统影响而导致心律失常。这种生理作用可以由烯丙型卤代物的化学活性来解释，由于烯丙型卤代物中的卤原子很活泼，它很容易与亲核试剂作用，而生物体中存在许多含氮及硫的有生物活性的亲核性化合物，它们可以与烯丙型卤代物作用而失去其本身的生理功能。卤代物的这种破坏作用使黏膜感受到刺激性，而流泪则是为了排除刺激性卤代物的一种反应。

许多农药的药理作用也是利用了卤代烃的生理活性。例如， DDT（4,4′-二氯二苯基三氯乙烷）对昆虫等冷血动物有很强的毒性，而且由于它的稳定性，药效可以保持很久，所以曾是 20 世纪 40 年代以后极受欢迎的杀虫剂。但长期使用后发现它对空气、土壤、水域造成污染影响人类的健康，目前已严禁使用。杀螨酯（4,4′-二氯二苯乙醇酸乙酯）能有效地防治苹果、柑橘、茶树上的各种螨类和卵，但对动物的毒性很小。

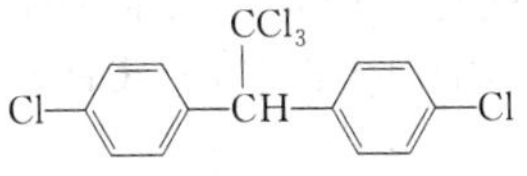

DDT 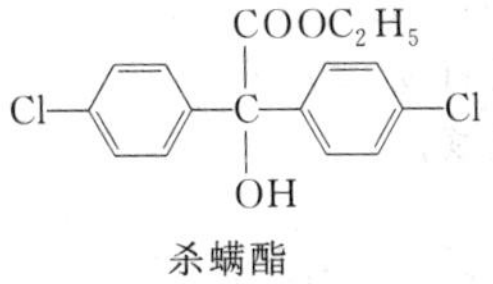　　杀螨酯

又如，抗癌药物氟尿嘧啶就是利用了其抗代谢机理，即利用了 C—F 键的稳定性，导致不能有效地合成胸腺嘧啶脱氧核苷酸，使酶失活，从而抑制 DNA 的合成，最后肿瘤细胞死亡。

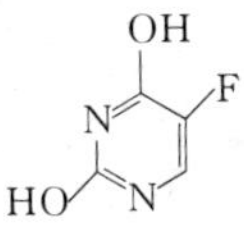

氟尿嘧啶 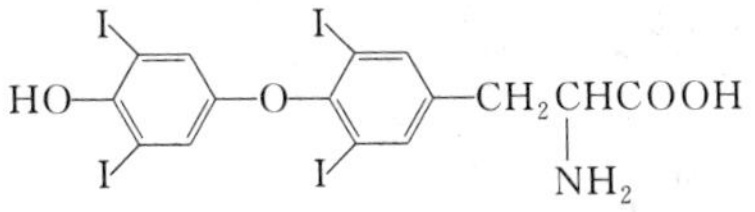　　甲状腺素

自然界中含卤素的有机物很少，目前已经得到的天然有机卤代物大多来源于海洋生物，这很好地说明了生物对环境的适应性，因为海水中含有大量的卤离子。

在高级动物的代谢中有重要作用的含卤素的化合物并不多见。虽然大量存在的氯离子对于生命来说是必需的，但在机体内并不能转化为含氯的有机物。卤素中只有碘在随食物进入体内后可以在甲状腺中积存下来，并通过化学反应形成甲状腺素。甲状腺素是一种控制许多代谢速度的激素，这种激素在体内的含量与碘的摄入量有一定关系，长期缺碘的地区应当适当补充含碘食物。

## 习　题

**1. 填空题**

（1）根据与卤原子相连的碳原子类型不同，可将卤代烷分为____卤代烷、____卤代烷、____卤代烷；卤代烯烃或卤代芳烃可分为三类，即______________卤代烃、______________卤代烃、______________卤代烃；______________卤代烃最活泼，______________卤代烃最稳定。

（2）卤代烷的构造异构主要有__________异构和__________异构。

（3）卤代烃有四种常见的制备方法，即______________、______________、______________、______________。

（4）不对称烯烃与卤化氢加成时遵守______________规则；仲、叔卤代烷脱去卤化氢时遵守______________规则，即总是从含氢原子____________ $\beta$-碳原子上脱去氢原子。

（5）能给予电子对（带负电荷）的试剂称为__________试剂。卤代烷的取代反应属于____取代反应，常用字母_________表示。

（6）各级卤代烷发生消除反应的活性顺序是：____卤代烷＞____卤代烷＞____卤代烷。

（7）室温下，卤代烃与________在________中作用生成有机镁化合物——烷基卤化镁，简称________________，一般用____________表示。

（8）不同类型的卤代烯烃或卤代芳烃与硝酸银的醇溶液反应的活性次序是：____________＞____________＞____________。

**2. 选择题**

（1）有关聚氯乙烯的叙述，下列错误的是（　　）。

A. 简称 PVC　　B. 不导电，是包覆电线的材料

C. 化学稳定性好，阻燃　　D. 无毒，制成的薄膜适于做食品包装袋

（2）有“塑料王”之称的是（　　）。

A. 聚氯乙烯　　B. 聚丙烯　　C. 聚四氟乙烯　　D. 聚乙烯

（3）按照 $S_N2$ 历程，下列卤代烃的反应活性由强到弱排在第二位的是（　　）。

A. 1-溴-2-丁烯　　B. 2-氯-丙烷　　C. 4-溴环己烯　　D. 氯苯

（4）下列化合物中具有 p-π 共轭体系的是（　　）。

A. 1,3-丁二烯　　B. 1-氯丙烯　　C. 1-氯丙烷　　D. 3-氯丙烯

（5）制备乙基叔丁基醚的最佳途径是（　　）。

A. $(CH_3)_3CBr + CH_3CH_2ONa$　　B. $(CH_3)_3COH + CH_3CH_2OH$

C. $CH_3CH_2Br + (CH_3)_3CONa$　　D. $(CH_3)_3CF + CH_3CH_2ONa$

**3. 完成下列化学反应式。**

（1）$CH_3C(CH_3){=}CH_2 \xrightarrow[HBr]{H_2O_2} ? \xrightarrow[Mg]{干醚} ?$

（2）1-甲基环己烯（$CH_3$） $\xrightarrow{Br_2} ? \xrightarrow[\triangle]{NaOH/醇} ?$

（3）环己烯 $\xrightarrow{HBr} ? \xrightarrow[CH_3OH]{CH_3ONa} ?$

(4) $C_6H_5-CH(CH_3)_2 \xrightarrow[h\nu]{Cl_2}$ ? $\xrightarrow[\triangle]{NaOH/醇}$ ?

(5) $CH_3CH_2CH=CH_2 \xrightarrow{HI}$ ? $\xrightarrow[\triangle]{KCN}$ ?

(6) 邻氯苄氯（$C_6H_4(Cl)-CH_2Cl$）$\xrightarrow[干醚]{Mg}$ ? $\xrightarrow{CH_3OH}$ ?

(7) $CH_3C(CH_3)=C(Br)-CH_2Cl \xrightarrow[\triangle]{NH_3/醇}$ ?

(8) 邻氯甲苯（$C_6H_4(Cl)-CH_3$）$\xrightarrow[h\nu]{Cl_2}$ ? $\xrightarrow{CH_3CH_2ONa}$ ?

(9) $CH_2=CH-CH=CH_2 + HBr \xrightarrow{CH_2Cl_2}$ ? $\xrightarrow{NaCN}$ ?

(10) 环己基$-CH(CH_3)-CH(Br)CH_2CH_3 \xrightarrow[\triangle]{KOH/C_2H_5OH}$ ? $\xrightarrow[H_3PO_4]{H_2O}$ ?

**4. 指出下列转变中的各步有无错误（或是否合理），并说明理由。**

(1) $CH_3CH=CH_2 \xrightarrow[(A)]{HOBr} CH_3CH(Br)CH_2(OH) \xrightarrow[(B)]{Mg/干醚} CH_3CH(MgBr)CH_2OH$

(2) $(CH_3)_3C-Br \xrightarrow[\triangle]{CH_3OH/CH_3ONa} (CH_3)_3C-OCH_3$

(3) $CH_3C(CH_3)=CH_2 \xrightarrow[(A)]{H_2O_2/HCl} (CH_3)_3C-Cl \xrightarrow[(B)\triangle]{KCN} (CH_3)_3C-CN$

(4) $C_6H_4(Br)-CH_2I \xrightarrow[\triangle]{NaOH/H_2O} C_6H_4(OH)-CH_2OH$

(5) $CH_3CHClCH_2Cl \xrightarrow[\triangle]{NaOH/醇} CH_3C\equiv CH + 2HCl$

**5. 由指定原料合成下列化合物。**

(1) 由丙烯合成 $CH_2(Cl)CH(Br)CH_2(Br)$ 和 $HOOCCH(CH_3)CH_2COOH$

(2) 由甲苯合成 $H_3C-C_6H_4-CH_2-C_6H_5$

**6. 鉴别下列各组化合物。**

(1) 1-溴-2-丁烯　2-氯-丙烷　1-溴环己烯　氯苯

(2) $C_6H_5CH_2CH_2Cl$　$C_6H_5CH_2I$　$C_6H_5Br$　$C_6H_5CH_2CH_2Br$

**7. 推断结构**

(1) 某具有旋光性的仲卤代烃 A，其分子式为 $C_5H_{11}Br$。A 与热的 NaOH/$H_2O$ 反应得到化合物 B，其分子式为 $C_5H_{12}O$。A 与热的 NaOH/ROH 反应所得的主要产物再与 HBr 加成得到无旋光性的叔卤代烃 C，其分子式为 $C_5H_{11}Br$。试推断 A、B、C 的构造式，并写出化合物 A 的 *R* 构型和 *S* 构型的费歇尔投影式。

(2) 某卤代烃 A 的分子式为 $C_6H_{11}Br$，不能使溴水褪色，与氢氧化钾的醇溶液作用生成化合物 B($C_6H_{10}$)，B 经酸性高锰酸钾氧化后得到 $CH_3COCH_2CH_2CH_2COOH$，B 与氢溴酸作用则得到 A 的异构体 C，试推测 A、B、C 的构造式并写出各步反应式。

# 第六章　醇、酚、醚

## 学习目标

### 知识目标

▶ 掌握醇、酚、醚的结构特点、命名及制备方法；掌握醇的化学性质及伯醇、仲醇、叔醇的不同活性及鉴别方法；掌握酚的弱酸性、亲电取代反应及不同酚的鉴别方法；掌握醚键的酸催化断裂反应，醚生成鉾盐及过氧化物的检验与除去方法。

▶ 理解醇与活泼金属的反应活性与其酸性的关系。

▶ 了解醇、酚、醚的分类、物理性质及变化规律；熟悉重要醇、酚、醚的性能及在医学上的应用。

### 能力目标

▶ 能运用命名规则命名典型的醇、酚、醚化合物。

▶ 能通过结构特点的分析学会醇、酚、醚的特征反应和鉴别方法。

▶ 能正确区分伯醇、仲醇、叔醇不同的反应活性。

▶ 能正确排列苯酚与取代苯酚的酸性强弱顺序。

▶ 能运用酸的概念认识醇的酸性；能理解氢键对醇、酚、醚的沸点和溶解性的影响。

▶ 能运用醚的鉾盐生成分离醚类，学会过氧化物的检验与除去方法。

▶ 能利用醇、酚、醚知识指导日常生活和今后的工作，进一步提高化学基础知识素养。

## 导学案例

▶ 往往一提到炸药，就会想到诺贝尔，继而联想到诺贝尔奖。诺贝尔（1833.10.21—1896.12.10）是瑞典的化学家、工程师、发明家、军工装备制造商和炸药的发明者。诺贝尔一生拥有 355 项专利发明，并在欧美等五大洲 20 个国家开设了约 100 家公司和工厂，积累了巨额财富。在他逝世的前一年，立嘱将其遗产的大部分（约 920 万美元）作为基金，将每年所得利息分为 5 份，设立物理、化学、生理或医学、文学及和平 5 种奖金（即诺贝尔奖，1968 年增设经济学奖），授予世界各国在这些领域对人类作出重大贡献的人。你知道他发明的是哪种炸药吗？这种炸药是如何制成的？

▶ 利斯特是爱丁堡医院的一名医生，这天他像往常一样去查看病房。他推开门，一缕阳光从窗户的缝隙里射了进来，那光线中成千上万个小灰尘在飞舞、飘荡……他想，病人的伤口是裸露在空气中的，肯定会受到灰尘的污染，而灰尘中存在着大量的细菌；还有手术器械、手术服、医生的双手等，肯定也沾有很多细菌。这让他想起了一个个失去生命的病人，他们大多死于伤口感染。于是，他翻阅了大量的资料，千方百计地寻找一种既防腐又消毒的东西。经过日日夜夜的刻苦钻研，利斯特终于找到了提炼煤焦油中的一种副产品。手术前，用它来喷洒手术器械、手术服以及医生的双手等，感染的现象很少，而且伤口恢复得很快。这种神奇的副产物是什么呢？

醇、酚、醚都可看作水分子中氢原子被烃基取代的衍生物。若水分子中的一个氢原子被脂肪烃基取代，则称为醇（R—OH）；被芳环取代（即羟基与芳环直接相连），称为酚（Ar—OH）；若两个氢原子都被烃基取代，所得的衍生物就是醚（R—O—R′，Ar—O—Ar′，Ar—O—R）。

醇和酚中的—OH叫羟基，是醇和酚的官能团，由于醇和酚中羟基所连的烃基不同，使醇和酚的性质有明显的差别。本章将分别讨论醇、酚、醚。

24

24.微课：酒文化与醇

# 第一节　醇

## 一、醇的结构、分类和命名

### 1. 醇的结构

醇是脂肪烃、脂环烃分子中的氢原子或芳香烃侧链上的氢原子被羟基取代后的化合物，羟基是醇的官能团，也称为醇羟基。羟基与苯环相连是酚，与 $sp^2$ 杂化的烯类碳原子相连是烯醇，烯醇不稳定，容易异构化为稳定的羰基化合物。一般所指的醇，羟基是与 $sp^3$ 杂化的饱和碳原子相连。

由于氧的电负性比碳和氢大，使得C—O键和O—H键都具有较大的极性，醇为极性分子。

### 2. 醇的分类

醇是由烃基和羟基两部分组成的，据此可按烃的类型和羟基的数目进行分类。

按烃基的类型，醇可分为饱和醇、不饱和醇、脂环醇和芳香醇。例如：

| $CH_3CH_2CH_2CH_2OH$ | $CH_2{=}CHCH_2OH$ | （环戊基）—OH | （苯基）—$CH_2OH$ |
| --- | --- | --- | --- |
| 正丁醇（饱和醇） | 烯丙醇（不饱和醇） | 环戊醇（脂环醇） | 苄醇（芳香醇） |

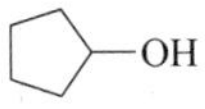

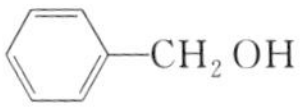

按醇分子中所含羟基的数目可分为一元醇、二元醇和三元醇。二元醇以上统称多元醇。例如：

| $CH_3OH$ | $CH_2(OH)—CH_2(OH)$ | $CH_2(OH)—CH(OH)—CH_2(OH)$ |
| --- | --- | --- |
| 甲醇（一元醇） | 乙二醇（二元醇） | 丙三醇（三元醇） |

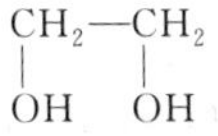

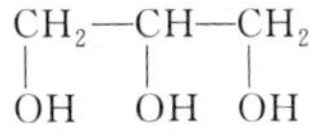

羟基与一级碳原子相连接的称为一级醇（伯醇）；与二级碳原子相连接的称二级醇（仲醇）；与三级碳原子相连接的称三级醇（叔醇）。例如：

| $RCH_2OH$ | $R—CH(OH)—R'$ | $R—C(R')(OH)—R''$ |
| --- | --- | --- |
| 一级醇（伯醇） | 二级醇（仲醇） | 三级醇（叔醇） |

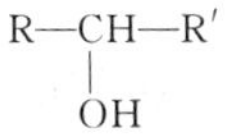

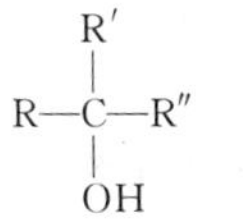

本节主要讨论饱和一元醇，其通式为 $C_nH_{2n+1}OH$。

### 3. 醇的命名

（1）习惯命名法　结构简单的醇采用习惯命名法，即在烃基后面加一“醇”字。例如：

| $CH_3CH_2OH$ | $CH_3CH(CH_3)OH$ | $(CH_3)_3COH$ |
| --- | --- | --- |
| 乙醇 | 异丙醇 | 叔丁醇 |

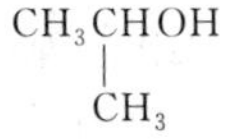

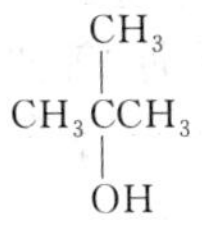

（2）系统命名法　系统命名法的命名原则如下。

① 选主链（母体）。选择连有羟基的最长的碳链为主链，支链为取代基。

② 编号。从靠近羟基的一端开始将主链的碳原子依次用阿拉伯数字编号，使羟基所连

的碳原子位次最小。

③ 写出全称。根据主链所含碳原子数称为“某醇”，将取代基的位次、名称及羟基位次写在“某醇”前。例如：

$$CH_3\underset{OH}{\underset{|}{C}}HCH_2CH_2\overset{CH_3}{\overset{|}{\underset{\underset{CH_3}{|}}{C}}}CH_3$$

5,5-二甲基-2-己醇

$$CH_3\underset{OH}{\underset{|}{C}}HCH_2CH_2\underset{OH}{\underset{|}{C}}HCH_2CH_3$$

2,5-庚二醇

$$C_6H_{11}-CH_2OH$$

环己甲醇

④ 不饱和醇的命名应选择包括羟基和不饱和键在内的最长碳链为主链，从靠近羟基的一端编号命名。例如：

$$CH_3CH{=}CH\underset{OH}{\underset{|}{C}}HCH_3$$

3-戊烯-2-醇

⑤ 芳香醇命名时，可将芳基作为取代基。例如：

$$C_6H_5-CH_2\underset{OH}{\underset{|}{C}}HCH_2CH_3$$

1-苯基-2-丁醇

## 二、醇的制法

### 1. 烯烃水合

烯烃与水加成反应常用于生产低级醇。

$$CH_2{=}CH_2 + H_2O \xrightarrow[7MPa,250\sim350^\circ C]{\text{磷酸硅藻土}} CH_3CH_2OH$$

$$CH_3CH{=}CH_2 + H_2O \xrightarrow[2MPa,95^\circ C]{\text{磷酸硅藻土}} CH_3\underset{OH}{\underset{|}{C}}HCH_3$$

### 2. 卤代烃水解

卤代烃在碱性溶液中水解可得醇。

$$R-X + NaOH \rightleftharpoons R-OH + NaX$$

由于本法为可逆反应，且反应的难易随卤烃结构不同而不同，并伴有消除反应。因此，卤代烃水解制醇受到很大限制，只有当卤代烃易水解时采用此方法。例如：

$$C_6H_5-CH_2Cl \xrightarrow[H_2O]{Na_2CO_3} C_6H_5-CH_2OH$$

### 3. 羰基还原

醛、酮等分子中的羰基可催化加氢还原成相应的醇。醛还原得伯醇，酮还原得仲醇。常用的催化剂有 Ni、Pt、Pd 和 Cu 等，这类催化剂可将醛、酮中的不饱和碳碳键一起还原，生成饱和醇。例如：

$$\underset{\text{巴豆醛}}{CH_3CH{=}CHCHO} \xrightarrow[\text{加压,加热}]{H_2,Cu} CH_3CH_2CH_2CH_2OH$$

若采用选择性好的还原剂如氢化铝锂（$LiAlH_4$）、硼氢化钠（$NaBH_4$）、异丙醇铝{$Al[OCH(CH_3)_2]_3$}、金属与给质子溶剂的组合等，可保护双键，只将醛基还原为醇。例如：

$$CH_3CH{=}CHCHO \xrightarrow{LiAlH_4} \underset{\text{巴豆醇}}{CH_3CH{=}CHCH_2OH}$$

$$CH_3\underset{O}{\underset{\|}{C}}CH{=}CH_2 \xrightarrow{Na/C_2H_5OH} CH_3\underset{OH}{\underset{|}{C}}HCH{=}CH_2$$

### 4. 由格氏试剂制备

这是实验室制醇最常用的一种方法。其中，甲醛与格氏试剂反应得伯醇；其他醛得仲醇；酮得叔醇。

$$HCHO + R'MgX \xrightarrow{\text{无水乙醚}} R'CH_2OMgX \xrightarrow{H_2O} R'CH_2OH$$

$$RCHO + R'MgX \xrightarrow{\text{无水乙醚}} \underset{\underset{R'}{|}}{RCH}OMgX \xrightarrow{H_2O} \underset{\underset{R'}{|}}{RCH}OH$$

$$R-\underset{\underset{O}{\|}}{C}-R + R'MgX \xrightarrow{\text{无水乙醚}} R-\overset{\overset{R}{|}}{\underset{\underset{R'}{|}}{C}}-OMgX \xrightarrow{H_2O} R-\overset{\overset{R}{|}}{\underset{\underset{R'}{|}}{C}}-OH$$

用此法制备某些结构复杂的醇有一定的实用价值，但由于反应需无水乙醚作溶剂，故在药物生产中受到一定的限制。

## 三、醇的物理性质

低级的饱和一元醇中，$C_4$ 以下是无色透明带酒味的流动液体，由于水与醇均具有羟基，彼此可形成氢键，甲醇、乙醇和丙醇可与水以任何比例相溶；$C_5$～$C_{11}$ 是具有不愉快气味的油状液体，仅部分溶于水；$C_{12}$ 及以上的醇是无臭无味的蜡状固体，不溶于水。多元醇羟基越多，溶解度越大。

醇也能溶于强酸（$H_2SO_4$、HCl 等），这是由于它能和酸中的质子结合成鎓盐（$[R-\overset{\overset{H}{|}}{\underset{+}{O}}-H]X^-$），使醇在强酸水溶液中的溶解度要比在纯水中大，如正丁醇在水中的溶解度只有 8%，但是它能和浓盐酸混溶。

直链饱和一元醇的沸点随分子量的增加而有规律地增高，每增加一个 $CH_2$ 系差，沸点升高 18～20℃。在醇的异构体中，直链伯醇沸点最高，支链越多，沸点越低。多元醇羟基越多，沸点越高。常见醇的物理常数见表 6-1。

**表 6-1 常见醇的物理常数**

| 名　称 | 构造式 | 熔点/℃ | 沸点/℃ | 相对密度($d_4^{20}$) | 溶解度/(g/100g 水) |
|---|---|---|---|---|---|
| 甲醇 | $CH_3OH$ | −93.9 | 64.7 | 0.7914 | ∞ |
| 乙醇 | $CH_3CH_2OH$ | −117.3 | 78.3 | 0.7893 | ∞ |
| 1-丙醇 | $CH_3CH_2CH_2OH$ | −126.5 | 97.4 | 0.8035 | ∞ |
| 2-丙醇(异丙醇) | $(CH_3)_2CHOH$ | −89.5 | 82.4 | 0.7855 | ∞ |
| 1-丁醇(正丁醇) | $CH_3CH_2CH_2CH_2OH$ | −89.5 | 117.2 | 0.8098 | 7.9 |
| 2-丁醇(仲丁醇) | $CH_3CH_2CH(OH)CH_3$ | −89.0 | 99.5 | 0.8080 | 9.5 |
| 2-甲基-1-丙醇(异丁醇) | $(CH_3)_2CHCH_2OH$ | −108.0 | 108.0 | 0.8018 | 12.5 |
| 2-甲基-2-丙醇(叔丁醇) | $(CH_3)_3COH$ | 25.5 | 82.3 | 0.7887 | ∞ |
| 1-戊醇(正戊醇) | $CH_3(CH_2)_3CH_2OH$ | −79.0 | 137.3 | 0.8144 | 2.7 |
| 3-甲基-1-丁醇(异戊醇) | $(CH_3)_2CHCH_2CH_2OH$ | −117.0 | 132.0 | 0.8092 | 3.6 |
| 1-己醇 | $CH_3(CH_2)_4CH_2OH$ | −46.7 | 158.0 | 0.8136 | 0.59 |
| 烯丙醇 | $CH_2{=}CHCH_2OH$ | −129.0 | 97.1 | 0.8540 | ∞ |
| 环己醇 | (环己基)—OH | 25.1 | 161.1 | 0.9624 | 3.6 |
| 苯甲醇 | (苯基)—$CH_2OH$ | −15.3 | 205.3 | 1.0419 | 4 |
| 乙二醇 | $CH_2OHCH_2OH$ | −11.5 | 198.0 | 1.1088 | ∞ |
| 丙三醇 | $\underset{OH}{CH_2}-\underset{OH}{CH}-\underset{OH}{CH_2}$ | 20.0 | 290.0(分解) | 1.2613 | ∞ |

低级醇可与一些无机盐（如 $MgCl_2$、$CaCl_2$、$CuSO_4$ 等）形成结晶状的结晶醇，它们可溶于水，但不溶于有机溶剂。

**【知识应用】** 醇不仅是常用的有机溶剂，还可在有机合成的后处理中用作酸洗液。醇能溶于浓硫酸，在有机分析上常被用来区别醇和烷烃，因为后者不溶于强酸。运用结晶醇的性质，可使醇与其他化合物分离，或从反应产物中除去少量醇。如工业用的乙醚中常含有少量乙醇，可利用乙醇与氯化钙生成结晶醇的性质，除去乙醚中少量的乙醇。但也正因为此，不能用 $CaCl_2$ 干燥醇。

## 四、醇的化学性质

醇的化学性质主要由它所含的羟基官能团决定。醇分子中，氧原子的电负性较强，使与氧原子相连的键都有极性。

$$R-\overset{H}{\underset{H}{\overset{|\beta}{\underset{|}{C}}}}-\overset{H}{\underset{H}{\overset{\alpha|}{\underset{|}{C}}}}\overset{\delta^+}{-}\overset{\delta^-}{O}-\overset{\delta^+}{H}$$

这样 H—O 键和 C—O 键都容易断裂发生反应。由于羟基的影响，$\alpha$-碳原子上的氢原子和 $\beta$-碳原子上的氢原子也比较活泼。

### 1. 与活泼金属的反应

25

25.视频：醇与钠的反应

由于氢氧键的极性，醇可解离出部分氢质子，与活泼金属钠、钾等作用，生成醇钠、醇钾等物质，并放出氢气。

$$R-OH + Na \longrightarrow RONa + \frac{1}{2}H_2\uparrow$$

此反应和水与活泼金属的反应相似，但醇羟基的氢原子不如水分子中的氢原子活泼，醇与金属钠作用比水的反应缓和得多，说明醇是比水弱的酸。根据酸碱定义，较弱的酸失去氢质子后就成了较强的碱。因此，醇钠是比氢氧化钠更强的碱。

醇钠遇水就分解成原来的醇和氢氧化钠。

$$RONa + HOH \rightleftharpoons NaOH + ROH$$

此反应是可逆的，平衡偏向于生成醇的一边。实际生产中制备醇钠是从反应物中不断把水除去，使反应向生成醇钠的方向进行。

其他活泼金属如镁、铝等也可与醇作用生成醇镁和醇铝，铝与醇反应的典型产物是异丙醇铝 $\{Al[OCH(CH_3)_2]_3\}$ 和叔丁醇铝 $\{Al[OC(CH_3)_3]_3\}$。

各种不同结构的醇与金属钠反应的活性是：

甲醇＞伯醇＞仲醇＞叔醇

**【知识应用】** 运用醇与活泼金属反应的活性差别鉴别不同醇，还可以制备有机合成常用的试剂——甲醇钠、乙醇钠、异丙醇铝和叔丁醇铝。醇钠的化学性质活泼，它是强碱，在有机合成中可作缩合剂，并可作引入烷氧基的烷氧化试剂。此外，运用醇与金属的反应还可以处理实验过程中残留的钠渣。

### 2. 羟基被取代

（1）与氢卤酸反应　醇与氢卤酸反应，羟基被卤原子取代，生成卤代烃和水。这是制备卤代烃的重要方法之一。

$$ROH + HX \rightleftharpoons RX + H_2O$$

此反应是可逆的，常通过增加一种反应物的用量或移去某一生成物使平衡向正反应方向移动，以提高产量。

醇与氢卤酸的反应快慢与氢卤酸的种类及醇的结构有关。

不同的氢卤酸与同一种醇反应的活性次序为：

$$HI > HBr > HCl$$

不同的醇与同一种氢卤酸反应的活性次序为：

烯丙醇、苄醇＞叔醇＞仲醇＞伯醇＞甲醇

某些醇与氢卤酸反应，也会发生重排，生成与反应物结构不一样的卤代烃。例如：

$$CH_3-\underset{CH_3}{\overset{CH_3}{\underset{|}{\overset{|}{C}}}}-CH_2OH \xrightarrow{HBr} CH_3-\underset{Br}{\overset{CH_3}{\underset{|}{\overset{|}{C}}}}-CH_2CH_3$$

这主要是由于反应过程中生成的伯正碳离子不稳定，重排为较稳定的叔正碳离子，再与卤离子作用得产物。

$$CH_3-\underset{CH_3}{\overset{CH_3}{\underset{|}{\overset{|}{C}}}}-CH_2OH \underset{}{\overset{H^+}{\rightleftharpoons}} CH_3-\underset{CH_3}{\overset{CH_3}{\underset{|}{\overset{|}{C}}}}-CH_2\overset{+}{O}H_2 \overset{-H_2O}{\rightleftharpoons} CH_3-\underset{CH_3}{\overset{CH_3}{\underset{|}{\overset{|}{C}}}}-\overset{+}{C}H_2$$

$$\overset{重排}{\rightleftharpoons} CH_3-\underset{+}{\overset{CH_3}{\overset{|}{C}}}-CH_2CH_3 \overset{Br^-}{\rightleftharpoons} CH_3-\underset{Br}{\overset{CH_3}{\underset{|}{\overset{|}{C}}}}-CH_2CH_3$$

三卤化磷或亚硫酰氯（$SOCl_2$）也可与醇反应制卤代烃，且不发生重排，因此是实验室制卤代烃的一种重要方法。例如：

$$CH_3CH_2CH_2OH \xrightarrow[85\sim90℃]{P/I_2(PI_3)} CH_3CH_2CH_2I$$

$$CH_3CH_2CH_2CH_2OH + SOCl_2 \xrightarrow{\triangle} CH_3CH_2CH_2CH_2Cl + SO_2\uparrow + HCl\uparrow$$

**【知识应用】** 利用不同结构的醇与氢卤酸反应的活性差别，可区别小分子的伯、仲、叔3种醇。所用试剂为无水氯化锌的浓盐酸溶液，称卢卡斯（Lucas）试剂。卢卡斯试剂与不同的醇反应，生成的小分子卤烷不溶于水，会出现分层或浑浊，但不同结构的醇反应快慢不同。例如：

$$CH_3-\underset{CH_3}{\overset{CH_3}{\underset{|}{\overset{|}{C}}}}-OH + HCl \xrightarrow[20℃]{ZnCl_2} CH_3-\underset{CH_3}{\overset{CH_3}{\underset{|}{\overset{|}{C}}}}-Cl + H_2O \quad 立即浑浊分层$$

$$CH_3\underset{OH}{\underset{|}{C}}HCH_2CH_3 + HCl \xrightarrow[20℃]{ZnCl_2} CH_3\underset{Cl}{\underset{|}{C}}HCH_2CH_3 + H_2O \quad 放置片刻浑浊分层$$

$$CH_3CH_2CH_2CH_2-OH + HCl \xrightarrow[\triangle]{ZnCl_2} CH_3CH_2CH_2CH_2Cl + H_2O \quad 常温无变化,加热后反应$$

值得注意的是，此方法只适用于鉴别含6个碳原子以下的伯、仲、叔醇异构体，因为高级一元醇本身不溶于卢卡斯试剂。

利用醇与三卤化磷反应可以制备卤代烃。但制备氯代烃时，一般采用醇与$SOCl_2$反应来制备。此反应速度快、产率高，且副产物均为气体，易与氯代烃分离。而醇和$PCl_3$反应一般不被用来制备氯代烃，因它的副反应很严重，尤其是和伯醇作用时，产物常常是亚磷酸酯而不是氯代物。用$PCl_5$制备氯代物，这个方法也不太好，仍有酯生成，一般磷酸酯很难被除尽，因此影响产物的质量。

（2）与含氧无机酸反应　醇与含氧无机酸如硝酸、硫酸、磷酸等作用，脱去水分子生成无机酸酯。例如：

$$CH_3-\boxed{OH+H}-OSO_3H \rightleftharpoons \underset{硫酸氢甲酯}{CH_3OSO_3H} + H_2O$$

硫酸氢甲酯为酸性，在减压下蒸馏可得中性的硫酸二甲酯。

$$2CH_3OSO_3H \xrightarrow{减压蒸馏} \underset{硫酸二甲酯}{(CH_3O)_2SO_2} + H_2SO_4$$

【安全知识】 硫酸二甲酯为无色油状液体，其蒸气有剧毒，对呼吸器官和皮肤有强烈的刺激作用，使用时应小心。它和硫酸二乙酯在有机合成中是重要的甲基化和乙基化试剂。

醇与硝酸反应生成硝酸酯。例如：

$$\begin{array}{l}CH_2-OH\\ |\\ CH-OH\\ |\\ CH_2-OH\end{array} + 3HONO_2 \xrightarrow[10\sim20℃]{浓\ H_2SO_4} \begin{array}{l}CH_2-ONO_2\\ |\\ CH-ONO_2\\ |\\ CH_2-ONO_2\end{array} + 3H_2O$$

三硝酸甘油酯

三硝酸甘油酯即硝化甘油，是一种烈性炸药，在医药上可扩张血管，用作心绞痛的急救药。

【知识应用】 醇的无机酸酯具有多方面的用途。高级一元醇（含8～18个碳原子）的酸性硫酸酯盐（$ROSO_2ONa$）具有去垢能力，可作洗涤剂；软骨中的硫酸软骨质具有硫酸酯的结构；核酸、磷酸酯类含有磷酸酯的结构。例如，常用的表面活性剂十二烷基硫酸钠（月桂醇硫酸钠）就是以此方法制得：

$$C_{12}H_{25}OH + H_2SO_4 \xrightarrow{45\sim55℃} C_{12}H_{25}OSO_3H + H_2O$$

$$C_{12}H_{25}OSO_3H + NaOH \longrightarrow C_{12}H_{25}OSO_3Na + H_2O$$

### 3. 脱水反应

醇的脱水反应根据反应条件的不同，产物有所不同。低温下发生分子间脱水生成醚；高温下发生分子内脱水生成烯烃。常用的脱水剂有硫酸、氧化铝等。例如：

$$\begin{array}{cc}CH_2 - & CH_2\\ | & |\\ H & OH\end{array} \xrightarrow[或Al_2O_3,360℃]{浓H_2SO_4,170℃} CH_2{=}CH_2\uparrow + H_2O \quad 分子内脱水$$

$$CH_3CH_2-OH + H-OCH_2CH_3 \xrightarrow[或Al_2O_3,240℃]{浓H_2SO_4,140℃} CH_3CH_2OCH_2CH_3 + H_2O \quad 分子间脱水$$

醇的分子内脱水符合查依采夫（Saytzeff）规则，即醇分子中的羟基与含氢原子少的$\beta$-碳原子上的氢原子脱去一分子水，生成含烷基较多的烯烃。

不同的醇脱水的活性也不同，其活性次序为：

叔醇＞仲醇＞伯醇

$$CH_3CH_2CH_2CH_2CH_2OH \xrightarrow[140℃]{75\%\ H_2SO_4} CH_3CH_2CH_2CH{=}CH_2$$

$$\underset{\displaystyle OH}{CH_3CH_2\overset{}{C}HCH_3} \xrightarrow[100℃]{60\%\ H_2SO_4} CH_3CH{=}CHCH_3$$

$$CH_3-\underset{OH}{\overset{CH_3}{C}}-CH_3 \xrightarrow[80\sim90℃]{20\%\ H_2SO_4} CH_3\overset{CH_3}{C}{=}CH_2$$

### 4. 氧化与脱氢反应

26.视频：醇与重铬酸钾反应

醇分子中由于羟基的影响，使$\alpha$-H原子较活泼，易发生氧化反应，生成含羰基的化合物，其氧化的一般规律为：

① 伯醇先被氧化成醛，醛继续被氧化为羧酸。

$$RCH_2OH \xrightarrow{[O]} RCHO \xrightarrow{[O]} RCOOH$$

② 仲醇被氧化成含有相同数目碳原子的酮。

$$R-\underset{OH}{CH}-R' \xrightarrow{[O]} R-\underset{\|\atop O}{C}-R'$$

醇的氧化反应的氧化剂很多，通常有$KMnO_4$、浓$HNO_3$、$K_2Cr_2O_7$、$Na_2Cr_2O_7$、

$CrO_3/H_2SO_4$、氧化铬-吡啶配合物等，其中 $KMnO_4$、浓 $HNO_3$、$K_2Cr_2O_7$ 和 $Na_2Cr_2O_7$ 的氧化能力较强。

醛比醇更易被氧化，如果要得到醛，必须把生成的醛立即从反应混合物中蒸出，如实验室中采取边滴加氧化剂边分馏得醛的方法，以防醛继续氧化成羧酸。

$$CH_3CH_2OH \xrightarrow[\triangle]{K_2Cr_2O_7/H_2SO_4} CH_3CHO\text{(蒸出，脱离反应体系)} \xrightarrow{[O]} CH_3COOH$$

虽然醛很容易被氧化为酸，但选择适宜的氧化剂，可使反应停留在醛阶段，如氧化铬-吡啶配合物。

$$CH_3(CH_2)_5CH_2OH \xrightarrow[CH_2Cl_2,25℃]{CrO_3 \cdot (C_5H_5N)_2} CH_3(CH_2)_5CHO$$

仲醇氧化所得的酮较稳定，不易被氧化，可用此方法合成酮。

$$CH_3CH_2\underset{\displaystyle OH}{\underset{|}{C}}HCH_2CH_3 \xrightarrow[90℃]{Na_2Cr_2O_7/H_2SO_4} CH_3CH_2\underset{\displaystyle O}{\underset{\|}{C}}CH_2CH_3$$

叔醇分子中没有 $\alpha$-H 原子，在通常情况下不被氧化；在剧烈的条件下，它虽然也能被氧化，但是它的碳架发生了裂解，产物是低级的酮和酸的混合物。

另外，伯醇或仲醇的蒸气在高温下通过活性铜、银或镍等催化剂发生催化脱氢反应，分别生成醛和酮。例如：

$$CH_3CH_2OH \underset{250\sim350℃}{\overset{Cu}{\rightleftharpoons}} CH_3CHO + H_2\uparrow$$

$$CH_3\underset{\displaystyle OH}{\underset{|}{C}}HCH_3 \underset{500℃,0.3MPa}{\overset{Cu}{\rightleftharpoons}} CH_3\underset{\displaystyle O}{\underset{\|}{C}}CH_3 + H_2\uparrow$$

**【知识应用】** 伯醇和仲醇的氧化反应有实用价值，可以用来制备醛、酮和酸，工业上一般采用氧化脱氢法。

醇被重铬酸钾和硫酸氧化成酸的同时，六价铬被还原为三价铬。

$$3C_2H_5OH + \underset{\text{(橙红色)}}{2K_2Cr_2O_7} + 8H_2SO_4 \longrightarrow 3CH_3COOH + \underset{\text{(绿色)}}{2Cr_2(SO_4)_3} + 2K_2SO_4 + 11H_2O$$

在此反应中，溶液由橙红色转变为绿色。检查司机酒后驾车的呼吸分析仪就是据此原理设计的。

## 五、重要的醇

### 1. 甲醇

甲醇为无色透明有酒精味的液体，最初由木材干馏得到，因此俗称木醇。近代工业是以合成气或天然气为原料，在高温高压和催化剂的作用下合成。甲醇能与水及许多有机溶剂混溶。甲醇有毒，内服 10mL 可致人失明，30mL 可致死。这是因为它的氧化产物甲醛和甲酸在体内不能同化利用所致。

甲醇是优良的溶剂，也是重要的化工原料，可用于合成甲醛、羧酸甲酯等其他化合物，也是合成有机玻璃和许多医药产品的原料。

### 2. 乙醇

乙醇为无色易燃液体，俗称酒精。乙醇最早是以甘薯、谷物等淀粉或糖蜜为原料发酵而得，这一方法沿用至今。目前主要利用石油裂解气中的乙烯进行催化加水制得。

95.57%（质量分数）乙醇与 4.43%水组成恒沸混合物，因此制备乙醇时，用直接蒸馏法不能将水完全去除。实验室制备无水乙醇常加入生石灰，使水与生石灰结合后再进行蒸馏，所得产品仍含0.5%的水，再加金属钠或金属镁除去余下的水分。

乙醇是重要的化工原料。70%～75%的乙醇杀菌效果最好，在医药上用作消毒剂。另外，乙醇还用于制备酊剂及提取中草药中的有效成分。

### 3. 丙三醇

丙三醇为无色具有甜味的黏稠液体，俗称甘油。其以酯的形式广泛存在于自然界中。丙三醇最早是由油脂水解而得的，近代工业以石油热裂气中的丙烯为原料，用氯丙烯法（氯化法）或丙烯氧化法（氧化法）制备。

丙三醇与水能以任意比例混溶，具有很强的吸湿性，对皮肤有刺激性，作皮肤润滑剂时，应用水稀释。甘油在药剂上可作溶剂，制作碘甘油、酚甘油等。对便秘患者，常用50%的甘油溶液灌肠。

### 4. 甘露醇和山梨醇

甘露醇和山梨醇均为结晶状粉末，有甜味。两者的差异仅是立体结构不同。其结构式如下：

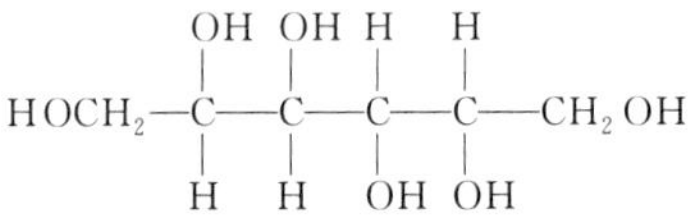

$$\begin{array}{cccccccccc} & & OH & & OH & & H & & H & \\ & & | & & | & & | & & | & \\ HOCH_2 & — & C & — & C & — & C & — & C & —CH_2OH \\ & & | & & | & & | & & | & \\ & & H & & H & & OH & & OH & \end{array} \qquad \begin{array}{cccccccccc} & & H & & OH & & H & & H & \\ & & | & & | & & | & & | & \\ HOCH_2 & — & C & — & C & — & C & — & C & —CH_2OH \\ & & | & & | & & | & & | & \\ & & OH & & H & & OH & & OH & \end{array}$$

甘露醇 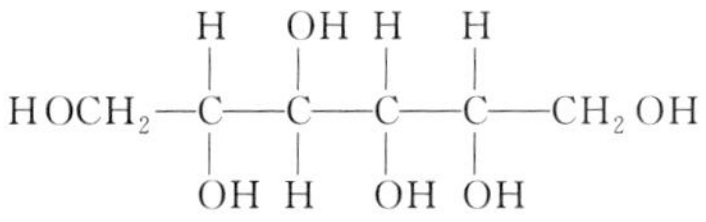　　　　　　　　山梨醇

甘露醇在医药上用作渗透性利尿药以降低颅内压，减轻脑水肿。山梨醇是制备维生素C的原料，也可用作牙膏、烟草和食物的水分控制剂。

### 5. 肌醇

肌醇为白色晶体或结晶状粉末，无臭，味微甜，化学名称为环己六醇，其结构式为：

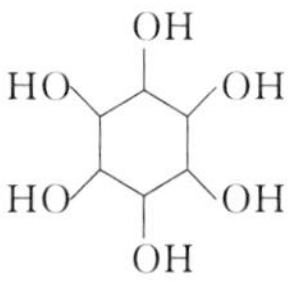

（环己烷六个碳原子上各连一个OH：HO、OH、HO、OH、OH、OH）

肌醇广泛存在于动物心脏、肌肉和未成熟的豌豆中，其六磷酸酯又叫植酸，植酸经水解后制得肌醇。肌醇是人、动物、微生物生长所必需的一种物质。目前，肌醇已被列入食品营养强化剂，已在多种食品中广泛使用，市场上流行的全营养素、维生素功能饮料等均添加了肌醇。肌醇可用作维生素类药及降血脂药，它能促进肝及其他组织中的脂肪代谢，用于脂肪肝、高脂血症的辅助治疗。

## 思考与练习

6-1　写出下列醇的构造式。

（1）2-甲基-1-己醇　　（2）2,2-二甲基-3-戊烯-1-醇

（3）对乙基苯甲醇　　（4）2,3-二甲基-2,3-丁二醇

6-2　用系统命名法命名下列醇。

（1）$\begin{array}{l} \quad CH_3 \quad\; CH_3 \\ \quad\;\; | \qquad\quad | \\ CH_3CHCH_2COH \\ \qquad\qquad\;\; | \\ \qquad\qquad C_2H_5 \end{array}$　（2）$\begin{array}{l} \quad\; CH_3 \\ \quad\;\; | \\ CH_3C—OH \\ \quad\;\; | \\ \quad\; CH_3 \end{array}$　（3）$\begin{array}{l} \qquad\quad CH_2CH_3 \\ \qquad\quad | \\ CH_3CHC{=}CH_2 \\ \qquad | \\ \quad\;\; OH \end{array}$

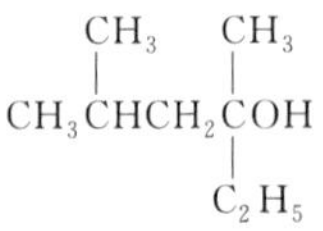

（4）$C_6H_5$—$CH_2CH_2OH$（苯环）　（5）$\begin{array}{l} CH_3CHCH_2OH \\ \qquad | \\ \quad\;\; Br \end{array}$　（6）$\begin{array}{l} \quad\; CH_2OH \\ \quad\;\; | \\ CH_3CCH_3 \\ \quad\;\; | \\ \quad\; CH_2OH \end{array}$

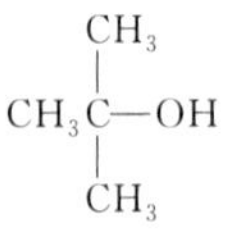

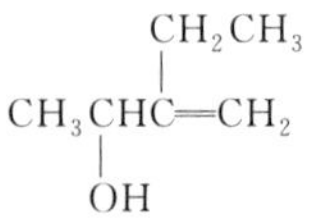

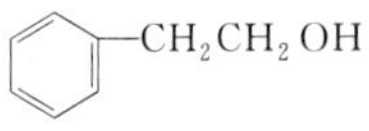

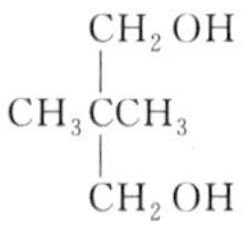

6-3　将巴豆醛催化加氢是否可得巴豆醇？为什么？

6-4　将下列化合物的沸点按其变化规律由高到低排列。

(1) 正丁醇　异丁醇　叔丁醇
(2) 正丁醇　正己醇　正戊醇
6-5　将下列物质按碱性由大到小排列。
$(CH_3CH_2)_2CHONa$　　$(CH_3)_3CONa$　　$CH_3CH_2CH_2ONa$　　$CH_3ONa$
6-6　醇有几种脱水方式？各生成什么产物？反应条件分别是什么？
6-7　什么是查依采夫规则？
6-8　叔醇能发生氧化或脱氢反应吗？为什么？

# 第二节　酚

## 一、酚的结构、分类和命名

### 1. 酚的结构

酚是具有 Ar—OH 通式的化合物，羟基是酚的官能团，也称酚羟基。酚羟基中的氧原子为 $sp^2$ 杂化，氧原子上有两对孤对电子，一对占据 $sp^2$ 杂化轨道，另一对占据未杂化的 p 轨道，并与苯环的大 π 键形成 p-π 共轭体系，如图 6-1 所示。

酚分子中的 p-π 共轭效应，使氧原子的 p 电子云向苯环移动，苯环电子云密度增加，受到活化而更易发生取代反应；另一方面，p 电子云的转移导致了氢氧之间的电子云进一步向氧原子转移，使氢更易离去。

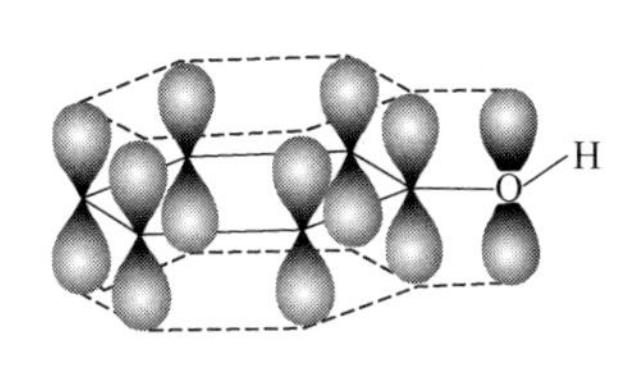

图 6-1　苯酚分子中的 p-π 共轭体系

### 2. 酚的分类和命名

根据羟基的数目，可将酚分为一元酚、二元酚、三元酚等，含两个以上酚羟基的统称为多元酚。

酚的命名按照官能团优先规则。若苯环上没有比—OH 优先的基团，则—OH 与苯环一起为母体，环上其他基团为取代基，按位次和名称写在前面，称为“某酚”。例如：

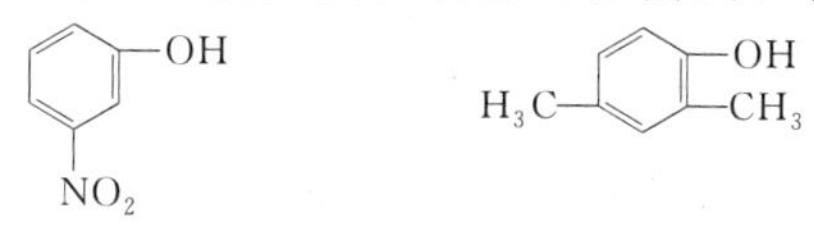

3-硝基苯酚(间硝基苯酚)　　2,4-二甲基苯酚

若苯环上有比—OH 优先的基团，则—OH 作取代基。例如：

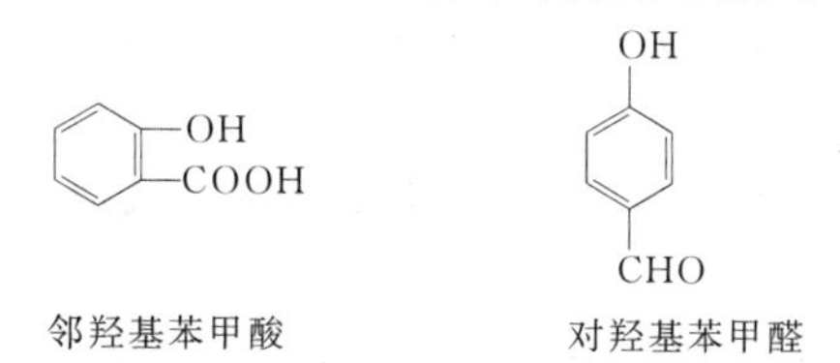

邻羟基苯甲酸　　对羟基苯甲醛

## 二、酚的物理性质

大多数酚为结晶性固体，仅少数烷基酚为液体。纯的酚类化合物无色，氧化后呈红色或红褐色。酚类化合物在水中有一定的溶解度，且羟基越多，在水中的溶解度越大。由于分子间氢键的形成，酚类化合物的沸点较高。熔点和分子的对称性有关，对称性大的酚，其熔点比对称性小的酚要高。常见酚的物理常数见表 6-2。

**表 6-2　常见酚的物理常数**

| 名　称 | 熔点/℃ | 沸点/℃ | 溶解度/[g/(100g 水)] | $pK_a^{\ominus}$(20℃) |
|---|---|---|---|---|
| 苯酚 | 40.8 | 181.8 | 8.0 | 9.98 |

续表

| 名　称 | 熔点/℃ | 沸点/℃ | 溶解度/[g/(100g 水)] | $pK_a^{\ominus}$(20℃) |
|---|---|---|---|---|
| 邻甲苯酚 | 30.5 | 191.0 | 2.5 | 10.29 |
| 间甲苯酚 | 11.9 | 202.2 | 2.6 | 10.09 |
| 对甲苯酚 | 34.5 | 201.8 | 2.3 | 10.26 |
| 邻硝基苯酚 | 44.5 | 214.5 | 0.2 | 7.21 |
| 间硝基苯酚 | 96.0 | 194.0(70mmHg) | 1.4 | 8.39 |
| 对硝基苯酚 | 114.0 | 295.0 | 1.7 | 7.15 |
| 邻苯二酚 | 105.0 | 245.0 | 45.0 | 9.85 |
| 间苯二酚 | 110.0 | 281.0 | 123.0 | 9.81 |
| 对苯二酚 | 170.0 | 285.2 | 8.0 | 10.35 |
| 1,2,3-苯三酚 | 133.0 | 309.0 | 62.0 | — |
| α-萘酚 | 96.0 | 279.0 | 难 | 9.34 |
| β-萘酚 | 123.0 | 286.0 | 0.1 | 9.01 |

## 三、酚的化学性质

酚的化学性质包括苯环的性质和羟基的性质，而这两部分又相互影响，使各自的性质发生相应变化。

27

27.视频：苯酚的弱酸性

### 1. 弱酸性

苯酚羟基中的氢易以 $H^+$ 的形式离去，而使酚显弱酸性，俗称石炭酸，它与氢氧化钠反应生成酚钠，溶于氢氧化钠水溶液中。

$$C_6H_5-OH + NaOH \longrightarrow C_6H_5-ONa + H_2O$$

苯酚的 $pK_a$ 为 9.98，碳酸的 $pK_a$ 为 6.38，因此苯酚是比碳酸还弱的弱酸。根据强酸强碱制弱酸弱碱的原理，通二氧化碳气体于酚钠水溶液中，酚即从碱液中游离出来。

$$C_6H_5-ONa + CO_2 + H_2O \longrightarrow C_6H_5-OH + NaHCO_3$$

酚的酸性与芳环上所连的取代基有关。当芳环上连有吸电子基时，会使酚的酸性增强，且吸电子能力越强，酸性也越强；当芳环上连有给电子基时，会使酚的酸性减弱，且给电子能力越强，酸性越弱。

**【知识应用】** 酚能溶于碱，又可用酸将它从碱溶液中游离出来，工业上常利用此性质来回收和处理含酚污水。

酚的弱酸性及酚钠与酸的反应，还用于苯酚的鉴别及分离提纯。

### 2. 成醚、成酯反应

酚钠与卤代烷或硫酸二甲酯等烷基化试剂作用可生成酚醚，这是制备芳香醚的常用方法。

$$C_6H_5-ONa + (CH_3O)_2SO_2 \xrightarrow{OH^-} C_6H_5-O-CH_3 + CH_3OSO_3Na$$

苯甲醚

苯甲醚又称大茴香醚，是具有芳香气味的无色液体，是常用的香料及医药中间体。

苯酚还可发生酯化反应，但直接酯化较困难，常用酸酐或酰氯为原料。

$$o\text{-}HOOC-C_6H_4-OH + (CH_3CO)_2O \xrightarrow[85℃]{H_2SO_4} o\text{-}HOOC-C_6H_4-O-\underset{\underset{O}{\|}}{C}-CH_3 + CH_3COOH$$

乙酸酐　　　　乙酰水杨酸

$$C_6H_5-OH + Cl-\overset{O}{\overset{\|}{C}}-C_6H_5 \xrightarrow[40℃]{NaOH} C_6H_5-O-\overset{O}{\overset{\|}{C}}-C_6H_5 + HCl$$

苯甲酰氯　　　　　苯甲酸苯酯

乙酰水杨酸又称阿司匹林，是白色针状晶体，为解热镇痛药，也用于防治心脑血管病。苯甲酸苯酯为制备甾体激素类药物的中间体，也是有机合成的重要原料。

### 3. 与氯化铁的显色反应

28.视频：苯酚的显色反应

大多数酚、烯醇类化合物能与氯化铁溶液反应生成配合物。例如：

$$6C_6H_5OH + FeCl_3 \longrightarrow [Fe(OC_6H_5)_6]^{3-} + 3HCl + 3H^+$$

**【知识应用】** 不同的酚类化合物呈现不同的特征颜色（见表6-3），根据反应过程中的颜色变化可以鉴别它们。

**表 6-3　酚类化合物与氯化铁的显色**

| 化合物 | 显色 | 化合物 | 显色 |
|---|---|---|---|
| 苯酚 | 蓝紫 | 邻苯二酚 | 绿 |
| 邻甲苯酚 | 红 | 间苯二酚 | 蓝～紫 |
| 对甲苯酚 | 紫 | 对苯二酚 | 暗绿 |
| 邻硝基苯酚 | 红～棕 | α-萘酚 | 紫 |
| 对硝基苯酚 | 棕 | β-萘酚 | 黄～绿 |

### 4. 氧化反应

酚类化合物容易被氧化，不仅可被氧化剂如重铬酸钾等氧化，就是较长时间与空气接触，也可被空气中的氧氧化，颜色逐渐变为粉红色、红色直至红褐色。苯酚被氧化时，不仅羟基被氧化，羟基对位的碳氢键也被氧化，结果生成对苯醌。

$$C_6H_5OH \xrightarrow{[O]} O{=}C_6H_4{=}O$$

29.视频：苯酚与溴水的反应

**【知识应用】** 由于酚容易被氧化，因此可用作抗氧剂。

### 5. 芳环上的亲电取代反应

酚类化合物可发生芳环上的亲电取代反应，由于—OH是致活基团，使酚的亲电取代反应比苯更易进行。

（1）卤化反应　苯酚在室温下与溴水立即反应，生成2,4,6-三溴苯酚白色沉淀。

$$C_6H_5OH + 3Br_2 \longrightarrow 2,4,6\text{-}Br_3C_6H_2OH\downarrow + 3HBr$$

**【知识应用】** 凡是酚羟基的邻、对位上还有氢原子的酚类化合物都可与溴水反应，生成溴代物沉淀。这类反应很灵敏，可用作酚类物质的定性检验和定量检测。

（2）硝化反应　苯酚在室温下就可被稀硝酸硝化，生成邻硝基苯酚和对硝基苯酚的混合物。

$$C_6H_5OH \xrightarrow[25℃]{20\%\ HNO_3} p\text{-}O_2NC_6H_4OH + o\text{-}O_2NC_6H_4OH$$

邻硝基苯酚可形成分子内氢键，与对硝基苯酚相比，邻硝基苯酚的沸点较低，挥发性强，在水中的溶解度小，因此可用水蒸气蒸馏法使之随水蒸气一起蒸出，将两种异构体分开。

**【知识应用】** 对硝基苯酚是无色或淡黄色晶体，稍溶于水，易溶于乙醇和乙醚，有毒，在医药上为合成非那西丁和扑热息痛的中间体。邻硝基苯酚是浅黄色晶体，是化工及医药原料。

(3) 磺化反应　苯酚在室温下就可被浓硫酸磺化，产物主要是邻羟基苯磺酸，若反应温度升到 100℃，产物则以对羟基苯磺酸为主，随着温度的继续升高，可得二元取代产物 4-羟基-1,3-苯二磺酸。

$$C_6H_5OH \xrightarrow{浓H_2SO_4} \begin{cases} \xrightarrow{25℃} o\text{-}HOC_6H_4SO_3H \\ \xrightarrow{100℃} p\text{-}HOC_6H_4SO_3H \end{cases} \xrightarrow[\triangle]{浓H_2SO_4} 4\text{-}HO\text{-}1,3\text{-}C_6H_3(SO_3H)_2$$

(4) 傅-克烷基化反应　酚的烷基化反应容易发生，且常得到多烷基取代产物。如工业上用异丁烯作烷基化剂，在催化剂作用下，与对甲苯酚反应制防老化剂 4-甲基-2,6-二叔丁基苯酚（防老剂-264）：

$$p\text{-}CH_3C_6H_4OH + 2(CH_3)_2C{=}CH_2 \xrightarrow{H_2SO_4} 2,6\text{-}[(CH_3)_3C]_2\text{-}4\text{-}CH_3C_6H_2OH$$

由于酚能与 $AlCl_3$ 作用形成酚盐，因此酚的烷基化反应一般不用 $AlCl_3$ 作催化剂，较多地使用浓硫酸、磷酸、三氟化硼等作催化剂。

## 四、重要的酚

### 1. 苯酚

苯酚俗称石炭酸，为无色棱形结晶，有特殊气味。由于苯酚易被氧化，应装于棕色瓶中避光保存。苯酚能凝固蛋白质，对皮肤有腐蚀性，使用时要小心，如不慎触及皮肤，会出现白色斑点，应立即用蘸有酒精的棉花擦洗，直到触及的部位不呈白色，并不再有苯酚的气味为止。苯酚有杀菌作用，是医药临床上使用最早的外科消毒剂，因为有毒，现已不用，但仍用苯酚系数衡量消毒剂的杀菌能力。如某一消毒剂 Z 的苯酚系数是 3，就表示在同一时间内 Z 的浓度为苯酚浓度的 1/3 时，就有与苯酚同等的杀菌能力。此外，苯酚也是重要的工业原料，可用于制造塑料、染料、药物及照相显影剂。

在工业上，苯酚主要采用合成法制取，最主要的方法是异丙苯氧化法。

$$C_6H_5CH(CH_3)_2 + O_2 \xrightarrow[0.4MPa]{110\sim120℃} C_6H_5C(CH_3)_2\text{—}O\text{—}OH \xrightarrow[80\sim90℃]{H_2O,H^+} C_6H_5OH + CH_3\overset{\overset{O}{\|}}{C}CH_3$$

异丙苯在液相于 100～120℃通入空气，经催化氧化生成过氧化氢异丙苯，后者与稀硫酸作用后，分解得苯酚，同时也得到另一重要化工原料丙酮。

此外，氯苯水解也是合成苯酚的一个很经济的方法。

$$C_6H_6 + HCl + \frac{1}{2}O_2 \xrightarrow[200℃]{Cu_2Cl_2\text{-}FeCl_3} C_6H_5Cl + H_2O$$

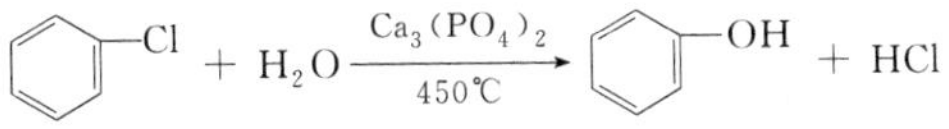

$$C_6H_5Cl + H_2O \xrightarrow[450℃]{Ca_3(PO_4)_2} C_6H_5OH + HCl$$

此法是用空气中的氧将苯间接氧化成苯酚，第二个反应中生成的 HCl 可供第一个反应使用。

### 2. 甲苯酚

甲苯酚有邻、间、对 3 种异构体，它们的沸点相近，不易分离，在实际中常混合使用。甲苯酚有苯酚气味，毒性与苯酚相同，但杀菌能力比苯酚强，医药上用含 47%～53%甲苯酚的肥皂水消毒，这种消毒液俗称“来苏尔”，由于甲苯酚来源于煤焦油，也称作“煤酚皂溶液”。

### 3. 苯二酚及其衍生物

苯二酚有邻、间、对 3 种异构体，邻苯二酚又称儿茶酚，间苯二酚又称雷锁辛，对苯二酚称氢醌。在生物体内，它们都以衍生物的形式存在。苯二酚不仅是重要的化工原料，也是重要的医药原料。邻苯二酚可用于合成肾上腺素、黄连素，但自身有毒，能引起持续性高血压、贫血和白细胞减少，与皮肤接触可导致湿疹、皮炎。间苯二酚具有抗细菌、抗真菌和角质促成作用，在医药上可用于治疗皮肤病。

### 4. 维生素 E

维生素 E 是一种天然存在的酚，广泛存在于植物中，麦胚油中含量最高，豆类及蔬菜中含量也很高。其结构式为：

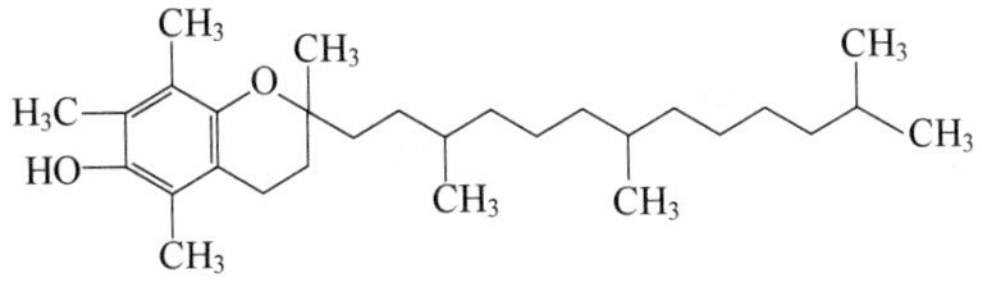

($H_3C$、HO、$CH_3$、$CH_3$、O、$CH_3$、$CH_3$、$CH_3$、$CH_3$、$CH_3$)

维生素 E 为黄色油状物，其熔点为 2.5～3.5℃，无氧条件下对热稳定。由于它与动物生殖有关，又名生育酚，临床上用以治疗先兆流产和习惯性流产，以及胃、十二指肠溃疡。另外，维生素 E 也有延缓衰老，预防动脉硬化等作用。

## 思考与练习

6-9 从结构上看，酚羟基对苯环的活性有哪些影响？

6-10 命名下列化合物。

(1) 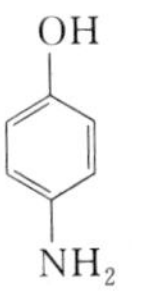 （OH、$NH_2$） (2) 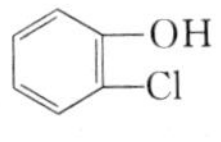 （OH、Cl） (3) 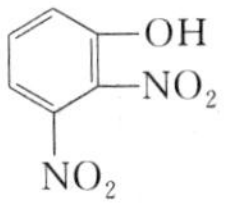 （OH、$NO_2$、$NO_2$）

6-11 将下列酚类化合物按酸性由强到弱的顺序排列。

对氨基苯酚　　2,4,6-三硝基苯酚　　苯酚　　对氯苯酚

6-12 试用化学方法鉴别下列各组化合物。

(1) 甲苯和苯酚　　(2) 氯苯和对氯苯酚

6-13 完成下列化学反应式。

(1) 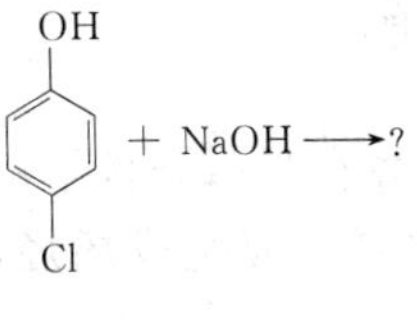 （OH、Cl） $+ NaOH \longrightarrow ?$

(2) 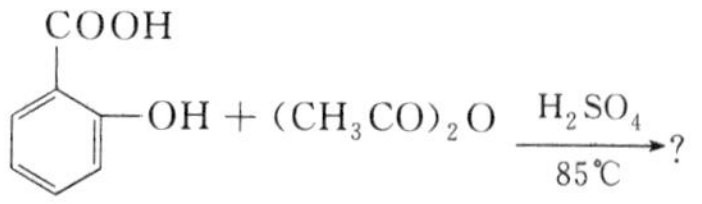 
$$\text{C}_6\text{H}_4(\text{COOH})\text{-OH} + (CH_3CO)_2O \xrightarrow[85℃]{H_2SO_4} ?$$

6-14 纯净的苯酚是无色的，但实验室中一瓶已开封的苯酚试剂呈粉红色，试解释原因。

6-15 为什么苯酚的卤化反应和硝化反应都比苯容易进行？

# 第三节 醚

## 一、醚的结构、分类和命名

### 1. 醚的结构和分类

醚是氧原子将两个烃基连接而成的化合物，烃基可以是烷基、烯基或芳基。C—O—C叫醚键，是醚的官能团。

若醚分子中两个烃基相同，则称单醚；若两个烃基不同，则称混醚。若氧原子所连接的两个烃基形成环状，则称环醚。

### 2. 醚的命名

结构简单的单醚在命名时，习惯按它的烃基名称命名，称“二某醚”，分子较小的简单脂肪醚中，“二”字也可以省略。例如：

$CH_3CH_2—O—CH_2CH_3$ 二乙醚(乙醚)

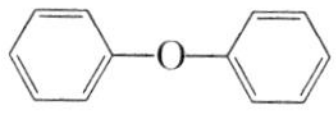

$C_6H_5—O—C_6H_5$ 二苯醚

混醚在命名时，将较小的烃基放在前面。若烃基中有一个是芳香基时，将芳香基放在前面。例如：

$CH_3—O—CH(CH_3)_2$ 甲基异丙基醚

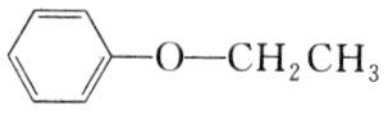

$C_6H_5—O—CH_2CH_3$ 苯乙醚

环醚一般称为环氧某烷，或按杂环化合物命名。例如：

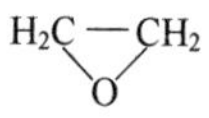

环氧乙烷 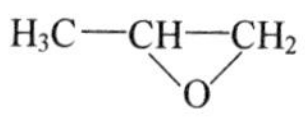 1,2-环氧丙烷 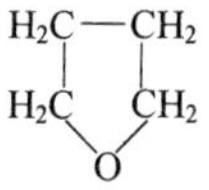 1,4-环氧丁烷(四氢呋喃)

烃基结构复杂的醚，按系统命名法命名。以复杂烃基为母体，烷氧基作取代基。例如：

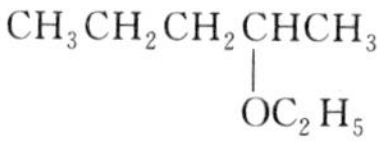

$CH_3CH_2CH_2CH(OC_2H_5)CH_3$ 2-乙氧基戊烷

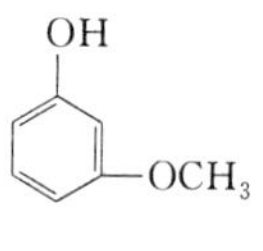

3-甲氧基苯酚

## 二、醚的制法

### 1. 威廉森合成法

威廉森合成法是用醇钠或酚钠和卤代烃在无水条件下反应生成醚。

$$RONa + R'X \longrightarrow ROR' + NaX$$

这种方法既可合成单醚，也可合成混醚。但由于该反应是卤代烃在强碱条件下的亲核取代反应，常伴有消除反应发生，特别是叔卤代烷，主要发生脱卤化氢反应生成烯烃，因此，在合成醚时，需要采用伯卤代烷。例如：

$$CH_3CH_2CH_2Br + (CH_3CH_2)_3CONa \longrightarrow CH_3CH_2CH_2OC(CH_2CH_3)_3 + NaBr$$

在合成芳醚时，因卤代芳烃不活泼，采用酚钠与卤代烷反应，而不用卤代芳烃和醇钠反应。例如：

$$C_6H_5{-}ONa + CH_3CH_2CH_2Br \longrightarrow C_6H_5{-}OCH_2CH_2CH_3 + NaBr$$

除卤代烷外，磺酸酯、硫酸酯也可用于合成醚。例如：

$$C_6H_5{-}OH + (CH_3O)_2SO_2 \xrightarrow{NaOH, H_2O} C_6H_5{-}OCH_3$$

### 2. 醇脱水

在酸催化下，醇受热发生分子间脱水制得单醚。

$$2ROH \xrightarrow{浓\ H_2SO_4} ROR + H_2O$$

该法的原料主要是伯醇，叔醇则发生分子内脱水，生成烯烃。

## 三、醚的物理性质

常温下，除甲醚和甲乙醚是气体外，其余为具有香味的无色液体。由于醚分子中没有活泼氢，醚分子间不能存在氢键，使醚的熔点、沸点都比相应的醇低，醚的沸点和分子量相当的烷烃相近。例如，乙醚（分子量为 74）的沸点为 34.5℃，戊烷（分子量为 72）的沸点为 36.1℃，而正丁醇的沸点为 117.2℃。醚有极性，可与水分子形成氢键，所以醚在水中的溶解度比烷烃大，并能溶于许多极性及非极性有机溶剂。常见醚的物理常数见表 6-4。

**表 6-4　常见醚的物理常数**

| 名　称 | 熔点/℃ | 沸点/℃ | 相对密度($d_4^{20}$) | 水中溶解性 |
|---|---|---|---|---|
| 甲醚 | −140.0 | −24.0 | 0.661 | 1 体积水溶解 37 体积气体 |
| 乙醚 | −116.0 | 34.5 | 0.713 | 约 8g/(100g 水) |
| 正丙醚 | −12.2 | 91.0 | 0.736 | 微溶 |
| 正丁醚 | −95.0 | 142.0 | 0.773 | 微溶 |
| 正戊醚 | −69.0 | 188.0 | 0.774 | 不溶 |
| 乙烯醚 | −30.0 | 28.4 | 0.773 | 溶于水 |
| 乙二醇醚 | −58.0 | 82.0～83.0 | 0.836 | 不溶 |
| 苯甲醚 | −37.3 | 155.5 | 0.996 | 不溶 |
| 二苯醚 | 28.0 | 259.0 | 1.075 | 不溶 |
| β-萘甲醚 | 72.0～73.0 | 274.0 | 1.064(25℃) | 不溶 |

## 四、醚的化学性质

除环醚外，C—O—C 键是很稳定的，醚与碱、氧化剂、还原剂均不发生反应，所以在许多反应中，用醚作溶剂。常温下醚也不与金属钠作用，因此，可用金属钠干燥醚类化合物。但在一定条件下，醚也可发生其特有的反应。

### 1. 𬭩盐的形成

醚中的氧原子上有孤电子对，能接受质子，但接受质子的能力较弱，只有与浓强酸（如浓硫酸和浓盐酸）中的质子，才能形成一种不稳定的盐，称为𬭩盐。

$$R{-}\ddot{O}{-}R + H^+Cl^- \longrightarrow [R{-}\overset{+}{\underset{H}{\ddot{O}}}{-}R]Cl^-$$

𬭩盐

鎓盐不稳定，遇水又可分解为原来的醚。

$$[R-\ddot{O}^{+}(H)-R]Cl^{-} + H_2O \longrightarrow ROR + H_3^{+}O + Cl^{-}$$

**【知识应用】** 利用鎓盐的性质，可从烷烃、卤代烃中鉴别和分离醚。

2. 醚键的断裂

醚与浓的氢卤酸或路易斯（Lewis）酸加热，可使醚键断裂，生成醇（酚）和卤代烷。其中，氢碘酸的效果最好。例如：

$$CH_3-O-CH_2CH_3 + HI \xrightarrow{\triangle} CH_3CH_2OH + CH_3I$$

$$C_6H_5-OCH_3 + HI \xrightarrow{\triangle} C_6H_5-OH + CH_3I$$

反应中若氢碘酸过量，则生成的醇可进一步转化为另一分子碘代烃。若生成酚，则无此转化。

$$CH_3CH_2OH + HI \longrightarrow CH_3CH_2I + H_2O$$

醚键在断裂时，通常是含碳原子较少的烷基形成碘代烷。若是芳香基烷基醚与氢碘酸作用，总是烷氧键断裂，生成酚和碘代烷。

**【知识应用】** 苯甲醚与氢碘酸的反应是定量完成的，生成的碘代烷可用硝酸银的乙醇溶液吸收，根据生成碘化银的量，可计算出原来分子中甲氧基的含量，这一方法叫蔡塞尔（Zeisel）甲氧基测定法。

3. 过氧化物的生成

与氧原子相连的碳原子上连有氢原子的醚很容易被氧化，如醚在放置过程中与空气长时间接触，被空气中的氧氧化而产生过氧化物。过氧化物不稳定，受热易分解爆炸。

**【知识应用】** 醚类化合物应在深色玻璃瓶中存放，或加入抗氧化剂防止过氧化物的生成。久置的醚在蒸馏时，低沸点的醚被蒸出后，还有高沸点的过氧化物留在瓶中，继续加热，便会爆炸，因此在蒸馏前必须检验是否有过氧化物存在。检验的方法是用淀粉碘化钾试纸，若试纸变蓝，说明有过氧化物存在，应加入硫酸亚铁、亚硫酸钠等还原性物质处理后再用。

## 五、重要的醚

1. 乙醚

乙醚是最常用且最重要的醚，为无色具有香味的液体，沸点为 34.5℃，极易挥发和着火，其蒸气与空气以一定比例混合，遇火就会猛烈爆炸，使用时要远离明火。乙醚性质稳定，可溶解许多有机物，是优良的溶剂。另外，乙醚可溶于神经组织脂肪中引起生理变化，而起到麻醉作用，早在 1850 年就被用于外科手术的全身麻醉，但大量吸入乙醚蒸气可使人失去知觉，甚至死亡。

2. 环氧乙烷

环氧乙烷是最简单的环醚，常温下为无色有毒气体，可与水互溶，也能溶于乙醇、乙醚等有机溶剂，沸点为 11℃，可与空气形成爆炸混合物，常储存于钢瓶中。

环氧乙烷的性质非常活泼，在酸或碱的作用下，可与许多含活泼氢的试剂发生开环反应，开环时，C—O 键断裂。例如：

$$\underset{\diagdown O \diagup}{CH_2-CH_2} + H-Cl \longrightarrow \underset{OH}{\underset{|}{CH_2}}-\underset{Cl}{\underset{|}{CH_2}}$$

$$\underset{\diagdown O \diagup}{CH_2-CH_2} + H-NH_2 \longrightarrow \underset{OH}{\underset{|}{CH_2}}-\underset{NH_2}{\underset{|}{CH_2}}$$

此外，环氧乙烷还可与格氏试剂反应，产物经水解后，可得比格氏试剂中的烷基多两个碳原子的伯醇。

$$\underset{\diagdown O \diagup}{CH_2—CH_2} + RMgBr \xrightarrow{\text{干醚}} RCH_2CH_2OMgBr \xrightarrow[H^+]{H_2O} RCH_2CH_2OH$$

**3. 二噁烷（O⬡O）**

二噁烷的化学名称为1,4-二氧六环，是无色带有醚味的透明液体，与水混溶，可溶于多数有机溶剂。二噁烷有麻醉和刺激作用，在体内有蓄积作用。接触大量二噁烷蒸气可引起眼和上呼吸道刺激，伴有头晕、头痛、嗜睡、恶心、呕吐等，可致肝、皮肤损害，甚至发生尿毒症。二噁烷在工业上用作溶剂、乳化剂及去垢剂。

**4. 四氢呋喃**

四氢呋喃简称THF，为无色油状液体，有类似乙醚的气味，能溶于水及多数有机溶剂。四氢呋喃有毒，其蒸气能与空气形成爆炸物；与酸接触能发生反应；遇明火、强氧化剂有引起燃烧的危险。四氢呋喃通常用作溶剂，也是制备尼龙纤维的原料。

### 思考与练习

6-16 单醚与混醚在结构上有何不同？

6-17 命名下列化合物。

（1）$CH_3—O—CH_3$　　（2）$CH_3OCH_2CH═CH_2$

（3）$H_3C—C_6H_4—OCH_3$（对位）　　（4）$CH_3—CH_2—CH(OCH_3)—CH(OC_2H_5)—CH_3$

6-18 醚的制备方法有几种？分别适用于制备什么样的醚？

6-19 选择适当的原料合成下列化合物。

（1）正丁醚　　（2）苯基苄基醚　　（3）甲基异丙基醚

6-20 醚为什么可溶于浓的强酸中？

6-21 醚键的断裂有什么规律？

6-22 如何检验醚中是否有过氧化物存在？

6-23 完成下列化学反应式。

（1）$CH_3CH_2OCH_2CH_2CH_3 + HI \longrightarrow ?$

（2）$C_6H_5—OCH_2CH_3 + HI \longrightarrow ?$

## *第四节　硫醇和硫醚及衍生物

### 一、硫醇

硫醇可看作醇分子中的氧原子被硫原子替代的产物，通式为R—SH，—SH称为巯基，它是硫醇的官能团。生物体中存在许多含巯基的物质，如半胱氨酸、辅酶中的谷胱甘肽等，巯基与这些物质的生理作用密切相关。

硫醇具有极难闻的臭味，随分子量的增加，臭味逐渐减弱，含9个碳原子以上的硫醇，反而具有香味。由于硫醇分子间及它与水分子间都不能形成氢键，所以硫醇的沸点和在水中的溶解度都比相应的醇小。

硫醇的酸性比醇强，如乙硫醇的$pK_a^{\ominus}$为10.6，乙醇的$pK_a^{\ominus}$为17。硫醇可与氢氧化钠反应。

$$RSH + NaOH \rightleftharpoons RSNa + H_2O$$

硫醇还可与重金属汞、铅、砷、铜等的氧化物或盐形成不溶于水的硫醇盐。

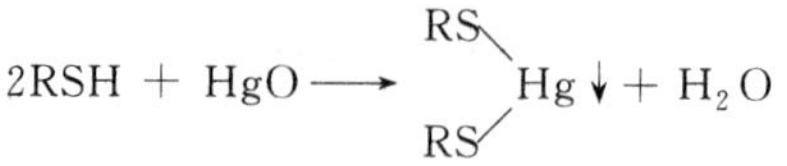

$$2RSH + HgO \longrightarrow (RS)_2Hg\downarrow + H_2O$$

硫醇还容易被氧化，生成二硫化物。

$$2RSH \underset{[H]}{\overset{[O]}{\rightleftharpoons}} R—S—S—R + H_2O$$

生物体中，硫醇与二硫化物间的氧化还原转化是重要的生理过程，二硫键对保持蛋白质分子的构型起着重要作用。

**【知识应用】** 硫醇在临床上可用作解毒剂，如二巯基丙醇、二巯基丙磺酸钠、二巯基丁二酸钠等都是常用的解毒药。其中，二巯基丁二酸钠是我国自主开发的一种低毒性、效果好的解毒药。当人发生重金属中毒时，人体内的巯基与重金属离子反应而使酶失活，解毒剂的作用是能夺取已经和酶结合的金属离子，使酶的活性恢复，并与重金属离子形成不易离解、无毒的水溶性配合物，由尿液排出体外。

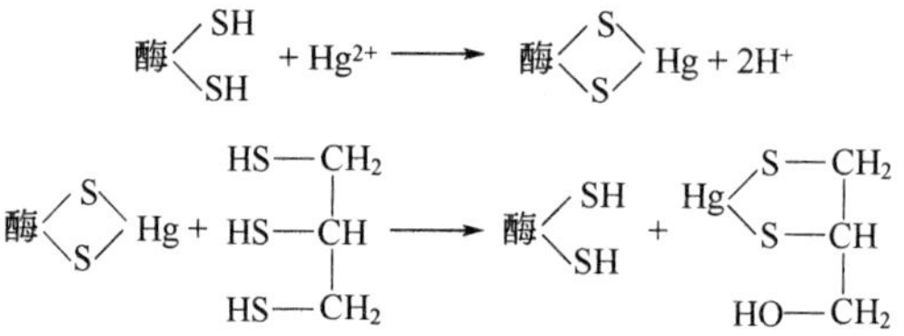

$$酶(SH)_2 + Hg^{2+} \longrightarrow 酶(S_2Hg) + 2H^+$$

$$酶(S_2Hg) + HS—CH_2—CH(SH)—CH_2—SH \longrightarrow 酶(SH)_2 + Hg(S—CH_2—CH(S—)—CH_2—OH)$$

## 二、硫醚、亚砜和砜

硫醚可看作醚分子中的氧原子被硫原子替代的产物，通式为 R—S—R′。硫醚是有刺激性气味的无色液体，不溶于水，可溶于醇或醚，沸点比相应的醚高。

硫醚因分子中硫原子上有两对孤对电子，因此可进一步与氧原子结合，被氧化成亚砜和砜。亚砜中硫的共价数为 4 价，砜中硫的共价数为 6 价。

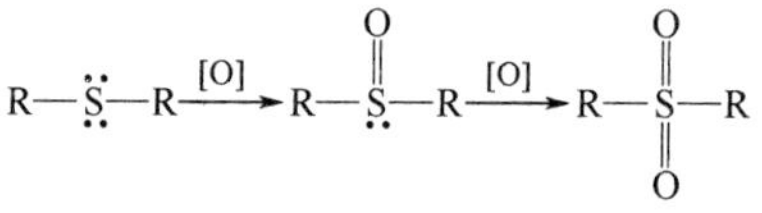

$$R—\ddot{S}—R \xrightarrow{[O]} R—S(=O)—R \xrightarrow{[O]} R—S(=O)_2—R$$

亚砜　　砜

许多砜类化合物具有药用效果，如二甲亚砜有镇痛消炎作用，可透入皮肤组织促进吸收；氨苯砜及衍生物双乙酰氨苯砜是治疗麻风病的药物。

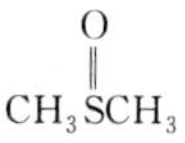

$CH_3S(=O)CH_3$ 二甲亚砜

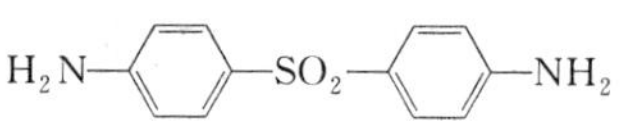

$H_2N—C_6H_4—SO_2—C_6H_4—NH_2$ 氨苯砜

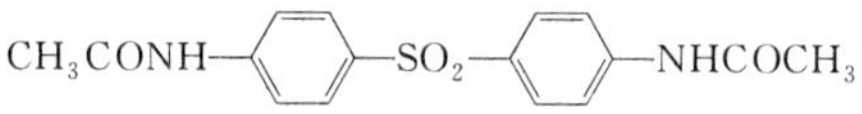

$CH_3CONH—C_6H_4—SO_2—C_6H_4—NHCOCH_3$ 双乙酰氨苯砜

## 【知识拓展】

### 一种定香剂——β-萘乙醚的合成方法

β-萘乙醚为白色片状晶体，熔点为 37℃，沸点为 282℃，不溶于水，溶于乙醇、乙醚、氯仿、石油醚、二硫化碳、甲苯等有机溶剂。

β-萘乙醚是一种合成香料，具有类似橙花和洋槐花的香味，并伴有甜味和草莓、菠萝样的芳香。β-萘乙醚在碱性介质中性能稳定，与其他香料调合，效果良好。由于有些香精（如玫瑰香、薰衣草香、柠檬香等）的香气容易挥发，放置时间过长，产品会失去香气。而β-萘乙醚能够减慢香气消失的速度，使产品在较长时间内保持香气，且价格低廉，对人体安全性较好。因此，β-萘乙醚常作为定香剂使用，广泛用于生产香皂、化妆品和洗涤剂，如香皂用的茉莉、橙花、古龙型香精。同时，它还是生产乙氧基萘青霉素的原料。

到目前为止，β-萘乙醚的常用合成方法有乙基化法和缩合法。

一、乙基化法

乙基化法即威廉森合成法，是制醚的经典方法。

$$\bigcirc\!\!\bigcirc\text{—OH} + \text{EtX} \xrightarrow{\text{碱}} \bigcirc\!\!\bigcirc\text{—OEt} + \text{HX}$$

反应中所用乙基化剂或催化剂的不同，均会对反应收率造成影响。

传统的乙基化剂是溴乙烷，该物质活性不高，常使用氢氧化钠、碳酸钠、碳酸钾等碱性催化剂。但随着相转移催化技术、超声波技术、微波技术的不断应用，β-萘酚与溴乙烷反应的活性不断提高。

碘乙烷也是乙基化法中常用的乙基化剂，其活性较溴乙烷高，有资料显示以氢氧化钾为催化剂，在二甲亚砜溶剂中反应可使反应收率达90%以上。

硫酸二乙酯是一种较强的乙基化试剂，β-萘酚钠与硫酸二乙酯在TBAB（四丁基溴化铵）作用下可获得较高收率的β-萘乙醚。但硫酸二乙酯毒性较强，一般不宜使用。

二、缩合法

合成β-萘乙醚主要是以β-萘酚和无水乙醇为原料，在强酸性催化剂存在下，进行缩合脱水成醚反应而制得。

$$\bigcirc\!\!\bigcirc\text{—OH} + \text{EtOH} \xrightarrow{\text{酸}} \bigcirc\!\!\bigcirc\text{—OEt} + \text{H}_2\text{O}$$

催化剂的选择是反应的关键。传统缩合方法以浓硫酸作催化剂，由于该法存在反应温度高、生产效率低、副反应多、设备腐蚀严重、环境污染大等缺点而逐渐被淘汰。

作为对上述反应的改进，新的催化剂不断涌现，主要有对甲苯磺酸、氯化铁、四氯化锡、硫酸氢钠等物质。这些催化剂与浓硫酸相比，具有副反应少、腐蚀性弱、环境污染小等优点。

随着微波化学研究的深入，利用微波辐射技术制备β-萘乙醚已获得很大成功。与常规加热合成方法相比，微波辐射方法大大缩短了反应时间，提高了产率，而且粗产品易提纯，操作简单，节能省时，是缩合法合成β-萘乙醚的又一发展方向。

## 习　题

**1. 填空题**

（1）醇分子的结构特点是羟基直接和______相连；醇分子中由于氧原子的电负性强，故C—O键和O—H键都是______键。

（2）酚具有酸性，是因为分子中存在______效应，但它的酸性比碳酸______。苦味酸近似于无机强酸，它的酸性比碳酸______，它能与______反应，放出______气体。

（3）醚的沸点比醇低是因为醚分子中没有活泼氢，醚分子间不能形成______。但醚有极性，可与水分子形成氢键，所以醚在水中的溶解度比烷烃______。

（4）除了醚可以形成鎓盐外，还有______、______、______等物质也可以形成鎓盐。

（5）检验醚中是否有过氧化物存在的常用方法是用______试纸（或试液）检验，若试纸（或试液）出现___色，则说明过氧化物存在；除去过氧化物的方法用______、______等还原性物质。储存乙醚时，常加入少量的______或______以避免过氧化物的生成。

（6）醚键很稳定，对于______、______、______都十分稳定。由于醚在常温下与金属钠、镁不反应，所以常用______来干燥醚。

(7) 低级醇可以和一些无机盐形成______，因此不能用_____、_____等无机盐干燥醇。

(8) 无铅汽油因用甲基叔丁基醚等新型添加剂替代四乙基铅减少了环境污染而被广泛应用，那么利用威廉森合成法合成甲基叔丁基醚时，应选择________和________作为原料制备。

(9) 甲苯酚因其杀菌能力比苯酚强，医药上用其47%～53%的肥皂水消毒，这种消毒液俗称________，也称_________。

(10) 检查司机是否酒后驾车的呼吸分析仪是利用乙醇与________的氧化反应，若100mL血液中酒精含量超过80mg，这时呼出的气体中含乙醇量可使呼吸分析仪中的溶液颜色由________色变为________。

**2. 选择题**

(1) 下列有关酒精的叙述，正确的是（　　）。

A. 其化学式为 $C_2H_5OH$，其水溶液呈酸性

B. 有人误饮假酒中毒，以致失明，甚至死亡，是因为假酒中含有少量的甲醇

C. 酒精氧化是空气中的酒精酵素引起的

D. 酒精发酵不会产生二氧化碳

(2) 下列化合物中，能形成分子内氢键的是（　　）。

A. 对硝基苯酚　　B. 间硝基苯酚　　C. 邻硝基苯酚　　D. 邻甲苯酚

(3) 下列醇中与金属钠反应最快的是（　　）。

A. 乙醇　　B. 异丁醇　　C. 叔丁醇　　D. 甲醇

(4) 下列醇中最易脱水生成烯烃的是（　　）。

A. 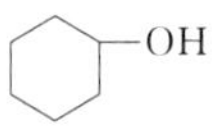 —OH　　B. $CH_3CH_2CH_2OH$　　C. $CH_3-\overset{CH_3}{\underset{CH_3}{C}}-OH$　　D. $CH_3\underset{CH_3}{CH}OH$

(5) 用于制备解热镇痛药——阿司匹林的主要原料是（　　）。

A. 水杨酸　　B. 苦味酸　　C. 安息香酸　　D. 乙酰水杨酸

(6) 一种脂溶性的乙醚提取物，在回收乙醚的下列操作过程中，不正确的是（　　）。

A. 在蒸除乙醚之前应干燥去水　　B. 用明火直接加热

C. 室内有良好的通风　　D. 不用明火加热

(7) 苯酚和稀硝酸反应生成邻硝基苯酚和对硝基苯酚，它们可用（　　）方法分开。

A. 普通蒸馏　　B. 分馏　　C. 减压蒸馏　　D. 水蒸气蒸馏

(8) 下列化合物中，能与 $FeCl_3$ 发生显色反应的是（　　）。

A. 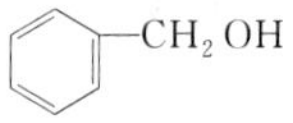 $—CH_2OH$　　B. 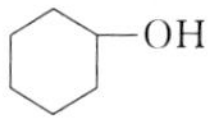 —OH　　C. 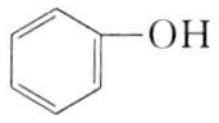 —OH　　D. 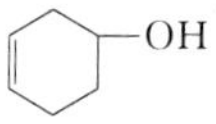 —OH

(9) 下列各组化合物中属于同分异构体的是（　　）。

A. 苄醇和大茴香醚　　B. 木醇和甲醚

C. 苯甲醇和苯酚　　D. 环氧乙烷和乙醇

(10) 下列化合物中，酸性最弱的是（　　）。

A. 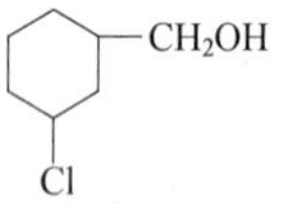 $—CH_2OH$，Cl　　B. 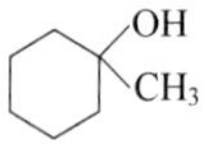 OH，$CH_3$　　C. 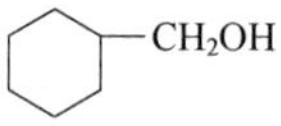 $—CH_2OH$　　D. 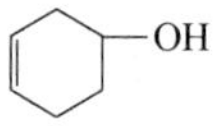 —OH

**3. 完成下列化学反应式。**

(1) $CH_3CH_2\underset{OH}{CH}\overset{C_2H_5}{CH}CH_3 \xrightarrow[170℃]{浓H_2SO_4} ? \xrightarrow[H^+,\triangle]{KMnO_4} ?$

(2) 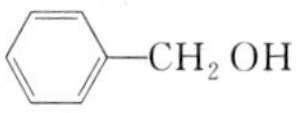 $—CH_2OH \xrightarrow[\triangle]{PBr_3} ? \xrightarrow[绝对乙醚]{Mg} ?$

(3) $CH_3\underset{OH}{CH}CH_2CH_3 \xrightarrow{HBr} ? \xrightarrow[醇]{NaOH} ?$

(4) $C_6H_4(NO_2)-OH$（间硝基苯酚） $\xrightarrow{NaOH}$ ? $\xrightarrow{CO_2/H_2O}$ ? $\xrightarrow{溴水}$ ?

(5) $C_6H_5-OH$ $\xrightarrow{NaOH}$ ? $\xrightarrow{CH_3CH_2Br}$ ? $\xrightarrow[\triangle]{HI}$ ?

(6) $CH_2=CH_2 + H_2O \xrightarrow[7MPa，300℃]{磷酸，硅藻土} ? \xrightarrow[140℃]{浓 H_2SO_4} ?$

(7) $CH_3CH_2CH_2OH \xrightarrow[H^+]{K_2Cr_2O_7} ? \xrightarrow[H^+]{K_2Cr_2O_7} ?$

**4. 简答题**

(1) 下列 3 种甲基叔丁基醚的合成路线中，哪一种是最合理的？为什么？

A. $(CH_3)_3CBr$ 与 $CH_3ONa$ 共热

B. $CH_3Br$ 与 $(CH_3)_3CONa$ 共热

C. $(CH_3)_3COH$ 与 $CH_3OH$ 及浓硫酸共热

(2) 在叔丁醇中加入金属钠，当 Na 被消耗后，在反应混合物中加入溴乙烷，这时可得到 $C_6H_{14}O$；如在乙醇与 Na 反应的混合物中加入 2-甲基-2-溴丙烷，则有气体产生，在留下的混合物中仅有乙醇一种有机物，试写出所有的反应，并解释这两个实验为什么不同？

**5. 鉴别下列各组化合物。**

(1) 乙醚　正丁醇　仲丁醇　叔丁醇

(2) 己烷　异丙醚　环己醇　1-甲基环戊醇

(3)

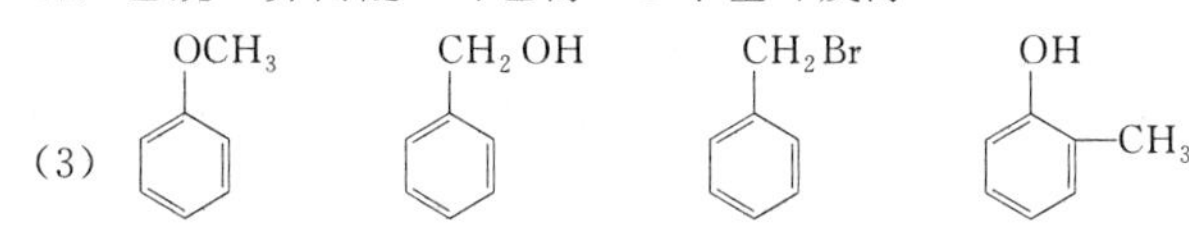

**6. 除去下列化合物中少量的杂质。**

(1) 环己醇中含有少量苯酚

(2) 乙醚中含有少量乙醇

(3) 汽油中含有少量乙醚

**7. 用指定原料合成下列化合物**（其他无机试剂任选）。

(1) $(CH_3)_3COH \longrightarrow (CH_3)_3CCH_2CH_2OH$

(2) $CH_3CH=CH_2 \longrightarrow CH_3CH(CH_3)-O-CH(CH_3)CH_3$

(3) $CH_3CH_2CH_2CH_2OH \longrightarrow HC\equiv CCH_2CH_3$

(4) 环己烷，$CH\equiv CH \longrightarrow C_6H_{11}-CCH_3$（$\overset{\|}{O}$，环己基甲基酮）

**8. 推断结构**

(1) 某化合物 A 和 B 分子式均为 $C_7H_8O$。A 可溶于氢氧化钠生成 C，A 与溴水作用立即生成白色难溶化合物 D，B 不溶于氢氧化钠，但可溶于浓硫酸，也可与热的 HI 作用，其产物之一能与 $FeCl_3$ 显色。试写出 A、B、C、D 的构造式和各步反应式。

(2) 某醇依次与氢溴酸、氢氧化钾（醇溶液）、水（硫酸催化）、重铬酸钾（酸性条件）反应，最后产物为 2-戊酮，试推测原来醇的结构，并写出各步反应式。

(3) 化合物 A 的分子式为 $C_5H_{12}O$，它既不与金属钠作用，也不与高锰酸钾溶液作用，但可与氢碘酸共热生成 B 和 C，B 脱水得 D，D 进一步被氧化成 E、二氧化碳和水，试写出 A、B、C、D、E 可能的构造式和各步反应式。

(4) 分子式为 $C_4H_{10}O$ 的 3 种异构体 A、B、C，可发生如下反应：A 和 B 与 $CH_3MgBr$ 反应都放出一种可燃性气体；B 能与高锰酸钾溶液作用，A、C 不能；A 和 B 与浓硫酸加热脱水得到相同的产物；C 与过量的氢碘酸作用只生成一种碘化物。试写出 A、B、C 的构造式和各步反应式。

# 第七章 醛、酮、醌

## 学习目标

**知识目标**

▸ 掌握醛和酮的命名、制备方法、化学性质及其应用。

▸ 理解醛和酮的结构与化学性质的关系以及亲核加成的特点。

▸ 了解醛和酮的分类、物理性质及变化规律；熟悉重要的醛和酮的主要性能及其在医学上的应用；了解醌的构造、分类和命名。

**能力目标**

▸ 能运用命名规则命名典型的醛和酮化合物。

▸ 能通过羰基结构特点的分析学会醛和酮的特征反应和鉴别方法，能分离和提纯醛和酮。

▸ 能利用缩醛的生成保护醛基；能利用醛和酮与格氏试剂反应制备不同种类的醇；能利用羟醛缩合反应，制备 $\beta$-羟基醛、$\alpha,\beta$-不饱和醛以及它们的转化产物。

▸ 能正确区分醛和酮的亲核加成反应活性。

▸ 能根据不同的氧化和还原产物选择不同的氧化剂和还原剂。

▸ 能认识醌类物质，会写重要醌类化合物的结构式。

▸ 能利用醛、酮、醌知识指导日常生活和今后的工作，进一步提高化学基础知识素养。

## 导学案例

▸ 房子在装修后，房间中常含有刺激性气味的某种物质，导致室内空气受到污染，影响人们身体健康。另有新闻报道称这种物质还经常被不法商贩用来泡发各种水产品，可以保持水发食品表面色泽光亮，增加韧性和脆感，还可以防腐。它的 35%～40% 水溶液具有防腐杀菌性能，因此可用来浸制生物标本。这种物质是什么呢？对人体有哪些伤害呢？

▸ 相传，在很久以前，有一对父子以打猎为生。一天，父子俩在深山老林涉猎，儿子不慎掉下山涧，身负重伤。老汉发现儿子受伤处附近的一个“香囊”能缓解儿子的伤痛，并依靠此“香囊”使儿子的伤不治而愈。老汉还用此“香囊”治好了很多穷人的病症。后来人们在一种叫“麝”的动物体内发现了类似囊袋，内服可使中枢神经兴奋，外用能镇痛、消肿。这是什么物质呢？

醛、酮和醌分子中都含有羰基（$\rangle C{=}O$）官能团，它们都是羰基化合物。这 3 类化合物中，醛和酮较为重要。

# 第一节　醛和酮的结构、分类和命名

羰基碳原子上至少连有一个氢原子的化合物叫做醛，可用通式 $\text{(H)R}—\overset{\overset{\text{O}}{\|}}{\text{C}}—\text{H}$ 表示。因此，也常将 $—\overset{\overset{\text{O}}{\|}}{\text{C}}—\text{H}$ （或—CHO）叫做醛基，醛基总是位于碳链的一端。

在羰基的两端都连有烃基的化合物叫做酮，可用通式 $\text{R}—\overset{\overset{\text{O}}{\|}}{\text{C}}—\text{R}'$ 表示。因此，酮分子中的羰基叫做酮基。酮分子中与羰基直接相连的两个烃基可以相同，也可以不同，相同的叫做单酮$\left(\text{R}—\overset{\overset{\text{O}}{\|}}{\text{C}}—\text{R}\right)$，不相同的叫做混酮$\left(\text{R}—\overset{\overset{\text{O}}{\|}}{\text{C}}—\text{R}'\right)$。分子式相同的醛和酮互为官能团异构体。

## 一、醛和酮的结构

羰基是醛和酮的官能团。在羰基中，羰基碳原子为 $sp^2$ 杂化，碳和氧以双键相连，与碳碳双键类似，碳氧双键也是由 1 个 σ 键和 1 个 π 键组成的，而且羰基也具有平面三角形结构。

但羰基中碳氧双键不同于碳碳双键。由于氧原子电负性较大，吸引电子能力较强，从而导致 π 电子云分布不均匀，使得氧原子周围电子云密度较高，带有部分负电荷，同时碳原子附近的电子云密度降低，带有部分正电荷。故羰基有极性，羰基化合物是极性分子。羰基的这种极性结构对于醛和酮的性质起着显著的影响。羰基的结构如图 7-1 所示。

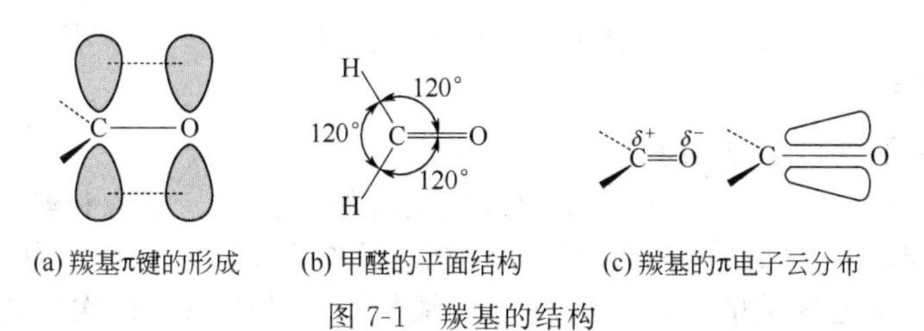

(a) 羰基π键的形成　　(b) 甲醛的平面结构　　(c) 羰基的π电子云分布

图 7-1　羰基的结构

## 二、醛和酮的分类

醛（酮）根据分子中烃基结构的不同可分为脂肪醛（酮）、脂环醛（酮）和芳香醛（酮）；又可根据烃基是否饱和分为饱和醛（酮）和不饱和醛（酮）；还可根据分子中所含的羰基数目分为一元醛（酮）、二元醛（酮）和多元醛（酮）。

脂肪醛（酮）

脂环醛（酮）

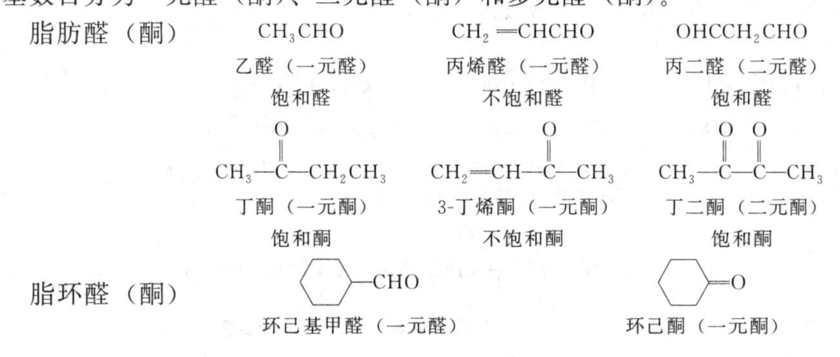

芳香醛（酮）　苯甲醛（一元醛）　苯乙酮（一元酮）

## 三、醛和酮的命名

简单的醛和酮常采用习惯命名法，复杂的醛和酮则采用系统命名法。

### 1. 习惯命名法

醛的习惯命名法与伯醇相似，只需把“醇”字改为“醛”字即可。例如：

$CH_3CH_2CH_2CH_2OH$ 正丁醇　$(CH_3)_2CHCH_2OH$ 异丁醇　$C_6H_5CH_2OH$ 苯甲醇

$CH_3CH_2CH_2CHO$ 正丁醛　$(CH_3)_2CHCHO$ 异丁醛　$C_6H_5CHO$ 苯甲醛

还有一些醛的名称，由相应羧酸的名称而来。例如：

HCHO 蚁醛（由蚁酸而来）　$C_6H_5CH{=}CHCHO$ 肉桂醛（由肉桂酸而来）　水杨醛（由水杨酸而来）

酮的命名是在羰基所连接的两个烃基名称后再加上“甲酮”两字，“甲”字习惯上可以省略。脂肪混酮命名时，要把“次序规则”中较优先的烃基写在后面。例如：

$CH_3COCH_3$ 二甲基(甲)酮(二甲酮)　$CH_3COCH_2CH_3$ 甲基乙基(甲)酮(甲乙酮)　$C_6H_5COCH{=}CH_2$ 乙烯基苯基(甲)酮

### 2. 系统命名法

醛和酮系统命名法的原则如下。

（1）选主链（母体）　选择含有羰基的最长碳链作为主链。不饱和醛、酮的命名，主链必须包含不饱和键；芳香族醛、酮命名时，常把脂链作为主链，芳环作为取代基。

（2）编号　从靠近羰基的一端开始给主链编号。主链碳原子位次除用阿拉伯数字表示外，也可以用希腊字母表示，与羰基直接相连的碳原子为 $\alpha$-碳原子，其余依次为 $\beta,\gamma,\delta\cdots$ 位；酮分子中与羰基直接相连的两个碳原子都是 $\alpha$-碳原子，可分别用 $\alpha$、$\alpha'$ 表示，其余以此类推。对碳链末端的碳原子，不论碳链长短，均可用 $\omega$ 表示。

（3）写出全称　将取代基的位次、数目、名称以及羰基的位次依次写在醛、酮母体名称之前。当酮基位次只有一种可能时，位次号数可省略。醛基总在碳链的一端，可不表明位次。不饱和醛、酮要注明不饱和键的位次。例如：

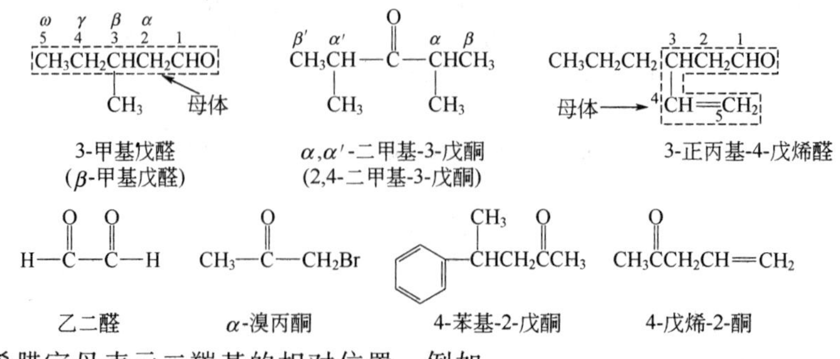


还可用希腊字母表示二羰基的相对位置。例如：

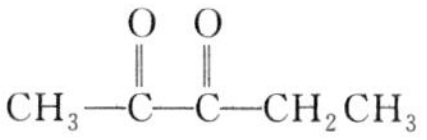

$$\underset{\text{2,3-戊二酮}\ (\alpha\text{-戊二酮})}{CH_3-\overset{O}{\overset{\|}{C}}-\overset{O}{\overset{\|}{C}}-CH_2CH_3} \qquad \underset{\text{2,4-戊二酮}\ (\beta\text{-戊二酮})}{CH_3-\overset{O}{\overset{\|}{C}}-CH_2-\overset{O}{\overset{\|}{C}}-CH_3}$$

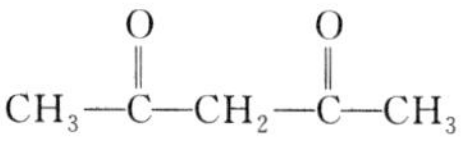

## 思考与练习

7-1 写出分子式为 $C_5H_{10}O$ 的醛、酮的所有异构体。

7-2 命名下列化合物。

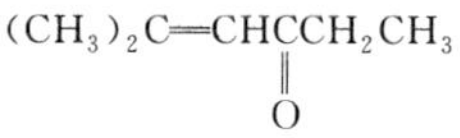

(1) 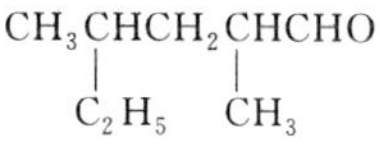 $CH_3\underset{C_2H_5}{\underset{|}{C}H}CH_2\underset{CH_3}{\underset{|}{C}H}CHO$ (2) $(CH_3)_2C{=}CH\underset{O}{\underset{\|}{C}}CH_2CH_3$ (3) 环己基—$CH_2COCH_3$

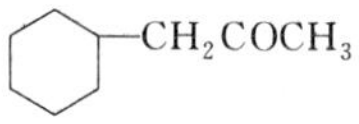

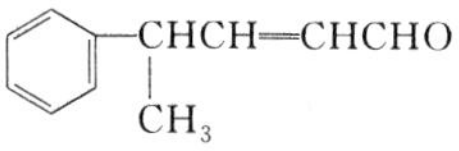

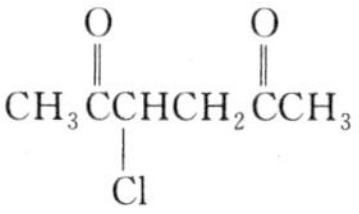

(4) 苯基—$\underset{CH_3}{\underset{|}{C}H}CH{=}CHCHO$ (5) $CH_3\overset{O}{\overset{\|}{C}}\underset{Cl}{\underset{|}{C}H}CH_2\overset{O}{\overset{\|}{C}}CH_3$ (6) 2-萘基—CHO

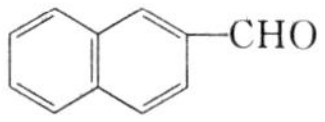

7-3 写出下列化合物的构造式。

(1) 异戊醛 (2) 2-甲基-3-乙基环己酮 (3) $\beta$-苯丙烯醛

(4) 水杨醛 (5) $\alpha,\alpha'$-二甲基-$\beta$-溴-3-戊酮 (6) 苯基苄基酮

# 第二节 醛和酮的制法

醛和酮的制备方法很多，下面介绍几种常用的方法。

## 一、炔烃的水合

在汞盐催化下，炔烃与水化合生成羰基化合物。乙炔水合生成乙醛，其他炔烃水合都生成酮。例如：

$$HC{\equiv}CH + H_2O \xrightarrow[90\sim95℃,0.1\sim0.2MPa]{HgSO_4,\text{稀}\ H_2SO_4} \underset{\text{乙醛}}{CH_3CHO}$$

$$\underset{\text{环己基乙炔}}{\text{环己基}-C{\equiv}CH} + H_2O \xrightarrow{HgSO_4,\text{稀}\ H_2SO_4} \underset{\text{甲基环己基酮}}{\text{环己基}-\overset{O}{\overset{\|}{C}}-CH_3}$$

## 二、羰基合成

$\alpha$-烯烃与一氧化碳和氢气在八羰基二钴$[Co(CO)_4]_2$催化下生成多一个碳原子醛的反应称为羰基合成，又称为烯烃的醛化。乙烯羰基合成得到丙醛，其他 $\alpha$-烯烃羰基合成可得到直链醛和支链醛两种，其产物以直链醛为主。例如：

$$CH_2{=}CH_2 + CO + H_2 \xrightarrow[110\sim120℃,10\sim20MPa]{[Co(CO)_4]_2} CH_3CH_2CHO$$

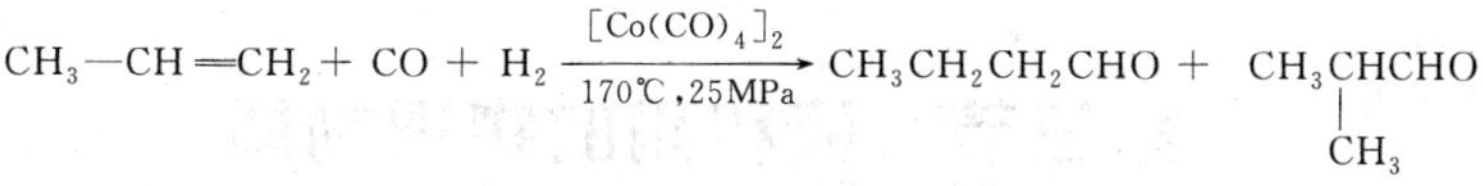

$$CH_3-CH{=}CH_2 + CO + H_2 \xrightarrow[170℃,25MPa]{[Co(CO)_4]_2} \underset{\text{正丁醛}(75\%)}{CH_3CH_2CH_2CHO} + \underset{\text{异丁醛}(25\%)}{CH_3\underset{CH_3}{\underset{|}{C}H}CHO}$$

羰基合成得到的醛，进一步加氢可得到伯醇。这是工业生产伯醇的一个重要方法。

## 三、醇的氧化和脱氢

### 1. 氧化

伯醇和仲醇在重铬酸钾和硫酸等氧化剂的作用下，被氧化成相应的醛和酮。

$$CH_3CH_2CH_2OH \xrightarrow[H_2SO_4]{K_2Cr_2O_7} CH_3CH_2CHO$$

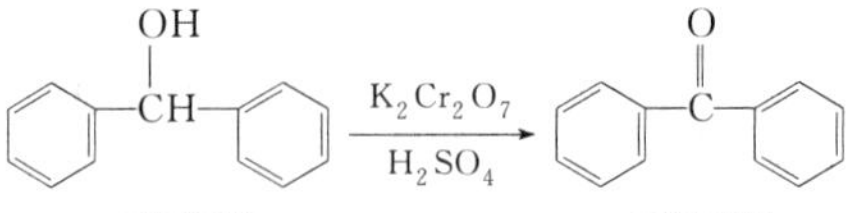

$$C_6H_5-CH(OH)-C_6H_5 \xrightarrow[H_2SO_4]{K_2Cr_2O_7} C_6H_5-C(=O)-C_6H_5$$

二苯甲醇　　　　二苯甲酮

二苯甲醇为钙拮抗剂药物盐酸马尼地平的中间体。

但是在这种条件下，生成的醛会进一步氧化成羧酸，反应时需要把生成的醛立即从反应混合物中蒸馏出来，故此法只能用来制取挥发性较大的低级的醛。酮不易继续被氧化，因此更适合用这种方法制备。

2. 脱氢

工业上将醇的蒸气通过加热的催化剂（铜或银）可以发生脱氢反应生成醛和酮。若在脱氢时，通入一定量的空气，使生成的氢与氧结合成水，氢和氧结合时放出的热量可直接供给脱氢反应，这种方法叫做氧化脱氢法。例如：

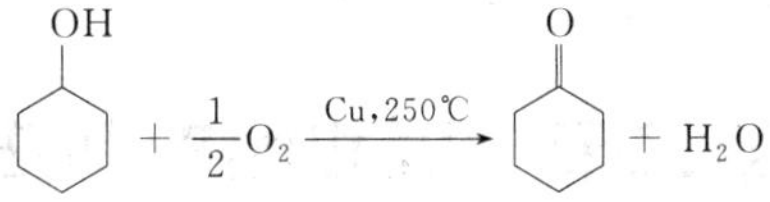

$$\text{环己醇} + \frac{1}{2}O_2 \xrightarrow{Cu,250℃} \text{环己酮} + H_2O$$

由醇脱氢得到的产品纯度高，工业上常用此法制备低级醛、酮。

## 四、芳烃的酰基化（傅-克反应）

在无水氯化铝催化下，芳烃与酰卤或酸酐作用，芳环上的氢原子被酰基取代生成芳酮。例如：

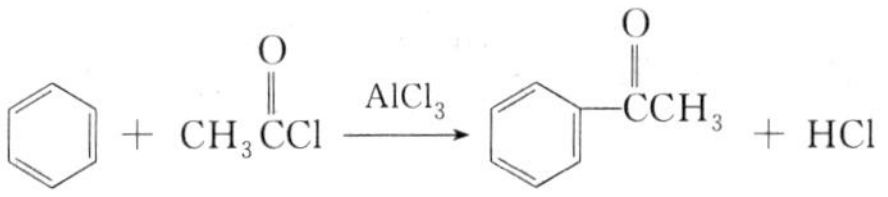

$$C_6H_6 + CH_3\overset{O}{\overset{\|}{C}}Cl \xrightarrow{AlCl_3} C_6H_5\overset{O}{\overset{\|}{C}}CH_3 + HCl$$

这是合成芳香酮最好的方法，此外还有乙酰乙酸乙酯合成法制酮（见第九章）。

### 思考与练习

7-4　试用合适的原料合成下列化合物。

(1) $CH_3CH_2CHO$　　(2) 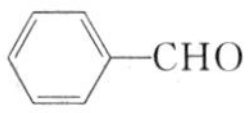 $C_6H_5-CHO$　　(3) 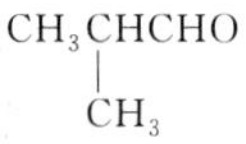 $CH_3\underset{CH_3}{\underset{|}{C}}HCHO$

(4) $CH_3-\overset{O}{\overset{\|}{C}}-CH_3$　　(5) 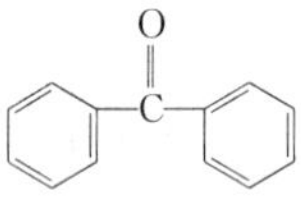 $C_6H_5-\overset{O}{\overset{\|}{C}}-C_6H_5$　　(6) 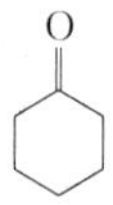 环己酮

# 第三节　醛和酮的物理物质

常温常压下除甲醛是气体外，$C_{12}$ 以下的醛、酮都是液体，高级醛和酮是固体。低级醛具有强烈刺激气味，但 $C_8 \sim C_{13}$ 的中级脂肪醛和一些芳醛、芳酮有花果香味，常应用于香料工业中。

一般低级醛和酮的沸点比分子量相近的醇要低得多，但比分子量相近的烃或醚高。这是因为醛和酮分子间不能形成氢键，没有缔合现象，因此沸点低于相应的醇。但由于羰基的极

性，增加了分子间的引力，故它们的沸点高于相应的烃和醚。例如：

| 化合物 | 甲醇 | 甲醛 | 乙烷 | 正丁醇 | 丁酮 | 正戊烷 |
|---|---|---|---|---|---|---|
| 分子量 | 32 | 30 | 30 | 74 | 72 | 72 |
| 沸点/℃ | 65.0 | −21.0 | −88.6 | 117.2 | 79.6 | 36.1 |

沸点差/℃　83　67.6　37.6　43.5

随着碳原子数的增加，醛和酮与醇或烃沸点的差别逐渐变小。这是因为随着分子中碳原子数的增加，醇分子间形成氢键的难度加大，羰基在醛和酮分子中所占的比例也越来越小，使得它们的沸点越来越接近。

低级醛和酮在水中有相当大的溶解度，如甲醛、乙醛、丙酮可以任意比例与水混溶。这是因为醛和酮分子中羰基上的氧原子可以与水分子中的氢原子形成氢键。但随着分子中碳原子数的增加，形成氢键的难度加大，醛和酮在水中的溶解度也逐渐减小，直至不溶。根据“相似相溶”规律，醛和酮都能溶于有机溶剂。丙酮、丁酮能溶解很多有机化合物，是良好的有机溶剂。

一元脂肪醛（酮）的相对密度小于1，比水轻；多元脂肪醛（酮）和芳香醛（酮）的相对密度大于1，比水重。一些常见醛和酮的物理常数见表7-1。

**表7-1　常见醛和酮的物理常数**

| 名　称 | 构造式 | 熔点/℃ | 沸点/℃ | 相对密度($d_4^{20}$) | 溶解度/[g/(100g水)] |
|---|---|---|---|---|---|
| 甲醛 | HCHO | −92 | −21 | 0.815 | 55 |
| 乙醛 | $CH_3CHO$ | −123 | 21 | 0.781 | ∞ |
| 丙醛 | $CH_3CH_2CHO$ | −81 | 49 | 0.807 | 20 |
| 丁醛 | $CH_3(CH_2)_2CHO$ | −97 | 75 | 0.817 | 7 |
| 戊醛 | $CH_3(CH_2)_3CHO$ | −91 | 103 | 0.819 | 微溶 |
| 乙二醛 | OHCCHO | 15 | 50 | 1.140 | ∞ |
| 丙烯醛 | $CH_2$═CHCHO | −88 | 53 | 0.841 | 20.6 |
| 苯甲醛 | $C_6H_5$—CHO | −26 | 179 | 1.046 | 0.33 |
| 丙酮 | $CH_3COCH_3$ | −95 | 56 | 0.792 | ∞ |
| 丁酮 | $CH_3COCH_2CH_3$ | −86 | 80 | 0.805 | 35 |
| 2-戊酮 | $CH_3COCH_2CH_2CH_3$ | −78 | 102 | 0.812 | 6.3 |
| 3-戊酮 | $CH_3CH_2COCH_2CH_3$ | −41 | 101 | 0.813 | 5 |
| 环己酮 | $C_6H_{10}$═O | −16 | 156 | 0.943 | 微溶 |
| 丁二酮 | $CH_3COCOCH_3$ | −2 | 88 | 0.980 | 25 |
| 苯乙酮 | $C_6H_5$—C(═O)—$CH_3$ | 21 | 202 | 1.026 | 微溶 |

**【知识应用】** 醛和酮不仅是良好的有机溶剂，在香精香料、食品添加剂、医药化工及饲料等方面都有应用。由于低级醛分子间易形成氢键，36%～40%的甲醛水溶液在常温下能自动聚合为三聚甲醛，使用时在酸性条件下加热，可解聚重新生成甲醛。值得注意的是，甲醛沸点低，在常温下是气态，有较高毒性，具有强烈的致癌和促癌作用，要正确使用甲醛。

## 思考与练习

7-5 将下列化合物的沸点按由高到低的顺序排列，并说明理由。

$CH_3CH_2CH_3$　　$CH_3CH_2CH_2OH$　　$CH_3OCH_2CH_3$　　$CH_3COCH_3$

7-6 乙醛能与水混溶，而正戊醛则微溶于水，为什么？

# 第四节 醛和酮的化学性质

醛和酮分子中都含有活泼的羰基，它们具有许多相似的化学性质。但它们的结构并不完全相同，因此化学性质也就表现出一些差异。

醛和酮可发生反应的部位为：

$$R-\underset{\underset{H}{|②}}{CH}-\overset{\overset{O}{\|①}}{C}\overset{③}{+}H(R')$$

① $\rangle C{=}O$ 中 π 键断裂，能发生加成及还原反应；

② α-C—H 键断裂，发生卤代、卤仿或缩合反应；

③ $-\overset{\overset{O}{\|}}{C}-H$ 中 C—H 键断裂，发生氧化或歧化反应。

一般反应中，醛比酮更活泼，酮类中又以甲基酮比较活泼。

## 一、羰基的加成反应及亲核加成反应机理

醛和酮分子中的羰基中含有 π 键，容易断裂，因此醛和酮可以与氢氰酸、亚硫酸氢钠、醇、格氏试剂以及氨的衍生物等试剂发生加成反应。除格氏试剂外，其余几种试剂与醛、酮的加成反应可用下列通式表示：

$$\rangle \overset{\delta^+}{C}{=}\overset{\delta^-}{O} + H-Nu \rightleftharpoons \rangle C\langle^{OH}_{Nu}$$

其中，Nu 可以是—CN、—$SO_3Na$、—OR、—NHOH、—$NHNH_2$、—NHNH—$C_6H_5$ 等。

### 1. 与氢氰酸加成

在少量碱催化下，醛和脂肪族甲基酮能与氢氰酸发生加成反应，生成 α-羟基腈（即氰醇）。

$$\underset{(CH_3)H}{\overset{R}{\rangle}}C{=}O + H-CN \xrightleftharpoons{OH^-} \underset{(CH_3)H}{\overset{R}{\rangle}}C\langle^{OH}_{CN}$$

α-羟基腈(氰醇)

产物 α-羟基腈比原来的醛或酮增加了一个碳原子，这是使碳链增长的一种方法。α-羟基腈在酸性水溶液中水解，即可得到 α-羟基酸。

$$CH_3-\overset{\overset{O}{\|}}{C}-H + HCN \xrightarrow{OH^-} \underset{\alpha\text{-羟基丙腈}}{CH_3\overset{\overset{OH}{|}}{C}HCN} \xrightarrow{H_2O, H^+} \underset{\alpha\text{-羟基丙酸(乳酸)}}{CH_3\overset{\overset{OH}{|}}{C}HCOOH}$$

氰醇中的氰基还可还原成氨基，可以进一步转化成多种化合物。

**【知识应用】** 此反应在有机合成上具有重要作用。产物氰醇具有醇羟基和氰基，可转化为比原来的醛或酮增加了一个碳原子的 α,β-不饱和腈、β-羟基胺、α-羟基酸等化合物。

### 2. 与亚硫酸氢钠加成

醛、脂肪族甲基酮和低级环酮（$C_8$ 以下）都能与亚硫酸氢钠饱和溶液（40%）发生加成反应，生成 α-羟基磺酸钠。

$$\mathrm{\underset{(CH_3)H}{\overset{R}{>}}C{=}O + H{-}SO_3Na \xrightleftharpoons{OH^-} \underset{(CH_3)H}{\overset{R}{>}}C\underset{SO_3Na}{\overset{OH}{<}}}$$

α-羟基磺酸钠

【知识应用】 α-羟基磺酸钠为无色结晶，易溶于水，但不溶于饱和的亚硫酸氢钠溶液，以结晶析出。所以这个反应可用来鉴别醛、脂肪族甲基酮和 $C_8$ 以下的环酮。生成的 α-羟基磺酸钠遇稀酸或稀碱都可以分解为原来的醛或酮，以此可以分离和提纯醛和酮。

$$\mathrm{R{-}\underset{H(CH_3)}{\overset{OH}{C}}{-}SO_3Na \xrightarrow{稀\ HCl} R{-}\overset{O}{\overset{\|}{C}}{-}H(CH_3) + NaCl + SO_2\uparrow + H_2O}$$

$$\mathrm{R{-}\underset{H(CH_3)}{\overset{OH}{C}}{-}SO_3Na \xrightarrow{稀\ Na_2CO_3} R{-}\overset{O}{\overset{\|}{C}}{-}H(CH_3) + Na_2SO_3 + NaHCO_3}$$

此外，α-羟基磺酸钠与氰化钠或氰化钾水溶液反应，磺酸基可被氰基取代，也可生成 α-羟基腈，这样可避免使用易挥发而又有剧毒的氢氰酸，并且产率也比较高，在有机合成中有着广泛的应用。例如：

$$\mathrm{CH_3{-}\overset{O}{\overset{\|}{C}}{-}H + NaHSO_3 \xrightarrow{稀\ OH^-} CH_3\overset{OH}{\overset{|}{C}}HSO_3Na \xrightarrow{NaCN} CH_3\overset{OH}{\overset{|}{C}}HCN}$$

【例 7-1】 由正己醇氧化制备正己醛时，有少量副产物正己酸，如何提纯产物正己醛。

【解析】 正己酸可与 NaOH 溶液作用生成溶于水的羧酸钠而与中性的正己醛和正己醇分离。正己醛又可与饱和亚硫酸氢钠溶液作用生成白色结晶而与未完全转化的正己醇分离。利用以上性质可提纯正己醛。

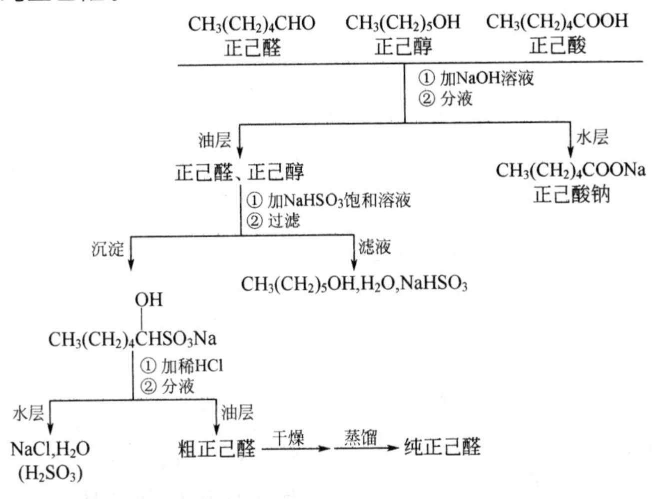


### 3. 与醇加成

在干燥氯化氢气体或其他无水强酸催化下，醛能与一分子醇发生加成反应生成半缩醛，半缩醛不稳定，可以与另一分子醇进一步发生脱水反应生成缩醛。

$$\mathrm{\underset{H}{\overset{R}{>}}C{=}O + H{-}OR' \xrightleftharpoons{干HCl} \underset{H}{\overset{R}{>}}C\underset{OR'}{\overset{OH}{<}} \xrightleftharpoons[干HCl]{R'OH} \underset{H}{\overset{R}{>}}C\underset{OR'}{\overset{OR'}{<}} + H_2O}$$

半缩醛　　　缩醛

上述反应可以看成是一分子醛与两分子醇间脱去一分子水生成缩醛。

$$\mathrm{\underset{H}{\overset{R}{>}}C{=}O + \begin{matrix}H{-}OR'\\H{-}OR'\end{matrix} \xrightleftharpoons{干HCl} \underset{H}{\overset{R}{>}}C\underset{OR'}{\overset{OR'}{<}} + H_2O}$$

缩醛可以看作是一个同碳二元醇的双醚，其化学性质与醚相似，对碱以及氧化剂都非常稳定。但与醚不同的是缩醛在稀酸溶液中很容易水解成原来的醛和醇。例如：

$$CH_3CH(OCH_3)_2 + H_2O \xrightarrow{H^+} CH_3CHO + 2CH_3OH$$

乙醛缩二甲醇

与醛相比，酮和一元醇形成半缩酮或缩酮要困难些，但酮可以和某些二元醇（如乙二醇）反应，生成环状二酮。例如：

$$(CH_3)_2C{=}O + HOCH_2CH_2OH \underset{}{\overset{H^+}{\rightleftharpoons}} (CH_3)_2C\langle \begin{matrix} O-CH_2 \\ O-CH_2 \end{matrix} + H_2O$$

丙酮缩乙二醇

**【知识应用】** 在有机合成中常利用缩醛（酮）的生成和水解来保护比较活泼的羰基，也可用丙酮保护邻二醇结构。

### 4. 与格氏试剂加成

醛和酮能与格氏试剂（RMgX）加成，加成产物水解则生成不同种类的醇。

$$\overset{\delta^+}{C}{=}\overset{\delta^-}{O} + R-MgX \xrightarrow{干醚} \rangle C\langle \begin{matrix} OMgX \\ R \end{matrix} \xrightarrow{H_3^+O} \rangle C\langle \begin{matrix} OH \\ R \end{matrix}$$

**【知识应用】** 实验室常用此法制备醇。醛和酮与格氏试剂（RMgX）加成，可生成比原来醛或酮增加了碳原子的醇，这是增长碳链的重要方法。其中，格氏试剂与甲醛反应可得伯醇，与其他醛反应可得仲醇，与酮反应则得叔醇。例如：

$$HCHO + C_6H_5MgCl \xrightarrow{干醚} H-CH_2(OMgCl)-C_6H_5 \xrightarrow{H_3^+O} C_6H_5CH_2OH$$

苯甲醇（90%）

（伯醇）

$$CH_3CHO + CH_3CH(MgBr)CH_3 \xrightarrow{干醚} CH_3CH(OMgBr)CH(CH_3)_2 \xrightarrow{H_3^+O} CH_3CH(OH)CH(CH_3)_2$$

3-甲基-2-丁醇（53%～54%）

（仲醇）

$$(C_6H_5)_2C{=}O + C_6H_5MgBr \xrightarrow{干醚} (C_6H_5)_3C-OMgBr \xrightarrow{NH_4Cl, H_2O} (C_6H_5)_3C-OH$$

三苯甲醇（55%）

（叔醇）

【例 7-2】 用正丙醇及适当的无机试剂为原料合成 $CH_3CH_2CH_2CH(OH)CH_2CH_3$

【解析】 由原料到产物需增加碳原子，此题使用格氏试剂是最方便的增长碳链的方法。合成产物是仲醇，可由格氏试剂与醛反应制得。

用“切断法”把被合成化合物分成两部分。共有两种切断方式，根据所给原料按方法①切断较好。

$$CH_3CH_2CH_2 \overset{①}{+} CH(OH) \overset{②}{+} CH_2CH_3$$

根据所选择的切断方式再进行倒推，可知合成物可由丙醛和正丙基卤化镁加成而得。

全部合成路线为：

$$CH_3CH_2CH_2OH \xrightarrow[\triangle]{HBr} CH_3CH_2CH_2Br \xrightarrow[干醚]{Mg} CH_3CH_2CH_2MgBr$$

$$CH_3(CH_2)_2OH \xrightarrow[H_2SO_4]{K_2Cr_2O_7} CH_3CH_2CHO \xrightarrow{CH_3(CH_2)_2MgBr} CH_3(CH_2)_2\underset{|}{\overset{OMgBr}{C}}HCH_2CH_3 \xrightarrow{H_3^+O} CH_3(CH_2)_2\overset{OH}{C}HCH_2CH_3$$

由此可见，只要选择适当的原料，除甲醇外几乎所有的醇都可用格氏试剂来合成。而且利用“切断法”同一种醇可用不同的格氏试剂与不同的羰基化合物来合成。

30

30.视频：2，4-二硝基苯肼试验

### 5. 与氨的衍生物加成——缩合反应

氨分子中的氢原子被其他原子或基团取代后生成的化合物叫做氨的衍生物。如羟氨（$NH_2OH$）、肼（$NH_2NH_2$）、苯肼（$NH_2NH-C_6H_5$）、2,4-二硝基苯肼（$NH_2NH-C_6H_3(NO_2)_2$）等都是氨的衍生物。醛、酮可以和氨的衍生物发生加成反应，产物分子内继续脱水得到含有碳氮双键的化合物，分别生成肟、腙、苯腙及2,4-二硝基苯腙。这一反应可用下列通式表示：

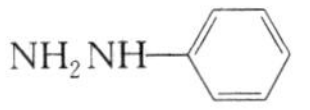

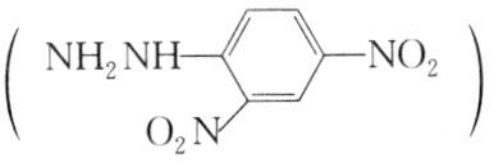

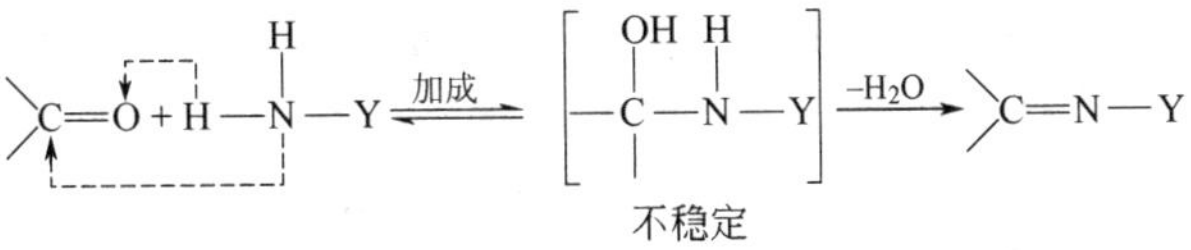

$$>C=O + H-\overset{H}{N}-Y \xrightleftharpoons{加成} \left[-\overset{OH}{C}-\overset{H}{N}-Y\right] \xrightarrow{-H_2O} >C=N-Y$$

不稳定

其中，—Y 可以是—OH、—$NH_2$、—NH—$C_6H_5$、—NH—$C_6H_3(NO_2)_2$（2,4-二硝基苯基）等。

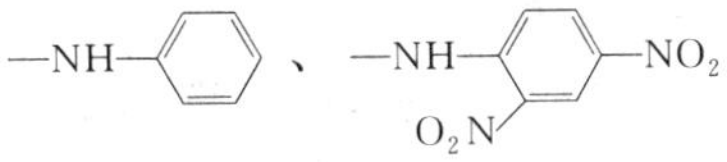

上式也可直接写成：

$$>C=O + H_2N-Y \rightleftharpoons >C=N-Y + H_2O$$

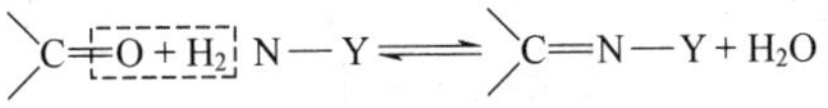

所以醛和酮与氨的衍生物的反应是加成-脱水反应，这一反应又叫做羰基化合物与氨的衍生物的缩合反应。例如：

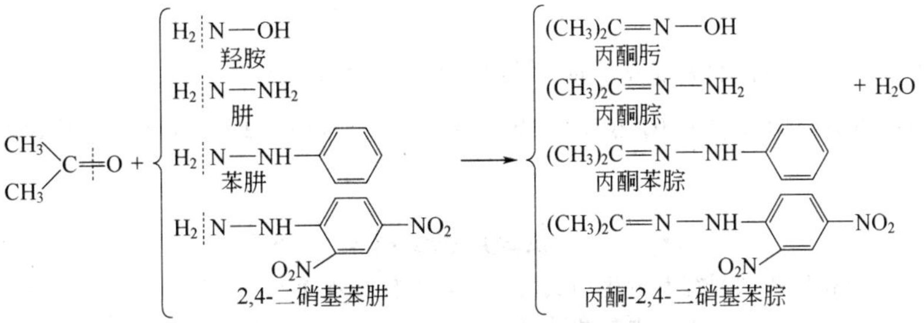

$$(CH_3)_2C=O + \begin{cases} H_2N-OH & 羟胺 \\ H_2N-NH_2 & 肼 \\ H_2N-NH-C_6H_5 & 苯肼 \\ H_2N-NH-C_6H_3(NO_2)_2 & 2,4-二硝基苯肼 \end{cases} \longrightarrow \begin{cases} (CH_3)_2C=N-OH & 丙酮肟 \\ (CH_3)_2C=N-NH_2 & 丙酮腙 \\ (CH_3)_2C=N-NH-C_6H_5 & 丙酮苯腙 \\ (CH_3)_2C=N-NH-C_6H_3(NO_2)_2 & 丙酮-2,4-二硝基苯腙 \end{cases} + H_2O$$

**【知识应用】** 醛和酮与氨的衍生物的缩合产物一般都是具有固定熔点的结晶固体，因此，只要测定反应产物的熔点，就能确定参加反应的醛和酮。醛和酮与2,4-二硝基苯肼作用生成的2,4-二硝基苯腙是黄色晶体，反应明显，便于观察，常被用来鉴别醛和酮。所以上述氨的衍生物又称为羰基试剂。

此外，反应产物在稀酸作用下可分解成原来的醛和酮，因此又可用于醛、酮的分离和提纯。

### *6. 亲核加成反应机理简介

醛和酮分子中的碳氧双键与烯烃分子中的碳碳双键有相似之处，都能够发生一系列加成反应。但由于碳氧双键中的氧原子电负性较大，吸引电子的能力较强，使得羰基为极性键。并且羰基中碳原子与氧原子的活性不同，所以醛、酮的加成和烯烃的加成又有明显的区别。

在羰基中，由于氧原子容纳负电荷的能力强，可以形成较稳定的氧负离子，因此碳氧双键中带正电的碳原子要比带负电的氧原子活泼得多，容易被带有负电荷或带有未共用电子对的基团或分子（即亲核试剂）所进攻。这种由亲核试剂进攻而发生的加成反应叫做亲核加成反应。醛、酮的加成反应都是亲核加成，而烯烃的加成反应是亲电加成。

亲核加成反应的机理如下：

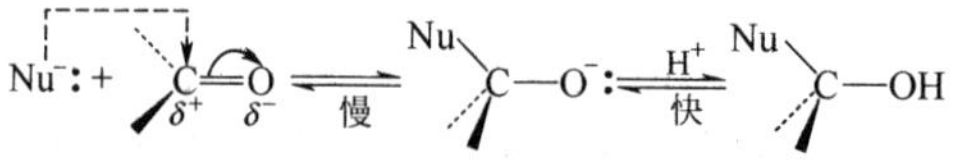

$$Nu^- : + \overset{\delta^+}{C}=\overset{\delta^-}{O} \underset{\text{慢}}{\rightleftharpoons} Nu-C-O^- \underset{\text{快}}{\overset{H^+}{\rightleftharpoons}} Nu-C-OH$$

氧负离子中间体(四面体结构)

亲核试剂首先进攻带有部分正电荷的羰基碳原子，形成氧负离子中间体，此时羰基碳原子由 $sp^2$ 杂化转变为 $sp^3$ 杂化。这一步反应较慢，决定整个加成反应的速率。氧负离子形成后很快与试剂的亲电部分（通常为 $H^+$）结合生成产物。该反应一般受酸、碱催化。

（1）酸催化　在反应体系中加入少量酸，首先使羰基氧原子质子化。

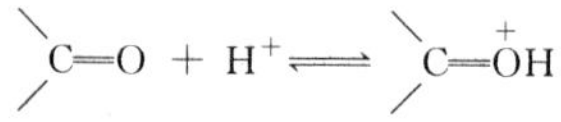

$$>C=O + H^+ \rightleftharpoons >C=\overset{+}{O}H$$

其结果则是增加了羰基碳原子的正电性，使它更容易受亲核试剂进攻，使反应加快。

（2）碱催化　在反应体系中加入少量碱，会增大亲核试剂的活性及浓度，加快反应速率。例如：在氢氰酸与醛和酮的亲核加成反应中，氢氰酸为弱酸，溶液中 $CN^-$ 浓度很低，反应速率很慢，但当加入 1 滴 NaOH 溶液后，反应很快就会完成。原因是碱能促使氢氰酸电离，从而增加了 $CN^-$ 浓度。

$$HCN + OH^- \rightleftharpoons H_2O + CN^-$$

亲核加成反应的难易不仅与试剂的亲核性有关，也与羰基化合物的结构有关。对于同一种亲核试剂，亲核加成反应的难易取决于羰基碳原子所带正电荷的强弱及位阻效应的大小。比较醛和酮羰基加成反应的难易，通常考虑以下两个方面。

① 由于烷基的给电性，羰基上连接的烷基越多，给电性越强，羰基碳原子正电性越小，越不利于亲核试剂的进攻，使得加成反应速率减慢。

② 羰基上连接的烃基越大，则位阻效应越大，亲核试剂就越不容易接近，反应也不易进行。所以在许多亲核加成反应中，酮一般不如醛活泼，酮类中又以甲基酮比较活泼。

综上所述，醛和酮的亲核加成反应活性的次序大致为：

$ClCH_2CHO > HCHO > RCHO > PhCHO > CH_3COCH_3 >$ 环己酮(⬡=O) $> RCOCH_3 > PhCOCH_3 > PhCOPh$（Ph 为苯基）

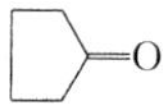

## 思考与练习

7-7　羰基化合物和哪些试剂容易发生加成反应？遵循什么规律？

7-8　在与氢氰酸的加成反应中，丙酮和乙醛哪一个反应比较快？为什么？

7-9　醛和酮与格氏试剂的加成反应主要适用于哪些物质的合成？

7-10　下列化合物哪些能和 HCN 发生加成反应？并写出其反应产物。

（1）$CH_2=CHCH_2CHO$　（2）$CH_3COCH_2CH_3$　（3）HCHO

（4）$CH_3CH_2COCH_2CH_3$　（5）$C_6H_5-CHO$　（6）$C_6H_5-\overset{O}{\overset{\|}{C}}-CH_3$

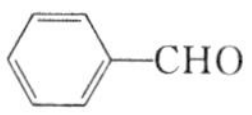

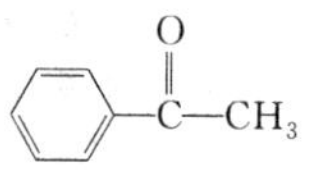

7-11　丙酮中混有少量丙醛，如何提纯丙酮？

7-12　用 $C_3$ 及其以下的醇为原料合成下列化合物。

（1）$(CH_3)_2CH\underset{Cl}{\underset{|}{C}H}CH_2CH_3$　（2）$CH_3(CH_2)_4OH$

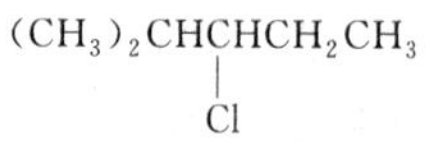

7-13　完成下列反应式，并写出产物的名称。

（1）(环己烯基)—CHO $\xrightarrow[\text{干 HCl}]{2CH_3OH}$ ? $\xrightarrow[Ni]{H_2}$ ? $\xrightarrow[H^+]{H_2O}$ ?

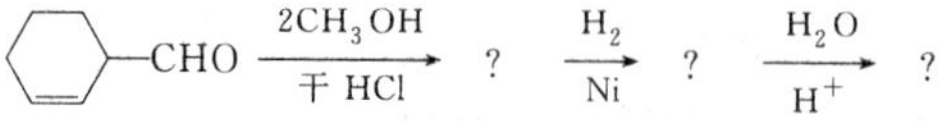

（2）$CH_3CHO + NH_2-OH \longrightarrow ?$

（3）(环己酮)=O $+ NH_2-NH_2 \longrightarrow ?$

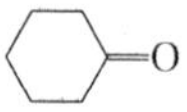

(4) $CH_3-\overset{O}{\overset{\|}{C}}-\overset{O}{\overset{\|}{C}}-CH_3 + 2NH_2-OH \longrightarrow ?$

(5) $HCHO + NH_2-NH-C_6H_5 \longrightarrow ?$

(6) $Cl-C_6H_4-\overset{O}{\overset{\|}{C}}-CH_3 + NH_2-NH-C_6H_3(NO_2)_2 \longrightarrow ?$（2,4-二硝基苯肼：$O_2N$ 位于邻位，$NO_2$ 位于对位）

## 二、α-氢原子的反应

醛和酮α-碳原子上的氢原子因受羰基的吸电子诱导效应和超共轭效应影响而具有较大的活泼性，有成为质子的趋向，可被其他原子或基团取代。因此，也可以说醛和酮的α-氢原子具有酸性。一般简单醛和酮的 $pK_a$ 值为 19～20，比乙炔的酸性（$pK_a=25$）大。

### 1. 卤代与卤仿反应

31

31.视频：碘仿反应

醛和酮分子中的α-氢原子容易被卤素取代，生成α-卤代醛、酮，一卤代醛或酮往往可以继续卤化为二卤代、三卤代产物。例如：

$$CH_3CHO \xrightarrow[H_2O]{Cl_2} CH_2ClCHO \xrightarrow[H_2O]{Cl_2} CHCl_2CHO \xrightarrow[H_2O]{Cl_2} \underset{三氯乙醛}{CCl_3CHO}$$

三氯乙醛的水合物[$CCl_3CH(OH)_2$]又称水合氯醛，具有催眠作用。

这类反应可以被酸或碱所催化，在酸催化下，卤代反应可以控制在生成一卤代物阶段。例如：

$$CH_3-\overset{O}{\overset{\|}{C}}-CH_3 + Br_2 \xrightarrow[65℃]{CH_3COOH} \underset{α-溴丙酮}{CH_3-\overset{O}{\overset{\|}{C}}-CH_2Br} + HBr$$

在碱催化下，卤代反应速率很快，具有 $CH_3-\overset{O}{\overset{\|}{C}}-$ 构造的乙醛、甲基酮一般不易控制在生成一卤代或二卤代物阶段，而是生成同碳三卤代物（$CX_3-\overset{O}{\overset{\|}{C}}-$），而这种三卤代物在碱性溶液中不稳定，立即分解成三卤甲烷（卤仿）和羧酸盐。例如：

$$(H)R-\overset{O}{\overset{\|}{C}}-CH_3 + \underset{(或\ X_2+NaOH)}{3NaOX} \longrightarrow (H)R-\overset{O}{\overset{\|}{C}}-CX_3 + 3NaOH$$

$$(H)R-\overset{O}{\overset{\|}{C}}-CX_3 \xrightarrow{NaOH} (H)RCOONa + CHX_3$$

上式也可直接写成：

$$CH_3-\overset{O}{\overset{\|}{C}}-H(R) + 3NaOX \longrightarrow H(R)COONa + CHX_3 + 2NaOH$$

因为此反应有卤仿生成，所以称为卤仿反应。

次卤酸盐是一种氧化剂，可将醇氧化成相应的醛或酮。因此凡含有 $CH_3\overset{OH}{\overset{|}{C}H}-$ 构造的醇会先被氧化成乙醛或甲基酮再进行卤仿反应。例如：

$$CH_3CH_2OH \xrightarrow{NaOI} CH_3CHO \xrightarrow{NaOI} HCOONa + \underset{碘仿(黄色)}{CHI_3}\downarrow$$

**【知识应用】** 碘仿为黄色晶体，难溶于水，并有特殊气味，容易识别，因此可利用碘仿反应来鉴别乙醛、甲基酮以及含有 $CH_3\overset{OH}{\overset{|}{C}H}-$ 构造的醇。

卤仿反应也是缩短碳链的反应之一，还可用来制备其他方法难于制备的羧酸。例如：

$$\triangleright\!-\overset{O}{\overset{\|}{C}}-CH_3 + Br_2 + NaOH \longrightarrow \triangleright\!-COONa + CHBr_3 \xrightarrow{H^+} \triangleright\!-COOH$$

### 2. 羟醛缩合反应

（1）羟醛缩合　含有 $\alpha$-氢原子的醛在稀碱溶液中相互作用，一分子醛的 $\alpha$-氢原子加到另一分子醛的羰基氧原子上，剩余部分加到羰基碳原子上，生成 $\beta$-羟基醛，因此这个反应称为羟醛缩合。$\beta$-羟基醛在加热下易脱水生成 $\alpha,\beta$-不饱和醛。例如：

$$CH_3-\overset{O}{\overset{\|}{C}}-H + \overset{H}{\overset{|}{C}}H_2CHO \xrightarrow[5℃]{10\%NaOH} \underset{\beta\text{-羟基丁醛}}{CH_3\overset{OH}{\overset{|}{C}}H-\overset{H}{\overset{|}{C}}HCHO} \xrightarrow[\triangle]{-H_2O} \underset{2\text{-丁烯醛(巴豆醛)}}{CH_3CH=CHCHO}$$

$\alpha,\beta$-不饱和醛进一步催化加氢，则得到饱和醇。

$$CH_3CH=CHCHO \xrightarrow[Ni]{H_2} CH_3CH_2CH_2CH_2OH$$

通过羟醛缩合可以合成比原来醛的碳原子数多一倍的醛或醇，在有机合成中具有广泛的应用。

（2）交叉羟醛缩合　两种含有 $\alpha$-氢原子的不同醛之间发生的羟醛缩合反应称为交叉羟醛缩合。产物为 4 种产物的混合物，在有机合成上没有多大实际意义。

如果参与反应的两种醛中有一种为不含 $\alpha$-氢原子的醛，反应时使不含 $\alpha$-氢原子的醛过量，则可得到收率较高的单一产物。例如：苯甲醛和乙醛反应时，把乙醛慢慢地加入到苯甲醛与氢氧化钠的混合溶液中，并控制在低温（0～6℃）反应，则生成的主要产物为肉桂醛。

$$C_6H_5-CHO + CH_3CHO \xrightarrow{\text{稀 }NaOH} \underset{\text{肉桂醛}}{C_6H_5-CH=CH-CHO} + H_2O$$

（3）酮的缩合　含有 $\alpha$-氢原子的酮也能发生类似反应，但反应比醛困难，产率很低。但二羰基化合物能发生分子内的缩合反应，生成环状化合物，可用于 5～7 元环的化合物的合成。该反应在药物合成中有较大的用途。例如：

$$CH_3\overset{O}{\overset{\|}{C}}(CH_2)_2\overset{O}{\overset{\|}{C}}CH_3 \xrightarrow[100℃]{NaOH,H_2O} \text{3-甲基-2-环戊烯酮} + H_2O$$

**【知识应用】** 凡是 $\alpha$-碳原子上有氢原子的 $\beta$-羟基醛、酮都容易失去一分子水，这是因为 $\alpha$-氢原子比较活泼，并且失水后的生成物具有共轭双键，因此比较稳定。

羟醛缩合可以合成比原来醛的碳原子数多一倍的醛或醇，在分子中形成新的碳碳键，是有机合成中增长碳链的重要方法；除乙醛外，由其他醛所得到的羟醛缩合产物，都是在 $\alpha$-碳原子上带有支链的羟醛或烯醛。

还有些含活泼亚甲基的化合物，如丙二酸、丙二酸二甲酯、$\alpha$-硝基乙酸乙酯等，都能与醛、酮发生类似羟醛缩合的反应。

## 三、氧化-还原反应

### 1. 还原反应

（1）还原成醇　醛或酮都能很容易地分别被还原为伯醇或仲醇。

$$R-\overset{O}{\overset{\|}{C}}-H(R') \xrightarrow{[H]} R-\overset{OH}{\overset{|}{C}}H-H(R')$$

在不同的条件下，用不同的试剂可以得到不同的产物。

① 用金属氢化物还原。醛和酮通常选用金属氢化物（如硼氢化钠 $NaBH_4$、硼氢化钾 $KBH_4$、氢化铝锂 $LiAlH_4$）作还原剂，金属氢化物可以使不饱和基团有选择性地被还原。硼氢化物属于比较缓和的还原剂，其活性较小，它只还原醛和酮中的羰基，不影响分子中其他不饱和基团，反应选择性高，还原效果好；氢化铝锂的还原性比硼氢化物要强，不但能还原醛和酮，而且能还原—CN、$—NO_2$、羧酸和酯的羰基等许多不饱和基团。前者可在水或醇溶液中进行，后者通常在无水条件下进行。但是，它们都不能还原碳碳双键和碳碳三键。例如：

$$\text{(2-Cl)}C_6H_4—\overset{O}{\overset{\|}{C}}—CH_2Br \xrightarrow[25℃,5h]{KBH_4,CH_3OH} \text{(2-Cl)}C_6H_4—\overset{OH}{\overset{|}{C}H}—CH_2Br$$

1-邻氯苯基-2-溴乙醇

1-邻氯苯基-2-溴乙醇是合成药物邻氯喘息定的中间体。

② 催化加氢。醛和酮的还原还可采用催化加氢的方法。铂、钯、兰尼镍、$CuO\text{-}CrO_3$ 等是常用的催化剂。醛和酮催化加氢的产率高，后处理简单，但是催化剂较贵，并且如果分子中还有其他不饱和基团，也将同时被还原，此法常用来制备饱和醇。例如：

$$C_6H_5—CH{=}CHCHO \xrightarrow[Ni]{H_2} C_6H_{11}—CH_2CH_2CH_2OH$$

（2）还原成烃　醛和酮可以被还原成烃，常用的还原方法有以下两种。

① 克莱门森（Clemmensen）还原。醛或酮与锌汞齐和浓盐酸共热，羰基可直接还原成亚甲基，这个反应称为克莱门森还原。该反应中间并不经过醇的阶段，反应最后直接生成亚甲基。这个还原反应对直链烷基苯的合成具有重要的意义。例如：

$$C_6H_6 + CH_3(CH_2)_{16}COCl \xrightarrow{AlCl_3} C_6H_5—CO(CH_2)_{16}CH_3 \xrightarrow[\triangle]{Zn\text{-}Hg,浓\ HCl} C_6H_5—(CH_2)_{17}CH_3$$

（不发生重排）　　十八烷基苯(77%)

② 沃尔夫（Wolff）-凯惜纳（Kishner）-黄鸣龙还原。醛或酮与水合肼在高沸点溶剂（如二甘醇、三甘醇等）中与碱共热，羰基被还原成亚甲基。这一反应最初由德国人沃尔夫和俄国人凯惜纳共同发现，后经我国化学家黄鸣龙改进了反应条件，所以称为沃尔夫-凯惜纳-黄鸣龙还原法。例如：

$$CH_3CONH—C_6H_4—\overset{O}{\overset{\|}{C}}CH_2CH_2COOH \xrightarrow[二甘醇,140\sim160℃]{H_2NNH_2,KOH} CH_3CONH—C_6H_4—(CH_2)_3COOH$$

4-乙酰氨苯基丁酸

4-乙酰氨苯基丁酸是制备抗癌药物苯丁酸氮芥的中间体。

以上两种反应都是把羰基还原成亚甲基的反应。但克莱门森反应是在强酸条件下进行的，不适用于对酸敏感的化合物。而沃尔夫-凯惜纳-黄鸣龙反应是在强碱条件下进行的，不适用于对碱敏感的化合物。这两种还原法，可以互相补充，根据反应物分子中所含其他基团对反应条件的要求，选择使用。

**【知识应用】** 利用以上反应可以将醛、酮还原成醇或烃等一系列化合物。值得注意的是，当醛和酮中不饱和基团有选择性地被还原时，不能采用或不能直接采用催化加氢的方法。

**2. 氧化反应**

醛和酮的化学性质在以上许多反应中基本相同，但在氧化反应中却差别较大。因为醛的羰基碳原子上连接的氢原子，易被氧化。不仅强氧化剂，即使弱的氧化剂也可以将醛氧化成相同碳原子数的羧酸。而酮却不能被弱氧化剂氧化，但在强氧化剂（如重铬酸钾加浓硫酸）存在下，会发生碳链断裂，生成碳原子数较少的羧酸混合物。

32.视频：与费林试剂反应

因此，可以利用弱氧化剂来区别醛和酮。常用的弱氧化剂有托伦试剂、费林试剂和本尼迪特试剂。

(1) 与托伦(Tollen)试剂反应　托伦试剂是硝酸银的氨溶液，具有较弱的氧化性。它与醛共热时，醛被氧化为羧酸，同时 $Ag^+$ 被还原成金属 Ag 析出。如果反应器壁非常洁净，会在容器壁上形成光亮的银镜，因此这一反应又称为银镜反应。

$$RCHO + \underset{(无色)}{2[Ag(NH_3)_2]OH} \xrightarrow[水浴]{\triangle} RCOONH_4 + \underset{银镜}{2Ag\downarrow} + 3NH_3\uparrow + H_2O$$

托伦试剂不能氧化碳碳双键和碳碳三键，选择性较好。例如，工业上用它来氧化巴豆醛制取巴豆酸。

$$CH_3CH{=}CHCHO \xrightarrow{[Ag(NH_3)_2]OH} \underset{巴豆酸}{CH_3CH{=}CHCOOH}$$

(2) 与费林(Fehling)试剂反应　费林试剂是由硫酸铜与酒石酸钾钠的碱溶液等体积混合而成的蓝色溶液。其中起氧化作用的是二价铜离子，费林试剂能将脂肪醛氧化成脂肪酸，同时二价铜离子被还原成砖红色的氧化亚铜沉淀。但费林试剂不能氧化芳香醛，因此可用与费林试剂的反应来区别脂肪醛和芳香醛。

$$RCHO + \underset{(蓝色)}{2Cu^{2+}} + OH^- + H_2O \xrightarrow{\triangle} RCOO^- + \underset{(砖红色)}{Cu_2O\downarrow} + 4H^+$$

甲醛的还原性较强，与费林试剂反应可生成铜镜，可以此性质鉴别甲醛和其他醛类。

$$HCHO + Cu^{2+} + OH^- \xrightarrow{\triangle} HCOO^- + Cu\downarrow + 2H^+$$

(3) 与本尼迪特(Benedict)试剂反应　本尼迪特试剂是由硫酸铜、碳酸钠和柠檬酸钠组成的溶液。它也是一种弱氧化剂，该试剂与醛的作用原理和费林试剂相似，临床上常用它来检查尿液中的葡萄糖。

**【知识应用】** 醛和酮最大的差异表现在氧化反应上，醛易被氧化，而酮和弱的氧化剂(托伦试剂、费林试剂等)不发生反应，因此在有机分析中利用托伦试剂和费林试剂来区别醛和酮。费林试剂还可以区别脂肪醛与芳香醛，还可以进一步鉴定甲醛。

在有机合成中，托伦试剂和费林试剂又是很好的选择性氧化剂，可以制备不饱和酸及羟基酸等化合物。银镜反应在工业上主要用于制镜工业。

**3. 康尼扎罗(Cannizzaro)反应**

不含 $\alpha$-氢原子的醛在浓碱溶液作用下，可以发生自身的氧化还原反应。一分子醛被还原成醇，另一分子醛被氧化成羧酸，此反应叫做康尼扎罗反应，又叫歧化反应。例如：

$$2\,C_6H_5\text{—}CHO \xrightarrow[②\ H^+]{①\ 浓\ NaOH} \underset{苯甲酸}{C_6H_5\text{—}COOH} + \underset{苯甲醇}{C_6H_5\text{—}CH_2OH}$$

两种不含 $\alpha$-氢原子的醛在浓碱的作用下，也能发生歧化反应(交叉歧化反应)，但产物相当复杂。若两种醛之一为甲醛，由于甲醛的还原性较强，则反应结果总是另一种无 $\alpha$-氢原子的醛被还原成相应的醇，而甲醛被氧化成甲酸(盐)。该反应在有机合成上具有重要的意义。例如，工业上用甲醛和乙醛为原料制取季戊四醇：

交叉羟醛缩合反应

$$3HCHO + CH_3CHO \xrightarrow[15\sim16℃]{25\%Ca(OH)_2} HOCH_2\text{—}C(CH_2OH)_2\text{—}CHO$$

交叉歧化反应

$$HOCH_2\text{—}C(CH_2OH)_2\text{—}CHO + HCHO \xrightarrow[55\sim60℃]{Ca(OH)_2} \underset{季戊四醇}{HOCH_2\text{—}C(CH_2OH)_2\text{—}CH_2OH} + \frac{1}{2}(HCOO)_2Ca$$

季戊四醇是白色或淡黄色的粉末状固体，它的硝酸酯（即季戊四醇硝酸酯）是一种心血管扩张药物。

## 思考与练习

7-14 判断正误。

（1）费林试剂不能氧化芳香醛，所以费林试剂不能氧化苯乙醛。

（2）在一定条件下，能发生银镜反应的有机物一定是醛类。

（3）缩醛反应就是醛之间的缩合反应。

（4）凡是甲基酮都能与亚硫酸氢钠的饱和溶液发生加成反应。

7-15 下列化合物哪些能发生碘仿反应？哪些能与饱和 $NaHSO_3$ 发生加成反应？

（1）$CH_3CHO$　（2）HCHO　（3）环己酮（$C_6H_{10}$=O）　（4）$CH_3CH_2\overset{O}{\overset{\|}{C}}CH_2CH_3$

（5）$C_6H_5-\overset{O}{\overset{\|}{C}}-CH_3$　（6）$CH_3\overset{O}{\overset{\|}{C}}C(CH_3)_3$　（7）$C_6H_5-\overset{OH}{\overset{|}{C}H}-CH_3$　（8）$C_6H_5-CHO$

7-16 乙醛与下列哪种试剂能发生反应？并写出反应方程式。

（1）HCN　（2）$H_2NNH_2$　（3）$CH_3CHO$，稀 NaOH　（4）NaOI　（5）$CH_3OH$，HCl

（6）$[Ag(NH_3)_2]OH$　（7）$LiAlH_4$　（8）$CH_3MgCl$　（9）饱和 $NaHSO_3$　（10）$Br_2/CCl_4$

7-17 下列哪些化合物在稀碱溶液中能发生羟醛缩合反应？并写出反应方程式。

（1）$CH_3CHO$　（2）HCHO　（3）$(CH_3)_2CHCHO$

7-18 用化学方法鉴别下列各组化合物。

（1）乙醇　正丙醇　丙酮　（2）丙醛　丁酮　3-戊烯-2-酮

（3）甲醛　乙醛　丙醛　丙酮　（4）苯乙酮　苯甲醛　正戊醛

7-19 完成下列反应式。

（1）$2HCHO \xrightarrow[\text{② } H^+]{\text{① 浓 NaOH}} ?$

（2）$\text{环己烯基}-CHO \xrightarrow[Ni]{H_2} ?$

（3）$C_6H_5-\overset{O}{\overset{\|}{C}}CH_2CH{=}CH_2 \xrightarrow{LiAlH_4} ?$

（4）$\text{环己酮} \xrightarrow[(HOCH_2CH_2)_2O,\ \triangle]{H_2NNH_2,\ KOH} ?$

（5）$C_6H_6 + CH_3(CH_2)_2COCl \xrightarrow{AlCl_3} ? \xrightarrow[\triangle]{\text{Zn-Hg，浓 HCl}} ?$

# 第五节　重要的醛和酮

## 一、甲醛

甲醛俗称蚁醛，在常温下是无色的有特殊刺激气味的气体，沸点为－21℃，易燃，与空气混合后遇火爆炸，爆炸范围为7%～77%(体积分数)。

甲醛易溶于水，它的31%～40%水溶液（常含8%甲醇作稳定剂）称为福尔马林，常用作消毒剂和防腐剂，也可用作农药防止稻瘟病。甲醛溶液能使蛋白质变性，致使细菌死亡，因而有消毒、防腐作用。甲醛有毒，对眼黏膜、皮肤都有刺激作用，过量吸入蒸气会引起中毒。

甲醛与氨作用，可得六亚甲基四胺，俗称乌洛托品（Urotropine）。

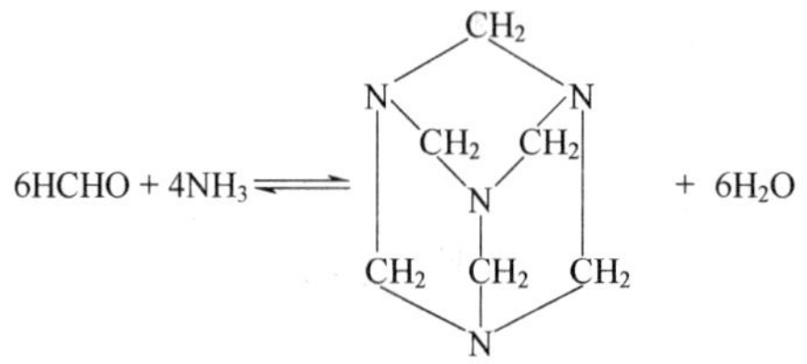

$$6HCHO + 4NH_3 \rightleftharpoons (CH_2)_6N_4 + 6H_2O$$

六亚甲基四胺(乌洛托品)

乌洛托品是溶于水的无色晶体，熔点为263℃，具有甜味。在医药上用作利尿剂和尿道杀菌剂。

甲醛是一种非常重要的化工原料，大量用于生产酚醛树脂、季戊四醇、乌洛托品以及其他医药及染料。

## 二、丙酮

丙酮是无色、易燃、易挥发的具有清香气味的液体，沸点为56℃，在空气中的爆炸极限为2.55%～12.80%(体积分数)。

丙酮是常用的有机溶剂，能溶解油脂、树脂、蜡和橡胶等许多物质。丙酮也是各种维生素和激素生产过程中的萃取剂。

丙酮具有典型的酮的化学性质，是重要的有机化工原料，可用来制造环氧树脂、有机玻璃、氯仿等。

糖尿病患者由于新陈代谢紊乱，体内有过量的丙酮生成，可呼吸呼出或随尿排出。

## 三、麝香酮

麝香酮的化学名称为3-甲基环十五酮，属脂环酮。其构造式为：

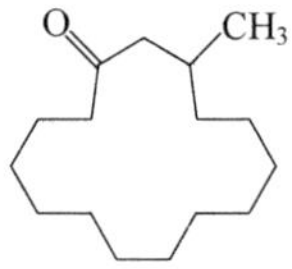

（3-甲基环十五酮构造式：十五元环，C=O，相邻碳上连 $CH_3$）

麝香酮为油状液体，具有麝香香味，沸点为328℃，微溶于水，能与乙醇混溶。它主要存在于天然麝香中，麝香是一种名贵的中药。麝香酮具有扩张冠状动脉，增加冠脉血流量的药理作用，用于各种类型心绞痛的治疗，现可由人工合成。

## 四、鱼腥草素

鱼腥草素的化学名称为癸酰乙醛。其构造式为：

$$CH_3(CH_2)_8-\overset{O}{\overset{\|}{C}}-CH_2-\overset{O}{\overset{\|}{C}}-H$$

鱼腥草素是从天然植物鱼腥草（别名蕺菜）中提取出的主要有效成分，为黄色油状液体，冷至6～8℃固化，不溶于水，溶于乙醇、乙醚及5%氢氧化钠溶液。鱼腥草素极易聚合，与 $FeCl_3$ 反应呈红色。

鱼腥草素具有清热解毒、抗菌、抗病毒、提高机体免疫力、利尿等作用，医药上常用它制成中成药制剂——鱼腥草注射液。

鱼腥草素的亚硫酸氢钠加成物——癸酰乙醛合亚硫酸氢钠（也叫鱼腥草素钠）是一种合成制剂，在医药上用途甚广。该物质为白色鳞片状或针状结晶，遇水有特殊的鱼腥臭，熔点为164～167℃，能溶于水、乙醇，在氯仿或苯中几乎不溶。

$$CH_3(CH_2)_8-\overset{O}{\overset{\|}{C}}-CH_2-\overset{OH}{\overset{|}{C}}HSO_3Na$$

癸酰乙醛合亚硫酸氢钠(鱼腥草素钠)

鱼腥草素钠片对流感杆菌、结核杆菌等有一定的抑制作用，主要用于慢性支气管炎、小儿肺炎及其他上呼吸道感染等疾病的治疗。

# *第六节　醌

## 一、醌的构造、分类和命名

醌是一类共轭的环状二酮。通常把具有环己二烯二酮构造的一类有机化合物称为醌。

按醌分子中所含的芳环结构，可分为苯醌、萘醌、蒽醌、菲醌。

一般是把醌作为芳烃的衍生物来命名的。两个羰基的位置可用阿拉伯数字标明，也可用邻、对或 $\alpha$、$\beta$ 标明并写在醌名称前面。例如：

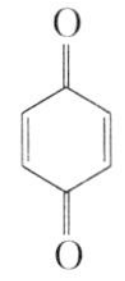

对苯醌(1,4-苯醌) 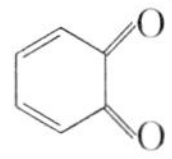　　邻苯醌(1,2-苯醌)　　$\alpha$-萘醌(1,4-萘醌)

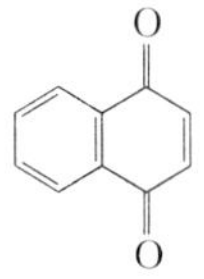

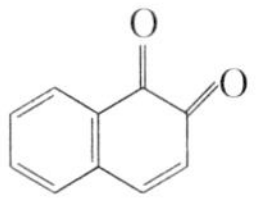

$\beta$-萘醌(1,2-萘醌) 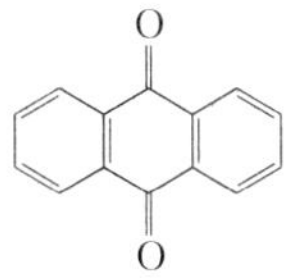　　9,10-蒽醌 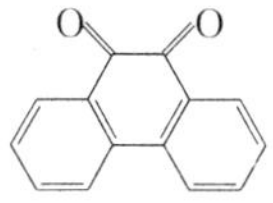　　9,10-菲醌

通常把 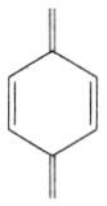　或 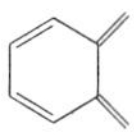　这种构造叫做醌型构造。具有醌型构造的化合物通常具有颜色，对位醌多呈黄色，邻位醌多呈红色或橙色。

## 二、重要的醌——维生素 K

醌广泛存在于一些天然植物中，如维生素 K。维生素 K 并非是单一的物质，而是由一组具有醌类结构的化合物所组成。它包括维生素 $K_1$、$K_2$、$K_3$、$K_4$ 等一系列化合物。

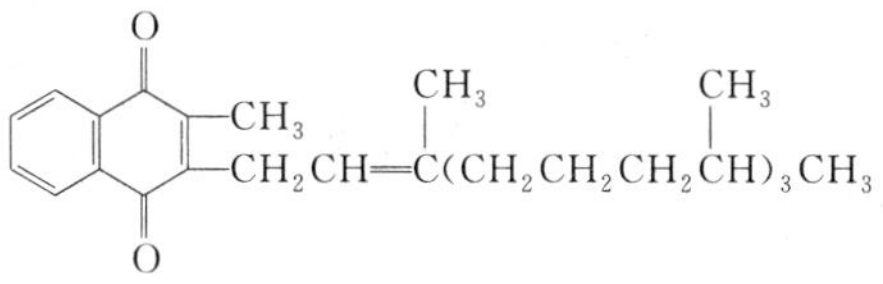

$-CH_3$, $-CH_2CH{=}C(CH_3)(CH_2CH_2CH_2CH(CH_3))_3CH_3$

维生素 $K_1$

$-CH_3$, $-(CH_2CH{=}C(CH_3)CH_2)_5CH_2CH{=}C(CH_3)CH_3$

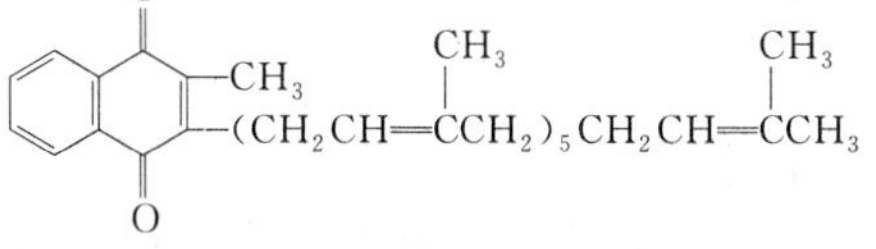

维生素 $K_2$

维生素 $K_1$ 为黄色油状液体，不溶于水，易溶于乙醇、丙酮、苯、乙醚等有机溶剂。其熔点为$-21$℃，在碱性条件下容易分解。维生素 $K_2$ 为黄色晶体，主要由肠道中的细菌合成，来源于微生物。维生素 $K_1$ 及 $K_2$ 广泛存在于自然界中，其中以绿色植物（如苜蓿、菠菜、圆白菜等）、海藻类、肉类、蛋黄、肝脏等含量丰富。维生素 $K_1$ 与 $K_2$ 的主要作用是促进血液正常的凝固，所以可用作止血剂。

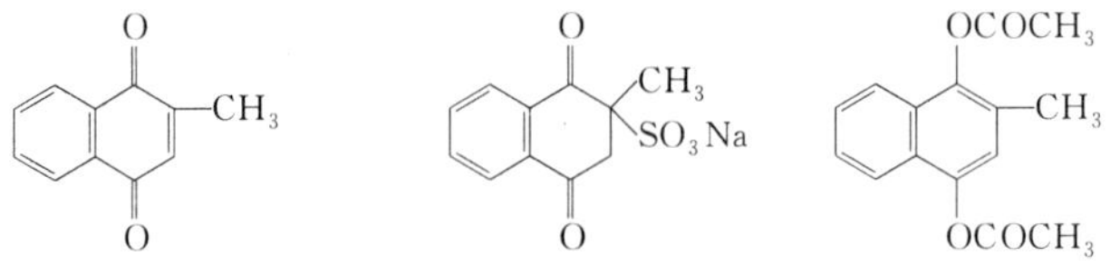
O
CH3
O
O
CH3
SO3Na
O
OCOCH3
CH3
OCOCH3

维生素 $K_3$(2-甲基-1,4-萘醌)　　甲萘醌亚硫酸氢钠　　维生素 $K_4$

维生素 $K_3$ 是黄色结晶，熔点为 105～107℃，难溶于水，可溶于植物油或其他有机溶剂，维生素 $K_3$ 是根据天然维生素 K 的化学结构用人工方法合成的抗凝血剂药物，可由 2-甲基萘经缓和氧化制得。医药上常使用它和亚硫酸氢钠的加成产物——甲萘醌亚硫酸氢钠。该物质为白色结晶粉末，有吸湿性，溶于水、乙醇，几乎不溶于乙醚。

维生素 $K_4$ 是白色或微黄色结晶性粉末，无臭或微带有乙酸臭味，熔点为 112～114℃，不溶于水，溶于沸腾的乙醇。其药理作用与维生素 $K_3$ 类似。

经常食用富含维生素 K 的食品可强化骨骼及预防骨质疏松症。儿童缺乏维生素 K 会导致小儿慢性肠炎。

## 思考与练习

7-20　写出下列化合物的构造式。

(1) 四氯对苯醌　　(2) 2-甲基-9,10-蒽醌

(3) 邻苯醌　　(4) 1,2-萘醌

(5) 维生素 $K_3$　　(6) 9,10-菲醌

## 【知识拓展】

### 第一种人工合成的高分子——酚醛树脂

一、概述

酚醛树脂是人类最早合成的一类高分子。早在 1909 年，美国人贝克兰在用苯酚和甲醛来合成树脂方面，做出了突破性的进展，取得第一个热固性树脂——酚醛树脂的专利权。1910 年在柏林吕格斯工厂建立通用酚醛树脂公司，实现了工业生产。

酚醛树脂（phenol-formaldehyde resin），简称 PF，俗称电木，又称电木粉。其成品为浅黄色的透明物，不溶于水，溶于乙醇和酮等有机溶剂。酚醛树脂是以酚类化合物与醛类化合物缩聚而成的。其中，以苯酚和甲醛缩聚制得的酚醛树脂最为重要，应用最广。

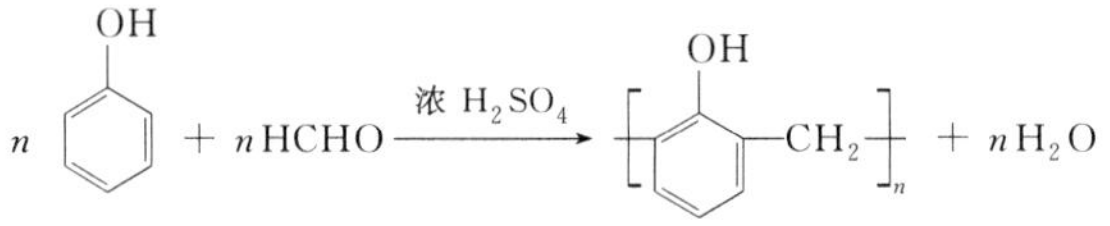
OH
n
+ nHCHO
浓 H2SO4
OH
CH2
n
+ nH2O

二、酚醛树脂的重要性能及应用

1. 耐高温性能

酚醛树脂最重要的特征就是耐高温性，即使在非常高的温度下，也能保持其结构的整体性和尺寸的稳定性。正因为这个原因，酚醛树脂才被应用于一些高温领域，如耐火材料、摩擦材料、黏结剂和铸造行业。

2. 黏结强度

酚醛树脂是一种多功能、与各种各样的有机和无机填料都能相容的物质。因此，酚醛树脂一个重要的应用就是作为黏结剂。水溶性酚醛树脂或脂溶性酚醛树脂被用来浸渍纸、棉布、玻璃、石棉和其他类似的物质为它们提供机械强度、电性能等。例如，用于电绝缘和机械层压制造、离合器片和汽车滤清器用滤纸。

3. 高残碳率

在温度约为1000℃的惰性气体条件下，酚醛树脂会产生很高的残碳，这有利于维持酚醛树脂的结构稳定性。酚醛树脂的这种特性，也是它能用于耐火材料领域的一个重要原因。

4. 低烟低毒

与其他树脂系统相比，酚醛树脂系统具有低烟低毒的优势。在燃烧的情况下，用科学配方生产出的酚醛树脂系统，将会缓慢分解产生氢气、水蒸气和碳氧化物。分解过程中所产生的烟相对少，毒性也相对低。这些特点使酚醛树脂适用于公共运输和安全要求非常严格的领域，如矿山、防护栏和建筑业等。

5. 耐化学腐蚀性能

交联后的酚醛树脂几乎可以抵制任何化学物质的分解，具有良好的耐酸、耐碱及耐油性能，广泛应用于防腐蚀工程、阻燃材料等。

6. 热处理

热处理会提高固化树脂的玻璃化温度，可以进一步改善树脂的各项性能。酚醛树脂最初的玻璃化温度与在最初固化阶段所用的固化温度有关。热处理过程可以提高交联树脂的流动性促使反应进一步发生，同时也可以除去残留的挥发酚，降低收缩，增强尺寸稳定性、硬度和高温强度。

三、酚醛树脂的未来发展

1. 绿色酚醛树脂的研究

酚醛树脂的生产和使用会给环境带来一定程度的污染，影响整个生态环境，然而注意及加强治理污染，包括废水处理和废旧酚醛树脂产品及其复合材料的循环利用，可使酚醛树脂健康而快速发展。

2. 酚醛树脂的最新发展及展望

有关酚醛树脂的开发和研究工作，主要围绕着增强、阻燃、低烟以及成型适用性方面开展，向功能化、精细化发展，各国科学家都以高附加值的酚醛树脂材料为研究开发对象。

3. 不含甲醛的环保型新酚树脂

新酚树脂（xylok）是由苯酚和芳烷基醚通过缩合反应而产生的，新酚树脂具有良好的力学性能及耐热性能，广泛应用于金刚石制品、砂轮片制造等行业。新酚树脂还具有黏结力强、化学稳定性好、耐热性高、硬化时收缩小、制品尺寸稳定等优点。其黏结强度比酚醛树脂提高20%以上，耐热性提高100℃以上。另外，新酚树脂制品可在250℃下长期使用，并耐湿、耐碱。

## 习　　题

**1. 填空题**

（1）醛和酮都是含有__________官能团的化合物，醛的官能团是__________，酮的官能团是__________，同碳数的醛和酮互为____________异构体。

（2）醛和酮的沸点低于分子量相近的醇，这是因为醛、酮分子间不能形成__________的缘故，但它们的沸点又比相应烷烃和醚的高，这是因为醛、酮分子的________大于烷烃和醚。

（3）甲醛又名__________，它的37%～40%的水溶液称为__________，广泛用作消毒剂和__________剂。

（4）醛、酮羰基上的加成属于__________反应历程，羰基碳原子正电性越_______，反应越容易进行。

（5）只氧化醛基不氧化碳碳双键的氧化剂是__________，只还原羰基不还原碳碳双键的还原剂是__________，既还原羰基又还原碳碳双键的方法是____________。

（6）常用__________试剂来鉴定羰基结构；能发生碘仿反应的是具有_____或_____结构的物质；______________酮不与饱和 $NaHSO_3$ 作用；________醛不与费林试剂反应；托伦试剂常用来鉴

别____________。

（7）在有机合成中，醛（酮）与醇加成生成缩醛（酮）的反应，常用来保护________官能团。

（8）在本章中增长碳链的两条重要途径分别是____________和____________。

**2. 选择题**

（1）茉莉醛具有浓郁的茉莉花香，其构造式为：

关于茉莉醛的下列叙述中错误的是（　　）。

A. 又名 $\alpha$-戊基肉桂醛，属于 $\alpha,\beta$ 不饱和醛

B. 可以发生康尼扎罗反应

C. 可以发生自身的羟醛缩合反应

D. 广泛应用于各类日化香精，调配茉莉、铃兰、紫丁香等，用作茉莉香型香精的重要成分，也用于紫丁香、风信子等的调合香料及皂用香料

（2）下列化合物既能发生碘仿反应，又能与饱和 $NaHSO_3$ 溶液加成的是（　　）。

A. 苯乙酮　　B. 苯甲醛　　C. 三氯乙醛　　D. 丙酮

（3）仲醇用催化脱氢的方法氧化可得到（　　）。

A. 烯烃　　B. 醛　　C. 酮　　D. 羧酸

（4）下列化合物中难发生自身聚合反应的是（　　）。

A. 乙烯　　B. 甲醛　　C. 乙醛　　D. 丙酮

（5）下列化合物中还原性最强的是（　　）。

A. 苯甲醛　　B. 乙醛　　C. 甲醛　　D. 叔丁基甲醛

（6）检查糖尿病患者从尿中排出的丙酮，可以采用的方法是（　　）。

A. 与 NaCN 和硫酸反应　　B. 与格氏试剂反应

C. 在干燥 HCl 存在下与乙醇反应　　D. 与碘的 NaOH 溶液反应

（7）2,3-二甲基-2-丁醇由下列（　　）方法合成。

A. $CH_3-\overset{O}{\overset{\|}{C}}-CH_3 + CH_3\underset{CH_3}{\underset{|}{C}}HMgBr$

B. $CH_3-\overset{O}{\overset{\|}{C}}-CH_2CH_3 + CH_3\underset{CH_3}{\underset{|}{C}}HMgBr$

C. $CH_3-\overset{O}{\overset{\|}{C}}-CH_2CH_3 + CH_3CH_2MgBr$

D. $CH_3CH_2CHO + (CH_3)_2CHMgBr$

（8）在少量干燥氯化氢作用下，下列各组物质能进行缩合反应的是（　　）。

A. 乙醇与乙醛　　B. 甲醛与乙醛　　C. 丙酮与丙醇　　D. 乙酸与乙醛

**3. 完成下列化学反应式。**

（1）$2CH_3CHO \xrightarrow{稀\ OH^-} ? \xrightarrow{\triangle} ? \xrightarrow{[Ag(NH_3)_2]OH} ?$

（2）$C_6H_6 \xrightarrow[Fe]{Br_2} ? \xrightarrow[干醚]{Mg} ? \xrightarrow{C_6H_5CHO} ? \xrightarrow[H^+]{H_2O} ?$

（3）$C_5H_9OH \xrightarrow[H^+]{K_2Cr_2O_7} ? \xrightarrow{NaHSO_3} ? \xrightarrow{稀\ HCl} ?$

（4）$CH_3C\equiv CH + H_2O \xrightarrow[H_2SO_4]{HgSO_4} ? \xrightarrow[NaOH]{I_2} ? + ?$

（5）$(CH_3)_3CCHO + HCHO \xrightarrow[②\ H^+]{①\ 浓\ NaOH} ? + ?$

（6）$C_6H_5OH \xrightarrow[Ni]{H_2} ? \xrightarrow[H^+]{K_2Cr_2O_7} ? \xrightarrow{H_2NNH_2} ?$

（7）$C_6H_6 + CH_3COCl \xrightarrow{AlCl_3} ? \xrightarrow[浓\ HCl]{Zn\text{-}Hg} ?$

(8) $CH_2{=}CH_2 \xrightarrow{?} CH_3CH_2OH \xrightarrow[\text{干 HCl}]{CH_3CHO} ?$

**4. 在下列反应式中，填上适当的还原剂。**

(1) 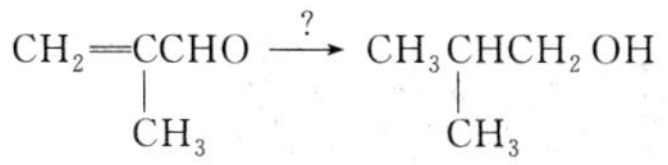 $CH_2{=}C(CH_3)CHO \xrightarrow{?} CH_3CH(CH_3)CH_2OH$

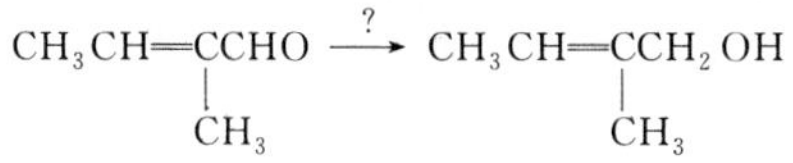

(2) $CH_3CH{=}C(CH_3)CHO \xrightarrow{?} CH_3CH{=}C(CH_3)CH_2OH$

(3) $C_6H_5{-}CH_2COCH_3 \xrightarrow{?} C_6H_5{-}CH_2CH_2CH_3$

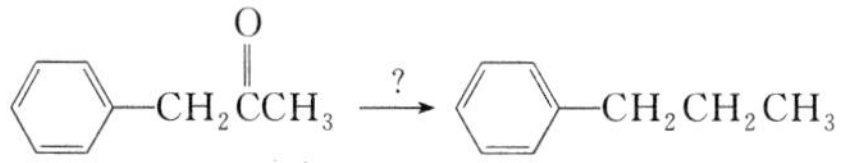

(4) 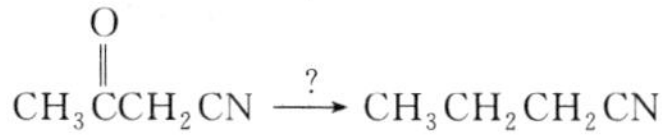 $CH_3COCH_2CN \xrightarrow{?} CH_3CH_2CH_2CN$

(5) 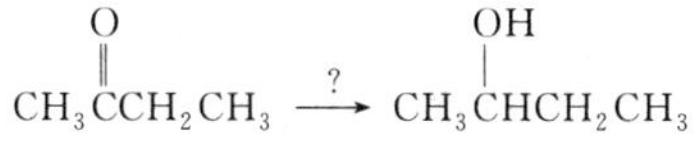 $CH_3COCH_2CH_3 \xrightarrow{?} CH_3CH(OH)CH_2CH_3$

**5. 设计并说明**

(1) 试设计一个最简便的化学方法，帮助某工厂分析其排出的废水中是否含有醛类，是否含有甲醛？并说明理由。

(2) 苯乙炔在催化剂 $HgSO_4$ 和稀 $H_2SO_4$ 作用下发生水解反应，反应完毕，反应混合物中除产物外还有少量未反应的原料。试设计一个将产物分离和提纯的实验，写出实验步骤，并写出各步反应式。

**6. 用指定原料合成下列化合物**（其他无机试剂任选）。

(1) $CH_2{=}CH_2 \longrightarrow CH_3CH_2CH_2CH_2OH$

(2) 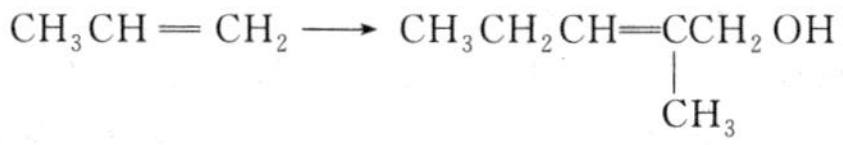 $CH_3CH{=}CH_2 \longrightarrow CH_3CH_2CH{=}C(CH_3)CH_2OH$

(3) $CH_3CH{=}CH_2 \longrightarrow CH_3CH_2CH(OH)CH(CH_3)CH_3$

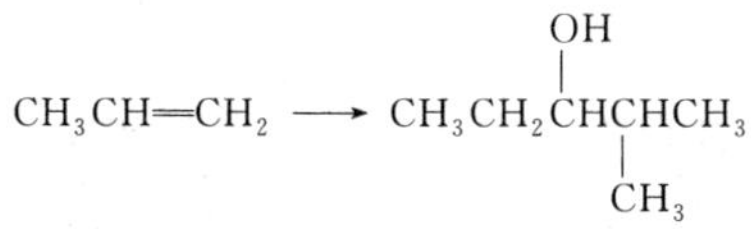

(4) 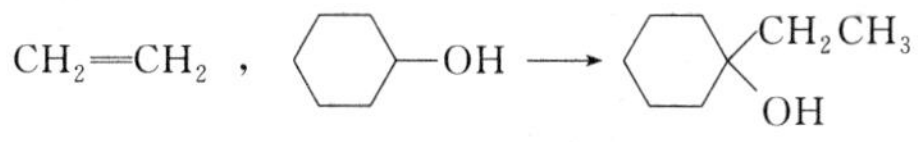 $CH_2{=}CH_2$，环己醇（$C_6H_{11}{-}OH$）$\longrightarrow$ 1-乙基环己醇（环己烷环上同一碳连 $CH_2CH_3$ 和 OH）

(5) 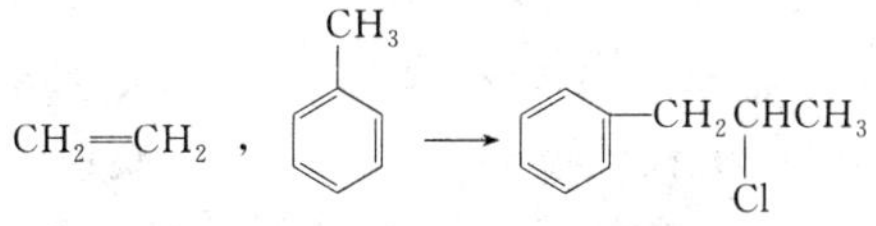 $CH_2{=}CH_2$，甲苯（$C_6H_5CH_3$）$\longrightarrow C_6H_5{-}CH_2CH(Cl)CH_3$

**7. 推断结构**

(1) 某化合物 A 的分子式是 $C_6H_{14}O$，能发生碘仿反应，被氧化后的产物能与 $NaHSO_3$ 饱和溶液反应，A 用浓硫酸加热脱水得到 B。B 经高锰酸钾氧化后生成两种产物：一种产物能发生碘仿反应；另一种产物为乙酸。写出 A、B 的构造式，并写出各步反应式。

(2) 某化合物 A 的分子式是 $C_8H_{14}O$，A 可使溴水迅速褪色，可与苯肼作用，也可发生银镜反应，A 氧化生成一分子丙酮和另一化合物 B，B 具有酸性，能发生碘仿反应生成丁二酸。写出 A、B 的构造式，并写出各步反应式。

(3) 某化合物 A 分子式为 $C_{10}H_{12}O_2$，不溶于氢氧化钠溶液，能与羟氨作用生成白色沉淀，但不与托伦试剂反应。A 经 $LiAlH_4$ 还原得到 B，分子式为 $C_{10}H_{14}O_2$。A 与 B 都能发生碘仿反应。A 与浓 HI 酸共热生成 C，分子式为 $C_9H_{10}O_2$。C 能溶于氢氧化钠，经克莱门森还原生成化合物 D，分子式为 $C_9H_{12}O$。A 经高锰酸钾氧化生成对甲氧基苯甲酸。试写出 A、B、C、D 的构造式和有关反应式。

(4) 某旋光性物质 A 的分子式为 $C_5H_{12}O$，氧化后得分子式为 $C_5H_{10}O$ 的化合物 B。B 能和 2,4-二硝基苯肼反应得黄色结晶，并能发生碘仿反应。A 和浓硫酸共热后经酸性高锰酸钾氧化得到丙酮和乙酸。试推出 A 的构造式，并写出化合物 A 的 *R* 构型和 *S* 构型的费歇尔投影式。

# 第八章 羧酸及其衍生物

## 学习目标

**知识目标**

▸掌握羧酸及其衍生物的命名、制备方法；掌握羧酸的化学性质及应用；掌握羧酸衍生物的水解、氨解、醇解反应；掌握酯的克莱森酯缩合反应及酰胺的特殊反应。

▸理解羧酸及其衍生物的结构与性质的关系，理解羧酸衍生物的结构特点与反应速率的关系。

▸了解羧酸及其衍生物的分类、物理性质及变化规律；熟悉重要的羧酸及其衍生物的性能及在医学上的应用。

**能力目标**

▸能运用命名规则命名典型的羧酸及其衍生物。

▸能通过结构特点的分析学会羧酸及其衍生物的特征反应。

▸能运用诱导效应比较羧酸的酸性，并能利用酸性进行鉴别和分离提纯羧酸。

▸会以羧酸为原料合成羧酸衍生物，继而利用羧酸衍生物的化学性质转化成各类化合物；能正确区分羧酸衍生物的酰化能力。

▸能利用羧酸及其衍生物的知识指导日常生活和今后的工作，进一步提高化学基础知识素养。

## 导学案例

▸德州新闻网讯（2013 年 5 月 22 日）。近日，蜜蜂蜇人事件频频发生。从 5 月 1 日至 5 月 20 日，德州市 120 急救调度指挥中心共接到 4 例被蜂蜇伤的病人。“一般人被蜂蜇后有局部肿胀，过敏体质者会出现严重的肿胀、憋气等症状，个别人可能会引起死亡。”德州市人民医院急诊科医生段长民介绍说。你知道蜜蜂为什么会蜇人吗？又如何简单处理局部肿胀呢？

▸第一次世界大战期间，索姆河前线德法交界处，有位挎篮子的德国农妇受到严加盘查。篮内都是鸡蛋，毫无可疑之处，一哨兵顺手抓起一个鸡蛋向空中抛去又把它接住，那位农妇立即变得情绪紧张，引起了哨兵长的怀疑，鸡蛋被打开了，只见蛋清上布满了字迹和符号。原来，这是英军的详细布防图，上面还注有各师旅的番号。这个方法是德国的一位化学家给情报人员提供的，其做法很简单：用醋酸在蛋壳上写字，等醋酸干了以后，无任何痕迹。再将鸡蛋煮熟，字迹便会奇迹般地透过蛋壳印在蛋清上。为什么化学家能巧出主意，蛋中藏机密呢？

分子中含有羧基（—COOH）的有机化合物称为羧酸，可用通式 RCOOH 表示。羧基中的羟基被其他的原子或基团取代后的化合物称为羧酸衍生物，如酰卤、酸酐、酯、酰胺等。

羧酸是一类与医药关系十分密切的重要有机酸，有的药物就是羧酸或其衍生物。例如：

布洛芬（抗炎镇痛药）　　阿司匹林（解热镇痛药）

# 第一节 羧　酸

## 一、羧酸的结构、分类和命名

### 1. 羧酸的结构和分类

羧酸的官能团是羧基，其构造式为 —C(=O)—OH 。在羧基中，由于羰基和羟基的相互影响，使它们不同于醛、酮分子中的羰基和醇分子中的羟基，而表现出一些特殊的性质。

羧酸根据分子中含羧基的个数分为一元、二元和多元羧酸；又可按照羧基所连烃基的种类分为脂肪族羧酸、脂环族羧酸和芳香族羧酸；还可按烃基是否饱和，分为饱和羧酸和不饱和羧酸。

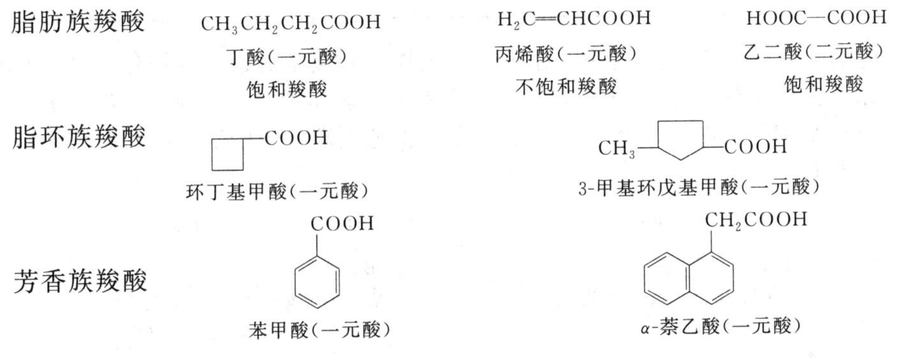


### 2. 羧酸的命名

（1）俗名　某些羧酸最初是根据来源命名的，称为俗名。例如：甲酸来自蚂蚁，称为蚁酸；乙酸存在于食醋中，称为醋酸；丁酸存在于奶油中，称为酪酸；苯甲酸存在于安息香胶中，称为安息香酸。一些常见羧酸的名称和物理常数见表 8-1。

**表 8-1　常见羧酸的名称和物理常数**

| 构造式 | 名称 | | 熔点/℃ | 沸点/℃ | 相对密度($d_4^{20}$) |
|---|---|---|---|---|---|
| | 系统名 | 俗名 | | | |
| HCOOH | 甲酸 | 蚁酸 | 8.6 | 100.5 | 1.220 |
| $CH_3COOH$ | 乙酸 | 醋酸 | 16.7 | 118.0 | 1.049 |
| $CH_3CH_2COOH$ | 丙酸 | 初油酸 | −20.8 | 140.7 | 0.993 |
| $CH_3(CH_2)_2COOH$ | 丁酸 | 酪酸 | −7.9 | 163.5 | 0.959 |
| $CH_3(CH_2)_3COOH$ | 戊酸 | 缬草酸 | −34.0 | 185.4 | 0.939 |
| $CH_3(CH_2)_4COOH$ | 己酸 | 羊油酸 | −3.0 | 205.0 | 0.929 |
| $CH_3(CH_2)_5COOH$ | 庚酸 | 葡萄花酸 | −11.0 | 233.0 | 0.920 |
| $CH_3(CH_2)_6COOH$ | 辛酸 | 亚羊脂酸 | 16.0 | 237.5 | 0.911 |
| $CH_3(CH_2)_7COOH$ | 壬酸 | 天竺葵酸(风吕草酸) | 12.5 | 253.0 | 0.906 |
| $CH_3(CH_2)_8COOH$ | 癸酸 | 羊蜡酸 | 31.5 | 270.0 | 0.887 |
| $CH_3(CH_2)_{10}COOH$ | 十二酸 | 月桂酸 | 44.0 | 225.0 | 0.868($d_4^{50}$) |

续表

| 构造式 | 名称 | | 熔点/℃ | 沸点/℃ | 相对密度($d_4^{20}$) |
|---|---|---|---|---|---|
| | 系统名 | 俗名 | | | |
| $CH_3(CH_2)_{12}COOH$ | 十四酸 | 肉豆蔻酸 | 58.0 | 250.5(13.3kPa) | 0.844($d_4^{80}$) |
| $CH_3(CH_2)_{14}COOH$ | 十六酸 | 软脂酸(棕榈酸) | 63.0 | 271.5(13.3kPa) | 0.849($d_4^{70}$) |
| $CH_3(CH_2)_{16}COOH$ | 十八酸 | 硬脂酸 | 71.5 | 383.0 | 0.941 |
| $CH_2{=}CHCOOH$ | 丙烯酸 | 败脂酸 | 14.0 | 140.9 | 1.051 |
| $CH_3CH{=}CHCOOH$ | 2-丁烯酸 | 巴豆酸 | 72.0 | 185.0 | 1.018 |
| HOOC—COOH | 乙二酸 | 草酸 | 189.5 | 157.0(升华) | 1.900 |
| $HOOCCH_2COOH$ | 丙二酸 | 胡萝卜酸 | 135.6 | 140.0(升华) | 1.630 |
| $C_6H_5COOH$ | 苯甲酸 | 安息香酸 | 122.0 | 249.0 | 1.266 |
| $HOOC(CH_2)_4COOH$ | 己二酸 | 肥酸 | 152.0 | 330.5(分解) | 1.366 |
| CH—COOH ‖ CH—COOH | 顺丁烯二酸 | 马来酸(失水苹果酸) | 130.5 | 135.0(分解) | 1.590 |
| HOOC—CH ‖ HC—COOH | 反丁烯二酸 | 富马酸 | 287.0 | 200.0(升华) | 1.625 |
| $C_6H_5$—CH=CHCOOH | β-苯丙烯酸 | 肉桂酸 | 133.0 | 300.0 | 1.245 |
| $C_6H_4(COOH)_2$(邻位) | 邻苯二甲酸 | 酞酸 | 231.0(分解) | — | 1.593 |

(2) 系统命名法 羧酸系统命名法的原则是：选择含有羧基的最长碳链作主链，从羧基中的碳原子开始给主链上的碳原子编号（也常用希腊字母表示取代基位置）。若分子中含有重键，则选含有羧基和重键的最长碳链为主链，根据主链上碳原子的数目称“某酸”或“某烯（炔）酸”。例如：

$CH_3—CH(CH_3)—CH(CH_3)—COOH$

2,3-二甲基丁酸（α,β-二甲基丁酸）

$CH_3—CH(Br)—CH_2—CH(CH_3)—COOH$

2-甲基-4-溴戊酸(α-甲基-γ-溴戊酸)

$CH_3CH{=}CHCOOH$

2-丁烯酸

$CH_3—C{\equiv}C—CH(CH_3)—CH_2—COOH$

3-甲基-4-己炔酸

芳香族羧酸和脂环族羧酸，可把芳环和脂环作为取代基来命名。若芳环上连有取代基，则从羧基所连的碳原子开始编号，并使取代基的位次最小。

$C_6H_5$—CH=CHCOOH

3-苯基丙烯酸(肉桂酸)

$C_6H_4$(COOH)(OH)（邻位）

邻羟基苯甲酸(水杨酸)

$C_6H_{11}$—$CH_2CH_2COOH$

3-环己基丙酸

二元羧酸命名时，选择包含两个羧基的最长碳链为主链，根据主链碳原子的数目称为“某二酸”。例如：

$HOOC(CH_2)_4COOH$

己二酸

CH—COOH ‖ CH—COOH

顺丁烯二酸

$C_6H_4(COOH)_2$（邻位）

邻苯二甲酸

$C_6H_{10}(COOH)_2$（1,3位）

1,3-环己基二甲酸

## 二、羧酸的制法

### 1. 氧化法

(1) 烃的氧化 高级脂肪烃（如石蜡）加热到120℃和在催化剂硬脂酸锰存在的条件下

通入空气，可被氧化生成多种脂肪酸的混合物。

$$RCH_2CH_2R' + \frac{5}{2}O_2 \xrightarrow[120℃]{硬脂酸锰} RCOOH + R'COOH + H_2O$$

烯烃通过氧化，碳链在双键处断裂得到羧酸。例如：

$$RCH=CH_2 \xrightarrow{KMnO_4/H^+} RCOOH + CO_2 + H_2O$$

含 $\alpha$-H 的烷基苯用高锰酸钾、重铬酸钾氧化时，产物均为苯甲酸。例如：

$$C_6H_5-R \xrightarrow[H^+]{KMnO_4} C_6H_5-COOH$$

（2）伯醇或醛的氧化　伯醇氧化成醛，醛易被氧化成羧酸。例如：

$$CH_3CH_2CH_2CH_2OH \xrightarrow[H_2SO_4]{KMnO_4} CH_3CH_2CH_2CHO \xrightarrow[H_2SO_4]{KMnO_4} CH_3CH_2CH_2COOH$$

$$CH_3CHO + \frac{1}{2}O_2(空气) \xrightarrow[60\sim80℃]{乙酸锰} CH_3COOH$$

不饱和醇和醛也可被氧化成羧酸，如选用弱氧化剂，可在不影响不饱和键的情况下，制取羧酸。例如：

$$C_4H_3O-CH=CH-CHO \xrightarrow[34\sim36℃,2.5h]{Ag_2O,NaOH,O_2} C_4H_3O-CH=CH-COONa$$

呋喃丙烯醛　　　　呋喃丙烯酸钠

呋喃丙烯酸钠是合成呋喃丙胺（又称 F-30066，是防治血吸虫病的口服药物）的中间体。

### 2. 腈的水解

在酸或碱的催化下，腈水解可制得羧酸。

$$RCN \xrightarrow[\triangle]{H_2O,H^+} RCOOH$$

$$C_6H_5-CH_2CN \xrightarrow[130℃,2h]{70\%H_2SO_4} C_6H_5-CH_2COOH$$

苯乙腈　　　　苯乙酸

苯乙酸是合成青霉素等医药或农药的中间体。

### 3. 由格氏试剂制备

格氏试剂与二氧化碳反应，再将产物用酸水解可制得相应的羧酸。

$$RMgCl + CO_2 \xrightarrow{无水乙醚} R\overset{O}{\overset{\|}{C}}-OMgCl \xrightarrow{H_2O,H^+} RCOOH$$

此反应适合制备比原料多一个碳原子的羧酸。

## 三、羧酸的物理性质

常温时，$C_1\sim C_3$ 的羧酸是有刺激性气味的无色透明液体，$C_4\sim C_9$ 的羧酸是具有腐败气味的油状液体，$C_{10}$ 及以上的直链一元酸是无臭无味的白色蜡状固体。脂肪族二元酸和芳香族羧酸都是白色晶体。

羧酸分子间以氢键彼此发生缔合，比醇分子之间的氢键还强，分子量较小的羧酸如甲酸、乙酸即使在气态时也以二缔合体形式存在。因此，羧酸的沸点较高。分子量相近的不同类物质沸点高低顺序为：羧酸＞醇＞醛（酮）＞醚＞烷烃（见表 8-2）。

饱和一元羧酸的熔点变化规律与烷烃相似，但也有差异，含偶数碳原子的羧酸的熔点比相邻两个奇数碳原子的羧酸的熔点高（见图 8-1）。

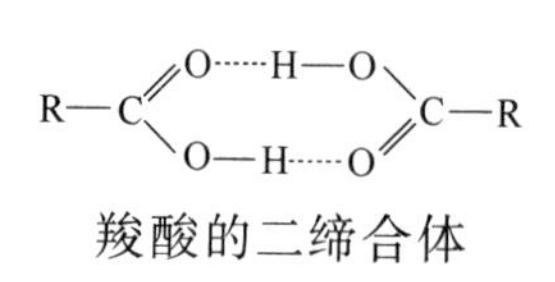

羧酸的二缔合体

表 8-2 分子量相近的不同类物质沸点比较

| 化合物 | 分子量 | 沸点/℃ |
|---|---|---|
| 乙酸 | 60 | 118 |
| 丙醇 | 60 | 97 |
| 丙醛 | 58 | 49 |
| 丙酮 | 58 | 56 |
| 甲乙醚 | 60 | 10.8 |
| 丁烷 | 58 | −0.5 |

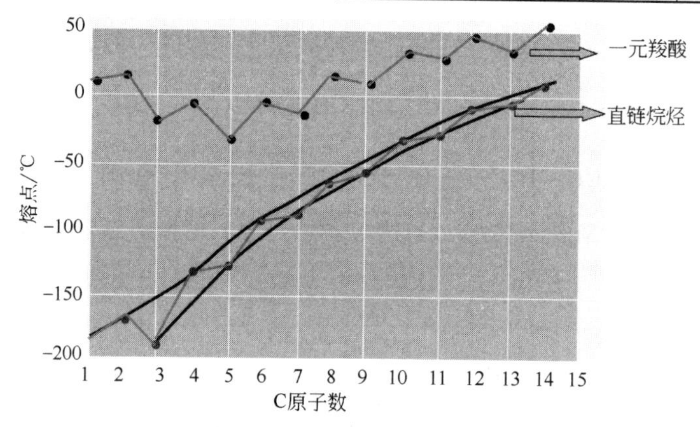


图 8-1 羧酸的熔点变化规律

羧酸分子中的羧基是亲水基，可与水形成氢键，所以 $C_1$～$C_4$ 的羧酸与水以任意比例互溶；随着分子量的增大，分子中非极性的烃基愈来愈大，使羧酸的溶解度逐渐减小，$C_{10}$ 以上的羧酸已不溶于水，但都易溶于有机溶剂；芳香族羧酸一般难溶于水。常见羧酸的物理常数见表 8-1。

**【知识应用】** 芳香酸一般具有升华现象，有些能随水蒸气挥发，这些特性可用来分离、精制芳香酸。

## 四、羧酸的化学性质

羧基是羧酸的官能团，羧酸的化学反应主要发生在羧基和受羧基影响变得比较活泼的 α-H 原子上。

羧酸分子中易发生化学反应的主要部位如下：

$$R-\underset{\underset{H}{|}}{CH}-\overset{\overset{O}{\|}}{C}-O-H$$

①羧基中氢原子的酸性
②羟基被取代的反应
③脱羧和羧基的还原反应
④α-H原子的取代反应

### 1. 酸性

33.视频：苯甲酸的中和反应

羧酸在水溶液中能够解离出氢离子呈现弱酸性。一般羧酸的 $pK_a$ 值在 3～5 之间，比碳酸（$pK_a$=6.38）的酸性强。羧酸可与 NaOH、$Na_2CO_3$、$NaHCO_3$ 作用生成羧酸盐，羧酸盐与无机强酸作用又可游离出羧酸，用于羧酸的分离、回收和提纯。

$$RCOOH + NaOH \longrightarrow RCOONa + H_2O$$

$$RCOOH + NaHCO_3 \longrightarrow RCOONa + H_2O + CO_2\uparrow$$

羧酸的酸性受烃基的影响，如果烃基上连有吸电子基团，则酸性增强；若连有给电子基团，则酸性减弱。

**【知识应用】** 羧酸盐具有广泛的应用，醋酸钾可作脱水剂、青霉素培养基等；醋酸锌在医药上用作收敛剂、消毒剂、防腐剂；醋酸铅在医药、农药、染料等行业中有大量的应用。

**2. 脱羧反应**

羧酸分子脱去羧基放出二氧化碳的反应叫脱羧反应。饱和一元酸一般比较稳定，难于脱羧，但当羧酸分子中的α-碳原子上连有吸电子基时，受热容易脱羧。例如：

$$Cl_3CCOOH \xrightarrow[\triangle]{} CHCl_3 + CO_2\uparrow$$

$$\underset{\beta\text{-丁酮酸}}{CH_3COCH_2COOH} \xrightarrow[\triangle]{} CH_3COCH_3 + CO_2\uparrow$$

$$HOOCCH_2COOH \xrightarrow[\triangle]{} CH_3COOH + CO_2\uparrow$$

芳酸比脂肪酸容易脱羧，尤其是芳环上连有吸电子基时，更容易发生脱羧反应。例如：

$$\underset{\text{2,4,6-三硝基苯甲酸}}{2,4,6\text{-}(O_2N)_3C_6H_2COOH} \xrightarrow{100\sim150℃} \underset{\text{1,3,5-三硝基苯}}{1,3,5\text{-}C_6H_3(NO_2)_3}$$

1,3,5-三硝基苯为淡黄色棱形晶体，受热分解易爆炸，可用作炸药，在分析化学中还可用作 pH 指示剂。

**3. α-氢原子的卤代反应**

羧基是一个吸电子基团，使α-氢原子比分子中其他碳原子上的氢原子活泼，在少量红磷、碘或硫等的作用下被氯或溴取代，生成α-卤代酸。

$$CH_3COOH \xrightarrow[P]{Cl_2} \underset{\text{一氯乙酸}}{CH_2ClCOOH} \xrightarrow[P]{Cl_2} \underset{\text{二氯乙酸}}{CHCl_2COOH} \xrightarrow[P]{Cl_2} \underset{\text{三氯乙酸}}{CCl_3COOH}$$

控制反应条件和卤素的用量，可以得到产率较高的一氯乙酸，也可以继续反应得到多元卤代酸。

**【知识应用】** 一氯乙酸是染料、医药、农药及其他有机合成的重要中间体，可用于制备乐果、植物生长激素和增产灵；三氯乙酸主要用作生化药品的提取剂，如用于三磷酸腺苷(ATP)、细胞色素丙和胎盘多糖等高效生化药品的提取。

**4. 羧基中羟基的取代反应**

羧酸分子中羧基上的羟基可以被卤原子（—X)、酰氧基（—OCOR)、烷氧基（—OR）及氨基（$—NH_2$）取代，分别生成酰卤、酸酐、酯和酰胺，这 4 种化合物统称为羧酸衍生物。

（1）酰卤的生成　羧酸（除甲酸外）与三氯化磷、五氯化磷、亚硫酰氯（$SOCl_2$）等作用时，分子中的羟基被卤原子取代，生成酰卤。例如：

$$3R-\overset{O}{\overset{\|}{C}}-OH + PCl_3 \longrightarrow 3R-\overset{O}{\overset{\|}{C}}-Cl + H_3PO_3$$

$$R-\overset{O}{\overset{\|}{C}}-OH + PCl_5 \longrightarrow R-\overset{O}{\overset{\|}{C}}-Cl + POCl_3 + HCl$$

$$R-\overset{O}{\overset{\|}{C}}-OH + SOCl_2 \longrightarrow R-\overset{O}{\overset{\|}{C}}-Cl + SO_2\uparrow + HCl\uparrow$$

酰氯很容易水解，在分离提纯时，应采用蒸馏的方法。实验室制备酰氯，常用羧酸与亚硫酰氯反应，因为该反应的副产物都是气体，可从反应体系中移出，酰氯的产率高达 90% 以上。生成的二氧化硫和氯化氢要回收或吸收，避免对环境造成污染。

芳香族酰卤一般由五氯化磷或亚硫酰氯与芳酸反应制得。芳香族酰氯的稳定性较好，其水解反应缓慢。苯甲酰氯是常用的苯甲酰化试剂。

$$C_6H_5-COOH + SOCl_2 \longrightarrow C_6H_5-COCl + SO_2\uparrow + HCl\uparrow$$

这些反应不适用于甲酸（HCOOH），这是由于甲酰氯（HCOCl）和甲酰溴（HCOBr）不稳定。

（2）酸酐的生成　羧酸（除甲酸外）在脱水剂（如五氧化二磷、乙酐等）作用下，发生分子间脱水，生成酸酐。

$$RCOO-\boxed{H + HO}-\overset{O}{\overset{\|}{C}}-R \xrightarrow[\triangle]{P_2O_5} RCOO-\overset{O}{\overset{\|}{C}}-R + H_2O$$

$$C_6H_5-\overset{O}{\overset{\|}{C}}-O-\boxed{H + HO}-\overset{O}{\overset{\|}{C}}-C_6H_5 \xrightarrow[\triangle]{(CH_3CO)_2O} C_6H_5-\overset{O}{\overset{\|}{C}}-O-\overset{O}{\overset{\|}{C}}-C_6H_5 + H_2O$$

苯甲酸酐

羧酸脱水并不是制备酸酐的通用方法，环状酸酐可通过加热二元酸来制取。这些反应能够进行的条件是要形成五元环或六元环。例如：

$$\begin{matrix}CH_2-COOH\\|\\CH_2-COOH\end{matrix} \xrightarrow{300℃} \begin{matrix}CH_2-C(=O)\\|\qquad\quad\;\; >O\\CH_2-C(=O)\end{matrix} + H_2O$$

丁二酸酐

$$C_6H_4(COOH)_2 \xrightarrow{196\sim199℃} C_6H_4(CO)_2O + H_2O$$

邻苯二甲酸酐

（3）酯的生成　羧酸与醇在酸的催化作用下生成酯的反应，称为酯化反应。

34.视频：乙酸乙酯的制备

$$R-\overset{O}{\overset{\|}{C}}-OH + HO-R' \overset{H^+}{\rightleftharpoons} R-\overset{O}{\overset{\|}{C}}-OR' + H_2O$$

酯化反应是可逆反应，为了提高产率，一种方法是加入过量的反应物，通常加入过量的醇，它既可作试剂又可作溶剂；另一种方法是采用分水器装置，将反应生成的水移走，使反应平衡向右移动。

（4）酰胺的生成　羧酸与氨或胺反应，首先生成铵盐，羧酸铵受热脱水后生成酰胺。

$$R-\overset{O}{\overset{\|}{C}}-OH + NH_3 \longrightarrow \underset{羧酸铵}{R-\overset{O}{\overset{\|}{C}}-ONH_4} \xrightarrow[\triangle]{} \underset{酰胺}{R-\overset{O}{\overset{\|}{C}}-NH_2} + H_2O$$

对氨基苯酚与乙酸作用，加热后脱水的产物是对羟基乙酰苯胺（扑热息痛）。

$$CH_3-\overset{O}{\overset{\|}{C}}-OH + NH_2-C_6H_4-OH \xrightarrow[\triangle]{-H_2O} \underset{对羟基乙酰苯胺}{CH_3-\overset{O}{\overset{\|}{C}}-NH-C_6H_4-OH}$$

## 五、重要的羧酸

### 1. 甲酸

甲酸俗称蚁酸。在自然界中，甲酸存在于某些昆虫如蜜蜂、蚂蚁和某些植物（如荨麻）

中。人们被蜜蜂或蚂蚁蛰、刺会感到肿痛，就是由于这些昆虫分泌了甲酸所致。工业上将一氧化碳和氢氧化钠水溶液在加热、加压下制成甲酸钠，再经酸化制成甲酸。

$$CO + NaOH \xrightarrow[210℃]{0.6\sim0.8MPa} HCOONa$$

$$2HCOONa + H_2SO_4 \longrightarrow 2HCOOH + Na_2SO_4$$

甲酸是有刺激性的无色液体，沸点为100.7℃，有极强的腐蚀性，因此使用时要避免与皮肤接触。甲酸能与水和乙醇混溶。

由于甲酸的分子结构比较特殊，羧基和氢原子直接相连，它不但含有羧基结构，同时也含有醛基的结构，是一个具有双官能团的化合物。

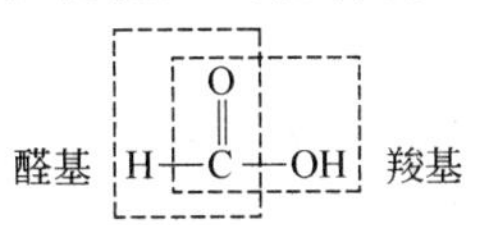


35

35.视频：甲酸的银镜反应

因此，甲酸既有羧酸的一般通性，也有醛类的某些性质。例如，甲酸有还原性，不仅容易被高锰酸钾氧化，还能被弱氧化剂如托伦试剂氧化而发生银镜反应，这也是甲酸的鉴定反应。甲酸也较易发生脱水、脱羧反应。

甲酸在工业上用作还原剂、橡胶的凝固剂、缩合剂和甲酰化剂，也用于纺织品和纸张的着色和抛光、皮革的处理以及用作消毒剂和防腐剂等。

### 2. 乙酸

乙酸俗称醋酸，是食醋的主要成分，一般食醋中含乙酸6%～8%。乙酸为无色、具有刺激性气味的液体，沸点为118℃，熔点为16.6℃。当室温低于16.6℃时，无水乙酸很容易凝结成冰状固体，故常把无水乙酸称为冰醋酸。乙酸可与水、乙醇、乙醚混溶。

乙酸是重要的化工原料，在照相材料、合成纤维、香料、食品、制药等行业具有广泛的应用。乙酸还具有杀菌能力，0.5%～2%的乙酸稀溶液可用于烫伤或灼伤感染的创面洗涤；用食醋熏蒸室内，可预防流感；用食醋佐餐可防治肠胃炎等疾病。

### 3. 丙烯酸

丙烯酸是无色、具有腐蚀性和刺激性的液体，沸点为140.9℃，与水互溶，聚合性很强。丙烯酸是近年来不饱和有机酸中产量增长最快的品种。

工业上制备丙烯酸主要采用乙炔羰化法、丙烯腈水解法和丙烯氧化法，其中丙烯氧化法占主要地位。

丙烯酸主要用于生产丙烯酸酯，如甲酯、乙酯、丁酯和2-乙基己酯，还可作为丙烯酰胺的原料。丙烯酸和丙烯酸酯是生产其均聚物和共聚物的重要原料。以丙烯酸作第三单体可得羧基丁苯橡胶。

### 4. 苯甲酸

苯甲酸存在于安息香胶及其他一些树脂中，故俗称安息香酸。苯甲酸是白色晶体，熔点为121.7℃，受热易升华，微溶于热水、乙醇和乙醚。

苯甲酸的工业制法主要是甲苯氧化法和甲苯氯代水解法。

苯甲酸是重要的有机合成原料，可用于制备染料、香料、药物等。苯甲酸及其钠盐有杀菌防腐作用，所以常用作食品和药品的防腐剂。

### 5. 丁二酸

丁二酸存在于琥珀中，又称琥珀酸。它还广泛存在于多种植物及人和动物的组织中，如未成熟的葡萄、甜菜、人的血液和肌肉。丁二酸是无色晶体，能溶于水，微溶于乙醇、乙醚和丙酮。

丁二酸在医药中有抗痉挛、祛痰和利尿作用。丁二酸受热失水生成的丁二酸酐，是制造药物、染料和醇酸树脂的原料。

### 6. 山梨酸

山梨酸的化学名称为反,反-2,4-己二烯酸，天然存在于花椒树籽中，也叫花椒酸。其结构式如下：

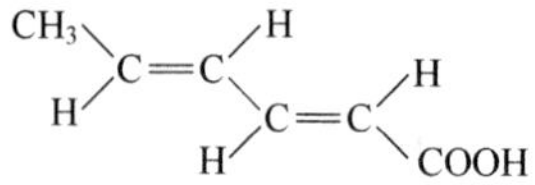

$$\begin{matrix} CH_3 & & H & & \\ & C=C & & & H \\ H & & & C=C & \\ & & H & & COOH \end{matrix}$$

山梨酸是白色针状晶体，溶于醇、醚等多种有机溶剂，微溶于热水，沸点为 228℃（分解）。

山梨酸在人体内可参加正常代谢，因此，它是一种营养素。同时山梨酸又是安全性很高的防腐剂，人们将山梨酸誉为营养型防腐剂，是一种新型食品添加剂。

### 7. 当归酸

当归酸的化学名称为（$Z$）-2-甲基-2-丁烯酸。其构造式如下：

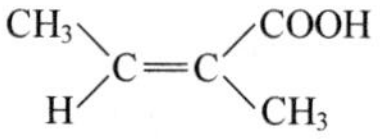

$$\begin{matrix} CH_3 & & COOH \\ & C=C & \\ H & & CH_3 \end{matrix}$$

当归酸为单斜形棒状或针状晶体，有香辣气味，熔点为 45℃，沸点为 185℃。当归酸具有活血补血、调经止痛、润燥滑肠作用，其酯类能细润皮肤。

## 思考与练习

8-1　命名下列化合物。

（1）$CH_3C(CH_3)=CHCOOH$　　（2）$CH_3-CH_2-C(CH_3)(COOH)-COOH$

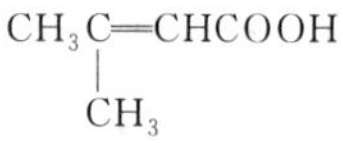

（3）$HO-C(CH_2COOH)_2-COOH$　　（4）2-溴环戊烷甲酸结构（Br 与 COOH 连于环戊烷相邻碳上）

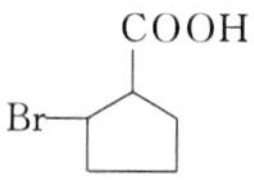

8-2　写出下列化合物的结构式。

（1）$\alpha,\gamma$-二甲基戊酸　　（2）2,2-二甲基丙二酸

（3）3-环己基丁酸　　（4）$\beta$-萘乙酸

8-3　将下列各组化合物按酸性由强到弱的顺序排列。

（1）$O_2N-C_6H_4-COOH$（对位）　$CH_3-C_6H_4-COOH$（对位）　$C_6H_5-COOH$　$(O_2N)_2C_6H_3-COOH$（3,5-二硝基）

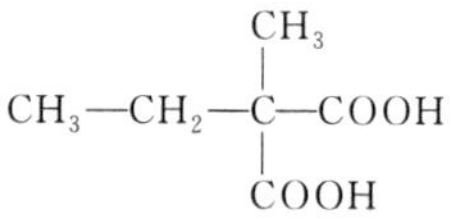

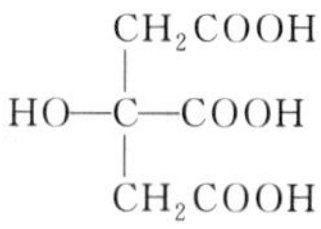

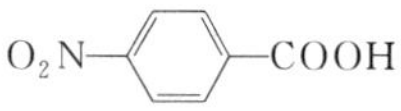

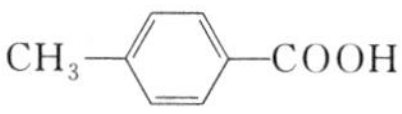

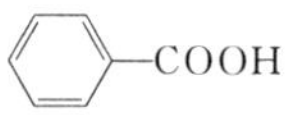

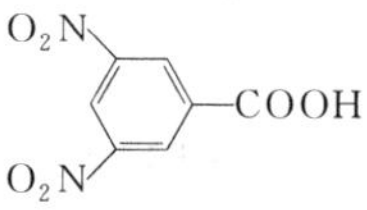

（2）$CH_3CH_2CH(CH_3)COOH$　$CH_3CH_2C(CH_3)_2-COOH$　$CH_3CH_2CH(Cl)COOH$　$CH_3-CH(Cl)-CH(Cl)-COOH$

（3）3-甲基环己烷甲酸（$H_3C$）　3-氟环己烷甲酸（F）　3-甲氧基环己烷甲酸（$CH_3O$）

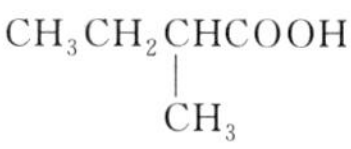

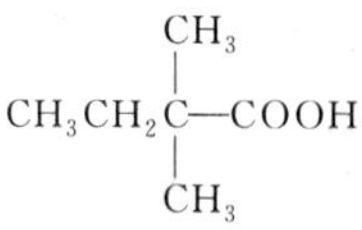

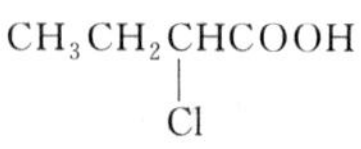

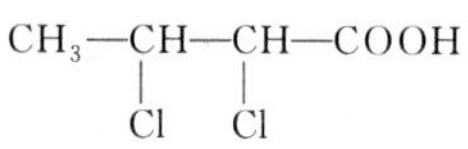

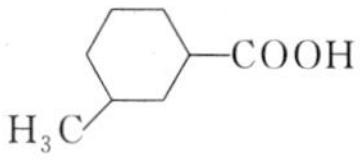

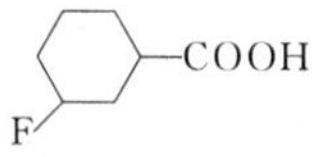

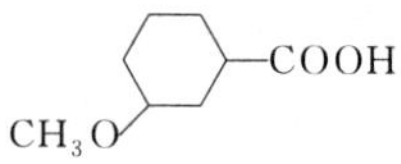

8-4　写出丙酸与下列试剂作用的主要产物。

（1）$SOCl_2$　（2）$PBr_3$　（3）$(CH_3CO)_2O$,△

（4）$CH_3CH_2NH_2$,△　（5）$CH_3CH(CH_3)CH_2CH_2OH$　（6）$NaHCO_3$

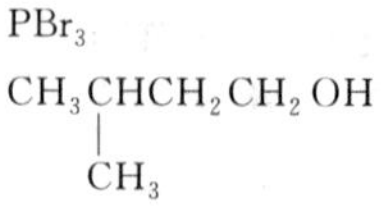

8-5 完成下列化学反应式。

(1) $CH_3CH_2COOH \xrightarrow[P]{Br_2}$ ?

(2) 邻二甲苯 $\xrightarrow[H^+,\triangle]{KMnO_4}$ ? $\xrightarrow[\triangle]{P_2O_5}$ ?

(3) $CH_3CH_2COOH$ + 环己醇 $\xrightarrow[\triangle]{H^+}$ ?

(4) $(CH_3)_2CH—COOH$ —— $\xrightarrow{PBr_3}$ ?；$\xrightarrow{SOCl_2}$ ?

# 第二节　羧酸衍生物

## 一、羧酸衍生物的分类和命名

羧酸中的羟基被其他原子或基团取代后生成的化合物称为羧酸衍生物。重要的羧酸衍生物有酰卤、酸酐、酯和酰胺。

羧酸分子中去掉羟基后剩余的基团称为酰基。例如：

$CH_3—\overset{O}{\overset{\|}{C}}—$ 乙酰基　　$CH_3CH_2—\overset{O}{\overset{\|}{C}}—$ 丙酰基　　$C_6H_5—\overset{O}{\overset{\|}{C}}—$ 苯甲酰基

### 1. 酰卤

酰卤由酰基和卤原子组成，其通式为 $R—\overset{O}{\overset{\|}{C}}—X$（X=F、Cl、Br、I）。

酰卤的命名是以相应的酰基和卤素的名称，称为“某酰卤”。例如：

$CH_3CH_2—\overset{O}{\overset{\|}{C}}—Cl$ 丙酰氯　　$CH_2{=}CH—\overset{O}{\overset{\|}{C}}—Cl$ 丙烯酰氯　　$CH_3—\underset{CH_3}{\underset{|}{CH}}—\overset{O}{\overset{\|}{C}}—Br$ 2-甲基丙酰溴　　$C_6H_5—\overset{O}{\overset{\|}{C}}—Br$ 苯甲酰溴

### 2. 酸酐

酸酐由酰基和酰氧基（ $R—\overset{O}{\overset{\|}{C}}—O—$ ）组成，其通式为 $R—\overset{O}{\overset{\|}{C}}—O—\overset{O}{\overset{\|}{C}}—R'$ 。

酸酐的命名由相应的羧酸加“酐”字组成。若 R 和 R′相同，称为单酐；R 和 R′不同称为混酐；二元羧酸分子内失水形成环状酐称为环酐或内酐。例如：

$CH_3—\overset{O}{\overset{\|}{C}}—O—\overset{O}{\overset{\|}{C}}—CH_3$ 乙酸酐(单酐)　　$CH_3—\overset{O}{\overset{\|}{C}}—O—\overset{O}{\overset{\|}{C}}—CH_2CH_3$ 乙丙酸酐(混酐)

顺丁烯二酸酐(内酐)　　邻苯二甲酸酐(内酐)

### 3. 酯

酯由酰基和烷氧基（RO—）组成，其通式为 $R—\overset{O}{\overset{\|}{C}}—OR'$ 。

酯的命名由相应的羧酸和烃基的名称组合，称“某酸某酯”。例如：

$H-\overset{O}{\overset{\|}{C}}-OCH_2CH_3$ 甲酸乙酯

$CH_3-\overset{O}{\overset{\|}{C}}-O-CH=CH_2$ 乙酸乙烯酯

$C_6H_5-\overset{O}{\overset{\|}{C}}-OCH(CH_3)_2$ 苯甲酸异丙酯

$CH_3OOC-C_6H_4-COOCH_3$ 对苯二甲酸二甲酯

### 4. 酰胺

酰胺是由酰基和氨基（包括取代氨基—NHR、—$NR_2$）组成，其通式为 $R-\overset{O}{\overset{\|}{C}}-NH_2$ 。酰胺的命名是根据酰基的名称，称为“某酰胺”。例如：

$CH_3-\overset{O}{\overset{\|}{C}}-NH_2$ 乙酰胺

$C_6H_5-\overset{O}{\overset{\|}{C}}-NH_2$ 苯甲酰胺

$CH_2=CH-\overset{O}{\overset{\|}{C}}-NH_2$ 丙烯酰胺

若酰胺分子中含有取代氨基，命名时，把氮原子上所连的烃基作为取代基，写名称时用“*N*”表示其位次。例如：

$CH_3-\overset{O}{\overset{\|}{C}}-NHCH_2CH_3$ *N*-乙基乙酰胺

$H-\overset{O}{\overset{\|}{C}}-N(CH_3)_2$ *N*,*N*-二甲基甲酰胺

$C_6H_5-\overset{O}{\overset{\|}{C}}-N(CH_3)CH_2CH_3$ *N*-甲基-*N*-乙基苯甲酰胺

## 二、羧酸衍生物的物理性质

低级酰氯是具有刺激性气味的无色液体，高级酰氯为白色固体。因其分子间不能产生氢键缔合，所以酰氯的沸点比相应的羧酸低。酰氯不溶于水，易溶于有机溶剂，低级酰氯遇水易分解。酰氯对黏膜有刺激性。

低级酸酐是具有刺激性气味的无色液体，高级酸酐为固体。酸酐的沸点较分子量相近的羧酸低。因分子间无形成氢键的条件，所以酸酐难溶于水而易溶于有机溶剂。

低级酯是具有水果香味的无色液体，广泛存在于水果和花草中，例如，香蕉和梨中含有乙酸异戊酯，茉莉花中含苯甲酸甲酯；高级酯为蜡状固体。酯的沸点比分子量相近的醇和羧酸都低。低级酯微溶于水；其他酯难溶于水，易溶于乙醇、乙醚等有机溶剂。

除甲酰胺是液体外，其余酰胺均为固体。低级酰胺溶于水，随着分子量增大，在水中的溶解度逐渐降低。

酰胺由于分子间的氢键缔合作用较强，其沸点比分子量相近的羧酸、醇都高。一些常见羧酸衍生物的物理常数见表 8-3。

表 8-3　常见羧酸衍生物的物理常数

| 名　　称 | 熔点/℃ | 沸点/℃ | 名　　称 | 熔点/℃ | 沸点/℃ |
|---|---|---|---|---|---|
| 乙酰氯 | −112 | 51 | 甲酸甲酯 | −100 | 32 |
| 丙酰氯 | −94 | 80 | 甲酸乙酯 | −80 | 54 |
| 正丁酰氯 | −89 | 102 | 乙酸乙酯 | −83 | 77 |
| 苯甲酰氯 | −1 | 197 | 乙酸异戊酯 | −78 | 142 |
| 乙酸酐 | −73 | 140 | 苯甲酸乙酯 | −33 | 213 |
| 丙酸酐 | −45 | 169 | 甲酰胺 | 2 | 200(分解) |
| 丁二酸酐 | 120 | 261 | 乙酰胺 | 82 | 221 |
| 苯甲酸酐 | 42 | 360 | *N*,*N*-二甲基甲酰胺 | −61 | 153 |

【知识应用】 羧酸衍生物都可溶于有机溶剂。乙酸乙酯、乙酸丁酯等低级酯本身就是很好的有机溶剂。例如，乙酸乙酯作为有机溶剂大量用于油漆工业；在电子元件（如计算机芯片）的加工中，丁酸丁酯已经取代了会减少臭氧的三氯乙烷而作为清洗溶剂。较高级的不挥发性的酯可作为脆性聚合物的软化剂（也称增塑剂），用于聚乙烯管、橡胶管和室内装潢品等的生产中。

## 三、羧酸衍生物的化学性质

羧酸衍生物分子中都含有酰基，酰基上所连接的基团都是极性基团，因此它们具有相似的化学性质。但由于羧酸衍生物中酰基所连接的原子和基团不同，所以它们的反应活性存在差异。其反应活性强弱顺序如下：

$$R-\overset{\overset{\displaystyle O}{\|}}{C}-Cl > R-\overset{\overset{\displaystyle O}{\|}}{C}-O-\overset{\overset{\displaystyle O}{\|}}{C}-R' > R-\overset{\overset{\displaystyle O}{\|}}{C}-OR' > R-\overset{\overset{\displaystyle O}{\|}}{C}-NH_2$$

### 1. 水解

羧酸衍生物都能发生水解反应生成羧酸。

$$R-\overset{\overset{\displaystyle O}{\|}}{C}-Cl + H-OH \xrightarrow{\text{室温}} R-\overset{\overset{\displaystyle O}{\|}}{C}-OH + HCl$$

$$R-\overset{\overset{\displaystyle O}{\|}}{C}-O-\overset{\overset{\displaystyle O}{\|}}{C}-R' + H-OH \xrightarrow[\triangle]{} R-\overset{\overset{\displaystyle O}{\|}}{C}-OH + R'COOH$$

$$R-\overset{\overset{\displaystyle O}{\|}}{C}-OR' + H-OH \xrightarrow[\triangle]{H^+\text{或}OH^-} R-\overset{\overset{\displaystyle O}{\|}}{C}-OH + R'OH$$

$$R-\overset{\overset{\displaystyle O}{\|}}{C}-NH_2 + H-OH \xrightarrow[\text{回流}]{H^+\text{或}OH^-} R-\overset{\overset{\displaystyle O}{\|}}{C}-OH + NH_3$$

其中，酰氯最容易水解。乙酰氯暴露在空气中，立即吸湿分解，放出的氯化氢气体立即形成白雾。所以酰氯必须密封储存。

【知识应用】 酯在碱性溶液中（如 NaOH 水溶液）水解时，得到羧酸盐（钠盐），由于高级脂肪酸的钠盐用作肥皂，故酯的碱性水解反应用于肥皂的制备。

### 2. 醇解

酰卤、酸酐和酯与醇作用生成酯的反应，称为醇解。

$$R-\overset{\overset{\displaystyle O}{\|}}{C}-Cl + H-OR'' \longrightarrow R-\overset{\overset{\displaystyle O}{\|}}{C}-OR'' + HCl$$

$$R-\overset{\overset{\displaystyle O}{\|}}{C}-O-\overset{\overset{\displaystyle O}{\|}}{C}-R' + H-OR'' \xrightarrow[\triangle]{} R-\overset{\overset{\displaystyle O}{\|}}{C}-OR'' + R'COOH$$

$$R-\overset{\overset{\displaystyle O}{\|}}{C}-OR' + H-OR'' \xrightarrow[\triangle]{H^+\text{或}OH^-} R-\overset{\overset{\displaystyle O}{\|}}{C}-OR'' + R'OH$$

酰氯和酸酐容易与醇反应生成相应的酯，工业上常用此方法制取一些难以用羧酸酯化法得到的酯。例如：

$$CH_3-\overset{\overset{\displaystyle O}{\|}}{C}-Cl + HO-C_6H_5 \xrightarrow{NaOH} CH_3-\overset{\overset{\displaystyle O}{\|}}{C}-O-C_6H_5 + NaCl + H_2O$$

乙酸苯酯

酯与醇反应，生成另外的酯和醇，称为酯交换反应。例如：

$$CH_3OOC-C_6H_4-COOCH_3 + 2HOCH_2CH_2OH \xrightarrow[200℃]{Zn(CH_3COO)_2} HOCH_2CH_2OOC-C_6H_4-COOCH_2CH_2OH + 2CH_3OH$$

对苯二甲酸二甲酯　　乙二醇　　对苯二甲酸二乙二醇酯

**【知识应用】** 酯交换反应广泛应用于有机合成中。例如，工业上合成涤纶的单体——对苯二甲酸二乙二醇酯。

在生物体内也存在类似的酯交换反应。例如，乙酰辅酶 A 与胆碱形成乙酰胆碱：

$$\underset{\text{乙酰辅酶 A}}{CH_3\overset{\overset{O}{\|}}{C}—S—CoA} + \underset{\text{胆碱}}{HOCH_2CH_2\overset{+}{N}(CH_3)_3OH^-} \longrightarrow \underset{\text{乙酰胆碱}}{CH_3\overset{\overset{O}{\|}}{C}—OCH_2CH_2\overset{+}{N}(CH_3)_3OH^-} + \underset{\text{辅酶 A}}{HSCoA}$$

### 3. 氨解

酰卤、酸酐和酯与氨或胺作用生成酰胺的反应，称为氨解。

$$\left.\begin{array}{l} R—\overset{\overset{O}{\|}}{C}—Cl \\ R—\overset{\overset{O}{\|}}{C}—O—\overset{\overset{O}{\|}}{C}—R' \\ R—\overset{\overset{O}{\|}}{C}—OR' \end{array}\right. \xrightarrow{NH_3} R—\overset{\overset{O}{\|}}{C}—NH_2 + \left\{\begin{array}{l} NH_4Cl \\ R'COONH_4 \\ R'OH \end{array}\right.$$

酰胺与过量的胺作用可得到 $N$-取代酰胺。

$$R—\overset{\overset{O}{\|}}{C}—NH_2 + H—NHR' \longrightarrow R—\overset{\overset{O}{\|}}{C}—NHR' + NH_3$$

羧酸衍生物的水解、醇解和氨解反应相当于在水、醇、氨分子中引入酰基。凡是向其他分子中引入酰基的反应都叫酰基化反应。提供酰基的试剂叫酰基化试剂，酰氯、酸酐是常用的酰基化试剂。

### 4. 酯的还原反应

羧酸衍生物均具有还原性，酰氯、酸酐、酯可被氢化铝锂还原生成相应的伯醇，酰胺还原生成胺。其中酯的还原反应尤其重要，酯能被氢化铝锂或金属钠的醇溶液还原而不影响分子中的 C═C 双键，因而在有机合成中常被采用。例如：

$$\underset{\text{月桂酸甲酯}}{CH_3(CH_2)_{10}COOCH_3} \xrightarrow[C_2H_5OH]{Na} \underset{\text{月桂醇}}{CH_3(CH_2)_{10}CH_2OH} + CH_3OH$$

$$\underset{\text{油酸丁酯}}{CH_3(CH_2)_7CH═CH(CH_2)_7COOC_4H_9} \xrightarrow[C_2H_5OH]{Na} \underset{\text{油醇}}{CH_3(CH_2)_7CH═CH(CH_2)_7CH_2OH} + C_4H_9OH$$

月桂醇是合成洗涤剂和增塑剂的原料。

### 5. 克莱森（Claisen）酯缩合反应

与羧酸相似，酯分子中的 $\alpha$-氢原子较活泼。用强碱或醇钠处理时，两分子酯可脱去一分子醇生成 $\beta$-酮酸酯，这个反应叫克莱森酯缩合反应。

$$R—CH_2—\overset{\overset{O}{\|}}{C}—OR' \xrightarrow[-H^+]{C_2H_5ONa} R—\overset{-}{C}H—\overset{\overset{O}{\|}}{C}—OR' \xrightarrow{R—CH_2—\overset{\overset{O}{\|}}{C}—OR'} RCH_2—\underset{\underset{O^-}{|}}{\overset{\overset{OR'}{|}}{C}}—\underset{\underset{R}{|}}{CH}—\overset{\overset{O}{\|}}{C}—OR'$$

$$\xrightarrow{-R'O^-} RCH_2—\overset{\overset{O}{\|}}{C}—\underset{\underset{R}{|}}{CH}—\overset{\overset{O}{\|}}{C}—OR'$$

酯在强碱作用下生成负碳离子，负碳离子作为亲核试剂进攻另一酯分子中的羰基，然后加成-消除 $R'O^-$，得到 $\beta$-酮酸酯。

**【知识应用】** 工业上利用两分子乙酸乙酯在强碱乙醇钠的作用下，发生克莱森酯缩合反应制备乙酰乙酸乙酯。乙酰乙酸乙酯在有机合成中有着极其重要的作用。

### 6. 酰胺的特性

酰胺除具有羧酸衍生物的通性外，还具有一些特殊性质。

（1）酸碱性　在酰胺分子中，由于氮原子上的孤对电子与羰基形成 p-π 共轭，使氮原子上的电子云密度降低，氮原子与质子的结合能力下降，所以碱性比氨弱，只有在强酸作用下才显示弱碱性。例如：

$$CH_3-\overset{O}{\overset{\|}{C}}-NH_2 + HCl \xrightarrow{\text{乙醚}} CH_3-\overset{O}{\overset{\|}{C}}-NH_2 \cdot HCl$$

这种盐不稳定，遇水即分解为乙酰胺。

若氨分子中的两个氢原子都被酰基取代，生成的酰亚胺化合物可与强碱成盐，表现出弱酸性。例如：

$$\text{邻苯二甲酰亚胺} + KOH \longrightarrow \text{邻苯二甲酰亚胺钾} + H_2O$$

邻苯二甲酰亚胺　　邻苯二甲酰亚胺钾

（2）脱水反应　酰胺在脱水剂［如 $P_2O_5$、$PCl_5$、$SOCl_2$、$(CH_3CO)_2O$ 等］作用下，发生分子内脱水生成腈。例如：

$$(CH_3)_2CH-\overset{O}{\overset{\|}{C}}-NH_2 \xrightarrow[\triangle]{P_2O_5} (CH_3)_2CH-C\equiv N + H_2O$$

（3）霍夫曼（Hofmann）降级反应　酰胺与次氯酸钠或次溴酸钠作用，失去羰基生成比原来少一个碳原子的伯胺，这个反应叫霍夫曼降级反应。例如：

$$R-\overset{O}{\overset{\|}{C}}-NH_2 \xrightarrow{NaOH, Br_2} R-NH_2$$

$$C_6H_5-CH_2-\underset{CH_3}{\underset{|}{CH}}-\underset{O}{\underset{\|}{C}}-NH_2 \xrightarrow{NaOH, Br_2} C_6H_5-CH_2-\underset{CH_3}{\underset{|}{CH}}-NH_2$$

2-甲基-3-苯基丙酰胺　　苯异丙胺

**【知识应用】** 苯异丙胺又名苯齐巨林或安非他明。它的硫酸盐为无色粉末，味微苦，随后有麻感。由于苯异丙胺对中枢神经有兴奋作用，可用于治疗发作性睡眠、中枢药物中毒和精神抑郁症。

## 四、重要的羧酸衍生物

### 1. 乙酰氯和苯甲酰氯

乙酰氯为无色有刺激性气味的液体，沸点为 51℃。它在空气中因被水解为 HCl 而冒白烟。乙酰氯具有酰卤的通性，它的主要用途是作乙酰化试剂。

在工业上乙酰氯可用亚硫酰氯（$SOCl_2$）、三氯化磷或五氯化磷与乙酸作用来制取。

苯甲酰氯为无色透明易燃液体，暴露在空气中即发烟，有特殊的刺激性臭味，其蒸气刺激眼黏膜而催泪。苯甲酰氯的熔点为 −1.0℃，沸点为 197.2℃，溶于乙醚、氯仿、苯和二硫化碳。苯甲酰氯遇水、氨或乙醇逐渐分解，生成苯甲酸、苯甲酰胺或苯甲酸乙酯和氯化氢。

苯甲酰氯用作有机合成、染料和医药的原料，如制造引发剂过氧化二苯甲酰、过氧化苯甲酸叔丁酯、农药除草剂等；在农药方面，它是新型的诱导型杀虫剂——异噁唑硫磷的中间体。苯甲酰氯是重要的苯甲酰化和苄基化试剂。另外苯甲酸与苯甲酰氯反应还可以生产苯甲酸酐，苯甲酸酐的主要用途是作酰基化剂，也可作为漂白剂和助焊剂中的一个组分，还可用于制备过氧化苯甲酰。

### 2. 乙酸酐和苯酐

工业上最重要的酸酐是乙酸酐，它最重要的生产方法是由乙酸与乙烯酮反应制得，而乙烯酮由丙酮或乙酸制得。

$$\left.\begin{array}{l} CH_3COCH_3 \xrightarrow[-CH_4]{700\sim800℃} \\ CH_3COOH \xrightarrow[700\sim740℃]{AlPO_4} \end{array}\right\} \longrightarrow CH_2{=}C{=}O \xrightarrow{CH_3COOH} \begin{array}{l} CH_2{=}C{-}OH \\ \quad\ \ \backslash O \\ CH_3{-}C{=}O \end{array} \longrightarrow \begin{array}{l} CH_3{-}C{=}O \\ \quad\ \ \backslash O \\ CH_3{-}C{=}O \end{array}$$

乙酸酐为具有刺激性的无色液体，沸点为139.5℃，是良好的溶剂。它与热水作用生成乙酸。乙酸酐具有酸酐的通性，是重要的乙酰化剂，它也是重要的化工原料，在工业上大量用于制造醋酸纤维，合成染料、医药、香料、油漆和塑料等。

邻苯二甲酸酐俗称苯酐，英文简写为PA。它是白色鳞片状固体及粉末，或白色针状晶体，熔点为130.8℃，沸点为284.5℃，易升华，稍溶于冷水，易溶于热水并水解为邻苯二甲酸，溶于乙醇、苯和吡啶，微溶于乙醚。

苯酐是一种重要的有机化工原料，主要用于生产塑料增塑剂、醇酸树脂、染料、不饱和树脂以及某些医药和农药。

### 3. α-甲基丙烯酸甲酯

在常温下，α-甲基丙烯酸甲酯为无色液体，熔点为−48.2℃，沸点为100～101℃，微溶于水，溶于乙醇和乙醚，易挥发，易聚合。

工业上生产α-甲基丙烯酸甲酯主要以丙酮、氢氰酸为原料，与甲醇和硫酸作用而制得。

$$CH_3COCH_3 \xrightarrow[OH^-]{HCN} CH_3{-}\underset{OH}{\overset{CH_3}{C}}{-}CN \xrightarrow[H_2SO_4]{CH_3OH} \underset{\alpha\text{-甲基丙烯酸甲酯}}{CH_2{=}\underset{CH_3}{C}{-}COOCH_3}$$

α-甲基丙烯酸甲酯在引发剂（如偶氮二异丁腈）存在下，聚合生成聚α-甲基丙烯酸甲酯。

$$nCH_2{=}\overset{CH_3}{C}{-}COOCH_3 \xrightarrow{90\sim100℃} \underset{\text{聚}\,\alpha\text{-甲基丙烯酸甲酯}}{\left[CH_2{-}\underset{COOCH_3}{\overset{CH_3}{C}}\right]_n}$$

聚α-甲基丙烯酸甲酯是无色透明的聚合物，俗称有机玻璃，质轻、不易碎裂，溶于丙酮、乙酸乙酯、芳烃和卤代烃。由于它的高度透明性，多用于制造光学仪器和照明用品，如航空玻璃、仪表盘、防护罩等，着色后可制纽扣、牙刷柄、广告牌等。

### 4. *N*,*N*-二甲基甲酰胺

*N*,*N*-二甲基甲酰胺，简称DMF。它是带有氨味的无色液体，沸点为153℃。它的蒸气有毒，对皮肤、眼睛和黏膜有刺激作用。

工业上用氨、甲醇和一氧化碳为原料，在高压下反应制备*N*,*N*-二甲基甲酰胺。

$$2CH_3OH + NH_3 + CO \xrightarrow{15MPa} H\overset{O}{\overset{\|}{C}}{-}N(CH_3)_2 + 2H_2O$$

*N*,*N*-二甲基甲酰胺能与水及大多数有机溶剂混溶，能溶解很多无机物和许多难溶的有机物特别是一些高聚物。例如，它是聚丙烯腈抽丝的良好溶剂，也是丙烯酸纤维加工中使用的溶剂，有“万能溶剂”之称。

### 5. 除虫菊酯

除虫菊酯存在于除虫菊花中。其基本结构为：

$$\begin{array}{c}CH_3\\R\end{array}\!\!>C=C<\!\!\begin{array}{c}H\\ \end{array}-\triangle(CH_3)_2-\overset{O}{\overset{\|}{C}}-O-\text{(环戊烯酮环，}CH_3\text{，}=O\text{)}-CH_2CH=CHCH=CH_2$$

除虫菊酯具有麻痹昆虫中枢神经的作用，为触杀性杀虫剂，昆虫不易产生耐药性，同时它也是广谱性杀虫剂。天然除虫菊酯见光分解成无毒成分，是国际上公认的最安全无害的杀虫剂。

### 6. 青霉素

青霉素属 $\beta$-内酰胺类抗生素。其基本结构如下：

$$RCOHN-\overset{R^1}{C}-\overset{H}{C}(S)-C(CH_3)_2-CH(COOH)-N-C(=O)$$

由于分子中含有一个游离羧基和酰胺侧链，青霉素有相当强的酸性，能与无机碱或某些有机碱作用成盐。干燥纯净的青霉素盐比较稳定；青霉素的水溶液很不稳定，微量的水分即易引起其水解。

## 思考与练习

8-6 命名下列化合物。

(1) $(CH_3)_2CHCH_2COBr$ (2) $CH_3-\overset{O}{\overset{\|}{C}}-O-CH=CH_2$ (3) $C_6H_5-\overset{O}{\overset{\|}{C}}-O-\overset{O}{\overset{\|}{C}}-C_6H_5$

(4) $C_6H_5-\overset{O}{\overset{\|}{C}}-N(CH_3)_2$ (5) $CH_3-C(=CH)$（与两个 $C=O$ 及 $O$ 成环的酸酐） (6) $Cl-C_6H_4-\overset{O}{\overset{\|}{C}}-Br$

8-7 写出下列化合物的结构式。

(1) 苯酐 (2) 草酸乙二醇酯 (3) *N*,*N*-二甲基乙酰胺

(4) 对甲基苯甲酰氯 (5) 丁二酸酐 (6) *N*-甲基-*N*-乙基丙酰胺

8-8 将下列化合物按其沸点由高到低的顺序排列。

乙醇 乙酸 乙酸乙酯 乙酰氯 乙酰胺

8-9 写出乙酰氯与下列试剂反应的反应式。

(1) $H_2O$ (2) $CH_3CH_2CH_2OH$ (3) $NH_3$

8-10 写出苯甲酸甲酯与下列试剂反应的反应式。

(1) $H_2O$，$OH^-$ (2) $NH_3$ (3) $C_2H_5OH$，$H_2SO_4$

8-11 写出乙酸酐与下列试剂反应的反应式。

(1) $H_2O$，△ (2) $CH_3CH_2OH$ (3) $C_6H_5-NH_2$

8-12 完成下列反应式。

(1) $C_6H_5-CH_2CH=CHCOOC_2H_5 \xrightarrow[\text{②}H_2O]{\text{①}LiAlH_4} ?$

(2) $C_{11}H_{23}COOC_2H_5 \xrightarrow[\triangle]{Na/C_2H_5OH} ?$

(3) $CH_3CH_2CH_2CH_2\overset{O}{\overset{\|}{C}}-OC_2H_5 \xrightarrow[\text{②}HCl,H_2O]{\text{①}C_2H_5ONa,C_2H_5OH} ?$

(4) $H-\overset{O}{\overset{\|}{C}}-OC_2H_5 + CH_3\overset{O}{\overset{\|}{C}}-OC_2H_5 \xrightarrow[\text{②}H^+,H_2O]{\text{①}C_2H_5ONa,C_2H_5OH} ?$

(5) $\text{C}_6\text{H}_4(\text{CONH}_2)(\text{Cl}) \xrightarrow[\triangle]{P_2O_5}$ ?

(6) $C_{15}H_{31}—\overset{\overset{O}{\|}}{C}—Cl \xrightarrow{NH_3}$ ? $\xrightarrow[NaOH]{Br_2}$ ?

# *第三节　油脂和表面活性剂

## 一、油脂

油脂普遍存在于动植物体的脂肪组织中，是动植物储藏和供给能量的主要物质之一。油脂完全氧化可产生 38.9kJ/mol 的热量，是高能食品的主要成分之一。油脂也是维生素等许多活性物质的良好溶剂，在人体内还起到维持体温和保护内脏器官免受振动及撞击的作用。另外，油脂还用来制备肥皂、护肤品和润滑剂等。

### 1. 油脂的组成和结构

油脂包括油和脂肪，习惯上将常温下为液态的称为油，固态或半固态的称为脂肪。油脂是直链高级脂肪酸的甘油酯，其结构式可表示为：

$$\begin{array}{l} CH_2—O—\overset{\overset{O}{\|}}{C}—R \\ | \\ CH—O—\overset{\overset{O}{\|}}{C}—R' \\ | \\ CH_2—O—\overset{\overset{O}{\|}}{C}—R'' \end{array}$$

其中，若 R、R′和 R″都相同，称为单纯甘油酯，不同的称为混合甘油酯。自然界中存在的油脂大多数是混合甘油酯。

油脂中高级脂肪酸的种类很多，有饱和脂肪酸，也有不饱和脂肪酸。常见油脂中重要的脂肪酸见表 8-4。

**表 8-4　油脂中的重要脂肪酸**

| 类别 | 名　称 | 结构式 | 熔点/℃ |
|---|---|---|---|
| 饱和脂肪酸 | 月桂酸(十二酸) | $CH_3(CH_2)_{10}COOH$ | 44.0 |
| | 肉豆蔻酸(十四酸) | $CH_3(CH_2)_{12}COOH$ | 58.0 |
| | 软脂酸(十六酸) | $CH_3(CH_2)_{14}COOH$ | 63.0 |
| | 硬脂酸(十八酸) | $CH_3(CH_2)_{16}COOH$ | 71.2 |
| | 花生酸(二十酸) | $CH_3(CH_2)_{18}COOH$ | 77.0 |
| | 木质素酸(二十四酸) | $CH_3(CH_2)_{22}COOH$ | 87.5 |
| 不饱和脂肪酸 | 棕榈油酸(9-十六碳烯酸) | $CH_3(CH_2)_5CH=CH(CH_2)_7COOH$ | 0.5 |
| | 油酸(9-十八碳烯酸) | $CH_3(CH_2)_7CH=CH(CH_2)_7COOH$ | 16.3 |
| | 亚油酸(9,12-十八碳二烯酸) | $CH_3(CH_2)_4CH=CHCH_2CH=CH(CH_2)_7COOH$ | −5.0 |
| | 亚麻酸(9,12,15-十八碳三烯酸) | $CH_3CH_2CH=CHCH_2CH=CHCH_2CH=CH(CH_2)_7COOH$ | −11.3 |
| | 花生四烯酸(5,8,11,14-二十碳四烯酸) | $CH_3(CH_2)_4CH=CHCH_2CH=CHCH_2CH=CHCH_2CH=CH(CH_2)_3COOH$ | −49.5 |

### 2. 油脂的性质

(1) 物理性质　纯净的油脂是无色、无味、无臭的，相对密度小于 1，比水轻，难溶于水，易溶于有机溶剂。由于天然油脂是混合物，所以没有固定的熔点和沸点。

（2）化学性质

① 水解。油脂与氢氧化钠（或氢氧化钾）水溶液共热，发生水解反应，生成甘油和高级脂肪酸盐，此盐就是日常所用的肥皂。因此，油脂在碱性溶液中的水解称为皂化。

$$
\begin{array}{l}
CH_2-O-\overset{\overset{O}{\|}}{C}-R \\
| \\
CH-O-\overset{\overset{O}{\|}}{C}-R' \\
| \\
CH_2-O-\overset{\overset{O}{\|}}{C}-R''
\end{array}
+ 3KOH \xrightarrow{\triangle}
\begin{array}{l}
CH_2-OH \\
| \\
CH-OH \\
| \\
CH_2-OH
\end{array}
+
\begin{array}{l}
RCOOK \\
R'COOK \\
R''COOK
\end{array}
$$

工业上把 1g 油脂皂化所需氢氧化钾的质量（mg）称为皂化值。根据皂化值的大小，可估算油脂的分子量。皂化值越大，油脂的分子量越小。

② 加成。油脂中含不饱和脂肪酸，其分子中的碳碳双键，可以和氢气、卤素发生加成反应。

a. 加氢。不饱和油脂经催化加氢，可转化为饱和脂肪酸的油脂。加氢后油脂由液态转变为固态或半固态，这一过程称为油脂的硬化。氢化后的油脂叫氢化油或硬化油。油脂硬化后，不仅提高了油脂的熔点，而且不易被空气氧化变质，便于储存和运输。

b. 加碘。油脂与碘的加成反应，常用于测定油脂的不饱和程度。100g 油脂所能吸收碘的质量（g）叫碘值。碘值越大，表示油脂的不饱和程度越大。

某些油脂在医药上可以作为软膏和搽剂的基质；有些可作为皮下注射剂的溶剂；还有些则是药物，如蓖麻油可作缓泻剂，鱼肝油用作滋补剂等。药典对药用油脂的皂化值和碘值有一定的要求。例如，蓖麻油的碘值为 80～90，皂化值为 176～186；花生油的碘值为 84～100，皂化值为 185～195。

③ 干性。有些油脂暴露在空气中，其表面能形成有韧性的固态薄膜，油的这种结膜特性叫做干性。

干性的化学反应是很复杂的，主要是一系列氧化聚合的结果。实践证明，油的干性强弱（即干结成膜的快慢）和分子中所含双键数目及双键的相对位置有关，含双键数目多，结膜快；数目少，结膜慢。

油的干性可以用碘值大小来衡量。一般碘值大于 130 的是干性油；碘值在 100～130 之间的为半干性油；碘值小于 100 的为不干性油。

油能结膜的特性，使油成为油漆工业中的一种重要原料。干性油、半干性油可作为油漆原料。桐油是最好的干性油，它的特性与桐酸的共轭双键体系有关。用桐油制成的油漆不仅成膜快，而且漆膜坚韧、耐光、耐冷热变化、耐腐蚀。桐油是我国的特产，产量占世界总产量的 90%以上。

④ 酸败。油脂放置过久，受空气中的氧气或微生物的作用，经一系列变化，部分生成分子量较小的脂肪酸、醛、酮等，产生难闻的气味，这种现象称为酸败，俗称哈喇。油脂分子中含有碳碳双键时，更容易发生酸败。湿气、热和光对酸败有促进作用，所以，油脂应在干燥、避光、密封的条件下保存。酸败的油脂不宜食用。

## 二、表面活性剂

凡能显著降低水的表面张力或两种液体（如水和油）界面张力的物质称为表面活性剂。当表面活性剂溶于液体后，它能使溶液具有润湿、乳化、起泡、消泡、洗涤、润滑、杀菌和防静电等作用。表面活性剂的种类很多，但在结构上有共同的特征，就是分子内既有亲水基团，也有憎水基团（亲油基团）。常见的亲水基有羧基，磺酸基，羟基，伯、仲、叔胺盐和季铵盐等强极性基团；憎水基大多是较长碳链的烃基，如 $C_{10}$～$C_{18}$ 的烷基或烷基取代的芳烃基。当在不相溶的水油两相物质中加入表面活性剂时，亲油基插入油滴中，而把亲水基留在油滴的外部，将油分散为微小的粒子，粒子的外面由一层亲水基包围，从而将不溶于水的油分散在水中。

表面活性剂的分类方法很多，根据使用的目的不同，表面活性剂可分为洗涤剂、乳化剂、润湿剂、分散剂和发泡剂等。按照分子结构，即溶于水时能否电离以及电离后生成离子的种类，可分为阴离子、阳离子、两性和非离子表面活性剂。

**1. 阴离子表面活性剂**

阴离子表面活性剂溶于水后生成离子，其亲水基为带有负电荷的基团，主要有羧酸盐、磺酸盐和硫酸酯盐三类。例如：

$CH_3(CH_2)_{10}CH_2OSO_3^- Na^+$

十二烷基硫酸钠

$C_{12}H_{25}-C_6H_4-SO_3Na$

十二烷基苯磺酸钠

（1）羧酸盐　羧酸盐主要包括肥皂，由油脂加碱水解制得。日常用的肥皂是钠肥皂，即高级脂肪酸的钠盐，它是硬质固体，也叫硬肥皂。高级脂肪酸的钾盐，质软，不能凝成硬块，叫软肥皂。软肥皂主要制成洗发水或医用乳化剂，如消毒用的煤酚皂溶液就是甲基苯酚的软肥皂溶液。

肥皂不能在硬水中使用，因为在含 $Ca^{2+}$、$Mg^{2+}$ 的硬水中肥皂转化为不溶性的高级脂肪酸的钙盐或镁盐；肥皂在酸性水中转变成不溶于水的脂肪酸，从而失去去污能力。因此，肥皂不适于在硬水或酸性水中使用。

（2）磺酸盐　磺酸盐的通式为 $R-SO_3Na$。其中最具代表性的十二烷基苯磺酸钠，是市售合成洗涤剂的主要成分之一。十二烷基苯磺酸钠是强酸盐，可以在酸性溶液中使用，在硬水中也具有良好的去污力。另外，十二烷基苯磺酸钠被广泛用作干洗用洗涤剂的原料以及切削油等矿物油乳化剂的成分。十二烷基苯磺酸钙广泛用作农药乳化剂，也可用作防锈油等。

（3）硫酸酯盐　硫酸酯盐的通式为 $R-OSO_3Na$。其中以十二烷基硫酸钠最常见，它的水溶性、洗涤性均优于肥皂。其水溶液呈中性，对羊毛等无损害，在硬水中也可以使用，主要用于制造各种洗涤剂、香波及牙膏等。

**2. 阳离子表面活性剂**

阳离子表面活性剂溶于水后生成离子，其亲水基为带有正电荷的基团，主要有胺盐型和季铵盐型两大类。

阳离子表面活性剂价格较高，洗涤力较差，但具有很强的杀菌力和润湿、起泡、乳化等性能，以及容易吸附在金属和纤维表面，因此可作杀菌剂、纤维柔软剂、金属防锈剂、抗静电剂等。例如：

$$\left[C_6H_5-CH_2-\overset{\displaystyle CH_3}{\underset{\displaystyle CH_3}{\overset{|}{\underset{|}{N^+}}}}-C_{12}H_{25}\right]Br^-$$

溴化二甲基十二烷基苄基铵（新洁尔灭）

溴化二甲基十二烷基苄基铵又称新洁尔灭，具有较强的杀菌力，主要用于外科手术前皮肤、器械的消毒。

值得注意的是，阴离子表面活性剂不能与阳离子表面活性剂一同使用，但可与非离子表面活性剂一同使用。

**3. 两性表面活性剂**

亲水基由阴离子和阳离子以内盐的形式构成的表面活性剂，称为两性表面活性剂。其中阴离子部分主要是羧酸盐、磺酸盐或硫酸酯盐；阳离子部分是胺盐或季铵盐。两性表面活性剂在酸性介质中，显示阳离子性质；在碱性介质中显示阴离子性质。这类表面活性剂易溶于水、杀菌作用温和、刺激性小、毒性小，可用作洗涤剂、柔软剂、抗静电剂、分散剂等。其代表物有：

$$C_{12}H_{25}-\overset{CH_3}{\underset{CH_3}{N^+}}-CH_2COO^-$$

二甲基十二烷铵基乙酸盐

$$C_{11}H_{23}-\text{(咪唑啉环, }N^+\text{)}\quad HOCH_2CH_2\ \ CH_2COO^-$$

1-羟乙基-1-羧甲基-2-十一烷基咪唑啉

二甲基十二烷铵基乙酸盐溶于水呈透明溶液，易起泡、洗涤力很强，可用作洗涤剂。1-羟乙基-1-羧甲基-2-十一烷基咪唑啉具有低毒、低刺激、去污力强、配伍性好等优点，可用作洗涤剂、柔软剂、抗静电剂等，广泛应用于制造高档香波。

#### 4. 非离子表面活性剂

非离子表面活性剂在水中不解离成离子，一般以羧基、醚键等作为亲水基团。它主要分为聚氧乙烯缩合物和多元醇两种类型。例如：

$$C_{12}H_{25}O(CH_2CH_2O)_nH$$

聚氧乙烯十二烷基醚

由于在溶液中不解离，因此非离子表面活性剂稳定性高，不易受酸、碱、盐的影响，与其他类型表面活性剂的配伍性好。非离子表面活性剂主要用作洗涤剂、助染剂和乳化剂等，少数用作纤维柔软剂。

## *第四节　碳酸衍生物

碳酸是不稳定的二元酸，只存在于水溶液中。碳酸在结构上可看成是羟基甲酸。

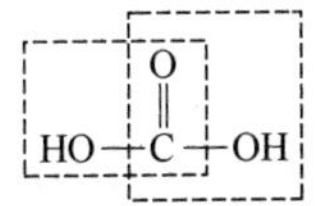

碳酸分子中的一个或两个羟基被其他原子或基团取代后生成的化合物叫做碳酸衍生物。碳酸的一元衍生物不稳定，很难单独存在；其二元衍生物比较稳定，具有实用价值。例如，碳酰胺、碳酸二甲酯等都是主要的碳酸衍生物。

### 一、尿素、胍、巴比妥酸

#### 1. 尿素

碳酰胺又称尿素或脲，存在于人和哺乳动物的尿液中。其结构式如下：

$$H_2N-\overset{O}{\overset{\|}{C}}-NH_2$$

尿素

工业上用二氧化碳与氨气在高温高压下反应制备。

$$2NH_3 + CO_2 \xrightarrow[20MPa]{180\sim200℃} \underset{\text{氨基甲酸铵}}{NH_2COONH_4} \xrightarrow[\triangle]{} NH_2CONH_2 + H_2O$$

尿素具有酰胺的结构，所以具有与酰胺相似的性质，但由于分子中的两个氨基连在同一羰基上，因此又具有一些特性。

(1) 碱性　尿素分子中有两个氨基，其中一个氨基可与强酸成盐，呈弱碱性。

$$H_2N-\overset{O}{\overset{\|}{C}}-NH_2 + HNO_3 \longrightarrow \underset{\text{硝酸脲}}{H_2N-\overset{O}{\overset{\|}{C}}-NH_2\cdot HNO_3}$$

生成的硝酸脲难溶于水而易结晶，利用这种性质可从尿液中提取尿素。

(2) 水解　尿素在酸、碱或尿素酶的作用下，易发生水解反应，生成氨和二氧化碳。

$$H_2NCONH_2 + H_2O \xrightarrow[\text{或尿素酶}]{H^+ \text{或} OH^-} 2NH_3\uparrow + CO_2\uparrow$$

(3) 缩合　将尿素缓慢加热，两分子尿素脱去一分子氨生成缩二脲。

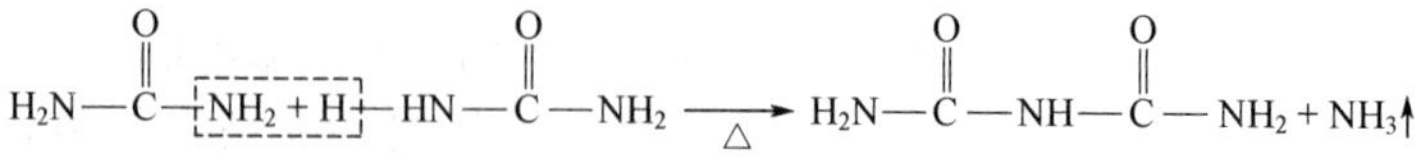

$$H_2N-\overset{\overset{O}{\|}}{C}-\boxed{NH_2 + H}-HN-\overset{\overset{O}{\|}}{C}-NH_2 \xrightarrow{\triangle} H_2N-\overset{\overset{O}{\|}}{C}-NH-\overset{\overset{O}{\|}}{C}-NH_2 + NH_3\uparrow$$

缩二脲能与硫酸铜的碱溶液作用显紫色，这个颜色反应叫缩二脲反应。凡分子中含有两个或两个以上酰胺基的化合物，都发生这种颜色反应。

(4) 与亚硝酸反应　尿素与亚硝酸作用生成二氧化碳和氮气。

$$H_2NCONH_2 + 2HNO_2 \longrightarrow CO_2\uparrow + 2N_2\uparrow + 3H_2O$$

尿素除用作肥料外，也是重要的工业原料，用于生产脲醛树脂、染料、除草剂、杀虫剂和药物等。例如，尿素与丙二酸二乙酯作用生成丙二酰脲，俗称巴比妥酸，它的衍生物是一类安眠药。

### 2. 胍

胍的构造式为 $H_2N-\overset{\overset{NH}{\|}}{C}-NH_2$，可看成是尿素分子中的氧原子被亚氨基取代后的化合物。工业上由双氰铵和过量氨加热制备胍。

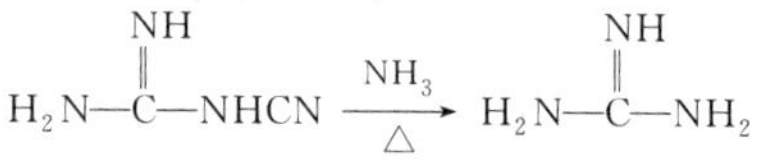

$$\underset{\text{双氰胺}}{H_2N-\overset{\overset{NH}{\|}}{C}-NHCN} \xrightarrow[\triangle]{NH_3} H_2N-\overset{\overset{NH}{\|}}{C}-NH_2$$

胍是吸湿性很强的无色晶体，熔点为50℃，易溶于水。胍具有很强的碱性，能吸收空气中的二氧化碳。胍的许多衍生物有重要的生理作用，可作药物。例如，胍的衍生物吗啉双胍（ABOB）是抗病毒药物；对氨基磺酰胍，俗称磺胺胍（SG），是一种肠道消炎药，用于治疗菌痢、肠炎等。其构造式如下：

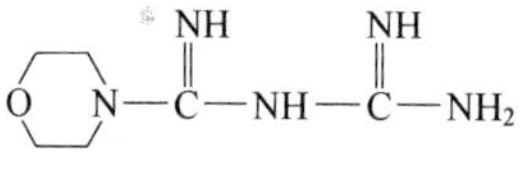

$$\underset{\text{吗啉双胍(ABOB)}}{O\langle\rangle N-\overset{\overset{NH}{\|}}{C}-NH-\overset{\overset{NH}{\|}}{C}-NH_2} \qquad \underset{\text{磺胺胍(SG)}}{H_2N-C_6H_4-SO_2NHC(=NH)NH_2}$$

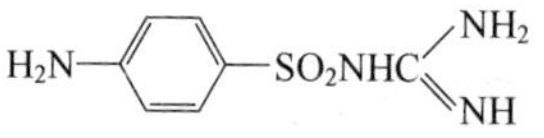

### 3. 巴比妥酸

丙二酰脲俗称巴比妥酸，是由尿素与丙二酰氯反应生成的。

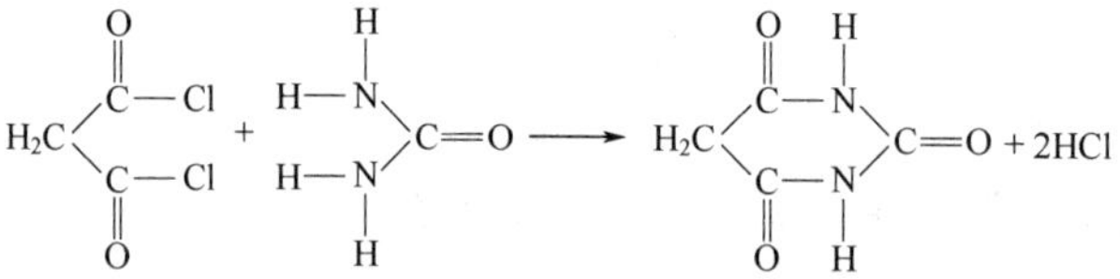

$$\underset{\text{丙二酰氯}}{H_2C(COCl)_2} + \underset{\text{尿素}}{(H-NH)_2C=O} \longrightarrow \underset{\text{丙二酰脲(巴比妥酸)}}{H_2C(CO-NH)_2C=O} + 2HCl$$

巴比妥酸是无色晶体，熔点为245℃，微溶于水。巴比妥酸本身没有药理作用，但它的衍生物是一类重要的镇静催眠药，总称为巴比妥类药物。其通式为：

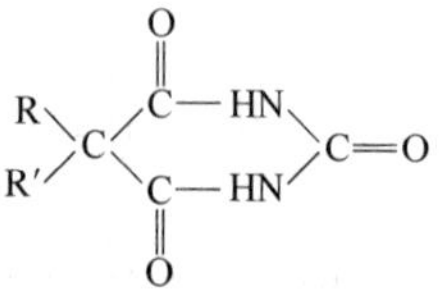

$$\begin{matrix} R \\ R' \end{matrix} \rangle C \langle \begin{matrix} \overset{O}{\|}C-HN \\ \underset{O}{\|}C-HN \end{matrix} \rangle C=O$$

巴比妥类药物很多，常用的有巴比妥、苯巴比妥（鲁米那）、戊巴比妥、异戊巴比妥等。它们是结晶性粉末状晶体，难溶于水，能溶于一般的有机溶剂。巴比妥催眠药的钠盐可作注射用。

## 二、碳酸二甲酯

碳酸二甲酯（$CH_3O-\overset{\overset{O}{\|}}{C}-OCH_3$）简称DMC，是一种十分有用的有机合成中间体，从DMC出发可合成聚碳酸酯、异氰酸酯、丙二酸酯等化工产品。它在制取高性能树脂、溶剂、药物、防腐剂等领域的用途越来越广泛。碳酸二甲酯无毒，可代替剧毒的光气和硫酸二甲酯作羰基化试剂和甲基化试剂，对环境无污染，属于绿色化学的合成方法。

传统生产碳酸二甲酯是以光气为原料醇解，现已开发了甲醇氧化羰基化法合成的新技术，其反应如下：

$$2CH_3OH + \frac{1}{2}O_2 + CO \xrightarrow{Cu_2Cl_2} CH_3O-\overset{\overset{O}{\|}}{C}-OCH_3 + H_2O$$

## 【知识拓展】

### 取代光气和氢氰酸的绿色化学技术

一、取代光气的绿色化学技术

光气（$COCl_2$），又称碳酰氯，主要用于生产聚氨酯，也是生产染料、医药、农药和矿物浮选剂的原料。聚氨酯是一种热缩性树脂，1995年世界总消耗量为650万吨，其中80%作泡沫塑料，广泛应用于建材、家具、汽车、制革、纤维等行业。

光气剧毒，在空气中的最高允许含量为$1.0\times10^{-7}$，吸入极微量时可引起咳嗽、咽喉发炎、黏膜充血、呕吐等；重症时，引起肺部淤血和肺水肿；深度中毒时，引起血管膨胀、心脏功能丧失，导致急性窒息性死亡，死者肺部溢出的血液为肺平时质量的3～4倍，因而被称为“在陆地上的溺死”。光气除了损害人的肺部功能外，还对人的神经系统及遗传因子有较大的影响，在受伤害的人中不少人经常产生幻觉导致自杀，孕妇生育后，死婴和畸形婴儿的发生率直线上升，受害者以超过每天1人的速度不断死亡，迄今总死亡人数已超过16000人。

为了消除危险品的使用，需要对合成技术和生产工艺作革命性的创新，即开发绿色合成技术。

1. 用$CO_2$代替光气生产亚氨酯

生产亚氨酯的传统工艺为：

$$RNH_2 + COCl_2 \longrightarrow RNCO + 2HCl$$
$$RNCO + R'OH \longrightarrow RNHCOOR'$$

传统工艺不仅使用光气，而且产生污染环境的HCl。

美国Monsanto公司开发的新工艺为：

$$RNH_2 + CO_2 \longrightarrow RNCO + H_2O$$
$$RNCO + R'OH \longrightarrow RNHCOOR'$$

新工艺彻底解决了传统工艺的两大问题。

2. 用CO代替光气制碳酸二甲酯

制备碳酸二甲酯的传统工艺为：

$$2CH_3OH + ClCOCl \longrightarrow CH_3OCOOCH_3 + 2HCl$$

目前，碳酸二甲酯的工业生产中，已可用CO代替光气，与$CH_3OH$和$O_2$在铜催化下制得。新工艺为：

$$4CH_3OH + O_2 + 2CO \xrightarrow{Cu} 2CH_3OCOOCH_3 + 2H_2O$$

3. 用CO代替光气制异氰酸酯

日本旭化成公司开发出由苯胺、CO、$O_2$和$CH_3OH$在钯-碘催化剂存在下生成苯基氨基甲酸甲酯，再加热分解得到异氰酸酯的工艺。其工艺如下：

$$\text{C}_6\text{H}_5\text{NH}_2 + CO + \frac{1}{2}O_2 + CH_3OH \xrightarrow{\text{Pb-I}_2} \text{C}_6\text{H}_5\text{NHCOOCH}_3 + H_2O$$

$$\text{C}_6\text{H}_5\text{NHCOOCH}_3 \xrightarrow{\triangle} \text{C}_6\text{H}_5\text{NCO} + CH_3OH$$

这项技术的优点是：甲醇可循环使用、反应选择性高、产率高、副产物少，异氰酸酯聚合少；但成本比光气法约高10%。

二、取代氢氰酸的绿色化学技术

氢氰酸主要用于生产聚合物的单体如甲基丙烯酸系列产品、已二腈等。前者主要用于生产有机玻璃，也用于制造涂料、胶黏剂、润滑剂、皮革整理剂、乳化剂、上光剂和防锈剂等；后者是尼龙-66的重要中间体。尼龙-66是性能优良的合成纤维，广泛用于地毯、服装、汽车、建筑等行业。

氢氰酸为无色液体或气体，沸点为26.1℃，极易挥发，能迅速被血液吸收，口服致死量一般在0.1～0.3g之间。空气中最高允许浓度为$0.3mg/m^3$，当浓度达到$300mg/m^3$时，可使人立即死亡。急性中毒时，氢氰酸在血液中立即与氧化型细胞色素氧化酶的$Fe^{3+}$结合，使细胞色素失去传递电子的能力，结果使呼吸链中断，出现细胞内窒息，引起组织缺氧，致呼吸衰竭；慢性中毒则发生帕金森氏综合征。

取代氢氰酸的绿色化学技术有以下几种。

1. 甲基丙烯酸甲酯的合成

合成甲基丙烯酸甲酯的传统工艺为丙酮-氰醇法，其工艺如下：

$$CH_3COCH_3 \xrightarrow{HCN} CH_3-\underset{OH}{\overset{CH_3}{\underset{|}{\overset{|}{C}}}}-CN \xrightarrow[H_2SO_4]{CH_3OH} CH_2=\underset{CH_3}{\underset{|}{C}}-COOCH_3$$

传统工艺具有使用剧毒原料、污染严重、设备腐蚀严重、原子利用率低等缺点。

美国Shell公司的新工艺如下：

$$H_3C-C\equiv CH + CO + CH_3OH \xrightarrow{Pd} CH_2=\underset{CH_3}{\underset{|}{C}}-COOCH_3$$

新工艺的特点是：不用剧毒物质、原料价格低、产品收率高、原子利用率高、经济效益及环境效益好。

2. 己二酸的合成

合成己二酸的传统工艺是通过丁二烯和氢氰酸反应生成己二腈而进行的。新工艺则首先由丁二烯经甲酰化反应生成己二醛，然后经氧化反应生成己二酸。其生产工艺如下。

$$CH_2=CH-CH=CH_2 + 2H_2 + 2CO \longrightarrow \begin{array}{l} CH_2CH_2-CHO \\ | \\ CH_2CH_2-CHO \end{array} \xrightarrow{O_2} \begin{array}{l} CH_2CH_2-COOH \\ | \\ CH_2CH_2-COOH \end{array}$$

3. 除草剂——恩朵普的合成

恩朵普是一种广泛使用的广谱除草剂，对环境很安全。但是，其关键中间体亚胺乙二酸钠需用氨、甲醛、氢氰酸为原料合成。此合成路线有三大严重缺点：氢氰酸剧毒；反应放热量大，有导致失控的潜在危险；每生产7kg产品产生1kg有毒废物。经过多年研究，美国孟山都公司发展了将乙二醇胺用兰尼铜催化脱氢制备上述中间体的新工艺。新合成路线的起始物挥发性低、无毒，反应本身是吸热过程，易控制，不产生废渣，是一项优秀的绿色化学成果。

4. 苯乙酸的合成

合成苯乙酸的传统工艺是苯乙腈水解法，而苯乙腈是由苄氯和氢氰酸反应合成的。而新工艺由苄氯与一氧化碳反应合成苯乙酸。其工艺如下：

$$C_6H_5CH_2Cl + CO \xrightarrow[OH^-]{H_2O} C_6H_5CH_2COOH$$

与传统工艺相比，新工艺具有既经济，又安全的优点。

## 习 题

**1. 填空题**

（1）甲酸俗称__________，其构造式为__________；__________俗称醋酸，是具有刺激性气味、无色透明的__________，纯醋酸在低于______时呈冰状晶体，故称__________。

（2）羧酸的沸点比分子量相近的醇的沸点高，是因为羧酸__________能形成较强的__________；羧酸的溶解度比相应醇的溶解度更大，是因为羧酸和__________能形成较强的___________。

（3）羧酸具有酸性是因为分子中存在__________效应的缘故。脂肪族羧酸酸性的强弱与_____效应有关，一般情况下，$\alpha$-C 上连有吸电子基，酸性___________；连有供电子基，酸性___________。

（4）草酸的酸性比其他二元酸_____，是因为两个______直接相连，一个羧基对另一个羧基有较强的________效应的结果；草酸还具有还原性，在定量分析中用于标定______的浓度。

（5）酰胺由于分子间可以通过氨基上的氢原子形成___________而缔合，所以________相当高，一般多为____体，只有氨基上的氢原子被________取代的酰胺，由于失去___________作用，而多为液体。

（6）羧酸衍生物发生水解反应的活性由强到弱顺序是________＞________＞________＞________。其中______和______常用作酰基化剂。

（7）酯发生醇解后又生成新的酯，这一反应叫做___________反应，此反应广泛应用于有机合成中，可通过此反应，从廉价的___________合成___________；此反应也应用于涤纶生产中。

（8）$HC(=O)N(CH_3)_2$ 的系统名称叫_______________，简称___________，由于能溶解多种难溶解的有机物和高聚物，有“_______________”之称。

**2. 选择题**

（1）下列化合物中沸点最高的是（　　）。

A. 丙酰氯　　B. 丙酰胺　　C. 乙酸甲酯　　D. 丙酸

（2）下列化合物能使 $FeCl_3$ 溶液显色的是（　　）。

A. 安息香酸　　B. 马来酸　　C. 肉桂酸　　D. 水杨酸

（3）下列化合物中不与格氏试剂反应的是（　　）。

A. 绝对乙醚　　B. 乙酸　　C. 乙醛　　D. 环氧乙烷

（4）下列化合物的水溶液酸性最强的是（　　）。

A. $C_6H_5COOH$　　B. $p\text{-}NO_2C_6H_4COOH$　　C. $p\text{-}CH_3OC_6H_4COOH$　　D. $p\text{-}ClC_6H_4COOH$

（5）下列化合物中不属于羧酸衍生物的是（　　）。

A. 蜡　　B. 油脂　　C. $CH_3CH(NH_2)COOH$　　D. $CH_3C(=O)NH_2$

（6）常温下将下列化合物分别与 $AgNO_3/C_2H_5OH$ 溶液作用生成白色沉淀的是（　　）。

A. $CH_3CH{=}CHBr$　　B. $CH_3CH_2Cl$　　C. $CH_3C(=O)Cl$　　D. $CH_3C(=O)NH_2$

（7）下列反应不属于水解反应的是（　　）。

A. 乙酰氯在空气中冒白烟　　B. 丙酰胺与 $Br_2$、NaOH 共热

C. 乙酐与水共热　　D. 皂化

(8) 下列化合物中不能发生碘仿反应的是（　　）。

A. 乙酸　　B. 乙醇　　C. 乙醛　　D. 丙酮

(9) 将羧酸还原为醇，常用的还原剂是（　　）。

A. $LiAlH_4$　　B. $H_2/Ni$(常温)　　C. $NaBH_4$　　D. Zn-Hg/浓 HCl

(10) 某种解热镇痛药的构造简式如下图所示，当它完全水解时，可得到的产物有（　　）。

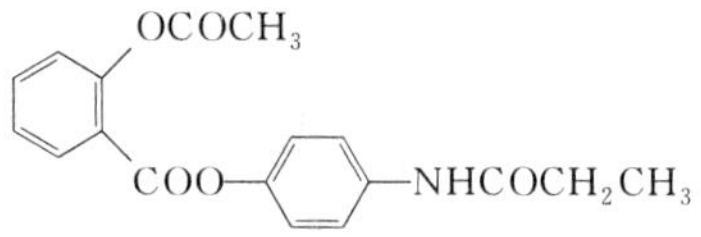

(邻位 $OCOCH_3$ 取代苯环—$COO$—苯环—$NHCOCH_2CH_3$)

A. 2 种　　B. 3 种　　C. 4 种　　D. 5 种

**3. 完成下列化学反应式。**

(1) $CH_3CH{=}CH_2 \xrightarrow{HBr} ? \xrightarrow[\text{无水乙醚}]{Mg} ? \xrightarrow{HCHO} ? \xrightarrow{H_2O} ? \xrightarrow{?} (CH_3)_2CHCOOH \xrightarrow{PCl_5} ?$

(2) $CH_3CH_2OH \xrightarrow{?} CH_3CH_2Br \xrightarrow{?} CH_3CH_2MgBr \xrightarrow[\text{②}H_2O]{\text{①}CO_2} ? \xrightarrow[P]{Cl_2} ?$

(3) 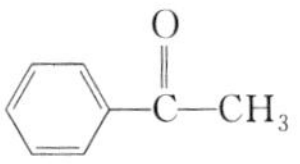 $C_6H_5-\overset{O}{\overset{\|}{C}}-CH_3 \xrightarrow[\text{②}H^+]{\text{①}NaOH/I_2} ? \xrightarrow{SOCl_2} ? \xrightarrow[\triangle]{NH_3} ? \xrightarrow{NaOH/Br_2} ?$

**4. 比较下列各组化合物的酸性强弱。**

(1) $CH_3COOH$　　$C_6H_5-COOH$　　$C_6H_5-CH_2OH$　　$C_6H_5-OH$

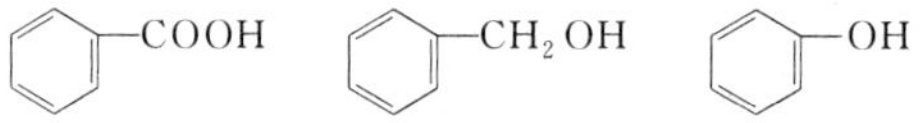

(2) $CH_3CH_2OH$　　$CH_3COOH$　　$CH_2(COOH)_2$

(3) $CH_3CH_2CCl_2COOH$　　$CH_3CH_2CHClCOOH$　　$CH_3CHClCH_2COOH$

**5. 用化学方法鉴别下列各组化合物。**

(1) 乙酰氯　乙酰胺　乙酸乙酯

(2) 甲酸　乙酸　乙醛　丙酮

(3) 正丁醇　正丁醚　正丁醛　正丁酸

(4) 苯甲酸　水杨酸　水杨醇　水杨醛

**6. 用化学方法分离下列混合物。**

(1) 丁酸　苯酚　丁酸苯酯

(2) 己醇　己酸　对甲苯酚

**7. 由指定原料合成下列化合物**（无机试剂任选）。

(1) 以乙烯为原料合成乙酸乙酯

(2) 以乙炔为原料合成乙酰胺

(3) 以乙醇为原料合成丙酸乙酯

(4) 以甲苯为原料合成苯基对甲苯基酮（$CH_3-C_6H_4-\overset{O}{\overset{\|}{C}}-C_6H_5$）

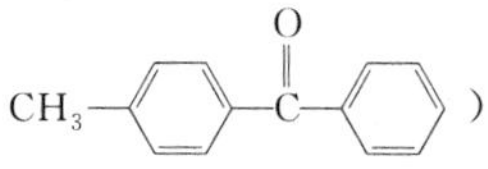

(5) 以甲苯为原料合成苯乙酸。

**8. 推断结构**

(1) 化合物 A、B、C 的分子式都是 $C_3H_6O_2$，A 能与碳酸钠作用放出二氧化碳，B 和 C 在氢氧化钠溶液中水解，B 的水解产物之一能发生碘仿反应。推测 A、B、C 的构造式。

(2) 化合物 A 和 B，分子式均为 $C_8H_8O_3$。A 可溶于氢氧化钠和碳酸氢钠溶液，B 则仅溶于氢氧化钠溶液。A 用氢碘酸处理得邻羟基苯甲酸，B 与稀酸溶液共热也得邻羟基苯甲酸。推测 A 和 B 的结构式。

(3) 某化合物 A 的分子式是 $C_6H_8O_3$，能使溴水褪色，能发生碘仿反应，但不能发生酯化反应，和托伦试剂也不发生反应。A 和氢氧化钠溶液共热后，水解生成 B 和 C，B 能和托伦试剂发生银镜反应，且 B 和 C 都能发生碘仿反应。试写出 A、B 和 C 的构造式。

# 第九章 取代酸

## 学习目标

**知识目标**

▸ 掌握羟基酸和羰基酸等多官能团化合物的命名；掌握醇酸和酚酸的性质，乙酰乙酸乙酯和丙二酸二乙酯的制法、性质及在合成中的应用。

▸ 理解乙酰乙酸乙酯的酮式-烯醇式互变异构现象。

▸ 了解重要的醇酸、酚酸及羰基酸的性能及用途。

**能力目标**

▸ 能运用命名规则命名典型的羟基酸和羰基酸。

▸ 能通过结构特点的分析学会醇酸、酚酸以及羰基酸的特征反应。

▸ 能识别 β-二羰基化合物，学会丙二酸二乙酯和乙酰乙酸乙酯的制法，并能以丙二酸二乙酯和乙酰乙酸乙酯为原料制备取代乙酸和取代丙酮。

▸ 能利用取代酸知识指导日常生活和今后的工作，进一步提高化学基础知识素养。

## 导学案例

▸不少人知道，吃一些带酸味的水果或饮服食醋可以解酒。什么道理呢？这是因为，水果里含有机酸。例如，苹果里含有苹果酸，柑橘里含有柠檬酸，葡萄里含有酒石酸等，有机酸能与乙醇相互作用而形成酯类从而达到解酒的目的。同样，食醋里含有6%～8%的乙酸能跟乙醇发生酯化反应。可是上述反应受到体内多种因素的干扰，效果并不十分理想。因此，“好酒也不要贪杯哟”。那么，你知道这些“水果中的酸”与“乙酸”属于同一类物质吗？

▸阿司匹林从发明至今已有百年的历史，具有十分广泛的用途，其最基本的药理作用是解热镇痛，通过发汗增加散热作用，从而达到降温目的。同时，它可以有效地控制由炎症、手术等引起的慢性疼痛，如头痛、牙痛、神经痛等。1898 年，德国化学家霍夫曼合成了这种药物，1899 年，德国拜耳药厂正式生产并取商品名为 Aspirin——阿司匹林。时至今日，你知道阿司匹林如何合成吗？它的化学名称又叫什么？除解热镇痛作用外，还有其他的药效吗？

羧酸分子中烃基上的氢原子被其他官能团取代的化合物称为取代酸。取代酸是一类具有多官能团的化合物，按照取代基的种类不同，取代酸又可分为卤代酸、羟基酸、羰基酸等。例如：

| R—CH(X)—COOH | R—CH(OH)—COOH | R—C(=O)—COOH |
| --- | --- | --- |
| 卤代酸 | 羟基酸 | 羰基酸 |

本章主要讨论重要的羟基酸和羰基酸。

## 第一节 羟 基 酸

分子中既含有羟基又含有羧基的化合物称为羟基酸。羟基酸包括醇酸和酚酸两类。羟基连在脂肪族烃基上的称为醇酸；羟基连在芳环上的称为酚酸。根据羟基与羧基的相对位置不同，醇酸又可分为α-醇酸、β-醇酸和γ-醇酸等。很多羟基酸存在于自然界中，并从相应的天然产物中获得，因此许多羟基酸按其来源而采用俗名。例如：

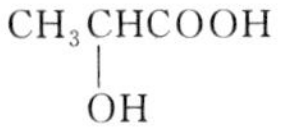

$CH_3CH(OH)COOH$
α-羟基丙酸
2-羟基丙酸（乳酸）

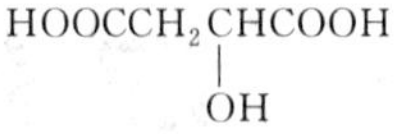

$HOOCCH_2CH(OH)COOH$
α-羟基丁二酸
2-羟基丁二酸（苹果酸）

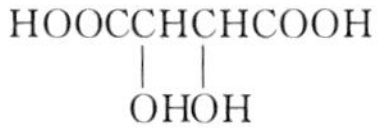

$HOOCCH(OH)CH(OH)COOH$
α,β-二羟基丁二酸
2,3-二羟基丁二酸（酒石酸）

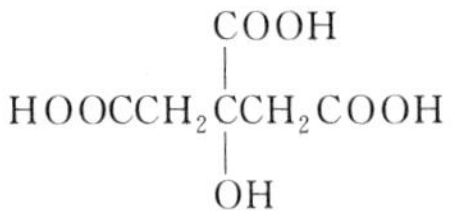

$HOOCCH_2C(OH)(COOH)CH_2COOH$
β-羧基-β-羟基戊二酸
3-羧基-3-羟基戊二酸（柠檬酸）

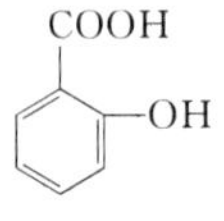

2-羟基苯甲酸
邻羟基苯甲酸（水杨酸）

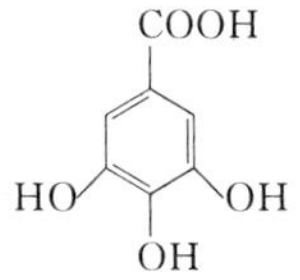

3,4,5-三羟基苯甲酸
（没食子酸）

## 一、醇酸

### 1. 物理性质

醇酸一般为结晶固体或黏稠的液体。由于羟基和羧基都能与水形成氢键，所以醇酸在水中的溶解度比相应的醇或羧酸都大，低级醇酸可与水混溶。醇酸的熔点比相应的羧酸高。许多醇酸都有对映异构体。

### 2. 化学性质

醇酸受热或与脱水剂共热时，易发生脱水反应。由于羟基和羧基的相对位置不同，脱水产物也不同。

（1）α-醇酸脱水生成交酯　α-醇酸受热时，发生两个分子间的脱水反应生成六元环的交酯。例如：

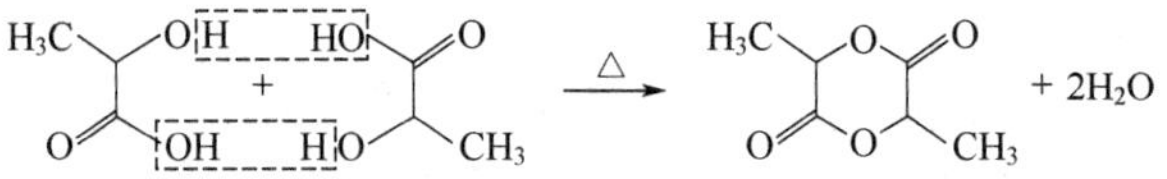

2 α-羟基丙酸 $\xrightarrow{\triangle}$ 丙交酯 + $2H_2O$

（2）β-醇酸脱水生成α,β-不饱和羧酸　β-醇酸中的α-氢原子同时受羟基和羧基的影响，比较活泼，在酸性介质中受热，容易与β-碳原子上的羟基结合，发生分子内脱水生成α,β-不饱和羧酸。

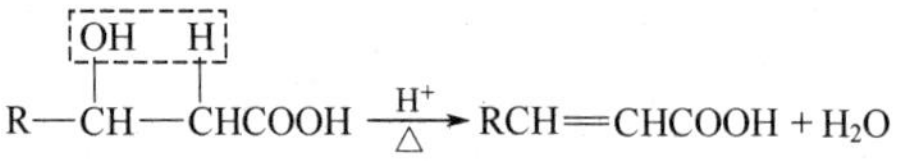

$$R-CH(OH)-CH(H)COOH \xrightarrow[\triangle]{H^+} RCH{=}CHCOOH + H_2O$$

（3）γ-醇酸和δ-醇酸脱水生成内酯　γ-醇酸和δ-醇酸受热发生分子内脱水，生成五元或六元环的内酯，这个反应很容易进行。例如：

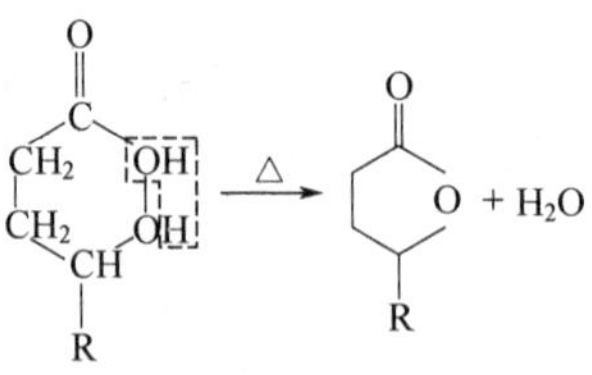

γ-醇酸 $\xrightarrow{\triangle}$ γ-内酯 + $H_2O$

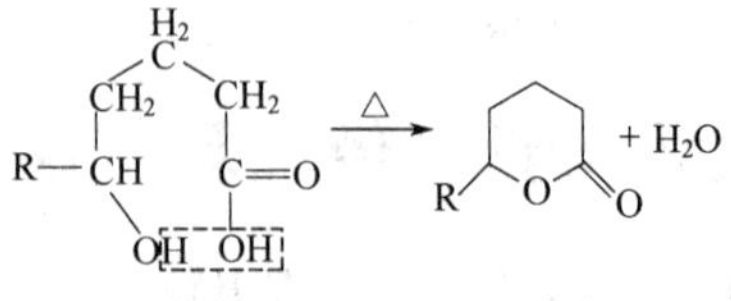

δ-醇酸 $\xrightarrow{\triangle}$ δ-内酯 + $H_2O$

无论是交酯还是内酯均与其他酯类一样，在中性溶液中稳定，在酸性溶液中水解生成原来的醇酸，在碱性溶液中水解生成原来醇酸的盐。

$$\underset{\gamma\text{-丁内酯}}{\begin{matrix} CH_2-C(=O) \\ | \quad\quad\quad O \\ CH_2-CH_2 \end{matrix}} \xrightarrow{NaOH, H_2O} \underset{\gamma\text{-羟基丁酸钠}}{HOCH_2CH_2CH_2COONa}$$

**【知识应用】** *γ-羟基丁酸钠具有麻醉作用，它的特点是不影响基础代谢和呼吸，且手术后苏醒快，适用于呼吸道及肾功能不全的患者的麻醉。*

（4）ω-醇酸缩聚生成聚酯　羟基与羧基相隔5个或5个以上碳原子的醇酸受热，发生多分子间脱水生成聚酯。

$$m\,HO(CH_2)_nCOOH \xrightarrow{\triangle} H\!\left[O(CH_2)_n-CO\right]_m\!OH \quad (n \geqslant 5)$$

由于羟基的吸电子诱导效应，醇酸的酸性比相应的羧酸强。羟基离羧基越近，酸性增强的程度越大。

### 3. 重要的醇酸

（1）乳酸　化学名称为α-羟基丙酸（$CH_3CHOHCOOH$），最初发现于酸牛奶中。乳酸纯品为无色黏性液体，溶于水、乙醇、丙酮、乙醚等，不溶于氯仿、油脂和石油醚。

乳酸是糖原的代谢产物。人在剧烈运动时，糖原分解产生乳酸，当肌肉中乳酸含量增多时，会感到酸胀，恢复一段时间后，一部分乳酸又转变成糖原，另一部分则被氧化成丙酮酸。

乳酸具有消毒防腐的作用，临床上用乳酸钙治疗佝偻病等一些缺钙症；乳酸钠用作酸中毒的解毒剂。工业上用乳酸作除钙剂，印染上作媒染剂，医药上用作腐蚀剂。此外在食品及饮料工业中也大量使用乳酸。

（2）酒石酸　化学名称为α,β-二羟基丁二酸（HOOCCHOHCHOHCOOH），最初来自葡萄酿酒产生的酒石（酒石酸氢钾）中。酒石酸或其盐存在于植物体中，尤其葡萄中含量最多。

酒石酸纯品为无色半透明结晶，溶于水和乙醇，微溶于乙醚而难溶于苯。酒石酸常用于配制饮料；酒石酸氢钾是发酵粉的原料；酒石酸锑钾俗称吐酒石，用作催吐剂和治疗血吸虫病的药物；酒石酸钾钠用作泻药，也用来配制费林试剂。

（3）苹果酸　化学名称为α-羟基丁二酸（$HOOCCHOHCH_2COOH$），最初从苹果中获得。苹果酸广泛存在于未成熟的果实中，如山楂、杨梅、葡萄、番茄中都含苹果酸。苹果酸有两种对映异构体，天然的苹果酸为左旋体，为针状结晶，易溶于水和乙醇，微溶于乙醚，难溶于苯。

苹果酸是生物体代谢的中间产物。它常用于食品和制药工业，苹果酸用作食品中的酸味剂；苹果酸钠可作为禁盐病人的食盐代用品。

（4）柠檬酸　化学名称为β-羧基-β-羟基戊二酸，也叫枸橼酸，最初来自柠檬。柠檬酸广泛存在于多种水果中，其中柑橘、柠檬中含量最多。

柠檬酸纯品为无色晶体，含一分子结晶水，易溶于水和乙醇，有爽口的酸味，在食品工业中常作为糖果和清凉饮料的调味剂。柠檬酸钠在医药上作抗凝血剂；其钾盐为祛痰剂和利尿剂；其镁盐是温和的泻药；柠檬酸铁铵用作补血剂。

柠檬酸也是动物体内糖、脂肪和蛋白质代谢的中间产物。加热至180℃可发生分子内脱水生成顺乌头酸，顺乌头酸加水可生成柠檬酸和异柠檬酸。

$$\underset{\text{柠檬酸}}{\begin{matrix} CH_2COOH \\ | \\ HO-C-COOH \\ | \\ CH_2COOH \end{matrix}} \underset{+H_2O}{\overset{-H_2O}{\rightleftharpoons}} \underset{\text{顺乌头酸}}{\begin{matrix} CHCOOH \\ \| \\ C-COOH \\ | \\ CH_2COOH \end{matrix}} \underset{-H_2O}{\overset{+H_2O}{\rightleftharpoons}} \underset{\text{异柠檬酸}}{\begin{matrix} HO-CHCOOH \\ | \\ CHCOOH \\ | \\ CH_2COOH \end{matrix}}$$

在生物体内，上述反应在酶催化下进行。

## 二、酚酸

### 1. 水杨酸和阿司匹林

水杨酸的化学名称为邻羟基苯甲酸，存在于多种植物中，在柳树皮及水杨树的树皮、叶内的含量最高，因而又名柳酸。

水杨酸为无色针状结晶，熔点为159℃，易升华，微溶于冷水，易溶于乙醇、乙醚、氯仿和沸水。它具有酚和羧酸的一般性质，如易被氧化、遇氯化铁显紫色等，加热到200～220℃时易脱羧生成苯酚。

水杨酸具有杀菌、解热镇痛和抗风湿的作用，常用作抗风湿病和丙霉菌感染引起的皮肤病的外用药。但其酸性强，刺激性大，不宜口服。

水杨酸与酸酐反应生成乙酰水杨酸（即阿司匹林）。

$$\underset{\text{水杨酸}}{C_6H_4(COOH)(OH)} + (CH_3CO)_2O \xrightarrow{\text{浓 } H_2SO_4} \underset{\text{乙酰水杨酸}}{C_6H_4(COOH)(OCOCH_3)} + CH_3COOH$$

阿司匹林具有解热、镇痛、抗风湿的作用，是常用的解热镇痛药。复方阿司匹林，又称APC，主要由阿司匹林、非那西丁和咖啡因组成。

### 2. 五倍子酸和单宁

五倍子酸的化学名称为3,4,5-三羟基苯甲酸，又称没食子酸，是植物中分布最广的一种酚酸。五倍子酸以游离态或结合成单宁存在于植物的叶子中，特别是大量存在于五倍子（一种寄生昆虫的虫瘿）中。

五倍子酸纯品为白色结晶粉末，熔点为253℃（分解），难溶于冷水，易溶于热水、乙醇和乙醚。它有强还原性，在空气中迅速被氧化成褐色，可作抗氧剂和照片显影剂。五倍子酸与氯化铁反应产生蓝黑色沉淀，是墨水的原料之一。

单宁是五倍子酸的衍生物，因具有鞣革功能，又称鞣酸。单宁广泛存在于植物中，因来源和提取方法不同，有不同的组成和结构。单宁的种类很多，结构各异，但具有相似的性质。例如：单宁是一种生物碱试剂，能使许多生物碱和蛋白质沉淀或凝结；其水溶液遇氯化铁产生蓝黑色沉淀；单宁都有还原性，易被氧化成黑褐色物质。

# 第二节 羰 基 酸

分子中既含有羰基又含有羧基的化合物称为羰基酸。根据所含的羰基是醛基还是酮基，分为醛酸和酮酸。还可根据羰基和羧基的相对位置，分为$\alpha$-,$\beta$-,$\gamma$-,…羰基酸。例如：

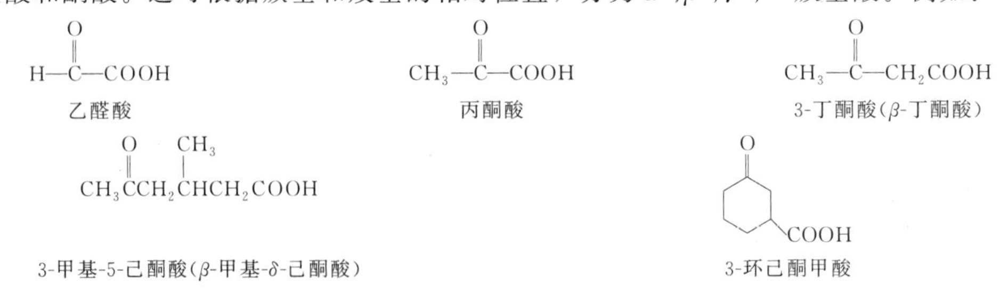


## 一、$\alpha$-酮酸与$\beta$-酮酸

### 1. 丙酮酸

丙酮酸（$CH_3COCOOH$）是最简单的酮酸，它是无色有刺激性气味的液体，沸点为165℃(分解)，易溶于水、乙醇和醚。

丙酮酸是人体内糖、脂肪、蛋白质代谢的中间产物，也是植物体内由光合作用生成糖类的中间产物。

丙酮酸除具有酮和羧酸的反应外，还具有 $\alpha$-酮酸的特性，如氧化脱羧等。

$$CH_3-\overset{O}{\overset{\|}{C}}-COOH \xrightarrow[\triangle]{\text{稀 } H_2SO_4} CH_3CHO + CO_2\uparrow$$

$$CH_3-\overset{O}{\overset{\|}{C}}-COOH \xrightarrow[\triangle]{\text{浓 } H_2SO_4} CH_3COOH + CO_2\uparrow$$

$\alpha$-酮酸的这种氧化分解反应是制取减少一个碳原子的羧酸的方法。

### 2. 3-丁酮酸

3-丁酮酸（$CH_3COCH_2COOH$）是最简单而很重要的 $\beta$-酮酸，又称乙酰乙酸。它是无色黏稠液体，溶于水和乙醇。$\beta$-酮酸在受热或酶的作用下容易脱羧生成丙酮。

$$CH_3-\overset{O}{\overset{\|}{C}}-CH_2COOH \xrightarrow{\triangle} CH_3COCH_3 + CO_2\uparrow$$

3-丁酮酸是人体内脂肪代谢的中间产物，在体内由于酶的作用能与 $\beta$-羟基丁酸互变。

$$CH_3\overset{O}{\overset{\|}{C}}CH_2COOH \underset{-2H}{\overset{+2H}{\rightleftharpoons}} CH_3\overset{OH}{\overset{|}{C}}HCH_2COOH$$

丙酮、乙酰乙酸和 $\beta$-羟基丁酸三者总称为酮体。酮体是脂肪酸在人体内不能完全被氧化成二氧化碳和水的中间产物，大量存在于糖尿病患者的尿液中，使血液的酸度增加，发生酸中毒，严重时引起患者昏迷或死亡。

## 二、乙酰乙酸乙酯

乙酰乙酸乙酯和丙二酸二乙酯是分子中含有两个羰基，且两个羰基相隔一个亚甲基的化合物，称为 $\beta$-二羰基化合物。

$$CH_3\overset{O}{\overset{\|}{C}}-CH_2-\overset{O}{\overset{\|}{C}}OC_2H_5$$

乙酰乙酸乙酯

$$C_2H_5O-\overset{O}{\overset{\|}{C}}-CH_2-\overset{O}{\overset{\|}{C}}-OC_2H_5$$

丙二酸二乙酯

两个羰基之间的亚甲基受羰基吸电子诱导效应的影响，氢原子很活泼，使得 $\beta$-二羰基化合物在有机合成上具有重要的用途。

### 1. 制法

乙酰乙酸乙酯可用克莱森酯缩合反应制备。

$$2CH_3\overset{O}{\overset{\|}{C}}-OC_2H_5 \xrightarrow[\text{② } H^+]{\text{① } C_2H_5ONa} CH_3\overset{O}{\overset{\|}{C}}CH_2\overset{O}{\overset{\|}{C}}OC_2H_5 + C_2H_5OH$$

乙酰乙酸乙酯又称 $\beta$-丁酮酸乙酯，简称三乙。它是无色透明具有果香味的液体，沸点为 180℃，微溶于水，易溶于乙醇、乙醚等大多数有机溶剂。

### 2. 特性及应用

（1）特性

① 乙酰乙酸乙酯的互变异构现象。乙酰乙酸乙酯能与羟胺、苯肼反应生成肟、苯腙，还能与氢氰酸、亚硫酸氢钠发生加成反应，说明它具有酮的结构。乙酰乙酸乙酯还能使溴的四氯化碳溶液褪色，与金属钠作用放出氢气，与氯化铁溶液作用呈紫红色，说明它具有烯醇的结构。

实验表明，一般情况下，乙酰乙酸乙酯是由酮式和烯醇式两种异构体组成的，它们能相互转变，在室温时，液态乙酰乙酸乙酯是由约 92.5%的酮式异构体和约 7.5%的烯醇式异构体组成的混合物。

$$\underset{\text{酮式结构}}{CH_3-\overset{\overset{O}{\|}}{C}-CH_2-\overset{\overset{O}{\|}}{C}-OC_2H_5} \rightleftharpoons \underset{\text{烯醇式结构}}{CH_3-\overset{\overset{OH}{|}}{C}=CH-\overset{\overset{O}{\|}}{C}-OC_2H_5}$$

这种能够相互转变的两种异构体之间存在的动态平衡现象，叫做互变异构现象。$\beta$-二羰基化合物通常都有互变异构现象，甚至某些简单的羰基化合物也存在互变异构现象。但构造不同，烯醇式的含量不同。

② 分解反应

a. 酮式分解。乙酰乙酸乙酯与稀碱（5% NaOH）作用，发生水解反应，再经酸化生成乙酰乙酸，乙酰乙酸遇热脱羧生成丙酮，称为酮式分解。

$$CH_3COCH_2COOC_2H_5 \xrightarrow[H_2O]{5\%\ NaOH} CH_3COCH_2COONa \xrightarrow{H^+} CH_3COCH_2COOH \xrightarrow[-CO_2]{\triangle} CH_3COCH_3$$

b. 酸式分解。乙酰乙酸乙酯与浓碱（40% NaOH）共热，在 $\alpha$-碳原子和 $\beta$-碳原子之间发生断裂，生成两分子乙酸盐，酸化后得两分子乙酸，称为酸式分解。

$$CH_3COCH_2COOC_2H_5 \xrightarrow[\triangle]{40\%\ NaOH} 2CH_3COONa + C_2H_5OH$$
$$2CH_3COONa \xrightarrow{H^+} 2CH_3COOH$$

③ 亚甲基上的反应。乙酰乙酸乙酯分子中亚甲基上的氢原子是酮基和酯基的双重 $\alpha$-氢原子，变得很活泼。在醇钠作用下，生成乙酰乙酸乙酯的钠盐，它与卤代烃反应，在 $\alpha$-碳原子上引入烃基，生成一烃基取代乙酰乙酸乙酯。

$$CH_3COCH_2COOC_2H_5 \xrightarrow{C_2H_5ONa} [CH_3COCHCOOC_2H_5]^- Na^+ \xrightarrow{RX} \underset{\text{一烃基取代乙酰乙酸乙酯}}{CH_3CO\underset{\underset{R}{|}}{C}HCOOC_2H_5}$$

一烃基取代乙酰乙酸乙酯中另一个活泼的 $\alpha$-氢原子再依次与乙醇钠、卤代烃反应，生成二烃基取代乙酰乙酸乙酯。

$$CH_3CO\underset{\underset{R}{|}}{C}HCOOC_2H_5 \xrightarrow[\text{② } R'X]{\text{① } C_2H_5ONa} \underset{\text{二烃基取代乙酰乙酸乙酯}}{CH_3CO\overset{\overset{R'}{|}}{\underset{\underset{R}{|}}{C}}COOC_2H_5}$$

反应中所用的卤代烃一般是伯卤代烃、烯丙基型和苄基型卤代烃。叔卤代烃在强碱作用下易发生消除反应而生成烯烃，所以不能采用。另外，引入的两个烃基可以相同，也可以不同，可以是脂肪族烃基，也可以是芳香族烃基。若两个烃基不同时，一般先引入大的烃基，后引入小的烃基。两个相同的烃基也要分步引入。

（2）应用　一烃基取代乙酰乙酸乙酯经酮式分解和酸式分解，分别得到一烃基取代丙酮和一烃基取代乙酸。

$$CH_3-\overset{\overset{O}{\|}}{C}-\underset{\underset{R}{|}}{C}H-\overset{\overset{O}{\|}}{C}-OC_2H_5 \xrightarrow{5\%\ NaOH} CH_3-\overset{\overset{O}{\|}}{C}-CH_2-R \quad \text{酮式分解}$$
$$CH_3-\overset{\overset{O}{\|}}{C}-\underset{\underset{R}{|}}{C}H-\overset{\overset{O}{\|}}{C}-OC_2H_5 \xrightarrow{40\%\ NaOH} R-CH_2-\overset{\overset{O}{\|}}{C}-OH \quad \text{酸式分解}$$

二烃基取代乙酰乙酸乙酯经酮式分解和酸式分解，分别得到二烃基取代丙酮和二烃基取代乙酸。

$$CH_3-\overset{\overset{O}{\|}}{C}-\overset{\overset{R'}{|}}{\underset{\underset{R}{|}}{C}}-\overset{\overset{O}{\|}}{C}-OC_2H_5 \xrightarrow{5\%\ NaOH} CH_3-\overset{\overset{O}{\|}}{C}-CH\langle^{R}_{R'} \quad \text{酮式分解}$$
$$CH_3-\overset{\overset{O}{\|}}{C}-\overset{\overset{R'}{|}}{\underset{\underset{R}{|}}{C}}-\overset{\overset{O}{\|}}{C}-OC_2H_5 \xrightarrow{40\%\ NaOH} {}^{R}_{R'}\rangle CH-\overset{\overset{O}{\|}}{C}-OH \quad \text{酸式分解}$$

【例 9-1】 由乙酰乙酸乙酯合成 2-己酮。

$$CH_3\overset{O}{\overset{\|}{C}}CH_2CH_2CH_2CH_3$$

【解析】 由 2-己酮的构造式可以看出，酮可以看成是正丙基取代的丙酮，卤代烃为正丙基卤，经酮式分解，即得到所需产物。反应式如下：

$$CH_3\overset{O}{\overset{\|}{C}}-CH_2-\overset{O}{\overset{\|}{C}}-OC_2H_5 \xrightarrow[\text{②}CH_3CH_2CH_2Br]{\text{①}\ C_2H_5ONa} CH_3\overset{O}{\overset{\|}{C}}-\underset{\underset{CH_2CH_2CH_3}{|}}{CH}-\overset{O}{\overset{\|}{C}}-OC_2H_5$$

$$\xrightarrow[\text{②}H^+]{\text{① 稀 }NaOH} CH_3\overset{O}{\overset{\|}{C}}-\underset{\underset{CH_2CH_2CH_3}{|}}{CH}-COOH \xrightarrow[-CO_2]{\triangle} CH_3\overset{O}{\overset{\|}{C}}CH_2CH_2CH_2CH_3$$

【例 9-2】 由乙酰乙酸乙酯合成 3-甲基-2-戊酮。

$$CH_3\overset{O}{\overset{\|}{C}}\underset{\underset{CH_3}{|}}{CH}CH_2CH_3$$

【解析】 3-甲基-2-戊酮可看成是一个甲基和一个乙基二取代的丙酮。按照先大后小的原则，先引入乙基，后引入甲基，经酮式分解，即得所需产物。反应式如下：

$$CH_3\overset{O}{\overset{\|}{C}}-CH_2-\overset{O}{\overset{\|}{C}}-OC_2H_5 \xrightarrow[\text{② }CH_3CH_2Br]{\text{①}\ C_2H_5ONa} CH_3\overset{O}{\overset{\|}{C}}-\underset{\underset{CH_2CH_3}{|}}{CH}-\overset{O}{\overset{\|}{C}}-OC_2H_5$$

$$\xrightarrow[\text{② }CH_3I]{\text{①}\ C_2H_5ONa} CH_3\overset{O}{\overset{\|}{C}}-\underset{\underset{CH_2CH_3}{|}}{\overset{\overset{CH_3}{|}}{C}}-\overset{O}{\overset{\|}{C}}-OC_2H_5 \xrightarrow[\text{② }H_2SO_4,\triangle]{\text{① 稀 }NaOH} CH_3-\overset{O}{\overset{\|}{C}}-\underset{\underset{CH_3}{|}}{CH}CH_2CH_3$$

【例 9-3】 由乙酰乙酸乙酯合成丁酸。

$$CH_3CH_2CH_2COOH$$

【解析】 丁酸可以看成是乙基一取代的乙酸，用溴乙烷作卤代烃，进行酸式分解，即得产物。反应式如下：

$$CH_3\overset{O}{\overset{\|}{C}}-CH_2-\overset{O}{\overset{\|}{C}}-OC_2H_5 \xrightarrow[\text{② }CH_3CH_2Br]{\text{①}\ C_2H_5ONa} CH_3\overset{O}{\overset{\|}{C}}-\underset{\underset{CH_2CH_3}{|}}{CH}-\overset{O}{\overset{\|}{C}}-OC_2H_5 \xrightarrow[\text{② }H^+,H_2O]{\text{① }40\%\ NaOH} CH_3CH_2CH_2COOH$$

在合成羧酸时，常伴有酮式分解的副反应，使产率降低，所以通常不采用乙酰乙酸乙酯合成法，而采用丙二酸酯合成法。

在合成取代丙酮时，所用 RX 不一定是卤代烃，也可以是其他卤化物，如酰卤、卤代酮、卤代酸酯等。可以是一卤代烃，也可以是二卤代烃，因此合成的产物是多样的，但从结构上分析，都属于取代丙酮。

【例 9-4】 由乙酰乙酸乙酯合成 2,5-庚二酮。

$$CH_3\overset{O}{\overset{\|}{C}}CH_2CH_2\overset{O}{\overset{\|}{C}}CH_2CH_3$$

【解析】 2,5-庚二酮可以看成是基团（$CH_3CH_2COCH_2$—）取代的丙酮。可采用 $\alpha$-卤代丁酮作烷基化试剂，再经酮式分解得到。反应式如下：

$$CH_3\overset{O}{\overset{\|}{C}}-CH_2-\overset{O}{\overset{\|}{C}}-OC_2H_5 \xrightarrow[\text{② }CH_3CH_2COCH_2Cl]{\text{①}\ C_2H_5ONa} CH_3\overset{O}{\overset{\|}{C}}-\underset{\underset{CH_2\underset{\underset{O}{\|}}{C}CH_2CH_3}{|}}{CH}-\overset{O}{\overset{\|}{C}}-OC_2H_5 \xrightarrow[\text{② }H^+,\triangle]{\text{① 稀 }NaOH} CH_3\overset{O}{\overset{\|}{C}}CH_2CH_2\overset{O}{\overset{\|}{C}}CH_2CH_3$$

## 三、丙二酸二乙酯

### 1. 制法

丙二酸二乙酯可以由乙酸经卤化、氰解、酯化得到。

$$CH_3COOH \xrightarrow[P]{Cl_2} \underset{\displaystyle Cl}{\underset{|}{CH_2}}COOH \xrightarrow[OH^-]{NaCN} \underset{\displaystyle CN}{\underset{|}{CH_2}}COONa \xrightarrow[H^+]{C_2H_5OH} CH_2(COOC_2H_5)_2$$

丙二酸二乙酯是具有香味的无色液味，熔点为$-50$℃，沸点为198.8℃，不溶于水，溶于乙醇、乙醚等有机溶剂。丙二酸二乙酯是合成取代乙酸和其他羧酸常用的试剂，在有机合成中具有广泛的用途。

### 2. 特性及应用

（1）特性　丙二酸二乙酯的$\alpha$-氢原子，是两个酯基双重的$\alpha$-氢原子，非常活泼，能与醇钠作用生成钠盐。其钠盐是强的亲核试剂，能与卤代烃作用，在$\alpha$-碳原子引入烃基，生成$\alpha$-烃基取代的丙二酸二乙酯。$\alpha$-烃基丙二酸二乙酯水解后，得到$\alpha$-烃基丙二酸，它受热脱羧，即得一取代乙酸。

$$CH_2(COOC_2H_5)_2 \xrightarrow{C_2H_5ONa} [CH(COOC_2H_5)_2]^- Na^+ \xrightarrow{RX} R—CH(COOC_2H_5)_2$$

$$\xrightarrow[H_2O]{H^+} R—CH(COOH)_2 \xrightarrow[\triangle]{-CO_2} R—CH_2COOH$$

取代丙二酸二乙酯还有一个$\alpha$-氢原子，再依次与醇钠、卤代烃作用，然后水解、脱羧可以得到二取代乙酸。

$$R—CH(COOC_2H_5)_2 \xrightarrow[②R'X]{①C_2H_5ONa} RR'C(COOC_2H_5)_2 \xrightarrow{H_2O,H^+} RR'C(COOH)_2 \xrightarrow[\triangle]{-CO_2} RR'CHCOOH$$

（2）应用　利用丙二酸酯法主要用来合成取代乙酸，还可以合成二元羧酸。

【例 9-5】 由丙二酸二乙酯合成3-甲基戊酸。

$$CH_3CH_2\underset{\displaystyle CH_3}{\underset{|}{C}}HCH_2COOH$$

【解析】 3-甲基戊酸可以看成是仲丁基取代的乙酸。可采用仲丁基溴作烷基化试剂。反应式如下：

$$CH_2(COOC_2H_5)_2 \xrightarrow[②\ CH_3CH_2CH(CH_3)Br]{①\ C_2H_5ONa} CH_3CH_2\underset{\displaystyle CH_3}{\underset{|}{C}}HCH(COOC_2H_5)_2$$

$$\xrightarrow{H^+,H_2O} CH_3CH_2\underset{\displaystyle CH_3}{\underset{|}{C}}HCH(COOH)_2 \xrightarrow[\triangle]{-CO_2} CH_3CH_2\underset{\displaystyle CH_3}{\underset{|}{C}}HCH_2COOH$$

【例 9-6】 由丙二酸二乙酯合成2-苄基丁酸。

$$C_6H_5—CH_2\underset{\displaystyle CH_2CH_3}{\underset{|}{C}}HCOOH$$

【解析】 2-苄基丁酸可以看成是一个苄基和一个乙基二取代的乙酸。可分别采用苄基氯和溴乙烷作烷基化试剂，分两次引入。反应式如下：

$$CH_2(COOC_2H_5)_2 \xrightarrow[②\ C_6H_5—CH_2Cl]{①\ C_2H_5ONa} C_6H_5—CH_2CH(COOC_2H_5)_2$$

$$\xrightarrow[\text{② } CH_3CH_2Br]{\text{① } C_2H_5ONa} C_6H_5-\underset{\displaystyle CH_2CH_3}{CH_2C(COOC_2H_5)_2} \xrightarrow[\text{② } \triangle,-CO_2]{\text{① } H^+,H_2O} C_6H_5-\underset{\displaystyle CH_2CH_3}{CH_2CHCOOH}$$

【例 9-7】 由丙二酸二乙酯合成丁二酸。

$$HOOCCH_2CH_2COOH$$

【解析】 丁二酸可以看成是两个乙酸的 $\alpha$-碳原子连在一起形成的化合物。由于氯乙酸不稳定，常采用氯代酸酯作烷基化试剂来制备二元酸。反应式如下：

$$CH_2(COOC_2H_5)_2 \xrightarrow[\text{② } ClCH_2COOC_2H_5]{\text{① } C_2H_5ONa} \underset{\displaystyle CH_2COOC_2H_5}{CH(COOC_2H_5)_2} \xrightarrow{H^+,H_2O} \underset{\displaystyle CH_2COOH}{CH(COOH)_2} \xrightarrow[\triangle]{-CO_2} \underset{\displaystyle CH_2COOH}{CH_2COOH}$$

根据所合成的二元酸的结构不同，也可以采用二卤代烷作烷基化试剂。

【例 9-8】 由丙二酸二乙酯合成己二酸。

$$HOOCCH_2CH_2CH_2CH_2COOH$$

【解析】 己二酸可以看成是两个乙酸的 $\alpha$-碳原子之间结合两个亚甲基。反应式如下：

$$2CH_2(COOC_2H_5)_2 \xrightarrow[\text{② } BrCH_2CH_2Br]{\text{① } C_2H_5ONa} \underset{\displaystyle CH_2CH(COOC_2H_5)_2}{CH_2CH(COOC_2H_5)_2}$$

$$\xrightarrow{H^+,H_2O} \underset{\displaystyle CH_2CH(COOH)_2}{CH_2CH(COOH)_2} \xrightarrow[-2CO_2]{\triangle} \underset{\displaystyle CH_2CH_2COOH}{CH_2CH_2COOH}$$

## 【知识拓展】

### 有机化合物合成大师——伍德沃德

伍德沃德（Woodward）1917 年 4 月 10 日生于美国马萨诸塞州的波士顿。他从小喜欢读书，善于思考，学习成绩优异。1933 年夏，只有 16 岁的伍德沃德就以优异的成绩，考入美国的著名大学麻省理工学院。在全班学生中，他是年龄最小的一个，素有“神童”之称。学校为了培养他，为他一人单独安排了许多课程。他聪颖过人，只用了 3 年时间就学完了大学的全部课程，并以出色的成绩获得了学士学位。

伍德沃德获学士学位后，直接攻取博士学位，只用了一年的时间，学完了博士生的所有课程，通过论文答辩获博士学位。从学士到博士，普通人往往需要 6 年左右的时间，而伍德沃德只用了一年，这在他同龄人中是最快的。获博士学位以后，伍德沃德在哈佛大学执教，1950 年被聘为教授。他教学极为严谨，且有很强的吸引力，特别重视化学演示实验，着重训练学生的实验技巧。他培养的学生，许多成了化学界的知名人士，其中包括获得 1981 年诺贝尔化学奖的美国化学家霍夫曼（R. Hofmann）。伍德沃德在化学上的出色成就，使他名扬全球。1963 年，瑞士人集资办了一所化学研究所，此研究所就以伍德沃德的名字命名，并聘请他担任了第一任所长。

伍德沃德是 20 世纪在有机合成化学实验和理论上，取得划时代成果的罕见的有机化学家，他以极其精巧的技术，合成了胆甾醇、皮质酮、马钱子碱、利血平、叶绿素等多种复杂的有机化合物。据不完全统计，他合成的各种极难合成的复杂有机化合物达 24 种以上，所以他被称为“现代有机合成之父”。

伍德沃德还探明了金霉素、土霉素、河豚素等复杂有机物的结构与功能，探索了核酸与蛋白质的合成问题，发现了以他的名字命名的伍德沃德有机反应和伍德沃德有机试剂。他在有机化学合成、结构分析、理论说明等多个领域都有独到的见解和杰出的贡献。他还独立地提出二茂铁的夹心结构，这一结构与英国化学家威尔金森（G. Wilkinscn）、费歇尔（E. O. Fischer）的研究结果完全一致。

1965年，伍德沃德因在有机合成方面的杰出贡献而荣获诺贝尔化学奖。获奖后，他并没有因为功成名就而停止工作，而是向着更艰巨复杂的化学合成方向前进。他组织了14个国家的110位化学家协同攻关，探索维生素$B_{12}$的人工合成问题。在他以前，这种极为重要的药物，只能从动物的内脏中经人工提炼，所以价格极为昂贵，且供不应求。

维生素$B_{12}$的结构极为复杂，伍德沃德经研究发现，它有181个原子，在空间呈魔毡状分布，性质极为不稳定，受强酸、强碱、高温都会分解，这就给人工合成造成极大的困难。伍德沃德设计了一个拼接式合成方案，即先合成维生素$B_{12}$的各个局部，然后再把它们对接起来。这种方法后来成了合成有机大分子普遍采用的方法。

合成维生素$B_{12}$过程中，不仅存在一个创立新的合成技术的问题，还遇到一个传统化学理论不能解释的有机理论问题。为此，伍德沃德参照了日本化学家福井谦一提出的“边界电子论”，和他的学生兼助手霍夫曼一起，提出了分子轨道对称守恒原理，这一理论用对称性简单直观地解释了许多有机化学过程，如电环合反应过程、环加成反应过程、σ键迁移过程等。该原理指出，反应物分子外层轨道对称一致时，反应就易进行，这叫“对称性允许”；反应物分子外层轨道对称性不一致时，反应就不易进行，这叫“对称性禁阻”。分子轨道理论的创立，使霍夫曼和福井谦一共同获得了1981年诺贝尔化学奖。因为当时伍德沃德已去世两年，而诺贝尔奖又不授给已去世的科学家，所以学术界认为，如果伍德沃德还健在的话，他必是获奖人之一，那样，他将成为少数两次获得诺贝尔奖奖金的科学家之一。

伍德沃德合成维生素$B_{12}$时，共做了近千个复杂的有机合成实验，历时11年，终于在他谢世前几年，完成了复杂的维生素$B_{12}$的合成工作。参加维生素$B_{12}$之合成的化学家，除了霍夫曼以外，还有瑞士著名化学家埃申莫塞（A. Eschenilloser）等。

在有机合成过程中，伍德沃德以惊人的毅力夜以继日地工作。例如，在合成番木鳖碱、奎宁碱等复杂物质时，需要长时间地守护和观察、记录，那时，伍德沃德每天只睡4个小时，其他时间均在实验室工作。

伍德沃德谦虚和善，不计名利，善于与人合作，一旦出了成果，发表论文时，总喜欢把合作者的名字署在前边，他自己有时干脆不署名，对他的这一高尚品质，学术界和他共事过的人都众口称赞。

伍德沃德对化学教育尽心竭力，他一生共培养研究生、进修生500多人，他的学生已遍及世界各地。伍德沃德在总结他的工作时说：“之所以能取得一些成绩，是因为有幸和世界上众多能干又热心的化学家合作”。

1979年6月8日，伍德沃德积劳成疾，与世长辞，终年62岁。他在辞世前还面对他的学生和助手，念念不忘许多需要进一步研究的复杂有机物的合成工作。他逝世以后，人们经常以各种方式悼念这位有机化学巨星。

## 习 题

**1. 填空题**

（1）羧酸分子中________被其他原子或基团取代的化合物称为羧酸衍生物；羧酸分子中________被其他原子或基团取代的化合物称为取代酸，取代酸是一类具有________的化合物。

（2）醇酸一般为____固体或____液体。由于羟基和羧基都能与水形成____，所以醇酸在水中的溶解度比相应的醇或羧酸都____，低级醇酸可与水____。醇酸的熔点比相应的羧酸____。

（3）水杨酸属于______，具有____和____的一般性质。与$NaHCO_3$反应可以放出________气体；遇$FeCl_3$显________。

（4）酮体是包括______、________、________三者的总称。它是脂肪分解的产物，在人体内过多会导致中毒。

（5）分子中含有________且相隔______的化合物，称为$\beta$-二羰基化合物，$\beta$-二羰基化合物通常有________现象。

**2. 选择题**

(1) 下列化合物中，能生成内酯的是（　　）。

A. $C_2H_5CH(OH)COOH$　　B. $CH_3CH(OH)CH_2COOH$　　C. $CH_2(OH)CH_2CH_2COOH$　　D. $C_2H_5CH(COOH)_2$

(2) 下列化合物中，能与 $FeCl_3$ 发生显色反应的是（　　）。

A. $CH_3COCH_2CH_2CH_3$　　B. $CH_3COCH_2COCH_3$　　C. $CH_3CH(OH)CH_2C(=O)CH_3$　　D. $C_6H_5CH_2OH$

(3) 下列化合物中，存在互变异构现象的是（　　）。

A. $CH_3CO(CH_2)_3COCH_3$　　B. $CH_3COCH_2COOC_2H_5$　　C. $CH_3-CO-C(CH_3)_2-CO-CH_3$　　D. $CH_2=CHCH(OH)CH_3$

(4) 下列化合物中，属于取代酸的是（　　）。

A. $(CH_3O)_2CO$　　B. $CH_3CONH_2$　　C. $HOCH_2CH_2CHO$　　D. $ClCH_2CH_2COOH$

(5) 下列化合物按酸性由大到小的排列顺序是（　　）。

① $CH_3COCH_2COCCl_3$　　② $CH_3COCH_2COCH_3$

③ $CH_3COCH_2COOCH_3$　　④ $CH_3COCH(CH_3)COOCH_3$

A. ①>②>③>④　　B. ④>③>②>①　　C. ②>③>④>①　　D. ①>③>④>②

**3. 完成下列反应式。**

(1) $CH_3CH_2CH(OH)COOH \xrightarrow{\triangle} ?$

(2) $CH_3CH_2CH_2COCOOH \xrightarrow[\triangle]{稀\ H_2SO_4} ?$

(3) $CH_3CH(OH)CH_2CH_2COOH \xrightarrow{\triangle} ?$

(4) $2CH_3CH_2COOC_2H_5 \xrightarrow[②\ H^+]{①\ C_2H_5ONa} ?$

(5) 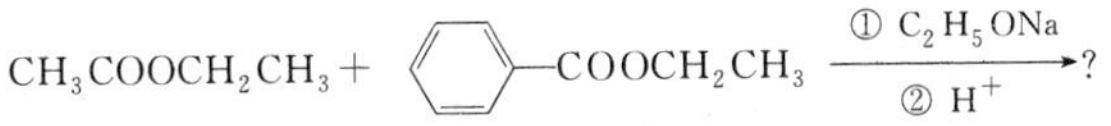 $CH_3COOCH_2CH_3 + C_6H_5COOCH_2CH_3 \xrightarrow[②\ H^+]{①\ C_2H_5ONa} ?$

(6) $CH_3CH_2COCH_2COOC_2H_5 \xrightarrow{5\%\ NaOH} ?$

(7) 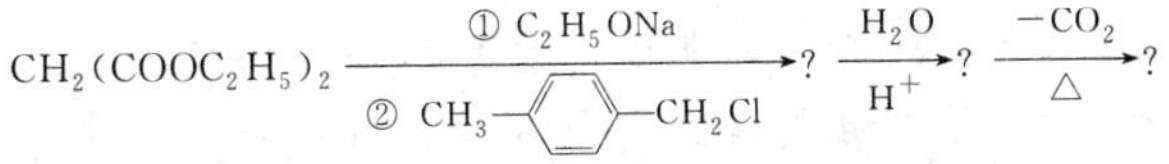 $CH_2(COOC_2H_5)_2 \xrightarrow[②\ p\text{-}CH_3C_6H_4CH_2Cl]{①\ C_2H_5ONa} ? \xrightarrow[H^+]{H_2O} ? \xrightarrow[\triangle]{-CO_2} ?$

**4. 用简便的化学方法区别下列两组化合物。**

(1) $CH_3COCH_2COOH$　$HOOCCH_2CH_2CHO$　$CH_3CH(OH)CH_2COOH$

(2) $CH_3COCH_2COCH_2CH_3$　$CH_3COCH_2CH_2COCH_3$

**5. 以甲醇、乙醇为主要原料，用乙酰乙酸乙酯法合成下列化合物。**

(1) 2-甲基丙酸　(2) 3-乙基-2-戊酮　(3) 2,4-二甲基戊酸　(4) 2,5-己二酮

**6. 以丙二酸二乙酯为主要原料，合成下列化合物。**

(1) 正戊酸　(2) 3-苯基丙酸　(3) 2,3-二甲基丁酸　(4) 己二酸

**7. 推断结构**

(1) 化合物 A，分子式为 $C_9H_{10}O$，能溶于氢氧化钠溶液，与氯化铁溶液作用变成红色，能使溴的四氯化碳溶液褪色，用高锰酸钾氧化 A 得到对羟基苯甲酸和乙酸，推测化合物 A 的结构式。

(2) 某化合物 A，分子式为 $C_7H_6O_3$，能溶于 NaOH 和 $NaHCO_3$，A 与 $FeCl_3$ 作用有颜色反应，与 $(CH_3CO)_2O$ 作用后生成分子式为 $C_9H_8O_4$ 的化合物 B。A 与甲醇作用生成香料化合物 C，C 的分子式为 $C_8H_8O_3$，C 经硝化主要得到一种一元硝基化合物，推测 A、B、C 的构造式。

# 第十章　含氮有机化合物

## 学习目标

### 知识目标

▸ 掌握各类含氮化合物的命名方法；掌握芳香族硝基化合物的性质及应用；掌握胺的理化性质以及氨基的保护在药物合成中的应用和各类胺的鉴别方法；掌握重氮盐的制备方法及其在药物合成中的应用。

▸ 理解硝基对芳环上邻、对位基团化学性质影响的原因；理解各类胺的碱性强弱的理论解释。

▸ 了解含氮化合物的分类及其结构特点；熟悉重要含氮化合物的性能及用途。

### 能力目标

▸ 能运用命名原则对各类含氮化合物进行正确命名。

▸ 能通过胺的结构特征的分析，正确比较各类胺的碱性强弱；能通过结构特征和电子效应的分析，理解苯环上连有硝基时对苯环上其他官能团反应活性的影响。

▸ 能利用含氮化合物的性质及其变化规律进行含氮化合物的分离提纯及鉴别。

▸ 能以基本的芳烃化工原料合成各类芳香族含氮化工医药产品。

▸ 能利用含氮化合物知识指导日常生活和今后的工作，进一步提高化学基础知识素养。

## 导学案例

▸ 2008年牛奶中添加三聚氰胺造成婴儿肾衰事件震惊世界，虽然已过去几年，大家还是记忆犹新，其教训是永远的警钟。对于医药工作者来讲，食品、药品的安全永远是第一位的。那么三聚氰胺是何有机化合物？从它的组成和性质分析思考商家为什么要在奶粉中加三聚氰胺呢？造成婴儿肾衰的机理又是什么？对成年人有危害吗？

▸ 1856年，18岁的研究生威廉·亨利·珀金（W. H. Perkin）正在进行着合成抗疟疾特效药物奎宁的工作。一天，他在实验室进行试验时，把强氧化剂重铬酸钾加入到了苯胺的硫酸盐中，结果烧瓶中出现了一种沥青状的黑色残渣，珀金知道试验失败了！他只好去把烧瓶清洗干净，考虑到这种焦黑状物质肯定是一种有机物，使用酒精来清洗。当酒精加入到烧瓶之后，珀金忽然睁大了早已疲倦的眼睛：黑色物质被酒精溶解成了美丽夺目的紫色！他马上意识到了这个意外的现象会导致一项重要的发明创造。珀金想到了尝试用这种紫色物质去染布，可惜他的试验并没有成功，染上颜色的棉布用水一洗就几乎掉完了！但他没有灰心，又用毛料和丝绸去试验，结果发现这种无法在棉布上染色的物质，却可以非常容易地染在丝绸和毛料上，而且比当时的各种植物染料的颜色都鲜艳，放在肥皂水中搓洗也不褪色。这就是世界上第一种人工合成的化学染料苯胺紫。18岁的珀金申请到生产苯胺紫的专利，1857年，在哈罗建立了世界上第一家生产苯胺紫的合成染料工厂。就是由于珀金一次偶然的试验成功，打开了色彩世界的大门。受此启发，人工合成的偶氮、酞菁、靛族、杂环等染料如雨后春笋般不断问世，在五彩缤纷的现代纺织服装世界中苯胺紫已经逐渐退出了染色行业的历史舞台，但人们却不会因此忘记珀金对现代纺织印染业作出的伟大贡献。那么苯胺紫是什么样的有机化合物？从苯胺紫的发明，你悟出了什么道理？

有机含氮化合物的范围是很广泛的，它们可以看作是烃分子中的氢原子被各种含氮原子的官能团取代而生成的化合物，如前面各章遇到过的酰胺、肟、腙等，都属含氮化合物。此外，与生命现象有直接关系的氨基酸、肽、蛋白质及生物碱等，也都属于含氮化合物的范畴。本章主要讨论芳香硝基化合物、胺、重氮化合物和偶氮化合物以及腈等化合物。

# 第一节　芳香硝基化合物

烃分子中的氢原子被硝基取代生成的一类化合物，称为硝基化合物。按烃基的结构可分为脂肪硝基化合物和芳香硝基化合物。芳香硝基化合物是指硝基与苯环直接相连的一类化合物，可用通式 $Ar—NO_2$ 来表示。由于芳香硝基化合物比脂肪硝基化合物应用更为广泛，因此本节重点介绍芳香硝基化合物。

## 一、芳香硝基化合物的结构和命名

在硝基化合物中，$—NO_2$ 是官能团，其结构可表示为—N(=O)→O。其中两个氮氧键，一个是氮氧双键，另一个是氮氧单键（配位键）。从形式看，两者应是不同的。但是经电子衍射法测定表明，硝基具有对称结构，两个氮氧键是相同的，键长均为 0.121nm（介于 N—O 和 N═O 之间）。这是因为氮原子为 $sp^2$ 杂化，硝基的结构中存在 p-π 共轭体系，如图 10-1 所示。

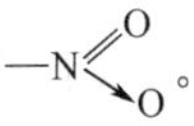

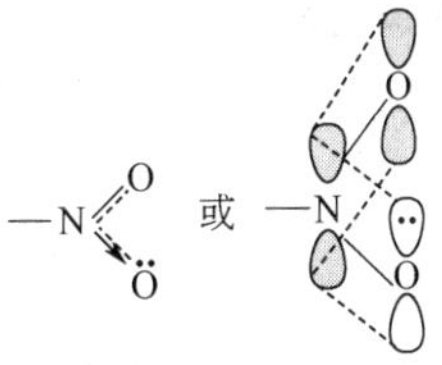

图 10-1　硝基的结构（p-π 共轭）

芳香硝基化合物的命名，一般是以芳烃为母体，硝基作为取代基来命名。例如：

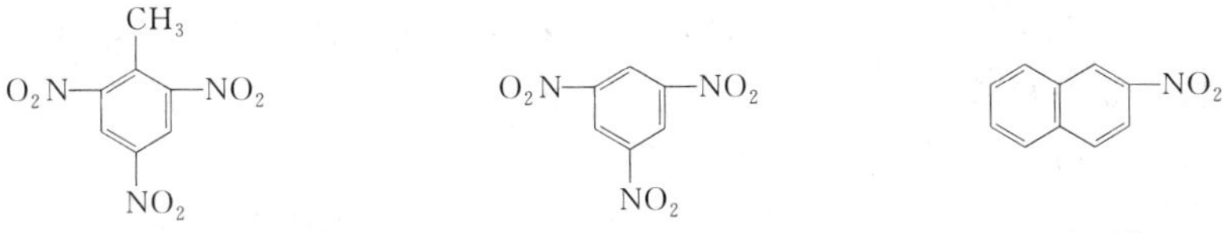

2,4,6-三硝基甲苯（俗称 TNT）　1,3,5-三硝基苯（均三硝基苯）　β-硝基萘

## 二、芳香硝基化合物的制法

芳环直接硝化法是制备芳香硝基化合物最重要的方法。例如，甲苯与混酸在 100℃ 发生连续硝化反应制得 2,4,6-三硝基甲苯：

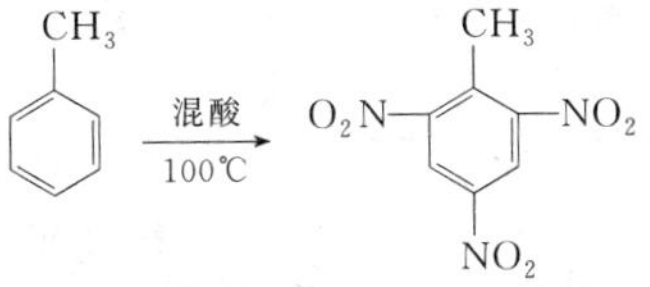

$$\text{甲苯} \xrightarrow[100℃]{\text{混酸}} \text{2,4,6-三硝基甲苯}$$

## 三、芳香硝基化合物的物理性质

硝基为强极性基团，分子的极性较大，因此硝基化合物具有较高的沸点。芳香一硝基化合物为无色或淡黄色液体或固体；芳香多硝基化合物为黄色固体，受热易分解，具有爆炸

性，有的还具有强烈香味（如人造麝香 3,5-二甲基-2,4,6-三硝基叔丁苯）。芳香硝基化合物的相对密度都大于1，难溶于水，易溶于有机溶剂。芳香硝基化合物一般都具有毒性，它们的蒸气能透过皮肤被机体吸收而引起中毒，使用时应注意防护。一些芳香硝基化合物的物理常数见表 10-1。

**表 10-1　一些芳香硝基化合物的物理常数**

| 名　称 | 熔点/℃ | 沸点/℃ | 相对密度($d_4^{20}$) | 名　称 | 熔点/℃ | 沸点/℃ | 相对密度($d_4^{20}$) |
| --- | --- | --- | --- | --- | --- | --- | --- |
| 硝基苯 | 5.7 | 210.8 | 1.203 | 间硝基甲苯 | 16.0 | 231.0 | 1.157 |
| 邻二硝基苯 | 118.0 | 319.0 | 1.565(17℃) | 对硝基甲苯 | 52.0 | 238.5 | 1.286 |
| 间二硝基苯 | 89.8 | 291.0 | 1.571(0℃) | 2,4,6-三硝基甲苯 | 82.0 | 分解 | 1.654 |
| 对二硝基苯 | 174.0 | 299.0 | 1.625 | α-硝基萘 | 61.0 | 304.0 | 1.322 |
| 邻硝基甲苯 | −4.0 | 222.0 | 1.163 | | | | |

**【知识应用】** 硝基苯是强极性液体，稳定性强，不仅可以溶解有机物，也可以溶解部分无机物，是常用的有机溶剂，如在傅-克反应中用硝基苯作溶剂可使反应在均相进行。

## 四、芳香硝基化合物的化学性质

在芳香硝基化合物中氮原子处于高氧化态，硝基的强吸电子效应又使苯环钝化，所以芳香硝基化合物性质比较稳定。其主要化学性质如下。

### 1. 硝基的还原反应

芳香硝基化合物在酸性介质中与还原剂作用或在一定温度和压力下通过催化加氢，可使硝基还原成氨基，生成芳伯胺。常用的还原剂有铁与盐酸、锡与盐酸等。例如，工业上和实验室中以 Fe/HCl 为还原剂或通过催化加氢还原硝基苯制取苯胺：

$$C_6H_5NO_2 \xrightarrow[\triangle]{Fe,HCl} C_6H_5NH_2$$

$$C_6H_5NO_2 \xrightarrow[\triangle,加压]{H_2,Ni} C_6H_5NH_2$$

催化加氢法在产品质量和收率等方面均优于其他还原法，是目前生产苯胺最常用的方法。

**【知识应用】** 芳香硝基化合物可以在不同介质中与还原剂作用。在药物合成中，利用这一性质可制取药物中间体。例如，还原邻硝基苯胺可制取邻苯二胺：

$$C_6H_4(NH_2)(NO_2) \xrightarrow[C_2H_5OH,回流]{Zn/NaOH,1h} C_6H_4(NH_2)_2$$

邻苯二胺(93%)

邻苯二胺是合成抗组胺药——奥沙米特的中间体。

芳香多硝基化合物用硫氢化铵、硫化铵、多硫化铵（或钠）等还原剂，可选择还原其中的一个硝基变成氨基。利用多硝基苯的选择还原可以制取许多有用的化工、医药产品。例如：

$$m\text{-}C_6H_4(NO_2)_2 \xrightarrow{(NH_4)_2S} m\text{-}C_6H_4(NO_2)(NH_2)$$

间硝基苯胺

间硝基苯胺为黄色晶体，主要用于生产偶氮化合物。再利用偶氮化合物的还原可合成特殊结构的药物中间体——胺类。

### 2. 芳环上的取代反应

硝基是间位定位基，为强致钝基团。因此，硝基苯环上的取代反应主要发生在间位，且只能发生卤代、硝化和磺化，不能发生傅-克反应。例如：

$NO_2$ ; $Br_2$,Fe 140℃ → $NO_2$, Br ; 发烟混酸 95℃ → $NO_2$, $NO_2$ ; 发烟$H_2SO_4$ 110℃ → $NO_2$, $SO_3H$

### 3. 硝基对芳环上其他基团的影响

硝基不仅钝化苯环，使苯环上的亲电取代反应难于进行，而且对苯环上其他取代基的性质也会产生显著的影响。

（1）使卤原子活化　在通常情况下，氯苯很难发生水解反应。但当其连有硝基时，由于硝基具有强的吸电子效应，使苯环上的电子云密度降低，特别是邻、对位上的电子云密度降低得更多，有利于亲核试剂（$OH^-$）的进攻，因此，卤原子的亲核取代反应变得容易发生。硝基越多，反应越容易进行。例如，氯苯的水解需在高温、高压、有催化剂存在下与强碱作用才能发生，而硝基氯苯的水解反应在常压和较低温度下，用较弱的碱溶液就可发生。这是制备各种重要的硝基酚类常用的方法。

Cl ; Cu,NaOH 350～370℃,20MPa → ONa ; $H^+$ → OH

Cl, $NO_2$ ; $Na_2CO_3/H_2O$ 130℃ → ONa, $NO_2$ ; $H^+$ → OH, $NO_2$

Cl, $NO_2$, $NO_2$ ; $Na_2CO_3/H_2O$ 100℃ → ONa, $NO_2$, $NO_2$ ; $H^+$ → OH, $NO_2$, $NO_2$

Cl, $O_2N$, $NO_2$, $NO_2$ ; $Na_2CO_3/H_2O$ 35℃ → ONa, $O_2N$, $NO_2$, $NO_2$ ; $H^+$ → OH, $O_2N$, $NO_2$, $NO_2$

**【知识应用】** 由于苯酚很易被氧化，苯酚直接硝化得不到苦味酸，但可以利用上述反应通过间接法得到。(为什么不通过2,4,6-三硝基氯苯水解制得呢?)

Cl ; 混酸 100℃ → Cl, $NO_2$, $NO_2$ ; $Na_2CO_3/H_2O$ 100℃ → ONa, $NO_2$, $NO_2$ ; $H^+$ → OH, $NO_2$, $NO_2$ ; 混酸 → OH, $O_2N$, $NO_2$, $NO_2$

苦味酸

（2）使酚的酸性增强　当酚羟基的邻、对位上有硝基时，硝基、苯环和羟基三者形成共轭体系，由于硝基的吸电子效应，使酚羟基氧原子上的电子云密度降低，氧负离子的稳定性增强，对氢原子的吸引力减弱，质子容易离去，因而使酚的酸性增强，硝基越多，酸性越强（见表10-2）。

**【知识应用】** 在化工生产中利用酚的弱酸性，可用于其与碱性、中性或强酸性化合物的鉴别与分离。

表 10-2 苯酚及硝基苯酚的 $pK_a$ 值

| 名 称 | $pK_a$(20℃) | 名 称 | $pK_a$(20℃) |
| --- | --- | --- | --- |
| 苯酚 | 9.98 | 对硝基苯酚 | 7.15 |
| 邻硝基苯酚 | 7.21 | 2,4-二硝基苯酚 | 4.00 |
| 间硝基苯酚 | 8.39 | 2,4,6-三硝基苯酚 | 0.38 |

## 五、重要的芳香硝基化合物

### 1. 硝基苯

硝基苯为淡黄色油状液体，沸点为 210.8℃，不溶于水，可溶于苯、乙醇等有机溶剂，相对密度为 1.203，比水重，具有苦杏仁味，有毒。硝基苯可由苯直接硝化得到。硝基苯是重要的化工原料，主要用于制备苯胺、联苯胺及偶氮化合物等。

### 2. 2,4,6-三硝基苯酚

2,4,6-三硝基苯酚为黄色晶体，熔点为 121.8℃，苦味，俗称苦味酸，不溶于冷水，可溶于热水、乙醇和乙醚等有机溶剂，有毒，并有强烈的爆炸性。苦味酸是一种强酸，其酸性与无机强酸相近。苦味酸由 2,4-二硝基氯苯经水解再硝化制得。苦味酸是制备硫化染料的原料，也可作为生物碱的沉淀剂，医药上用作外科收敛剂。

# 第二节 腈

## 一、腈的结构和命名

### 1. 腈的结构

腈是指分子中含有氰基（—CN）官能团的一类有机化合物，它可以看成是氢氰酸分子中的氢原子被烃基取代后的产物，常用通式 RCN 或 ArCN 表示。氰基中的碳原子与氮原子以三键相连，碳原子和氮原子均为 sp 杂化，结构式为—C≡N，可简写成—CN。

### 2. 腈的命名

（1）习惯命名法　根据分子中所含碳原子的数目称为“某腈”。例如：

$CH_3CN$　乙腈

$CH_2{=}CHCN$　丙烯腈

$CH_3CH(CH_3)CN$　异丁腈（2-甲基丙腈）

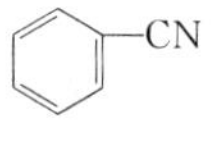

$C_6H_5CN$　苯甲腈

（2）系统命名法　以烃为母体，氰基为取代基，称为“氰基某烃”。例如：

$CH_2{=}CHCH_2CN$　3-氰基丙烯

$CH_3CH(CH_3)CN$　2-氰基丙烷

## 二、腈的制法

### 1. 卤代烃氰解

腈可由卤代烃与氰化钠发生氰解反应制得，这是一个增长碳链的合成反应。例如：

$$CH_2{=}CHCH{=}CH_2 \xrightarrow{Cl_2} ClCH_2CH{=}CHCH_2Cl \xrightarrow[\text{②NaCN}]{\text{①}H_2} \underset{\text{己二腈}}{NCCH_2CH_2CH_2CH_2CN}$$

这是工业上合成己二腈的方法之一。

### 2. 酰胺脱水

非取代酰胺与五氧化二磷共热时，发生脱水反应得到腈。这是在芳环上引入氰基的重要方法之一。例如：

$$C_6H_5-\overset{O}{\overset{\|}{C}}-NH_2 \xrightarrow[\triangle]{P_2O_5} C_6H_5-CN + H_2O$$

### 3. 由重氮盐制备

重氮盐与氰化亚铜的氰化钾溶液反应，重氮基被氰基取代制得腈，这是在芳环上引入氰基的又一重要方法（见本章第四节）。例如：

$$C_6H_5-N_2^+HSO_4^- \xrightarrow[\triangle]{CuCN/KCN} C_6H_5-CN + N_2\uparrow$$

## 三、腈的物理性质

腈是较强的极性化合物，其沸点比分子量相近的烃、醚、醛、酮和胺的沸点高，与醇相近，比羧酸的沸点低。低级腈为无色液体，高级腈为固体。低级腈易溶于水，随着碳原子数的增加，在水中的溶解度逐渐降低。例如，乙腈与水混溶，$C_4$ 以上的腈难溶于水。乙腈可以溶解许多有机物和无机盐类，因此乙腈也是一种良好的溶剂。

## 四、腈的化学性质

### 1. 水解

腈在酸的催化下，加热水解生成羧酸。例如：

$$CH_3CH_2CN \xrightarrow[\triangle]{H_2O/H^+} CH_3CH_2COOH$$

### 2. 醇解

腈在酸的催化下与醇反应生成酯。例如：

$$CH_3\overset{OH}{\underset{CN}{C}}CH_3 \xrightarrow[\triangle]{H_2SO_4/CH_3OH} CH_2=\underset{CH_3}{C}COOCH_3$$

### 3. 还原

腈可催化加氢或用氢化锂铝还原生成伯胺。例如：

$$CH_3CH_2CN \xrightarrow{H_2, Ni} CH_3CH_2CH_2NH_2$$

**【知识应用】** 在有机合成中，腈的水解、醇解和还原反应可用于制备羧酸、重要的酯和伯胺。

## 五、重要的腈——丙烯腈

丙烯腈又称氰基乙烯，为无色、易燃、有刺激性气味的液体，熔点为－82℃，沸点为77℃，密度为0.806g/cm$^3$，闪点为－5℃，自燃点为481℃，折射率为1.388。丙烯腈有剧毒，微溶于水并与水形成共沸物，易溶于一般有机溶剂，遇火种、高温、氧化剂有燃烧爆炸的危险，其蒸气与空气的混合物能成为爆炸性混合物，爆炸极限为3.1%～17.0%（体积分数）。丙烯腈易自聚，特别是在缺氧或暴露在可见光情况下，更易聚合，在浓碱存在下能强烈聚合。目前以丙烯、氨、空气为原料，采用直接氧化法生产丙烯腈。

丙烯腈在引发剂（过氧化苯甲酰）作用下可聚合成线型高分子化合物——聚丙烯腈（腈纶）。聚丙烯腈制成的腈纶质地柔软，类似羊毛，俗称“人造羊毛”，它强度高，密度小，保温性好，耐日光、耐酸和耐大多数溶剂。丙烯腈常用来生产丙烯腈-丁二烯-苯乙烯塑料

(ABS)、苯乙烯塑料、丙烯酰胺（丙烯腈水解产物）、丙烯酸酯（丙烯腈醇解产物）、丙烯酸树脂等化工产品；丙烯腈与丁二烯共聚生产的丁腈橡胶具有良好的耐油、耐寒、耐溶剂等性能，是现代工业最重要的橡胶，应用十分广泛。

【安全知识】 丙烯腈有剧毒，长时间吸入其蒸气，会引起恶心、呕吐、头痛、疲倦和不适等症状，所以生产设备要密闭，操作时要戴防护用具。丙烯腈若溅到衣服上应立即脱下衣服；溅及皮肤时用大量水冲洗；若溅入眼内，需用流水冲洗 15min 以上；不慎吞入时，则用温盐水洗胃；如果中毒，应立即用硫代硫酸钠、亚硝酸钠进行静脉注射，并请医生诊治。

## 思考与练习

10-1 命名下列化合物或写其构造式。

（1）苦味酸 （2）丙烯腈 （3）TNT （4） $CH_3\underset{CN}{\overset{OH}{C}}CH_3$

10-2 以苯或丙烯为原料合成下列化合物。

（1）间硝基苯酚 （2）间硝基苯胺 （3）3-羟基丁酸 （4）2-羟基丁酸

# 第三节 胺

胺是氨分子中的氢原子被烃基取代而生成的一系列衍生物。胺类化合物和生命活动有着密切的关系，例如，构成生命的基本物质——蛋白质，就是含氨基的化合物。胺的衍生物具有多种生理活性，可在医疗上用作退热、镇痛、局部麻醉、降糖、利尿、降压、抗菌或驱虫等药物。因此，了解胺类化合物的理化性质有助于认识体内生化过程，也可为掌握药物性质及合成知识打下基础。

## 一、胺的分类、同分异构和命名

### 1. 胺的分类

根据分子中所含氨基的数目不同，胺可分为一元胺和多元胺。例如：

$C_6H_{11}NH_2$ $H_2NCH_2CH_2NH_2$

环己胺（一元胺） 乙二胺（多元胺）

根据分子中烃基的结构不同，可分为脂肪胺和芳香胺；根据氨分子中 1 个、2 个或 3 个氢原子被烃基取代的数目不同，又可分为伯胺、仲胺和叔胺。例如：

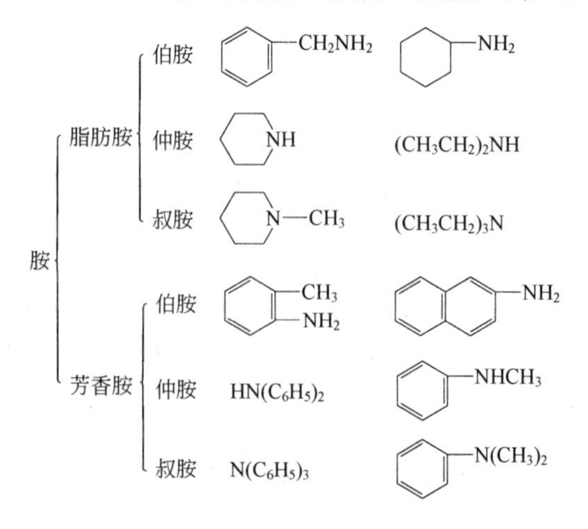

此外，胺能与酸作用生成铵盐。铵盐分子中的所有氢原子均被烃基取代生成的化合物叫做季铵盐，其相应的氢氧化物叫做季铵碱。例如：

| $[(CH_3)_4N]^+X^-$ | $[(CH_3)_4N]^+OH^-$ | $[(CH_3)_3NH]^+X^-$ |
|---|---|---|
| 季铵盐 | 季铵碱 | 铵盐 |

应该注意“氨”、“胺”及“铵”字的用法。当表示氨基及取代氨基时，用“氨”字，如甲氨基（$-NHCH_3$）；表示氨的烃基衍生物或胺衍生物时，用“胺”字，如乙酰胺（$CH_3CONH_2$）；表示季铵类化合物和铵盐时，则用“铵”字。

### 2. 胺的同分异构

分子式相同的胺，可因碳链构造、氨基的位置以及氮原子上连接的烃基数目不同而产生异构体。例如，分子式为 $C_4H_{11}N$ 的胺，具有以下 8 种同分异构体：

伯胺　$CH_3CH_2CH_2CH_2NH_2$　$CH_3CH_2CH(NH_2)CH_3$　$(CH_3)_2CHCH_2NH_2$　$(CH_3)_3CNH_2$

仲胺　$(CH_3CH_2)_2NH$　$CH_3NHCH_2CH_2CH_3$　$CH_3NHCH(CH_3)_2$

叔胺　$(CH_3)_2NCH_2CH_3$

### 3. 胺的命名

（1）简单胺　简单的胺以胺为母体，在烃基名称后面加“胺”字，称为“某胺”。若在仲胺或叔胺中，如果氮原子同时连有环基和烷基，命名时烷基作为取代基并在烷基的名称前加符号“*N*”（简单烷基时“*N*”可略），表示烷基与氮原子相连。例如：

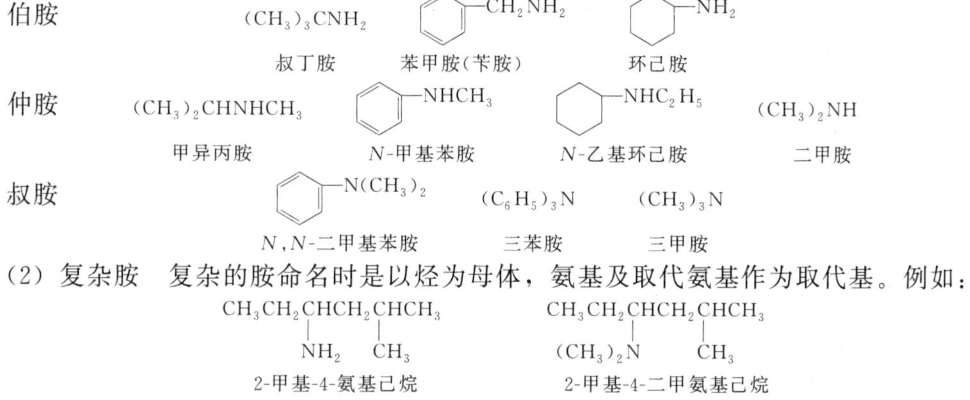


（2）复杂胺　复杂的胺命名时是以烃为母体，氨基及取代氨基作为取代基。例如：

（3）季铵盐和季铵碱　季铵盐和季铵碱的命名与无机盐、无机碱的命名相似，在铵字前加上每个烃基的名称。例如：

| $[(CH_3)_4N]^+Br^-$ | $[(CH_3)_2N(C_2H_5)_2]^+OH^-$ |
|---|---|
| 溴化四甲铵 | 氢氧化二甲基二乙铵 |

## 二、胺的制法

### 1. 胺的烃基化

氨或胺与卤代烃或醇等烃基化试剂作用生成胺。胺与卤代烃或醇反应时，通常得到伯胺、仲胺、叔胺和季铵盐的混合物。

$$\underset{\text{伯胺}}{RNH_2} \xrightarrow{CH_3X} \underset{\text{仲胺}}{RNHCH_3} \xrightarrow{CH_3X} \underset{\text{叔胺}}{RN(CH_3)_2} \xrightarrow{CH_3X} \underset{\text{季铵盐}}{[RN(CH_3)_3]^+X^-}$$

由于产物难于分离，使以上反应在应用上受到一定限制。但通过长期实践，在药物合成中利用卤代烃或胺结构的差异（位阻、活性不同）、不同的烃基化试剂、原料配比、溶剂、添加的盐等因素对反应速率和反应产物的影响，已成功地制备了各种胺。例如：

$$C_6H_5NH_2 + C_6H_5CH_2Cl \xrightarrow[90\sim95℃]{Na_2CO_3,H_2O} C_6H_5NHCH_2C_6H_5$$

*N*-苄基苯胺(83%～87%)

$$\text{2-Cl-1,5-}(NO_2)_2C_6H_3 \xrightarrow[CH_3COONH_4,170℃]{NH_3} \text{2,4-}(NO_2)_2C_6H_3NH_2$$

（68%～70%）

又如降压药优降宁（Pargyline）中间体的合成：

$$C_6H_5CH_2NHCH_3 \xrightarrow{HC\equiv CCH_2Cl} C_6H_5CH_2N(CH_3)CH_2C\equiv CH$$

2. 盖布瑞尔（Gabriel）合成法

盖布瑞尔合成法是先利用酰亚胺盐与卤代烃反应生成 N-取代酰亚胺，然后再利用 N-取代酰亚胺的水解制备纯净伯胺的一种方法。例如：

$$\underset{\text{酰亚胺}}{C_6H_4(CO)_2NH} \xrightarrow[C_2H_5OH]{KOH} \underset{\text{酰亚胺盐}}{C_6H_4(CO)_2N^-K^+} \xrightarrow[DMF]{RX} \underset{N\text{-取代酰亚胺}}{C_6H_4(CO)_2NR} \xrightarrow[H_2O]{HCl} C_6H_4(COOH)_2 + \underset{\text{伯胺}}{RNH_2}$$

抗疟药伯胺喹的合成就是利用该反应。

3. 硝基化合物的还原

将硝基化合物还原可以得到伯胺。由于芳香硝基化合物容易制得，因此这是药物合成中制取芳伯胺最常用的方法。例如：

$$o\text{-}O_2N\text{-}C_6H_4\text{-}NH\text{-}\overset{O}{\overset{\|}{C}}\text{-}CH_3 \xrightarrow[C_2H_5OH]{Pt,H_2} o\text{-}H_2N\text{-}C_6H_4\text{-}NH\text{-}\overset{O}{\overset{\|}{C}}\text{-}CH_3$$

（90%）

4. 腈、酰胺的还原

腈用催化加氢或化学还原法可以制得伯胺。例如：

$$NCCH_2CH_2CH_2CH_2CN \xrightarrow[\text{或 } LiAlH_4]{H_2/Ni,\triangle} H_2NCH_2(CH_2)_4CH_2NH_2$$

酰胺也可以还原成胺。不同结构的酰胺经还原可以制取伯胺、仲胺、叔胺。例如，工业上用 N,N-二乙基乙酰胺经还原制得三乙胺：

$$CH_3\overset{O}{\overset{\|}{C}}N(C_2H_5)_2 \xrightarrow[②H_2O]{①LiAlH_4} (CH_3CH_2)_3N$$

三乙胺可用于生产农药、医药、杀菌剂、防腐剂和染料的中间体。它又是一种高能燃料，可作火箭的液体推进剂。

酰胺经霍夫曼降级反应，可以得到比原来酰胺少一个碳原子的伯胺。这是制伯胺的又一种方法。

$$R\overset{O}{\overset{\|}{C}}NH_2 \xrightarrow{X_2/NaOH} RNH_2$$

## 三、胺的物理性质

常温常压下，甲胺、二甲胺、三甲胺、乙胺为无色气体，其他胺为液体或固体。低级胺有类似氨的气味；高级胺无味；芳胺有特殊气味且毒性较大，与皮肤接触或吸入其蒸气都会引起中毒，所以使用时应注意防护。有些芳胺（如萘胺、联苯胺等）还能致癌。

胺的沸点比分子量相近的烃和醚高，比醇和羧酸低。在分子量相同的脂肪胺中，伯胺的沸点最高，仲胺次之，叔胺最低。这是因为伯胺和仲胺分子中存在极性的 N—H 键，可以形成分子间氢键。而叔胺不能形成分子间氢键，所以其沸点远远低于伯胺和仲胺。但由于氮原子的电负性小于氧原子，N—H 键的极性比 O—H 键弱，形成的氢键也较弱，因此伯胺和仲胺的沸点比分子量相近的醇和羧酸低。

低级胺易溶于水，随着分子量的增加，胺的溶解度逐渐降低。例如，甲胺、二甲胺、乙胺、二乙胺等可与水以任意比例混溶，$C_6$ 以上的胺则不溶于水。这是因为低级胺与水分子间能形成氢键，所以易溶于水。随着胺分子中烃基的增大，空间阻碍作用增强，难与水形成氢键，因此高级胺难溶于水。一些常见胺的物理常数见表 10-3。

**表 10-3　一些常见胺的物理常数**

| 名　称 | 结构式 | 沸点/℃ | 熔点/℃ | 相对密度($d_4^{20}$) |
|---|---|---|---|---|
| 甲胺 | $CH_3NH_2$ | −7.5 | −92.0 | 0.6990(−11℃) |
| 二甲胺 | $(CH_3)_2NH$ | 7.5 | −96.0 | 0.6804(9℃) |
| 三甲胺 | $(CH_3)_3N$ | 3.0 | −117.0 | 0.6356 |
| 乙胺 | $CH_3CH_2NH_2$ | 17.0 | −80.0 | 0.6329 |
| 正丁胺 | $CH_3(CH_2)_3NH_2$ | 78.0 | −51.0 | 0.7414 |
| 苯胺 | —$NH_2$ | 184.0 | −6.0 | 1.0217 |
| *N*-甲基苯胺 | —$NHCH_3$ | 196.0 | −57.0 | 0.9891 |
| *N*,*N*-二甲基苯胺 | —$N(CH_3)_2$ | 194.0 | 2.5 | 0.9557 |
| 乙二胺 | $H_2NCH_2CH_2NH_2$ | 117.0 | 8.5 | 0.8995 |
| *α*-萘胺 | $NH_2$ | 301.0 | 50.0 | 1.1310 |
| *β*-萘胺 | —$NH_2$ | 306.0 | 113.0 | 1.0610 |

## 四、胺的化学性质

胺的化学反应主要发生在官能团氨基上。对于芳香胺来讲，由于氮原子与苯环直接相连，形成 p-π 共轭体系，使得芳香胺的反应活性与脂肪胺有所不同。

### 1. 碱性

胺与氨相似，由于氮原子上有一对未共用电子对，容易接受质子形成铵离子，因而呈碱性。胺的碱性强弱可用 $pK_b^{\ominus}$ 值表示。$pK_b^{\ominus}$ 值愈小，其碱性愈强。一些胺的 $pK_b^{\ominus}$ 值见表 10-4。

37

37.视频：苯胺的弱碱性

由表 10-4 的 $pK_b^{\ominus}$ 值可以看出，脂肪胺的碱性比氨（$pK_b^{\ominus}=4.76$）强，芳香胺的碱性比氨弱。这是因为烷基是给电子基，它能使氮原子周围的电子云密度增大，接受质子的能力增强，所以碱性增强。氮原子上连接的烷基越多，碱性越强。而芳胺分子中由于存在多电子 p-π 共轭效应，发生电子离域，使氮原子周围的电子云密度减小，接受质子的能力减弱，所以碱性减弱。影响胺类化合物碱性强弱的主要因素还有溶剂化效应和立体效应，胺的氮原子上连的氢原子越多，溶剂化的程度就越大，空间位阻就越小，铵离子越易形成并且稳定性越强，碱性也就越强。所以，胺的碱性强弱是电子效应、溶剂化效应和立体效应综合影响的结果。不同胺的碱性强弱的一般规律为：

脂肪胺（仲胺＞伯胺＞叔胺）＞氨＞芳香胺

苯胺＞二苯胺＞三苯胺（近于中性）

**表 10-4　一些胺的 $pK_b^{\ominus}$ 值**

| 名称 | $pK_b^{\ominus}$（25℃） | 名称 | $pK_b^{\ominus}$（25℃） |
|---|---|---|---|
| 甲胺 | 3.38 | 苯胺 | 9.37 |
| 二甲胺 | 3.27 | *N*-甲基苯胺 | 9.16 |
| 三甲胺 | 4.21 | *N*,*N*-二甲基苯胺 | 8.93 |
| 环己胺 | 3.63 | 对甲苯胺 | 8.92 |
| 苄胺 | 4.07 | 对氯苯胺 | 10.00 |
| α-萘胺 | 10.10 | 对硝基苯胺 | 13.00 |
| β-萘胺 | 9.90 | 二苯胺 | 13.21 |

当芳胺的苯环上连有给电子基时，可使其碱性增强；而连有吸电子基时，则使其碱性减弱。例如，下列芳胺的碱性强弱顺序为：

对甲苯胺＞苯胺＞对氯苯胺＞对硝基苯胺

胺是弱碱，可与酸发生中和反应生成盐而溶于水中，生成的弱碱盐与强碱作用时，胺又重新游离出来。例如：

$$C_6H_5NH_2 \xrightarrow{HBr} C_6H_5NH_3^+Br^- \xrightarrow{NaOH} C_6H_5NH_2$$

（不溶于水）　（溶于水）　（不溶于水）

**【知识应用】** 利用胺的弱碱性这一性质可分离、提纯和鉴别不溶于水的胺类化合物；可以将胺与中性、酸性化合物分离；也可以将碱性相差较大的不同胺给予分离、提纯和鉴别。例如，鉴别下列化合物：

$$\left.\begin{matrix}C_6H_5NH_2\\(C_6H_5)_2NH\\(C_6H_5)_3N\end{matrix}\right\}\xrightarrow{稀盐酸}\left\{\begin{matrix}互溶\\分层\\分层\end{matrix}\right.\left.\begin{matrix}\\\\\end{matrix}\right\}\xrightarrow{浓盐酸}\left\{\begin{matrix}互溶\\分层\end{matrix}\right.$$

此外，由于铵盐的水溶性较大，所以含有氨基、亚氨基或取代氨基的药物常以铵盐的形式使用。例如，较新的高效局部麻醉药——卡比佐卡因盐酸盐的构造式为：

$$o\text{-}[O(CH_2)_6CH_3]C_6H_4\text{—}NHCOOCH(CH_3)CH_2N(C_2H_5)_2\cdot HCl$$

卡比佐卡因盐酸盐

## 2. 烃基化反应

胺与卤代烃、醇等烃基化试剂反应时，氨基上的氢原子被烷基取代生成仲胺、叔胺和季铵盐的混合物。例如，工业上利用苯胺与甲醇在硫酸催化下，加热、加压制取 *N*-甲基苯胺和 *N*,*N*-二甲基苯胺：

$$C_6H_5NH_2 \xrightarrow[230℃, 2.5\sim3.0MPa]{H_2SO_4/CH_3OH} C_6H_5NHCH_3$$

*N*-甲基苯胺

$$C_6H_5NH_2 \xrightarrow[230℃, 2.5\sim3.0MPa]{H_2SO_4/2CH_3OH} C_6H_5N(CH_3)_2$$

*N*,*N*-二甲基苯胺

当苯胺过量时，主要产物为 *N*-甲基苯胺；若甲醇过量，则主要产物为 *N*,*N*-二甲基苯胺。

**【知识应用】** *N*,*N*-二甲基苯胺为淡黄色油状液体，用于制备香草醛、偶氮染料和三苯甲烷染料等。

### 3. 酰基化反应

伯胺、仲胺与酰卤、酸酐或酯等酰基化试剂反应时，氨基上的氢原子被酰基取代，生成 $N$-取代酰胺，称为酰基化反应。

$$C_6H_5-NH-H + CH_3COOCCH_3 \xrightarrow{\triangle} C_6H_5-NH-\overset{O}{\overset{\|}{C}}CH_3 + CH_3COOH$$

**【知识应用】** 酰胺类化合物多为无色晶体，具有固定的熔点，通过测定其熔点，能推测出原来胺的结构，因此可用于鉴定伯胺和仲胺；叔胺的氮原子上没有氢原子，所以不能发生酰基化反应，故可用于伯胺、仲胺与叔胺的分离、鉴别。例如，鉴别和分离苯胺和 $N,N$-二甲基苯胺。

鉴别

$$\left.\begin{matrix} C_6H_5-NH_2 \\ C_6H_5-N(CH_3)_2 \end{matrix}\right\} \xrightarrow[\triangle]{乙酐} \left\{\begin{matrix} 白色沉淀 \\ 无沉淀生成 \end{matrix}\right.$$

分离

$$\left.\begin{matrix} C_6H_5-NH_2 \\ C_6H_5-N(CH_3)_2 \end{matrix}\right\} \xrightarrow[\triangle]{乙酐} \left\{\begin{matrix} 液相(有机层)：C_6H_5-N(CH_3)_2 \longrightarrow 进一步提纯精制 \\ 白色沉淀 \xrightarrow[\triangle]{H_2O/OH^-} \left\{\begin{matrix} 上层(有机层)：C_6H_5-NH_2 \longrightarrow 进一步提纯精制 \\ 下层：废液 \end{matrix}\right. \end{matrix}\right.$$

由于酰胺类化合物比胺稳定，不易被氧化，又容易由胺酰化制得，经水解可变回原来的胺。因此在有机合成中还常利用酰基化反应来保护氨基、亚氨基等。例如：

$$p\text{-}CH_3C_6H_4NH_2 \xrightarrow{CH_3COCl} p\text{-}CH_3C_6H_4NHCOCH_3 \xrightarrow[H_2SO_4]{KMnO_4} p\text{-}HOOCC_6H_4NHCOCH_3 \xrightarrow[H_2O]{OH^-} p\text{-}HOOCC_6H_4NH_2$$

### 4. 磺酰化反应

与酰基化反应一样，伯胺或仲胺氮原子上的氢原子可以被磺酰基（R—$SO_2$—）取代，生成磺酰胺，该反应称为辛斯堡（Hinsberg）反应。

$$\underset{苯磺酰氯}{C_6H_5-SO_2Cl} + \underset{伯胺}{RNH_2} \longrightarrow \underset{苯磺酰胺(可溶于碱)}{C_6H_5-SO_2NHR\downarrow} \xrightarrow{NaOH} \underset{苯磺酰胺钠盐(可溶于水)}{[C_6H_5-SO_2NR]^- Na^+}$$

$$\underset{苯磺酰氯}{C_6H_5-SO_2Cl} + \underset{仲胺}{R_2NH} \longrightarrow \underset{苯磺酰胺(不溶于碱)}{C_6H_5-SO_2NR_2\downarrow}$$

**【知识应用】** 伯胺磺酰化后的产物，其氮原子上还有一个氢原子，由于磺酰基极强的吸电子诱导效应，使得这个氢原子显弱酸性，它能与反应体系中的氢氧化钠生成盐而使磺酰胺溶于碱液中；仲胺生成的磺酰胺，其氮原子上没有氢原子，所以不与氢氧化钠成盐，也就不溶于碱液中而呈固体析出；叔胺的氮原子上没有可与磺酰基置换的氢原子，故与磺酰氯不发生反应，因此可用来分离和鉴别伯胺、仲胺、叔胺。例如，鉴别以下伯胺、仲胺、叔胺：

$$\left.\begin{matrix} C_6H_5-NH_2 & 伯胺 \\ (CH_3CH_2CH_2)_2NH & 仲胺 \\ C_6H_5-N(CH_3)_2 & 叔胺 \end{matrix}\right\} \xrightarrow{C_6H_5-SO_2Cl} \left\{\begin{matrix} \left.\begin{matrix} 白色沉淀 \\ 白色沉淀 \end{matrix}\right\} \xrightarrow{H_2O/NaOH} \left\{\begin{matrix} 沉淀溶解 \\ 沉淀不溶解 \end{matrix}\right. \\ 无沉淀生成 \end{matrix}\right.$$

利用磺酰化反应也可合成磺胺类药物。例如：

$$\text{C}_6\text{H}_5\text{NH}_2 \xrightarrow[\triangle]{\text{乙酐}} \text{C}_6\text{H}_5\text{NHCOCH}_3 \xrightarrow{\text{Cl—SO}_2\text{OH}} p\text{-CH}_3\text{CONH—C}_6\text{H}_4\text{—SO}_2\text{Cl} \xrightarrow{\text{NH}_3} p\text{-CH}_3\text{CONH—C}_6\text{H}_4\text{—SO}_2\text{NH}_2 \xrightarrow{\text{H}_2\text{O/OH}^-} p\text{-H}_2\text{N—C}_6\text{H}_4\text{—SO}_2\text{NH}_2$$

对氨基苯磺酰胺

对氨基苯磺酰胺（又称磺胺）是磺胺类药物中分子最简单的化合物，临床上主要用作外用抗菌药。

### 5. 与亚硝酸反应

不同的胺与亚硝酸反应的产物不相同，各类胺与亚硝酸的反应如下。

（1）与伯胺的反应　脂肪伯胺与亚硝酸反应，放出氮气，同时生成醇、烯烃等混合物。

$$RNH_2 \xrightarrow[0\sim5℃]{NaNO_2/HX} RX + ROH + \text{烯} + N_2\uparrow$$

由于亚硝酸不稳定，易分解，一般用亚硝酸钠与氢卤酸（或硫酸）在反应过程中作用生成亚硝酸。

芳伯胺与亚硝酸钠在低温（0～5℃）及强酸溶液中反应，生成重氮盐。

$$\text{C}_6\text{H}_5\text{—NH}_2 \xrightarrow[0\sim5℃]{NaNO_2/HX} \text{C}_6\text{H}_5\text{—N}_2^+X^-$$

重氮盐

**【知识应用】** 脂肪伯胺与亚硝酸反应在有机物的制备中无意义，但反应是定量的，依据反应中放出氮气的量，可用作氨基的定量分析。

芳伯胺与亚硝酸反应称为重氮化反应。重氮化反应在药物合成和有机合成中具有重要作用（见本章第四节）。

（2）与仲胺的反应　仲胺与亚硝酸反应都生成 *N*-亚硝基胺。

$$R_2NH \xrightarrow{NaNO_2/HX} R_2N—NO + H_2O$$

$$N\text{-亚硝基胺} \xrightarrow[\triangle]{H_2O/H^+} R_2NH + HNO_2$$

**【知识应用】** *N*-亚硝基胺为黄色油状液体或固体，并且是一种致癌物。*N*-亚硝基胺与稀盐酸共热则分解成原来的仲胺，因此该反应可用于鉴别、分离和提纯仲胺。

（3）与叔胺的反应　脂肪叔胺与亚硝酸发生中和反应，生成亚硝酸盐。它是弱酸弱碱盐，不稳定，容易水解成原来的叔胺。因此向脂肪叔胺中加入亚硝酸无明显现象。

$$R_3N \xrightarrow{HNO_2} [R_3NH]^+NO_2^- \xrightarrow{H_2O} R_3N$$

芳香叔胺与亚硝酸反应，生成对亚硝基芳胺，其反应实质是苯环上的亲电取代反应。例如：

$$\text{C}_6\text{H}_5\text{—N(CH}_3)_2 \xrightarrow{HNO_2} (CH_3)_2N\text{—C}_6\text{H}_4\text{—NO} + H_2O$$

**【知识应用】** 对亚硝基-*N*,*N*-二甲基苯胺为绿色晶体，用于制备染料类化合物。

由以上性质可知，由于不同的胺与亚硝酸反应现象不同，因此，常用于鉴别脂肪胺及芳香伯胺、仲胺、叔胺。

| 胺 | 试剂 | 现象 |
| --- | --- | --- |
| 脂肪伯胺 | $NaNO_2/H_2SO_4$，0～5℃ | $N_2\uparrow$ |
| 芳香伯胺 | | 无现象 |
| 仲胺 | | 生成黄色油状或固体物 |
| 芳香叔胺 | | 绿色沉淀 |

### 6. 芳环上的取代反应

芳胺中的氨基直接与芳环相连，由于氨基是很强的邻、对位定位基，使芳环活化，容易发生取代反应。值得注意的是，进行硝化、傅-克反应时，因氨基易被氧化、有碱性（氮原子和 $AlCl_3$ 能形成配合物，使催化剂活性下降）不可直接进行。因此需将氨基酰化保护后再进行反应。

（1）卤化　苯胺与溴水反应，立即生成2,4,6-三溴苯胺白色沉淀。

$$C_6H_5NH_2 \xrightarrow{Br_2} 2,4,6\text{-}Br_3C_6H_2NH_2 \downarrow$$

白色沉淀

**【知识应用】** 该反应非常灵敏并且可定量进行，因此可用于芳胺的鉴别和定量分析。

苯胺的卤化反应很难停留在一元取代阶段。若要制备一卤代苯胺，必须降低氨基的活性。一般通过酰基化反应，先将氨基转变成中等活化的酰胺基。例如：

$$C_6H_5NH_2 \xrightarrow[\triangle]{\text{乙酐}} C_6H_5NHCOCH_3 \xrightarrow[\text{乙酸}]{Br_2} p\text{-}BrC_6H_4NHCOCH_3 \xrightarrow[\triangle]{H_2O/OH^-} p\text{-}BrC_6H_4NH_2$$

（2）硝化　苯胺很容易被氧化，而硝酸又具有强氧化性，为防止苯胺被氧化，可先将氨基酰化或变成硫酸盐保护起来，然后再进行硝化反应，并且可以得到不同的硝化产物。

$$C_6H_5NH_2 \xrightarrow{\text{浓}H_2SO_4} C_6H_5NH_2\cdot H_2SO_4 \xrightarrow[\triangle]{\text{浓}HNO_3} m\text{-}O_2NC_6H_4NH_2\cdot H_2SO_4 \xrightarrow{NaOH} m\text{-}O_2NC_6H_4NH_2$$

$$C_6H_5NH_2 \xrightarrow[\triangle]{\text{乙酐}} C_6H_5NHCOCH_3 \xrightarrow{HNO_3,\text{乙酸}} p\text{-}O_2NC_6H_4NHCOCH_3 \xrightarrow[\triangle]{H_2O/OH^-} p\text{-}O_2NC_6H_4NH_2$$

$$C_6H_5NHCOCH_3 \xrightarrow{HNO_3,\text{乙酐}} o\text{-}O_2NC_6H_4NHCOCH_3 \xrightarrow[\triangle]{H_2O/OH^-} o\text{-}O_2NC_6H_4NH_2$$

【安全知识】 三种硝基苯胺都是剧毒物质，急性中毒能导致死亡；长期接触能损害肝脏；燃烧时有毒气产生，可很快被皮肤吸收，其粉尘能发生爆炸。但它们都是重要的有机合成原料，可用于生产染料、医药、农药和防老化剂等，使用时应注意安全。

（3）磺化　苯胺可在常温下与浓硫酸反应，生成苯胺硫酸盐，将其加热到180～190℃时，则得到对氨基苯磺酸。这是目前工业上生产对氨基苯磺酸的方法。

$$C_6H_5NH_2 \xrightarrow{\text{浓 }H_2SO_4} C_6H_5NH_2\cdot H_2SO_4 \xrightarrow[180\sim190^\circ C]{-H_2O} p\text{-}HO_3SC_6H_4NH_2$$

对氨基苯磺酸

**【知识应用】** 对氨基苯磺酸为白色晶体，主要用于合成偶氮染料、磺胺类药物等。其钠盐俗名为敌锈钠，可防止小麦锈病的发生。

## 五、季铵盐和季铵碱

### 1. 季铵盐

季铵盐为无色晶体，是强酸强碱盐，具有一般盐的性质，能溶于水，不溶于非极性有机溶剂。季铵盐可用叔胺和卤代烷制备，但加热时又会分解成叔胺和卤代烷。

$$[(CH_3)_4N]^+X^- \xrightarrow{\triangle} (CH_3)_3N + CH_3X$$

**【知识应用】** 季铵盐易溶于水，生成的季铵离子既含亲油基团又含亲水基团，并具有润湿、起泡和去污作用，因此含适量长度碳链的季铵盐常用作相转移催化剂、表面活性剂、杀菌消毒剂、抗静电剂、柔软剂、乳化剂、纤维匀染剂、毛发整理剂、洗涤剂等，如氯化三甲基十二烷基铵、氯化四正丁基铵、氯化三乙基苄基铵等。

### 2. 季铵碱

季铵碱是强碱，其碱性与氢氧化钠相近，具有一般碱的性质，能溶于水，易潮解。季铵碱受热易分解，生成叔胺和醇（或烯烃）。例如：

$$[(CH_3)_4N]^+OH^- \xrightarrow{\triangle} (CH_3)_3N + CH_3OH$$

季铵碱分子中的烃基如有 $\beta$-H 时，受热分解的产物为叔胺和烯烃（以反查依采夫规律的烯烃为主要产物）。例如：

$$[(CH_3)_3NCH(CH_3)CH_2CH_3]^+OH^- \xrightarrow{\triangle} (CH_3)_3N + CH_2{=}CHCH_2CH_3 + H_2O$$

季铵碱可由季铵盐与湿的氧化银（或氢氧化钾的醇溶液）反应制得。例如：

$$[(CH_3)_3NCH_2CH_3]^+X^- \xrightarrow{\text{湿 }Ag_2O} [(CH_3)_3NCH_2CH_3]^+OH^- + AgX\downarrow$$

**【知识应用】** 用过量的碘甲烷与胺作用生成季铵盐，然后转化成季铵碱，最后降解成烯烃的反应称为霍夫曼（Hofmann）彻底甲基化或 Hofmann 降解。生成的产物主要是在不饱和碳原子上连有烷基最少的烯烃，这称为 Hofmann 规则。在胺类化合物结构分析中（多用于中草药有效成分的分析）用来确定伯胺、仲胺或叔胺及其胺的结构。原理如下：

根据霍夫曼彻底甲基化反应中生成季铵盐所需碘甲烷的量，可确定原胺是伯胺、仲胺或叔胺。然后再用湿的氧化银将季铵盐转化成季铵碱，季铵碱受热发生霍夫曼消除反应（消除规律与查依采夫规律相反），依据生成烯烃的结构来确定原胺的结构。

$$RNH_2 \xrightarrow{CH_3I} RNHCH_3 \xrightarrow{CH_3I} RN(CH_3)_2 \xrightarrow{CH_3I} \underset{\text{季铵盐}}{[RN(CH_3)_3]^+X^-} \text{（彻底甲基化反应）}$$

$$\underset{\text{季铵盐}}{[RN(CH_3)_3]^+X^-} \xrightarrow{\text{湿 }Ag_2O} \underset{\text{季铵碱}}{[RN(CH_3)_3]^+OH^-} \xrightarrow{\triangle} \underset{\text{叔胺}}{N(CH_3)_3} + \text{烯烃（霍夫曼消除反应）}$$

某些季铵碱具有高的生物活性，如乙酰胆碱、胆碱（见本节）、矮壮素（可使农作物增产）等。

$$\underset{\text{矮壮素}}{[(CH_3)_3NCH_2CH_2Cl]^+Cl^-}$$

## 六、重要的胺及其衍生物

### 1. 乙二胺（$H_2N—CH_2CH_2—NH_2$）

乙二胺是最简单的二元胺，为无色黏稠状液体，沸点为 116.5℃，易溶于水。乙二胺由1,2-二氯乙烷与氨反应制得。

$$ClCH_2CH_2Cl + 4NH_3 \xrightarrow[1MPa]{100\sim150℃} H_2NCH_2CH_2NH_2 + 2NH_4Cl$$

乙二胺与氯乙酸在碱性溶液中作用生成乙二胺四乙酸盐，后者经酸化得乙二胺四乙酸，简称 EDTA。

$$H_2N(CH_2)_2NH_2 + 4ClCH_2COOH \xrightarrow[\triangle]{NaOH} \underset{\text{EDTA}}{(NaOOCCH_2)_2NCH_2CH_2N(CH_2COONa)_2}$$

EDTA 及其盐是分析化学中常用的金属螯合剂，可用于分离重金属离子。EDTA 二钠盐还是重金属中毒的解毒药。

乙二胺是有机合成原料，主要用于合成药物、农药和乳化剂等。

### 2. 三乙醇胺 [$N(CH_2CH_2OH)_3$]

三乙醇胺简称 TEA，带氨的气味，为无色黏稠透明的液体，能与水及醇互溶，微溶于乙醚，有吸水性，可吸收二氧化硫、硫化氢等气体。三乙醇胺主要用于日用化学工业，是生产表面活性剂、医药、农药、化妆品、空气净化剂及各种助剂等产品的重要基础原料。例如，季铵化脂肪酸三乙醇胺酯盐是一种体内可降解的手术吻合套；比亚芬（三乙醇胺乳膏）用于预防和治疗放疗引起的皮肤损伤；三乙醇胺也可以用作混凝土的早强剂（即速凝剂）和一些金属离子的掩蔽剂。

### 3. 新洁尔灭 $\left[C_6H_5-CH_2N(CH_3)_2(C_{12}H_{25})\right]^+Br^-$

新洁尔灭的化学名称为溴化二甲基十二烷基苄基铵，本品在常温下为白色或淡黄色胶状体或粉末，低温时逐渐形成蜡状固体，有芳香气味及苦味，易溶于水、乙醇，微溶于丙酮，不溶于乙醚、苯，性状稳定。它是具有洁净、杀菌作用的阳离子表面活性剂，其杀菌效果为苯酚的 300～400 倍；新洁尔灭还具有低毒、无积累毒性、对皮肤低刺激性的特点，可作为消毒防腐剂，常用于医药、化妆品及水处理杀菌与消毒，还用于硬表面的清洗及消毒去臭等。

### 4. 胆碱{$[(CH_3)_3NCH_2CH_2OH]^+OH^-$}

胆碱是广泛存在于动植物体内的季铵碱，尤其是在动物的卵和脑髓中含量较多，胆汁中并不是最多。但由于最初是在胆汁中发现该物质的，所以叫胆碱。胆碱是无色结晶，具有很强的吸湿性，易溶于水和乙醇，不溶于乙醚和氯仿。胆碱是 B 族维生素之一，能调节肝脏中脂肪的代谢，有抗脂肪肝的作用。医药中使用的是胆碱的盐酸盐{$[(CH_3)_3NCH_2CH_2OH]^+Cl^-$}。

### 5. 生源胺

生源胺是指人体中担负神经冲动传导作用的胺类化合物，它们的名称和结构如下：

3,4-(HO)$_2C_6H_3$—$CHCH_2NHCH_3$（OH）
肾上腺素

3,4-(HO)$_2C_6H_3$—$CHCH_2NH_2$（OH）
去甲肾上腺素

3,4-(HO)$_2C_6H_3$—$CH_2CH_2NH_2$
多巴胺

$\left[CH_3COCH_2CH_2N(CH_3)_3\right]^+OH^-$（C=O）
乙酰胆碱

HO—（吲哚环，N—H）—$CH_2CH_2NH_2$
5-羟色胺

临床上肾上腺素用于因心力衰竭引起的心跳停止、治疗支气管哮喘等；中、小剂量的去甲多巴胺用于治疗心肌梗死、创伤、内毒素等各种类型的休克。乙酰胆碱是副交感神经系统中传导神经冲动的生源胺，是相邻的神经细胞之间通过神经节传导神经刺激时产生的重要物质，它在机体内的分解与合成是在胆碱酯酶的作用下进行的，如果胆碱酯酶失去活性，就会破坏乙酰胆碱的正常分解和合成，引起神经系统错乱，甚至死亡。

### 6. 苯胺紫（mauveine）

苯胺紫能溶于水和乙醇，呈紫色溶液。目前，苯胺紫常用于生物染色剂，酸碱指示剂，消毒剂，鉴定汞、银及锡等。苯胺紫与蛋白质纤维的羧基阴离子可以形成盐键结合而染色。苯胺紫是一种三苯甲烷结构的碱性染料，是副品红的四、五、六甲基衍生物的混合物，是绿色发光粉末。一般来说，混合物的甲基比例愈多，染料的颜色亦较蓝。这些衍生物的结构如下：

甲基紫2B　　甲基紫6B　　甲基紫10B

氯化四甲基副玫瑰苯胺，又名甲基紫2B，主要用于化学及医学染色剂。纯净的氯化四甲基副玫瑰苯胺为蓝绿色的结晶体，熔点为137℃。

氯化五甲基副玫瑰苯胺，又名甲基紫6B，比甲基紫2B颜色更深，主要作染料用。

氯化六甲基副玫瑰苯胺，又名甲基紫10B或结晶紫，比以上两种甲基紫的颜色都深。主要用于非水滴定的指示剂和锌、锑、硼、金、汞、银及锡等金属离子比色分析的显色剂。

**7. 三聚氰胺（melamine）**

三聚氰胺化学式为$C_3H_6N_6$，俗称密胺、蛋白精，化学名称为1，3，5-三嗪-2，4，6-三胺，是一种含氮杂环有机化合物。它是白色单斜晶体，几乎无味，微溶于水（3.1g/L），三聚氰胺对人体有害，不可用于食品加工或食品添加物。目前，三聚氰胺主要用于木材加工、塑料、涂料、造纸、纺织、皮革、电器、医药、阻燃剂等生产过程中。

三聚氰胺

动物的毒理学实验表明，以三聚氰胺给小鼠灌胃的方式进行急性毒性实验，灌胃死亡的小鼠输尿管中均有大量晶体蓄积，部分小鼠肾脏被膜有晶体覆盖。以连续加有三聚氰胺饲料喂养动物，进行亚慢性毒性试验，试验动物肾脏中可见淋巴细胞浸润，肾小管管腔中出现晶体；而生化指标观察到血清尿素氮和肌酐逐渐升高。依据以往的动物毒理学实验和当前摄入三聚氰胺污染奶粉婴幼儿的临床表现，三聚氰胺造成患儿多发泌尿系统结石的可能性存在。三聚氰胺的致病机理是在尿路结晶形成结石阻塞泌尿系统，导致肾衰。目前还没有三聚氰胺造成其他组织系统损害的直接证据。因其微溶于水，所以小计量的三聚氰胺对成年人影响不大。

## 思考与练习

10-3　命名下列化合物或写其构造式，并指出属于哪种胺。

(1) 叔丁胺　(2) 苄胺　(3) *N*,*N*-二甲基环戊胺　(4) 2,*N*-二乙基苯胺

(5) $[(CH_3)_4N]^+OH^-$　(6) $[(CH_3)_2NHCH_2CH_3]^+Cl^-$　(7) $[(CH_3)_2N(CH_2CH_3)_2]^+Br^-$

10-4　比较下列化合物的沸点，并按从高到低的顺序排列。

正丁胺　正丁醇　丙酸　乙二胺　二甲乙胺

10-5　比较下列化合物的碱性，并按从强到弱的顺序排列。

季铵碱　季铵盐　二苯胺　环己胺　二甲胺　对甲苯胺

10-6　各类胺的磺酰化反应有何不同？利用该反应如何分离伯胺、仲胺、叔胺？

10-7　各类胺与亚硝酸反应有何不同？利用该反应如何鉴别伯胺、仲胺、叔胺？

10-8　芳胺环上的亲电取代反应具有什么特点？如何制备苯胺的邻、间、对硝基衍生物？

# 第四节　芳香族重氮化合物和偶氮化合物

## 一、重氮化合物和偶氮化合物的结构和命名

重氮化合物和偶氮化合物分子中都含有氮氮重键（—$N_2$—）官能团。其中—$N_2$—基团的一端与烃基相连，另一端与非碳原子相连的化合物，叫做重氮化合物，可分为重氮化合物

和重氮盐。其命名方法如下。

重氮化合物命名为“某重氮某”。例如：

$C_6H_5-N=N-NH-C_6H_5$　　$C_6H_5-N=N-OH$

苯重氮氨基苯　　氢氧化重氮苯

重氮盐命名为“重氮某酸盐”或“某化重氮某、某酸重氮某”。例如：

$C_6H_5-N^+\equiv NCl^-$　　$o\text{-}O_2N-C_6H_4-N^+\equiv NHSO_4^-$

氯化重氮苯（重氮苯盐酸盐）　硫酸氢邻硝基重氮苯（邻硝基重氮苯硫酸盐）

$-N_2-$基团以$-N=N-$的形式两端都与碳原子相连的化合物叫做偶氮化合物，命名为“偶氮某”或“某偶氮某”；若为 $D-C_6H_4-N=N-C_6H_3(B)-A$ 型的化合物，一般以“偶氮苯”为母体，苯环上连有的基团作取代基，命名为“某偶氮苯”。例如：

$C_6H_5-N=N-CH_3$　　$C_6H_5-N=N-C_6H_4-N(CH_3)_2$

甲基偶氮苯　　对二甲氨基偶氮苯（*N*,*N*-二甲基-对苯偶氮苯胺）

$C_6H_5-N=N-C_6H_5$　　$C_6H_5-N=N-C_6H_4-OH$

偶氮苯　　对羟基偶氮苯（对苯偶氮苯酚）

## 二、芳香重氮化合物

### 1. 重氮化反应

芳伯胺与亚硝酸钠在低温、强酸溶液中作用生成重氮盐的反应叫做重氮化反应。例如：

$$C_6H_5-NH_2 \xrightarrow[0\sim5℃]{NaNO_2/HI} C_6H_5-N_2^+I^-$$

重氮化反应一般在较低温度下进行。因为重氮盐在低温时比较稳定，温度稍高就会分解。当苯环上同时连有强吸电子基时，生成的重氮盐稳定性增强，反应温度可适当提高。通常所用的酸是氢卤酸或硫酸。重氮化时，酸必须过量，以避免生成的重氮盐与未反应的芳伯胺发生偶联反应；亚硝酸不能过量，因为它的存在会加速重氮盐本身分解；当反应混合物使淀粉碘化钾试纸呈蓝紫色时即为反应终点；若亚硝酸过量可以加入尿素除去。

### 2. 重氮盐的取代反应及其在合成中的应用

重氮盐是离子化合物，具有盐的通性，易溶于水，不溶于有机溶剂，干燥的重氮盐不稳定，所以不需分离可直接进行下一步的反应。重氮盐的化学性质很活泼，可以与许多物质发生取代反应（也称为放氮反应）。因此，可通过生成重氮盐的途径来制备一些不能由芳环直接取代合成的芳香族化合物。

（1）被羟基取代　在酸性条件下，用重氮苯硫酸盐与水发生反应，重氮基被羟基取代生成苯酚，同时放出氮气。

$$C_6H_5-NH_2 \xrightarrow[0\sim5℃]{NaNO_2/H_2SO_4} C_6H_5-N_2^+HSO_4^- \xrightarrow[\triangle]{H_2O} C_6H_5-OH + N_2\uparrow$$

**【知识应用】** 此反应在有机合成中用于将硝基或氨基转变为羟基，来制备一些不能用其他方法制备的特殊酚。例如，工业上利用苯硝化、部分还原、重氮化再水解制得间硝基苯酚：

$$C_6H_6 \xrightarrow[\triangle]{混酸} m\text{-}C_6H_4(NO_2)_2 \xrightarrow{(NH_4)_2S} m\text{-}O_2N-C_6H_4-NH_2 \xrightarrow[0\sim5℃]{NaNO_2/H_2SO_4} m\text{-}O_2N-C_6H_4-N_2^+HSO_4^- \xrightarrow[\triangle]{H_2O} m\text{-}O_2N-C_6H_4-OH$$

（2）被卤原子取代　重氮盐与氯化亚铜的浓盐酸溶液或溴化亚铜的浓氢溴酸溶液共热，重氮基可被氯原子或溴原子取代，生成氯苯或溴苯，同时放出氮气。

$$C_6H_5-N_2^+Cl^- \xrightarrow[\triangle]{Cu_2Cl_2/HCl} C_6H_5-Cl + N_2\uparrow$$

$$C_6H_5-N_2^+Br^- \xrightarrow[\triangle]{Cu_2Br_2/HBr} C_6H_5-Br + N_2\uparrow$$

**【知识应用】** 此反应在有机合成中用来制备不能由芳环直接取代合成的芳香卤代物。

① 制备碘代苯。重氮基被碘取代比较容易，加热重氮盐与碘化钾的混合溶液，就会生成碘苯。例如：

$$C_6H_5-N_2^+HSO_4^- \xrightarrow[\triangle]{KI} C_6H_5-I + N_2\uparrow$$

② 制备氟代苯。重氮基被氟取代比较难，将重氮盐转化为不溶性的重氮氟硼酸盐或氟磷酸盐，或芳胺直接用亚硝酸钠和氟硼酸进行重氮化，然后再加热分解可得较好收率的氟代芳烃，此反应称为希曼（Schiemann）反应。例如：

$$o\text{-}CH_3O-C_6H_4-NH_2 \xrightarrow[②65\%HPF_6]{①NaNO_2/HCl,0\sim5℃} o\text{-}CH_3O-C_6H_4-N_2^+PF_6^- \xrightarrow{120℃} o\text{-}CH_3O-C_6H_4-F + N_2\uparrow$$

$$o\text{-}HO-C_6H_4-NH_2 \xrightarrow[②80\sim90℃,2h]{①56\%HBF_4/NaNO_2/H_2O,0℃} o\text{-}HO-C_6H_4-F + N_2\uparrow$$

③ 制备不能直接卤代制得的间二卤苯。例如：

$$C_6H_6 \xrightarrow[\triangle]{发烟混酸} m\text{-}C_6H_4(NO_2)_2 \xrightarrow{H_2/Ni} m\text{-}C_6H_4(NH_2)_2 \xrightarrow[0\sim5℃]{NaNO_2/HBr} m\text{-}C_6H_4(N_2^+Br^-)_2 \xrightarrow[\triangle]{Cu_2Br_2/HBr} m\text{-}C_6H_4Br_2$$

（3）被氰基取代　重氮盐与氰化亚铜的氰化钾溶液共热，重氮基被氰基取代生成苯甲腈，同时放出氮气。

$$C_6H_5-N_2^+HSO_4^- \xrightarrow[\triangle]{CuCN/KCN} C_6H_5-CN + N_2\uparrow$$

**【知识应用】** 在药物合成中，苯甲腈可水解成苯甲酸，也可还原成苄胺。苄胺主要用于药物中间体的合成，如可用于制磺胺类药物磺胺米隆等。

（4）被氢原子取代　重氮盐与次磷酸（$H_3PO_2$）或乙醇反应，重氮基被氢原子取代，同时放出氮气。

$$C_6H_5-N_2^+HSO_4^- \xrightarrow[\triangle]{H_3PO_2\ 或\ CH_3CH_2OH} C_6H_6 + N_2\uparrow$$

**【知识应用】** 此反应用来从芳环上除去硝基和氨基。在药物和有机合成中可利用硝基或氨基的定位将所需基团引入特定位置，然后将硝基或氨基除去或转化为所需基团，来合成不能由芳环直接取代制得的化合物。例如，1,3,5-三溴苯无法由苯直接溴代得到，可由苯胺通过溴代、重氮化再还原制得：

$$C_6H_6 \xrightarrow[\triangle]{混酸} C_6H_5NO_2 \xrightarrow{H_2/Ni} C_6H_5NH_2 \xrightarrow{Br_2} 2,4,6\text{-}Br_3C_6H_2NH_2 \xrightarrow[②H_3PO_2,\triangle]{①NaNO_2/HBr,0\sim5℃} 1,3,5\text{-}C_6H_3Br_3$$

## 三、偶联反应与偶氮化合物

### 1. 偶联反应

在一定的条件下，重氮盐与酚或芳胺反应生成偶氮化合物，这个反应称为偶联反应（或偶合反应）。重氮盐与酚类的偶联反应通常在弱碱性介质（pH 为 8～10）中进行；与芳胺的偶联反应通常在弱酸或中性介质（pH 为 5～7）中进行。例如：

$$NaO_3S-C_6H_4-N^+\equiv NCl^- + C_6H_5-N(CH_3)_2 \xrightarrow[0\sim5℃]{CH_3COONa} NaO_3S-C_6H_4-N=N-C_6H_4-N(CH_3)_2$$

甲基橙

偶联反应的实质是芳环上的亲电取代反应，苯偶氮基是较弱的亲电试剂，只有芳环上连有强致活基团（如酚和芳胺）时才能与重氮盐发生偶联反应，生成偶氮化合物。其产物符合芳环上亲电取代反应的定位规律，主要发生在羟基或氨基的对位，若对位被占，则发生在邻位。例如：

$$C_6H_5-N^+\equiv NCl^- + HO-C_6H_4-OCH_3 \xrightarrow[0\sim5℃]{NaOH} C_6H_5-N=N-C_6H_3(OH)(OCH_3)$$

**【知识应用】** 偶联反应主要用于制取偶氮染料、酸碱指示剂或利用其还原反应制取特殊结构的伯胺。

**2. 偶氮化合物**

（1）甲基橙　甲基橙的化学名称为对二甲氨基偶氮苯磺酸钠。其结构式为：

$$NaO_3S-C_6H_4-N=N-C_6H_4-N(CH_3)_2$$

甲基橙为橙黄色晶体，微溶于水，不溶于乙醇。在 pH 为 4.4 以上显黄色，在 pH 为 3.1 以下显红色，所以甲基橙主要用作酸碱滴定时的指示剂，其颜色变化是由于在不同 pH 条件下结构改变所致。甲基橙在中性或碱性溶液中以偶氮苯形式存在；而在酸性溶液中偶氮苯接受一个质子，转化为醌式结构，所以颜色也随之改变。

（2）刚果红　刚果红又称直接大红 4B，其结构式为：

（结构式：两个 1-氨基-4-磺酸钠萘基（$NH_2$、$SO_3Na$）分别经 $-N=N-$ 连接于联苯两端）

刚果红为棕红色晶体，溶于水和乙醇。因其分子中共轭体系较大，所以颜色较深。刚果红是一种可以直接使棉纤维着色的红色染料，但容易因洗或晒而褪色，而且遇强酸后则变为蓝色，所以不是一种很好的染料。由于它在酸性和中性溶液中有颜色的变化，故也是常用的指示剂，其变色范围的 pH 为 3～5。

（3）凡拉明蓝　凡拉明蓝俗称安安蓝，其结构式为：

$$CH_3O-C_6H_4-NH-C_6H_4-N=N-C_{10}H_5(OH)(CONHC_6H_5)$$

凡拉明蓝是一种结构较复杂的蓝色偶氮染料，由 4-(4-甲氧基苯氨基) 氯化重氮苯与 $N$-苯基-3-羟基-2-萘甲酰胺偶联合成。凡拉明蓝本身不溶于水，属于冰染染料。染色时，先将织物用上述酚类的钠盐浸润，再使之与 4-甲氧基-4′-氨基二苯胺的重氮盐溶液偶合成凡拉明蓝而显色。染品色泽鲜艳，但易泛红。

## 思考与练习

10-9　举例说明重氮盐的性质在有机合成中有哪些重要的应用。

10-10　写出下列化合物的构造式。

（1）偶氮甲烷　（2）氯化对硝基重氮苯　（3）对氨基偶氮苯　（4）对甲基重氮苯硫酸盐

【知识拓展】

## 人类合成的第一种染料——苯胺紫及染料的发展

染料具有颜色的物质，但有颜色的物质并不一定是染料。作为染料，必须能使纤维和其他材料着色的物质，且不易脱落、变色。染料分为天然染料和人工合成染料两大类。天然染料是指从植物、动物或矿产资源中获得的、很少或没有经过化学加工的染料。天然染料有胭脂虫红、地衣素、茜素、靛蓝、石蕊和苏木素等，它们多从植物体中提取得到，其成分复杂，有些至今还未搞清楚。天然染料无毒无害，对皮肤无过敏性和致癌性。具有较好的生物可降解性和环境相容性。天然染料以其自然的色相，防虫、杀菌的作用，自然的芳香赢得了世人的喜爱和青睐，在高档真丝制品、保健内衣、家纺产品、装饰用品等领域中拥有广阔的发展前景。开发天然染料有利于保护自然资源和生态环境，越来越受到人们的重视。但因其种类与来源的局限使得天然染料不能完全替代合成染料，目前合成染料在市场上占有主导地位。

合成染料是以石油、煤等为原料人工合成的有色有机化合物，其种类繁多，按其结构分为：偶氮染料、蒽醌染料、靛系染料（靛蓝、硫靛）、硫化染料、酞菁染料、甲川染料（菁系染料）、三芳甲烷染料、硝基和亚硝基染料和杂环染料。其中偶氮染料是一种重要的类型，大约占50%以上。

一、人类第一种合成染料的发明及合成染料的发展

1856年，英国化学家威廉·亨利·珀金（W. H. Perkin)在合成奎宁的实验中，偶然发现了苯胺紫这种染料，并于1857年正式投入生产。这是人类第一个人工合成的染料，它的发现标志着合成染料工业的开端。

1858年，霍夫曼在用四氯化碳处理苯胺时，也得到一种染料，呈红色，称为碱性品红。两年后，他又制成了苯胺蓝。在苯胺蓝的基础上，霍夫曼相继制得了多种合成染料，如碱性蓝、醛绿、碘绿等染料。

苯的环状结构学说建立以后，为染料等有机化合物的进一步人工合成指明了方向。1868年，德国人格雷贝和里伯曼通过对茜素结构的研究，以焦油中的蒽为原料，第一次合成了天然染料茜素。1878年，德国化学家又实现了将靛红还原为靛蓝。在同一时期，人们还合成了偶氮染料，1858年，格里斯发现重氮化反应，6年后将重氮盐偶合成功，为一系列偶氮染料的合成打下了基础。于是，1884年波蒂格较为顺利地合成了刚果红染料。到了20世纪，合成染料迅速发展，生产品种增多，产量剧增，基本取代了天然染料。目前世界各国生产的各类染料已有七千多种，常用的也有两千多种。合成染料除用于纺织品印染外，还广泛应用于造纸、塑料、皮革、橡胶、涂料、油墨、化妆品、感光材料等领域。由于染料的结构、类型、性质不同，必须根据染色产品的要求对染料进行选择，以确定相应的染色工艺条件。

二、新型环保染料

有些合成染料缺陷较多，如毒性大、致癌、致敏、使用后释放致癌的芳香胺化合物或污染环境的化学物质。自1994年7月15日德国政府颁布禁用部分染料法令以来，世界各国的染料界都在致力于禁用染料替代品的研究。随着各国对环境和生态保护要求的不断提高，禁用染料的范围不断扩大，这也反映了市场上对环保和保护消费者健康的要求。实际上，毒理性和生态性是染料的一种属性，随着科学的发展和环保要求的不断提高，整个染料工业的发展是淘汰对人体有害的染料、发展新的对人体无害的环保染料的过程。

环保染料是指符合环保有关规定并可以在生产过程中应用的染料。环保染料应符合以下条件：不含或不产生有害芳香胺；染料本身无急毒性；使用后甲醛和可萃取重金属在限量以下；不含环境激素；不含持续性有机污染物；不会产生污染环境的有害化学物质；色牢度和使用性能优于禁用染料。依据应用可分为：环保型直接染料（天然植物染料）、环保型活性染料、环保型分散染料等。

目前，我国上海染料有限公司等单位已开发和生产出许多新型环保染料，包括EF型活

性染料、新型特深色活性染料、ME型活性染料、ECO型分散染料、D型直接混纺染料、N型直接染料、SM型还原染料等100多个品种，完全能满足国内外纺织品市场对绿色染料的要求。

## 习　题

**1. 填空题**

（1）通常情况下，氯苯______发生水解反应，当氯原子的邻、对位上连有硝基时，水解反应______。当酚羟基的邻、对位上连有硝基时，其酸性______。

（2）叔胺的沸点比分子量相近的伯胺、仲胺的沸点都______，这是因为叔胺______形成分子间的______。

（3）苯胺具有______性，可与强酸作用生成盐，遇______又可游离出苯胺，利用这一性质可______。

（4）由于不同胺与______反应现象不同，可用于鉴别脂肪族胺及芳香族伯胺、仲胺、叔胺。

（5）胺有碱性，各种胺的碱性由强到弱的顺序是______。

（6）为防止芳胺被氧化，在有机合成中常采用芳胺的______反应来保护氨基。

（7）芳伯胺与亚硝酸反应生成重氮盐的条件是______。在一定条件下，重氮基可分别被______等基团取代并放出氮气。

（8）在适当条件下，重氮盐与______或______反应生成______化合物，此反应称为偶合反应（或______反应）；偶合反应的实质是______反应；反应发生的位置主要是在______，若这个位置被占，则发生在______。

（9）腈纶（俗称“人造羊毛”）的主要成分是______。

（10）季铵碱的碱性______于氢氧化钠的碱性。

**2. 选择题**

（1）下列化合物中碱性最强的是（　　）。

A. 苄胺　　B. 苯胺　　C. *N*-甲基环己胺　　D. 氨

（2）下列各组化合物中，用溴水可鉴别的是（　　）。

A. 乙烯、乙炔　　B. 乙烯、苯酚　　C. 丙烯、环丙烷　　D. 苯胺、苯酚

（3）下列化合物中可以发生重氮化反应的是（　　）。

A. （苯）　　B. —$N(CH_3)_2$　　C. —$CH_2NH_2$　　D. —$NH_2$

（4）下列化合物中不能与苯磺酰氯反应的是（　　）。

A. $CH_3CH_2NH_2$　　B. $CH_3NHCH_2CH_3$　　C. $(CH_3CH_2)_3N$　　D. $(CH_3CH_2)_2NH$

（5）下列化合物中不能溶解于稀盐酸的是（　　）。

A. $NO_2$　　B. $NH_2$　　C. $NHCH_3$　　D. $NH_2$、$CH_3$

（6）下列化合物中属于叔胺的是（　　）。

A. $(CH_3)_3CNH_2$　　B. $CH_3\overset{O}{\overset{\|}{C}}NH_2$　　C. $CH_3$、$NH_2$　　D. $(C_2H_5)_2NC(CH_3)_3$

（7）下列化合物中碱性最弱的是（　　）。

A. $NH_2$、Cl　　B. $NH_2$、$NO_2$　　C. $NH_2$、$OCH_3$　　D. $NH_2$、$CH_3$

（8）下列化合物中不能用作制备正丙胺原料的是（　　）。

A. $CH_3CH_2CH_2Br$　　B. $CH_3CH_2Br$　　C. $CH_3CH_2CH_2CN$　　D. $CH_3\underset{CH_3}{\underset{|}{C}H}CH_2Br$

3. **完成下列反应方程式。**

(1) 环己胺（$-NH_2$）、N,N-二甲基苯胺（$-N(CH_3)_2$）、六氢吡啶（NH）、β-萘胺（$-NH_2$） $+ NaNO_2/HCl \xrightarrow{0\sim5℃}$ ？、？、？、？

(2) $C_6H_5-SO_2Cl + (CH_3)_2CHNH_2 \longrightarrow$ ?

(3) N-甲基六氢吡啶 $N-CH_3 + CH_3I \longrightarrow$ ?

(4) 邻苯二甲酸酐 $+ CH_3NHC_2H_5 \longrightarrow$ ?

(5) 苯 $\xrightarrow{?}$ 间二硝基苯（$NO_2$，$O_2N$） $\xrightarrow{?}$ 间硝基苯胺（$NH_2$，$O_2N$） $\xrightarrow{?}$ 间硝基重氮苯硫酸氢盐（$N_2^+HSO_4^-$，$O_2N$） $\longrightarrow$

- $\xrightarrow{NaOH}$ ?
- HO—苯酚
- $\xrightarrow[\triangle]{CuCN/NaCN}$ ?
- $\xrightarrow[\triangle]{H^+/H_2O}$ ?
- $\xrightarrow[\triangle]{C_2H_5OH}$ ?
- $\xrightarrow[\triangle]{KI}$ ?

4. **由苯、萘、甲苯、乙酐等为原料合成下列化合物。**

(1) 1,2,3-三溴苯（Br，Br，Br）　(2) 间碘苯酚（I，OH）　(3) 对甲基苄胺（$CH_3$，$CH_2NH_2$）

(4) $NO_2-C_6H_4-N{=}N-C_6H_4-OH$　(5) 萘（8位 $-SO_3Na$）$-N{=}N-C_6H_4-N(CH_3)_2$

5. **用化学方法鉴别下列各组化合物。**

(1) 苄胺　苯酚　苯胺　*N*-甲基环己胺

(2) 氯苯　2,4-二硝基氯苯　2,4-二硝基苯酚　苯胺

6. **推断结构**

(1) 化合物A、B、C分子式均为 $C_7H_7NO_2$。化合物A既能溶于酸又能溶于碱，不能与 $FeCl_3$ 显色，其苯环上发生一溴代反应时，主要产物只有一种；化合物B能溶于酸而不溶于碱，低温与亚硝酸反应后升至室温有氮气放出，与热的氢氧化钠水溶液反应酸化后生成两种产物，其中一种能发生银镜反应，另一种能与 $FeCl_3$ 显色，苯环上两基团的相对位置与A相同；化合物C既不溶于酸也不溶于碱，被酸性高锰酸钾氧化后再用Fe/HCl还原可得到A。试推断A、B、C的构造式。

(2) 分子式为 $C_6H_{13}N$ 的化合物A，能溶于盐酸溶液，并可与 $HNO_2$ 反应放出 $N_2$，生成物为B（$C_6H_{12}O$）。B与浓 $H_2SO_4$ 共热得产物C，C的分子式为 $C_6H_{10}$。C能被 $KMnO_4$ 溶液氧化，生成化合物D（$C_6H_{10}O_3$）。D和NaIO作用生成碘仿和戊二酸。试推出A、B、C、D的结构式，并用反应式表示推断过程。

# 第十一章　杂环化合物

## 学习目标

**知识目标**

- 掌握杂环化合物及其简单衍生物的命名；掌握杂环化合物的化学性质及应用。
- 理解五元杂环和六元杂环的结构特征及它们的亲电取代反应与苯环上的反应的异同；理解吡咯与四氢吡咯、吡啶与六氢吡啶酸碱性的差异。
- 了解杂环化合物的分类；熟悉重要的杂环化合物的性能及应用。

**能力目标**

- 能运用命名规则命名典型的杂环化合物及其简单衍生物。
- 能通过对五元杂环和六元杂环的结构特征的分析学会它们的特征反应和鉴别方法。
- 能正确区分五元杂环和六元杂环的亲电取代反应与苯环上的取代反应的异同。
- 能利用杂环化合物知识指导日常生活和今后的工作，进一步提高化学基础知识素养。

## 导学案例

- 19 世纪 90 年代，荷兰某地的一座监狱里关押了一百九十多名囚犯。罪行较轻的犯人每天可以吃到大米、汤和菜，罪行较重的则只能吃大米。接二连三的有重刑犯说脚痒，脚缝里还长了许多小米粒大小的泡，监狱长怀疑有传染性，就请了医生过来，诊断结果是：脚气病。提出用米糠可治此病，并建议让每位犯人都吃上蔬菜。什么原因导致了脚气病？用米糠治疗此病的原因又是什么呢？
- 1928 年的一天，英国细菌学家亚历山大·弗莱明在检查培养皿时发现，在培养皿中的葡萄球菌由于被污染而长了一大团霉毛，而在霉毛的四周却没有任何细菌生存！这一发现使他兴奋不已。于是，他把这种从“天”上掉下来的霉小心翼翼地取出来研究。经过许多次试验，终于培养出了液态霉，从而研制成功了第一种能够治疗人类疾病的抗生素。它的发明及生产使用在第二次世界大战期间挽救了千百万人的生命，被公认为是与原子弹、雷达并列的第三个重大发明。这是什么药物呢？它的结构是什么？

杂环化合物是指由碳原子和氧、硫、氮等杂原子共同组成的，具有环状结构的化合物。杂环化合物广泛存在于自然界中，它们大都具有生理活性，如叶绿素、血红素、抗生素、生物碱、核酸以及临床应用的一些有显著疗效的天然和合成药物都属于杂环化合物。前面学过的一些环状化合物，如环氧乙烷、内酯、己内酰胺等，广义地说，都是杂环化合物。但是这些化合物的性质与相应的开链化合物相似，且容易开环生成链状化合物，所以通常将它们放在脂肪族化合物中讨论。本章所要讨论的杂环化合物是环系比较稳定，具有一定芳香性的杂环化合物。

# 第一节 杂环化合物的分类和命名

## 一、杂环化合物的分类

杂环化合物可按环的形式分为单杂环和稠杂环两大类。单杂环又按环的大小主要分为五元杂环和六元杂环。还可按环中杂原子的数目分为含有一个杂原子的杂环和含有多个杂原子的杂环（见表 11-1）。

## 二、杂环化合物的命名

### 1. 译音法

杂环化合物的命名通常采用外文译音法，即根据杂环化合物的英文名称，选择带“口”字偏旁的同音汉字来命名，如表 11-1 中的呋喃（furan）、吡咯（pyrrole）等。

**表 11-1 常见杂环化合物的分类及名称**

| 分类 | | 含一个杂原子 | 含多个杂原子 |
|---|---|---|---|
| 单杂环 | 五元杂环 | 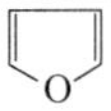 呋喃 (furan) 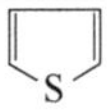　噻吩 (thiophene) 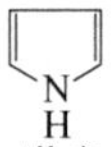　吡咯 (pyrrole) | 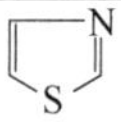 噻唑 (thiazole) 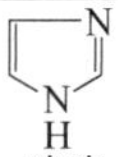　咪唑 (imidazole) |
| | 六元杂环 | 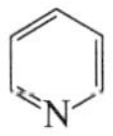 吡啶 (pyridine) 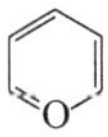　吡喃 (pyran) | 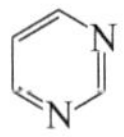 嘧啶 (pyrimidine) 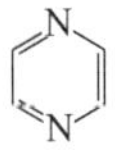　吡嗪 (pyrazine) |
| 稠杂环 | | 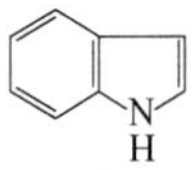 吲哚 (indole) 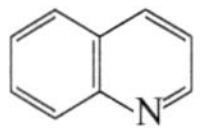　喹啉 (quinoline) 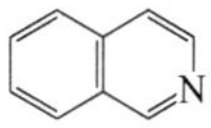　异喹啉 (isoquinoline) | 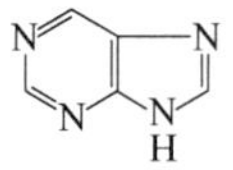 嘌呤 (purine) 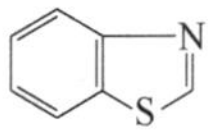　苯并噻唑 (benzothiazole) |

### 2. 系统命名法

对杂环的衍生物命名时，采用系统命名法。

（1）选母体　与芳香族化合物命名原则类似，当杂环上连有—R、—X、—OH、—$NH_2$ 等取代基时，以杂环为母体；如果连有—CHO、—COOH、—$SO_3H$ 等时，把杂环作为取代基 。

（2）杂环编号　杂环上连有取代基时，需要给杂环编号，编号规则如下。

① 从杂原子开始编号，杂原子位次为 1。当环上只有一个杂原子时，也可把与杂原子直接相连的碳原子称为 $\alpha$ 位，其后依次为 $\beta$ 位和 $\gamma$ 位。例如：

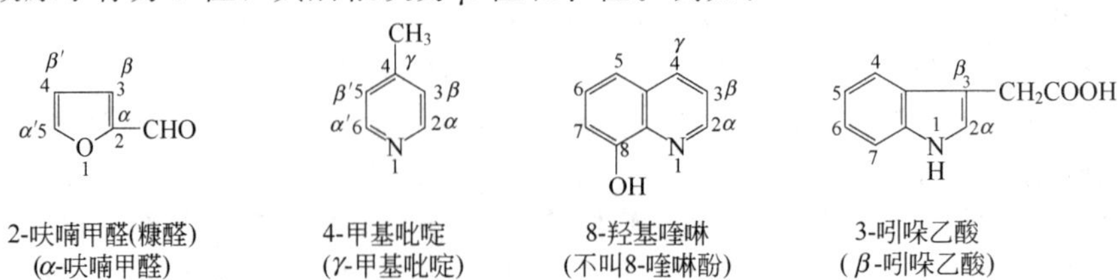


② 若杂环上含有多个相同的杂原子，则从连有氢原子或取代基的杂原子开始编号，并使其他杂原子的位次尽可能最小。例如：

5-甲基咪唑

③ 若杂环上含有不相同的杂原子，则按 O、S、N 的顺序编号。例如：

4-氯噻唑

某些特殊的稠杂环，不符合以上编号规则，有其特定的编号。例如：

4-异喹啉甲酸　　6-氨基嘌呤(不叫6-嘌呤胺)

当杂环的氮原子上连有取代基时，往往用“$N$”表示取代基的位置。例如：

$N$-甲基吡咯

## 思考与练习

11-1　本章讨论的杂环化合物是指哪些化合物？它是如何分类的？

11-2　命名下列化合物或写出构造式。

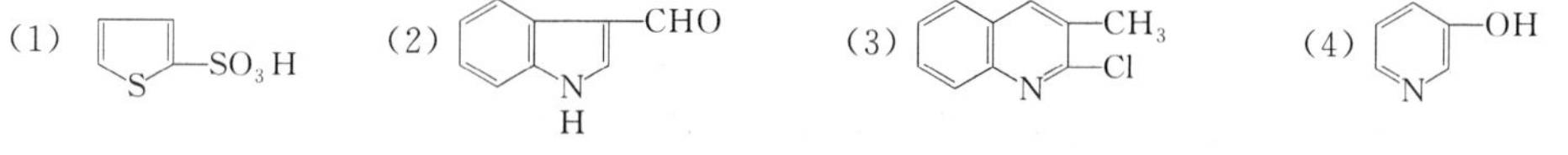


(5) 2,$N$-二甲基吡咯　(6) $\alpha$-呋喃甲酸　(7) $\alpha$,$\alpha'$-二硝基呋喃　(8) 2-氨基-6-羟基嘌呤

# 第二节　五元杂环化合物

含有一个杂原子的五元杂环化合物，具有代表性的是呋喃、噻吩、吡咯。

## 一、呋喃、噻吩、吡咯的结构

五元杂环化合物呋喃、噻吩、吡咯在结构上有以下共同点：组成五元杂环的 5 个原子都位于同一个平面上，碳原子和杂原子（O、S、N）彼此以 $sp^2$ 杂化轨道形成 $\sigma$ 键，每个杂原子各有一对未共用电子对处在 $sp^2$ 杂化轨道与环共面，另外还各有一对电子处于与环平面垂直的 p 轨道上，与 4 个碳原子的 p 轨道相互重叠，形成了一个含有 6 个 $\pi$ 电子的闭合共轭大 $\pi$ 键，因此五元杂环化合物都具有芳香性，如图 11-1 所示。

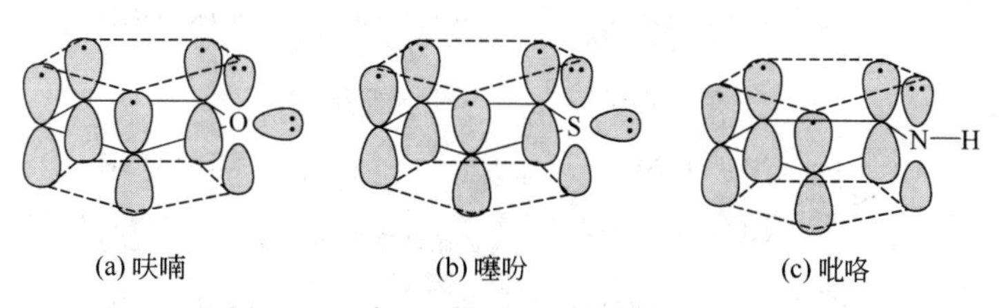


图 11-1　呋喃、噻吩、吡咯的原子轨道

由于呋喃、噻吩、吡咯分子中的杂原子不同，因此它们的芳香性在程度上也有所不同。

其中噻吩的芳香性较强，比较稳定；呋喃的芳香性较弱；吡咯介于呋喃和噻吩之间。另外，吡咯分子中的氮原子上连有一个氢原子，由于氮原子的 p 电子参与了环上共轭，降低了对这个氢原子的吸引力，使得氢原子变得比较活泼，具有弱酸性。

## 二、呋喃、噻吩、吡咯的性质

呋喃存在于松木焦油中，是无色易挥发的液体，沸点为 31℃，难溶于水，易溶于有机溶剂，有类似氯仿的气味。呋喃的蒸气遇到浸过盐酸的松木片时呈绿色，叫做松木片反应。

噻吩存在于煤焦油的粗苯及石油中，是无色而有特殊气味的液体，沸点为 81℃。噻吩在浓硫酸存在下，与靛红一同加热显示蓝色，反应灵敏。

吡咯存在于煤焦油和骨焦油中，为无色油状液体，沸点为 131℃，有弱的苯胺气味，难溶于水，易溶于醇或醚。吡咯的蒸气或其醇溶液能使浸过盐酸的松木片呈红色。

**【知识应用】** 运用松木片反应，可鉴定呋喃和吡咯；运用噻吩在浓硫酸存在下，与靛红一同加热显示蓝色的现象，可用来检验噻吩。呋喃极度易燃，主要用于有机合成或用作溶剂。噻吩在许多场合可代替苯，用作制取染料和树脂的原料，但由于性质较为活泼，一般不如由苯制造出来的产品性质优良，噻吩也可用作溶剂。吡咯常用作色谱分析的标准物质，也用于有机合成及制药工业。

### 1. 亲电取代反应

呋喃、噻吩、吡咯都具有芳香性，由于环中杂原子上的未共用电子对参与了环的共轭体系，使环上的电子云密度增大，故它们都比苯容易发生亲电取代反应，取代主要发生在 $\alpha$ 位。它们反应的活性顺序为：

吡咯＞呋喃＞噻吩＞苯

（1）卤化　呋喃、噻吩、吡咯都容易发生卤化反应。例如：

$$\text{呋喃} + Br_2 \xrightarrow[\text{二氧六环}]{25℃} \text{2-溴呋喃} + HBr$$

2-溴呋喃(75%)

$$\text{噻吩} + Br_2 \xrightarrow{CH_3COOH} \text{2-溴噻吩} + HBr$$

2-溴噻吩

2-溴噻吩可用于合成治疗心脏病的药物。

$$\text{吡咯} + 4I_2 + 4NaOH \longrightarrow \text{四碘吡咯} + 4NaI + 4H_2O$$

四碘吡咯

四碘吡咯可用作伤口消毒剂。

（2）硝化　呋喃、噻吩、吡咯不能采用一般的硝化试剂硝化，通常使用比较缓和的硝化剂（硝酸乙酰酯），并在低温下进行。

$$\text{呋喃} + CH_3COONO_2 \xrightarrow{-5\sim30℃} \text{2-硝基呋喃} + CH_3COOH$$

硝酸乙酰酯　　$\alpha$-硝基呋喃(35%)

$$\text{噻吩} + CH_3COONO_2 \xrightarrow[\text{乙酸或乙酐}]{0℃} \text{2-硝基噻吩} + CH_3COOH$$

$\alpha$-硝基噻吩(60%)

$$\text{吡咯} + CH_3COONO_2 \xrightarrow[\text{乙酐}]{-10℃} \text{2-硝基吡咯} + CH_3COOH$$

$\alpha$-硝基吡咯(51%)

硝酸乙酰酯由硝酸和乙酸酐反应制得。α-硝基噻吩用于合成抗生素或有抗原虫作用的药物。

（3）磺化 噻吩在室温下可溶于浓硫酸，并发生磺化反应。

噻吩 + $H_2SO_4$(浓) ⟶ α-噻吩磺酸 ($-SO_3H$) + $H_2O$

α-噻吩磺酸(70%)

α-噻吩磺酸能溶于浓硫酸，而且易发生水解反应。

α-噻吩磺酸 ($-SO_3H$) + $H_2O$ $\xrightarrow{100\sim150℃}$ 噻吩 + $H_2SO_4$

由于呋喃和吡咯的芳香性较弱，遇酸容易发生环的断裂，磺化时往往使用比较缓和的磺化剂（吡啶三氧化硫）。

呋喃 + 吡啶 $\cdot SO_3$ $\xrightarrow{ClCH_2CH_2Cl}$ α-呋喃磺酸 ($-SO_3H$) + 吡啶

吡啶三氧化硫 α-呋喃磺酸(41%)

吡咯 + 吡啶 $\cdot SO_3$ ⟶ α-吡咯磺酸 ($-SO_3H$) + 吡啶

α-吡咯磺酸(90%)

**【知识应用】** 运用五元杂环化合物的取代反应可合成各种不同性能的药物及药物中间体。运用磺化反应，可分离或除去粗苯中的噻吩。

### 2. 加成反应

呋喃、噻吩、吡咯在催化剂存在下，都能进行加氢反应，生成相应的四氢化物。

呋喃 + $2H_2$ $\xrightarrow[100℃,5MPa]{Ni}$ 四氢呋喃

四氢呋喃

噻吩 + $2H_2$ $\xrightarrow[0.2\sim0.4MPa]{Pd}$ 四氢噻吩

四氢噻吩

吡咯 + $2H_2$ $\xrightarrow[200℃]{Ni}$ 四氢吡咯

四氢吡咯

**【知识应用】** 四氢呋喃（简称 THF）是合成医药咳必清、黄体酮的原料。维生素类药物中称为新 $B_1$ 的呋喃硫胺就是四氢呋喃的衍生物。四氢呋喃也是一种优良的溶剂。四氢噻吩气味难闻，有刺激作用，可用于天然气加臭，以便检漏。四氢吡咯碱性较强，具有脂肪族仲胺的性质，它是合成钙拮抗药苄普地尔的中间体。

## 思考与练习

11-3 呋喃、噻吩、吡咯在结构上有何异同之处？为什么它们都具有芳香性？

11-4 甲苯中含有少量噻吩，应如何除去？

11-5 将下列化合物按要求排序。

（1）按芳香性（稳定性）由强到弱排列顺序

呋喃 苯 噻吩 吡咯

（2）按亲电取代反应活性由强到弱排列顺序

呋喃 苯 噻吩 α-甲基呋喃

11-6 完成下列反应式。

(1) S —CHO $+ 3H_2 \xrightarrow[\triangle, p]{Ni}$ ?

(2) O —$CH_3$ $+ CH_3COONO_2 \longrightarrow$ ?

(3) N H $+$ N $\cdot SO_3 \longrightarrow$ ?

(4) S $+ Br_2 \xrightarrow{CH_3COOH}$ ?

(5) O $+ 2H_2 \xrightarrow[100℃, 5MPa]{Ni}$ ?

# 第三节　六元杂环化合物

吡啶是典型的六元杂环化合物，它的各种衍生物广泛存在于生物体中，并且大都具有强烈的生物活性。

## 一、吡啶的结构

吡啶的构造式为 N ，它与苯的结构非常相似，是一个平面六元环。组成环的氮原子和 5 个碳原子彼此以 $sp^2$ 杂化轨道相互重叠形成 σ 键，环上每一个原子还有一个未参与杂化的 p 轨道，其对称轴垂直于环的平面，并且侧面相互重叠形成一个闭合共轭大 π 键，如图 11-2 所示。因此吡啶也具有芳香性。

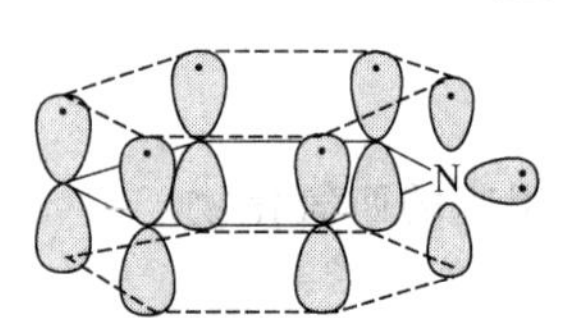

图 11-2　吡啶的原子轨道

与苯不同的是由于氮原子的电负性较强，所以吡啶环上的电子云密度因向氮原子转移而降低，其亲电取代反应比苯难，并且取代反应主要发生在 β 位，与硝基苯类似。

## 二、吡啶的性质

吡啶存在于煤焦油及页岩油中。它是无色而有特殊气味的液体，沸点为 115℃，熔点为 42℃，可与水、乙醇、乙醚、苯等混溶。吡啶能溶解大部分有机化合物和许多无机盐类，是一种良好的溶剂。

吡啶是一种弱碱，能使湿润的石蕊试纸变蓝，可用此性质鉴定吡啶。吡啶能与无水氯化钙生成配合物，所以不能使用氯化钙干燥吡啶。

**【知识应用】** 吡啶可以与水形成共沸混合物，工业上常利用这个性质来纯化吡啶。吡啶还能与多种金属离子形成结晶形的配合物，运用此性质可以把它和它的同系物分离。吡啶除作溶剂外，在工业上还可用作变性剂、助染剂，以及合成一系列产品（药品、消毒剂、染料、食品调味料、胶黏剂、炸药等）的起始物。

### 1. 碱性

吡啶的氮原子上有一对孤对电子（$sp^2$ 杂化电子）没有参与共轭，可与质子结合，因此具有碱性。吡啶的碱性比吡咯、苯胺强，但比氨弱。不同化合物的碱性大小顺序为：

N H $> NH_3 >$ N $>$ —$NH_2$ $>$ N H

四氢吡咯　氨　吡啶　苯胺　吡咯

吡啶能与无机酸作用生成盐，得到的吡啶盐再碱化可恢复原物。例如：

$$\text{吡啶} + H_2SO_4 \longrightarrow \left[\text{吡啶-NH}^+\right] HSO_4^- \xrightarrow{2NaOH} \text{吡啶} + Na_2SO_4 + 2H_2O$$

吡啶硫酸盐

吡啶容易与三氧化硫结合，生成吡啶三氧化硫。

$$\text{吡啶} + SO_3 \longrightarrow \text{吡啶-}N^+SO_3^-$$

吡啶三氧化硫

吡啶三氧化硫是缓和的磺化剂，用于对强酸敏感的化合物（如呋喃、吡咯等）的磺化。

吡啶与叔胺相似，也可与卤代烷作用生成季铵盐。例如：

$$\text{吡啶} + C_{15}H_{31}Cl \longrightarrow \left[\text{吡啶-}N—C_{15}H_{31}\right]^+ Cl^-$$

氯化十五烷基吡啶

氯化十五烷基吡啶是一种阳离子表面活性剂。

**【知识应用】** 运用吡啶的碱性可以鉴别、分离和提纯吡啶，也可用吡啶吸收反应中所生成的酸；运用吡啶与三氧化硫的反应制备缓和的磺化剂；运用吡啶可制备季铵盐的性质，合成各种表面活性剂。

### 2. 取代反应

吡啶可发生卤化、硝化和磺化反应，主要发生在$\beta$位，但反应比苯困难。吡啶不发生傅-克反应。

$$\text{吡啶} \xrightarrow[\text{浮石,气相}]{Br_2,\ 300°C} \text{3-Br-吡啶}\quad \beta\text{-溴吡啶}$$

$$\text{吡啶} \xrightarrow[300°C]{HNO_3,\ H_2SO_4} \text{3-}NO_2\text{-吡啶}\quad \beta\text{-硝基吡啶}$$

$$\text{吡啶} \xrightarrow[350°C]{\text{浓}H_2SO_4} \text{3-}SO_3H\text{-吡啶}\quad \beta\text{-吡啶磺酸}$$

**【知识应用】** 运用六元杂环化合物的取代反应可制备$\beta$位取代的杂环衍生物。其中$\beta$-溴吡啶常用作医药、农药及有机合成中间体，也是抗抑郁药盐酸齐美定的中间体。

### 3. 加成反应

吡啶比苯容易还原，经催化氢化或用醇钠还原都可以得到六氢吡啶。

$$\text{吡啶} + 3H_2 \xrightarrow[CH_3COOH]{Pt} \text{六氢吡啶(NH)}$$

六氢吡啶

**【知识应用】** 六氢吡啶又称哌啶，它的碱性比吡啶强，其化学性质与脂肪族仲胺相似，常用作药物及其他有机合成的原料。

### 4. 氧化反应

吡啶比苯稳定，不易被氧化剂氧化，当环上连有含$\alpha$-氢原子的侧链时，侧链容易被氧化成羧基。例如：

$$\text{3-}CH_3\text{-吡啶} \xrightarrow[\triangle]{KMnO_4,H^+} \text{3-COOH-吡啶}$$

$\beta$-吡啶甲酸（烟酸）

$$\text{4-}CH_3\text{-吡啶} \xrightarrow[\triangle]{KMnO_4,H^+} \text{4-COOH-吡啶}$$

$\gamma$-吡啶甲酸（异烟酸）

【知识应用】 异烟酸为无色晶体，是合成抗结核药物——异烟肼（俗称雷米封）的中间体，也用于合成酰胺、酰肼、酯类等衍生物。

### 思考与练习

11-7 硝基苯中混有少量吡啶，应如何除去？

11-8 为什么呋喃、噻吩、吡咯比苯易发生亲电取代反应而吡啶比苯难发生？

11-9 完成下列反应式。

（1）吡啶 + HCl ⟶ ? $\xrightarrow{NaOH}$ ?

（2）吡啶 + $CH_3Br$ ⟶ ?

（3）$CH_3$—(4-吡啶基) + $3H_2$ $\xrightarrow[CH_3COOH]{Pt}$ ?

（4）吡啶 $\xrightarrow[220℃]{浓 H_2SO_4, HgSO_4}$ ?

（5）3-乙基吡啶（—$C_2H_5$） $\xrightarrow[\triangle]{KMnO_4, H^+}$ ?

# 第四节 重要的杂环化合物及其衍生物

## 一、呋喃衍生物

### 1. 糠醛

α-呋喃甲醛俗称糠醛，是重要的呋喃衍生物，最初由米糠经稀酸水解制得，因此被称作糠醛。

（1）结构 糠醛的分子式为 $C_5H_4O_2$，构造式为 (2-呋喃基)—CHO，由呋喃环和醛基组成。因此，糠醛具有芳香醛的特征，其性质与苯甲醛相似，可以发生氧化、还原及歧化等反应。

（2）制法 工业上用含有多缩戊糖的米糠、玉米芯、甘蔗渣、花生壳、高粱秆等为原料，在稀酸催化下发生水解生成戊糖，戊糖再进一步脱水环化则得到糠醛。

$$\underset{多缩戊糖}{(C_5H_8O_4)_n} + nH_2O \xrightarrow{稀 H_2SO_4} \underset{戊糖}{nC_5H_{10}O_5} \xrightarrow[\triangle]{-3nH_2O} n\ \underset{糠醛}{(2-呋喃基)\text{—}CHO}$$

（3）性质和用途 糠醛为无色液体，因易受空气氧化，通常都带有黄色或棕色。其沸点为 162℃，熔点为−36.5℃，溶于水，并能与乙醇、乙醚混溶。糠醛可发生银镜反应，在乙酸存在下与苯胺作用显红色，这些性质可用来检验糠醛。

糠醛结构中含有呋喃环和醛基，因此既具有芳环上的亲电取代反应，又具有芳醛的一般性质。

① 氧化反应。糠醛用 $KMnO_4$ 的碱溶液或在 Cu、Ag 的氧化物催化下，用空气氧化生成糠酸。

$$(2-呋喃基)\text{—}CHO \xrightarrow[OH^-]{KMnO_4} \underset{糠酸}{(2-呋喃基)\text{—}COOH}$$

糠酸为白色结晶，可作防腐剂及制造增塑剂和香料的原料。

② 还原反应

$$\text{糠醛}-CHO + H_2 \xrightarrow[100\sim200℃]{Cu,\text{铬铁矿}} \text{呋喃环}-CH_2OH$$

糠醇

糠醇为无色液体，是合成糠醇树脂的单体。

③ 歧化反应

$$2\ \text{呋喃环}-CHO \xrightarrow{\text{浓}\ NaOH} \text{呋喃环}-COONa + \text{呋喃环}-CH_2OH$$

④ 脱羰反应

$$\text{呋喃环}-CHO + H_2O \xrightarrow[400\sim415℃]{ZnO-Cr_2O_3-MnO_2} \text{呋喃} + CO_2 + H_2$$

（蒸气）

此反应可用于制备呋喃。

⑤ 环上的取代反应。糠醛环上的取代反应一般发生在5位。例如：

$$\text{呋喃环}-CHO + Br_2 \longrightarrow Br-\text{呋喃环}-CHO + HBr$$

糠醛是优良的有机溶剂，也是重要的有机合成原料，与苯酚缩合可生成类似电木的酚糠醛树脂，还可用来合成医药、农药、橡胶硫化促进剂和防腐剂等。

**2. 呋喃唑酮**

呋喃唑酮又名痢特灵，分子式为 $C_8H_7N_3O_5$，为黄色结晶粉末，熔点为275℃，无臭，味苦，难溶于水、乙醇。呋喃唑酮遇碱分解，在日光下颜色逐渐变深，由5-硝基-2-呋喃甲醛合成。

$$O_2N-\text{呋喃环}-CHO + H_2N-N(\text{噁唑烷-2-酮}) \longrightarrow O_2N-\text{呋喃环}-CH{=}N-N(\text{噁唑烷-2-酮}) + H_2O$$

5-硝基-2-呋喃甲醛　　　　呋喃唑酮（痢特灵）

5-硝基-2-呋喃甲醛为无色结晶，有明显的抑菌作用，是合成呋喃类药物的中间体。

呋喃唑酮主要用于细菌性痢疾、肠炎、伤寒等疾病的治疗，另外对胃炎、十二指肠溃疡也有治疗作用。

**3. 呋喃妥因**

呋喃妥因的别名为呋喃坦丁，分子式为 $C_8H_6N_4O_5$，为黄色结晶粉末，熔点为270～272℃，无臭，味苦，遇光颜色加深。它溶于二甲基甲酰胺，在丙酮中微溶，在水或氯仿中几乎不溶。呋喃妥因由5-硝基-2-呋喃甲醛和*N*-氨基-2,5-咪唑二酮合成。

$$O_2N-\text{呋喃环}-CHO + H_2N-N(\text{咪唑-2,4-二酮}) \longrightarrow O_2N-\text{呋喃环}-CH{=}N-N(\text{咪唑-2,4-二酮})$$

*N*-氨基-2,5-咪唑二酮　　　　呋喃妥因（呋喃坦丁）

呋喃妥因主要用于敏感菌引起的急性肾盂肾炎、膀胱炎、尿道炎和前列腺炎等泌尿系统感染的治疗。

## 二、吡啶衍生物

### 1. 维生素 PP

维生素 PP 又名抗癞皮病因子，包括烟酸和烟酰胺两种物质。其结构式如下：

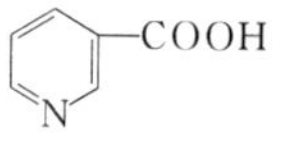

烟酸（β-吡啶甲酸） 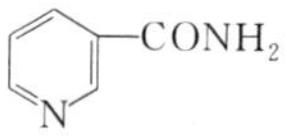　　烟酰胺（β-吡啶甲酰胺）

烟酸为白色针状结晶体，熔点为 237℃，相对密度为 1.473，无臭，味微酸，易溶于沸水、沸乙醇，不溶于乙醚。

烟酰胺为白色针状结晶体，熔点为 128～131℃，沸点为 150℃，相对密度为 1.400，无臭，味苦，溶于水、乙醇，在空气中略有吸湿性。

维生素 PP 具有扩张血管、预防和缓解严重的偏头痛和降压等作用。体内缺乏维生素 PP 易引起癞皮病。它广泛存在于自然界中，在动物肝脏与肾脏、瘦肉、鱼、全麦制品、无花果等食物中含量丰富。维生素 PP 还是合成抗高血压药的药物中间体。

### 2. 雷米封

雷米封又名异烟肼，为无色或白色结晶，熔点为 171℃，无臭，味微甜后苦，易溶于水，微溶于乙醇，不溶于乙醚，遇光逐渐变质。它可由异烟酸与水合肼缩合制得。

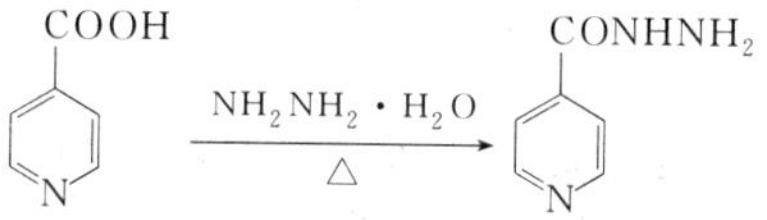

$$\text{异烟酸(COOH)} \xrightarrow[\triangle]{NH_2NH_2 \cdot H_2O} \text{CONHNH}_2$$

异烟肼（γ-吡啶甲酰肼）

雷米封具有较强的抗结核作用，是常用的抗结核药物。此外对痢疾、百日咳、睑腺炎等也有一定疗效。它的结构与维生素 PP 相似，对维生素 PP 有拮抗作用，若长期服用雷米封，应适当补充维生素 PP。

## 三、嘧啶

嘧啶又称间二嗪，是含有两个杂原子的六元杂环化合物。

### 1. 结构

嘧啶的分子式为 $C_4H_4N_2$，构造式为（嘧啶环），嘧啶环和吡啶环相似，成环的所有原子都在同一平面内。嘧啶也具有芳香性，但在化学性质上与苯相似之处甚少。

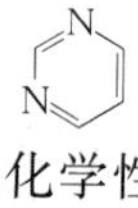

### 2. 性质

嘧啶为无色晶体，熔点为 22℃，沸点为 124℃，易溶于水，有吸湿性。它的碱性弱于吡啶。

由于氮杂原子数目的增加，嘧啶很难发生亲电取代反应，环上如有羟基、氨基等活化基团时，则能发生取代或加成反应，取代基一般进入 5 位。例如：

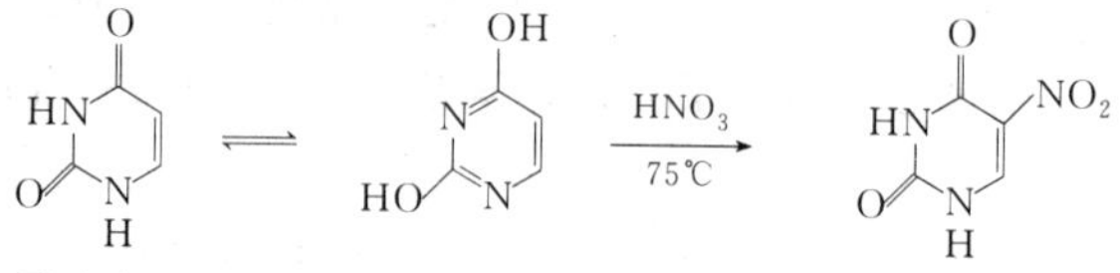

$$\text{尿嘧啶(酮式)} \rightleftharpoons \text{2,4-二羟基嘧啶(烯醇式)} \xrightarrow[75℃]{HNO_3} \text{5-硝基尿嘧啶}$$

尿嘧啶（酮式）　2,4-二羟基嘧啶（烯醇式）　5-硝基尿嘧啶

### 3. 嘧啶的衍生物及用途

嘧啶本身并不存在于自然界中，但它的衍生物广泛分布于生物体内，具有重要的生理和药理作用。例如，胞嘧啶、尿嘧啶和胸腺嘧啶是核酸的组成部分，其结构式如下：

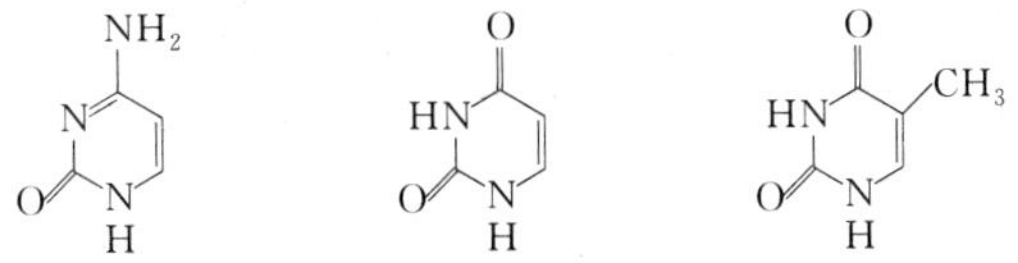

胞嘧啶　　尿嘧啶　　胸腺嘧啶

维生素 $B_1$、磺胺药和抗肿瘤药中也含有嘧啶环。其结构式如下：

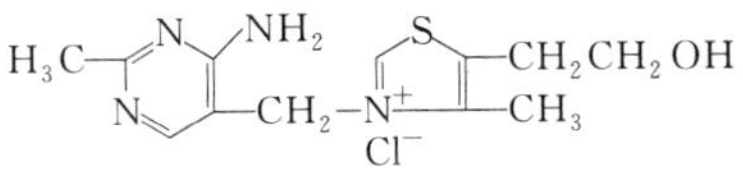

维生素 $B_1$（硫胺素） 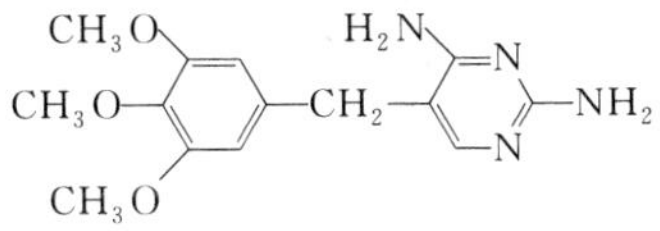　　甲氧苄氨嘧啶（TMP）（磺胺药）　　5-氟尿嘧啶（抗肿瘤药）

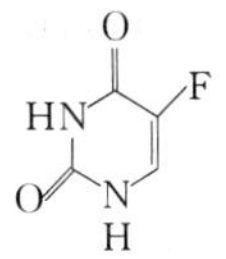

维生素 $B_1$ 又名硫胺素，因其结构中有含硫的噻唑环与含氨基的嘧啶环而得名。它的分子式为 $C_{12}H_{17}N_4OSCl$，其纯品大多以盐酸盐或硫酸盐的形式存在。盐酸硫胺素（$C_{12}H_{17}N_4OSCl \cdot HCl$）为白色结晶性粉末，熔点为 246～250℃，溶于水、甘油，微溶于乙醇，不溶于苯、乙醚。盐酸硫胺素有微弱的臭味，在空气中容易潮解。

维生素 $B_1$ 是维生素 B 族中首先被发现的维生素，主要用于脚气病的防治及全身感染、高热、糖尿病、甲状腺功能亢进等各种疾病的辅助治疗。缺乏维生素 $B_1$ 会出现患脚气病、手足麻木、四肢无力等多发性周围神经炎的症状。其衍生物呋喃硫胺可用于治疗各种神经炎、神经痛、维生素 $B_1$ 缺乏症等。

维生素 $B_1$ 分布广泛，一般动植物及菌类皆含维生素 $B_1$，动物中主要存在于肉类、肝脏、肾脏中；植物中主要以绿色叶子、玉米、花生、黄豆等含量较丰富。

## 四、嘌呤

### 1. 结构

嘌呤的分子式为 $C_5H_4N_4$，它的结构是由一个嘧啶环和一个咪唑环稠合而成的。嘌呤环的编号常用标氢法区别。

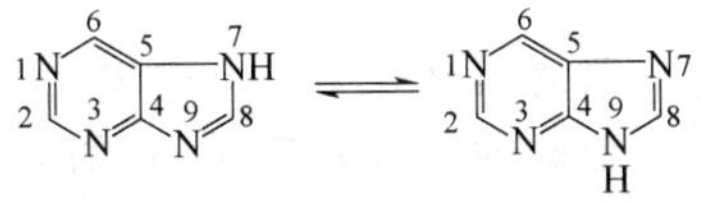

7H嘌呤　　9H嘌呤

药物分子中多为 7H 嘌呤，生物体内则 9H 嘌呤比较常见。

### 2. 性质

嘌呤为无色结晶，熔点为 216～217℃，易溶于水。其水溶液呈中性，却能与强酸或强碱生成盐。

### 3. 嘌呤的衍生物及用途

嘌呤本身不存在于自然界中，但其衍生物在自然界分布很广。例如，嘌呤的衍生物腺嘌呤、鸟嘌呤是核酸的组成部分，它们在体内的代谢产物尿酸也是常见的嘌呤衍生物。其结构式如下：

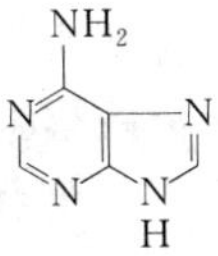

腺嘌呤（6-氨基嘌呤）　　鸟嘌呤（2-氨基-6-羟基嘌呤）　　尿酸（2,6,8-三氧嘌呤）

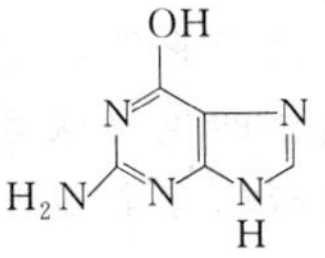

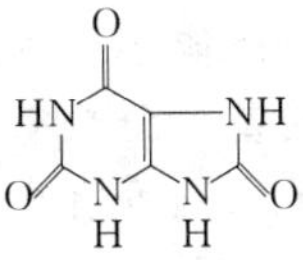

尿酸为白色结晶，难溶于水，有弱酸性，可与强碱成盐，在体内以溶解度较大的盐的形式存在，由尿排出。若代谢紊乱时，尿中尿酸含量增加，过多可形成尿结石。

## 思考与练习

11-10 写出下列化合物的构造式。

(1) 烟酰胺　(2) 四氢糠醇　(3) 6-氨基嘌呤　(4) 5-硝基嘧啶

(5) 异烟肼　(6) *N*-乙基吡咯　(7) 2-噻吩甲酸　(8) 2-甲基-5-氯嘧啶

## 【知识拓展】

### 生　物　碱

一、生物碱的概念

生物碱是指存在于生物体内，有一定生理活性的碱性含氮杂环化合物。它们主要存在于植物中，所以又称植物碱。大多数生物碱是结构复杂的多环化合物，其分子构造多数属于仲胺、叔胺或季胺类，少数为伯胺类。它们在植物中通常与有机酸（如柠檬酸、乳酸、草酸等）结合成盐的形式存在。

生物碱大多数来自植物界，少数也来自动物界，如肾上腺素等。生物体内生物碱的含量一般较低。许多中草药的有效成分都是生物碱，如黄连、防己、贝母、麻黄等。至今分离出来的生物碱已有数千种，其中用于临床的有近百种。

二、生物碱的分类和命名

1. 分类

生物碱的分类方法有多种，比较常见的分类方法是根据生物碱的化学结构进行分类。例如，麻黄碱属有机胺类，茶碱属嘌呤衍生物类，一叶萩碱、苦参碱属吡啶衍生物类，莨菪碱属托品烷类，喜树碱属喹啉衍生物类，常山碱属喹唑酮衍生物类，小檗碱、吗啡属异喹啉衍生物类，利血平属吲哚衍生物类等。

2. 命名

生物碱的命名一般根据它所来源的植物命名，如烟碱因由烟草中提取出来而得名，喜树碱因由喜树中提取出来而得名。生物碱的名称也可采用国际通用名称的译音，如烟碱又称尼古丁（nicotine）。

三、生物碱的性质

1. 物理性质

绝大多数生物碱为无色晶体，有少数为液体（如烟碱）。另外也有少数生物碱有颜色，如小檗碱和一叶萩碱为黄色。生物碱大多有苦味，具有旋光性，通常左旋的生物碱有较强的生理活性，具有止痛、平喘、止咳、清热、抗癌等作用。

游离生物碱极性较小，一般不溶或难溶于水，能溶于氯仿、二氯乙烷、乙醚、乙醇、丙酮、苯等有机溶剂，在稀酸水溶液中溶解而成盐。生物碱的盐类极性较大，大多易溶于水及醇，不溶或难溶于苯、氯仿、乙醚等有机溶剂；其溶解性与游离生物碱恰好相反。

生物碱及其盐类的溶解性也有例外的情况。季铵碱如小檗碱、酰胺型生物碱和一些极性基团较多的生物碱则一般能溶于水，习惯上常将能溶于水的生物碱叫做水溶性生物碱；中性生物碱难溶于酸；含羧基、酚羟基或内酯环的生物碱等能溶于稀碱溶液；某些生物碱的盐类如盐酸小檗碱则难溶于水；另有少数生物碱的盐酸盐能溶于氯仿。生物碱的溶解性对提取、分离和精制生物碱十分重要。

生物碱有一定的毒性，量小可作为药物治疗疾病，量大时可引起中毒，因此使用时应当注意剂量。

2. 化学性质

（1）碱性　生物碱一般都具有碱性，是因为生物碱分子中的氮原子有未共用电子对，能接受质子与酸作用生成盐。生物碱的碱性强弱主要取决于分子中氮原子吸引质子能力的大小，分子中若有季铵碱基则是强碱，若有氨基则显弱碱性，若有酰胺基则近乎中性。

（2）沉淀反应　沉淀反应是指大多数生物碱或生物碱的盐类水溶液，能与一些试剂生成不溶性沉淀。这些试剂称为生物碱沉淀剂。沉淀反应可用于鉴别和分离生物碱。常用的生物碱沉淀剂及其沉淀颜色见表 11-2。

**表 11-2　一些常用的生物碱沉淀剂及其沉淀颜色**

| 生物碱沉淀剂 | 碘化汞钾（$HgI_2 \cdot 2KI$） | 碘化铋钾（$BiI_3 \cdot KI$） | 磷钨酸（$H_3PO_4 \cdot 12WO_3$） | 鞣酸 | 苦味酸 |
| --- | --- | --- | --- | --- | --- |
| 沉淀颜色 | 黄色 | 黄褐色 | 黄色 | 白色 | 黄色 |

（3）显色反应　一些试剂与不同的生物碱反应呈现不同的颜色，例如，1%钒酸铵的浓硫酸溶液，遇吗啡显棕色，遇阿托品显红色，遇可待因显蓝色等。此外，钼酸铵的浓硫酸溶液、浓硫酸中加入少量甲醛的溶液、浓硫酸等都能使各种生物碱呈现不同的颜色。可以利用显色反应来鉴别生物碱。

四、重要的生物碱

1. 烟碱

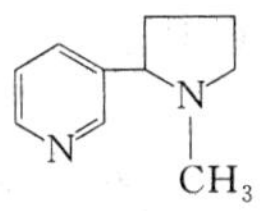

烟碱 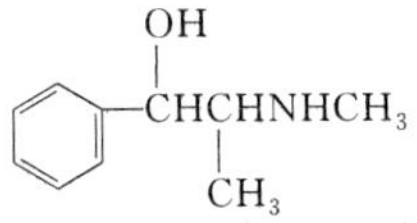　　麻黄碱

烟碱又名尼古丁，属吡啶衍生物类生物碱。它为无色或微黄色液体，相对密度为 1.0097，沸点为 243℃，易溶于乙醇、乙醚和氯仿，易吸湿。烟碱在烟草中以柠檬酸盐或苹果酸盐的形式存在，国产烟叶含烟碱 1%～4%。

烟碱剧毒，少量能引起中枢神经的兴奋，血压升高；大量则抑制中枢神经，使心脏麻痹致死。成人口服致死量为 40～60mg，吸烟过多的人会逐渐引起慢性中毒。另外，烟碱也是有效的农业杀虫剂。

2. 麻黄碱

麻黄碱是由草麻黄和木贼麻黄等植物中提取的生物碱，所以称麻黄碱。它为无色结晶固体，熔点为 90℃，易溶于水、乙醇、乙醚和氯仿。麻黄碱是仲胺类生物碱，不含氮杂环，不易与一般的生物碱沉淀剂生成沉淀。

麻黄碱在 1887 年就已经被发现，1930 年用于临床治疗。麻黄碱具有拟肾上腺素（激素）作用，能兴奋 α 和 β 受体，即能直接与 α 和 β 肾上腺素受体结合，故也有收缩血管、升高血压、增强心肌收缩力、使心输出量增加、促进汗腺分泌和中枢兴奋的作用。临床上常使用盐酸麻黄碱治疗低血压、气喘等病症。

3. 咖啡碱和茶碱

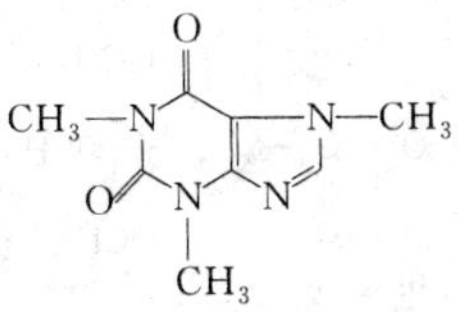

咖啡碱 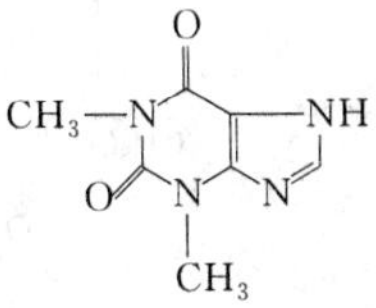　　茶碱

咖啡碱（又名咖啡因）和茶碱都存在于茶叶、咖啡和可可豆中，它们属于嘌呤类生物碱。

咖啡因具有利尿、止痛和兴奋中枢神经的作用，临床上常用作利尿剂和用于呼吸衰竭的解救。它也是常用的解热镇痛药物APC的成分之一。

茶碱的熔点为270～274℃，味苦，溶于水、乙醇和氯仿。茶碱具有松弛平滑肌和较强的利尿作用，常用于慢性支气管炎和支气管哮喘等病症的治疗，也可用来消除各种水肿症。

4.吗啡和可待因

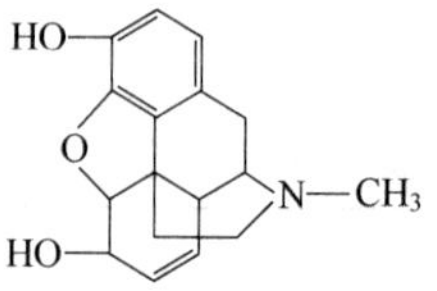

吗啡 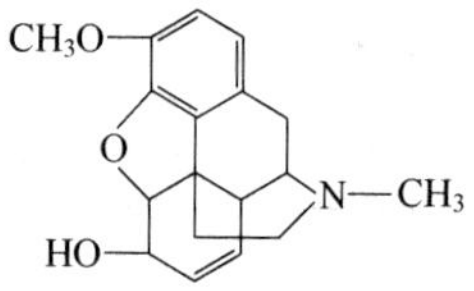　　可待因

吗啡和可待因是罂粟科植物所含的生物碱，属异喹啉类衍生物。鸦片来源于植物罂粟，所含生物碱以吗啡最重要，约含10%，其次为可待因，含0.3%～1.9%。

吗啡对中枢神经有麻醉作用，有极快的镇痛效力，但久用成瘾，不宜常用。可待因是吗啡的甲基醚，其生理作用与吗啡相似，可用来镇痛，医药上主要用作镇咳剂。

5.小檗碱

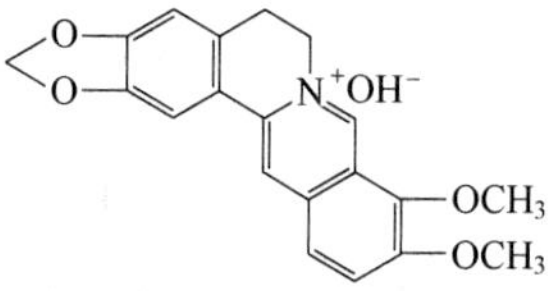

小檗碱

小檗碱又名黄连素，存在于黄连、黄柏和三棵针中，属于异喹啉类生物碱。小檗碱为黄色针状晶体，味苦，溶于水，难溶于有机溶剂。它能抑制痢疾杆菌、链球菌和葡萄球菌，临床主要用于细菌性痢疾和肠胃炎的治疗。

6.莨菪碱

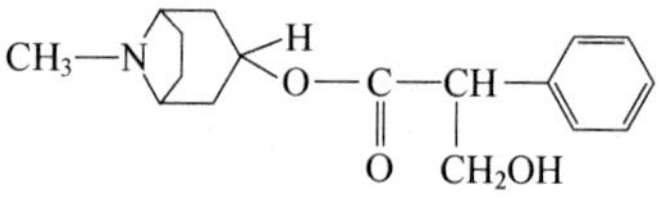

莨菪碱

莨菪碱的俗名为阿托品，属于吡啶类生物碱。它存在于颠茄、莨菪、洋金花等植物中。

阿托品硫酸盐具有镇痛解痉作用，主要用于治疗胃、肠、胆、肾的绞痛，还能扩散瞳孔，也是有机磷、锑剂中毒的解毒剂。

除莨菪碱外，我国学者又从茄科植物中分离出两种新的莨菪烷系生物碱，即山莨菪碱和樟柳碱。两者均有明显的抗胆碱作用，并有扩张微动脉、改善血液循环的作用，还可用于散瞳、慢性气管炎的平喘等，也能解除有机磷中毒，其毒性比阿托品硫酸盐小。

7.利血平

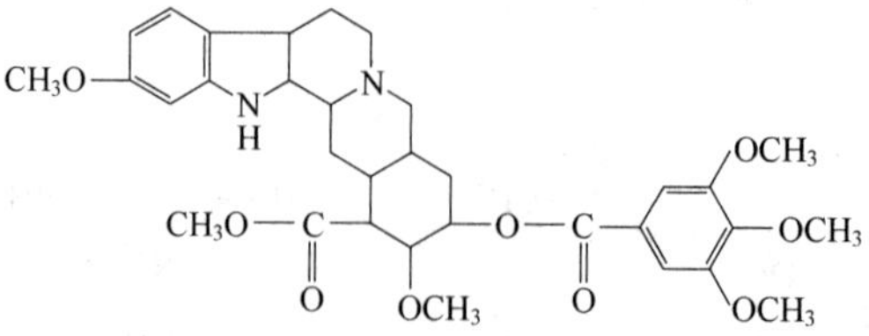

利血平

利血平又名蛇根草素，属于吲哚类生物碱。利血平有降血压的作用，是治疗高血压的常用药物。

## 习 题

**1. 填空题**

（1）杂环化合物是指由碳原子和__________等杂原子共同组成的，环系比较稳定，具有一定__________性的化合物。

（2）五元杂环化合物呋喃、吡咯、噻吩的闭合共轭 π 键是由______原子______电子组成的，相对而言，电子云密度较高，其亲电取代反应比苯____进行，反应位置主要在______位。

（3）六元杂环化合物吡啶的闭合共轭 π 键是由__________原子__________电子组成的，由于氮原子的__________作用，使环上电子云密度__________，其亲电取代反应比苯__________进行，反应位置主要在__________位。

（4）吡啶的碱性比氨弱得多，但吡啶经过催化氢化得到的六氢吡啶（又称__________）因结构相当于__________，所以具有较__________的碱性。

（5）由于呋喃十分活泼，遇酸容易发生环的断裂和树脂化，因此它发生硝化反应使用的硝化剂是______________；发生磺化反应使用的磺化剂是________________，此磺化剂可以由吡啶与__________结合生成。

（6）$\alpha$-呋喃甲醛（又称__________），由于是________________的醛，所以可以发生坎尼扎罗反应。

（7）由于吡咯的性质活泼，发生碘代时得到的是__________，生成物可以用作伤口消毒剂。

（8）噻吩经过催化氢化得到的______________，可用于天然气加臭，以便检漏。

**2. 选择题**

（1）下列化合物中，具有芳香性的是（　　）。

A.  O（四氢呋喃环）　B. 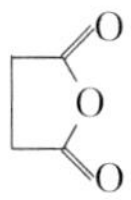 O, O, O（丁二酸酐环）　C. 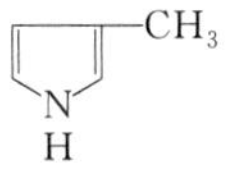 $CH_3$, N, H（甲基吡咯）　D.（环己二烯）

（2）要除去苯中少量的噻吩可采用的方法是（　　）。

A. 用稀 NaOH 洗涤　B. 用浓 $H_2SO_4$ 洗涤　C. 用稀 HCl 洗涤　D. 用乙醚洗涤

（3）下列化合物中，芳香性最强的是（　　）。

A.（苯）　B.  O（呋喃）　C. 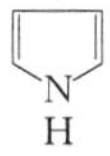 N, H（吡咯）　D.  S（噻吩）

（4）下列对吡咯的化学性质描述完全正确的是（　　）。

A. 吡咯具有芳香性，同苯一样稳定

B. 吡咯比苯活泼，容易发生氧化反应

C. 吡咯是仲胺，其碱性较强

D. 吡咯碱性较弱，遇强碱时表现出弱酸性

（5）下列对吡啶的化学性质描述完全错误的是（　　）。

A. 吡啶具有芳香性，发生亲电取代反应的位置在 $\beta$ 位

B. 吡啶没有芳香性，不能发生亲电取代反应

C. 吡啶是钝化环，不易发生亲电取代反应

D. 吡啶有碱性，其碱性强于苯胺

（6）下列试剂中，可用于除去吡啶中少量六氢吡啶的是（　　）。

A. 碳酸氢钠　B. 乙酸酐　C. 盐酸　D. 硫酸

（7）下列试剂中，可用于鉴别吡啶和 $\beta$-甲基吡啶的是（　　）。

A. $KMnO_4$ 溶液　B. NaOH 溶液　C. 盐酸溶液　D. 亚硫酸钠溶液

（8）下列化合物能发生自身羟醛缩合反应的是（　　）。

A. 蚁醛　B. 糠醛　C. 乙醛　D. 三氯乙醛

**3. 完成下列化学反应式。**

（1）S（噻吩）$\xrightarrow[CH_3COOH]{Br_2}$ ? $\xrightarrow{NaCN}$ ? $\xrightarrow[H^+]{H_2O}$ ?

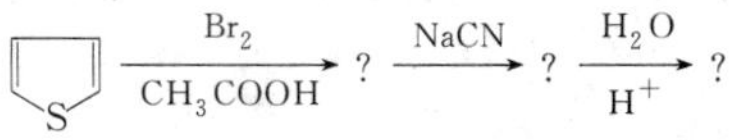

(2)  O—CHO $\xrightarrow{\text{浓 NaOH}}$ ? + ?

(3) 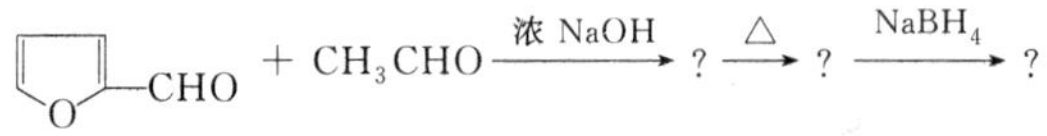 O—CHO + $CH_3CHO$ $\xrightarrow{\text{浓 NaOH}}$ ? $\xrightarrow{\triangle}$ ? $\xrightarrow{NaBH_4}$ ?

(4) N H $\xrightarrow[(CH_3CO)_2O]{CH_3COONO_2}$ ? $\xrightarrow{Fe/HCl}$ ?

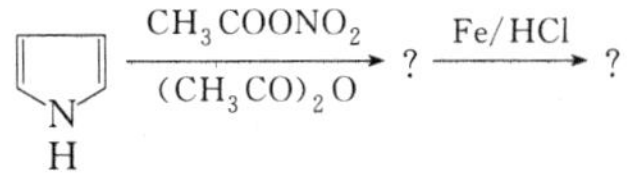

(5) 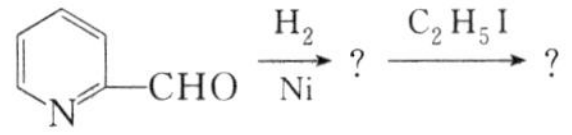 N—CHO $\xrightarrow[Ni]{H_2}$ ? $\xrightarrow{C_2H_5I}$ ?

(6) 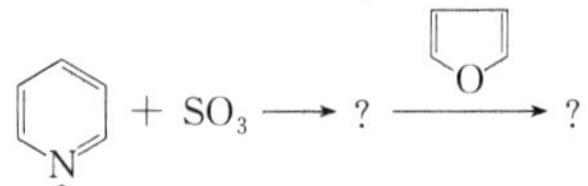 N + $SO_3$ ⟶ ? $\xrightarrow{\text{O}}$ ?

(7)  N + HCl ⟶ ?

(8) 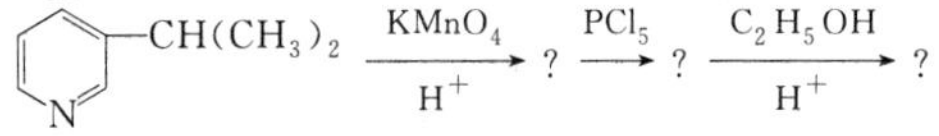 N —$CH(CH_3)_2$ $\xrightarrow[H^+]{KMnO_4}$ ? $\xrightarrow{PCl_5}$ ? $\xrightarrow[H^+]{C_2H_5OH}$ ?

**4. 将下列各组化合物按碱性由强到弱排列成序。**

(1) 苯胺　吡咯　吡啶　六氢吡啶

(2) 甲胺　苯胺　四氢吡咯　氨

(3) 吡啶　苯胺　环己胺　$\gamma$-甲基吡啶

**5. 用化学方法区别下列各组化合物。**

(1) 糠醛　苯甲醛　乙醛　甲醛

(2) 甲苯　呋喃　噻吩　吡咯

(3) 苯酚　苯胺　吡啶　六氢吡啶

**6. 用简便方法除去下列化合物中的少量杂质。**

(1) 甲苯中少量的吡啶

(2) 糠醛中少量的糠酸

**7. 完成下列转变。**

(1)  O ⟶ HOOC—O—$NO_2$

(2) N ⟶ N —$NH_2$

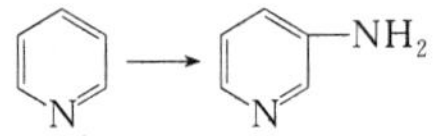

**8. 推断结构**

某杂环化合物 A 的分子式为 $C_6H_6O_2$，它不发生银镜反应，但能与羟胺作用生成肟。A 与次氯酸钠反应生成羧酸 B，B 的钠盐与碱石灰作用，转变为 C，C 可发生松木片反应。试推测 A、B、C 可能的构造式。

# 第十二章　糖

## 学习目标

**知识目标**

- 掌握单糖组成、结构特点及变旋现象；掌握单糖的化学性质及应用。
- 理解单糖的开链式结构和环状结构之间的转化。
- 了解单糖、二糖、多糖的用途。

**能力目标**

- 能书写葡萄糖的开链结构式和环状结构式，并能正确命名。
- 能利用糖的特性区分还原糖与非还原糖；能正确书写单糖成脎、成苷反应式。
- 能利用糖类化合物的变旋光现象解释相应性质。
- 能利用糖的知识指导日常生活和今后的工作，进一步提高化学基础知识素养。

## 导学案例

18 世纪一名德国学者从甜菜中分离出蔗糖和从葡萄中分离出葡萄糖后，碳水化合物研究才得到迅速发展。1812 年，俄罗斯化学家报告，植物中碳水化合物存在的形式主要是淀粉，在稀酸中加热可水解为葡萄糖。1884 年，另一科学家指出，碳水化合物含有一定比例的 C、H、O 三种元素，其中 H 和 O 的原子个数比例恰好与水相同为 2∶1，好像碳和水的化合物，故称此类化合物为碳水化合物，这一名称，一直沿用至今。我们知道碳水化合物与人体生命活动密切相关，是人体必需的七大营养素之一。那么，它在生命活动中起什么作用呢？其他六种营养素分别是指什么？具有哪些功能呢？

一说到甜味，恐怕首先想到的就是糖。化学上的糖可不单指人们日常所吃的食糖，而是一大类有机化合物，包括淀粉、纤维素、蔗糖、麦芽糖、葡萄糖、果糖等。你知道这些糖中哪种最甜吗？你知道我国南方和北方分别用什么食材来制糖吗？你知道红糖的主要成分是化学上的哪种糖吗？红糖又是如何制成白糖与冰糖的呢？

糖又称碳水化合物，是广泛存在于动植物体内非常重要的一类有机化合物。例如，葡萄糖、果糖、蔗糖、麦芽糖、淀粉、纤维素等都是糖类化合物。

糖与人类生活密切相关，它不仅是人体生命活动的能源，而且有的还具有特殊的生物活性。例如，肝脏中的肝素有抗凝血作用；核糖及脱氧核糖存在于核酸（生命的基本物质）中；还有血型物质中的糖与免疫活动有关等。因此，糖对医学来说更具有重要的意义。

糖主要由碳、氢和氧 3 种元素组成。由于最初发现的糖都符合通式 $C_m(H_2O)_n$，所以就误认为糖是碳的水合物，并称之为碳水化合物。但后来发现有些糖，如鼠李糖

（$C_6H_{12}O_5$）和脱氧核糖（$C_5H_{10}O_4$），从化学结构上与糖相似，但组成并不符合上述通式，而某些符合这一通式的化合物，如乙酸（$C_2H_4O_2$）和乳酸（$C_3H_6O_3$）又不属于糖类。所以，用“碳水化合物”这个名称来代表糖类化合物并不确切，但因使用已久，至今仍在沿用。

从结构上看，糖是多羟基醛或多羟基酮，以及水解后能生成多羟基醛或多羟基酮的一类有机化合物。

糖根据结构和性质，可以分为单糖、二糖和多糖 3 类。单糖不能水解，二糖和多糖可水解生成单糖。

# 第一节 单 糖

单糖是指一般含 3～6 个碳原子的多羟基醛或多羟基酮。单糖根据分子的结构可分为醛糖和酮糖；根据分子中所含碳原子的数目，又可分为丙糖、丁糖、戊糖和己糖等。这两种分类方法常合并使用。例如：

| 丙醛糖 | 丁酮糖 | 戊醛糖 | 己醛糖 | 己酮糖 |
| --- | --- | --- | --- | --- |
| CHO–CHOH–$CH_2OH$ | $CH_2OH$–C=O–CHOH–$CH_2OH$ | CHO–$(CHOH)_3$–$CH_2OH$ | CHO–$(CHOH)_4$–$CH_2OH$ | $CH_2OH$–C=O–$(CHOH)_3$–$CH_2OH$ |

自然界的单糖主要是戊糖和己糖，最重要的戊糖是核糖（戊醛糖），最重要的己糖是葡萄糖（己醛糖）和果糖（己酮糖）。

## 一、单糖的结构

天然存在的单糖都是旋光性物质，并存在变旋现象。下面以葡萄糖为例介绍单糖的结构。

### 1. 葡萄糖的费歇尔（Fischer）投影式

葡萄糖的分子式为 $C_6H_{12}O_6$，其构造式为：

$$\underset{\displaystyle OH}{\underset{|}{CH_2}}-\underset{\displaystyle OH}{\underset{|}{CH}}-\underset{\displaystyle OH}{\underset{|}{CH}}-\underset{\displaystyle OH}{\underset{|}{CH}}-\underset{\displaystyle OH}{\underset{|}{CH}}-CHO$$

以上分子中含有 4 个手性碳原子，其立体异构体总数应为 $2^4$ 个，天然葡萄糖只是其中的一个，其构型用费歇尔投影式表示如下。

$$\begin{array}{c} CHO \\ H-\!\!\!-\!\!\!-OH \\ HO-\!\!\!-\!\!\!-H \\ H-\!\!\!-\!\!\!-OH \\ H-\!\!\!-\!\!\!-OH \\ CH_2OH \end{array} \quad \text{可简写为} \quad \begin{array}{c} CHO \\ |\!-OH \\ HO-| \\ |\!-OH \\ |\!-OH \\ CH_2OH \end{array} \quad \text{或} \quad \begin{array}{c} \triangle \\ |\!- \\ -| \\ |\!- \\ |\!- \\ \bigcirc \end{array}$$

糖的名称可用 $R/S$ 标记法，表示时需要把每一个手性碳原子标记出来，所以天然葡萄糖的名称为（2$R$，3$S$，4$R$，5$R$）-2，3，4，5，6-五羟基己醛。糖的名称也可以用D/L标记法表示，就是凡分子中离羰基最远的手性碳原子的构型，与D-甘油醛的构型（-OH在右侧）相同的糖，其构型属于D型；反之，则属于L型。天然存在的单糖大多数是D型的，天然葡萄糖即为D型糖。

葡萄糖的开链结构虽然是根据它的性质推断出来的，但此结构还不能很好地解释以下现象。

在不同的条件下可以得到两种葡萄糖晶体，其中一种熔点为146℃，其新配置的水溶液的比旋光度为＋112°，将此溶液放置，比旋光度逐渐变小直到＋52.5°，不再发生变化；另一种熔点为150℃，将其溶于水，立即测得此溶液的比旋光度为＋18.7°，放置后比旋光度逐渐变大，最后也达到＋52.5°，不再改变。这种比旋光度发生变化现象称为变旋现象。

为解释变旋现象，人们提出了葡萄糖为环状结构的假设，现已得到证实。

### 2. 葡萄糖的氧环式结构

D-(＋)-葡萄糖的环状结构是由C-1醛基与C-5羟基形成的六元环状的半缩醛，一般称为氧环式结构。

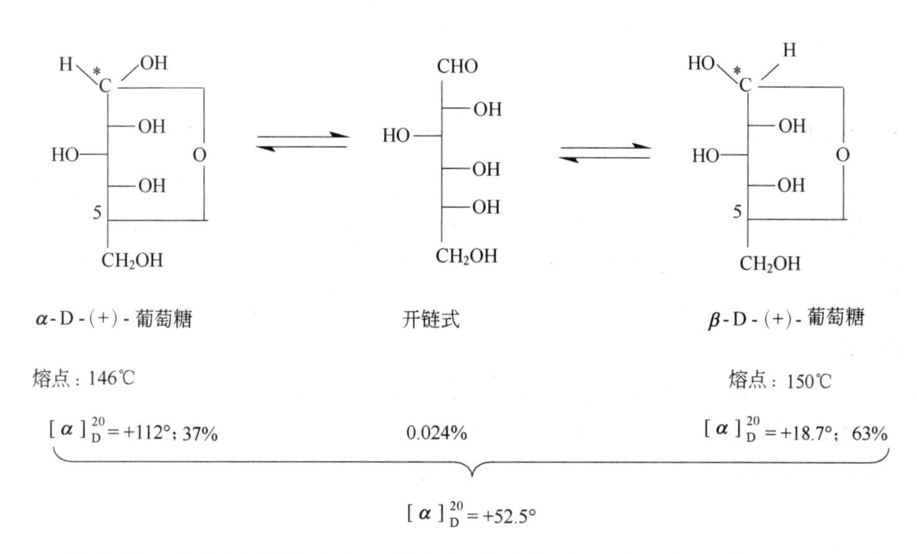


D-(＋)-葡萄糖由链状结构转变为环状半缩醛结构时，醛基中的碳原子变为手性碳原子，因此氧环式应有2种立体异构体，它们是非对映体关系，两者之间只是C1构型不同，其他手性碳的构型均相同，故称之为端基异构体，C1羟基称为苷羟基。通常将苷羟基位于碳链右边的构型称为$\alpha$-型，位于碳链左边的称为$\beta$-型。

虽然结晶的D-葡萄糖有$\alpha$-型和$\beta$-型之分，但二者在溶液中都可与开链结构互变（如上平衡式）。因此无论溶液是用$\alpha$-型或$\beta$-型的葡萄糖配成，最终三者以平衡态存在，此时$\alpha$-型约占37％，$\beta$-型约占63％，开链式仅占0.024％，平衡时的比旋光度为＋52.5°。

含4个以上碳原子的单糖与葡萄糖一样，在溶液中都以两种环状结构通过开链式相互转化的平衡态存在，即都具有变旋现象。

### 3. 葡萄糖的哈武斯（Haworth）式结构

葡萄糖的氧环式不能反映分子中各原子或基团的空间关系，哈武斯提出用平面透视式表示，称为哈武斯式。哈武斯式是用五元或六元环表示糖的氧环式中各原子在空间的排布方式的式子。葡萄糖由开链式变为哈武斯式的过程可表示如下。

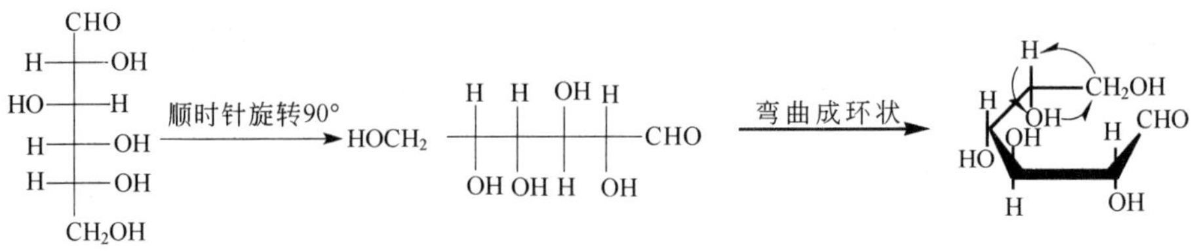

顺时针旋转90°

弯曲成环状

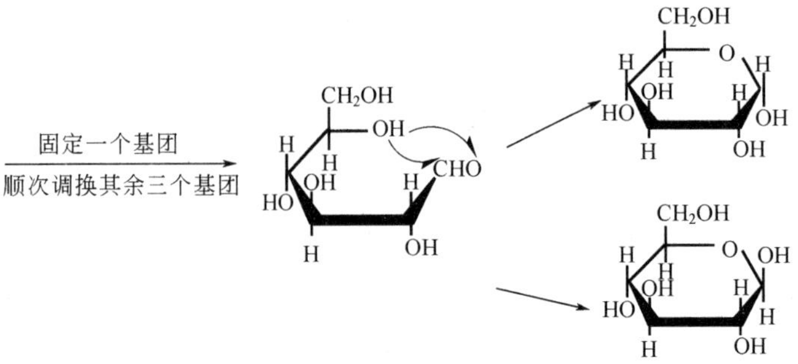

固定一个基团
顺次调换其余三个基团

α-D-（+）-吡喃葡萄糖

β-D-（+）-吡喃葡萄糖

因为氧环式的骨架与吡喃环相似，所以将具有六元环的糖类称为吡喃糖。同理，将具有五元环的糖类称为呋喃糖。氧环式结构的确定，对变旋光现象就有了一个令人信服的解释，即因为单糖的 $\alpha$-构型和 $\beta$-构型两种晶体在水溶液中可以通过开链式互变，并迅速建立平衡。

## 二、单糖的性质

单糖都是无色晶体，易溶于水，难溶于乙醇，不溶于醚，有吸湿性。单糖都有不同程度的甜味，以果糖为最甜。具有环状结构的单糖都具有变旋现象。

单糖具有羟基和羰基，能够发生这些官能团的特征反应。但因它们处于同一分子中相互影响，所以又显示某些特殊性质。

### 1. 氧化反应

单糖用不同的试剂氧化生成氧化程度不同的产物。

（1）与溴水的反应　葡萄糖是醛糖，具有醛的还原性，可被弱氧化剂溴水氧化，生成葡萄糖酸，而酮糖不反应。

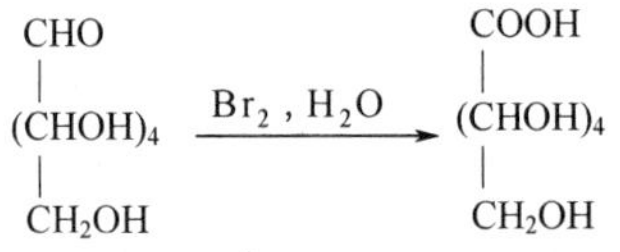

$$\begin{matrix} CHO \\ | \\ (CHOH)_4 \\ | \\ CH_2OH \end{matrix} \xrightarrow{Br_2,\ H_2O} \begin{matrix} COOH \\ | \\ (CHOH)_4 \\ | \\ CH_2OH \end{matrix}$$

葡萄糖酸

**【知识应用】** 在反应过程中，溴水红棕色褪去，可用于区别醛糖和酮糖。

（2）与托伦试剂、费林试剂的反应　单糖都能与托伦试剂、费林试剂作用，分别生成银镜和氧化亚铜红棕色沉淀。酮糖能在弱碱性条件下转变为醛糖，所以酮糖也能与托伦试剂、费林试剂反应。

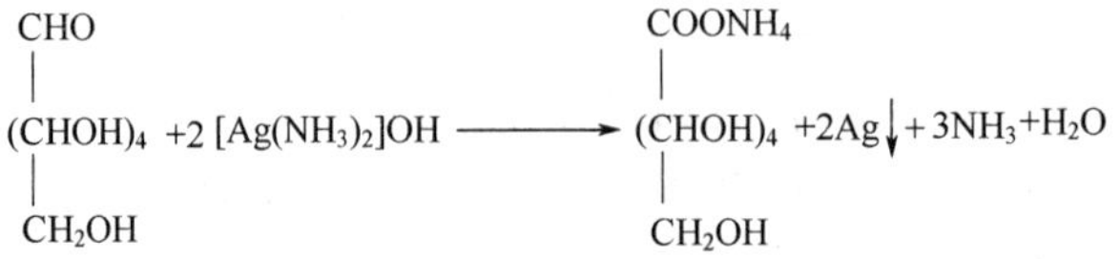

$$\begin{matrix} CHO \\ | \\ (CHOH)_4 \\ | \\ CH_2OH \end{matrix} + 2[Ag(NH_3)_2]OH \longrightarrow \begin{matrix} COONH_4 \\ | \\ (CHOH)_4 \\ | \\ CH_2OH \end{matrix} + 2Ag\downarrow + 3NH_3 + H_2O$$

葡萄糖酸铵

38

38.视频：糖的氧化反应

$$\begin{array}{c} CHO \\ | \\ (CHOH)_4 \\ | \\ CH_2OH \end{array} + 2Cu(OH)_2 + NaOH \longrightarrow \begin{array}{c} COONa \\ | \\ (CHOH)_4 \\ | \\ CH_2OH \\ \text{葡萄糖酸钠} \end{array} + Cu_2O\downarrow + 3H_2O$$

在糖中，凡是能被托伦试剂和费林试剂氧化的糖叫做还原糖，不能被氧化的糖叫非还原糖。单糖都是还原糖。

**【知识应用】** 可利用托伦试剂或费林试剂区分还原糖和非还原糖。

（3）与稀硝酸的反应　在温热的稀硝酸作用下，醛糖可被氧化成糖二酸，酮糖易发生碳链断裂，生成小分子的二元酸。

$$\begin{array}{c} CHO \\ | \\ (CHOH)_4 \\ | \\ CH_2OH \end{array} \xrightarrow[100℃]{HNO_3,\ H_2O} \begin{array}{c} COOH \\ | \\ (CHOH)_4 \\ | \\ COOH \\ \text{葡萄糖二酸} \end{array}$$

### 2. 还原反应

单糖可经催化加氢或用还原剂（如 $NaBH_4$、Na-Hg 齐等）还原得到糖醇。

$$\begin{array}{c} CHO \\ | \\ (CHOH)_4 \\ | \\ CH_2OH \end{array} \xrightarrow{NaBH_4} \begin{array}{c} CH_2OH \\ | \\ (CHOH)_4 \\ | \\ CH_2OH \\ \text{葡萄糖醇(山梨醇)} \end{array}$$

**【知识应用】** 山梨醇为无色晶体，略有甜味，存在于各种植物果实中。主要用于合成维生素 C、表面活性剂和炸药等。也可用作牙膏和烟草等的水分控制剂。

### 3. 成脎反应

39

39.视频：糖脎反应

单糖与过量的苯肼作用，会生成难溶于水的黄色结晶物质，叫做糖脎。例如：

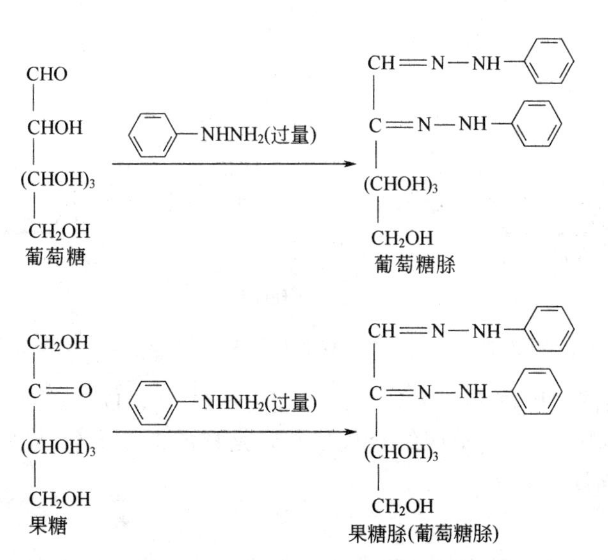


**【知识应用】** 糖脎为黄色晶体，不溶于水，具有固定的熔点，不同的糖脎晶形不同。一般

来说，不同的糖（注意：葡萄糖与果糖的糖脎是一种物质）生成糖脎的速度、析出脎的时间、晶体的形状、熔点都不相同，因此可通过测定糖脎的熔点及观察其结晶形态来鉴定糖类。

### 4. 成苷反应

在酸的催化下，单糖的环状结构中的半缩醛羟基可与其他含羟基的化合物（醇或酚）反应，生成的化合物称为苷。

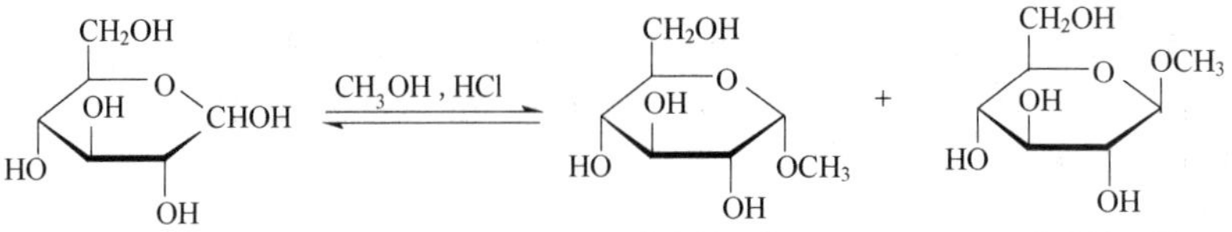

$CH_3OH$, HCl

（α和β构型的混合物）　α-D-葡萄糖甲苷　β-D-葡萄糖甲苷

苷由糖和非糖部分组成，非糖部分叫做糖苷配基。糖和糖苷配基之间连接的键（如—O—）称为苷键。

糖苷结构中已没有半缩醛羟基，这种环状结构不能与开链结构互变，所以糖苷没有还原性，也没有变旋现象，糖苷在中性或碱性溶液中比较稳定，但在酸性溶液中会水解，生成糖和糖苷配基。

## 三、重要的单糖

### 1. 核糖与脱氧核糖

核糖和脱氧核糖都是戊醛糖。天然核糖构型是 D 型，旋光方向是左旋的，故称 D-(-)-核糖。D-核糖和 D-2-脱氧核糖是核酸的重要组成部分。它们的开链式和环式结构如下：

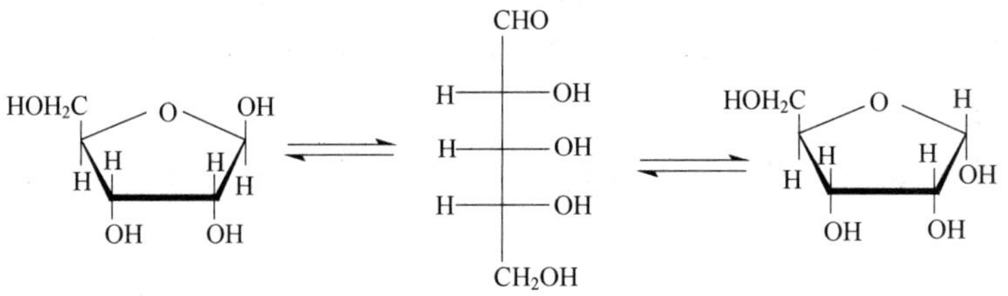

β-D-核糖　D-核糖　α-D-核糖

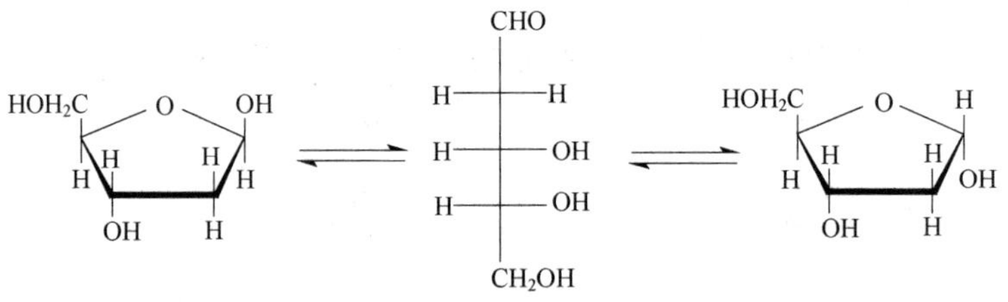

β-D-2-脱氧核糖　D-2-脱氧核糖　α-D-2-脱氧核糖

D-(-)-核糖为晶体，熔点为 95℃，比旋光度为−21.5°，D-(-)-2-脱氧核糖的比旋光度为−60°。它们都可与嘌呤碱或嘧啶碱结合成核苷，是核酸的重要组成成分。D-核糖也是某些酶和维生素的组成成分。

### 2. 葡萄糖

葡萄糖是自然界中分布最广的己醛糖，是组成蔗糖、麦芽糖等二糖及淀粉、糖原、纤维素等多糖的基本单位。它广泛存在于蜂蜜和植物的种子、茎、叶、根、花及果实中。在动物和人体内也含有葡萄糖，人体血液中的葡萄糖叫血糖。葡萄糖是人体代谢不可缺少的营养物质，同时也是人体能量的重要来源。是医药、食品工业的重要原料。

葡萄糖为无色结晶，味甜，熔点为146℃，易溶于水，微溶于乙酸，不溶于乙醇和乙醚中。天然葡萄糖是D型右旋糖。

工业上，可由淀粉或纤维素在酸性条件下水解制备葡萄糖。

$$(C_6H_{10}O_5)_n + nH_2O \xrightarrow{\text{酸或酶}} nC_6H_{12}O_6$$

工业上用葡萄糖还原银氨溶液，来制备玻璃镜子及热水瓶胆。葡萄糖还大量用于食品工业中。

### 3. 果糖

天然果糖为D型左旋糖，其开链结构与环状结构可表示如下。

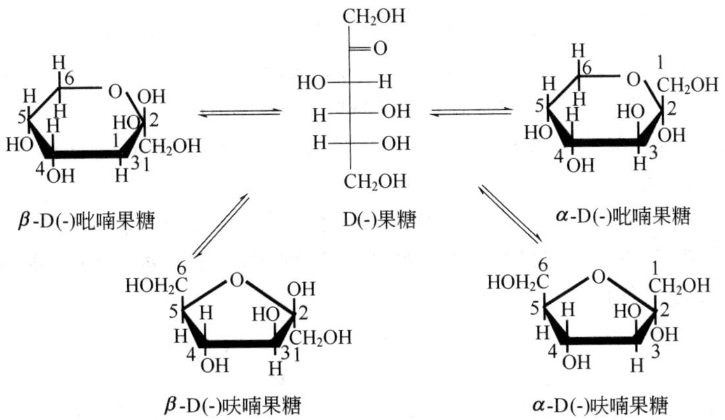

β-D(-)吡喃果糖　D(-)果糖　α-D(-)吡喃果糖

β-D(-)呋喃果糖　α-D(-)呋喃果糖

果糖主要存在于蜂蜜和水果中，其甜度比葡萄糖和蔗糖都大。果糖是蔗糖的一个组成单元，工业上由蔗糖经水解制得。

果糖是无色结晶，熔点为102～104℃，可溶于水、乙醇和乙醚。它与氢氧化钙反应生成难溶于水的配合物$C_6H_{12}O_6 \cdot Ca(OH)_2 \cdot H_2O$，可用于果糖的检验。

果糖也是营养剂和食品添加剂，它在人体内迅速转化为葡萄糖。一般人摄入的果糖约占食物中糖类总量的1/6。

### 4. 半乳糖

半乳糖为己醛糖，与葡萄糖互为C-4差向异构体。半乳糖也有环状结构，其结构为：

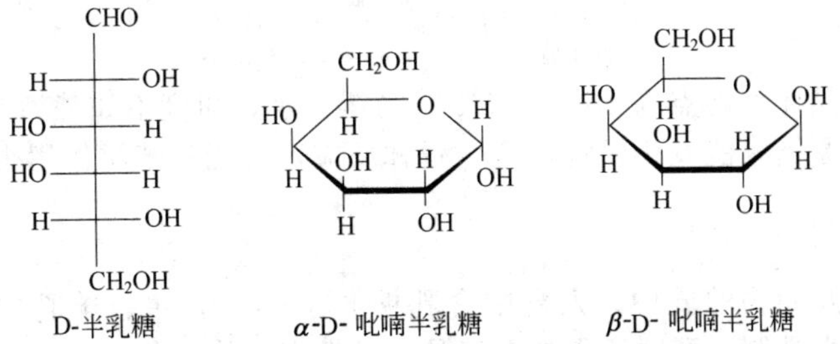

D-半乳糖　α-D-吡喃半乳糖　β-D-吡喃半乳糖

半乳糖为无色结晶，熔点为165～166℃，易溶于水，其溶液有旋光性。半乳糖有还原性，能被托伦试剂或费林试剂氧化，经催化加氢生成己六醇，与过量的苯肼作用生成糖脎。

D-半乳糖与葡萄糖结合成乳糖而存在于哺乳动物的乳汁中。人体中的半乳糖是食物中乳糖的水解产物。半乳糖在酶的催化下，差向异构为D-葡萄糖。

## 思考与练习

12-1　写出下列化合物的构造式。

（1）丁酮糖　（2）葡萄糖　（3）果糖　（4）葡萄糖脎

12-2　如何区别醛糖和酮糖？用成脎反应能区分葡萄糖和果糖吗？

# 第二节　二　糖

二糖是由两分子单糖脱水而生成的化合物。常见的二糖有蔗糖、麦芽糖和乳糖等。它们的分子式都是 $C_{12}H_{22}O_{11}$。

## 一、蔗糖

蔗糖是最常见的二糖。广泛存在于各种植物中，甘蔗中含蔗糖 16%～26%，甜菜中含蔗糖 12%～15%。工业上将甘蔗或甜菜经榨汁、浓缩、结晶等操作可制得食用蔗糖。

蔗糖又名甜菜糖。分子式为 $C_{12}H_{22}O_{11}$，为白色晶体，易溶于水，熔点为 180℃。具有旋光性，天然蔗糖是右旋糖。其甜味超过葡萄糖，但不及果糖。

蔗糖既不能被托伦试剂及费林试剂氧化，也不能与苯肼作用生成糖脎，属于非还原性糖。蔗糖也无变旋现象。

蔗糖水解后可得到等量的 D-葡萄糖和 D-果糖。蔗糖是右旋的，水解后生成的葡萄糖和果糖的混合物则是左旋的，因而把蔗糖的水解过程称为转化。水解后的混合物叫做转化糖，使蔗糖水解的酶叫做转化酶。

$$\underset{\text{蔗糖}}{C_{12}H_{22}O_{11}} + H_2O \xrightarrow{\text{转化酶}} \underset{\text{葡萄糖}}{C_6H_{12}O_6} + \underset{\text{果糖}}{C_6H_{12}O_6}$$

由于转化糖中含有果糖，所以它比蔗糖甜。蜂蜜中大部分为转化糖。

蔗糖是人类生活中不可缺少的食用糖，在医药上用作矫味剂，常制成糖浆服用。

## 二、麦芽糖

自然界中不存在游离的麦芽糖。麦芽中含有淀粉酶，它能使淀粉水解成麦芽糖，麦芽糖由此而得名。我国饴糖中的主要组分就是麦芽糖。

在人体中，食物中的淀粉被水解生成麦芽糖，再经麦芽糖酶水解为 D-葡萄糖。故麦芽糖是淀粉水解过程中的中间产物。

$$\underset{\text{淀粉}}{2(C_6H_{10}O_5)_n} + nH_2O \xrightarrow{\text{淀粉酶}} \underset{\text{麦芽糖}}{nC_{12}H_{22}O_{11}}$$

$$\underset{\text{麦芽糖}}{C_{12}H_{22}O_{11}} + H_2O \xrightarrow{\text{麦芽糖酶}} \underset{\text{D-葡萄糖}}{2C_6H_{12}O_6}$$

麦芽糖是无色晶体，熔点为 160～165℃，易溶于水，甜度不如蔗糖。

麦芽糖属于还原糖，能发生银镜反应、费林反应，也能与苯肼作用生成糖脎。

## 三、乳糖

乳糖存在于人及动物的乳中，人乳中含乳糖 6%～7%，牛、羊乳中含乳糖 4%～5%，在工业上乳糖是由牛乳制干酪时所得的副产品。乳糖有变旋现象。

用酸或苦杏仁酶水解乳糖，可生成一分子 D-半乳糖和一分子 D-葡萄糖。

$$\underset{\text{乳糖}}{C_{12}H_{22}O_{11}} + H_2O \xrightarrow{\text{酸或酶}} \underset{\text{D-半乳糖}}{C_6H_{12}O_6} + \underset{\text{D-葡萄糖}}{C_6H_{12}O_6}$$

乳糖为还原性糖，能与苯肼反应生成脎，用溴水氧化生成乳糖酸，乳糖酸水解生成半乳糖与葡萄糖酸。

乳糖不能被酵母发酵，但在乳酸杆菌作用下可以氧化成乳酸，牛乳变酸就是其中所含的乳糖变成了乳酸。

### 思考与练习

12-3 什么叫做还原糖、非还原糖？它们在结构上有何区别？

12-4 用化学方法区别下列各组化合物。

(1) 葡萄糖和蔗糖　　(2) 蔗糖和麦芽糖

## 第三节　多　　糖

多糖是天然高分子化合物，广泛存在于动植物体中。它是由许多单糖分子脱水缩合而成的聚合物，可用通式 $(C_6H_{10}O_5)_n$ 表示。多糖的性质与单糖、二糖差别较大，一般为无定形固体，没有甜味，不溶于水，没有还原性和变旋现象。

### 一、淀粉

淀粉是无臭、无味的白色无定形粉末，广泛存在于植物的种子、茎和块根中，谷类植物中含淀粉较多。淀粉是为人体提供能量的三大营养素之一，也是重要的工业原料。

淀粉含有直链淀粉和支链淀粉两部分。

#### 1. 直链淀粉

直链淀粉又称可溶性淀粉，在淀粉中占 10%～20%，在玉米、马铃薯中直链淀粉含量较高，约含 20%～30%。直链淀粉是由 1000 个以上的葡萄糖脱水缩合而成的直链多糖，分子量约为 150000～600000，能溶于热水而成为透明的胶体溶液。直链淀粉遇碘呈蓝色。

#### 2. 支链淀粉

支链淀粉又称胶淀粉或淀粉精，在淀粉中占 80%～90%，是由 6000～37000 个葡萄糖分子脱水缩合而成含有支链的多糖，分子量约为 1000000～6000000，不溶于冷水，在热水中形成糨糊。支链淀粉遇碘呈紫红色，常利用此性质鉴别这两种淀粉。

直链淀粉和支链淀粉完全水解都生成 D-葡萄糖，部分水解都可生成麦芽糖。水解过程如下：

$$\underset{\text{淀粉}}{(C_6H_{10}O_5)_n} \xrightarrow[\text{淀粉酶}]{H_2O} \underset{\text{麦芽糖}}{C_{12}H_{22}O_{11}} \xrightarrow[\text{麦芽糖酶}]{H_2O} \underset{\text{D-葡萄糖}}{C_6H_{12}O_6}$$

淀粉没有还原性，不发生银镜反应、费林反应，也不能与苯肼生成脎。

淀粉不溶于水、醇和醚等有机溶剂，能吸收空气中的水分。在冷水中容易膨胀，干燥后又收缩为粒状，工业上利用这一性质来分离淀粉。

淀粉除作食物外，也是工业上制造葡萄糖和酒精等的原料。以淀粉为原料生产酒精时，先将淀粉水解成葡萄糖，葡萄糖受酒化酶的作用，转变成酒精，同时放出二氧化碳。

$$\underset{\text{葡萄糖}}{C_6H_{12}O_6} \xrightarrow{\text{酒化酶}} 2C_2H_5OH + CO_2\uparrow$$

### 二、纤维素

纤维素是自然界中分布最广的有机化合物。它是植物细胞壁的主要成分。木材中含纤维素 50%～70%，亚麻约含纤维素 80%，棉花含 92%～95%。这 3 种物质是工业上纤维素的主要来源。此外，已经发现某些动物体内也有动物纤维素。

**1. 纤维素的物理性质**

纤维素纯品是无色、无味、无臭的纤维状物质，不溶于水、稀酸或稀碱，也不溶于一般有机溶剂，但能溶于浓硫酸。

**2. 纤维素的化学性质**

（1）水解反应　纤维素水解比淀粉困难，在酸性水溶液中加热、加压水解可以得到纤维二糖，完全水解产物是 D-葡萄糖。

人体内不存在水解纤维素的酶，故纤维素在人体内不能被水解成葡萄糖，从而不能被人体消化吸收。而食草动物如马、牛、羊等的消化道中寄存的微生物能分泌水解纤维素的酶，使之转化为 D-葡萄糖，所以纤维素可以作为它们的食物。

（2）纤维素酯的生成　在一定条件下，纤维素中的部分羟基发生酯化反应生成纤维素酯，从而使纤维素转化成多种有用的衍生物。常用的纤维素酯有以下几种。

① 纤维素硝酸酯。纤维素与浓硝酸和浓硫酸的混合物反应得到纤维素的三硝酸酯，俗称硝化纤维。易燃，且有爆炸性，可作为制造无烟火药的原料。若硝化不完全，只能得到单硝酸酯和二硝酸酯，二者的混合物叫做胶棉，胶棉易燃烧，但无爆炸性，是制造火胶棉和赛璐珞等的原料。

② 纤维素醋酸酯。在硫酸的催化下，纤维素与乙酐和乙酸的混合物反应得到三醋酸纤维素。随试剂的浓度和反应条件的不同，酯化程度不同，工业上一般使用的是二醋酸酯，又叫做纤维素醋酸酯，俗称醋酸纤维。可用来制造人造丝、胶片、塑料等，其优点是不易着火。它还具有选择性过滤能力，可滤出烟中有毒成分，是制作香烟过滤嘴的材料。

③ 纤维素黄原酸酯。在氢氧化钠存在下，纤维素与二硫化碳反应生成纤维素黄原酸酯的钠盐，后者溶于碱得到黏稠液体，叫做黏胶。将黏胶通过喷丝头的细孔，进入由硫酸、硫酸钠、硫酸锌等组成的凝固浴中，黄原酸酯的钠盐即分解成丝状的纤维素，称为黏胶纤维。

黏胶纤维有长纤维和短纤维两种，长纤维称作人造丝，短纤维称作人造棉或人造毛。黏胶纤维广泛用于纺织工业，制成各类纺织品，也可用于制轮胎帘子线等。

纤维素的最大用途是直接用于纺织、造纸工业。

## 三、肝素

肝素广泛存在于动物体组织中，以肝脏中含量最多，因而得名。它的分子量约为17000，结构单位是 D-葡萄糖醛酸-2-硫酸酯和 *N*-磺基-D-氨基葡萄糖-6-硫酸酯。肝素在体内以与蛋白质结合的形式存在。它具有防止血小板集聚和破坏、抑制凝血活素的形成等作用，是动物体内的一种天然抗凝血物质。肝素抑制凝血酶活性的作用与它的分子长度有关，分子越长则酶抑制作用越大。

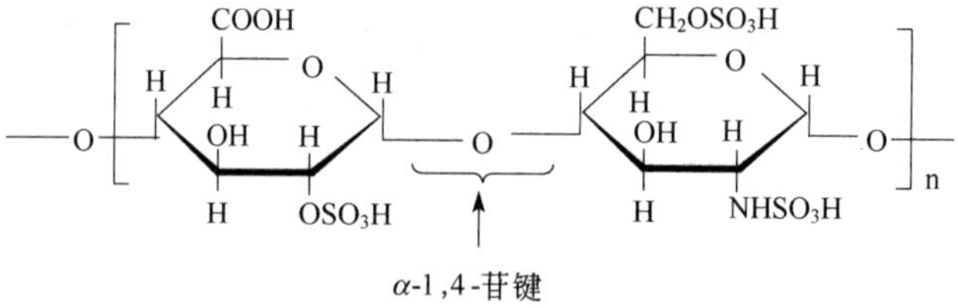

COOH　$CH_2OSO_3H$　H　O　OH　$OSO_3H$　$NHSO_3H$　n

$\alpha$-1,4-苷键

肝素

临床上肝素主要用于血栓栓塞性疾病的预防和治疗，另外肝素也有降血脂作用。

## 【知识拓展】

### 人类必需的第七营养素——膳食纤维

“膳食纤维”最早是在1953年由英国流行病学专家菲普斯利提出。1960年英国营养病学专家楚维尔等研究发现，现代文明病如心脑血管病、糖尿病、癌症及便秘等在英国和非洲有显著差异，非洲居民因天然膳食纤维摄入高，现代文明病发病率明显低于英国。楚维尔于1972年提出了“食物纤维”的概念，从此，拉开了人类研究膳食纤维的序幕。

目前国际上对膳食纤维还没有通用的定义，一般认为膳食纤维（Dietary Fiber，简称DF）是指植物性食品中不能被人类胃肠道消化酶消化，但能被大肠内某些微生物部分酵解和利用的非淀粉多糖类物质与木质素的合称。膳食纤维由于具有许多重要的生理功能，被国内外医学家和营养学家列入继蛋白质、脂肪、碳水化合物、矿物质、维生素和水之后影响人体健康所必需的“第七大营养素”。

1. 膳食纤维的分类

膳食纤维种类繁多，包括纤维素、半纤维素、多聚果糖、树胶、难消化糊精、多聚右旋葡萄糖、甲基纤维素、木质素及类似的角质、木栓质，鞣酸等，品种覆盖了谷物纤维、豆类纤维、果蔬纤维、微生物纤维、其他天然纤维和合成纤维类。根据理化特性及来源不同一般采用两种方式进行分类。

（1）根据在水中的溶解性不同，膳食纤维可分为水溶性和水不溶性两种。

水不溶性膳食纤维的主要成分是纤维素、半纤维素、木质素；水溶性膳食纤维包括某些植物细胞的储存物和分泌物及微生物多糖，其主要成分是胶类物质，如果胶、黄原胶、阿拉伯胶、瓜尔豆胶、愈疮胶等。

（2）根据来源不同，膳食纤维可分为以下六类：谷物类纤维（其中燕麦纤维是公认的最优质膳食纤维，能显著降低血液中胆固醇的含量）、豆类纤维、水果类纤维、蔬菜类纤维、生化合成和转化类纤维（包括改性纤维素、抗性糊精、水解瓜尔胶、微晶纤维素和聚葡萄糖等）、其他膳食纤维（指真菌类纤维、海藻类纤维及一些黏质和树胶等）。

2. 膳食纤维的营养功能

（1）增加饱腹感，降低对其他营养素的吸收　DF的化学结构中含有很多亲水基团，因此具有很强的吸水膨胀能力，DF进入消化道内，在胃中吸水膨胀，增加胃的蠕动，延缓胃中内容物进入小肠的速度，也就降低了小肠对营养素的吸收速度。同时使人产生饱胀感，对糖尿病和肥胖症患者减少进食有利。

（2）降低血胆固醇，预防胆结石、高脂血症和心血管疾病　DF表面带有很多活性基团，可以吸附螯合胆汁酸、胆固醇等有机分子，从而促进胆固醇的吸收和改变食物消化速度和消化道分泌物的分泌量，对饮食性高脂血症和胆结石起到预防作用，防治高脂血症和心血管疾病。

（3）预防糖尿病　可溶性DF的黏度能延缓葡萄糖的吸收，抑制血糖的上升，改善糖耐量。DF还能增加组织细胞对胰岛素的敏感性，降低对胰岛素的需要量，从而对糖尿病预防具有一定效果。

（4）改变肠道菌群　进入大肠的DF能部分地、选择性地被肠内细菌分解与发酵，从而改变肠内微生物菌群的构成与代谢，诱导有益菌群大量繁殖。

（5）美容养颜、预防肠癌和乳腺癌　由于微生物的发酵作用而生成的短链脂肪酸能降低肠道pH值，这不仅能促进有益菌群的繁殖，而且这些物质能够刺激肠道黏膜，从而促进粪便排泄。由于DF能够吸水膨胀使肠内代谢物变软变松通过肠道时会更快，减少有害物质的吸收。同时DF还能吸附肠道内的有毒物质随其排出体外。由于DF的通便作用，可以使肠内细菌的代谢产物，以及一些由胆汁酸转换成的致癌物，如脱氧胆汁酸、石胆酸和突变异原物质等有毒物质被DF吸附而排出体外。即DF可清除体内毒素，改善上火、口臭、面部暗疮、青春痘、皮肤粗糙、色素沉淀等问题。

近年来，全球的食品结构也正朝着纤维食品的方向发展，许多食品专家把膳食纤维食品视为21世纪的功能食品、热门食品。在我国人民生活水平日益提高的今天，膳食纤维会让我们越来越健康。

## 习 题

**1. 填空题**

（1）糖是____________以及______________的一类有机化合物。

（2）糖根据结构和性质可以分为______、_______、_______。

（3）单糖主要是________、_________。

（4）________是糖类中最甜的物质。

（5）蔗糖是由一分子_______和一分子________构成。

（6）麦芽糖主要来自淀粉水解，由两分子________以______糖苷键连接。

（7）凡是能被___________氧化的糖，都称为还原性糖，否则为__________。

（8）可以用________反应区别醛糖与酮糖。

（9）可以用________反应区别淀粉与纤维素。

（10）葡萄糖与___________反应可以生成不溶于水的黄色晶体（糖脎）。

**2. 选择题**

（1）能被人体消化吸收的碳水化合物是（　　）。

A. 纤维素　　B. 淀粉　　C. 味精　　D. 维生素C

（2）从构成上分类，果糖属于（　　）。

A. 单糖　　B. 二糖　　C. 多糖

（3）水稻中含量最多的糖是（　　）。

A. 葡萄糖　　B. 果糖　　C. 麦芽糖　　D. 淀粉

（4）下列哪些性质不是单糖必须具备的（　　）。

A. 还原性　　B. 变旋光现象　　C. 生成糖脎　　D. 有甜味

（5）下列说法不正确的是（　　）。

A. 麦芽糖及其水解产物均能发生银镜反应　　B. 用溴水即可鉴别醛糖与酮糖。

C. 蔗糖和麦芽糖都是还原性二糖　　D. 葡萄糖有变旋现象

**3. 写出下列化合物的构造式。**

（1）葡萄糖　（2）果糖　（3）葡萄糖酸　（4）山梨糖醇

**4. 写出葡萄糖与下列试剂作用的化学反应式。**

（1）溴水　（2）托伦试剂　（3）费林试剂　（4）硼氢化钠　（5）苯肼

**5. 用化学方法区别下列各组化合物。**

（1）葡萄糖、果糖、蔗糖　（2）淀粉和纤维素

**6. 下列糖能否水解？若能，请写出水解的化学反应式。**

（1）葡萄糖　（2）蔗糖　（3）淀粉　（4）纤维素

# 第十三章 氨基酸、多肽和蛋白质

## 学习目标

### 知识目标

- 掌握氨基酸的命名、构型和性质；掌握蛋白质的性质及应用。
- 理解多肽的结构及生理作用；α-氨基酸与多肽、蛋白质的关系。
- 了解氨基酸的分类；蛋白质的组成和生理功能；酶的基本知识。

### 能力目标

- 能根据氨基酸分子的结构确定氨基酸的类别；能运用氨基酸的命名规则对氨基酸命名，能根据氨基酸的名称正确书写出构造式。
- 能正确运用氨基酸的两性和等电点的性质，判断氨基酸在不同 pH 水溶液中的存在形式。
- 能正确区分多肽和蛋白质。能利用氨基酸、蛋白质的理化性质对化合物进行分离提纯及鉴别。
- 能利用氨基酸、多肽和蛋白质知识指导日常生活和今后的工作，进一步提高化学基础知识素养。

## 导学案例

早在 1948 年，英国生物化学家桑格就选择了一种分子量小但具有蛋白质全部结构特征的牛胰岛素作为实验的典型材料进行研究，并于 1952 年确定了牛胰岛素的 G 链和 P 链上所有氨基酸的排列次序以及这两个链的结合方式。次年，他破译出由 17 种 51 个氨基酸组成两条多肽链的牛胰岛素的全部结构。这是人类第一次确定一种重要蛋白质分子的全部结构，桑格也因此荣获 1958 年诺贝尔化学奖。

从 1958 年开始，中科院上海生物化学研究所、中科院上海有机化学研究所和北京大学生物系三个单位联合，以钮经义为首，由龚岳亭、邹承鲁、杜雨花、季爱雪、邢其毅、汪猷、徐杰诚等人共同组成一个协作组，在前人对胰岛素结构和肽链合成方法研究的基础上，开始探索用化学方法合成胰岛素。经过周密研究，他们确立了合成牛胰岛素的程序。合成工作是分三步完成的：第一步，先把天然胰岛素拆成两条链，再把它们重新合成为胰岛素，并于 1959 年突破了这一难题，重新合成的胰岛素是同原来活力相同、形状一样的结晶；第二步，在合成了胰岛素的两条链后，用人工合成的 B 链同天然的 A 链相连接，这种牛胰岛素的半合成在 1964 年获得成功；第三步，把经过考验的半合成的 A 链与 B 链相结合，在 1965 年 9 月 17 日完成了结晶牛胰岛素的全合成。经过严格鉴定，它的结构、生物活力、物理化学性质、结晶形状都和天然的牛胰岛素完全一样。这是世界上第一个人工合成的蛋白质，为人类认识生命、揭开生命奥秘迈出了可喜的一大步。这项成果获 1982 年中国自然科学一等奖。

牛胰岛素是牛胰脏中胰岛 $\beta$-细胞所分泌的一种蛋白质激素。它在体内具有哪些生理功能呢？

氨基酸是组成肽和蛋白质的基本组成单位，是人体必不可少的物质。有些氨基酸还可以直接用作药物。蛋白质是重要的生物高分子化合物，它是与生命起源和生命活动密切相关的最为重要的物质，是生命的物质基础。植物的叶绿素、酶、激素和动物的皮、肉、毛发等都是由蛋白质所构成的。肽是氨基酸分子间脱水后以肽键相互结合的物质。除蛋白质部分水解可产生长短不一的各种肽段外，生物体内还存在很多生物活性肽，它们在生长、发育、繁衍及代谢等生命过程中起着非常重要的作用。

# 第一节　氨　基　酸

分子中同时含有氨基（—$NH_2$）和羧基（—COOH）的化合物，称为氨基酸。它是构成生命的首要物质——蛋白质的基本单元，因此许多氨基酸常用作治疗疾病的药物，氨基酸在自然界主要以多肽或蛋白质的形式存在于动植物体内。蛋白质在酸、碱和酶的作用下水解，最终变成各种 $\alpha$-氨基酸。

## 一、氨基酸的分类、命名和构型

### 1. 分类

根据烃基不同，氨基酸可分为脂肪族氨基酸和芳香族氨基酸。按照氨基和羧基的相对位置不同，氨基酸又可分为 $\alpha$-氨基酸、$\beta$-氨基酸、$\gamma$-氨基酸……$\omega$-氨基酸。例如：

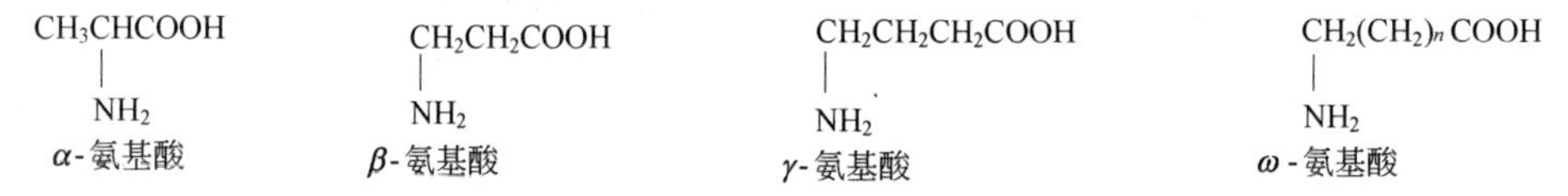


其中 $\alpha$-氨基酸最为重要，它在自然界中存在最多，是构成蛋白质分子的基础。

按照分子中所含氨基和羧基的相对数目不同，可将氨基酸分为 3 类。

（1）中性氨基酸　分子中氨基和羧基的数目相等，水溶液呈弱酸性。

（2）酸性氨基酸　分子中氨基的数目小于羧基的数目，水溶液呈酸性。

（3）碱性氨基酸　分子中氨基的数目大于羧基的数目，水溶液呈碱性。例如：

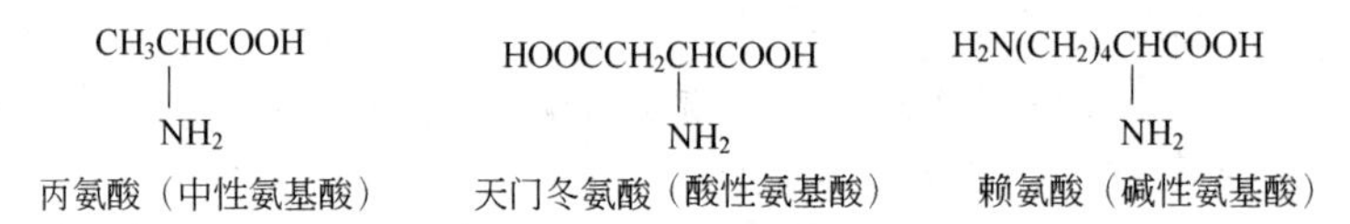


### 2. 命名

氨基酸的系统命名法与羟基酸相同，即以羧基为母体，氨基为取代基来命名。例如：

2-氨基-3-苯基丁酸（$\alpha$-氨基-$\beta$-苯基丁酸）　2-氨基丁二酸（$\alpha$-氨基丁二酸）

一些常见天然 $\alpha$-氨基酸也可根据其来源或性质用俗名来表示。例如，从天门冬的幼苗中发现的称天门冬氨酸；具有微甜味的称甘氨酸；最初从蚕丝中得到的称丝氨酸。例如：

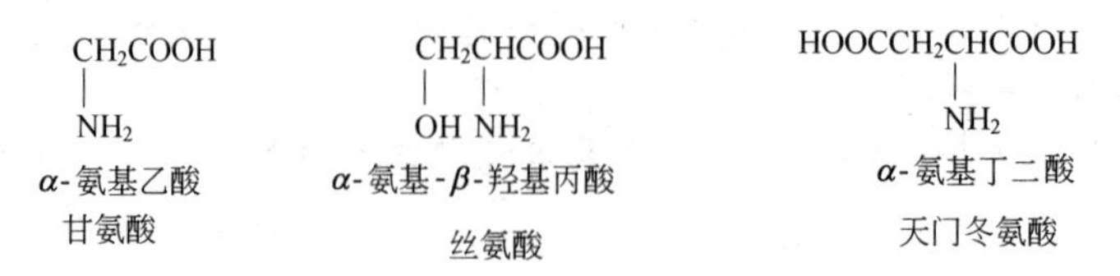

### 3. 构型

蛋白质水解可以得到各种 α-氨基酸的混合物，经分离可得 20 余种，除甘氨酸外，分子中的 α-碳原子都是手性碳原子，因此都具有旋光性，其构型为 L-型。

COOH
$H_2N$—┼—H
$CH_3$
L-丙氨酸

COOH
$H_2N$—┼—H
$CH_2OH$
L-丝氨酸

COOH
NH — C — H
$CH_2$　　　$CH_2$
$CH_2$
L-脯氨酸

蛋白质中存在的 α-氨基酸见表 13-1。

**表 13-1　蛋白质中存在的 α-氨基酸**

| 名　称 | 代　号 | 结　构　式 | 等电点 | 主要应用 |
|---|---|---|---|---|
| 甘氨酸(氨基乙酸) | Gly | $CH_2(NH_2)COOH$ | 5.97 | 治疗肌肉萎缩 |
| 丙氨酸(α-氨基丙酸) | Ala | $CH_3CH(NH_2)COOH$ | 6.00 | |
| 丝氨酸(α-氨基-β-羟基丙酸) | Ser | $CH_2(OH)CH(NH_2)COOH$ | 5.68 | |
| 半胱氨酸(α-氨基-β-巯基丙酸) | Cys | $CH_2(SH)CH(NH_2)COOH$ | 5.05 | 抗放射、解毒 |
| 胱氨酸(β-硫代-α-氨基丙酸) | Cys-Cys | $S-CH_2CH(NH_2)COOH$<br>\|<br>$S-CH_2CH(NH_2)COOH$ | 4.08 | |
| 苏氨酸*(α-氨基 β-羟基丁酸) | Thr | $CH_3CH(OH)CH(NH_2)COOH$ | 5.70 | |
| 蛋氨酸*(α-氨基 γ-甲硫基丁酸) | Met | $CH_3SCH_2CH_2CH(NH_2)COOH$ | 5.74 | 治肝炎、肝硬化 |
| 缬氨酸*(β-甲基-α-氨基丁酸) | Val | $(CH_3)_2CHCH(NH_2)COOH$ | 5.96 | |
| 亮氨酸*(γ-甲基-α-氨基戊酸) | Leu | $(CH_3)_2CHCH_2CH(NH_2)COOH$ | 6.02 | |
| 异亮氨酸*(β-甲基-α-氨基戊酸) | Ile | $CH_3CH_2CH(CH_3)CH(NH_2)COOH$ | 5.98 | |
| 苯丙氨酸*(α-氨基-β-苯基丙酸) | Phe | $C_6H_5-CH_2CH(NH_2)COOH$ | 5.48 | |
| 酪氨酸(β-对羟苯基-α-氨基丙酸) | Tyr | $HO-C_6H_4-CH_2CH(NH_2)COOH$ | 5.66 | |
| 脯氨酸(α-吡咯烷甲酸) | Pro | (吡咯烷环)—COOH，N H | 6.30 | 治肝昏迷 |
| 色氨酸*(α-氨基-β-(3-吲哚)丙酸) | Try | (吲哚环，N H)—$CH_2CH(NH_2)COOH$ | 5.80 | |
| 天门冬氨酸(α-氨基丁二酸) | Asp | $HOOCCH_2CH(NH_2)COOH$ | 2.77 | |
| 天冬酰胺(α-氨基丁酰胺酸) | Asn | $H_2NCOCH_2CH(NH_2)COOH$ | 5.41 | |
| 谷氨酸(α-氨基戊二酸) | Glu | $HOOCCH_2CH_2CH(NH_2)COOH$ | 3.22 | 味精(钠盐) |
| 谷氨酰胺(α-氨基戊酰胺酸) | Gln | $H_2NCOCH_2CH_2CH(NH_2)COOH$ | 5.63 | |
| 精氨酸(α-氨基-δ-胍基戊酸) | Arg | $H_2N\ CNH(CH_2)_3CH(NH_2)COOH$<br>‖<br>NH | 10.76 | |
| 赖氨酸*(α,ω-二氨基己酸) | Lys | $H_2N(CH_2)_4CH(NH_2)COOH$ | 9.74 | |

表中所列大多数氨基酸可在人体内合成，但有些人体不能合成而又是生命活动必不可少的，必须依靠食物供给，这些只能从食物摄取的氨基酸称为必需氨基酸。表13-1中带*号者为必需氨基酸。

## 二、氨基酸的物理性质

α-氨基酸都是无色晶体，熔点较高，一般在200～300℃之间，这是因为晶体中氨基酸以内盐形式存在，并且多数在熔化前受热分解放出$CO_2$。多数氨基酸易溶于水，难溶于苯、乙醚、石油醚等非极性有机溶剂。

## 三、氨基酸的化学性质

氨基酸分子中同时含有氨基和羧基，因此除了具有胺和羧酸的性质外，还具有两种官能团相互作用和相互影响而表现出的一些特殊的性质。

### 1. 两性和等电点

氨基酸分子中既有碱性的氨基又有酸性的羧基，与强酸、强碱作用都能生成盐。所以氨基酸具有两性，是两性化合物。例如：

$$\underset{\overset{+}{N}H_3Cl^-}{RCHCOOH} \xleftarrow{HCl} \underset{NH_2}{RCHCOOH} \xrightarrow{NaOH} \underset{NH_2}{RCHCOO^-}\ Na^+$$

氨基酸分子中的氨基和羧基可以相互作用生成内盐。内盐分子中同时存在带正电荷的部分和带负电荷的部分，所以又叫两性离子或偶极离子。

$$\underset{NH_2}{RCHCOOOH} \longrightarrow \underset{\overset{+}{N}H_3}{RCHCOO^-}$$

内盐

内盐具有盐的性质，在氨基酸晶体中，主要以偶极离子的形式存在，所以氨基酸具有挥发性低、熔点较高，易溶于水，难溶于非极性有机溶剂的性质。

氨基酸在水溶液中，形成下列平衡体系：

$$\underset{NH_2}{RCHCOO^-} \underset{OH^-}{\overset{H^+}{\rightleftharpoons}} \underset{\overset{+}{N}H_3}{RCHCOO^-} \underset{OH^-}{\overset{H^+}{\rightleftharpoons}} \underset{\overset{+}{N}H_3}{RCHCOOH}$$

阴离子　　　偶极离子　　　阳离子

溶液的pH值，决定氨基酸在溶液中离子的存在状态。一般说来，中性氨基酸在强酸性溶液中以阳离子的形式存在，这时在电场中的氨基酸向阴极移动；在强碱性溶液中以阴离子的形式存在，在电场中向阳极移动；调节溶液的pH为一定数值时，阴阳离子的浓度相等，氨基酸以偶极离子的形式存在，此时净电荷为零，在电场中不移动，此时溶液中的pH值称为氨基酸的等电点，用$pI$表示，如中性氨基酸$pI$(等电点)$=1/2(pK_{a1}+pK_{a2})$。

氨基酸的等电点不是中性点。如中性氨基酸的等电点都小于7，是由于羧基离解出质子的能力大于氨基接受质子的能力，若使氨基酸以偶极离子的形式存在，必须向溶液中加入适量的酸抑制羧基的离解，所以中性氨基酸的等电点都小于7。不同结构的氨基酸等电点不同。通常中性氨基酸的等电点在4.8～6.5之间；酸性氨基酸的等电点在2.7～3.2之间；碱性氨基酸的等电点在7.6～10.7之间。

**【知识应用】** 各种氨基酸在其等电点时，溶解度最小，因此可利用调节溶液的pH值的方法，使不同的氨基酸在其等电点时以结晶形式析出，以分离和提纯氨基酸。

### 2. 受热分解反应

氨基酸受热时可发生与羟基酸类似的脱水或脱氨反应。

$\alpha$-氨基酸受热时，分子间脱水生成交酰胺或肽。例如：

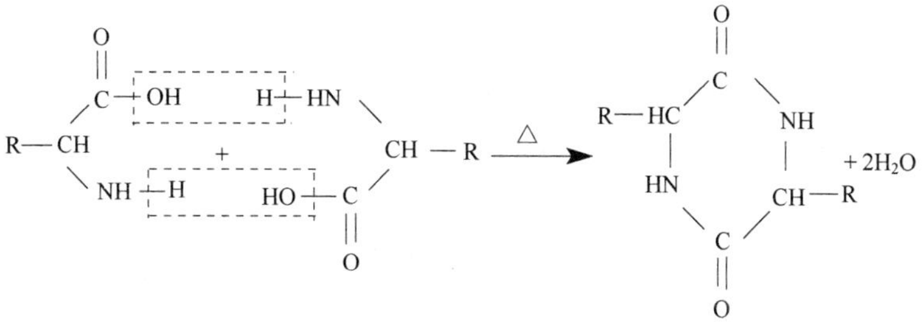

$$2\,R-CH(NH_2)-COOH \xrightarrow{\triangle} \text{交酰胺（二酮吡嗪）} + 2H_2O$$

O ‖ C—OH H—HN R—CH + CH—R NH—H HO—C ‖ O △ O ‖ C R—HC NH HN CH—R C ‖ O +2H₂O

交酰胺（二酮吡嗪）

$\beta$-氨基酸受热时，氨基与 $\alpha$-碳原子上的氢结合成氨而脱去，生成 $\alpha$，$\beta$-不饱和酸。例如：

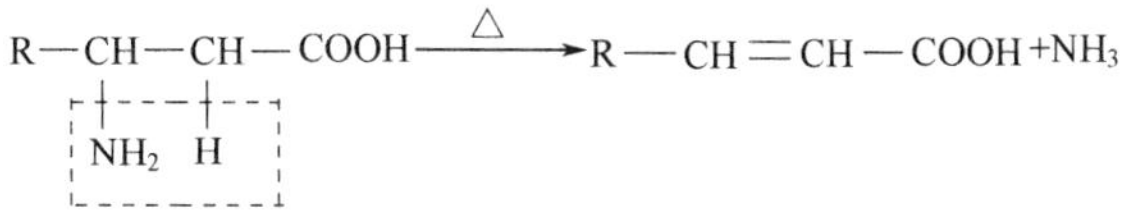

$$R-CH(NH_2)-CH(H)-COOH \xrightarrow{\triangle} R-CH=CH-COOH+NH_3$$

### 3. 与亚硝酸反应

除亚氨基酸外，$\alpha$-氨基酸分子中的氨基具有伯胺的性质，能与亚硝酸反应放出氮气。

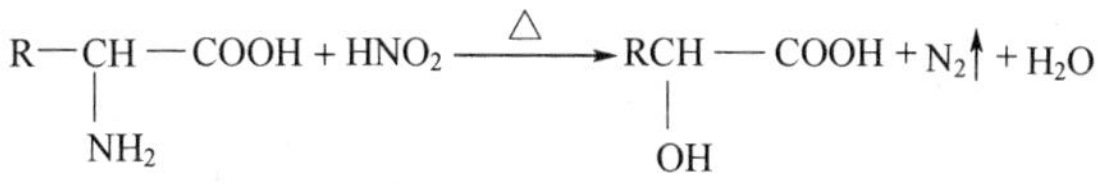

$$R-CH(NH_2)-COOH + HNO_2 \xrightarrow{\triangle} RCH(OH)-COOH + N_2\uparrow + H_2O$$

【知识应用】 根据反应所得氮气的体积，可计算氨基酸和蛋白质分子中氨基的含量。这一方法叫做范斯莱克（Van Slyke）氨基测定法。

### 4. 与水合茚三酮反应

$\alpha$-氨基酸水溶液与茚三酮的水溶液反应，生成蓝紫色物质。

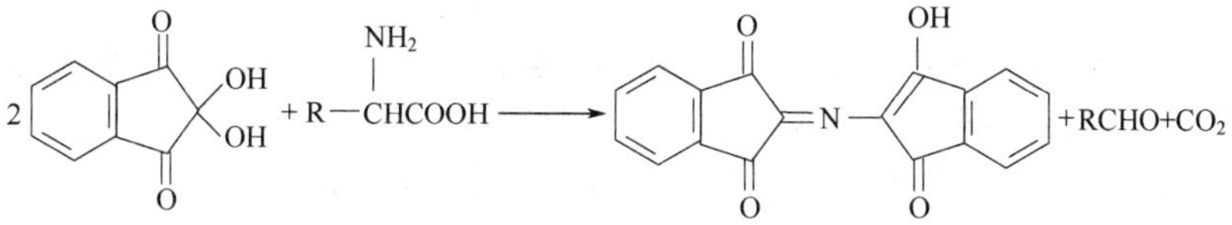

$$2\,\text{水合茚三酮} + R-CH(NH_2)COOH \longrightarrow \text{蓝紫色物质} + RCHO + CO_2$$

O OH OH O　+R—CH(NH₂)COOH ⟶ O O =N— OH O　+RCHO+CO₂

水合茚三酮　　蓝紫色

【知识应用】 该反应非常灵敏，常用于 $\alpha$-氨基酸的鉴定。N-取代的 $\alpha$-氨基酸以及 $\beta$-或 $\gamma$-氨基酸都不发生该颜色反应。水合茚三酮作显色剂用于 $\alpha$-氨基酸的比色测定和色层分析显色。

## 四、重要的氨基酸

### 1. 甘氨酸

甘氨酸为无色晶体，具有甜味。存在于多种蛋白质中，也以酰胺的形式存在于胆酸、马尿酸和谷胱甘肽中。在医药上可用于治疗肌肉萎缩等疾病。

### 2. 谷氨酸

谷氨酸是难溶于水的晶体，左旋谷氨酸的单钠盐就是味精。由粮类物质在微生物作用下发酵制得。

### 3. 色氨酸

色氨酸是动物生长必不可少的氨基酸，存在于大多数蛋白质中。在医药上用于防治癞皮病。

### 4. 蛋氨酸

蛋氨酸由酪蛋白水解制得，有维持机体生长发育的作用。可用于治疗肝炎、肝硬化和因痢疾引起的营养不良症等。

#### 思考与练习

13-1 写出下列化合物的构造式。

(1) 氨基乙酸（甘氨酸） (2) 2-氨基-3-甲基丁酸（缬氨酸）

(3) 2-氨基戊二酸（谷氨酸） (4) 2,6-二氨基己酸（赖氨酸）

13-2 如何分离甘氨酸和赖氨酸的混合物？

13-3 用化学方法区别下列化合物。

(1) 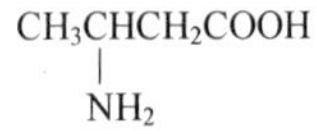 $CH_3CH(NH_2)CH_2COOH$ (2) $CH_3CH_2CH(NH_2)COOH$

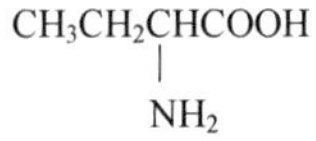

# 第二节 多 肽

## 一、多肽的组成和命名

$\alpha$-氨基酸分子中的氨基与另一个 $\alpha$-氨基酸分子中的羧基，发生分子间脱水生成的以酰胺键（—CONH$_2$—）相连接的缩合产物称为肽。肽分子中的酰胺键称为肽键。

由两个 $\alpha$-氨基酸缩合形成的肽称为二肽。例如：

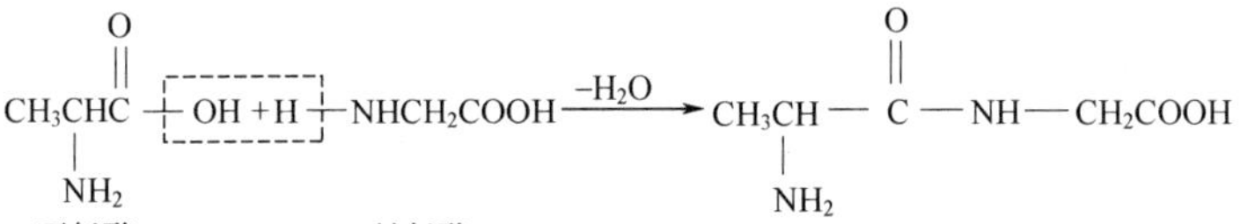

$$\underset{\text{丙氨酸}}{CH_3CH(NH_2)C(=O)\text{-}OH} + \underset{\text{甘氨酸}}{H\text{-}NHCH_2COOH} \xrightarrow{-H_2O} \underset{\text{丙氨酰甘氨酸（二肽）}}{CH_3CH(NH_2)\text{—}C(=O)\text{—}NH\text{—}CH_2COOH}$$

由 3 个 $\alpha$-氨基酸缩合而成的肽称为三肽；由多个 $\alpha$-氨基酸缩合而成的肽称为多肽。组成多肽的氨基酸，可以相同，也可以不同。由两种不同的 $\alpha$-氨基酸分子间脱水可生成两种不同的二肽。例如：上述丙氨酸与甘氨酸的缩合，除生成丙氨酰甘氨酸外，还有如下的二肽生成：

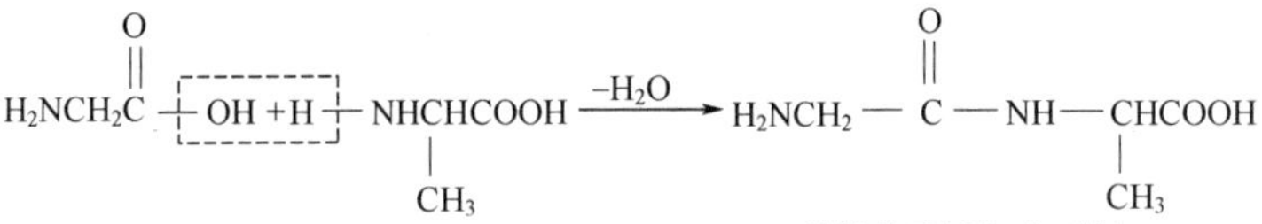

$$H_2NCH_2C(=O)\text{-}OH + H\text{-}NHCH(CH_3)COOH \xrightarrow{-H_2O} \underset{\text{甘氨酰丙氨酸（二肽）}}{H_2NCH_2\text{—}C(=O)\text{—}NH\text{—}CH(CH_3)COOH}$$

此外，两种不同的 $\alpha$-氨基酸的分子自身也可以缩合而成另外两种二肽。参与缩合的 $\alpha$-氨基酸的数目越多，产物越复杂。

多肽的结构通式可表示为：

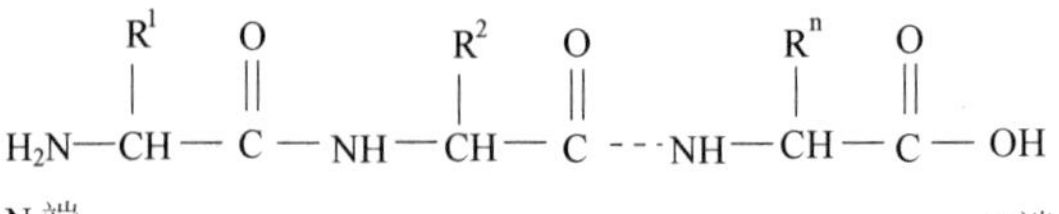

$$\underset{\text{N端}}{H_2N}\text{—}CH(R^1)\text{—}C(=O)\text{—}NH\text{—}CH(R^2)\text{—}C(=O)\cdots NH\text{—}CH(R^n)\text{—}C(=O)\text{—}\underset{\text{C端}}{OH}$$

在多肽链中，左端一个氨基，称为 N 端；右端一个羧基，称为 C 端。从上式可以看出组成肽链的氨基酸已不完整，故称为氨基酸残基。R 是氨基酸残基的侧链基团，它直接影响多肽和蛋白质的空间结构、理化性质和生物学活性。

多肽命名时，以含有完整羧基的氨基酸作为母体，从 N 端开始，将形成肽键的氨基酸的“酸”字改为“酰”字，依次称为某氨酰某氨酸。例如：

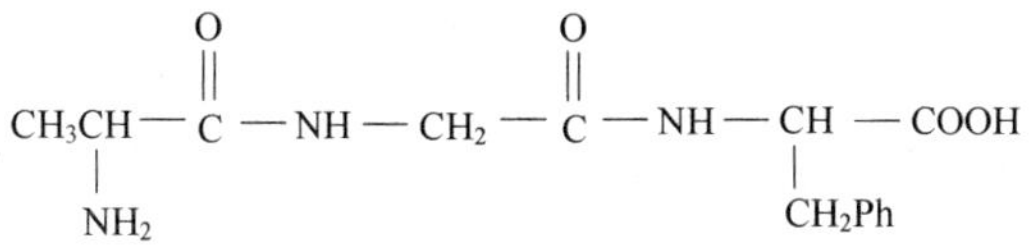

丙氨酰甘氨酰苯丙氨酸(俗名丙甘苯丙肽)

很多多肽都采用俗名，如催产素、胰岛素等。

## 二、自然界中的多肽化合物

多肽是生物体内如下丘脑、垂体、胃肠道等产生的一些激素，虽然浓度很低，但生理活性很强，在调节生理功能时起着非常重要的作用。仅在脑中目前就发现近 40 种。从植物系统中获得的多肽类物质，在动物体上表现出显著的药理活性。如中药麝香中提取的多肽，抗炎能力比可的松强约 10 倍；在白花蛇舌草中可分离出催产肽等。

在生物体中，多肽最重要的存在形式是作为蛋白质的亚单位。但也有许多分子量大的多肽以游离状态存在，由于其具有特殊的生理性能，称为活性肽。以下是几类重要的活性肽。

### 1. 脑啡肽

它是高等动物中枢神经系统产生的一类活性肽，由五个氨基酸残基组成，它包含两种结构，分别称为甲硫氨酸脑啡肽和亮氨酸脑啡肽。即 Met-脑啡肽和 Leu-脑啡肽：

$^{+}H_3N$—Tyr—Gly—Gly—Phe—Met—$COO^{-}$
Met—脑啡肽

$^{+}H_3N$—Tyr—Gly—Gly—Phe—Leu—$COO^{-}$
Leu—脑啡肽

它们在结构上有相似之处，即 N 端的 4 个氨基酸残基相同。这类活性肽与大脑的吗啡受体有很强的亲和力，比吗啡更具有镇痛作用。

### 2. 激素类多肽

这类多肽是由生物体内多种腺体和组织分泌产生，是激素的重要组成部分，对生物的生长发育和代谢有重要的调控作用。例如：

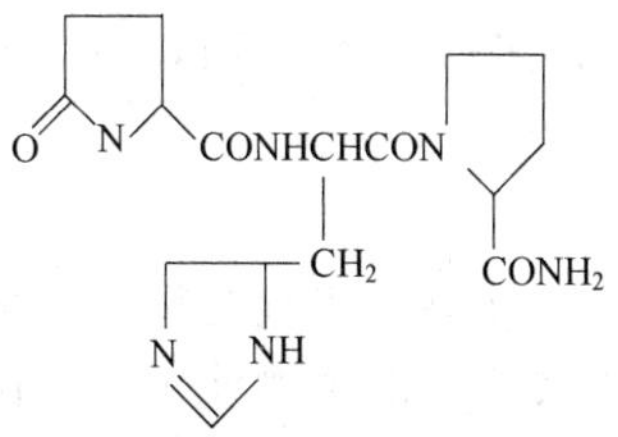

促甲状腺素释放激素(TRH)

促甲状腺素释放激素是下丘脑分泌的多肽激素。临床上为垂体功能、甲状腺功能诊断剂。

### 3. 抗生素类多肽

这类多肽由细菌分泌产生，具有良好的抗菌功能。例如：

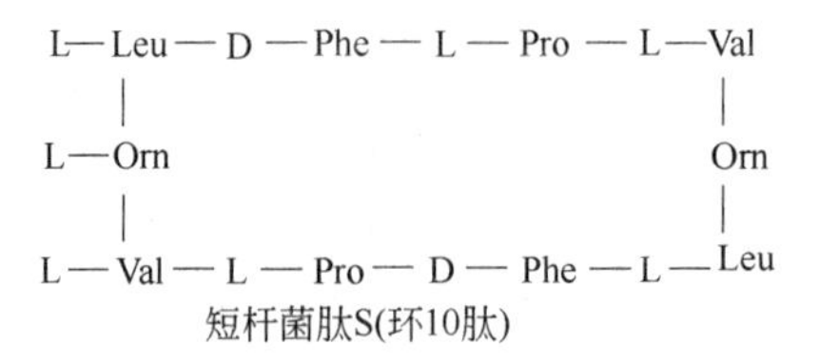

短杆菌肽S(环10肽)

### 4. 谷胱甘肽

谷胱甘肽是广泛分布于生物体内的一种三肽，由 $\gamma$-谷氨酰胺-半胱氨酰-甘氨酸组成，简写为 GSH。谷胱甘肽是某些氧化还原酶的辅酶，对巯基酶的-SH 基有保护作用，具有抗氧化性。

谷胱甘肽有两种存在形式，即氧化型和还原型。

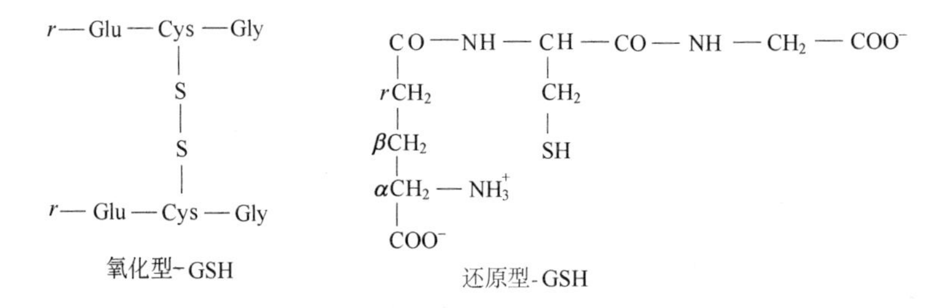


# 第三节　蛋　白　质

## 一、蛋白质的组成及生理功能

### 1. 蛋白质的组成

蛋白质是一类由氨基酸组成的生物高分子化合物，是生命的物质基础，是人体的基本组成物质。蛋白质不但种类繁多，而且结构较为复杂。分析得知，蛋白质主要有碳、氢、氧、氮、硫 5 种元素组成，有些还含有磷、铁、锰、锌和碘等元素。一般干燥蛋白质的元素组成为：

| C | H | O | N | S |
|---|---|---|---|---|
| 50%～55% | 6%～7% | 20%～23% | 15%～17% | 0.5%～2.5% |

蛋白质也是由 $\alpha$-氨基酸单元通过肽键组成。一般将少于 50 个 $\alpha$-氨基酸分子间脱水形成的聚酰胺，称为多肽。比多肽分子量更高，所含氨基酸数目更多的聚酰胺，称为蛋白质。人们通常也根据分子量的大小来划分多肽和蛋白质，将分子量小于 10000 的称多肽，高于 10000 的称为蛋白质。

### 2. 蛋白质的生理功能

蛋白质是存在于一切细胞中的生物高分子化合物，在机体中承担着各种各样的生理作用与机械功能。如酶是以蛋白质为主要成分的生物催化剂，在人体的新陈代谢过程中起催化作用；血液中的血红蛋白主要功能是在血液中输送氧气和二氧化碳，同时还能够对血液的 pH 起缓冲作用；转铁蛋白、甲状腺素具有转运金属和激素的作用；凝血酶素、纤维蛋白参与血液凝结作用；人体中的免疫球蛋白抗体，在人体中起免疫作用，它可识别外来的病毒、细菌并与之结合，使之失去活性，从而防止疾病的发生。另外，蛋白质还在传导神经活动、遗传信息传递、生物的遗传变异等方面起着重要作用。

蛋白质制剂目前主要用于某些疾病的预防、治疗和辅助诊断。如注射用的各种疫苗；用尿激酶、蛇毒蛋白酶溶解血栓；用胰岛素治疗糖尿病；注射丙种球蛋白治疗某些免疫功能缺损和感染；利用单克隆抗体帮助诊断某些癌症和病毒感染等。

蛋白质制剂在食品加工和饲料工业上也有一定的应用。如 $\alpha$-淀粉酶和 $\beta$-淀粉酶用于发酵工业以提高淀粉原料的利用率；葡萄糖淀粉酶用于酶法生产葡萄糖；菠萝蛋白酶、木瓜蛋白酶用做肉类嫩化剂；果胶酶用于果汁澄清；纤维素酶用于饲料添加剂等。

## 二、蛋白质的性质

### 1. 两性和等电点

蛋白质与氨基酸一样，也是两性物质，也能进行两性电离并且具有等电点。蛋白质在水溶液中的两性解离可用下式表示：

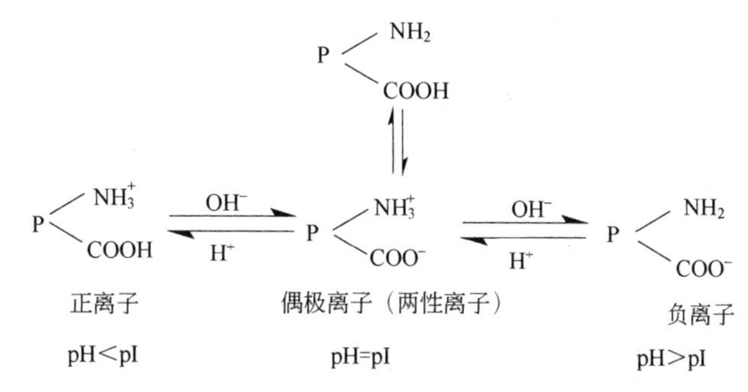


（P代表不包括链端氨基和羧基在内的蛋白质大分子）

不同蛋白质的等电点不同，大多数蛋白质的等电点小于 7。在等电点时，蛋白质在水中的溶解度最小，最易析出沉淀。利用此性质，通过调节溶液的 pH 值，使不同的蛋白质从混合溶液中分离出来。

### 2. 蛋白质的变性

蛋白质的性质与它们的结构密切相关。而某些物理或化学因素，能够破坏蛋白质结构状态，引起蛋白质的某些理化性质改变并导致其生理活性丧失，这种现象称为蛋白质的变性。引起变性的因素主要有物理因素（如干燥、加热、高压、紫外光、超声波等）和化学因素（如强酸、强碱、尿素、重金属盐和有机溶剂等）。蛋白质变性是不可逆的，这正是高温灭菌，酒精消毒的依据，因为在这些条件下，细菌和病毒（蛋白质）变性而死亡。蛋白质的变性应用较广，在食品加工中如制作豆腐是利用钙盐或镁盐使大豆蛋白凝固；制作干酪是利用凝乳酸酶使酪蛋白凝固；在中药提取时利用浓乙醇使浸出液中的蛋白质变性沉淀以除去蛋白质杂质。值得注意的是，在提取具有生物活性的酶、激素、抗血清、疫苗等大分子时，要选择不发生变性的工艺条件。

### 3. 蛋白质的沉淀

如果在蛋白质溶液中加入适当的电解质，或调节溶液的 pH 值至等电点，再加入脱水剂，蛋白质胶粒会互相凝聚而从溶液中析出，这种现象称为蛋白质沉淀。

沉淀蛋白质的方法有以下几种。

（1）盐析　在蛋白质的水溶液中加入某些中性盐，如氯化钠、硫酸钠、硫酸铵等，可使蛋白质从溶液中沉淀出来，这种作用称为盐析。盐析是一个可逆过程，被沉淀出来的蛋白质分子结构基本无变化，只要消除沉淀因素，沉淀会重新溶解。不同蛋白质盐析时所需盐的最低浓度不同，利用这一性质可以分离不同的蛋白质。

（2）加脱水剂　酒精和丙酮等脱水剂对水的亲和能力较大，能破坏蛋白质胶粒的水化膜，在等电点时加入这些脱水剂可使蛋白质沉淀析出。沉淀后如迅速将蛋白质与脱水剂分离，仍可保持蛋白质原来的性质；若蛋白质与脱水剂长时间接触，沉淀的蛋白质会丧失生理活性，称为蛋白质的变性，即变性蛋白，且不能重新溶解。75％的酒精扩散渗透入细菌体内，使菌体内蛋白质变性，所以75％酒精的消毒效力最好。在制备中草药注射剂的过程中，常需加入浓乙醇使其含量达75％以上，以沉淀除去蛋白质。

（3）加入重金属盐　蛋白质在pH值高于其等电点的溶液中带负电荷，因此可与$Hg^{2+}$、$Cu^{2+}$、$Pb^{2+}$、$Ag^{+}$等金属离子结合成不溶性的沉淀物质。例如：

$$P\begin{cases}NH_3^+\\COO^-\end{cases}\xrightarrow{OH^-}P\begin{cases}NH_2\\COO^-\end{cases}\xrightarrow{Ag^+}P\begin{cases}NH_2\\COOAg\downarrow\end{cases}$$

重金属的杀菌作用是由于它能沉淀蛋白质。急救铅、汞等重金属盐中毒时，服用生蛋清或牛乳以解毒，也是根据这一原理，使蛋白质与铅、汞离子结合成不溶性物质，而阻止毒物进入人体组织。

（4）加入生物碱沉淀试剂　生物碱沉淀试剂如磷钨酸、苦味酸、鞣酸等，一般都是有机酸或无机酸。蛋白质在pH值低于其等电点的溶液中，带正电荷，可与生物碱沉淀试剂的酸根结合，生成不溶性的沉淀物质。

**4. 蛋白质的显色反应**

蛋白质也能与水合茚三酮溶液反应，呈现蓝紫色。与硫酸铜的碱性溶液反应呈红紫色。含有芳环的蛋白质溶液与浓硝酸混合加热后呈现黄色，这个反应称为黄蛋白反应。

以上蛋白质的显色反应用于蛋白质的鉴别。

## 思考与练习

13-4　阐述$\alpha$-氨基酸、多肽、蛋白质三者间的关系。

13-5　名词解释

（1）两性　（2）等电点　（3）盐析　（4）变性　（5）黄蛋白反应

## 【知识拓展】

### 生物酶与克隆技术

一、生物酶

生物酶是一种具有生物活性的蛋白质，是生物体内许多复杂化学反应的催化剂。目前，世界上已知酶2000多种，已经应用的120多种。它们是一类由生物细胞产生的、具有催化功能的生物分子，这种生物催化剂具有以下特点。

1. 极高的催化效率

酶是自然界中催化活性最高的一类催化剂。生命体系中发生的化学反应在没有催化剂的情况下，许多反应实际上是难以进行的。酶催化反应的速率比非酶催化反应高$10^8\sim10^{20}$倍。例如，在20℃下，脲酶水解脲的速率比微酸水溶液中反应速率增大$10^{18}$。

2. 高度的专一性（选择性）

酶只能作用于某一类化合物，甚至只能与某一种化合物发生化学反应。即酶对所催化的反应有严格的选择性。例如，酸可催化蛋白质、脂肪、纤维素的水解，而蛋白酶只能催化蛋白质水解；脂肪酶只能催化脂肪的水解；纤维素酶只能催化纤维素的水解。

3. 酶易失活

酶是蛋白质，凡是能使蛋白质变性的因素，如高温、强酸、强碱、重金属等都能使酶丧失活性。同时酶也常因温度、pH等轻微的改变或抑制剂的存在使其活性发生变化。

4. 温和的反应条件

酶由生物体产生，本身是蛋白质，只能在常温常压下，接近中性的pH值条件下发挥作用。例如，在人体中的各种酶促反应，一般都是在体温（约37℃）和血液的pH（约为7）的条件下进行的。

人类对生物酶的研究已经形成一个独立的科学体系——生物酶工程。它是以酶学DNA重组技术为主的与现代分子生物学技术相结合的产物。它的研究内容包括3个方面：一是利用DNA重组技术大量的生产酶；二是对酶基因进行修饰，产生遗传修饰酶；三是设计新的酶基因，合成催化效率更高的酶。生物酶的深入研究和发展极大地推动了生命科学的研究进程。

二、克隆技术

克隆是英文“clone”的译音。意为生物体通过细胞进行的无性繁殖形成的基因型完全相同的后代个体组成的种群，简称“无性繁殖”。

在自然界，有不少植物具有先天的克隆本能，如番茄、马铃薯、玫瑰等插枝繁殖的植物。而动物的克隆技术，则经历了由胚胎细胞到体细胞的发展过程。体细胞克隆是把供体的生物细胞或细胞核整体，移入到受体细胞中，然后让其在另一个母体内发育成个体，由于受体和供体的遗传基因DNA完全相同，因此它们在形态特征上完全一样，是一个百分之百的“复制品”。

1997年2月23日，英国苏格兰罗斯林研究所的科学家宣布，他们的研究小组利用山羊的体细胞成功的克隆出世界上第一只基因结构和供体完全相同的小羊“多莉”（Dolly）。实际上，这一过程是DNA重组的过程。DNA重组是利用生物体内的限制性核酸内切酶从生物细胞的DNA分子上切取所需要的遗传基因，将其与事先选择好的基因载体结合，形成重组的DNA，再将此重组DNA输入另一种生物细胞中，便能通过自我复制和增殖而获得基因产物。原始的DNA分子在这种细胞中的增殖是无性繁殖，这种技术被称为克隆技术。

克隆技术是科学发展的结果，它的应用十分广泛，在园艺业和畜牧业中，克隆技术是选育遗传性质稳定的品种的理想手段，通过它可以培育出优质的果树和良种家畜。在医学领域，目前美国、瑞士等国家已利用克隆技术培植人体皮肤进行植皮手术。这一新成就避免了异体植皮可能出现的排异反应。科学家预言，在不久的将来他们将利用克隆技术制造出心脏、动脉等更多的人体组织和器官，为急需移植器官的病人提供保障。另外克隆技术还可以用来繁殖许多有价值的基因，如治疗糖尿病的胰岛素，有希望使侏儒症患者重新长高的生长激素和能抗多种疾病感染的干扰素等。

## 习 题

**1. 填空题**

（1）氨基酸分子中既含有酸性基团__________，又有碱性基团__________，所以氨基酸是________化合物。

（2）氨基酸在等电点时的溶解度__________。

（3）一般将少于50个α-氨基酸分子间脱水形成的____________，称为多肽。

（4）蛋白质主要是由______、______、______、______、______五种元素组成。

（5）人们通常也根据分子量的大小来划分多肽和蛋白质，将分子量小于10000的称__________，高于10000的称为____________。

（6）氨基酸在等电点时，主要以____________离子形式存在，在pH>p$I$的溶液中，大部分以____________离子形式存在，在pH<p$I$的溶液中，大部分以________________离子形式存在。

**2. 选择题**

（1）蛋白质是（　　）物质。

A. 酸性　　B. 中性　　C. 两性　　D. 碱性

(2) 蛋白质是由 $\alpha$-氨基酸单元通过（　　）组成。

A. 氢键　　B. 酯键　　C. 醚键　　D. 肽键

(3) 含有芳环的蛋白质溶液遇到硝酸加热后显黄色的反应是（　　）。

A. 水解反应　　B. 黄蛋白反应　　C. 硝化反应　　D. 茚三酮反应

(4) 下列不含有手性碳原子的氨基酸是（　　）。

A. Gly　　B. Arg　　C. Met　　D. Phe

(5) 在 pH＝6.00 的缓冲液中电泳，下列氨基酸基本不动的是（　　）。

A. 精氨酸　　B. 丙氨酸　　C. 谷氨酸　　D. 赖氨酸

(6) 天然蛋白质不存在的氨基酸是（　　）。

A. 瓜氨酸　　B. 脯氨酸　　C. 丝氨酸　　D. 蛋氨酸

(7) 下列哪种物质从组织提取液中沉淀蛋白质而不变性（　　）。

A. 硫酸　　B. 硫酸铵　　C. 氯化汞　　D. 丙酮

(8) 蛋白质变性后表现为（　　）。

A. 易被盐析出现沉淀　　B. 溶解度增加

C. 不易被蛋白酶水解　　D. 生物学活性丧失

**3. 完成下列化学反应式。**

(1) $H_2N(CH_2)_4\underset{\displaystyle NH_2}{\underset{|}{C}}HCOOH \xrightarrow{HNO_2} ?$

(2) $CH_3CH_2COOH \xrightarrow[P]{Cl_2} ? \xrightarrow{NH_3}$

(3) $(CH_3)_2CHCH_2\underset{\displaystyle NH_2}{\underset{|}{C}}HCOOH \xrightarrow[HCl]{C_2H_5OH} ?$

(4) $(CH_3)_2CHCH_2\underset{\displaystyle NH_2}{\underset{|}{C}}H-\overset{\displaystyle O}{\overset{\|}{C}}-NHCH_2COOH \xrightarrow{H^+/H_2O} ?$

**4. 写出下列介质中氨基酸的主要存在形式。**

(1) 丝氨酸在 pH＝2 时　　(2) 赖氨酸在 pH＝10 时

(3) 色氨酸在 pH＝12 时　　(4) 谷氨酸在 pH＝3 时

**5. 用化学方法区别下列化合物。**

(1) $CH_3CH_2\underset{\displaystyle NH_2}{\underset{|}{C}}HCOOCH_2CH_3$　　(2) $CH_3CH_2\underset{\displaystyle NH_2}{\underset{|}{C}}HCOOH$

**6. 推断结构**

(1) 某化合物的分子式为 $C_3H_7O_2N$，具有旋光性，能与氢氧化钠和盐酸反应生成盐，与醇反应生成酯，与亚硝酸反应放出氮气，写出该化合物的构造式，并写出有关的反应式。

(2) 有一氨基酸的衍生物 A，分子式为 $C_5H_{10}O_3N_2$，A 与氢氧化钠水溶液共热放出氨，并生成 $C_3H_5(NH_2)(COOH)_2$ 的盐，若把 A 进行霍夫曼降级反应，则生成 $\alpha$，$\gamma$-二氨基丁酸。推测 A 的构造式，并写出有关的反应式。

# 第十四章 萜类和甾族化合物

## 学习目标

**知识目标**

▶ 掌握萜类化合物的组成特点与分类依据；掌握甾族化合物的基本结构、分类和命名。

▶ 了解典型萜类和甾族化合物的来源、主要的生物活性、生源途径及其研究进展。

**能力目标**

▶ 能识别萜类化合物和甾族化合物，对典型萜类和甾族化合物会命名。

▶ 能根据异戊二烯分子数目和连接方式判断出萜类化合物的种类；学会重要萜类化合物的用途。

▶ 能通过甾族化合物的基本结构特征，明确“甾”的含义，进一步判断甾族化合物的构型；学会重要甾族化合物的用途。

▶ 能利用萜类和甾族化合物知识指导日常生活和今后的工作，进一步提高化学基础知识素养。

**导学案例**

▶ 20 世纪 20 年代，美国科学家摩尔发现草食动物肝内都含有丰富的维生素 A，而患干眼病的动物肝内却没有。不吃荤食的动物肝内的维生素 A 是从哪来的呢？一次，摩尔又发现几只山羊在有滋有味地咀嚼抛在地上的胡萝卜，于是他用胡萝卜喂老鼠，结果出现了奇迹：患干眼病的老鼠痊愈了。难道胡萝卜内真有防治干眼病的维生素 A？摩尔同德国化学家卡勒经过数年研究，终于发现胡萝卜内有一种胡萝卜素，它在草食动物肝内的氧化酶的作用下，可转化成维生素 A。胡萝卜素类属于哪类化合物呢？

▶ 2006 年 12 月 20 日下午，浙江省淳安县千岛湖镇第一小学部分师生因恶心、呕吐、腹痛被送往医院诊治为食物中毒，经有关部门调查，判定为该校食堂 20 日中午在加工四季豆时，搅拌不匀，受热不均，加工时间较短，致使部分四季豆没有煮熟煮透，内含的皂素未被彻底破坏，造成部分师生食用后引发食物中毒。什么是皂素，皂素又有哪些用途呢？

## 第一节 萜类化合物

### 一、萜类化合物的结构和分类

萜类化合物广泛存在于自然界中。例如，一些植物药、香精油、色素和树脂中的有效成分就是萜类化合物，如薄荷醇、冰片、胡萝卜素和维生素 A 等；集动植物精华于一身的蜂胶，具有降血脂、降血糖、降胆固醇、提高人体免疫功能等功效，其最主要的有效成分也含有萜类化合物。

萜类化合物具有异戊二烯的基本单位，其分子结构可以看作是异戊二烯分子结构头尾相连接而成的低聚合体或其衍生物。分子中含有双键的萜类化合物称为萜烯类化合物。例如：

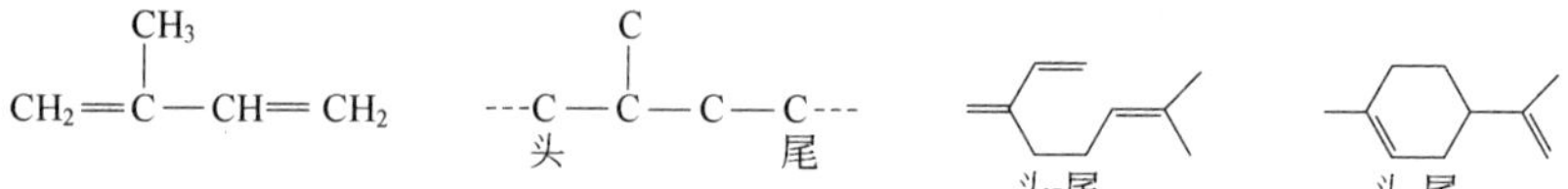

CH₃
CH₂=C—CH=CH₂
C
---C—C—C—C---
头
尾


异戊二烯　　异戊二烯单位　　头-尾 香叶烯　　头-尾 苧烯

根据分子中所含异戊二烯单位的数目，萜类化合物可以分为单萜、倍半萜、二萜、二倍半萜、三萜、四萜和多萜等。其中单萜的种类最多，又根据其碳架分为开链单萜（如香叶烯）、单环单萜（如苧烯）和二环单萜3类。

二环单萜的碳骨架可看作是由1-甲基-4-异丙基环己烷（对薄荷烷）分子中不同位置的碳原子环合而成的。常见的二环单萜有如下4种：

7
1
2
3
4
5
6
8
9
10
C1—C8相连
C6—C8相连
C5—C8相连
C4—C6相连


莰烷(樟烷)　　蒎烷(松节烷)　　蒈烷　　侧柏烷

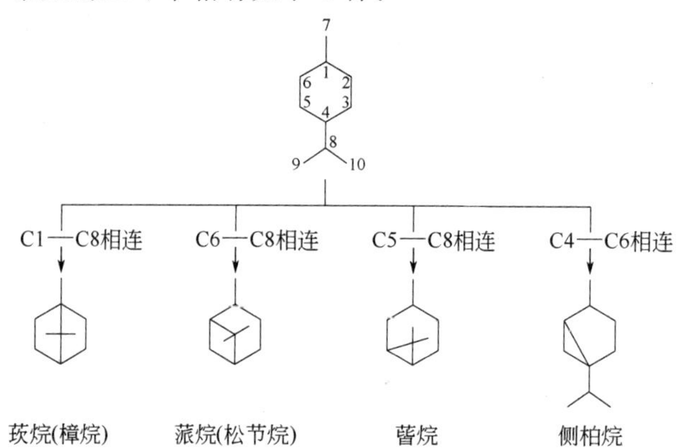

这4种化合物都属于桥环化合物，它们是医学上重要化合物的母体。在自然界存在较多也较重要的是蒎烷和莰烷的衍生物。

## 二、重要的萜类化合物

### 1. 单萜

单萜是由两个异戊二烯单位组成的化合物。单萜常存在于高等植物的腺体、油室和树脂道等分泌组织内，其沸点较低，可随水蒸气蒸馏出来。单萜类化合物多具较强的香气和生物活性，常用作芳香剂、矫味剂、皮肤刺激剂、防腐剂、消毒剂及祛痰剂等。常见的单萜化合物有以下几种。

（1）香叶烯　香叶烯属于开链单萜。它主要存在于月桂树的果实中，在碱性条件下水解，可得到香叶醇、橙花醇和芳樟醇。

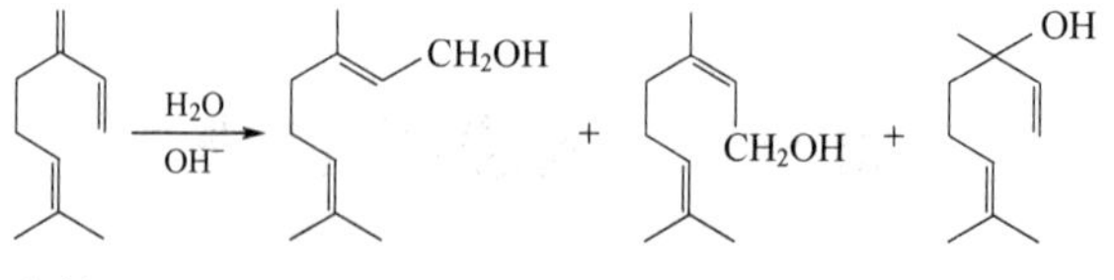

H₂O
OH⁻
CH₂OH
+
CH₂OH
+
OH


香叶烯　　香叶醇　　橙花醇　　芳樟醇

其中，香叶醇和橙花醇互为顺反异构体，都是无色有玫瑰香气的液体。它们主要存在于香叶油、玫瑰油、橙花油中，是重要的化妆品香料。当蜜蜂发现食物时，它便分泌出香叶醇以吸引其他蜜蜂，因此，香叶醇也是一种昆虫外激素。

（2）薄荷醇　薄荷醇属于单环单萜。其构造式为：

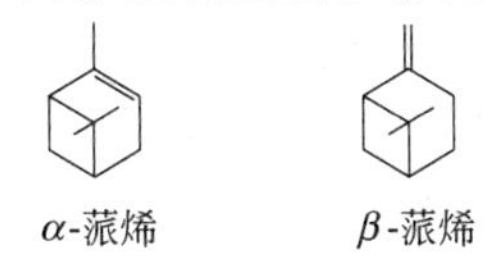


薄荷醇是一种无色透明晶体，熔点为35.5℃，微溶于水，可溶于有机溶剂，由草本植物薄荷中提取而得到。薄荷醇有芳香、清凉气味，具有杀菌和防腐作用。医药上用于制清凉油、止痛药、漱口剂等。食品工业用作糖果、饮料的添加剂，也是牙膏、牙粉的成分之一。

薄荷醇分子中有3个手性碳原子，故有4对对映体，即（±）-薄荷醇、（±）-新薄荷醇、（±）-异薄荷醇、（±）-新异薄荷醇。天然的薄荷醇是左旋的薄荷醇。

（3）蒎烯　蒎烯属于二环单萜，为蒎烷衍生物。蒎烯有$\alpha$、$\beta$两种异构体，其构造式如下：

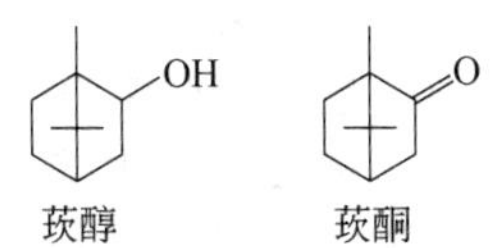


$\alpha$-蒎烯和$\beta$-蒎烯都是无色油状液体，不溶于水，有清新的香气，共存在于松节油中。松节油的主要成分是$\alpha$-蒎烯，含量高达80%，也有少量的$\beta$-蒎烯。松节油在减压下分馏可以分离得到$\alpha$-蒎烯和$\beta$-蒎烯。它们是重要的药物合成中间体，也用作漆、蜡等的溶剂。$\alpha$-蒎烯还是制备冰片、樟脑及其他萜类化合物的重要原料。

（4）莰醇和莰酮　莰醇和莰酮都属于二环单萜，为莰烷衍生物。莰醇又名冰片或龙脑，莰酮俗称樟脑。其构造式如下：

OH　　O

莰醇　　莰酮

莰醇主要存在于热带植物龙脑的香精油中，是无色片状晶体，极易升华，有清凉气味，微溶于水。它广泛用于配制香精和医药上。莰醇氧化可以制取樟脑（莰酮）。

樟脑主要存在于樟脑树中，是白色闪光晶体，能在常温升华，有强烈的樟木气味和辛辣的味道。它的气味有驱虫的作用，可用作衣物的防蛀剂。樟脑在医药上用于制强心剂、十滴水、清凉油等。我国台湾是樟树的主要产地之一，台湾出产的樟脑约占世界总产量的70%，居世界第一位。

## 2. 倍半萜

倍半萜是由3个异戊二烯单位组成的化合物。其含氧衍生物也常具较强的香气和生物活性，通常可按含氧基分为倍半萜醇、倍半萜醛、倍半萜内酯等。倍半萜内酯具有抗炎、解痉、抑菌、强心、降血脂、抗原虫和抗肿瘤等活性。常见倍半萜化合物的构造式如下：

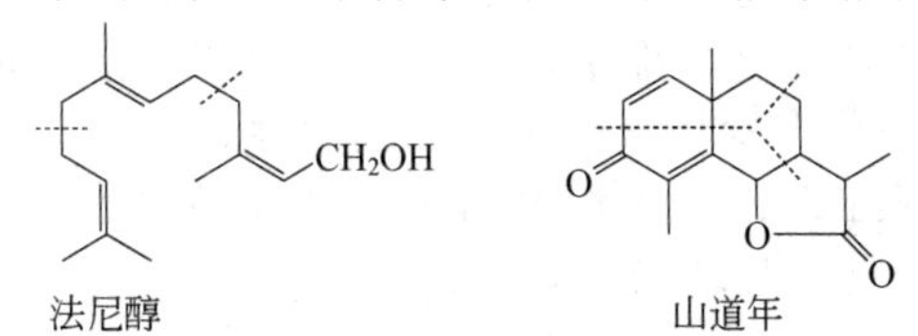


（1）法尼醇　法尼醇又名金合欢醇，是无色黏稠液体，有铃兰香气，存在于玫瑰、茉莉及橙花的香精油中。因含量较低，法尼醇是一种珍贵的香料，用于配制高档香精。

（2）山道年　山道年是倍半萜内酯化合物。它是由菊科植物山道年草的花蕾中提取的无色晶体，熔点为170℃，不溶于水，可溶于有机溶剂。山道年曾是医药上常用的驱蛔虫药，但对人的毒副作用较大。

## 3. 二萜

二萜是4个异戊二烯单位的聚合体。叶绿素的组成部分——叶绿醇和维生素A都是二萜类化合物。其构造式如下：

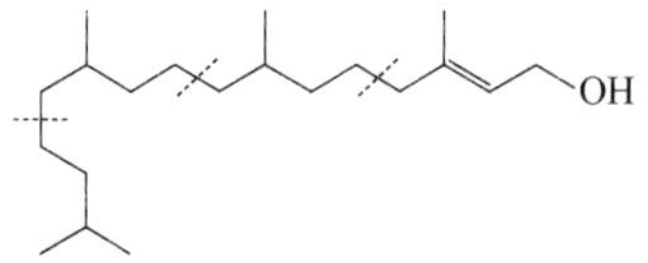

叶绿醇 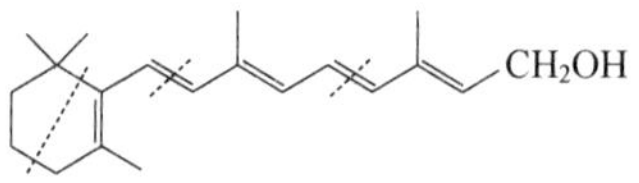　　　　维生素A

（1）叶绿醇　叶绿醇是叶绿素的碱性水解产物，可作合成维生素 $K_1$ 和维生素 E 的原料。

（2）维生素 A　维生素 A 主要存在于奶油、蛋黄、肝脏、鱼肝油、青菜和水果中。它是淡黄色晶体，不溶于水，易溶于有机溶剂。维生素 A 受紫外光照射后则失去活性，在空气中易被氧化。

维生素 A 是哺乳动物正常生长和发育所必需的物质，尤其与视觉有密切关系。缺乏维生素 A 易患夜盲症，还会对儿童造成角膜软化和生长滞缓，对成人产生干皮病、不育等疾病。因此，维生素 A 在医药上常用来防治儿童发育不良、干眼症、夜盲症和皮肤干燥等病症，也可治疗眼部、呼吸道和肠道对感染的抵抗力降低等。

## 4. 三萜

三萜含有 6 个异戊二烯单位，广泛存在于动植物体中。其中角鲨烯是重要的三萜化合物，其结构式如下：

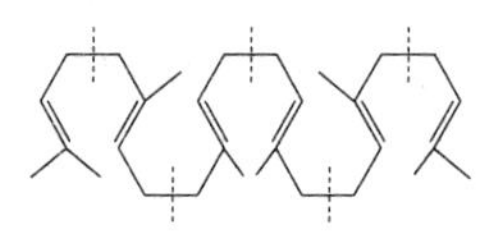

角鲨烯

角鲨烯大量存在于鲨鱼的鱼肝油中，也有少量存在于酵母、麦芽和橄榄油中，是不溶于水的油状液体。角鲨烯是甾族化合物——羊毛甾醇生物合成的中间体。在生物体中角鲨烯经氧化、脱氢及重排可形成羊毛甾醇，而羊毛甾醇又是其他甾族化合物的前身。

## 5. 四萜

四萜含有 8 个异戊二烯单位。这类化合物的分子中都含有一个较长的碳碳双键的共轭体系，一般都带有由黄至红的颜色，因此常把它们叫做多烯色素。

胡萝卜素就属于这类化合物。它不仅存在于胡萝卜中，也广泛存在于植物的叶、花、果实及动物的脂肪中。胡萝卜素有 $\alpha$、$\beta$、$\gamma$ 三种异构体，其中以 $\beta$-胡萝卜素的含量最高（85%）。其结构式如下：

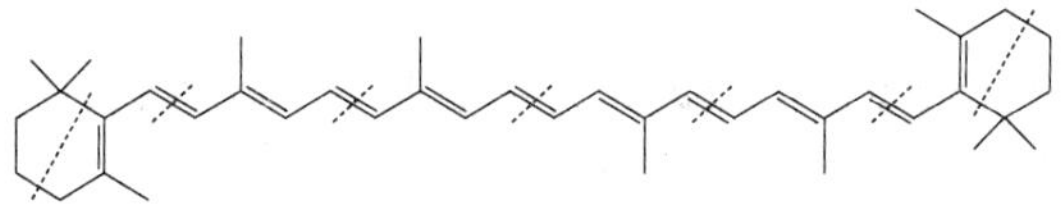

$\beta$-胡萝卜素

在动物体中胡萝卜素可以转化为维生素 A，所以胡萝卜素又称为维生素 A 原，它的生理作用与维生素 A 相同。胡萝卜素易被氧化而失去活性。

番茄红素、虾青素、虾红素、叶黄素也属于四萜多烯色素，其结构与胡萝卜素非常相似，故称为胡萝卜素类化合物。其结构式如下：

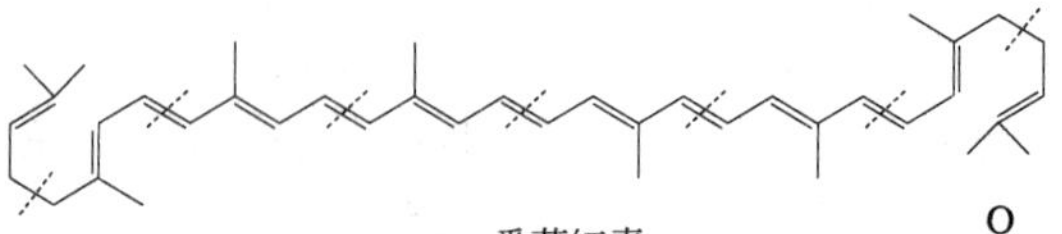

番茄红素

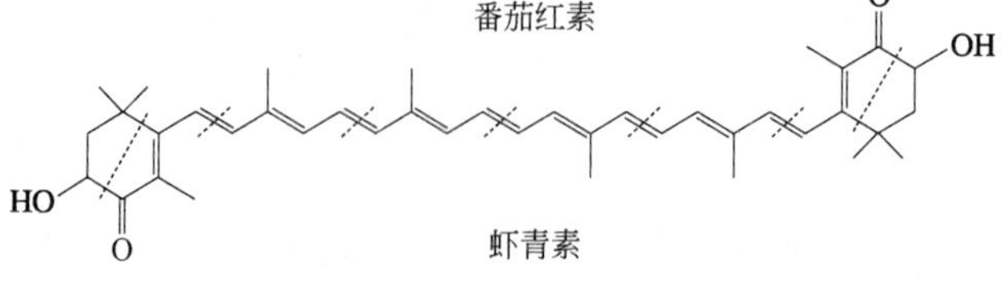

虾青素

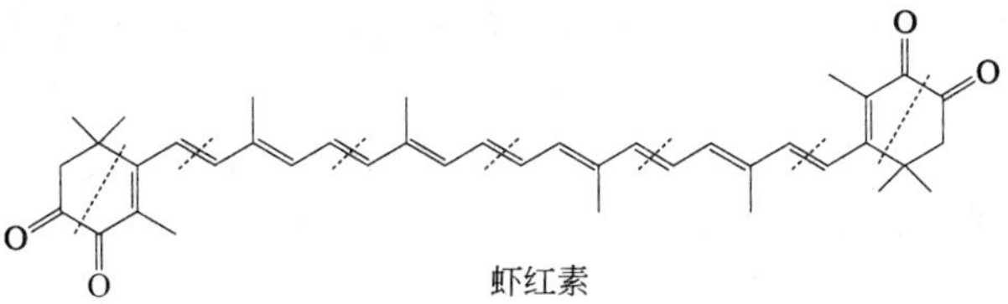

虾红素

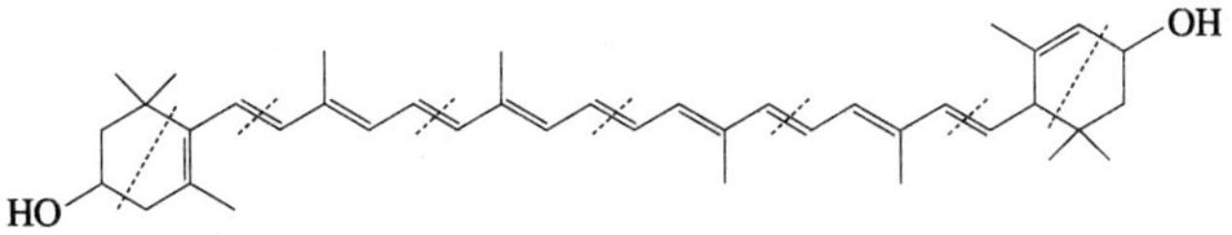

叶黄素

番茄红素是胡萝卜素的异构体，是开链萜，存在于番茄、西瓜及其他一些果实中，为洋红色结晶。虾青素是广泛存在于甲壳类动物和空肠动物体中的一种多烯色素，最初是从龙虾壳中发现的。虾青素在动物体内与蛋白质结合存在，能被空气氧化成虾红素。叶黄素是存在植物体内一种黄色的色素，与叶绿素共存，只有在秋天叶绿素破坏后，方显其黄色。

### 思考与练习

14-1　简述萜类化合物的结构特征？它是如何分类的？

14-2　维生素 A 与胡萝卜素有什么关系？它们各属于哪一类？

# 第二节　甾族化合物

甾族化合物是广泛存在于生物体组织内的一类重要的天然有机化合物。胆固醇、胆汁酸、肾上腺皮质激素、性激素等都属于甾族化合物。它们均具有重要的生理活性，在医疗与制药工业中有着广泛的应用。

## 一、甾族化合物的基本结构

环戊烷并全氢化菲的衍生物叫做甾族化合物，又称为类固醇。这类化合物含有 4 个环和 3 个侧链，所以用象形字“甾”表示，“田”代表 4 个环，“巛”代表 3 个侧链。4 个环分别用 A、B、C、D 表示，其母体结构及环上的编号顺序如下：

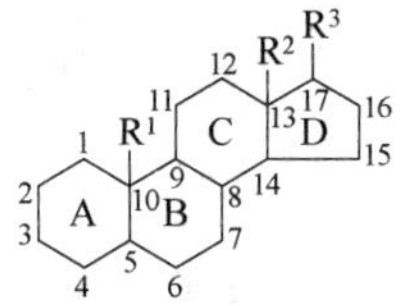

其中 $R^1$ 和 $R^2$ 一般为甲基，叫做角甲基；$R^3$ 常为含两个碳原子以上的侧链或含氧基团。

存在于自然界的甾族化合物，其分子中的 B、C 环及 C、D 环之间一般是以反式稠合的，而 A、B 两环存在顺反两种构型，这两种构型可表示如下：

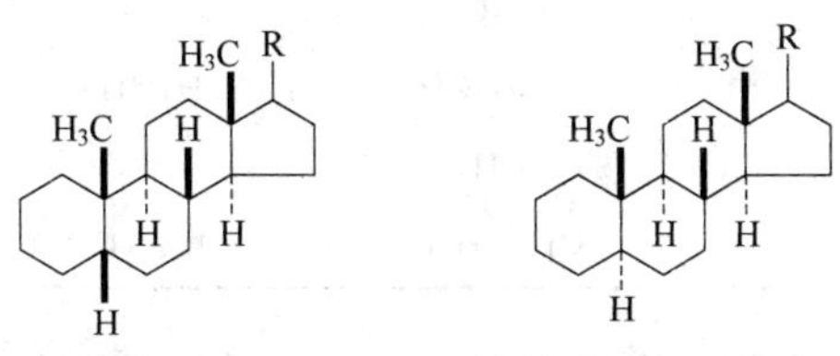


(Ⅰ)AB环顺式稠合　　(Ⅱ)所有环反式稠合

其中，粗实线表示基团在环面的上方；虚线表示基团在环面的下方。

在构型（Ⅰ）中，C5 上的氢原子与 C10 上的角甲基在环的同侧，称为 5$\beta$-系（也叫正系），属于$\beta$-型；在构型（Ⅱ）中，C5 上的氢原子与 C10 上的角甲基在环的异侧，称为 $5\alpha$-系（也叫别系），属于$\alpha$-型。若甾环 C5 处有双键存在，就无 $5\beta$-系和 $5\alpha$-系之分。同理，当甾族化合物环上所连的取代基与角甲基在环平面同侧时，用粗实线或实线表示，属于$\beta$-型；与角甲基不在环平面同侧时则用虚线表示，属于$\alpha$-型。例如：

HO　　　　OH　COOH　HO　OH

二氢胆甾醇($3\beta$-羟基)　　　　但胆酸($3\alpha$,$7\alpha$ ,$12\alpha$ -三羟基)

$5\alpha$-系和 $5\beta$-系甾族化合物的构象式表示如下：

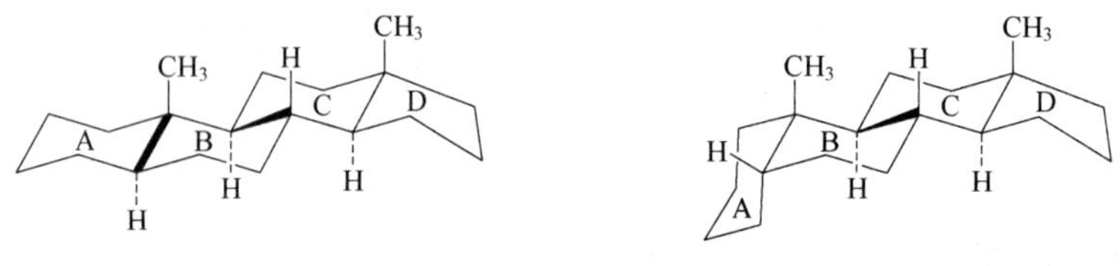


$5\alpha$-系甾族化合物　　　　$5\beta$-系甾族化合物

从两个构象式可以看出，$5\alpha$-系甾族化合物的 A/B、B/C、C/D 环都是 *ee* 稠合，$5\beta$-系甾族化合物的 A/B 环为 *ae* 稠合，B/C、C/D 环是 *ee* 稠合。正如环己烷衍生物一样，取代基在 *e* 键比在 *a* 键上稳定。

## 二、甾族化合物的分类和命名

甾族化合物的种类纷繁，按其基本碳架结构可分为以下几类（见表 14-1）。也可以根据其天然来源和生理作用并结合结构分为甾醇类、胆甾酸类、甾族激素类、甾族皂素类、强心苷类与蟾毒等。

**表 14-1　甾族化合物的分类和命名**

| $R^1$ | $R^2$ | $R^3$ | 名　称 |
|---|---|---|---|
| —H | —H | —H | 甾烷 |
| —H | $—CH_3$ | —H | 雌甾烷 |
| $—CH_3$ | $—CH_3$ | —H | 雄甾烷 |
| $—CH_3$ | $—CH_3$ | $—CH_2CH_3$ | 孕甾烷 |
| $—CH_3$ | $—CH_3$ | $—CHCH_3$<br>\|<br>$CH_2CH_2CH_3$ | 胆烷 |
| $—CH_3$ | $—CH_3$ | $—CHCH_3$<br>\|<br>$CH_2CH_2CH_2CH(CH_3)_2$ | 胆甾烷 |
| $—CH_3$ | $—CH_3$ | $—CHCH_3$<br>\|<br>$CH_2CH_2CH(CH_3)CH(CH_3)_2$ | 麦角甾烷 |
| $—CH_3$ | $—CH_3$ | $—CHCH_3$<br>\|<br>$CH_2CH_2CH(CH_2CH_3)CH(CH_3)_2$ | 豆甾烷 |

由自然界获取的甾族化合物大多有俗名，也可以采用系统命名法命名。其命名按以下原则进行。

① 确定甾族化合物的基本碳架的编号顺序。其基本碳架及编号顺序如下：

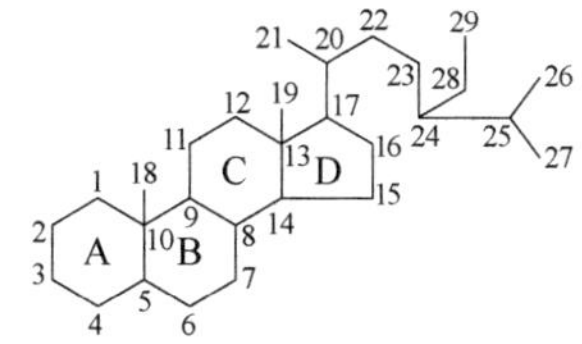

② 确定甾核名称。一般将 C1～C19 部分作为甾核，称为甾，或依据表 14-1 中的基本碳架结构确定甾核名称。

③ 按照取代基和母体的表示方法写出全称。若给出了取代基的空间结构，需用 $\alpha$ 或 $\beta$ 标明取代基的构型。例如：

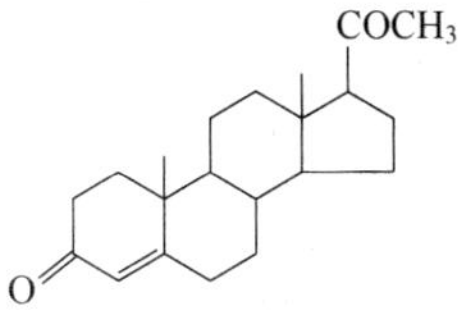

17-乙酰甾-4-烯-3-酮　　3α,7α,12α-三羟基-5-β-胆烷-24-酸

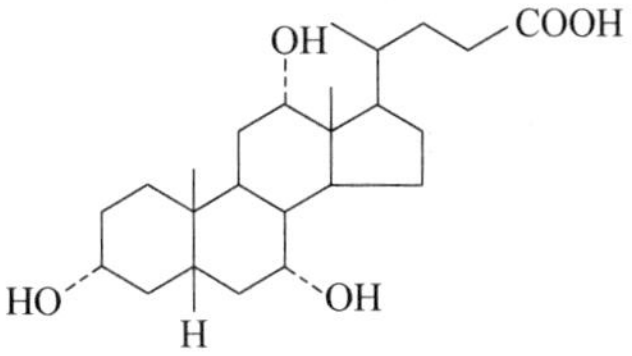

甾族化合物的生物合成途径与萜类化合物有密切关系。在生物体内，乙酸在酶的作用下，经过法尼醇焦磷酸酯的头-头相接可形成鱼鲨烯，鱼鲨烯再经环氧化物环化可形成羊毛甾醇，羊毛甾醇在体内再经过一系列转化即形成胆甾醇和激素等甾族化合物。甾族化合物可以从生物体内分离提取，也可以用人工方法合成。目前，甾族化合物的合成及其应用已成为十分活跃的研究领域。

## 三、重要的甾族化合物

### 1. 甾醇

甾醇可以从脂肪中不能皂化的部分分离得到。根据来源不同，甾醇分动物甾醇和植物甾醇。

（1）胆甾醇　胆甾醇又叫胆固醇，是最重要的、分布最广的动物甾醇，存在于几乎所有的动物组织中，尤其以脑髓和神经组织内含量较高。由于最初从胆石中分离出而得名。其结构特点是，C3 上有一个—OH，与 C10 上的角甲基同侧，属于 $\beta$-构型。其结构式如下：

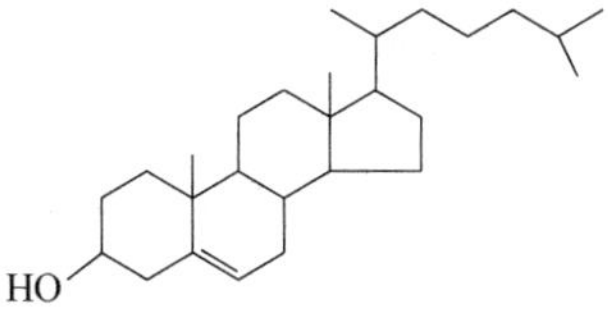

胆甾醇

胆甾醇是无色或微黄色晶体，熔点为 148℃，微溶于水，易溶于热乙醇、乙醚和氯仿等有机溶剂。它属于不饱和仲醇，C3 上的—OH 易与高级脂肪酸成酯，C═C 上可以发生加成和氧化反应。将少量胆甾醇溶于醋酸酐中，再滴加少量浓硫酸，即呈现红-紫-褐-绿的颜色反应，此反应叫做列勃曼-布查（Libermann-Burchard）反应，临床上利用该反应检验测定血液中胆甾醇的含量。

正常人每 100mL 血清中含总胆甾醇（包括游离胆甾醇和胆甾醇酯）约 200mg，当摄取量太多或代谢发生障碍时，胆甾醇便沉积于血管壁上而发生动脉硬化或心脏病，也可以引起胆结石。

在人体中胆甾醇是合成类固醇激素和性激素的前体，在工业上它是制造激素的重要原料，也用作乳化剂。胆甾醇可从牛脊髓中分离。

（2）7-脱氢胆甾醇　7-脱氢胆甾醇也是一种动物甾醇，其结构与胆甾醇相似，只是在

C7 与 C8 之间多一个双键。它存在于人体皮肤中，经紫外线照射，B 环开环而转化为维生素 $D_3$。

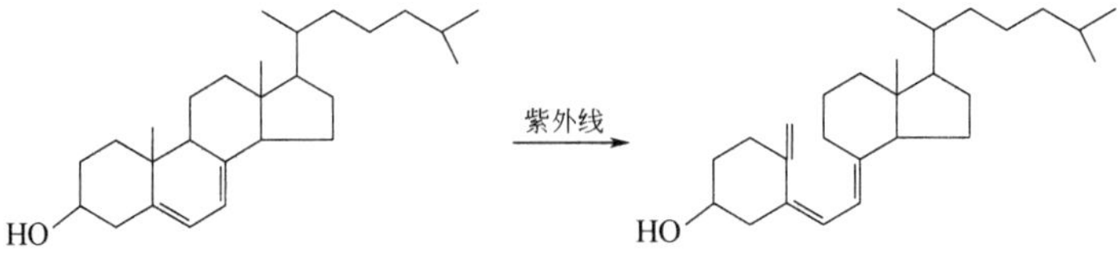

紫外线

7-脱氢胆甾醇　　维生素$D_3$

因此多晒日光可以获得维生素 $D_3$，这是获得维生素 $D_3$ 最简易的方法。

(3) 麦角甾醇　麦角甾醇是最重要的植物甾醇，存在于麦角、酵母等物质中。它也是青霉素生产中的一种副产物。其结构与 7-脱氢胆甾醇相比，在 C17 的侧链上多一个甲基和一个双键。它在紫外线照射下，B 环也发生开环形成维生素 $D_2$。

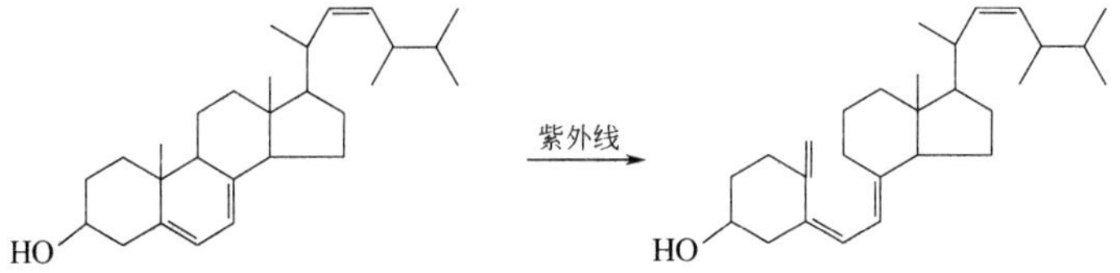

紫外线

麦角甾醇　　维生素$D_2$

维生素 $D_2$ 和 $D_3$ 都属于 D 族维生素，也叫抗佝偻病维生素。D 族维生素包括维生素 $D_2$、$D_3$、$D_4$、$D_5$、$D_6$、$D_7$ 等多种同功物，其中维生素 $D_2$ 和 $D_3$ 最为重要，生理作用最强。维生素 D 是人体吸收 $Ca^{2+}$ 的关键物质，人体内 $Ca^{2+}$ 浓度不足时，就会影响骨骼的生长而导致软骨病（佝偻病），所以儿童需服用适当的维生素 D 并多晒太阳。

维生素 $D_2$ 和 $D_3$ 主要存在于鱼类的肝脏、牛奶及蛋黄中。它们都是无色晶体，熔点分别为 115～117℃和 82～83℃，不溶于水，易溶于丙酮、乙醇和乙醚。在中性溶液中热稳定性好，不易被氧化。若储存于玉米油中，在室温下放置 30 个月活性不消失。

### 2. 胆甾酸

在大部分脊椎动物的胆汁中含有几种结构相似的酸，叫做胆甾酸。其中最重要的是胆酸，其次是脱氧胆酸，它们都属于 5β-系甾族化合物，分子中的—OH 均为 α-构型。其结构式如下：

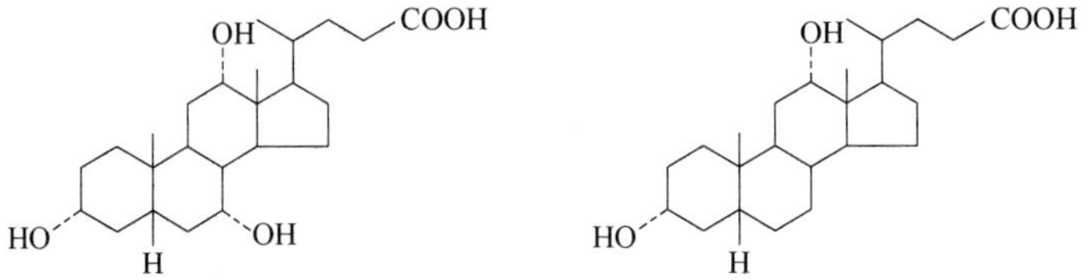

胆酸　　脱氧胆酸

在胆汁中，胆酸多与甘氨酸或牛磺酸（$H_2NCH_2CH_2SO_3H$）通过酰胺键结合成甘氨胆酸或牛磺胆酸，这种结合胆酸称为胆汁酸。其结构式如下：

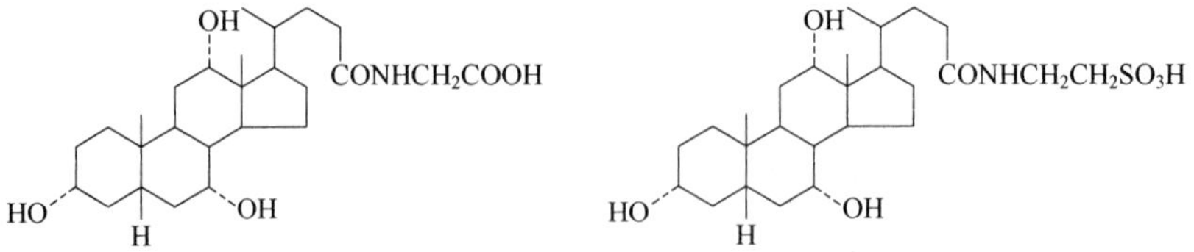

$CONHCH_2COOH$　　$CONHCH_2CH_2SO_3H$

甘氨胆酸　　牛磺胆酸

在小肠碱性条件下，甘氨胆酸或牛磺胆酸以盐的形式存在，称为胆汁酸盐，它们是胆苦的主要原因。这些盐分子中既含有亲水的羧基或磺酸基，又含有疏水的甾环，因此它们是表面活性剂。其生理作用是降低小肠液的表面张力，使油脂乳化，促进小肠的消化与吸收。临床上就是用甘氨胆酸钠和牛磺胆酸钠的混合物治疗胆汁分泌不足而引起的疾病。

### 3. 甾族激素

激素是由各种内分泌腺分泌的一类具有生理活性的物质。它们随血液循环于全身，选择性地作用于一定的组织和器官，对机体的代谢、生长、发育和生殖等发挥着重要的调节作用。激素在人体内的含量甚微，但作用很大，分泌不足或过多都能引起器官代谢及机能发生障碍。甾族激素是激素中的一大类，根据来源不同分为肾上腺皮质激素和性激素两类。

（1）肾上腺皮质激素　肾上腺皮质激素又叫皮质类固醇，是肾上腺皮质中分泌的全部激素的总称。肾上腺皮质激素都是含21个碳原子的类固醇，结构相似，一般甾核C3为酮基，C4与C5之间为双键，C17上连有—$COCH_2OH$，C11连有$\beta$-羟基或酮基。例如：

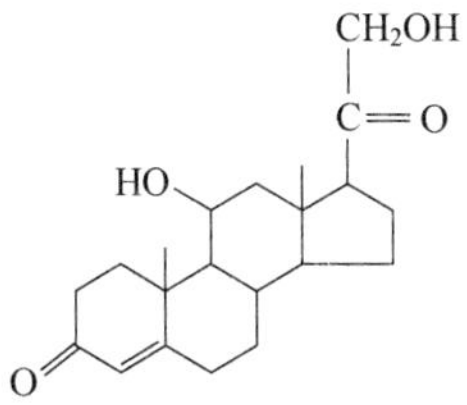

皮质酮 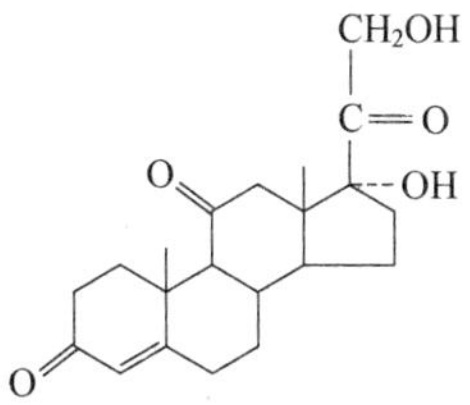　　可的松 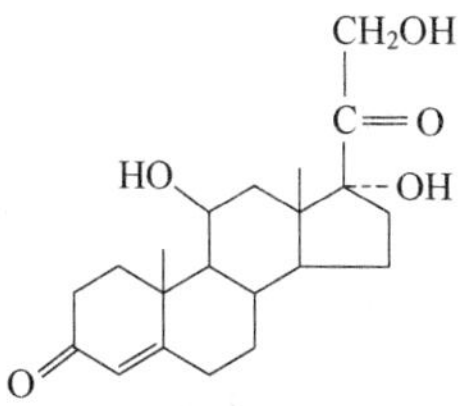　　氢化可的松(皮质醇)

肾上腺皮质激素的生理功能是调节体内电解质和水的平衡以及糖和蛋白质的代谢，并能对抗炎症反应。它们是治疗风湿性关节炎、过敏性疾病、皮肤病等疾病的有效药物。目前在天然皮质激素结构的基础上，人工合成了一些抗炎作用更强，对人体毒副作用更小的甾族抗炎新药，如醋酸可的松、强的松、泼尼松、地塞米松等。

（2）性激素　性激素可分为雄性激素和雌性激素两类，它们是性腺（睾丸或卵巢）的分泌物，其作用是控制第二性征（声音、体形等）、性周期及性器官的生长发育，并对全身代谢产生影响。其中睾丸酮和黄体酮分别是典型的雄性激素和雌性激素。其结构式如下：

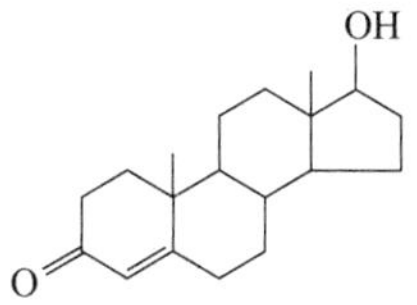

睾丸酮 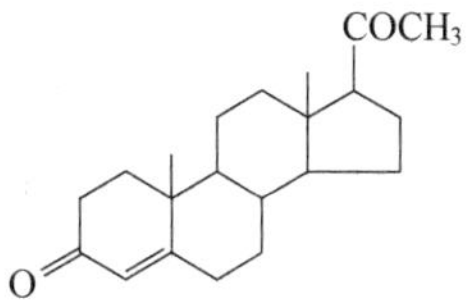　　黄体酮

睾丸酮是无色晶体，熔点为151～156℃，是活性最高的雄性激素。它除具有雄激素活性外，还能促进蛋白质的合成和抑制蛋白质的异化，促进机体组织与肌肉的增长。

黄体酮是无色或淡黄色晶体，熔点为127～131℃，是雌性激素之一。它的生理作用是抑制排卵，并使受精卵在子宫中发育。医药上用于防止流产。

甾族激素的发现和应用是近半个多世纪以来医药学取得的两个重大进展之一（另一个是抗生素的发现和应用），目前全世界生产的甾族激素药物品种达292种。我国甾族激素药物经过40多年的发展，已初具规模，年产值超过60亿元，占医药工业总产值的4%，成为我国医药工业体系中的重要组成部分。甾族激素药物具有很强的抗感染、抗过敏、抗病毒和抗休克等药理作用，在国内外临床医药上广为应用。

### 4. 强心苷与蟾毒

强心苷和蟾毒都是存在于动植物体中的糖苷类化合物。经水解后可以得到甾族化合物和糖，其中的甾族化合物叫做配基。例如：

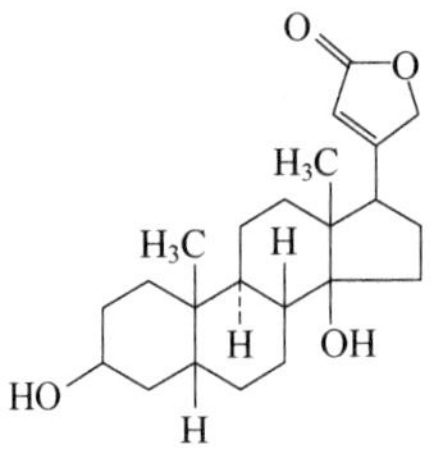

毛地黄毒配基 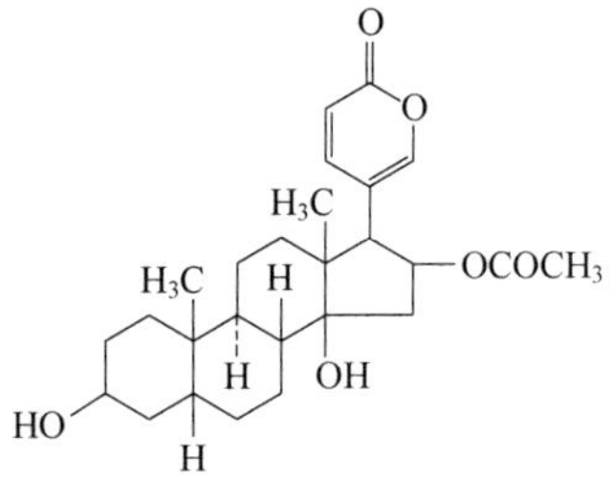　　　　蟾毒配基

强心苷主要存在于玄参科、百合科、夹竹桃科等植物中。其生理作用是能加强心肌的收缩功能，临床上用作强心剂，治疗心力衰竭和心律紊乱等病症。但这类化合物有毒，用量较大会使心脏停止跳动。强心苷的结构很复杂，且多为混合物共存于植物体内。最常见、最重要的强心苷——毛地黄毒素，就是由几种甾族配基与糖形成的苷类混合物，毛地黄毒配基是其中的一种。

蟾毒是蟾蜍的腮腺分泌出的一种物质，它与强心苷有相似的生理作用。

#### 5. 甾族皂素

皂素广泛存在于植物中，众所周知的人参，具有解热、止痛作用的柴胡，有滋阴、清热作用的知母等，其主要成分都是皂素。这类物质多呈白色或乳白色，是粉末状固体，一般不溶于乙醚、苯、氯仿等强亲脂性的有机溶剂，大多数可溶于水。它们与水形成胶体溶液，经振荡后能像肥皂一样产生泡沫，起乳化作用，可以用作洗涤剂，因此叫做皂素。

皂素也是一类以配基的形式与糖结合形成的糖苷类化合物。配基为三萜衍生物或甾族化合物，据此皂素可分为三萜系皂素和甾族皂素两大类。

目前我国从植物中提取的甾族皂素主要有薯蓣皂素、剑麻皂素、番麻皂素 3 种，以薯蓣皂素为主。其结构式如下：

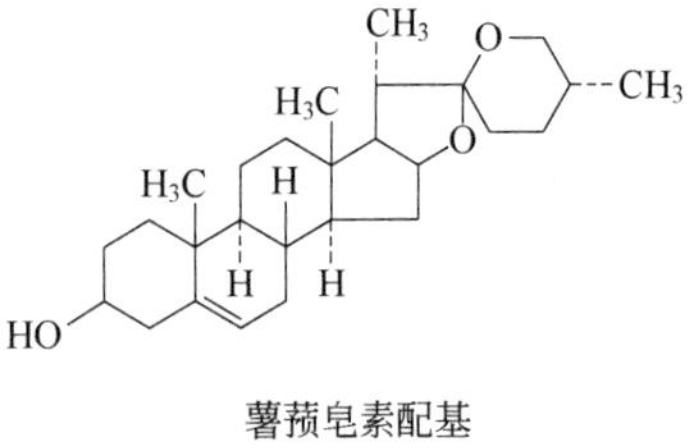

薯蓣皂素配基 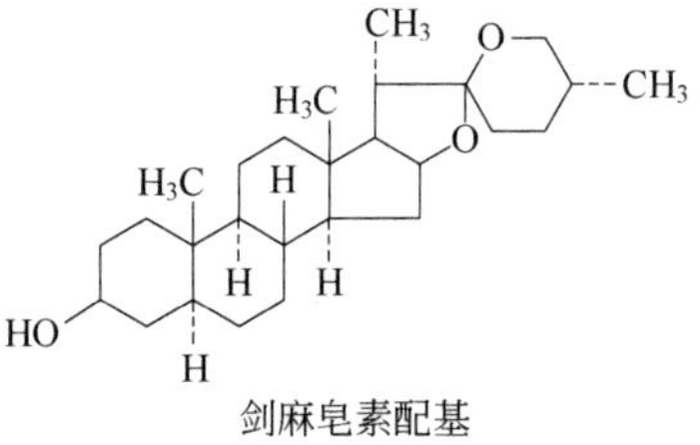　　　　剑麻皂素配基 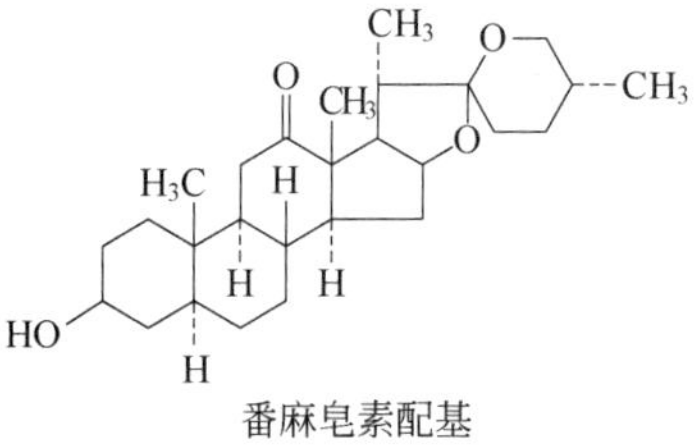　　　　番麻皂素配基

薯蓣皂素主要存在于黄姜、穿地龙等植物中，其中黄姜是生产薯蓣皂素最主要的原料。黄姜生长有较强的地理位置要求，是中国的特有物种，主要集中在湖北、陕西、四川、云南、贵州等地。薯蓣皂素是一种结晶状白色粉末，它是制药工业的重要原料，以它为原料可深加工制成 40 多种激素类药物，如氢化可的松、强的松、地塞米松、避孕药等，产品的市场前景十分广阔。

## 思考与练习

14-3　象形字“甾”的含义是什么？什么是角甲基？什么是甾核？什么是正系、别系？什么是 $\alpha$-构型、$\beta$-构型？

14-4　简述甾族化合物的结构特征？它是如何分类的？

14-5　胆甾酸与胆汁酸的含义有什么不同？胆汁酸盐的生理作用是什么？

## 【知识拓展】

### 让食品更完美——食品添加剂

俗话说“民以食为天”。随着科技的进步和社会的发展，人民的物质生活水平有了不同程度的提高，人们日益关心营养和健康，愈来愈重视食品的卫生和质量。为了增强食品的营养成分，改善食品的品质，延长食品的保存期，以及为了食品加工的需要，往往要在食品中加入一定量的天然物质或人工合成的化学物质，这类物质统称为食品添加剂。

食品添加剂可以定义为：有意识地以少量添加在食品里，以改善食品的外观、风味、组织结构或储存性质的非营养物质。主要包括食用色素、食用香料、甜味剂、助鲜剂、防腐剂、抗氧化剂、营养强化剂等。

一、食用色素

食用色素是一类调节食品色泽的食品添加剂。按其来源可分为天然食用色素和人工合成食用色素。

天然食用色素大多是从动植物组织中提取的，长期使用比较安全可靠，愈来愈引起人们的重视。目前常用的天然色素有辣椒红、甜菜红、红曲红、胭脂虫红、高粱红、叶绿素铜钠、姜黄、栀子黄、胡萝卜素、藻蓝素、可可色素、焦糖色素等。天然色素一般着色力低，对光、热、酸、碱稳定性差，且成本较高。

人工合成食用色素由于色泽鲜艳、着色力强、用量少、性能稳定且价格便宜，因此被广泛使用。合成色素大多由染料工业转化而来，以煤焦油为原料经重氮化偶合而成。这种色素不仅本身没有营养价值，而且大多数对人体有害，因此世界卫生组织对人工合成食用色素的使用种类、使用量均有严格的规定。我国允许使用的人工合成食用色素有苋菜红、胭脂红、赤藓红、新红、柠檬黄、日落黄、靛蓝、亮蓝等。

二、食用香料

食用香料是赋予食品香味的食品添加剂。它不但能够增进食欲，有利消化吸收，而且对增加食品的花色品种和提高食品质量具有很重要的作用。按其来源和制造方法等的不同，通常分为天然香料、天然等同香料和人造香料三类。

天然香料如八角、茴香、花椒、桂皮、茉莉花等是从植物的种子、树皮、花、果实中获取的，直接用于食品的烹调、腌制或调味。也可以用纯粹的物理方法从天然芳香植物或动物原料中提取出它的香辛成分制成精油、酊剂、浸膏、净油和油树脂等。天然香料的组成复杂，都是多种化合物的混合物，但它的香味大部分由一种主要的具有香味的化合物决定。

天然等同香料是指用人工方法合成的，其化学结构是天然物质中存在的单一物质。这类香料品种很多，占食品香料的大多数，对调配食品香精十分重要。

人造香料是指天然物质中尚未发现而由人工合成的单一化学物质，此类香料品种较少，其安全性引起人们的极大关注，必须经过充分的毒理学评价。

天然等同香料和人造香料一般不单独使用，而是配制成各种香精（将多种合成香料按一定的比例调配），成为模拟天然香料的混合香料。由于香料香精的香气自我限制，加多了反而难闻，因此不规定使用限量。

三、甜味剂

甜味剂一般分为营养型和非营养型两类，也可分为天然和人工合成两类。我们日常食用的蔗糖、葡萄糖、果糖、麦芽糖、蜂蜜等属于天然营养型甜味剂，一般认为是食品。作为食品添加剂中的甜味剂，通常是指本身具有甜味，但几乎不产生热能而其营养价值又很低的物质。常用的甜味剂有以下几种。

1. 糖精

糖精的化学名称为邻磺酰苯酰亚胺，为无色结晶或略带白色的结晶状粉末，其钠盐易溶于水，甜味为蔗糖的300～500倍。使用时用量要小，量大会使食物发苦。糖精是人工合成的非营养型甜味剂，因其甜度大，且价格便宜，被广泛使用。专家认为，摄入量每人每日以千克体重计算不超过5mg是安全的。

2. 甜蜜素

甜蜜素的化学名称为环己氨基磺酸钠，为白色针状、片状结晶或结晶状粉末，其稀释液的甜度约为蔗糖的30倍，属于非营养型人工合成甜味剂。经长期实验表明，本品没有致癌性，摄入量每人每日以千克体重计算不超过11mg是安全的。

3. 阿斯巴甜

阿斯巴甜的化学名称为天冬酰苯丙氨酸甲酯，为无色结晶状粉末，其稀释液的甜度为蔗糖的150～200倍，属于低热量人工合成甜味剂。本品安全性高，适合于糖尿病、高血压、肥胖等人的食品中使用，但有苯酮尿症患者禁用。

4. 甜叶菊苷与罗汉果苷

甜叶菊苷又称为甜菊糖，是多种苷的混合物。它是从甜叶菊的叶子中提取的，其甜度是蔗糖的300倍；罗汉果苷为三萜烯化合物，是从罗汉果分离出来的，其甜度是蔗糖的150倍，二者都属于非营养型天然甜味剂。

5. 木糖醇

用稀硫酸使玉米芯、棉籽壳或木材发生水解反应，可制得木糖，再经催化加氢便制得木糖醇。木糖醇的甜度虽然只有蔗糖的1.25倍，但其化学性质稳定，不像糖那样被酵母和细菌利用，形成龋齿，可作防龋齿的甜味剂。此外，木糖醇在人体内的代谢作用与胰岛素无关，不会增加血糖，是糖尿病患者的理想甜味剂。

四、助鲜剂

人们最熟悉的助鲜剂是味精。味精的化学名称为L-谷氨酸单钠盐，是一种无色至白色的结晶或粉末，有鲜味。实际上，它是食盐的助鲜剂，若食物中不含食盐，味精就不显示鲜味。

五、防腐剂与抗氧化剂

防腐剂是能抑制和阻滞微生物（或细菌）的生长，对人体毒性极小的物质，它能杀死微生物，但不改变食品的色、香、味，而又不必用一般的加热方法对食品进行灭菌。最常用的防腐剂有以下几种。

1. 苯甲酸与苯甲酸钠

苯甲酸与苯甲酸钠是酸型防腐剂，适宜使用于偏酸的食品（pH＝4.5～5.0），安全摄入量每人每日以千克体重计算不超过5mg。

2. 山梨酸与山梨酸钾

山梨酸与山梨酸钾也是酸型防腐剂，在pH＝5～6条件下防腐效果最好。山梨酸与山梨酸钾的毒性比苯甲酸与苯甲酸钠小，安全摄入量每人每日以千克体重计算不超过25mg。

3. 丙酸与丙酸钙

丙酸与丙酸钙对霉菌、需氧芽孢杆菌有抑制作用。它们为酸型防腐剂，在弱酸性条件下防腐效果好。丙酸与丙酸钙对面包酵母的作用弱，特别适宜作面包防腐剂。因其毒性低，不限制每天摄入量。

4. 对羟基苯甲酸乙酯与对羟基苯甲酸丙酯

对羟基苯甲酸乙酯与对羟基苯甲酸丙酯为酯型防腐剂，受pH值的影响小。它们对霉菌、酵母菌有较强的作用，对细菌的作用较弱。安全摄入量每人每日以千克体重计算不超过10mg。

防腐剂只能防止或减少由于微生物造成的食品变质现象，但不能防止因空气中的氧气而造成的食物变质。能防止食物被氧化的食品添加剂叫做抗氧化剂，主要有维生素C、二丁基羟基甲苯（BHT）、丁基羟基茴香醚（BHA）、维生素 E 等。

六、营养强化剂

营养强化剂是一种与众不同的食品添加剂，它具有特别重要的积极意义。众所周知，任何食物都不是完美无缺的，它不可能所有的营养物质（糖、蛋白质、脂肪、维生素、矿物质）含量都很丰富，可能会出现一些营养成分含量很低甚至严重缺乏的现象，营养强化剂就是解决这样的问题。所谓“强化”，就是添加不足的营养成分。目前市售的赖氨酸面包和赖氨酸饼干都是营养强化食品，以解决大米、白面、玉米中赖氨酸含量低的问题，从而满足儿童的生长发育。加碘盐是营养强化调味品，可以解决地区性缺碘现象，以防止甲状腺肿大，保证人们的身体健康。

如今，食品添加剂已经进入了千家万户，随着品种增多，使用范围更广泛，人们对食品添加剂的担忧也日趋严重，这是因为大多食品添加剂是人工合成的化学品，或多或少地具有各种各样的毒性，因此加强对食品添加剂的管理是十分重要的。可以肯定的是，只要采取积极的态度，健全食品卫生监督体制，完善食品卫生管理法规，开发安全性好的天然食品添加剂，就一定会让食品更加完美。

## 习 题

**1. 填空题**

（1）萜类化合物具有______的基本单位，可以看作是______的低聚合体或其衍生物。根据分子中所含______数目，萜类化合物可分为______、______、______、______、______、______和______。

（2）根据分子的碳架结构不同，单萜可分为______、______、______三类；常见的二环单萜有______、______、______、______，它们都属于______。

（3）维生素 A（$CH_2OH$）属于______类化合物，它是___个异戊二烯单位的聚合体。胡萝卜素属于______类化合物，在动物体中可以转化为维生素 A，故又称为______。

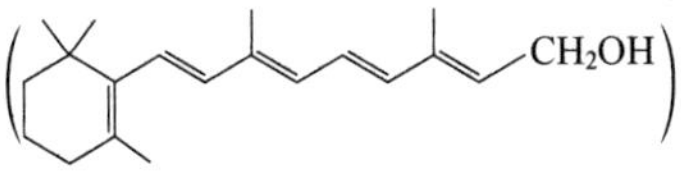

（4）甾族化合物在结构上可看作是______，又称为______。“甾”是象形字，其中“田”代表______，“巛”代表______，其母体结构为______。

（5）甾族化合物根据其天然来源和生理作用并结合结构可分为______、______、______、______、______、______等。

**2. 选择题**

（1）下列化合物中，属于萜类化合物的是（　）。

A. 异戊二烯　B. 樟脑　C. 胆固醇　D. 1-甲基-4-异丙基环己烷

（2）下列化合物中，属于单环单萜的（　）。

A. 香叶醇　B. 叶绿素　C. 薄荷醇　D. 冰片

（3）下列化合物中，属于多烯色素的是（　）。

A. 胡萝卜素　B. 叶绿素　C. 叶黄素　D. 金合欢醇

（4）下列维生素中，在生物体中由甾族化合物转变而成的是（　）。

A. 维生素 A　B. 维生素 C　C. 维生素 D　D. 维生素 E

（5）下列甾族化合物中，属于甾族激素类的是（　）。

A. 黄体酮　B. 毛地黄毒素　C. 胆固醇　D. 胆汁酸

**3. 划分出下列化合物中的异戊二烯单位，并指出它们各属于哪类萜。**

（1） 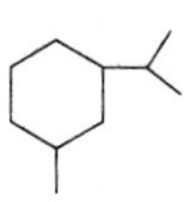　（2） 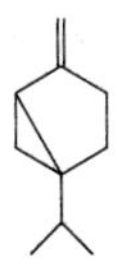　（3） 　（4） 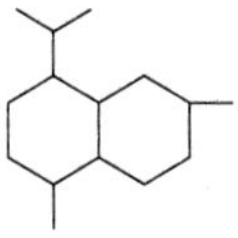　（5）

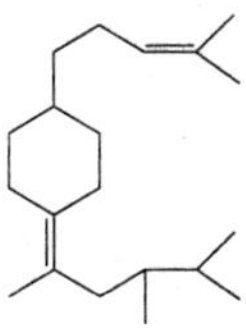

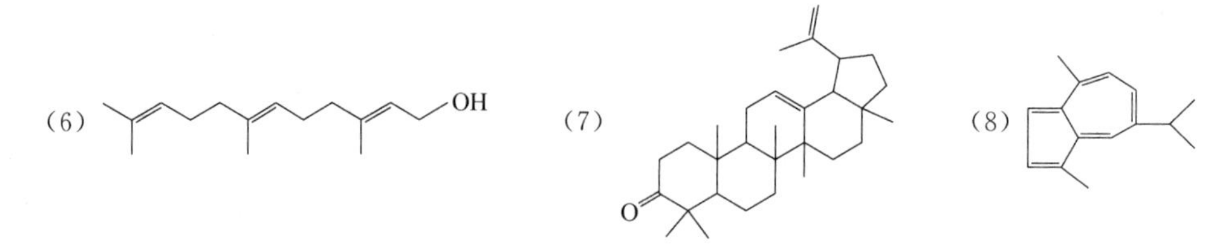


**4. 写出下列化合物的结构式，并说明分子中 α、β 各代表什么含义？**

（1）α-羟基丙酸　　（2）β-丁酮酸　　（3）β-D-呋喃果糖　　（4）5α-甾烷

（5）3α，7α，12α-三羟基-5β-胆烷-24-酸

**5. 完成下列反应式。**

（1） 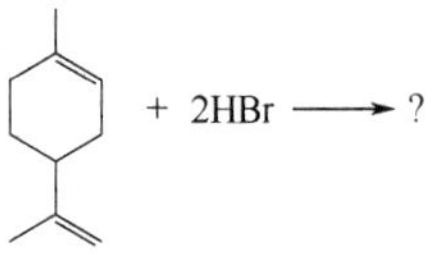　+ 2HBr ⟶ ?

（2） 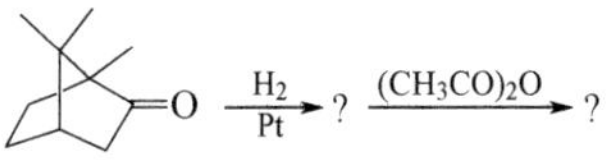　O $\xrightarrow[Pt]{H_2}$ ? $\xrightarrow{(CH_3CO)_2O}$ ?

（3） 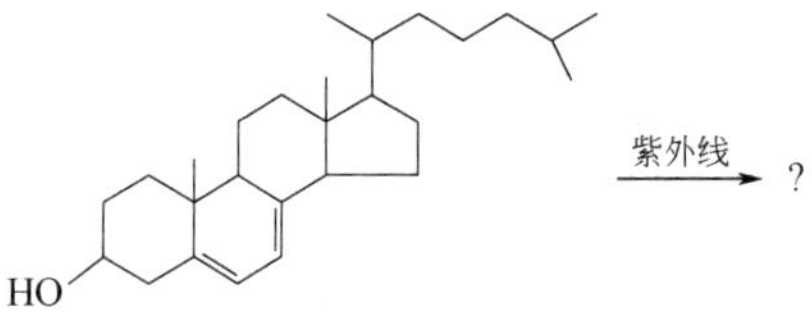　HO　$\xrightarrow{\text{紫外线}}$ ?

（4）　OH　COOH　HO　H　OH　+ $H_2NCH_2COOH$ $\xrightarrow{\text{酶}}$ ?

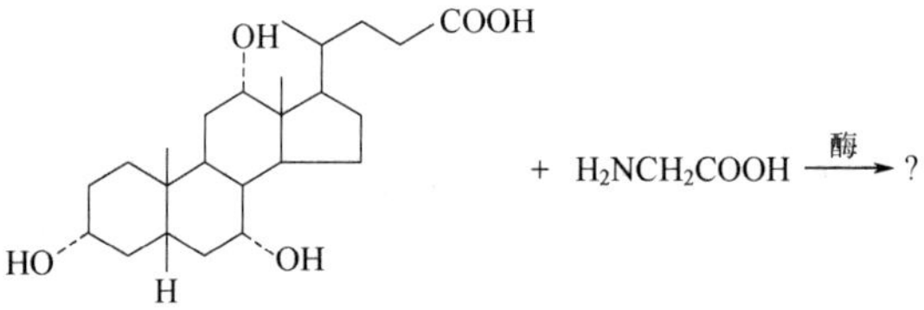

**6. 推断结构**

（1）某单萜 A 的分子式是 $C_{10}H_{18}$，催化氢化后得分子式为 $C_{10}H_{22}$ 的化合物。用 $O_3$ 氧化 A，得到 $CH_3COCH_2CH_2CHO$，$CH_3CHO$ 和 $CH_3COCH_3$，试推测 A 的结构。

（2）用作香原料的香茅醛是一种萜类化合物，它的分子式为 $C_{10}H_{18}O$，与托伦试剂反应生成香茅酸，分子式为 $C_{10}H_{18}O_2$。用高锰酸钾氧化香茅醛得到 $CH_3COCH_3$ 与 $HOOCCH_2CH(CH_3)CH_2CH_2COOH$。试写出香茅醛和香茅酸的结构式。

# 第十五章　有机化学实验的基本知识和有机化合物的分析方法

## 学习目标

**知识目标**

- 掌握有机化合物中主要官能团的鉴别原理和方法，加深对其性质的认识。
- 掌握物理常数——熔点、沸点的测定原理和操作方法以及温度的校正方法。
- 熟悉有机化学实验的一般知识和有机化学实验室的一般规则及安全知识。
- 了解有机化学实验的目的、内容及学习方法。

**能力目标**

- 能明确实验预习内容；能正确书写实验报告；能处理实验室的小事故。
- 会清洗与干燥玻璃仪器。
- 能运用官能团的特征反应，对有机化合物进行定性鉴别。
- 能安装与操作熔点、沸点的测定装置。会使用熔点测定仪。
- 会选择与校准温度计。
- 通过实验基本知识的学习和基本技能的训练，初步养成严谨、求实的工作习惯。

## 第一节　有机化学实验的基本知识

有机化学是一门实践性较强的课程，许多反应及规律都是从实验中得来的，有机化学实验是有机化学不可分割的一部分。

### 一、有机化学实验的基本要求

**1. 有机化学实验的目的**

有机化学实验的目的是在有机化学理论学习的基础上，学习有机化学实验的基本技术，包括有机物物理常数的测定技术、有机物的制备技术、有机物的分离和纯化技术。通过观察实验事实，完成感性认识向理性认识的过渡；通过对实验现象的分析和解释，增强运用所学理论解决实验问题的能力；通过实验技能的训练，培养基本的研究能力。同时，在实验中要培养理论联系实际的作风，实事求是、严肃认真的科学态度与良好的工作习惯。

**2. 有机化学实验的学习方法**

有机化学实验要求有严谨的科学态度和认真仔细的工作作风，养成好的学习方法不仅有利于本课程的学习，也有利于日后的学习和工作。因此，在学习过程中，要求做到以下几点。

① 实验前做好预习，完成预习报告。实验预习是有机化学实验的重要环节，对保证实

验成功与否、收获大小起关键作用。预习时，要明确本实验的目的和要求；写出实验的主、副反应式；对实验中的各反应物、产物及试剂，要查找出它们的各项物理常数、毒性、腐蚀性等。并按照不同的实验特点，将这些内容写成预习报告。

② 实验中规范操作，仔细观察，及时记录。很多有机化学实验是由许多基本的单元操作组成的，在实验时，必须严格按照单元操作的要求规范进行，不可有任何随意及马虎。实验过程中要精力集中，仔细观察实验现象，实事求是地记录实验数据，积极思考，发现异常现象或是实验现象与理论不符，应先尊重实验事实，并要查明原因，或请教老师帮助分析处理。实验记录是实验的基本资料，是研究工作的原始记载，是实验结论及研究论文的根本依据，务必对实验过程中的原料用量、加料次序、反应时间、反应条件、各不同阶段的反应现象、反应结果、产品的提纯方法、产量以及所用仪器的型号规格做仔细的记录。

③ 实验后认真整理，完成实验报告。实验报告是对实验的归纳和提高，是根据实验记录进行的整理和总结，对实验中出现的问题从理论上加以分析和讨论，是感性认识发生飞跃提高到理性认识的必要手段。撰写报告应实事求是、简明扼要、文字通畅、图表清晰、格式统一，不允许抄袭或编造。

**3. 实验报告**

实验报告通常包括 3 个部分：预习、实验记录以及数据整理或结论。

预习部分是实验前应完成的内容，包括实验名称、日期、实验目的、仪器与药品、试剂及产物的物理常数、装置图、实验原理及实验步骤。

实验记录是在实验过程中完成的，它是实验的原始材料，及时、准确、客观地记录下了各种测量数据和实验现象。实验记录应用钢笔写在原始记录本上，不得随意抄袭、拼凑或伪造数据，也不能在实验结束后凭想象进行填写。

数据整理或结论部分是在实验结束后，根据实验记录进行的相关计算、讨论和总结。实验报告的格式见以下实验报告示例。

实验名称　正溴丁烷的制备

专业…………　班级…………　姓名…………　同组者…………　实验日期…………

1. 实验目的

(1) 熟悉醇与氢卤酸发生亲核取代反应的原理，掌握正溴丁烷的制备方法；

(2) 掌握带气体吸收的回流装置的安装与操作及液体干燥操作；

(3) 掌握使用分液漏斗洗涤和分离液体有机物的操作技术；

(4) 熟练掌握蒸馏装置的安装与操作。

2. 实验原理

(1) 正溴丁烷的制备　正溴丁烷是由正丁醇与氢溴酸经取代反应制得的。

主反应

$$NaBr + H_2SO_4 \longrightarrow HBr + NaHSO_4$$

$$n\text{-}C_4H_9OH + HBr \xrightarrow{H_2SO_4} n\text{-}C_4H_9Br + H_2O$$

副反应

$$CH_3CH_2CH_2CH_2OH \xrightarrow{H_2SO_4} CH_3CH_2CH{=}CH_2 + H_2O$$

$$2CH_3CH_2CH_2CH_2OH \xrightarrow{H_2SO_4} CH_3CH_2CH_2CH_2OCH_2CH_2CH_2CH_3 + H_2O$$

$$2NaBr + 3H_2SO_4 \longrightarrow Br_2 + SO_2\uparrow + 2H_2O + 2NaHSO_4$$

(2) 反应混合物的分离　通过将反应混合物逐一分离，可得纯度较高的正溴丁烷。

反应混合物：

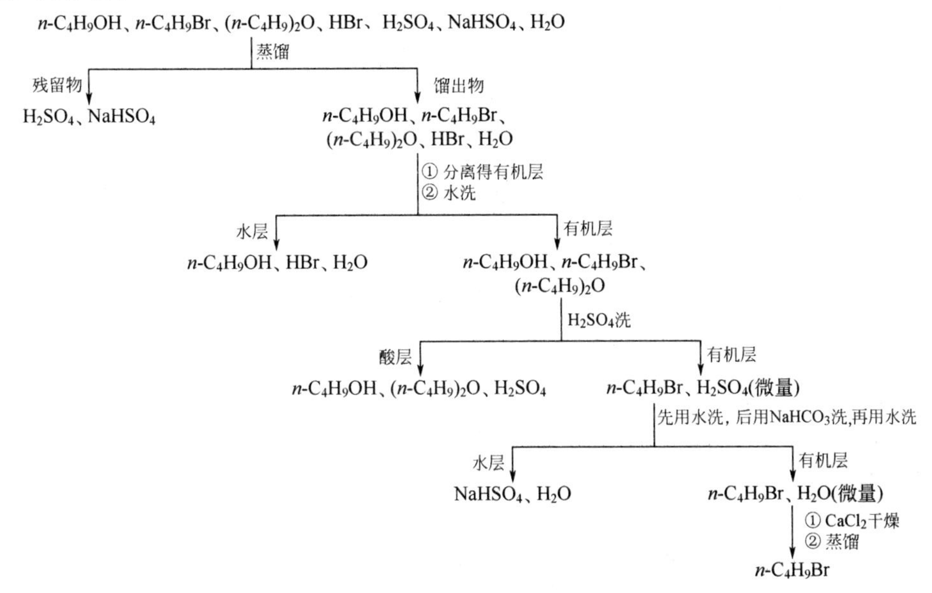


3. 主要试剂及产物的物理常数

| 名　称 | 分子量 | 性　状 | 相对密度 | 熔点/℃ | 沸点/℃ | 溶解度/[g/(100mL 溶剂)] | | |
|---|---|---|---|---|---|---|---|---|
| | | | | | | 水 | 醇 | 醚 |
| 正丁醇 | 74.12 | 无色透明液体 | 0.809 | −89.5 | 117.7 | 7.9 | ∞ | ∞ |
| 正溴丁烷 | 137.03 | 无色透明液体 | 1.299 | −112.4 | 101.6 | 不溶 | ∞ | ∞ |
| 浓硫酸 | 98.08 | 无色透明油状液体 | 1.830 | 10.4 | 340.0(分解) | ∞ | — | — |
| 溴化钠 | 102.90 | 白色结晶颗粒或粉末 | 3.200 | 755.0 | 1390.0 | 79.5(0℃) | 微溶 | 微溶 |

4. 主要试剂用量及规格

正丁醇（A. R.）15g(18.5mL，0.20mol)

浓硫酸（工业品）29mL(53.40g，0.54mol)

溴化钠（A. R.）25g(0.24mol)

5. 装置图（略）

6. 实验步骤及现象记录

| 时　间 | 步　　骤 | 现　　象 | 备　注 |
|---|---|---|---|
| 8:30 | 1. 于 150mL 的烧瓶中加 20mL 水、29mL 浓硫酸，振摇冷却 | 放热，烧瓶烫手 | 烧瓶中先放 20mL 水，用冰水冷却 |
| 8:35 | 2. 加 18.5mL 正丁醇及 25g NaBr，振摇，加入沸石 | 不分层，有许多 NaBr 未溶，瓶中已出现白雾状 HBr | |
| 8:50 | 3. 装冷凝管、溴化氢气体吸收装置，加热回流 1h | 沸腾，瓶中白雾状 HBr 增多。并从冷凝管上升，被气体吸收装置吸收。瓶中液体由一层变成三层，上层开始极薄，中层为橙黄色，上层越来越厚，中层越来越薄，最后消失。上层颜色由淡黄色变为橙黄色 | |

续表

| 时　间 | 步　　骤 | 现　　象 | 备　注 |
| --- | --- | --- | --- |
| 10:05 | 4. 稍冷，改成蒸馏装置，加沸石，蒸出正溴丁烷 | 馏出液浑浊，分层，瓶中上层越来越少，最后消失，消失后过片刻停止蒸馏。蒸馏瓶冷却析出无色透明结晶 | 用试管盛少量水试验烧瓶中是 $NaHSO_4$ |
| 10:22 | 5. 粗产物用 15mL 水洗<br>在干燥分液漏斗中用 1mL 浓硫酸洗<br>用 15mL 水洗<br>用 15mL 饱和碳酸氢钠洗<br>用 15mL 水洗 | 产物在下层<br>加一滴浓硫酸沉至下层，证明产物在上层<br>两层交界处有些絮状物 | |
| 11:22 | 6. 粗产物置 50mL 锥形瓶中，加 2g $CaCl_2$ 干燥 | 粗产物有些浑浊，稍振摇后透明 | |
| 12:00 | 7. 产物滤入 50mL 圆底烧瓶中，加入沸石蒸馏，收集 101～102℃馏分 | 99℃以前馏出液很少，长时间稳定于 101～102℃。温度下降时烧瓶中液体很少，停止蒸馏 | |
| 12:30 | 8. 称量 | 无色液体，瓶重 15.52g，共重 34.02g，产物重 18.50g | 接收瓶重 15.52g，接收瓶和产物共重 34.02g |

7. 产率计算

因其他试剂过量，正溴丁烷的理论产量应按正丁醇计算。0.2mol 正丁醇能产生 0.2mol（即 0.2×137＝27.4g）正溴丁烷。

$$百分产率=(18.50/27.4)\times100\%=67\%$$

8. 讨论

醇能与硫酸生成鎓盐，而卤代烷不溶于硫酸，故随着正丁醇转化为正溴丁烷，烧瓶中分成三层。上层为正溴丁烷，中层可能为硫酸氢正丁酯，中层消失即表示大部分正丁醇已转化为正溴丁烷。上、中两层液体呈黄色是由于副反应产生的溴所致。从实验可知溴在正溴丁烷中的溶解度较硫酸中的溶解度大。

蒸去正溴丁烷后，烧瓶冷却析出的结晶是硫酸氢钠。

## 二、有机化学实验室常识

### 1. 有机化学实验室规则

为了保证有机化学实验课的教学质量，防止意外事故的发生，学生在做有机化学实验时，必须遵守下列规则。

① 进入有机实验室前，认真阅读实验室的有关规定及注意事项，预习实验内容，明确实验目的及要掌握的操作技能，了解实验步骤，熟悉实验中各药品的物理性质及安全知识，完成预习报告。

② 教师讲解实验时，要认真听课，记录相关要点。

③ 实验开始，先按规范要求安装实验装置，待指导教师检查合格后，方可进行下步操作。

④ 实验过程中要严格按照操作规程操作，如有改变，应经指导教师同意。实验中要仔细观察实验现象，如实记录。

⑤ 实验时，应本着严肃认真的学习态度，不能大声喧哗、打闹或随处走动；不能穿拖鞋、背心等暴露过多的服装进入实验室；不能在实验室吸烟或吃东西。

⑥ 实验中要始终保持桌面和实验室的清洁，所取药品、仪器及时放回原处。

⑦ 实验结束，应及时拆除装置，将仪器清洗、整理干净，放回原位；将产品按规定统

一处理，不得随意扔在水池或垃圾筒中。经指导老师检查允许后，方可离开。

⑧ 每次实验的值日生应负责整理公用仪器、实验室整体卫生、废液处理及水电安全，经实验室老师检查后，方可离开。

**2. 有机化学实验的安全与环保常识**

在有机化学实验中，会经常接触易燃、易爆、有毒、有腐蚀性的药品，如若使用或处理不慎，后果不堪设想。因此，熟悉有机化学实验的安全与环保常识非常重要。

（1）有机化学实验的安全常识　有机化学实验室，特别要注意防火、防爆、防中毒、防灼伤，为此应注意以下几点。

① 不能用敞口容器加热和盛放易燃、易挥发的化学试剂。应根据实验要求和物质特性选择正确的加热方法。如对沸点低于 80℃ 的易燃液体，加热时应采用间接加热，而不能直接加热。

② 尽量防止或减少易燃物气体的外逸。处理和使用易燃物时，应远离明火，注意室内通风，及时将蒸气排出。

③ 使用易燃易爆物品时，应严格按操作规程操作，要特别小心。

④ 控制加料速度和反应温度，避免反应过于猛烈。

⑤ 常压操作时，不能在密闭体系中加热或反应；减压操作时，不能用平底烧瓶等不耐压容器。

⑥ 一切涉及有毒、有刺激性、有恶臭物质的实验，均应在通风橱中进行。若反应中有有毒、有腐蚀性的气体放出，要安装尾气吸收装置。

⑦ 倾倒试剂、开启易挥发的试剂瓶及加热液体时，不要俯视容器口，以防流体溅出或气体冲出伤人。不可用鼻孔直接对着瓶口或试管口嗅闻气体，只能用手煽闻。

⑧ 使用浓酸、浓碱、溴、铬酸洗液等具有强腐蚀性的试剂时，切勿溅在皮肤或衣服上。如溅到身上应立即用大量水冲洗。

⑨ 高压钢瓶、电器设备、精密仪器等在使用前必须熟悉使用方法和注意事项，严格按要求使用。

（2）有机化学实验的环保常识　有机化学实验会产生各种有毒的废气、废液和废渣，若直接排放，会造成严重的环境污染。因此，有机化学实验室的废弃物应集中，统一处理后再排放。

① 废气的处理。若实验产生的有毒气体量较少，可在通风橱中进行，通过排风设备把有毒气体排到室外，由大量的空气稀释有毒气体；若产生有毒气体的量较多，可安装尾气吸收装置，通过用尾气吸收装置中的物质与有毒气体作用，使其转化为无毒的物质后再排放。

② 废液和废渣的处理。实验室应备有废液缸或回收瓶，将其集中处理后再排放或深埋。有毒的废渣应深埋在指定的地点，若有毒废渣能溶于水，必须经处理后方可深埋。

**3. 实验室常见小事故的处理**

（1）火灾　一旦发生火灾，应首先切断电源，移走易燃物，然后根据起火原因及火势采取适当的灭火方法。若是瓶内反应物着火，用石棉布盖住瓶口，火即熄灭；若是地面或桌面着火，火势不大时，可用淋湿的抹布或砂子灭火；若是衣服着火，立即就近卧倒，在地上滚动灭火；若火势较大，可用灭火器灭火。

（2）烫伤　轻微的烫伤或烧伤，可用 90%～95%的酒精轻拭伤处，或用稀高锰酸钾溶液擦洗伤处，然后涂凡士林或烫伤油膏，切不可用水冲洗；若伤势较重，用消毒纱布小心包扎后，及时送医院治疗。

（3）化学灼伤　先用大量水冲洗再根据不同的灼伤情况作相应处理。若是强酸灼伤，可擦上碳酸氢钠油膏或凡士林；酸溅入眼中时，用大量水冲洗后，再用饱和碳酸氢钠溶液或氨水冲洗，最后用水清洗。若是强碱灼伤，可用柠檬酸或硼酸饱和溶液冲洗，再擦上凡士林；若溅入眼中，先用硼酸溶液冲洗，再用水清洗。

（4）误食毒物　若有毒物质溅入口中还未下咽，应立即吐出，并用大量水冲洗口腔；若是误食强酸，先饮大量水，然后服用氢氧化铝膏、鸡蛋清，再用牛奶灌注；若误食强碱，也应先饮大量水，然后服用醋、酸果汁、鸡蛋清，再用牛奶灌注；若误食其他刺激性毒物，可服一杯含5～10mL 5%硫酸铜溶液的温水，再用手指伸入喉部，刺激促使呕吐，然后送医院治疗。

（5）吸入毒气　若吸入刺激性毒气，可吸入少量酒精和乙醚的混合蒸气，然后到室外呼吸新鲜空气。

## 三、常用玻璃仪器及其洗涤与干燥方法

### 1. 常用玻璃仪器

玻璃仪器一般由软质玻璃和硬质玻璃两种材料制成。软质玻璃耐温、耐腐蚀性差，价格相对便宜，一般用于制作漏斗、量筒、吸滤瓶、干燥器等不耐温的仪器；硬质玻璃具有较好的耐温和耐腐蚀性，制成的仪器可在温度变化较大的情况下使用，如烧瓶、烧杯、冷凝管等。

目前普遍生产和使用的玻璃仪器大多为标准磨口玻璃仪器，根据其口径不同，有10、12、14、19、24、29、34等编号。相同编号的磨口仪器，口径一致，连接紧密，使用时可以互换，组装成多种不同的实验装置。有机实验常用玻璃仪器的有关内容见表15-1。

表15-1　有机实验常用玻璃仪器

| 仪器图示 | 规格及表示方法 | 一般用途 | 使用注意事项 |
|---|---|---|---|
| 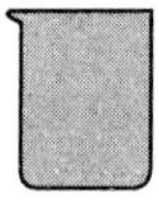 烧杯 | 有一般型和高型、有刻度和无刻度等几种。规格以容积(mL)表示 | 配制溶液或溶解固体；反应物量多时，可作反应器；也可作简单水浴装置 | 加热前先将外壁水擦干，放在石棉网上；反应液体不超过容积的2/3，加热液体不超过容积的1/3 |
| 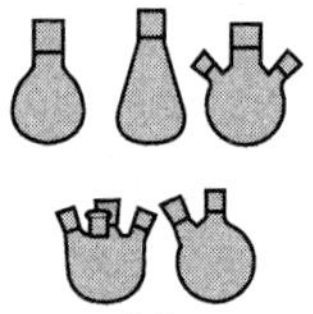 烧瓶 | 有平底、圆底、长颈、短颈，细口、磨口，圆形、茄形、梨形，单口、两口、三口、四口等种类 | 用作反应器；作蒸馏容器，圆底的耐压，平底的不耐压，不能用作减压蒸馏；多口的可装配温度计、搅拌器、加料管，或通过蒸馏头与冷凝管连接 | 盛放的反应物料或液体不超过容积的2/3，也不宜太少；加热要固定在铁架台上，预先将外壁擦干，下垫石棉网；圆底烧瓶放在桌面上，下要有木环或石棉环，以免翻滚损坏 |
| 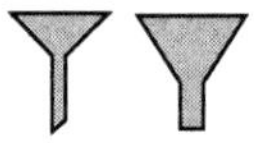 漏斗 | 有短颈、长颈、粗颈、无颈等种类。规格以斗颈(mm)表示 | 用于过滤；加料；长颈漏斗常用于装配气体发生器，作加液用 | 不能用火加热，过滤的液体也不能太热；过滤时，漏斗颈尖端要紧贴承接容器的内壁；长颈漏斗在气体发生器中作加液用时，颈尖端应插入液面以下 |
| 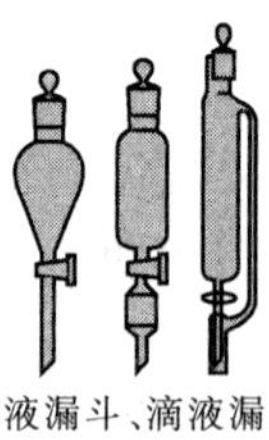 分液漏斗、滴液漏斗 | 有球形、梨形、筒形、锥形等。规格以容积(mL)表示 | 分液漏斗用作互不相溶的液液分离及液体的洗涤和萃取；滴液漏斗用于加料 | 不能用火加热；漏斗活塞不能互换；用作萃取时，振荡初期应放气数次，分液时，上口塞要接通大气 |

续表

| 仪器图示 | 规格及表示方法 | 一般用途 | 使用注意事项 |
| --- | --- | --- | --- |
| 布氏漏斗、吸滤瓶、吸滤管 | 布氏漏斗有瓷制和玻璃制品，规格以直径(mm)表示；吸滤瓶规格以容积(mL)表示；吸滤管以直径×管长(mm)表示规格，若为磨口，以容积表示 | 连接到水泵或真空系统中进行结晶或沉淀的减压过滤 | 不能用火加热；布氏漏斗和吸滤瓶大小要配套；滤纸直径要略小于漏斗内径；过滤前，先抽气，结束时，先断开抽气管和滤瓶连接处，再停抽气，以防液体倒吸 |
| 冷凝管 | 有直形、球形、蛇形、空气冷凝管等多种。规格以外套管长(cm)表示 | 球形和蛇形的冷却面积大，适宜加热回流时用；直形的不易积液，适宜蒸馏冷却时用；沸点高于140℃的液体蒸馏，可用空气冷凝管 | 下支管进水，上支管出水；开始进水缓慢，水流不能太大 |
| 蒸馏头、克氏蒸馏头 | 标准磨口仪器 | 用于蒸馏，与温度计、烧瓶、冷凝管连接 | 磨口处要洁净；减压蒸馏时，要选用克氏蒸馏头，并在各连接口上涂真空油脂 |
| 尾接管 | 标准磨口仪器，分单尾和多尾两种 | 承接蒸馏出来的冷凝液体；在减压蒸馏时，其支管接真空系统 | 磨口处要洁净；减压蒸馏时，在各连接口上涂真空油脂 |

### 2. 玻璃仪器的洗涤

洗涤玻璃仪器是每一个实验均要面临的工作，仪器洗涤是否符合要求，对实验结果有直接的影响。在有机化学实验中，玻璃仪器的洗涤主要有以下要求。

(1) 用水刷洗　使用用于各种形状仪器的毛刷，如试管刷、瓶刷、滴定管刷等，首先用毛刷蘸水刷洗仪器，用水冲去可溶性物质及刷去表面黏附的灰尘。

(2) 用洗洁剂洗　最常用的洗洁剂是肥皂、肥皂液、洗衣粉、去污粉、洗液、有机溶剂等。肥皂、肥皂液、洗衣粉和去污粉，用于可以用刷子直接刷洗的仪器，如烧杯、锥形瓶、试剂瓶等；洗液多用于不便用刷子洗刷的仪器，如滴定管、移液管、容量瓶、蒸馏器等特殊形状的仪器，也用于洗涤长久不用的杯皿器具和刷子刷不下的结垢。

用洗液洗涤仪器，是利用洗液本身与污物发生化学反应的作用，将污物去除，因此需要浸泡一定的时间使其充分作用。有机溶剂是针对污物属于某种类型的油腻性，借助有机溶剂能溶解油脂的作用洗除之，或借助某些有机溶剂能与水混合而又挥发快的特殊性，冲洗一下带水的仪器将水洗去。例如，甲苯、二甲苯、汽油等可以洗油垢；乙醇、乙醚、丙酮可以冲洗刚洗净而带水的仪器。

洗洁剂洗后的仪器，需用水冲洗干净，以仪器倒置时，水流出后，器壁不挂小水珠为准。

### 3. 玻璃仪器的干燥

用于有机化学实验的仪器很多是要求干燥的，仪器洗净后，应根据不同要求对仪器进行干燥。常用的干燥方法有以下几种。

(1) 晾干　不急用的玻璃仪器，要求一般干燥，可在纯水刷洗后，在无尘处倒置晾干水分，然后自然干燥。可用安有斜木钉的架子和带有透气孔的玻璃柜放置仪器。

（2）烘干　洗净的仪器控去水分，放在电烘箱中烘干，烘箱温度为105～120℃烘1h左右。也可放在红外灯干燥箱中烘干，此法适用于一般仪器。称量用的称量瓶等烘干后要放在干燥器中冷却和保存；带实心玻璃塞的仪器及厚壁仪器烘干时要注意缓慢升温并且温度不可过高，以免烘裂；量器不可放于烘箱中干燥。

硬质试管可用酒精灯烘干，要从底部烘起，把试管口向下，以免水珠倒流把试管炸裂，烘到无水珠时，把试管口向上赶净水汽。

（3）热（冷）风吹干　急需的干燥仪器或不适合放入烘箱的较大的仪器可用吹干的办法，通常用少量乙醇、丙酮（或最后再用乙醚）倒入已控去水分的仪器中摇洗，控净溶剂（溶剂要回收），然后用电吹风吹，开始用冷风吹1～2min，当大部分溶剂挥发后吹入热风至完全干燥，再用冷风吹残余的蒸气，使其不再冷凝在容器内。此法要求通风好，防止中毒，不可接触明火，以防有机溶剂爆炸。

# 第二节　主要官能团的鉴别方法

官能团是指决定有机化合物分子主要化学性质的原子或基团。不同官能团具有不同的特性，可以发生不同的反应；相同官能团在不同化合物中，由于受整个分子结构的影响，其反应性能也会有所差异。利用官能团的特性反应，可以对有机化合物进行鉴别。

## 一、脂烃和芳香烃的鉴别方法

### 1. 烷烃的分析方法

一般烷烃没有合适的定性检验方法，只能由元素定性分析（只含碳氢），结合分子量的测定，从燃烧的结果可得知分子式为 $C_nH_{2n+2}$。烷烃不溶于水、稀酸、稀碱及浓硫酸。若要进一步鉴定个别烷烃，主要依据其物理常数——沸点、熔点、密度、折射率及光谱特征等来确定。

### 2. 烯烃的分析方法

（1）溴的四氯化碳试验　在试管中加入1mL 0.5%溴的四氯化碳溶液，边滴加环己烯（可用粗汽油或煤油代替）边振摇试管，发现溴的四氯化碳溶液中溴的红棕色褪去。这是因为烯烃易与溴发生亲电加成反应，使溴的红棕色褪色。

$$\gt C{=}C\lt + Br_2 \xrightarrow{CCl_4} -\underset{Br}{\underset{|}{\overset{|}{C}}}-\underset{Br}{\underset{|}{\overset{|}{C}}}-$$

（红棕色）　（无色）

需要注意的是，酚、烯醇、醛、酮及含活泼亚甲基的化合物也能发生此反应，但有的是取代反应，生成HBr，不溶于 $CCl_4$。例如：

$$2\ C_6H_5OH + 2Br_2 \xrightarrow{CCl_4} \text{邻-}BrC_6H_4OH + \text{对-}BrC_6H_4OH + 2HBr\uparrow$$

（2）高锰酸钾溶液试验　在试管中加入1mL 0.5% $KMnO_4$ 溶液和1mL 5% $Na_2CO_3$ 溶液，边滴加环己烯边振摇试管，发现高锰酸钾溶液紫红色褪去，并有褐色二氧化锰沉淀析出。

$$>C=C< \xrightarrow[\text{(稀、冷或碱性)}]{KMnO_4} -\underset{OH}{\overset{|}{C}}-\underset{OH}{\overset{|}{C}}- + MnO_2\downarrow + KOH$$

（紫红色）　　　　（棕褐色）

需要注意的是，酚、醛、胺、甲酸、草酸等也可被高锰酸钾氧化。

(3) 烯烃构造的测定　常利用与酸性高锰酸钾或臭氧的氧化反应，通过测定氧化产物的结构，可推断烯烃的构造。

① 酸性高锰酸钾氧化

$$R-CH=CH_2 \xrightarrow[H^+]{KMnO_4} RCOOH + CO_2$$

$$R-\underset{R}{\underset{|}{C}}=CH-R \xrightarrow[H^+]{KMnO_4} R-\underset{O}{\underset{\|}{C}}-R + RCOOH$$

② 臭氧氧化

$$R-CH=CH_2 \xrightarrow{O_3} R-CH(O_3)CH_2 \text{(臭氧化物)} \xrightarrow[Zn]{H_2O} RCHO + HCHO$$

$$R-\underset{R}{\underset{|}{C}}=CH-R \xrightarrow[\text{② } H_2O/Zn]{\text{① } O_3} R-\underset{O}{\underset{\|}{C}}-R + RCHO$$

### 3. 共轭二烯烃构造的测定

共轭二烯烃与顺丁烯二酸酐生成加成产物，其加成产物是具有固定熔点的白色结晶，可用于鉴定共轭二烯烃。例如：

$$\text{丁二烯} + \text{顺丁烯二酸酐} \xrightarrow[100℃]{苯} \text{加成产物 (固体,100\%)}$$

注意：呋喃及其衍生物（糠醛与糠酸除外）也与顺丁烯二酸酐发生加成反应。

### 4. 炔烃的分析方法

(1) 溴的四氯化碳和高锰酸钾试验　炔烃与溴的四氯化碳和高锰酸钾的试验与烯烃相似。

(2) 炔烃构造的测定　也可以利用烃炔与酸性高锰酸钾和臭氧的氧化反应，通过测定氧化产物的结构，推断炔烃的构造。

$$R-C\equiv CH \xrightarrow[H^+]{KMnO_4} RCOOH + CO_2$$

$$R-C\equiv CH \xrightarrow[\text{② } H_2O/Zn]{\text{① } O_3} RCOOH + HCOOH$$

(3) 硝酸银或氯化亚铜的氨溶液试验　在试管中加入 1mL 2% $AgNO_3$ 溶液和 1 滴 10% NaOH 溶液，在振摇下滴加 2%氨水，直到沉淀恰好溶解，得到澄清的硝酸银氨溶液。将通有乙炔气体的导气管插入硝酸银氨溶液中，观察到有灰白色沉淀生成。取 1mL 新配制的 $Cu(NH_3)_2Cl$ 溶液，将通有乙炔气体的导气管插入此溶液中，观察到有红棕色沉淀生成。

$$CH\equiv CH \xrightarrow{Ag(NH_3)_2NO_3} AgC\equiv CAg\downarrow \text{(灰白色)}$$

$$CH\equiv CH \xrightarrow{Cu(NH_3)_2Cl} CuC\equiv CCu\downarrow \text{(红棕色)}$$

$$R-C\equiv CH \xrightarrow{Ag(NH_3)_2NO_3} R-C\equiv CAg\downarrow \text{(灰白色)}$$

$$R-C\equiv CH \xrightarrow{Cu(NH_3)_2Cl} R-C\equiv CCu\downarrow \text{(红棕色)}$$

此反应非常灵敏，现象显著，用于鉴定末端炔的结构。

注意：干燥的金属炔化物很不稳定，受热易发生爆炸。为避免危险，生成的炔化物应加稀酸将其分解。

### 5. 环烷烃的分析方法

环烷烃可用溴水及高锰酸钾溶液来鉴别，小环环烷烃可使溴水褪色（与烷烃区别），但不能与高锰酸钾溶液作用（与烯烃区别）。

### 6. 芳烃的分析方法

芳烃可被冷的发烟硫酸磺化而溶于发烟硫酸中，利用此性质与烷烃进行区别。

芳烃母核或苯、萘等不能使溴的四氯化碳溶液褪色，也不能使冷、稀、中性的高锰酸钾溶液褪色，利用此性质与烯烃进行区别。

用氯仿和无水 $AlCl_3$ 处理烷基苯时，呈现由橙色至红色的颜色变化；萘呈蓝色；菲呈紫色；联苯呈红色。

烷基苯的侧链数目及其位置可以从剧烈氧化后生成的羧酸来鉴别。

注意：带有不饱和侧链的芳烃能发生不饱和烃的特征反应。

## 二、卤代烃的鉴别方法

卤代烃与硝酸银的醇溶液反应，生成卤化银沉淀。

$$R-X + AgONO_2 \xrightarrow{C_2H_5OH} RONO_2 + AgX\downarrow$$

在 3 支编上号码的试管中分别加入 3 滴正丁基氯、苄氯和氯苯，再各加入 1mL 饱和的 $AgNO_3$ 乙醇溶液，振摇后静置。观察到加入苄氯的试管立即出现白色沉淀；约 2min 后，将未出现沉淀的两支试管放入水浴中加热，观察到加入正丁基氯的试管出现了白色沉淀；加入氯苯的试管没有任何变化。

不同结构的卤代烃与 $AgNO_3$ 醇溶液的反应活性差别很大，其中烯丙型（或苄基型）卤代烃、叔卤代烃、$RCHBrCH_2Br$、RI 与 $AgNO_3$ 的醇溶液反应在室温下能立刻生成 AgX 沉淀；$RCH_2Cl$、$R_2CHCl$、$RCH_2Br$ 与 $AgNO_3$ 的醇溶液反应需加热才生成 AgX 沉淀；乙烯型（或卤苯型）卤代烃即使加热也无沉淀生成。

## 三、含氧衍生物的鉴别方法

### 1. 醇的分析方法

（1）金属钠试验　低级醇与金属钠反应放出氢气。

$$R-OH + Na \longrightarrow RONa + \frac{1}{2}H_2\uparrow$$

在两支干燥的试管中，分别加入 1mL 无水乙醇、1mL 正丁醇和 1mL 叔丁醇，再各加入 1 粒绿豆大小的金属钠。观察到 3 支试管都有气泡产生，并且乙醇的反应速率最快，正丁醇次之，叔丁醇最慢。

不同的醇与金属钠反应的活性顺序为：

$$CH_3OH > C_2H_5OH > 1^\circ ROH > 2^\circ ROH > 3^\circ ROH$$

注意：凡含有活泼氢原子的化合物都有此反应。

（2）卢卡斯试验　在 3 支编上号码的干燥试管中，分别加入 0.5mL 正丁醇、仲丁醇和叔丁醇，再各加入 1mL 卢卡斯试剂，管口塞上塞子，振摇片刻后静置。观察到叔丁醇迅速反应，生成氯代烷，溶液变浑浊；仲丁醇在 5～15min 内反应；正丁醇在室温时看不出反应现象。

$$CH_3-\underset{CH_3}{\overset{CH_3}{C}}-OH + HCl \xrightarrow[20℃]{ZnCl_2} CH_3-\underset{CH_3}{\overset{CH_3}{C}}-Cl + H_2O$$ 立即浑浊分层

$$CH_3\underset{OH}{CH}CH_2CH_3 + HCl \xrightarrow[20℃]{ZnCl_2} CH_3\underset{Cl}{CH}CH_2CH_3 + H_2O$$ 放置片刻浑浊分层

$$CH_3CH_2CH_2CH_2OH + HCl \xrightarrow[\triangle]{ZnCl_2} CH_3CH_2CH_2CH_2Cl + H_2O$$ 常温无变化，加热后反应

不同的醇与卢卡斯试剂反应的活性顺序为：

$$3°ROH>2°ROH>1°ROH$$

伯醇在室温不发生反应。

注意：此方法仅适用于 $C_3\sim C_6$ 的醇（异丙醇除外）。若仲醇与叔醇不易区别时，可将试样直接滴入浓盐酸中，振摇静置。在室温下叔醇在 10min 内分层，而仲醇无明显反应。

（3）重铬酸钾试验　在 3 支试管中分别加入 1mL 5% $K_2Cr_2O_7$ 溶液和 1mL 3mol/L $H_2SO_4$ 溶液，混匀后再分别加入 10 滴正丁醇、仲丁醇和叔丁醇。观察到加入正丁醇和仲丁醇的试管由清澈的橙黄色变为绿色，并变得不透明；加入叔丁醇的试管没有任何变化。

伯醇、仲醇能被 $K_2Cr_2O_7/H_2SO_4$ 氧化，叔醇无此性质。

$$\begin{matrix} RCH_2OH \\ R_2CHOH \end{matrix} + K_2Cr_2O_7 + H_2SO_4 \longrightarrow \begin{matrix} RCHO \\ R_2C=O \end{matrix} + Cr^{3+}$$

（橙黄色）　　（绿色）

（4）碘仿试验　具有 $CH_3\overset{OH}{\overset{|}{C}H}-$ 结构的醇生成黄色的碘仿（$CHI_3$）沉淀。

（5）成酯试验　羧酸、酰氯、酸酐与醇生成酯（有香味）的反应也可作为分析鉴定的一种方法。

（6）多元醇的分析　在两支试管中，分别加入 1mL 1% $Cu(SO_4)_2$ 溶液和 1mL 10% NaOH 溶液，立即析出蓝色氢氧化铜沉淀。充分振摇后分别滴入 3 滴甘油、乙二醇，发现两支试管中均变成鲜艳的蓝色（或绛蓝色）溶液。

丙三醇及 1,2-二羟基邻二醇与新制的氢氧化铜作用，可生成鲜艳的蓝色（或绛蓝色）溶液。

$$\begin{matrix} CH_2OH \\ | \\ CHOH \\ | \\ CH_2OH \end{matrix} + Cu(OH)_2 \longrightarrow \begin{matrix} CH_2O\searrow \\ | \quad\quad Cu \\ CHO\nearrow \\ | \\ CH_2OH \end{matrix} + 2H_2O$$

甘油　　氢氧化铜（蓝色沉淀）　　甘油铜（绛蓝色溶液）

## 2. 酚的鉴别方法

（1）氯化铁显色试验　在试管中放入少量苯酚晶体，并加入 3mL 水，制成透明的苯酚稀溶液，再滴加 2～3 滴 1% $FeCl_3$ 溶液，观察到有紫色生成。

大多数酚类遇到氯化铁溶液均可形成有色配合物，因此通过显色反应可以鉴别酚类物质。

注意：只要是烯醇式结构都能与氯化铁显色。

（2）溴水试验　在试管中放入少量苯酚晶体，并加入 3mL 水，制成透明的苯酚稀溶液，再滴加饱和溴水，观察到有白色沉淀产生。

苯酚在室温下与溴水立即反应，生成 2,4,6-三溴苯酚白色沉淀。此反应能定量进行，

可用于苯酚的定量分析。

$$C_6H_5OH + 3Br_2 \longrightarrow 2,4,6\text{-}Br_3C_6H_2OH\downarrow + 3HBr$$

### 3. 醚的鉴别方法

在干燥的试管中放入 2mL 浓 $H_2SO_4$，用冰水冷却后，再小心加入已冰冷的 1mL 乙醚，可以发现乙醚和浓硫酸相溶，并且闻不到醚味。

醚的化学性质比较稳定，主要通过它能溶于冷的浓硫酸中形成鎓盐的反应与烃及卤代烃加以区别。

### 4. 醛酮的鉴别方法

（1）2,4-二硝基苯肼试验　在 5 支试管中各加入 1mL 新配制的 2,4-二硝基苯肼试剂，再分别加入 5 滴甲醛（37%）、乙醛（40%）、丙酮、苯甲醛、苯乙酮，振摇后静置，观察到均有黄色沉淀析出，且沉淀的颜色由浅到深。

醛和酮与 2,4-二硝基苯肼作用生成的不溶性黄色至橙红色晶体，有固定熔点，反应明显，便于观察，常被用来鉴定醛和酮。

（2）托伦（Tollen）试剂试验——银镜试验　在洁净的试管中加入 3mL 硝酸银溶液，边振摇边向其中滴加浓氨水，开始出现褐色沉淀，继续滴加氨水，直到沉淀恰好溶解为止。

将此澄清透明的银氨溶液分别装在 4 支编有号码的洁净试管中，再分别加入 5 滴甲醛（37%）、乙醛（40%）、苯甲醛、丙酮，振摇后，将试管放入 60～70℃水浴中加热约 5min，观察到加入甲醛、乙醛和苯甲醛的试管都有银镜生成。

$$\underset{\text{（无色）}}{RCHO + 2[Ag(NH_3)_2]OH} \xrightarrow[\text{（水浴）}]{\triangle} RCOONH_4 + \underset{\text{银镜}}{2Ag\downarrow} + 3NH_3\uparrow + H_2O$$

醛能与托伦试剂作用生成银镜，酮则不能，这是区别醛和酮最常用的方法。

值得注意的是，甲酸、还原糖也有银镜反应。

（3）费林（Fehling）试剂试验　在 4 支试管中，各加入 0.5mL 费林试剂 A(硫酸铜的水溶液）和费林试剂 B(酒石酸钾钠的碱溶液），摇匀后分别加入 4～5 滴甲醛（37%）、乙醛（40%）、苯甲醛、丙酮，摇匀后，放在沸水浴中加热约 5min。观察到甲醛生成了铜镜；乙醛生成了砖红色沉淀；苯甲醛和丙酮无现象。

$$HCHO + Cu^{2+} + OH^- \xrightarrow{\triangle} HCOO^- + Cu\downarrow + 2H^+$$

$$RCHO + \underset{\text{（蓝色）}}{2Cu^{2+}} + OH^- + H_2O \xrightarrow{\triangle} RCOO^- + \underset{\text{（砖红色）}}{Cu_2O\downarrow} + 4H^+$$

利用费林试剂可以区别脂肪醛和芳香醛，可以鉴定甲醛。

（4）希弗（Schiff）试剂试验——品红醛试验　在 3 支试管中，各加入 1mL 品红醛试剂后分别加入 4～5 滴甲醛（37%）、乙醛（40%）、丙酮，振摇后静置片刻。观察到加入甲醛和乙醛的试管呈现紫红色，而加入丙酮的试管无现象。然后在这两支试管中，各加入 1mL 浓硫酸，振摇后发现甲醛形成的紫红色不消失，而乙醛形成的紫红色消失了。

品红醛试剂（也称希弗试剂）是在呈粉红色的品红盐酸水溶液中，通入二氧化硫气体，使溶液的颜色褪去而得到的无色溶液。醛与品红醛试剂发生加成反应，使溶液呈现紫色，酮在同样条件下则无此现象，因此，这是鉴别醛和酮较为简便的方法。此外，甲醛与品红醛试剂的加成产物比较稳定，加入浓硫酸后，紫红色仍不消失；而其他醛在相同的条件下，紫红色则消失，凭借此性质可鉴别甲醛与其他醛类。

(5) 碘仿试验　在5支试管中，分别加入5滴甲醛（37%）、乙醛（40%）、乙醇（95%）、丙酮、异丙醇，并各加入1mL $I_2$-KI溶液，在振摇下逐滴滴加5% NaOH溶液，至碘的紫色消失，发现除甲醛外，其他4种物质都生成了黄色沉淀。

凡含有 $CH_3\overset{\overset{\Large O}{\|}}{C}—$ 结构的醛、酮和 $CH_3\overset{\overset{\large OH}{|}}{C}H—$ 结构的醇都发生碘仿反应，生成黄色的碘仿（$CHI_3$）沉淀。

(6) 饱和亚硫酸氢钠试验　在4支试管中，各加入1mL新配制的饱和$NaHSO_3$溶液，再分别加入0.5mL甲醛（37%）、丙酮、苯甲醛、苯乙酮，用力振摇后，在冷水浴中放置几分钟（可用玻璃棒摩擦试管内壁，促使结晶析出）。观察到除苯乙酮外，其他3种物质都有结晶析出。

醛、脂肪族甲基酮和低级环酮（$C_8$以下）都能与亚硫酸氢钠饱和溶液发生加成反应，生成不溶于饱和亚硫酸氢钠溶液的α-羟基磺酸钠。

**5. 羧酸及其衍生物的鉴别方法**

(1) 酸性鉴别试验　羧酸可以根据其酸性来鉴别，羧酸溶于NaOH和$NaHCO_3$的水溶液，和$NaHCO_3$反应时放出$CO_2$。

(2) 水解鉴别试验　羧酸衍生物的分析常用水解反应后生成不同的水解产物来鉴定。

① 在试管中加入1mL蒸馏水，沿管壁慢慢滴加3滴乙酰氯，稍稍振摇试管，乙酰氯与水剧烈作用，并放出热。待试管冷却后，再滴加1～2滴2% $AgNO_3$溶液，发现有白色沉淀产生。

$$CH_3—\overset{\overset{O}{\|}}{C}—Cl + H—OH \xrightarrow{室温} CH_3—\overset{\overset{O}{\|}}{C}—OH + HCl$$

$$HCl + AgNO_3 \longrightarrow AgCl\downarrow + HNO_3$$

酰卤可与$AgNO_3$水溶液生成AgX沉淀。

② 在试管中加入1mL水，并滴加6滴乙酸酐，由于它不溶于水，呈珠粒状沉于管底。再微微加热试管，此时乙酸酐的珠粒消失，并嗅到酸味。说明乙酸酐受热发生水解，生成了乙酸。

$$R—\overset{\overset{O}{\|}}{C}—O—\overset{\overset{O}{\|}}{C}—R' + H—OH \longrightarrow R—\overset{\overset{O}{\|}}{C}—OH + R'COOH$$

酸酐容易水解生成酸。

③ 在3支试管中分别加入1mL乙酸乙酯和1mL水，然后在第1支试管中再加入0.5mL 3mol/L $H_2SO_4$溶液，在第2支试管中再加入0.5mL 20% NaOH溶液，将3支试管同时放入70～80℃的水浴中，边摇边观察酯层消失的快慢。发现第2支试管酯层消失最快，第3支试管酯层消失最慢。

$$R—\overset{\overset{O}{\|}}{C}—OR' + H—OH \xrightarrow[\triangle]{H^+或OH^-} R—\overset{\overset{O}{\|}}{C}—OH + R'OH$$

酯容易水解生成酸，用酸或碱催化能加速酯的水解反应。

④ 在试管中加入0.2g乙酰胺和2mL 20% NaOH溶液，小火加热至沸，嗅到氨的气味，并在试管口用湿润的试纸检验，发现变蓝。

$$R—\overset{\overset{O}{\|}}{C}—NH_2 + H—OH \xrightarrow[回流]{OH^-} R—\overset{\overset{O}{\|}}{C}—OH + NH_3\uparrow$$

酰胺与NaOH溶液加热，有$NH_3$放出。

## 四、含氮衍生物的鉴别方法

### 1. 硝基化合物的鉴别方法

（1）氢氧化亚铁试验　大多数硝基化合物，特别是芳香族硝基化合物很容易将氢氧化亚铁（绿色）氧化成氢氧化铁（棕红色）。

$$C_6H_5NO_2 + 4H_2O + 6Fe(OH)_2 \longrightarrow C_6H_5NH_2 + 6Fe(OH)_3 \downarrow$$

（2）氢氧化钠-丙酮试验　苯及其同系物的多元硝基衍生物，当与氢氧化钠和丙酮溶液混合时，产生显色反应。一般情况下，一硝基化合物不显色或很淡的黄色；二硝基化合物显蓝紫色；三硝基化合物显红色。

### 2. 胺的鉴别方法

（1）辛斯堡（Hinsberg）试验　在3支试管中，分别加入4～5滴苯胺、*N*-甲基苯胺、*N*,*N*-二甲基苯胺，再各加入3mL乙醇，振摇后分别滴加3滴苯磺酰氯，放在水浴中煮沸。将3支试管从水浴中取出后冷却，再各加入过量的浓盐酸，振摇后观察到加入*N*,*N*-二甲基苯胺的试管没有沉淀，其余两支试管有沉淀产生。然后将沉淀过滤并洗涤，再各转移至试管中，分别加入5mL水和4粒NaOH，温热后发现由苯胺形成的沉淀溶解，由*N*-甲基苯胺形成的沉淀不溶解。

$$C_6H_5SO_2Cl + RNH_2 \longrightarrow C_6H_5SO_2NHR \xrightarrow{NaOH} C_6H_5SO_2N^- RNa^+$$

苯磺酰氯　伯胺　苯磺酰胺　苯磺酰胺钠盐（可溶于水）

$$C_6H_5SO_2Cl + R_2NH \longrightarrow C_6H_5SO_2NR_2 \downarrow \xrightarrow{NaOH} \text{沉淀不溶解}$$

苯磺酰氯　仲胺　苯磺酰胺

伯胺或仲胺氮原子上的氢原子可以被磺酰基（$R—SO_2—$）取代，生成磺酰胺沉淀。伯胺生成的沉淀可溶于碱；仲胺生成的沉淀不溶于碱；叔胺的氮原子上没有可与磺酰基置换的氢原子，故与磺酰氯不发生反应，加入浓盐酸无沉淀析出。因此可用来鉴别伯胺、仲胺、叔胺。

（2）亚硝酸试验　由于不同的胺与亚硝酸反应现象不同，可用于鉴别脂肪及芳香伯胺、仲胺、叔胺。①脂肪伯胺：0℃放$N_2$。②芳香伯胺：室温放$N_2$。③仲胺：生成黄色油状液体或固体。④脂肪叔胺：无现象。⑤芳香叔胺：生成绿色固体。

（3）溴水试验　在试管中加4mL水和1滴苯胺，振摇后滴加饱和溴水，观察到有白色沉淀生成。

$$C_6H_5NH_2 \xrightarrow{Br_2} 2,4,6\text{-}Br_3C_6H_2NH_2 \downarrow$$

（白色）

此反应非常灵敏并且可定量进行，因此可用于芳胺的鉴别和定量分析。

（4）酰基化试验　伯胺和仲胺可以与酰氯或酸酐发生酰基化反应生成酰胺。酰胺类化合物多为无色晶体，具有固定的熔点，通过测定其熔点，能推测出原来胺的结构，因此可用于鉴定伯胺和仲胺。

### 3. 重氮化合物的鉴别方法

（1）放氮试验　取2mL重氮苯硫酸盐水溶液，放在50～60℃水浴中加热，观察到气体逸出。待混合液冷却后，再滴加饱和溴水，发现有白色沉淀生成。

$$C_6H_5-N_2^+HSO_4^- \xrightarrow[\triangle]{H_2O} C_6H_5-OH + N_2\uparrow$$

$$C_6H_5OH + 3Br_2 \longrightarrow \text{2,4,6-}Br_3C_6H_2OH\downarrow + 3HBr$$

（2）偶联反应试验　在试管中加入少量苯酚，并加入 1mL 10% NaOH 溶液，摇匀至溶解，放入冰水浴中冷却。将此苯酚钠溶液滴入 1mL 至氯化重氮苯水溶液中，再滴加 10% NaOH 溶液至碱性，观察到有橘红色的染料生成。

$$C_6H_5-N^+\equiv NCl^- + C_6H_5OH \xrightarrow[0\sim5℃]{NaOH} C_6H_5-N=N-C_6H_4-OH$$

对羟基偶氮苯（橘红色）

芳香族重氮化合物与酚偶联生成有色物质，可以制备偶氮染料。

## 五、杂环化合物的鉴别方法

许多杂环化合物都有特殊的颜色反应，可利用此性质进行定性鉴别。

呋喃的蒸气遇到浸过盐酸的松木片时呈绿色；吡咯的蒸气或其醇溶液能使浸过盐酸的松木片呈红色；噻吩在浓硫酸存在下，与靛红一同加热显示蓝色；吡啶能使湿润的石蕊试纸变蓝；糠醛可发生银镜反应，在醋酸存在下与苯胺作用显红色。

### 思考与练习

15-1　苯胺和苯酚均与饱和溴水反应生成白色沉淀，如何区分它们？

15-2　选择最佳方法，鉴别下列各组化合物。

（1）甲醇　乙醇　苯甲醛　乙醚　丙酮

（2）乙酸　乙酸酐　乙酰氯　氯化苄　乙醛

（3）乙醇　仲丁醇　叔丁醇　苯胺　硝基苯

（4）戊醛　2-戊酮　苯甲醛　苯乙酮　甲酸

（5）*N*-甲基苯胺　*N*,*N*-二甲基苯胺　苄胺　苯胺

15-3　试述伯胺、仲胺、叔胺的鉴别方法。

15-4　试由 1-氯戊烷、正戊酸乙酯、正丁酸混合物中分离出正丁酸。

# 第三节　熔点、沸点的测定技术

物理常数是物质的固有特征。在有机化学实验中，可通过测定物质的物理常数，鉴定物质的纯度及种类，并帮助人们解释实验现象，预测实验结果，选择正确的合成、分离及提纯的方法。这里主要介绍有机化合物的两个主要物理常数——熔点及沸点的测定。

## 一、熔点及其测定

### 1. 熔点的测定原理

熔点是指在一个大气压下，固体化合物固相与液相平衡时的温度。纯净的固体化合物有固定的熔点。图 15-1 表示一个纯物质的相变与温度间的关系。

当固体物质受热，开始温度不断上升，被加热到一定温度时，开始熔化，这时温度不再上升，固、液两相达到平衡，此时测得的温度即为熔点。同样，液态物质降温到一定温度时，液体会逐渐转变为固体，此时液、固两相达到平衡时的温度，称凝固点。由此可见，纯

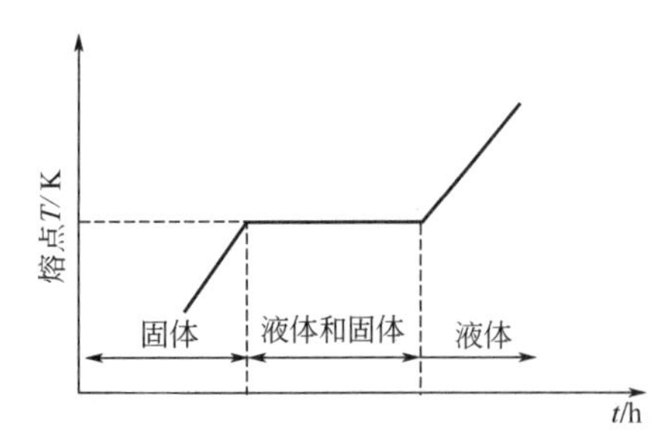

图 15-1　纯物质的相变和温度的关系

物质的熔点和凝固点是一致的。

对于纯物质，固、液两相变化非常敏锐，由初熔到全熔（熔程）温度升高不超过 0.5～1.0℃。若含有杂质，会使熔点降低，熔程增宽，利用这一特点可检验固体化合物的纯度。当测得一未知物的熔点与一已知物的熔点相同或相近时，可将该已知物与未知物按 1∶9、1∶1、9∶1 三种比例混合，分别测熔点。若是同一种物质，熔点相同；若不是同一种物质，熔点会降低，且熔程变长。例如，肉桂酸和尿素的熔点均为 133℃，单独测定某一纯物质的熔点，固、液相变化很快，测定值准确；但当两者混在一起时，其熔点明显低于 133℃，且熔程变宽。

### 2. 熔点的测定装置

测定熔点的装置较常用的有两种，如图 15-2 所示。其中，图 15-2(a) 为国家标准 GB 617—88《化学试剂熔点范围测定通用方法》中规定的熔点测定装置——双浴式装置，主要用于权威性的鉴定。装置中各仪器的规格如下。

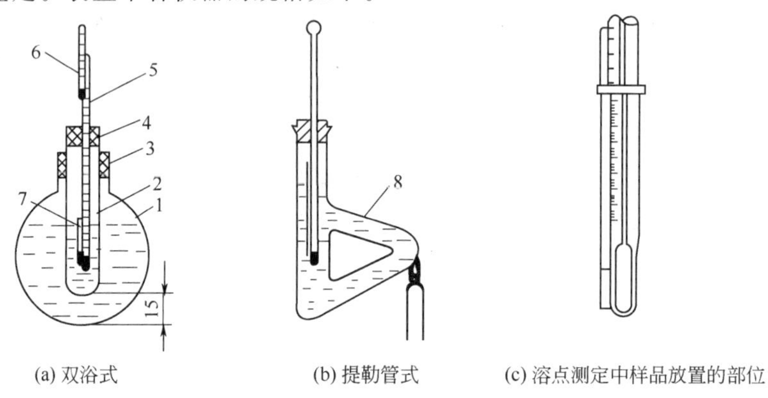

图 15-2　熔点测定装置

1—圆底烧瓶；2—试管；3,4—开口胶塞；5—测量温度计；6—辅助温度计；7—熔点管；8—提勒管

（1）圆底烧瓶　容积为 250mL，球部直径为 80mm，颈长 20～30mm，口径约 30mm。

（2）试管　长 100～110mm，口径约 20mm。

（3）熔点管　是由中性硬质玻璃制成的毛细管，一端熔封，内径为 0.9～1.1mm，壁厚为 0.10～0.15mm，长度为 80～100mm。

（4）测量温度计　单球内标式，分度值为 0.1℃，量程适当。

（5）辅助温度计　分度值为 1℃。

图 15-2(b) 为目前实验室普遍使用的熔点测定装置，它主要是一个玻璃制的熔点测定管——提勒管（或称 b 形管）。

无论双浴式或提勒管式装置，都需要导热的浴液作热导体，浴液的选择主要根据被测样品熔点的高低来确定。若样品熔点在 140℃ 以下，可选液体石蜡或甘油；若样品熔点在 140～220℃之间，可选浓硫酸；若样品熔点超过 220℃，可选硅油或硫酸钾的浓硫酸饱和溶液。

### 3. 熔点的测定方法

由纯物质的相态变化过程可以看出，要得到正确的熔点，需足够的样品、恒定的加热速度和足够的平衡时间，但在实际操作中一般不可能获得大量的样品，通常采用微量法。微量法包括毛细管法和显微熔点仪测定法两种，这两种方法测得的熔点都不是一个温度点，而是初熔到全熔的温度范围即熔程。

（1）毛细管法　该法是熔点测定中应用最广泛的方法，操作方便、快速、准确性较好。具体操作如下。

① 填装样品。取少量样品放在洁净的表面皿上，用玻璃钉研成尽可能细的粉末，集于一堆。将熔点管的开口一端插入粉末堆中多次，估计样品够量后，封口端朝下在一竖直的玻璃管中下落数次，直至样品紧密沉于熔点管底部，高 2～3mm 为宜。如是易分解或易脱水的样品，应将熔点管开口端熔封。装样结束后，将粘于管外的粉末小心擦干净。

② 安装仪器。双浴式熔点测定装置的安装如图 15-2(a) 所示：装入约占烧瓶 2/3 的浴液，并将试管通过开口橡胶塞插入烧瓶中，距瓶底约 15mm；试管的开口橡胶塞插一温度计，距试管底约 5mm；熔点管用小橡胶圈固定在温度计下端，样品部位处于水银球中部[见图 15-2(c)]；试管内加入少量浴液，使插入温度计后其液面高度与烧瓶内液面相平；另将一辅助温度计用橡胶圈固定在测量温度计的露颈部位。

提勒管式熔点测定装置的安装如图 15-2(b) 所示：提勒管内装入浴液至略高于上支管上沿；管口通过开口胶塞插入温度计，使水银球位于 b 形管上下两支口中间；熔点管同样用小橡胶圈固定在温度计下端，样品部位处于水银球中部；辅助温度计的安装与双浴式熔点测定装置相同；加热部位为提勒管两支口顶端，这样可使管内浴液较好地对流循环，便于均匀加热。

③ 加热测熔点。装置安装好后加热，开始升温速度可快些，距样品熔点温度 10～15℃时，以 1～2℃/min 的速度缓慢升温，并注意观察温度及样品，记录样品开始塌落并有液相产生时和固体完全消失时的温度读数，即熔程。

熔点测定应重复两次，每次要用新熔点管装样品。熔点管内壁潮湿或不洁净，都会使测量结果产生误差。

（2）熔点仪测定法　随着高端精密测试仪器的迅猛发展和广泛的应用，利用熔点仪测定药物的熔点也纳入药典中。下面以 WRS-1A 型数字熔点仪（见图 15-3）为例简单介绍熔点仪的测定方法。该仪器采用光电检测，数字温度显示等技术，具有初熔、全熔自动显示等功能。温度系统应用了线性校正的铂电阻作检测元件，并用集成化的电子线路实现快速“起始温度”设定及八档可供选择的线性升温速率自动控制。初熔读数可自动储存，具有无需人监视的功能。仪器采用药典规定的毛细管作为样品管，填装样品与毛细管法相同。利用 WRS-1A 型数字熔点仪测定物质的熔点操作步骤如下。

图 15-3　WRS-1A 型数字熔点仪

① 开启电源开关，稳定 20 分钟。此时，保温灯、初熔灯亮，电表偏向右方，初始温度为 50℃左右。

② 通过拨盘设定起始温度，通过起始温度按钮，输入此温度，此时预置灯亮。

③ 选择升温速率，将波段开关调至需要位置。

④ 预置灯熄灭时，起始温度设定完毕，可插入样品毛细管。此时电表基本指零，初熔灯熄灭。

⑤ 调零，使电表完全指零。

⑥ 按下升温钮，升温指示灯亮。

⑦ 数分钟后，初熔灯先闪亮，然后出现全熔温度读数显示，欲知初熔温度读数，按初熔钮即得。

⑧ 只要电源未切断，上述读数值将一直保留至测下一个样品。

WRS-1A 型数字熔点仪的使用方法及注意事项可参考仪器使用说明书。

**4. 温度计的校正**

市场上购买的温度计都有一定误差，为保证测量的准确性，需对其进行校正，常用的方法有以下两种。

（1）比较法　与标准温度计一起在同一溶液中测定温度，对照比较，找出偏差值，进行校正。

（2）定点法　选择已知准确熔点的标准样测定熔点，以测定的熔点值为纵坐标，测定值与准确值的差为横坐标作图，从图中求得校正后的温度误差，进而得到熔点的准确值。

**5. 熔点测定值的校正**

实验测得的熔点经过校正，才能得到正确的熔点值，校正公式为：

$$t=t_1+\Delta t_2+\Delta t_3$$

其中

$$\Delta t_3=0.000157h(t_1-t_4)$$

式中　$t_1$——熔点观测值，℃；

$\Delta t_2$——测量温度计校正值，℃；

$\Delta t_3$——测量温度计露颈校正值，℃；

$t_4$——辅助温度计读数，℃；

$h$——测量温度计露茎部分水银柱高；

0.000157——水银对玻璃的膨胀系数。

## 二、沸点及其测定

**1. 沸点的测定原理**

液体在一定的温度下具有一定的蒸气压，当液体受热时，分子运动加剧，分子从液体表面逸出的倾向增大，液体蒸气压随之升高，当达到与外界大气压相等时，液体开始沸腾，这时的温度就是该液体的沸点。显然，液体的沸点与外界压力有关，外界压力越大，液体沸腾时的蒸气压也越大，沸点也越高；反之，外界压力越小，液体沸腾时的蒸气压也越小，沸点也越低。通常所说的沸点是指外界压力为 101.325kPa 时，液体沸腾时的温度。

在一定的压力下，纯液体物质的沸点是恒定的，而当液体不纯时，沸点会有所偏差。运用这一特点可定性鉴定液体物质的纯度。但具有恒定沸点的物质不一定是纯物质，有时不同比例的几种物质混合在一起，可以形成恒沸混合物。例如，95.6%的乙醇和 4.4%的水混合，在 78.2℃时沸腾，形成恒沸混合物。

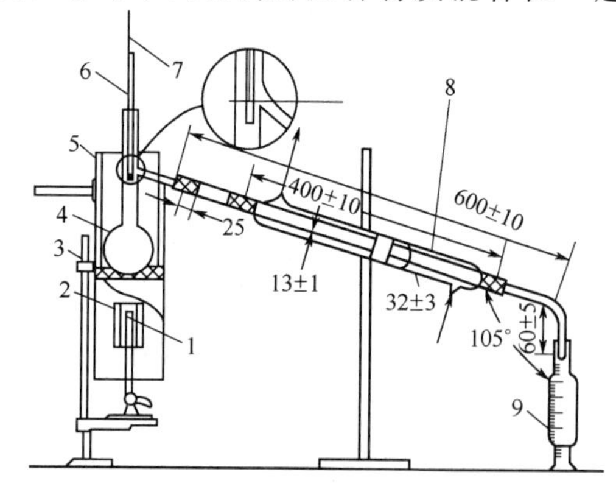

图 15-4　常量法沸点测定装置（单位：mm）
1—热源；2—热源的金属外罩；3—铁架固定装置；4—支管蒸馏瓶；5—蒸馏瓶金属外罩；6—测量温度计；7—辅助温度计；8—冷凝器；9—量筒

**2. 沸点的测定装置**

（1）常量法沸点测定装置　该装置如图 15-4 所示。装置中各仪器的规格如下。

① 支管蒸馏瓶：容积为 100mL，为硅硼酸盐玻璃材质。

② 冷凝管：直形冷凝管，为硅硼酸盐玻璃材质。

③ 接收器：容积为 100mL，两端分度值为 0.5mL，也可用 100mL 量筒。

④ 测量温度计：内标式单球温度计，分度值为 0.1℃，量程适宜。

⑤ 辅助温度计：分度值为1℃。

(2) 微量法沸点测定装置　该装置如图15-5所示。装置中各仪器的规格如下。

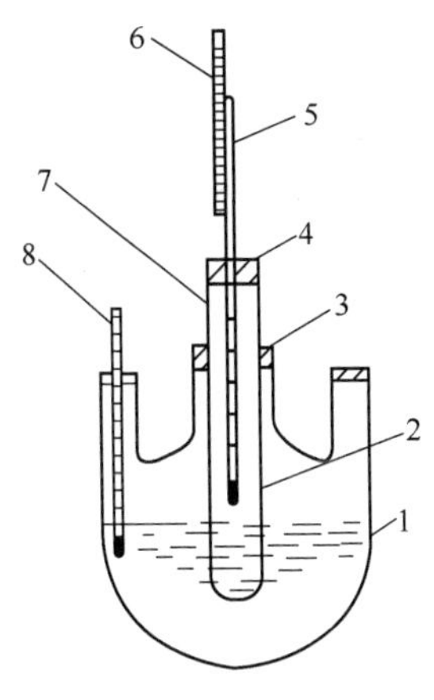

图15-5　微量法沸点测定装置

1—三颈圆底烧瓶；2—试管；3,4—胶塞；5—测量温度计；6—辅助温度计；7—侧孔；8—温度计

① 三颈圆底烧瓶：容积为500mL。

② 试管：长190～200mm，距试管口约15mm处有一直径2mm的侧孔。

③ 胶塞：外侧具有出气槽。

④ 测量温度计：内标式单球温度计，分度值为0.1℃，量程适宜。

⑤ 辅助温度计：分度值为1℃。

**3. 沸点的测定方法**

(1) 常量法　操作与常压蒸馏相同（详见第十四章）。蒸馏瓶中放入样品的量为(100±1)mL，安装时，冷凝管口进入接收器部分不少于25mm，也不能低于量筒的100mL刻度线。接收器口塞上棉花，并确保向冷凝管稳定地提供冷凝水。

记下第一滴和最后一滴流出液从冷凝管流出时温度计读数，此温度范围为该液体的沸点范围或称为沸程。

(2) 微量法　此方法为国家标准GB 616—88《化学试剂沸点测定通用方法》中规定的装置及方法。具体操作为：将盛有待测液体的试管由三颈圆底烧瓶的中口放入距瓶底约25mm处，用有出气槽的胶塞将其固定住；烧瓶内盛放浴液，其液面应略高出试管中待测试样的液面；将一支分度值为0.1℃的测量温度计通过胶塞固定在试管中距试样液面约20mm处，测量温度计的露颈部分与一支辅助温度计用小橡胶圈套在一起；三颈烧瓶的一侧口可放入一支测浴液的温度计，另一侧口用塞子塞上（见图15-5）。安装好装置后，加热烧瓶，当试管中的试样开始沸腾，测量温度计的示值保持恒定时，即为该待测液体的沸点。记下测量温度计读数，并记录辅助温度计读数、露颈高度、室温及大气压。

**4. 沸点测定值的校正**

实验测得的沸点经过校正，才能得到正确的沸点值，其校正公式为：

$$t=t_1+\Delta t_2+\Delta t_3+\Delta t_p$$

其中

$$\Delta t_3=0.000157h(t_1-t_4)$$

$$\Delta t_p=CV(1013.25-p_0)$$

$$p_0=p_t-\Delta p_1+\Delta p_2$$

式中　$t_1$——沸点观测值，℃；

$\Delta t_2$——测量温度计校正值，℃；

$\Delta t_3$——测量温度计露颈校正值，℃；

$\Delta t_p$——沸点随气压变化校正值，℃；

$t_4$——辅助温度计读数，℃；

$h$——测量温度计露茎部分水银柱高；

$CV$——沸点随气压的变化率，℃/hPa，由表15-2查得；

$p_0$——0℃时的气压，hPa；

$p_t$——室温时的观测气压，hPa；

$\Delta p_1$——室温换算到0℃时的气压校正值，hPa，由表15-3查得；

$\Delta p_2$——纬度重力校正值，hPa，由表 15-4 查得。

**表 15-2 沸点、沸程温度随气压变化的校正值**

| 标准中规定的沸程温度/℃ | CV/(℃/hPa) | 标准中规定的沸程温度/℃ | CV/(℃/hPa) |
| --- | --- | --- | --- |
| 10～30 | 0.026 | 210～230 | 0.044 |
| 30～50 | 0.029 | 230～250 | 0.047 |
| 50～70 | 0.030 | 250～270 | 0.048 |
| 70～90 | 0.032 | 270～290 | 0.050 |
| 90～110 | 0.034 | 290～310 | 0.052 |
| 110～130 | 0.035 | 310～330 | 0.053 |
| 130～150 | 0.038 | 330～350 | 0.056 |
| 150～170 | 0.039 | 350～370 | 0.057 |
| 170～190 | 0.041 | 370～390 | 0.059 |
| 190～210 | 0.043 | 390～410 | 0.061 |

**表 15-3 气压读数的温度校正值**

| 室温/℃ | 气压计读数/hPa | | | | | | | |
| --- | --- | --- | --- | --- | --- | --- | --- | --- |
| | 925 | 950 | 975 | 1000 | 1025 | 1050 | 1075 | 1100 |
| 10 | 1.15 | 1.55 | 1.59 | 1.63 | 1.67 | 1.71 | 1.75 | 1.79 |
| 11 | 1.66 | 1.70 | 1.75 | 1.79 | 1.84 | 1.88 | 1.93 | 1.97 |
| 12 | 1.81 | 1.86 | 1.90 | 1.95 | 2.00 | 2.05 | 2.10 | 2.15 |
| 13 | 1.96 | 2.01 | 2.06 | 2.12 | 2.17 | 2.22 | 2.28 | 2.33 |
| 14 | 2.11 | 2.16 | 2.22 | 2.28 | 2.34 | 2.39 | 2.45 | 2.51 |
| 15 | 2.26 | 2.32 | 2.38 | 2.44 | 2.50 | 2.56 | 2.63 | 2.69 |
| 16 | 2.41 | 2.47 | 2.54 | 2.60 | 2.67 | 2.73 | 2.80 | 2.87 |
| 17 | 2.56 | 2.63 | 2.70 | 2.77 | 2.83 | 2.90 | 2.97 | 3.04 |
| 18 | 2.71 | 2.78 | 2.85 | 2.93 | 3.00 | 3.07 | 3.15 | 3.22 |
| 19 | 2.86 | 2.93 | 3.01 | 3.09 | 3.17 | 3.25 | 3.32 | 3.40 |
| 20 | 3.01 | 3.09 | 3.17 | 3.25 | 3.33 | 3.42 | 3.50 | 3.58 |
| 21 | 3.16 | 3.24 | 3.33 | 3.41 | 3.50 | 3.59 | 3.67 | 3.76 |
| 22 | 3.31 | 3.40 | 3.49 | 3.58 | 3.67 | 3.76 | 3.85 | 3.94 |
| 23 | 3.46 | 3.55 | 3.65 | 3.74 | 3.83 | 3.93 | 4.02 | 4.12 |
| 24 | 3.61 | 3.71 | 3.81 | 3.90 | 4.00 | 4.10 | 4.20 | 4.29 |
| 25 | 3.76 | 3.86 | 3.96 | 4.06 | 4.17 | 4.27 | 4.37 | 4.47 |
| 26 | 3.91 | 4.01 | 4.12 | 4.23 | 4.33 | 4.44 | 4.55 | 4.66 |
| 27 | 4.06 | 4.17 | 4.28 | 4.39 | 4.50 | 4.61 | 4.72 | 4.83 |
| 28 | 4.21 | 4.32 | 4.44 | 4.55 | 4.66 | 4.78 | 4.89 | 5.01 |
| 29 | 4.36 | 4.47 | 4.59 | 4.71 | 4.83 | 4.95 | 5.07 | 5.19 |
| 30 | 4.51 | 4.63 | 4.75 | 4.87 | 5.00 | 5.12 | 5.24 | 5.37 |
| 31 | 4.66 | 4.79 | 4.91 | 5.04 | 5.16 | 5.29 | 5.41 | 5.54 |
| 32 | 4.81 | 4.94 | 5.07 | 5.20 | 5.33 | 5.46 | 5.59 | 5.72 |
| 33 | 4.96 | 5.09 | 5.23 | 5.36 | 5.49 | 5.63 | 5.76 | 5.90 |
| 34 | 5.11 | 5.25 | 5.38 | 5.52 | 5.66 | 5.80 | 5.94 | 6.07 |
| 35 | 5.26 | 5.40 | 5.54 | 5.68 | 5.82 | 5.97 | 6.11 | 6.25 |

注：10hPa=1kPa。

**表 15-4 气压读数的纬度重力校正值**

| 纬度/度 | 气压计读数/hPa | | | | | | | |
| --- | --- | --- | --- | --- | --- | --- | --- | --- |
| | 925 | 950 | 975 | 1000 | 1025 | 1050 | 1075 | 1100 |
| 0 | −2.48 | −2.55 | −2.62 | −2.69 | −2.76 | −2.83 | −2.90 | −2.97 |
| 5 | −2.44 | −2.51 | −2.57 | −2.64 | −2.71 | −2.77 | −2.84 | −2.91 |
| 10 | −2.35 | −2.41 | −2.47 | −2.53 | −2.59 | −2.65 | −2.71 | −2.77 |
| 15 | −2.16 | −2.22 | −2.28 | −2.34 | −2.39 | −2.45 | −2.51 | −2.57 |
| 20 | −1.92 | −1.97 | −2.02 | −2.07 | −2.12 | −2.17 | −2.23 | −2.28 |

续表

| 纬度/度 | 气压计读数/hPa | | | | | | | |
|---|---|---|---|---|---|---|---|---|
| | 925 | 950 | 975 | 1000 | 1025 | 1050 | 1075 | 1100 |
| 25 | −1.61 | −1.66 | −1.70 | −1.75 | −1.79 | −1.84 | −1.89 | −1.94 |
| 30 | −1.27 | −1.30 | −1.33 | −1.37 | −1.40 | −1.44 | −1.48 | −1.52 |
| 35 | −0.89 | −0.91 | −0.93 | −0.95 | −0.97 | −0.99 | −1.02 | −1.05 |
| 40 | −0.48 | −0.49 | −0.50 | −0.51 | −0.52 | −0.53 | −0.54 | −0.55 |
| 45 | −0.05 | −0.05 | −0.05 | −0.05 | −0.05 | −0.05 | −0.05 | −0.05 |
| 50 | +0.37 | +0.39 | +0.40 | +0.41 | +0.43 | +0.44 | +0.45 | +0.46 |
| 55 | +0.79 | +0.81 | +0.83 | +0.86 | +0.88 | +0.91 | +0.93 | +0.95 |
| 60 | +1.17 | +1.20 | +1.24 | +1.27 | +1.30 | +1.33 | +1.36 | +1.39 |
| 65 | +1.52 | +1.56 | +1.60 | +1.65 | +1.69 | +1.73 | +1.77 | +1.81 |
| 70 | +1.83 | +1.87 | +1.92 | +1.97 | +2.02 | +2.07 | +2.12 | +2.17 |

# 实验一　熔点的测定

## 一、目的要求

1. 学习熔点测定的原理及意义；

2. 掌握毛细管法提勒管式装置和显微熔点仪测定固体熔点的操作方法；

3. 熟悉温度校正的意义和方法。

## 二、信息收集

1. 查阅熔点的测定原理、装置及操作要点。

2. 查阅有关资料，查出苯甲酸、肉桂酸和尿素熔点的文献值。

## 三、仪器与药品

提勒管、精密温度计（200℃）、辅助温度计（100℃）、熔点管、玻璃管（40cm）、表面皿、玻璃钉、酒精灯、WRX-1S 型显微熔点仪

甘油、肉桂酸（A. R.）、苯甲酸（A. R.）、尿素（A. R.）

## 四、实验步骤

1. 毛细管法提勒管式装置测定熔点

（1）填装样品　取肉桂酸、苯甲酸、尿素各少量，分别放在干净的表面皿中，用玻璃钉研细[1]，每种样品各装入两支熔点管中。然后将肉桂酸和尿素混合均匀，再装两支熔点管。

（2）安装仪器　将提勒管固定在铁架台上，高度以酒精灯火焰可对两支口顶端加热为准。在提勒管中装入甘油，液面与上支管平齐即可[2]。按图 15-2(b) 安装熔点测定装置。并用橡胶圈将辅助温度计固定在测量温度计上，使其水银球位于测量温度计露出胶塞以上的水银柱的中部。

（3）加热测熔点　用酒精灯加热，控制升温速度，观察熔点管中试样的熔化情况[3]，记录熔程。每个样品测两次。每次测完后，应将浴液温度冷至样品熔点 20℃以下，换上另一支盛有样品的熔点管再次测定[4]。

（4）熔点校正　由熔点计算公式求出样品的熔点。

2. 熔点仪测定熔点

具体操作步骤见“熔点仪测定法”。

## 五、数据记录与处理

| 样品 | 测量温度计读数 $t_1$/℃ | | 辅助温度计读数 $t_4$/℃ | 露茎高度 $h$ | 校正值 $t$/℃ | 文献值/℃ |
|---|---|---|---|---|---|---|
| 苯甲酸 | 第一次 | | | | | |
| | 第二次 | | | | | |
| 肉桂酸 | 第一次 | | | | | |
| | 第二次 | | | | | |
| 尿素 | 第一次 | | | | | |
| | 第二次 | | | | | |
| 混合样 | 第一次 | | | | | — |
| | 第二次 | | | | | |

## 六、思考题

1. 如何通过测定熔点判断是否为纯物质？

2. 测过熔点的毛细管为什么不能重复使用？

3. 在测定熔点时发生下列情况，对熔点的测定会有什么影响？

（1）加热太快

（2）样品研得不细或装得不紧

（3）毛细管底密封不好

## 七、注释

[1] 样品的研磨越细越好，否则装入熔点管时有空隙，会使熔程增大，影响测定结果。

[2] 甘油黏度较大，挂在壁上的流下后就可使液面超过上支管。另外，甘油受热膨胀后也会使液面增高。

[3] 样品熔化前会出现收缩、软化、出汗或发毛等现象，并不是初熔，真正的初熔是试样出现明显的局部液化。

[4] 已测定过熔点的样品，经冷却后，虽然固化，但也不能再用作第二次测定。因为有些物质受热后，会发生部分分解，还有些物质会转变成不同熔点的其他结晶形式。

# 实验二　沸点的测定

## 一、目的要求

1. 学习沸点测定的原理及意义；

2. 掌握微量法液体沸点测定装置的安装和操作方法。

## 二、信息收集

1. 查阅沸点的测定原理、意义、装置及操作要点。

2. 查阅有关资料，查出丙酮、环己烷和乙醇等液体物质沸点的文献值。

## 三、仪器与药品

三颈圆底烧瓶（500mL）、试管（带侧孔，长约200mm）、胶塞（带出气槽）、测量温度计（100℃，分度值为0.1℃）、辅助温度计（100℃，分度值为1℃）、普通温度计（200℃）、电炉甘油、丙酮（A. R.）、环己烷（A. R.）、乙醇（A. R.）

## 四、实验步骤

1. 安装仪器

按图 15-5 安装沸点测定装置。在三颈瓶中加入 250mL 甘油，在试管中加入 2～3mL 待测液，使液面略低于烧瓶中甘油的液面。装上测量温度计，使其底部离液面约 20mm。用橡胶圈将辅助温度计固定在测量温度计上，使其水银球位于测量温度计露出胶塞以上的水银柱的中部。

2. 加热测沸点

加热三颈烧瓶，将升温速度控制在 4～5℃/min，观察试管中液体沸腾并在 2min 内温度保持不变。则可记下测量温度计读数、辅助温度计读数、气压计读数、室温及露茎高度。

3. 沸点校正

由沸点校正公式计算出样品的沸点。

## 五、数据记录与处理

| 样　品 | 测量温度计读数 $t_1$/℃ | 辅助温度计读数 $t_4$/℃ | 气压计读数 $p_t$/hPa | 室温/℃ | 露茎高度 $h$ | 校正值 $t$/℃ | 文献值/℃ |
|---|---|---|---|---|---|---|---|
| 环己烷 | | | | | | | |
| 丙酮 | | | | | | | |
| 乙醇 | | | | | | | |

## 六、思考题

1. 如何判断样品的沸点温度？
2. 纯物质的沸点恒定吗？沸点恒定的液体一定是纯物质吗？为什么？
3. 三颈瓶的胶塞上为什么要有出气槽？
4. 测定沸点时，升温速度太快或太慢对实验结果有何影响？

# 第十六章　有机化合物的制备和分离纯化技术

## 学习目标

**知识目标**

▶ 掌握结晶、重结晶、蒸馏、分馏、萃取以及升华等方法分离提纯混合物的基本原理及应用范围；掌握物质的制备技术、粗产物的纯化技术及实验产率的计算方法。

▶ 熟练掌握抽滤、升华、常压蒸馏、简单分馏、水蒸气蒸馏减压蒸馏以及各种回流装置的安装与操作。

▶ 了解制备物质的一般步骤。

**能力目标**

▶ 能运用结晶、重结晶、蒸馏、分馏、萃取以及升华等方法的基本原理，选择适当的分离纯化技术分离各类混合物。

▶ 能熟练应用结晶、过滤、升华等基本操作技术；能安装与操作普通蒸馏、简单分馏、水蒸气蒸馏和减压蒸馏等仪器装置；会使用分液漏斗和脂肪提取器。

▶ 能根据反应原理选择适宜的反应装置和粗产物的纯化方法。

▶ 能安装与操作各种回流装置；会选择并正确使用冷凝管；会使用电动搅拌器。

▶ 通过基本技能的训练，进一步养成严谨、求实的工作习惯和熟练的实践动手能力。

有机化合物的制备是由反应物料经一步或几步化学反应转变为目的产物的过程，或者从天然产物中提取某一组分以及对天然物质进行处理的过程。这些过程的实施是物质的制备技术和混合物的分离提纯技术的综合运用。

## 第一节　混合物的分离提纯技术

无论是通过化学方法制备，还是从天然产物中提取的物质往往都是混合物，需要选用适当的方法加以分离和纯化。实验室中常用的分离混合物的方法有结晶、重结晶、蒸馏、分馏、萃取、升华以及沉淀分离等。

### 一、结晶和重结晶

#### 1. 结晶

结晶是指溶液达到过饱和后，从溶液中析出晶体的过程。对于溶解度随温度变化不大的物质，通常采用恒温加热蒸发，减少溶剂，使溶液达到过饱和而析出晶体；对于溶解度随温度变化较大的物质，可减小蒸发量，甚至不经蒸发，通过降温使溶液达到过饱和而使结晶析出完全。

从溶液中析出晶体的纯度与晶体颗粒的大小有关。小颗粒生成速度较快，晶体内不易裹入母液或其他杂质，但因表面积较大，吸附在表面上的杂质较多，从而影响纯度；大颗粒生长速度较慢，晶体内容易带入杂质，也会影响纯度。此外，颗粒过细或参差不齐的晶体容易形成稠厚的糊状物，不便过滤和洗涤。

晶体颗粒的形成与结晶条件有关。当溶液浓度较大、溶质溶解度较小、冷却速度较快或结晶过程中剧烈搅拌时，较易析出细小的晶体；反之，则容易得到较大的晶体。适当控制结晶条件，就能得到颗粒均匀、大小适中的较为理想的晶体。

进行结晶操作时，如果溶液已经达到过饱和状态，却不出现结晶，可用玻璃棒摩擦容器内壁，或者投入少许同种物质的晶体作为“晶种”，以诱导的方式促使晶体析出。

**2. 重结晶**

依据晶体物质的溶解度一般随着温度的升高而增大的原理，将晶体物质溶解在热的溶剂中，制成饱和溶液，再将溶液冷却，重新析出结晶的过程叫做重结晶。重结晶法是利用被提纯物质与杂质在某种溶剂中的溶解度不同而将它们分离开来。这是提纯固体物质的重要方法，适用于提纯杂质含量在5%以下的固体物质。

（1）溶剂的选择　正确地选择溶剂是重结晶的关键。可根据“相似相溶”原理，极性物质选择极性溶剂，非极性物质选择非极性溶剂。同时，选择的溶剂还必须具备下列条件。

① 不能与被提纯物质发生化学反应；

② 溶剂对被提纯物质的溶解度随温度变化差异显著（温度较高时，被提纯物质在溶剂中的溶解度很大；而低温时，溶解度很小）；

③ 杂质在溶剂中的溶解度很小或很大（前者当被提纯物质溶解时，可将其过滤除去；后者当被提纯物析出结晶时，杂质仍留在母液中）；

④ 溶剂的沸点较低，容易挥发，以便与被提纯物质分离；

⑤ 能析出晶形较好的结晶。

选择的溶剂除符合上述条件外，还应该具有价格便宜、毒性较小、回收容易和操作安全等优点。

重结晶所用的溶剂，一般可从实验资料中直接查找，也可以通过试验的方法来确定。

取几支试管，分别装入0.1g待重结晶的样品，再分别滴加1mL不同的溶剂，小心加热至沸腾（注意溶剂的可燃性，严防着火!），观察溶解情况。如果加热后完全溶解，冷却后析出的结晶量最多，则这种溶剂可认为是最适用的。如果加热后不能完全溶解，当补加热溶剂至3mL时，仍不能使样品全部溶解；或样品在1mL冷溶剂中便能迅速溶解；以及样品在1mL热溶剂中能溶解，但冷却后无结晶析出或结晶很少，则可认为这些溶剂不适用。

实验室中常用的重结晶溶剂见表16-1。

**表16-1　常用的重结晶溶剂**

| 溶　剂 | 沸点/℃ | 凝固点/℃ | 相对密度 | 水溶性 | 易燃性 |
|---|---|---|---|---|---|
| 水 | 100 | 0 | 1.0 | | — |
| 甲醇 | 64.7 | −97.8 | 0.79 | ∞ | + |
| 95%乙醇 | 78.1 | — | 0.81 | ∞ | + |
| 乙酸 | 118.0 | 16.1 | 1.05 | ∞ | + |
| 丙酮 | 56.5 | −94.6 | 0.79 | ∞ | + |
| 乙醚 | 34.5 | −116.2 | 0.71 | — | + |
| 石油醚 | 35.0～65.0 | — | 0.63 | — | + |
| 苯 | 80.1 | 5.0 | 0.88 | — | + |
| 二氯甲烷 | 41.0 | −97.0 | 1.34 | — | — |
| 氯仿 | 61.2 | −63.5 | 1.49 | — | — |
| 四氯化碳 | 76.8 | −22.8 | 1.59 | — | — |

注：“∞”表示互溶；“—”表示不溶（不燃）；“+”表示易燃。

当使用单一溶剂效果不理想时，还可以使用混合溶剂。混合溶剂一般由两种能互溶的溶剂组成。其中一种易溶解被提纯物质，而另一种则较难溶解被提纯物质。常用的混合溶剂有乙醇-水、乙酸-水、丙酮-水、乙醚-丙酮、乙醚-苯、石油醚-苯、石油醚-丙酮等。使用方法是：先将少量被提纯物质溶于沸腾的易溶解溶剂中，趁热滴入难溶的溶剂至溶液变浑浊，再加热使之变澄清，或再逐滴加入易溶的溶剂至溶液澄清，静置冷却，使结晶析出，观察结晶形态。如结晶晶形不好，或呈油状物，则重新调整两种溶剂的比例或更换另一种溶剂。也可以将选择的混合溶剂事先按比例配制好，其操作与使用某一单独溶剂的方法相同。

（2）重结晶的操作程序　重结晶的操作程序一般可表示如下：

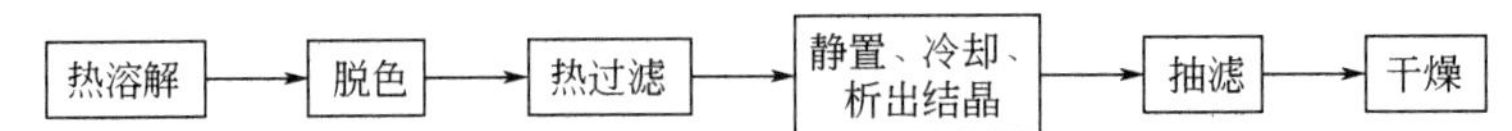


① 热溶解。在适当的容器中，用选好的溶剂将被提纯物质溶解，制成接近饱和的热溶液。如果选用的是易挥发或易燃的有机溶剂，则热溶解应在回流装置中进行；若以水为溶剂，采用烧杯或锥形瓶等作为容器即可。

② 脱色。若溶液中含有色杂质，可待溶液稍冷后，加入适量活性炭，在搅拌下煮沸5～10min，利用活性炭的吸附作用将有色杂质除去。活性炭的用量一般为样品量的1%～5%，不宜过多，否则会吸附样品造成损失。

③ 热过滤。将经过脱色的溶液趁热在保温漏斗中过滤，除去活性炭及其他不溶性杂质。

若样品溶解后，溶液澄清透明，无任何不溶性杂质和有色杂质，则可省去脱色和热过滤这两步操作。

④ 结晶。将热过滤后所得滤液静置到室温或接近室温，然后在冰-水或冰-盐水浴中充分冷却，使结晶析出完全。如果溶液冷却后，不出现结晶，可投入少量纯净的同种物质作为“晶种”，促使溶液结晶，或用玻璃棒摩擦器壁引发结晶形成；如果溶液冷却后析出油状物，可剧烈搅拌，使油状物分散并呈结晶析出。

⑤ 抽滤。用减压过滤装置将结晶与母液分离开。结晶用冷的同一溶剂洗涤两次，最后用洁净的玻璃钉或玻璃瓶盖将其压紧并抽干。

⑥ 干燥。挤压抽干的结晶习惯上称为滤饼。将滤饼小心转移到洁净的表面皿上，经自然晾干或在100℃以下烘干即得纯品，称量后保存。

（3）重结晶的操作注意事项

① 溶解样品时，若溶剂为低沸点易燃物质，应选择适当热浴并装配回流装置，严禁明火加热；若溶剂有毒性应在通风橱内进行。

② 脱色时，切不可向正在加热的溶液中投入活性炭，以免引起暴沸。

③ 热过滤后所得滤液要自然冷却，不能骤冷和振摇，否则所得结晶过于细小，容易吸附较多杂质。但结晶也不宜过大（超过2mm以上），这样往往在结晶中包藏溶液或杂质，既不容易干燥，也保证不了产品纯度。当发现有生成大结晶的趋势时，可稍微振摇一下，使晶体均匀规则、大小适度。

④ 使用有机溶剂进行重结晶后，应采用适当方法回收溶剂，以利节约。

### 3. 过滤

通过结晶或重结晶获得的晶体需采用过滤技术使其与母液分离。常用的过滤方法有普通过滤、保温过滤和减压过滤，在有机化学实验中常采用减压过滤。

减压过滤又叫抽气过滤（简称抽滤）。采用抽气过滤，既可缩短过滤时间，又能使结晶与母液分离完全，易于干燥处理。

（1）减压过滤装置　减压过滤装置由布氏漏斗、吸滤瓶、缓冲瓶和减压泵等4部分组成（见图16-1）。

（2）减压过滤操作　减压过滤前，需检查整套装置的严密性，布氏漏斗下端的斜口要正

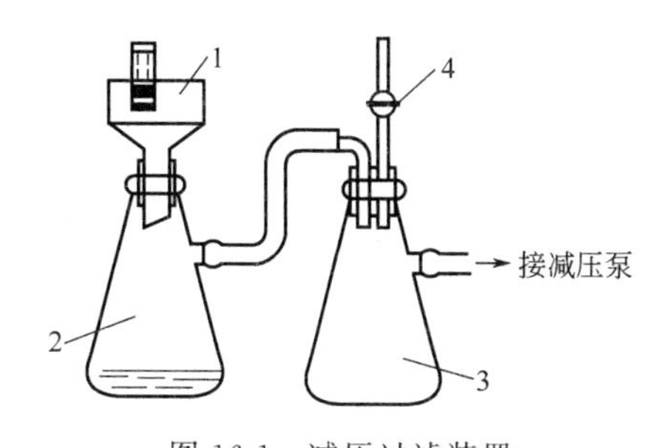


图 16-1 减压过滤装置

1—布氏漏斗；2—吸滤瓶

3—缓冲瓶；4—二通活塞

对着吸滤瓶的侧管，放入布氏漏斗中的滤纸应剪成比漏斗内径小一些的圆形，以能全部覆盖漏斗滤孔为宜。不能剪得比内径大，那样滤纸周边会起皱褶，抽滤时，晶体就会从皱褶的缝隙被抽入吸滤瓶，造成透滤。

抽滤时，先关闭缓冲瓶上的二通活塞，再用同种溶剂将滤纸润湿，打开减压泵将滤纸吸住，使其紧贴在布氏漏斗底面上，以防晶体从滤纸边缘被吸入瓶内。然后倾入待分离混合物，要使其均匀地分布在滤纸面上。

母液抽干后，暂时停止抽气。用玻璃棒将晶体轻轻搅动松散（注意玻璃棒不可触及滤纸），加入少量冷溶剂浸润后，再抽干（可同时用玻璃瓶塞在滤饼上挤压）。如此反复操作几次，可将滤饼洗涤干净。

停止抽气时，应先打开缓冲瓶上的二通活塞（避免水倒吸），然后再关闭减压泵。

## 二、蒸馏和分馏

蒸馏和分馏是分离、提纯液体有机化合物最常用的方法之一，根据有机化合物的性质可选用常压蒸馏、减压蒸馏、水蒸气蒸馏和简单分馏等操作技术。

### 1. 常压蒸馏

40

40.视频：蒸馏原理

（1）常压蒸馏的基本原理及意义　在常压下将液体物质加热至沸腾使之汽化，然后将蒸气冷凝为液体并收集到另一容器中，这两个过程的联合操作叫做常压蒸馏，通常简称为蒸馏。

当液体混合物沸腾时，液体上面的蒸气组成与液体混合物的组成是不一样的，由于低沸点物质比高沸点物质容易汽化，在开始沸腾时，蒸气中主要含有低沸点组分，可以先蒸馏出来。随着低沸点组分的蒸出，混合液中高沸点组分的比例增大，致使混合物的温度也随之升高，当温度升至相对稳定时，再收集馏出液，即得高沸点组分。这样沸点低的物质先蒸出，沸点高的物质随后蒸出，不挥发的物质留在容器中，从而达到分离和提纯的目的。显然，通过蒸馏可以将易挥发和难挥发的物质分离开来，也可将沸点不同的物质进行分离。但各物质的沸点必须相差较大（一般在30℃以上）才可得到较好的分离效果。

纯净的液体有机化合物在蒸馏过程中温度基本恒定，沸程很小，因此利用这一点可以测定有机化合物的沸点。用蒸馏法测定沸点叫做常量法（见第十五章）。

在实际中，通常采用蒸馏法测定有机化合物的沸程。沸程是指在规定条件下（101.325kPa，0℃），对规定体积（一般为100mL）的试样进行蒸馏，第一滴馏出液从冷凝管末端滴下的瞬间温度（称为初馏温度）至蒸馏烧瓶最后一滴液体蒸发的瞬间温度（称为末馏温度）的间隔。纯化合物的沸程很小，一般为0.5～1.0℃，若含有杂质则沸程增大，因此可以根据沸程判断有机物的纯度。值得注意的是，某些有机化合物和其他组分形成了共沸混合物，沸程也很小，但不是纯物质。在工业生产中，对于各种产品都根据不同的沸程数据，规定了相应的质量标准，从而根据测得的沸程可以确定产品的质量。

（2）常压蒸馏装置　常压蒸馏装置如图16-2所示。主要包括汽化、冷凝和接收3部分。

① 汽化部分。汽化部分由圆底烧瓶和蒸馏头（或用蒸馏烧瓶代替）、温度计组成。液体在烧瓶中受热汽化，蒸气从侧管进入冷凝管中。选择烧瓶规格时，以被蒸馏物的体积不超过其容积的2/3，不少于1/3为宜。

② 冷凝部分。冷凝部分由冷凝管组成。蒸气进入冷凝管的内管时，被外层套管中的冷

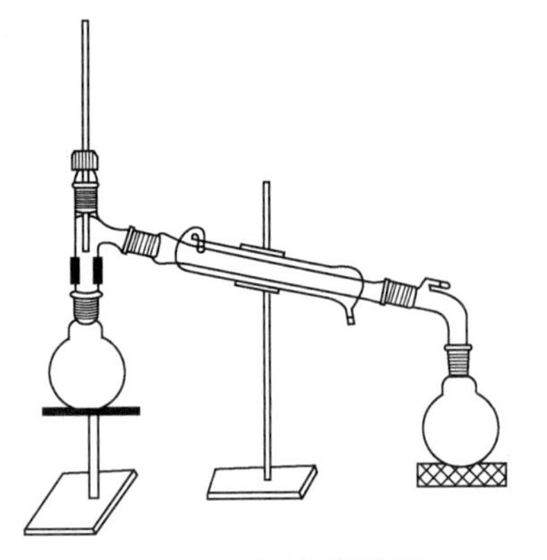

(a) 标准磨口玻璃仪器蒸馏装置

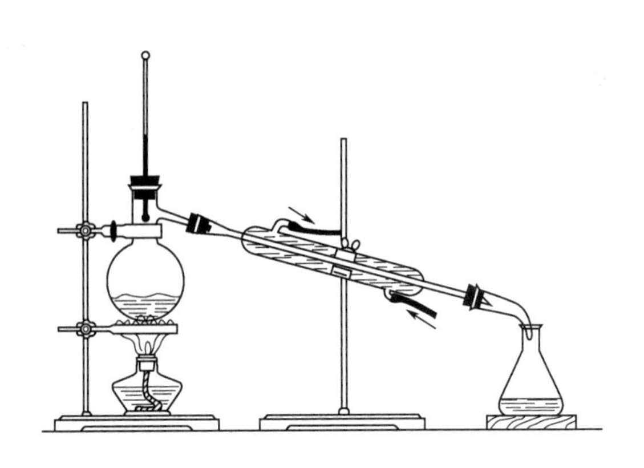

(b) 普通玻璃仪器蒸馏装置

图 16-2　常压蒸馏装置

水冷凝为液体。当所蒸馏液体的沸点高于 140℃时，应采用空气冷凝管，空气冷凝管是靠管外空气将管内蒸气冷凝为液体的（见图 16-3）。

③ 接收部分。接收部分由尾接管和接收器（常用圆底烧瓶或锥形瓶）组成。冷凝的液体经尾接管收集到接收器中。如果蒸馏所得的物质为易燃或有毒物质时，应在尾接管的支管上接一根橡胶管，并通入下水道内或引出室外；若沸点较低，还要将接收器放在冷水浴或冰水浴中冷却，如图 16-4 所示。

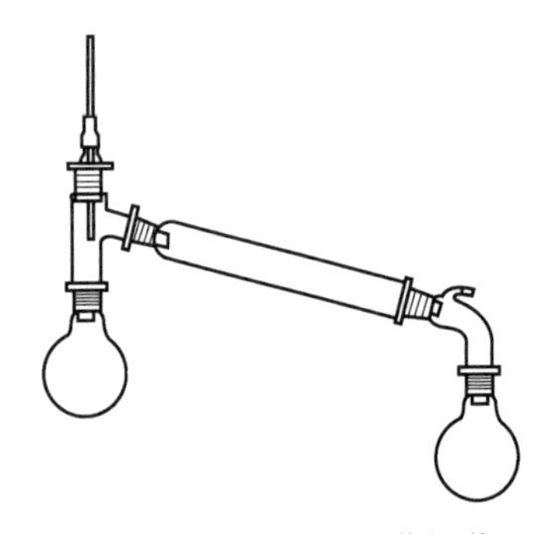

图 16-3　高沸点物质的蒸馏装置

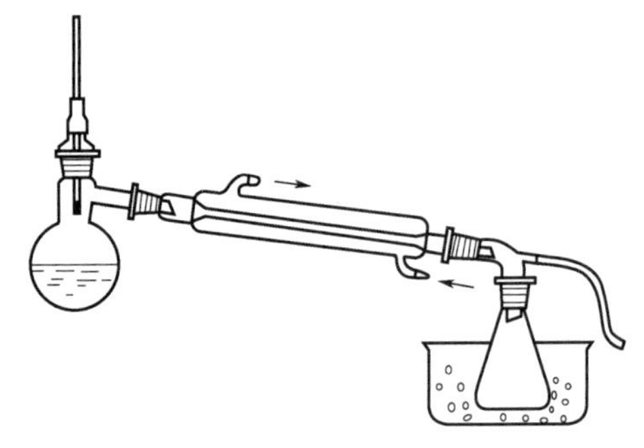

图 16-4　低沸点、易燃或有毒物质的蒸馏装置

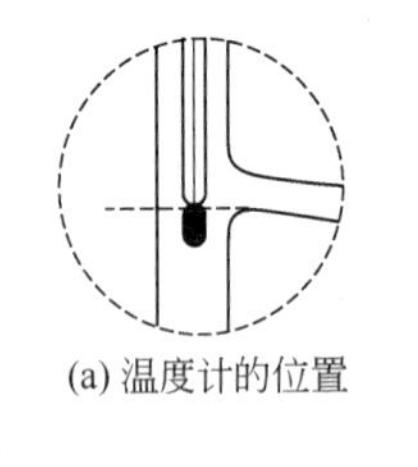

(a) 温度计的位置

(b) 烧瓶与冷凝管的连接

图 16-5　蒸馏装置中仪器的组装

（3）常压蒸馏操作　常压蒸馏操作可按下列程序进行。

① 组装仪器。根据被蒸馏物的性质选择适当的蒸馏装置进行组装。例如，安装普通蒸馏装置时，先根据被蒸馏物的性质选择合适的热源。一般沸点低于 80℃选用水浴，高于 80℃使用油浴或电热套。再以选好的热源高度为基准，用铁夹将合适口径的烧瓶固定在铁架台上，然后由下而上，从左往右依次安装蒸馏头、温度计、冷凝管和接收器。

安装温度计时，应注意使水银球的上端与蒸馏头侧管的下沿处在同一水平线上，如图 16-5(a) 所示。这样，蒸馏时水银球能被蒸气完全包围，才可测得准确的温度。

在组装蒸馏头与冷凝管时，要调节角度，使冷凝管和蒸馏头侧管的中心线成一条直线，如图 16-5(b) 所示。若采用水冷凝管，冷凝水应从下口进入，上口流出，并使上端的出水口朝上，以使冷凝管套管中充满水，保证冷凝效果。若尾接管不带支管，切不可与接收器密封，应与外界大气相通，以防系统内部压力过大而引起爆炸。

整套装置要求准确、端正、稳固。装置中各仪器的轴线应在同一平面内，铁架、铁夹及胶管应尽可能安装在仪器背面，以方便操作。

② 加入物料。于蒸馏头上口放一长颈玻璃漏斗，通过漏斗将待蒸馏液体倒入烧瓶中，加入 1～2 粒沸石防止暴沸，再装好温度计。

③ 通冷凝水。检查装置的气密性和与大气相通处是否畅通后，打开水龙头，缓缓通入冷凝水。

④ 加热蒸馏。开始先用小火加热，逐渐增大加热强度，使液体沸腾。然后调节热源，控制蒸馏速度，以每秒馏出 1～2 滴为宜。此间应使温度计水银球下部始终挂有液珠，以保持汽液平衡，确保温度计读数的准确。

⑤ 观察温度，收集馏分。记下第一滴馏出液滴入接收器时的温度。如果所蒸馏的液体中含有低沸点的前馏分，待前馏分蒸完，温度趋于稳定后，应更换接收器，收集所需要的馏分，并记录所需要的馏分开始馏出和最后一滴馏出时的温度，即该馏分的沸程。

⑥ 停止蒸馏。如果维持原来的加热温度，不再有馏出液蒸出时，温度会突然下降，这时应停止蒸馏。即使杂质含量很少，也不能蒸干，以免烧瓶炸裂。

（4）常压蒸馏的操作注意事项

① 安装蒸馏装置时，各仪器之间连接要紧密，但接收部分一定要与大气相通，绝不能造成密闭体系。

② 多数液体加热时，常发生过热现象，即在液体已经加热到或超过了其沸点温度，仍不沸腾。当继续加热时，液体会突然暴沸，冲出瓶外，甚至造成火灾！为了防止这种情况的发生，需要在加热前加入几粒沸石。沸石表面有许多微孔，能吸附空气，加热时这些空气可以成为液体的汽化中心，避免液体暴沸。若事先忘记加沸石，绝不能在接近沸腾的液体中直接加入，应停止加热，待液体稍冷后再补加。若因故中断蒸馏，则原有的沸石即已失效，因而每次重新蒸馏前，都应补加沸石。

③ 蒸馏过程中，加热温度不能太高，否则会使蒸气过热，水银球上的液珠消失，导致所测沸点偏高；温度也不能太低，以免水银球不能充分被蒸气包围，致使所测沸点偏低。

④ 结束蒸馏时，应先停止加热，稍冷后再关冷凝水。拆卸蒸馏装置的顺序与安装顺序相反。

**2. 简单分馏**

（1）简单分馏的基本原理及意义　蒸馏法适于分离沸点差大于 30℃ 的液体混合物。而对于沸点差小于 30℃ 的液体混合物的分离，需采用分馏的方法。这种方法在实验室和工业上广泛应用。工业上将分馏称为精馏，目前最精密的精馏设备可将沸点相差仅 1～2℃ 的液体混合物较好地分离开。实验室中通常采用分馏柱进行分馏，称为简单分馏。

简单分馏是利用分馏柱经多次汽化、冷凝，实现多次蒸馏的过程，因此又叫做多级蒸馏。当液体混合物受热汽化后，其混合蒸气进入分馏柱，在上升过程中，由于受到柱外空气的冷却作用，高沸点组分被冷凝成液体流回烧瓶中，使柱内上升的蒸气中低沸点组分含量相对增大；冷凝液在流回烧瓶的途中与上升的蒸气相遇，二者进行热交换，上升蒸气中的高沸点组分又被冷凝，低沸点组分蒸气则继续上升，经过在柱内反复多次的汽化、冷凝，最终使上升到分馏柱顶部的蒸气接近于纯的低沸点组分，而冷凝流回的液体则接近于纯的高沸点组分，从而达到分离的目的。

（2）简单分馏装置　简单分馏装置与普通蒸馏装置基本相同，只是在圆底烧瓶与蒸馏头之间安装一支分馏柱，如图 16-6 所示。

分馏柱的种类很多，实验室中常用的有填充式分馏柱和刺形分馏柱（又叫韦氏分馏柱）。

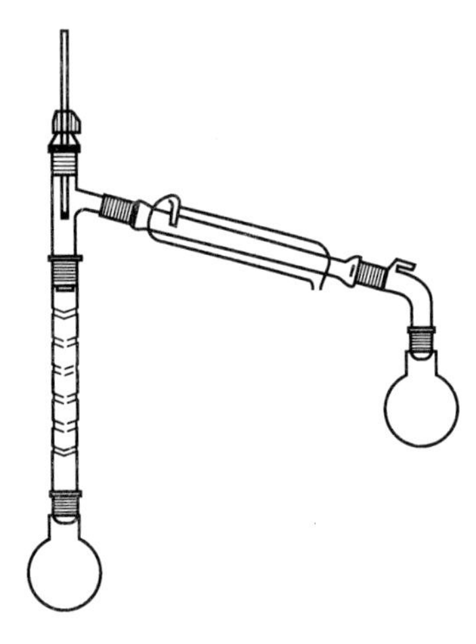

图 16-6　简单分馏装置

填充式分馏柱内装有玻璃球、钢丝棉或陶瓷环等，可增加气液接触面积，分馏效果较好；刺形分馏柱是一根分馏管，中间一段每隔一定距离向内伸入三根向下倾斜的刺状物，在柱中相交以增加气液接触面积。刺形分馏柱结构简单，黏附液体少，但分馏效果较填充式分馏柱低。

分馏柱效率与柱的高度、绝热性和填料类型有关。柱身越高、绝热性越好、填料越紧密均匀，分馏效果就越好。但柱身越高，操作时间也相应延长，因此选择的高度要适当。

（3）简单分馏操作　简单分馏操作的程序与蒸馏大致相同。将待分馏液倾入圆底烧瓶中，加 1～2 粒沸石。安装并仔细检查整套装置后，先开通冷凝水，再开始加热，缓缓升温，使蒸气在 10～15min 后到达柱顶。调节热源，控制分馏速度，以馏出液每 2～3s 一滴为宜。待低沸点组分蒸完后，温度会骤然下降，此时应更换接收器。继续升温，按要求接收不同温度范围的馏分。

（4）简单分馏的操作注意事项

① 待分馏的液体混合物不得从蒸馏头或分馏柱上口倾入。

② 为尽量减少柱内的热量损失，提高分馏效果，可在分馏柱外包裹石棉绳或玻璃棉等保温材料。

③ 要随时注意调节热源，控制好分馏速度，保持适宜的温度梯度和合适的回流比。回流比是指单位时间内由柱顶冷凝回柱中液体的数量与馏出液的数量之比。回流比越大，分馏效果越好。但回流比过大，分离速度缓慢，分馏时间延长，因此应控制回流比适当为好。

④ 开始加热时，升温不能太快，否则蒸气上升过多，会出现“液泛”现象（即柱中冷凝的液体被上升的蒸气堵在柱内，而使分馏难以继续进行）。此时应暂时降温，待柱内液体流回烧瓶后，再继续缓慢升温进行分馏。

### 3. 水蒸气蒸馏

（1）水蒸气蒸馏的基本原理及应用范围　水蒸气蒸馏是分离和提纯具有一定挥发性的有机化合物的重要方法之一。将水蒸气通入有机物中，或将水与有机物一起加热，使有机物与水共沸而蒸馏出来的操作叫做水蒸气蒸馏。

根据道尔顿分压定律，两种互不相溶的液体混合物的蒸气压，等于两种液体单独存在时的蒸气压之和。当混合物的蒸气压等于大气压力时，就开始沸腾。显然，这一沸腾温度要比两种液体单独存在时的沸腾温度低。因此，在不溶于水的有机物中，通入水蒸气，进行水蒸气蒸馏，可在低于 100℃的温度下，将物质蒸馏出来。水蒸气蒸馏常用于下列情况。

① 在常压下蒸馏，有机物会发生氧化或分解。

② 混合物中含有焦油状物质，用通常的蒸馏或萃取等方法难以分离。

③ 液体产物被混合物中较大量的固体所吸附或要求除去挥发性杂质。

利用水蒸气蒸馏进行分离提纯的有机化合物必须是不溶于水、也不与水发生化学反应，在 100℃左右具有一定蒸气压的物质。

（2）水蒸气蒸馏装置　水蒸气蒸馏装置如图 16-7 所示。主要包括水蒸气发生器、蒸馏、冷凝及接收四部分。

① 水蒸气发生器。水蒸气发生器一般为金属制品，也可用 1000mL 圆底烧瓶代替（见图 16-7）。通常加水量以不超过其容积的 2/3 为宜。在发生器上口插入一支长约 1m，直径约为 5mm 的玻璃管并使其接近底部，作安全管用。当容器内压力增大时，水就沿安全管上升，从而调节内压。

水蒸气发生器的蒸气导出管经 T 形管与伸入烧瓶内的蒸气导入管连接，T 形管的支管套有一短橡胶管并配有螺旋夹。它的作用是可随时排除在此冷凝下来的积水，并可在系统内压骤增或蒸馏结束时，释放蒸气，调节内压，防止倒吸。

② 蒸馏部分。蒸馏瓶一般采用三颈烧瓶。三颈烧瓶内盛放待蒸馏的物料，中口连接蒸气导入管，一侧口通过蒸馏头连接冷凝管，另一侧口用塞子塞上。蒸馏瓶也可用带有双孔塞的长颈圆底烧瓶，其中一孔插入蒸气导入管，末端接近瓶底；另一端插入蒸气导出管（管口露出塞面 5～10mm）与冷凝管相连，烧瓶向水蒸气发生器倾斜 45°，以防飞溅的液体泡沫冲入冷凝管中［见图 16-7(c)］。

冷凝和接收部分与普通蒸馏相同。

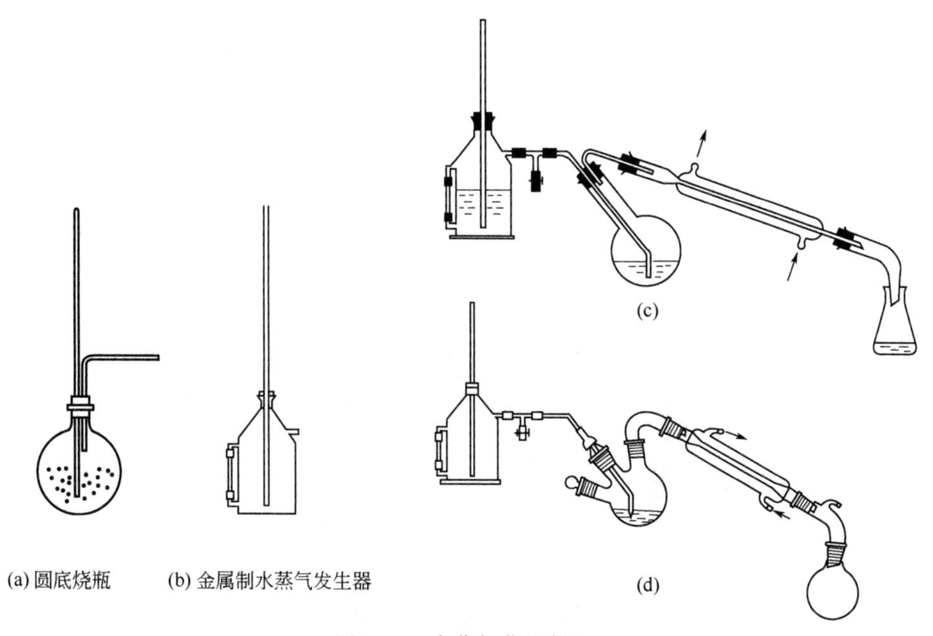


图 16-7　水蒸气蒸馏装置

(3) 水蒸气蒸馏操作　水蒸气蒸馏的操作程序如下。

① 加入物料。将待蒸馏的物料加入三颈瓶（或长颈圆底烧瓶）中，物料量不能超过其容积的 1/3。

② 安装仪器。安装水蒸气蒸馏装置。

③ 加热产生水蒸气。检查整套装置气密性后，先开通冷凝水并打开 T 形管的螺旋夹，再开始加热水蒸气发生器，直至沸腾。

④ 蒸馏。当 T 形管处有较大量气体冲出时，立即旋紧螺旋夹，蒸气便进入烧瓶中。这时可看到瓶中的混合物不断翻腾，表明水蒸气蒸馏开始进行。适当调节蒸气量，控制馏出速度每秒 1～2 滴。

⑤ 停止蒸馏。当馏出液无油珠并澄清透明时，便可停止蒸馏。这时应先打开螺旋夹，解除系统压力，然后停止加热，稍冷却后，再关闭冷凝水。

(4) 水蒸气蒸馏的操作注意事项

① 用烧瓶作水蒸气发生器时，不要忘记加沸石。

② 蒸馏过程中，若发现有过多的蒸气在烧瓶内冷凝，可在烧瓶下面用酒精灯隔石棉网适当加热。以防液体量过多冲出烧瓶进入冷凝管中。还应随时观察安全管内水位是否正常，烧瓶内液体有无倒吸现象。一旦有类似情况发生，立即打开螺旋夹，停止加热，查找原因。排除故障后，才能继续蒸馏。

③ 加热烧瓶时要密切注视瓶内混合物的溅跳现象，如果溅跳剧烈，则应暂停加热，以免发生意外。

### 4. 减压蒸馏

（1）减压蒸馏的基本原理及适用范围　液体物质的沸点是随外界压力的降低而降低的。利用这一性质，降低系统压力，可使液体在低于正常沸点的温度下被蒸馏出来。这种在较低压力下进行的蒸馏叫做减压蒸馏（又称真空蒸馏）。

一般的液体化合物，当外界压力降至 2.7kPa 时，其沸点可比常压下降低 100～120℃。常压蒸馏一般分离提纯沸点在 150℃以下的液体化合物，因为很多物质高于 150℃已经分解，或者由于温度过高，给操作带来不便。对于沸点在 150℃以上或在常压下蒸馏易发生分解、氧化或聚合等反应的液体化合物，则采用减压蒸馏。因此，减压蒸馏特别适用于分离和提纯那些沸点较高，稳定性较差，容易发生氧化、分解或聚合的有机化合物。

（2）减压蒸馏装置　减压蒸馏装置如图 16-8 所示。

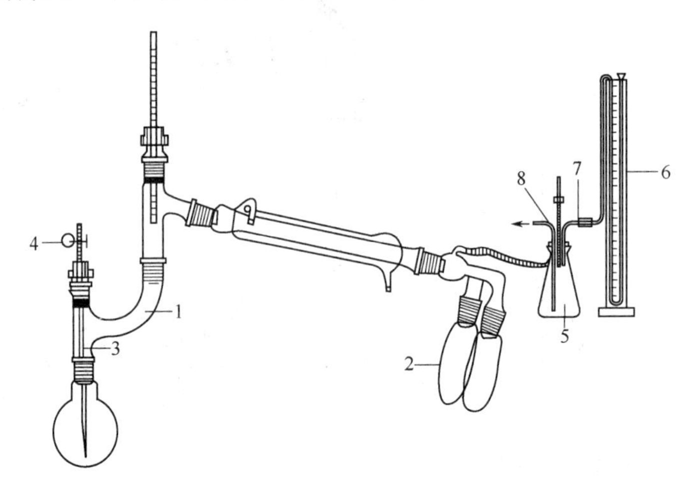


图 16-8　减压蒸馏装置

1—克氏蒸馏头；2—接收器；3—毛细管；4—螺旋夹；5—安全瓶；6—水银压力计；7—二通活塞；8—导管

减压蒸馏必须使用克氏蒸馏头，它有两个颈，其目的是为了避免减压蒸馏时瓶内液体由于沸腾而冲入冷凝管中，瓶的一颈中插入一根末端拉成很细的毛细管，距瓶底 1～2mm，其作用是使液体平稳蒸馏，避免因过热造成暴沸、溅跳现象。

（3）减压蒸馏操作　减压蒸馏的操作程序如下。

① 安装并检查装置。按图 16-8 所示安装减压蒸馏装置后，应首先检查装置的气密性。先旋紧毛细管上的螺旋夹，再开动减压泵，然后逐渐关闭安全瓶上的活塞，观察体系的压力。若达不到需要的真空度，应检查装置各连接部位是否漏气，必要时可在塞子、胶管等连接处进行蜡封。若超过所需的真空度，可小心旋转活塞，缓慢引入少量空气，加以调节。当确认系统压力符合要求后，慢慢旋开活塞，放入空气，直到内外压力平衡，再关减压泵。

② 加入物料。将待蒸馏的液体加入圆底烧瓶中（液体量不得超过烧瓶容积的 1/2）。关闭安全瓶上的活塞，开动减压泵，通过毛细管上的螺旋夹调节空气进入量，使烧瓶内液体能冒出一连串小气泡为宜。

③ 加热蒸馏。当系统内压力符合要求并稳定后，开通冷却水，用适当热浴加热。待液体沸腾后，调节热源，控制馏出速度为每秒 1～2 滴。记录第一滴馏出液滴入接收器及蒸馏结束时的温度和压力。

④ 结束蒸馏。蒸馏完毕，先撤去热源，慢慢松开螺旋夹，再逐渐旋开安全瓶上的活塞，使压力计的汞柱缓慢恢复原状。待装置内外压力平衡后，关闭减压泵，停通冷却水，结束蒸馏。

（4）减压蒸馏的操作注意事项

① 减压蒸馏装置中所用的玻璃仪器必须能耐压并完好无损，以免系统内负压较大时发生内向爆炸。

② 使用封闭式水银压力计时，一般先关闭压力计的活塞，当需要观察和记录压力时再缓慢打开，以免系统压力突变时水银冲破玻璃管而溢出。打开安全瓶上的活塞时，一定要缓慢进行。否则，汞柱快速上升，也会冲破压力计。

③ 若中途停止蒸馏再重新开始时，应检查毛细管是否畅通，若有堵塞现象，需更换毛细管。

## 三、萃取和洗涤

利用不同物质在选定溶剂中溶解度的不同进行分离和提纯混合物的操作，叫做萃取。通过萃取可以从混合物中提取出所需要的物质；也可以去除混合物中的少量杂质。通常将后一种情况称为洗涤。

### 1. 溶剂的选择

用于萃取的溶剂又叫萃取剂。常用的萃取剂为有机溶剂、水、稀酸溶液、稀碱溶液和浓硫酸等。实验中可根据具体需求加以选择。

（1）有机溶剂　苯、乙醇、乙醚和石油醚等有机溶剂可将混合物中的有机化合物提取出来，也可除去某些混合物中的有机杂质。

（2）水　水可用来提取混合物中的水溶性混合物，又可用于洗去有机混合物中的水溶性杂质。

（3）稀酸（或稀碱）溶液　稀酸或稀碱溶液常用于洗涤混合物中的碱性或酸性杂质。

（4）浓硫酸　浓硫酸可用于除去有机混合物中的醇、醚等少量有机杂质。

### 2. 液体物质的萃取（或洗涤）

液体物质的萃取（或洗涤）常在分液漏斗中进行。分液漏斗的使用和萃取操作方法如下。

（1）分液漏斗的准备　将分液漏斗洗净后，取下旋塞，用滤纸吸干旋塞及旋塞孔道中的水分，在旋塞微孔的两侧涂上薄薄一层凡士林，小心将其插入孔道并旋转几周，至凡士林分布均匀呈透明为止。在旋塞细端伸出部分的圆槽内，套上一个橡胶圈，以防操作时旋塞脱落。然后关好旋塞，在分液漏斗中装上水，观察旋塞两端有无渗漏现象，再开启旋塞，看液体是否能通畅流下。最后盖上顶塞，并用手指抵住，倒置漏斗，检查其严密性。在确保分液漏斗顶塞严密，旋塞关闭时严密、开启后畅通的情况下方可使用。

（2）萃取（或洗涤）操作　由分液漏斗上口倒入混合溶液与萃取剂，盖好顶塞。为使分液漏斗中的两种液体充分接触，用右手握住顶塞部位，左手持旋塞部位（旋柄朝上），将漏斗颈端向上倾斜，并沿一个方向振摇（见图 16-9）。振摇几下后，打开旋塞，排出因振摇而产生的气体。若漏斗中盛有挥发性的溶剂或用碳酸钠中和酸液时，更应特别注意排放气体。反复振摇几次后，将分液漏斗放在铁圈中，打开顶塞（或使顶塞的凹槽对准漏斗上口颈部的小孔），使漏斗与大气相通，静置分层。

（3）分离操作　当两层液体界面清晰后，便可进行分离操作。先把分液漏斗下端靠在接收器的内壁上，再缓慢旋开旋塞，放出下层液体（见图 16-10）。当液面间的界线接近旋塞处时，暂时关闭旋塞，将分液漏斗轻轻振摇一下，再静置片刻，使下层液聚集得多一些，然后打开旋塞，仔细放出下层液体。当液面间的界线移至旋塞孔的中心时，关闭旋塞。最后把漏斗中的上层液体从上口倒入另一个容器中。

（4）萃取（洗涤）的操作注意事项

① 分液漏斗中装入的液体量不得超过其容积的 1/2。若液体量过多，进行萃取操作时，

不便振摇漏斗，两相液体难以充分接触，影响萃取效果。

② 在萃取碱性液体或振摇漏斗过于剧烈时，往往会使溶液发生乳化现象，有时两相液体的相对密度相差较小，或因一些轻质絮状沉淀夹杂在混合液中，致使两相界线不明显，造成分离困难。解决以上问题的办法是：a. 较长时间静置；b. 加入少量电解质，以增加水的相对密度，利用盐析作用，破坏乳化现象；c. 若因碱性物质而乳化，可加入少量稀酸来破坏；d. 也可以滴加数滴乙醇，改变其表面张力，促使两相分层；e. 当含有絮状沉淀时，可将两相液体进行过滤。

③ 分液漏斗使用完毕，应用水洗净，擦去旋塞和孔道中的凡士林，在顶塞和旋塞处垫上纸条，以防久置黏结。

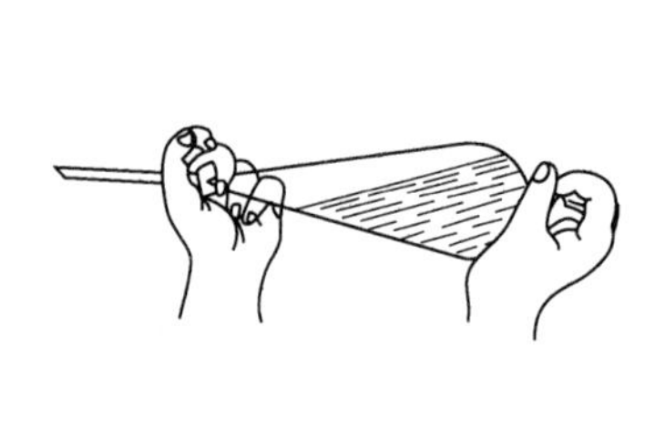

图 16-9　萃取（或洗涤）操作

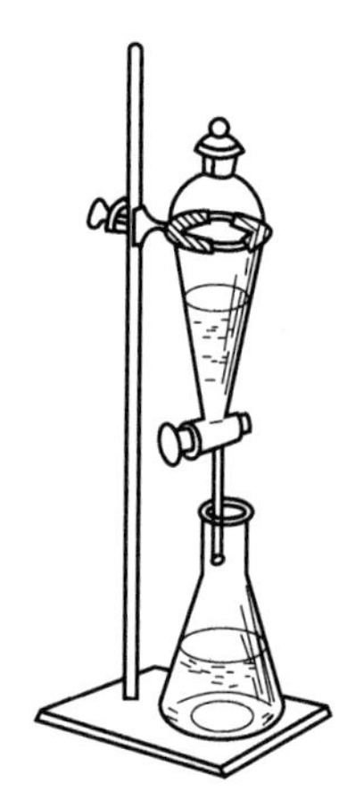

图 16-10　分离两相液体

### 3. 固体物质的萃取

固体物质的萃取可以采用浸取法，即将固体物质浸泡在选好的溶剂中，其中的易溶成分被慢慢浸取出来。这种方法可在常温或低温条件下进行，适用于受热极易发生分解或变质物质的分离（如一些中草药有效成分的提取，即采用浸取法）。但这种方法消耗溶剂量大，时间较长，效率较低。在实验室中常采用脂肪提取器萃取固体物质。

脂肪提取器又叫索氏（Soxhlet）提取器，是利用溶剂回流和虹吸原理，使固体物质连续不断地被纯溶剂所萃取的仪器。脂肪提取装置如图 16-11 所示。主要由圆底烧瓶、提取器和冷凝管三部分组成。

使用时，先在圆底烧瓶中装入溶剂。将固体样品研细放入滤纸套筒内，封好上下口，置于提取器中，按图 16-11 安装好装置后，对溶剂进行加热。溶剂受热沸腾时，蒸气通过蒸气上升管进入冷凝管内，被冷凝为液体，滴入提取器中，浸泡固体并萃取出部分物质，当溶剂液面超过虹吸管的最高点时，即虹吸流回烧瓶。这样循环往复，利用溶剂回流和虹吸作用，使固体中可溶物质富集到烧瓶中，然后再用适当方法除去溶剂，得到要提取的物质。

## 四、升华

有些固体物质具有较高的蒸气压，当对其进行加热时，可不经过液态直接变为气态，蒸气冷却后又直接凝结为固态，这个过程称为升华。

升华是提纯固体物质的一种重要方法。利用升华可以除去不挥发性杂质，还可分离不同挥发度的固体混合物。经过升华可以得到纯度较高的产品。但是只有具备下列条件的固体物质，才可以用升华的方法进行纯化。

① 欲升华的固体在较低温度下具有较高的蒸气压；

② 固体与杂质的蒸气压差异较大。

可见，用升华法提纯固体物质具有一定的局限性。此外，由于操作时间较长，损失也较大，通常仅用来提纯少量的固体物质。

升华可在常压或减压条件下进行。

**1. 常压升华**

最简单的常压升华装置如图 16-12 所示。由蒸发皿、滤纸和玻璃漏斗组成。

进行升华操作时，先将固体干燥并研细，放入蒸发皿中。用一张刺满小孔的滤纸（孔刺朝上）覆盖蒸发皿，滤纸上倒扣一个与蒸发皿口径相当的玻璃漏斗，漏斗颈部塞上一团疏松的棉花，以防蒸气逸出。

用砂浴缓慢加热，将温度控制在固体的熔点以下，使其缓慢升华。蒸气穿过小孔遇冷后凝结为固体，黏附在滤纸或漏斗壁上。

升华结束后，用刮刀将产品从滤纸和漏斗壁上刮下，收集在干净的器皿中，即得纯净产品。

**2. 减压升华**

对于蒸气压较低或受热易分解的固体物质，一般采用减压升华。减压升华装置如图 16-13 所示。由吸滤管和直形冷凝管组成。

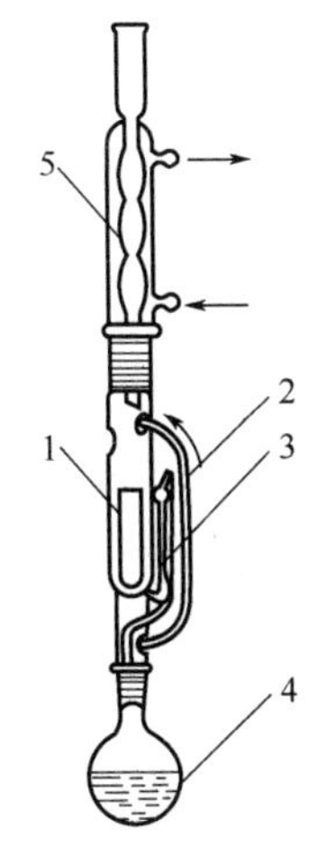


图 16-11 脂肪提取装置

1—滤纸套筒；2—蒸气上升管；3—虹吸管；4—圆底烧瓶；5—冷凝管

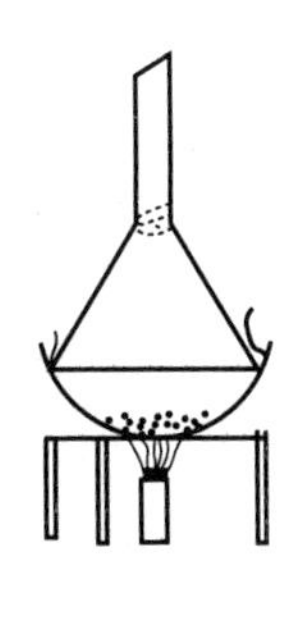

图 16-12 常压升华装置

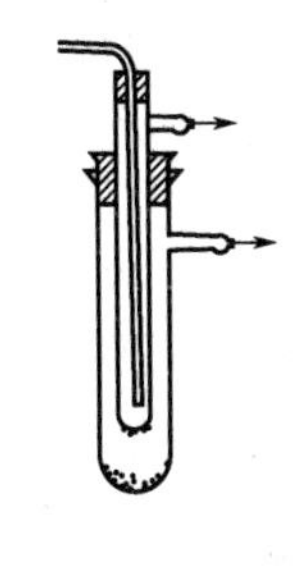

图 16-13 减压升华装置

将待升华的固体混合物放入吸滤管内，与减压泵连接，直形冷凝管中通入冷凝水。进行升华时，打开减压泵和冷凝水，缓慢加热。受热升华的蒸气遇冷凝结为固体吸附在直形冷凝管的外表面，收集后即得纯净产品。

# 实验三 液体混合物丙酮和水的分离

## 一、目的要求

1. 了解常压蒸馏和简单分馏的基本原理及意义；
2. 初步掌握蒸馏和分馏装置的安装与操作；
3. 比较蒸馏和分馏分离液体混合物的效果。

## 二、信息收集

1. 查阅丙酮的理化性质及应用并填写下表。

| 名称 | 分子量 | 性状 | 相对密度 | 熔点/℃ | 沸点/℃ | 折射率 | 溶解性 | | |
|---|---|---|---|---|---|---|---|---|---|
| | | | | | | | 水 | 醇 | 醚 |
| 丙酮 | | | | | | | | | |

2. 查阅常用分离液态混合物的方法及使用范围。
3. 查阅鉴定产品丙酮纯度的方法。
4. 查阅常压蒸馏和简单分馏的原理、意义及装置的安装与操作方法。

## 三、实验原理

丙酮沸点为56℃，与水互溶，是常用的有机溶剂。本实验分别采用常压蒸馏和简单分馏操作技术，对丙酮和水进行分离，比较分离效果。

## 四、仪器与药品

圆底烧瓶（100mL）、刺形分馏柱、蒸馏头、量筒（10mL、25mL）、直形冷凝管、尾接管、温度计（100℃）、长颈玻璃漏斗、酒精灯、电热套

丙酮、水

## 五、实验步骤

1. 蒸馏

（1）安装仪器　按图16-2所示安装普通蒸馏装置[1]，用10mL、25mL量筒[2] 作接收器，用电热套作热源[3]。

（2）加入物料　量取25mL丙酮和25mL水，经长颈玻璃漏斗由蒸馏头上口倾入圆底烧瓶中，加1～2粒沸石，装好温度计。

（3）蒸馏、收集馏分　认真检查装置的气密性后，接通冷凝水。缓慢加热使液体平稳沸腾，记录第一滴馏出液滴入接收器时的温度。调节加热速度，保证温度计水银球底部始终挂有液珠，并控制蒸馏速度为每秒1～2滴。用量筒收集下列温度范围的各馏分，并进行记录，填入下表。

| 温度范围/℃ | 馏出液体积/mL | 温度范围/℃ | 馏出液体积/mL |
|---|---|---|---|
| 56～57 | | 70～80 | |
| 57～62 | | 80～95 | |
| 62～70 | | 剩余液 | |

当温度升至95℃时，停止加热。将各馏分及剩余液分别回收到指定的容器中。

（4）测定折射率　测定各温度范围馏分的折射率并判断丙酮的纯度[4]。实验完毕，将各馏分及剩余液分别回收到指定的容器中。

2. 分馏

在烧瓶中重新装入25mL丙酮和25mL水，加1～2粒沸石，按图16-6所示改装成简单分馏装置[3]。缓慢加热，使蒸气约15min到达柱顶，记录第一滴馏出液滴入接收器时的温度。调节热源，控制分馏速度为每2～3s一滴。用量筒收集下列温度范围的各馏分，并记录于下表中。

| 温度范围/℃ | 馏出液体积/mL | 温度范围/℃ | 馏出液体积/mL |
|---|---|---|---|
| 56～57 | | 70～80 | |
| 57～62 | | 80～95 | |
| 62～70 | | 剩余液 | |

当温度升至 95℃时，停止加热。将各馏分及剩余液分别回收到指定的容器中。

3.比较分离效果

在同一张坐标纸上，以温度为纵坐标，馏出液体积为横坐标，将蒸馏和分馏的实验结果分别绘制成曲线。比较蒸馏与分馏的分离效果，作出结论。

### 六、思考题

1.蒸馏和分馏在原理、装置以及操作上有哪些不同？

2.分离液体混合物，在什么情况下采用普通蒸馏，在什么情况下需用简单分馏？哪种方法分离效果更好些？

3.开始加热前，为什么要先检查装置的气密性？蒸馏或分馏装置中若没有与大气相通，会有什么后果？

4.在蒸馏（或分馏）时加沸石的目的是什么？加沸石应注意哪些问题？

5.为什么要控制蒸馏（或分馏）速度？快了会造成什么后果？

6.分馏时，从分馏柱顶的蒸馏头上口加入物料可以吗？为什么？

### 七、注释

[1] 也可选用普通玻璃仪器蒸馏装置，将圆底烧瓶更换为蒸馏烧瓶。

[2] 本实验用量筒作接收器，以方便及时准确测量馏出液的体积。由于丙酮易挥发，接收时应在量筒口处塞上少许棉花。

[3] 用电热套作热源，电压从 50V 逐渐上调至 140～150V。安装时，将圆底烧瓶离开电热套底部约 5mm，其周围也应留有一定空隙，以保证烧瓶受热均匀。

[4] 可以只测定第一温度范围（$T_0 \sim T_0+1$）馏分的折射率，并与文献值进行比较，判断其是否是纯丙酮。

## 实验四　八角茴香的水蒸气蒸馏

### 一、目的要求

1.了解水蒸气蒸馏的原理和意义；

2.初步掌握水蒸气蒸馏装置的安装与操作；

3.学会从八角茴香中分离茴油的方法。

### 二、信息收集

1.查阅茴油的主要成分、物理性质及应用并填写下表。

| 名称 | 主要成分 | 性状 | 相对密度 | 熔点/℃ | 沸点/℃ | 折射率 | 溶解性 | | |
|---|---|---|---|---|---|---|---|---|---|
| | | | | | | | 水 | 醇 | 醚 |
| 茴油 | | | | | | | | | |

2.查阅水蒸气蒸馏的原理、意义及装置的安装与操作方法。

3.查阅从水中进一步分离茴油的方法。

### 三、实验原理

八角茴香俗称大料，常用作调味剂，也是一种中药材。八角茴香中含有一种精油，叫做茴油，是无色或淡黄色液体，不溶于水，易溶于乙醇和乙醚。工业上用作食品、饮料、烟草等的增香剂，也用于医药方面。由于其具有挥发性，可通过水蒸气蒸馏从八角茴香中分离出来。

### 四、仪器与药品

水蒸气发生器、三颈瓶或长颈圆底烧瓶（500mL）、锥形瓶（250mL）、直形冷凝管、尾接管、长玻璃管（80cm）、T 形管、螺旋夹、电炉

八角茴香

### 五、实验步骤

1. 安装仪器

按图 16-7 所示安装水蒸气蒸馏装置，用锥形瓶作接收器。水蒸气发生器中装入约占其容积 2/3 的水。

2. 加料

称取 10g 八角茴香，捣碎后放入 500mL 烧瓶中，加入 80mL 热水[1]。连接好仪器。

3. 加热

检查装置气密性后，接通冷凝水，打开 T 形管上的螺旋夹，开始加热。

4. 蒸馏

当 T 形管处有大量蒸气逸出时，立即旋紧螺旋夹，使蒸气进入烧瓶，开始蒸馏，调节蒸气量，控制馏出速度为每秒 1～2 滴。

5. 停止蒸馏

当馏出液体积达 200mL 时[2]，打开螺旋夹，停止加热。稍冷后，关闭冷凝水，拆除装置。将馏出液回收到指定容器中[3]。

### 六、思考题

1. 水蒸气蒸馏的原理及意义是什么？与普通蒸馏有何不同？

2. 什么情况下采用水蒸气蒸馏？利用水蒸气蒸馏分离、提纯的化合物必须具备什么条件？

3. 水蒸气蒸馏装置主要有哪些仪器部件组成？安全管和 T 形管在水蒸气蒸馏中各起什么作用？

4. 停止蒸馏时，应如何操作？

### 七、注释

[1] 可事先将捣碎的八角茴香浸泡在热水中，以提高分离效果。

[2] 八角茴香的水蒸气蒸馏若达到馏出液澄清透明需要时间较长，所以本实验只要求接收 200mL 馏出液。

[3] 可以用 20mL 乙醚分两次萃取馏出液，将萃取液蒸馏除去乙醚，即可得到茴油产品。

## 实验五　从茶叶中提取咖啡因

### 一、目的要求

1. 熟悉从茶叶中提取咖啡因的原理和方法；

2. 初步掌握脂肪提取器的构造、原理、安装和使用方法；

3. 进一步掌握蒸馏装置的安装与操作；

4. 学会利用升华提纯固体物质的操作技术。

### 二、信息收集

1. 查阅咖啡因的性质、应用并填写下表。

| 名称 | 分子量 | 性状 | 相对密度 | 熔点/℃ | 溶解性 | | |
|---|---|---|---|---|---|---|---|
| | | | | | 水 | 醇 | 氯仿 |
| 咖啡因 | | | | | | | |

2. 查阅常用分离固体混合物的方法及使用范围。

3. 查阅鉴定产品咖啡因纯度的方法。

4. 查阅固体物质的萃取原理、意义和脂肪提取器装置的安装与操作。

5. 查阅常压升华装置的安装与操作。

## 三、实验原理

茶叶中含有多种生物碱，其中以咖啡因为主，占2%～5%。此外还含有纤维素、蛋白质、单宁酸和叶绿素等。

咖啡因是杂环化合物嘌呤的衍生物，其化学名称为1,3,7-三甲基-2,6-二氧嘌呤，其结构式如下：

(caffeine structure: O, $CH_3$—N, N—$CH_3$, O, N, N, $CH_3$)

咖啡因为无色针状晶体，熔点为236℃，味苦，能溶于水和乙醇。含结晶水的咖啡因在100℃时失去结晶水开始升华，120℃时升华明显，178℃时升华很快。

咖啡因具有刺激心脏、兴奋大脑神经和利尿等药理功能。在医学上用作心脏、呼吸器官和神经系统的兴奋剂，也是常用退热镇痛药物APC的主要成分之一（C即为咖啡因）。

本实验用95%乙醇作溶剂，从茶叶中提取咖啡因，使其与不溶于乙醇的纤维素和蛋白质等分离，萃取液中除咖啡因外，还含有叶绿素、单宁酸等杂质。蒸去溶剂后，在粗咖啡因中拌入生石灰，使其与单宁酸等酸性物质作用生成钙盐。游离的咖啡因通过升华得到纯化。其操作流程见流程图1。

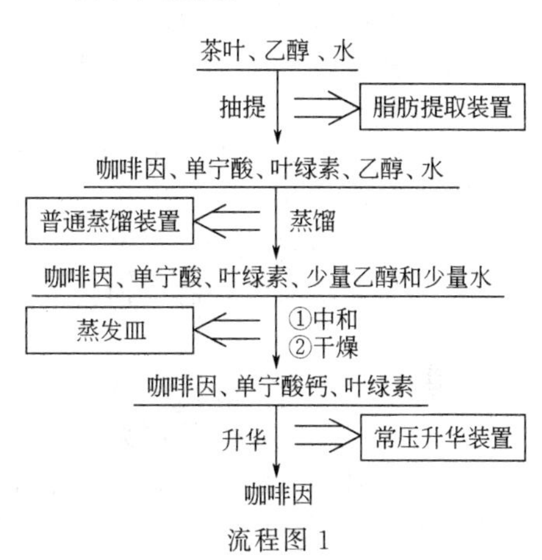


流程图1

## 四、仪器与药品

圆底烧瓶（150mL）、脂肪提取器、球形冷凝管、直形冷凝管、蒸馏头、烧杯（100mL）、蒸发皿、玻璃漏斗、温度计（100℃）、滤纸、刮刀、电热套茶叶、乙醇（95%）、生石灰

## 五、实验步骤

1. 提取

称取8g研细的茶叶末，装入折叠好的滤纸套筒中，折封上口后放入提取器内[1]，加入30mL95%乙醇[2]，再在圆底烧瓶中放入70mL95%乙醇，加1～2粒沸石。按图16-11安装脂肪提取装置[3]。

检查装置各连接处的严密性后，接通冷凝水，用电热套加热，回流提取，直到虹吸管内液体的颜色很淡为止，约用1.5h。当冷凝液刚刚虹吸下去时，立即停止加热。

2. 蒸馏

稍冷后，拆除脂肪提取器，在圆底烧瓶上安装蒸馏头改成蒸馏装置。用电热套加热（起初电压100V）蒸馏，当第一滴液体流出后，调节电压并控制蒸馏速度为每秒1～2滴，回收提取液中大部分乙醇（约70mL）[4]。

3.中和、蒸发、焙炒

趁热将烧瓶中的残液倒入干燥的蒸发皿中，加入4g研细的生石灰粉，搅拌均匀成糊状[5]。

将蒸发皿放到电热套上，电压调到60V，在快速搅拌[6]下用小火加热蒸发去除残存的乙醇和微量的水，直到变为干燥固体[7]。将蒸发皿移离热源冷却至室温，用刮刀刮下粘在蒸发皿壁上的固体并研细。

再将蒸发皿放到电热套上，电压调到75V，在搅拌下用小火焙炒去除全部水分[8]，直到绿色固体颜色略微变深，同时有极少烟雾产生，将蒸发皿移离热源。

4.升华

冷却后，擦净蒸发皿边缘上的粉末，盖上一张刺有细密小孔且孔刺向上的滤纸，再将干燥的玻璃漏斗（口径须与蒸发皿相当）罩在滤纸上，漏斗颈部塞上一团疏松的棉花（见图16-12）。用电热套加热，电压调到40V微火加热20min后，将电压调到约70～80V继续加热，当滤纸的小孔上出现较多白色针状晶体（玻璃漏斗壁上出现少量棕色液滴）时，停止加热，将蒸发皿小心移离热源。当蒸发皿自然冷却至不烫手时，取下漏斗，轻轻揭开滤纸，用刮刀仔细地将附在滤纸上的咖啡因晶体刮下[9]，称量后交给实验指导教师。

**六、思考题**

1.脂肪提取器的萃取原理是什么？利用脂肪提取器萃取有什么优点？

2.茶叶中的咖啡因是如何被提取出来的？粗咖啡因为什么呈绿色？

3.蒸馏回收溶剂时，为什么不能将溶剂全部蒸出？

4.升华操作时，需注意哪些问题？

**七、注释**

[1] 滤纸套筒大小要合适，既能紧贴套管内壁，又能方便取放，且其高度不能超出虹吸管高度。套筒的底部要折封严密，以防茶叶漏出堵塞虹吸管。套筒的上部最好折成凹形，以利回流液充分浸润茶叶。

[2] 开始在脂肪提取器中加入乙醇，是为更有效地浸润茶叶。但乙醇液面不能超过虹吸管。

[3] 脂肪提取器为配套仪器，其任一部件损坏将会导致整套仪器的报废，特别是虹吸管极易折断，所以在安装仪器和实验过程中须特别小心，注意保护。

[4] 蒸馏时不要蒸得太干，否则因残液很黏而难于转移，造成损失。

[5] 拌入生石灰要均匀，生石灰的作用除吸水外，还可中和除去部分酸性杂质。

[6] 蒸发时要充分搅拌，防止乙醇溅出而着火。

[7] 此时固体为绿色，绝对不可出现冒烟现象。

[8] 焙炒时，切忌温度过高，以防咖啡因在此时升华。

[9] 刮下咖啡因时要小心操作，防止混入杂质。

## 第二节　有机化合物的制备技术

制备有机化合物的一般程序是：首先要确定合理的制备路线，再根据反应特点选择反应装置，根据产物的性质选择分离纯化的方法，最后实施实验完成物质的制备。

### 一、确定合理的制备路线

制备一种有机化合物可能有多种制备路线，从中选择一条合理的制备路线，需要综合考虑各方面的因素。比较理想的制备路线应满足下列条件。

① 原料资源丰富，便宜易得，生产成本低；

② 副反应少，产物易纯化，总收率高；

③ 反应步骤少，时间短，反应条件温和，实验设备简单，操作安全方便；

④ 不产生公害，不污染环境，副产品可综合利用。

此外，要减少制备过程中所需要的酸、碱、有机溶剂等辅助试剂的用量并确保回收利用，减少产品在分离纯化过程中的损失，提高实验产率。

## 二、选择适宜的反应装置

### 1. 回流装置

有机化学反应速率一般较慢，需要加热。为防止反应物料或溶剂在加热过程中挥发损失，避免易燃、易爆、有毒的物质逸散，常采用回流操作。回流是指沸腾液体的蒸气经冷凝管又流回原容器中的过程。

（1）回流装置的选择　回流装置主要由反应容器和冷凝管组成。反应容器可选用适当规格的圆底烧瓶、三颈烧瓶或锥形瓶；冷凝管多采用球形冷凝管。若被加热物质的沸点高于140℃时，应改用空气冷凝管；若被加热物质的沸点很低或其中有毒性较大的物质时，则应选用蛇形冷凝管。

实验中，根据反应的需要，常在反应容器上安装其他的仪器，从而构成不同类型的回流装置。几种常用的回流装置如图 16-14 所示。

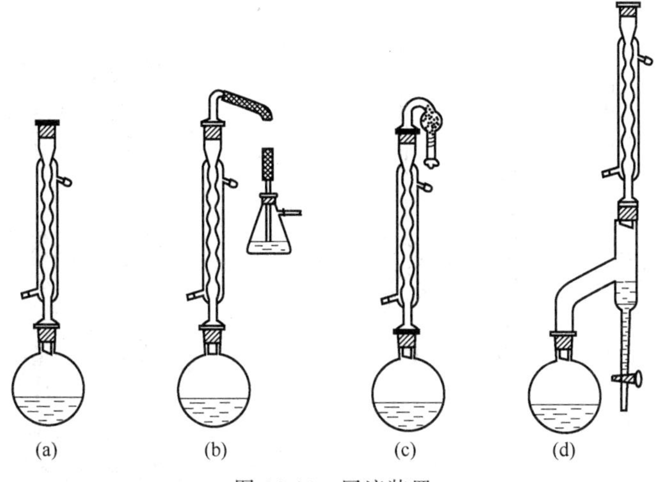


图 16-14　回流装置

在通常情况下，一般采用如图 16-14(a) 所示的普通回流装置。若反应中有水溶性气体尤其是有毒气体产生，如 1-溴丁烷的制备实验，则采用如图 16-14(b) 所示的带有气体吸收的回流装置。使用这种装置切记：吸收部分的导气管不能完全浸入吸收液中，停止加热前要先脱离吸收液，以防倒吸。若利用格氏试剂制备有机化合物时，由于水汽的存在会影响反应的正常进行，因此要防止空气中的水汽进入反应体系，应采用如图 16-14(c) 所示的带有干燥管的回流装置。注意干燥管内不要填装粉末状干燥剂以防体系被封闭。可以在管底塞上一些脱脂棉或玻璃丝，再填装颗粒状或块状干燥剂，但不能装得太实。对于有水生成的可逆反应体系，如利用酯化反应制备酯的实验，为了不断除去生成的水，以使平衡向生成物方向移动，从而提高实验产率，应采用如图 16-14(d) 所示的带有分水器的回流装置。

当进行互不相溶液体的非均相反应时，如利用磺化反应制备烷基苯磺酸的实验，或为避免不必要的副反应发生，用滴液漏斗逐渐滴加某一反应物料时，在回流装置上需要装配搅拌。一些常用搅拌回流装置如图 16-15 所示。

装置中的搅拌棒一般都是由玻璃制成的，常见的几种搅拌棒如图 16-16 所示。搅拌棒可根据反应物的性质和量加以选择，它是由电动搅拌器带动的（见图 16-17）。搅拌棒可采用简易密封［见图 16-15(a)、(b)］和液封［见图 16-15(c)］两种方法固定。一般采用前者，它将搅拌棒插入一搅拌套管中，套管上端用一节胶管与搅拌棒套住，或将搅拌棒插入聚四氟乙烯搅拌密封塞中。如果反应中产生大量气体，为避免气体逸出，则采用液封装置，管中装液体石蜡、甘油或浓硫酸。

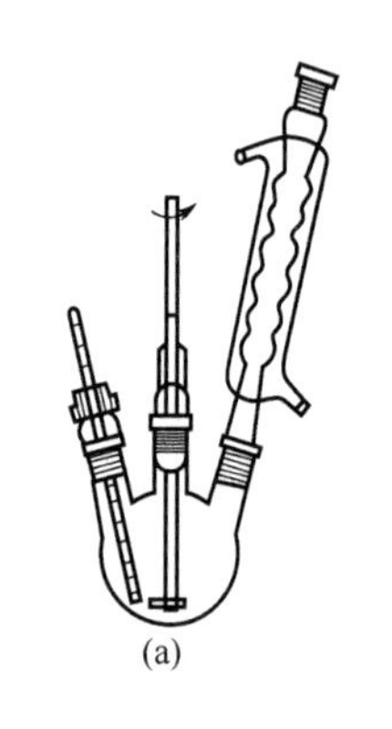
(a)

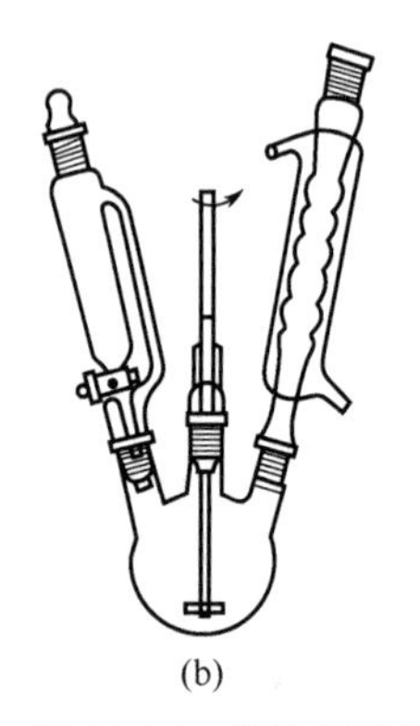
(b)

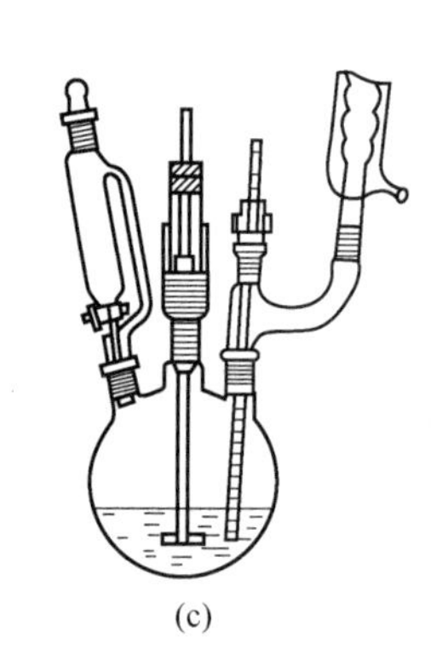
(c)

图 16-15　搅拌回流装置

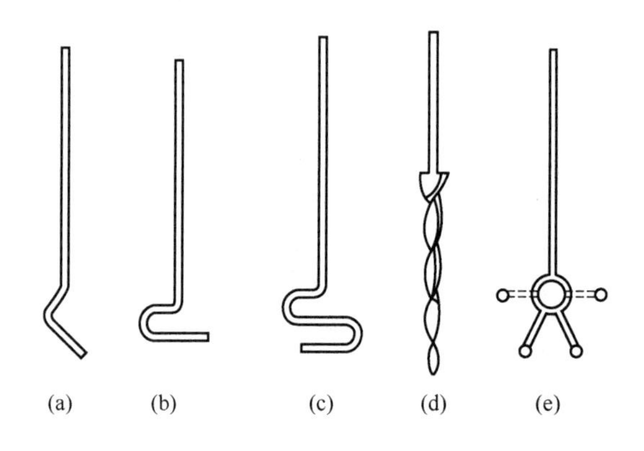


图 16-16　搅拌棒的类型

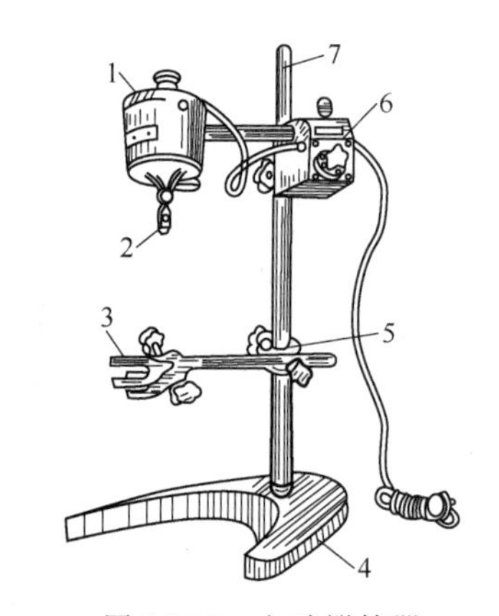


图 16-17　电动搅拌器

1—微型电机；2—搅拌器轧头；3—固定夹；4—底座；5—十字夹；6—调速器；7—支柱

搅拌回流装置在安装时需注意：搅拌器轧头、搅拌棒、烧瓶应在同一直线上；加料前，应开动搅拌器，以低速运转，看搅拌是否正常，搅拌棒是否碰撞温度计或器壁；支撑所有仪器的夹子必须旋紧，以保证安全。

（2）回流操作要点

① 组装仪器。首先根据反应物料量选择适当规格的反应容器，以物料量占反应器容积的 1/3～2/3 为宜，若反应中有大量气体或泡沫产生，则应选择稍大些的反应容器；再根据反应的需要选择适当的加热方式，实验中常用的加热方式有水浴、油浴、电热套和电炉直接加热等；然后以选好的热源高度为基准固定反应容器，再由下到上依次安装冷凝管等其他仪器。各仪器的连接部位要紧密，冷凝管上口必须与大气相通。整套装置安装要规范、准确、美观。

② 加入物料。一般将反应物料事先加到反应容器中，再按顺序组装仪器。若用三颈瓶作反应器，物料可从一侧口加入。不要忘记加沸石，如有搅拌，则不需加沸石。

③ 加热回流。检查装置气密性后，先通冷凝水，再开始加热。加热时逐渐调节热源，使温度缓慢上升至反应液沸腾或达到要求的反应温度，然后控制回流速度使液体蒸气浸润面不超过冷凝管有效冷却长度的1/3。冷凝水的流量应保持蒸气得到充分冷凝。

④ 停止回流。回流结束时，先停止加热，待冷凝管中没有蒸气后再停冷凝水。稍冷后按由上到下的顺序拆卸装置。

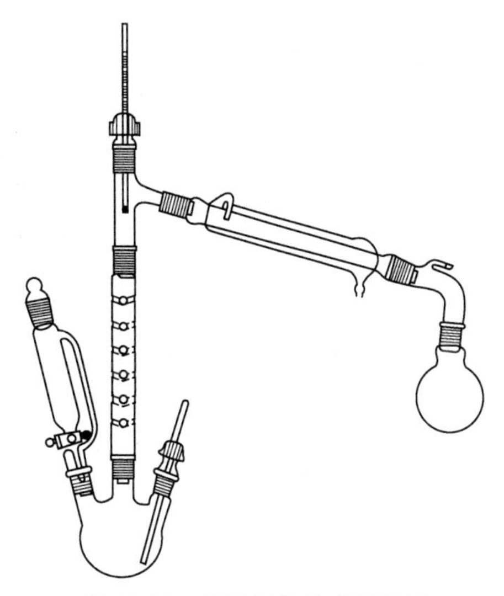

图 16-18 用于制备的分馏装置

**2. 分馏装置**

当制备化学稳定性较差、受热容易分解或氧化的有机化合物时，常采用逐渐加入某一反应物，同时通过分馏柱将产物不断地从反应体系中分离出来的分馏装置，如正丁醛的制备实验。用于制备的分馏装置如图16-18所示。

对于某些可逆反应，也常采用分馏装置。利用分馏的方法可将沸点较低的产物或沸点较低的某一生成物及时蒸出来，从而改变反应平衡。例如，制备溴乙烷时，因为溴乙烷沸点较低，常采用边反应边将生成的溴乙烷蒸馏出来的方法；制备乙酰苯胺时，通过分馏可将生成的水及时移走，从而提高实验产率。

## 三、选择产物的分离纯化方法

通过化学反应制得的有机化合物，往往是与未转化的原料、溶剂和副产物混杂在一起的。要得到纯度较高的产品，就需要进一步纯化。

对于液体粗产物一般采用萃取洗涤和蒸馏的方法进行纯化。萃取洗涤适合将反应混合物中的酸碱催化剂、无机盐、酸性、碱性或可溶性杂质除去；利用蒸馏可以回收溶剂或根据产品的沸程截取馏分。

蒸馏是纯化液体有机物最常用的方法。蒸馏前一般要对液体有机物进行干燥，以防微量的水与有机物形成共沸物而掺杂在馏出液中。干燥方法是选用适当的干燥剂通过吸附或与水反应而将水除去。各类有机物常用的干燥剂见表16-2。

**表 16-2 各类有机物常用的干燥剂**

| 干燥剂 | 酸碱性 | 有机物类型 | 干燥效能 |
|---|---|---|---|
| 浓 $H_2SO_4$ | 强酸性 | 饱和烃、卤代烷烃 | 吸水性强，效率高 |
| $P_2O_5$ | 酸性 | 烃、卤代烃、醚 | 吸水性很强，效率很高 |
| Na | 强碱性 | 烃、醚 | 干燥效果好，但作用慢 |
| BaO、CaO | 碱性 | 醇、醚、胺 | 效率高，但作用慢 |
| KOH、NaOH | 强碱性 | 胺 | 吸水性强，快速有效 |
| $K_2CO_3$ | 碱性 | 酮、酯、胺、腈 | 吸水性一般，速度较慢 |
| $CaCl_2$ | 中性 | 烃、卤代烃、醚、酮、硝基化合物 | 吸水量大，作用快，效率不高 |
| $CaSO_4$ | 中性 | 烷、醇、醚、醛、酮、芳烃 | 吸水量小，作用快，效率高 |
| $Na_2SO_4$ | 中性 | 烃、卤代烃、醇、醚、酚、醛、酮、酯、羧酸、胺 | 吸水量大，作用慢，效率低，但价格便宜 |
| $MgSO_4$ | 中性 | 烃、卤代烃、醇、醚、酚、醛、酮、酯、羧酸、胺 | 较 $Na_2SO_4$ 作用快，效率高 |

在有机化学实验中常用的干燥剂有氯化钙、硫酸钠和硫酸镁。它们的干燥原理是与水形成水合物，从而将水吸附除去。但生成的水合物加热时容易脱水，因此蒸馏前务必将干燥剂过滤或倾注除尽。

液体有机物的干燥通常在锥形瓶中进行。将含微量水分的液体倒入锥形瓶中，加入颗粒大小合适（太大吸水慢、效果差，太细则吸附产品多、收率低）的适量（一般每10mL液体加0.5～1.0g干燥剂）干燥剂，用包有一层纸的橡胶塞塞紧瓶口，轻轻振摇后静置观察。若发现液体浑浊或干燥剂粘在瓶壁上，应适当补加干燥剂并振摇，直至静置后液体澄清。然后放置半小时或放置过夜。

对于固体粗产物可用沉淀分离、重结晶或升华等方法进行纯化。沉淀分离是一种化学方法，即用合适的化学试剂将产物中的可溶性杂质转变为难溶性物质，再经过滤除去。所用试剂应能与杂质生成溶解度很小的沉淀，且自身过量时容易除去。重结晶法利用产物与杂质在某种溶剂中的溶解度不同而将它们分离开来，一般适于杂质含量在5%以下的固体混合物。升华法则用于提纯具有较高蒸气压，且与杂质蒸气压差别显著的固体物质，尤其适于纯化易潮解及易与溶剂发生离解作用的固体有机物。

固体有机物可选用自然晾干、加热烘干或放入干燥器内等方法进行干燥。

## 四、计算实验产率

完成有机化合物的制备后，要及时计算实验产率。实验产率是指产品的实际产量与理论产量的比值。

$$产率(\%)=\frac{实际产量}{理论产量}\times 100\%$$

其中的理论产量是根据化学反应式，按原料完全转化计算出来的产量。若反应物有两种或两种以上时，应以不过量的反应物用量为基准来计算理论产量。

# 实验六　阿司匹林的制备

## 一、目的要求

1. 熟悉酚羟基酰化反应的原理，掌握阿司匹林的制备方法；
2. 掌握抽滤装置的安装与操作；
3. 学会利用重结晶纯化固体有机物的操作技术。

## 二、信息收集

1. 查阅阿司匹林的性质、应用及制备原理。
2. 查阅重结晶的原理、意义及操作方法，抽滤装置的安装与操作要点。
3. 查阅鉴定产品阿司匹林纯度的方法。
4. 通过查阅资料填写下表。

| 名　称 | 摩尔质量/(g/mol) | 熔点/℃ | 沸点/℃ | 密度/(g/cm³) | 水溶性 | 投料量 | | 理论产量 |
| --- | --- | --- | --- | --- | --- | --- | --- | --- |
| | | | | | | 质量(体积)/g(mL) | $n$/mol | |
| 水杨酸 | | | — | — | | | | — |
| 乙酸酐 | | — | | | | | | — |
| 浓硫酸 | — | — | — | — | — | | — | — |
| 乙醇(35%) | — | — | — | — | — | | — | — |
| 阿司匹林 | | | — | — | | — | — | |

## 三、实验原理

阿司匹林的化学名称为乙酰水杨酸，是白色晶体，易溶于乙醇、氯仿和乙醚，微溶于水。因具有解热、镇痛和消炎作用，可用于治疗伤风、感冒、头痛、发烧、神经痛、关节痛及风湿病等，也用于预防心脑血管疾病。常用解热镇痛药 APC 中 A 即为阿司匹林。实验室通常采用水杨酸和乙酸酐在浓硫酸的催化下发生酰基化反应来制取。反应式如下：

$$\text{(邻-HOC}_6\text{H}_4\text{COOH)} + CH_3\overset{O}{\overset{\|}{C}}-O-\overset{O}{\overset{\|}{C}}CH_3 \xrightarrow[75\sim80℃]{浓\ H_2SO_4} \text{(邻-COOH-C}_6\text{H}_4\text{-)}O\underset{\underset{O}{\|}}{C}CH_3 + CH_3COOH$$

水杨酸　　乙酸酐　　乙酰水杨酸　　乙酸

反应温度应控制在 75～80℃，温度过高易发生下列副反应：

$$\text{(邻-OH-C}_6\text{H}_4\text{-)}COOH + HO\text{-(邻-COOH-C}_6\text{H}_4\text{)} \xrightarrow[\triangle]{H^+} \text{(邻-OH-C}_6\text{H}_4\text{-)}\overset{O}{\overset{\|}{C}}-O\text{-(邻-COOH-C}_6\text{H}_4\text{)} + H_2O$$

水杨酸水杨酯

$$\text{(邻-OCOCH}_3\text{-C}_6\text{H}_4\text{-)}COOH + HO\text{-(邻-COOH-C}_6\text{H}_4\text{)} \xrightarrow[\triangle]{H^+} \text{(邻-OCOCH}_3\text{-C}_6\text{H}_4\text{-)}\underset{\underset{O}{\|}}{C}-O\text{-(邻-COOH-C}_6\text{H}_4\text{)} + H_2O$$

乙酰水杨酸水杨酯

生成的阿司匹林粗品，用 35%的乙醇溶液进行重结晶将其纯化。其操作流程见流程图 2。

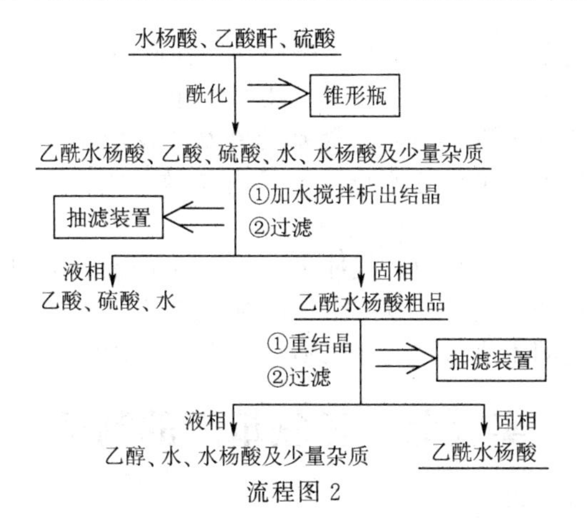

流程图 2

## 四、仪器与药品

锥形瓶（100mL）、量筒（10mL、25mL）、温度计（100℃）、烧杯（200mL、100mL）、吸滤瓶、布氏漏斗、小水泵、水浴锅、电炉

水杨酸、乙酸酐、硫酸（98%）、乙醇水溶液（35%）

## 五、实验步骤

1.酰化

在干燥的锥形瓶[1] 中加入 4.3g 水杨酸和 6mL 乙酸酐，再滴入 7 滴浓硫酸[2]，立即塞上带有 100℃温度计的塞子（温度计插入物料之中）。混匀后置于水浴中加热，在充分振摇下缓慢升温至 75℃[3]。保持此温度反应 15min，期间仍不断振摇。最后提高反应温度至 80℃，再反应 5min，使反应进行完全。

2.结晶抽滤

稍冷后拆下温度计。在充分搅拌下将反应液倒入盛有 100mL 水的 200mL 烧杯中[4]，然后冰水冷却，待结晶完全析出后，进行抽滤。用少量冷水洗涤滤饼两次，压紧抽干后转移到

100mL 烧杯中。

3. 重结晶

在盛有粗产品的烧杯中加入 25mL 35%乙醇，置于 45～50℃水浴中加热，使其迅速溶解[5]。若产品不能完全溶解，可酌情补加 35%的乙醇溶液。然后静置到室温，冰水冷却，待结晶完全析出后，进行抽滤。用少量冷水洗涤滤饼两次，压紧抽干。将结晶转移至表面皿中，自然晾干后称量。

## 六、产率计算

| 产品外观 | 实际产量 | 理论产量 | 产率 |
|---|---|---|---|
| | | | |

## 七、思考题

1. 制备阿司匹林时，浓硫酸的作用是什么？不加浓硫酸对实验有何影响？
2. 制备阿司匹林时，为什么所用仪器必须是干燥的？
3. 制备阿司匹林时，可能发生哪些副反应？产生哪些副产物？
4. 对阿司匹林进行重结晶时，选择溶剂的依据是什么？为何滤液要自然冷却？
5. 用什么方法可简便地检验产品中是否残留未反应完全的水杨酸？

## 八、注释

[1] 若制备阿司匹林的量较大，可采用带电动搅拌器的回流装置。三颈瓶中口安装电动搅拌器，一侧口安装球形冷凝管，另一侧口安装温度计。

[2] 水杨酸分子内存在氢键，阻碍酚羟基的酰基化反应，反应需加热至 150～160℃才能进行。若加入少量浓硫酸，可破坏水杨酸分子内氢键，使反应温度降低到 80℃左右，从而减少副产物的生成。

[3] 要用手压住瓶塞，以防反应蒸气冲出。并不断振摇，确保反应进行完全。

[4] 务必将大的固体颗粒搅碎，以防重结晶时不易溶解。

[5] 溶解时，加热时间不宜太长，温度不宜过高，否则阿司匹林发生水解。

# 实验七　乙酰苯胺的制备

## 一、目的要求

1. 熟悉氨基酰化反应的原理及意义，掌握乙酰苯胺的制备方法；
2. 进一步掌握分馏装置的安装与操作；
3. 熟练掌握重结晶、趁热过滤和减压过滤等操作技术。

## 二、信息收集

1. 查阅乙酰苯胺的性质、应用及制备原理，了解乙酰化试剂的反应活性及用乙酸作乙酰化剂制备乙酰苯胺的方法。
2. 查阅重结晶的原理、意义及操作方法，以及趁热过滤和减压过滤操作技术。
3. 查阅鉴定产品乙酰苯胺纯度的方法。
4. 通过查阅资料填写下表。

| 名　称 | 摩尔质量/(g/mol) | 熔点/℃ | 沸点/℃ | 密度/$(g/cm^3)$ | 水溶性 | 投料量 | | 理论产量 |
|---|---|---|---|---|---|---|---|---|
| | | | | | | 质量(体积)/g(mL) | $n$/mol | |
| 苯胺 | | — | | | | | | — |
| 冰醋酸 | | — | | | | | | — |

续表

| 名称 | 摩尔质量/(g/mol) | 熔点/℃ | 沸点/℃ | 密度/(g/cm³) | 水溶性 | 投料量 | | 理论产量 |
|---|---|---|---|---|---|---|---|---|
| | | | | | | 质量(体积)/g(mL) | $n$/mol | |
| 锌粉 | — | — | — | — | — | | — | — |
| 活性炭 | — | — | — | — | — | | — | — |
| 乙酰苯胺 | | | — | — | | — | — | |
| 水 | | — | — | — | — | — | — | |

## 三、实验原理

乙酰苯胺为无色晶体，具有退热镇痛作用，是较早使用的解热镇痛药，因此俗称“退热冰”。乙酰苯胺也是磺胺类药物合成中重要的中间体。由于芳环上的氨基易被氧化，在有机合成中为了保护氨基，往往先将其乙酰化转化为乙酰苯胺，然后再进行其他反应，最后水解除去乙酰基。

乙酰苯胺可由苯胺与乙酰化试剂（如乙酰氯、乙酐或乙酸等）直接作用来制备。乙酰化试剂的反应活性是：乙酰氯>乙酐>乙酸。由于乙酰氯和乙酐的价格较贵，本实验选用纯乙酸（俗称冰醋酸）作为乙酰化试剂。其反应式如下：

$$C_6H_5NH_2 + CH_3COOH \rightleftharpoons C_6H_5NHCOCH_3 + H_2O$$

苯胺　　乙酸　　乙酰苯胺

冰醋酸与苯胺的反应速率较慢，且反应是可逆的，为了提高乙酰苯胺的产率，一般采用冰醋酸过量的方法，同时利用分馏柱将反应中生成的水从平衡中移去。由于苯胺易氧化，加入少量锌粉，防止苯胺在反应过程中氧化。

乙酰苯胺在水中的溶解度随温度的变化差异较大（20℃，0.46g；100℃，5.5g），因此生成的乙酰苯胺粗品可以用水重结晶进行纯化。其操作流程见流程图 3。

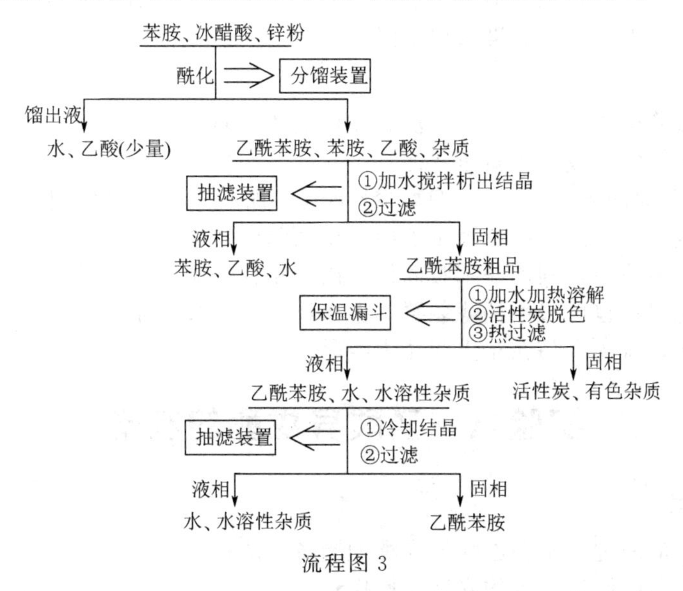


流程图 3

## 四、仪器与药品

圆底烧瓶（100mL）、刺形分馏柱、直形冷凝管、尾接管、量筒（10mL）、温度计（200℃）、烧杯（200mL）、吸滤瓶、布氏漏斗、小水泵、保温漏斗、电热套

苯胺、冰醋酸、锌粉、活性炭

## 五、实验步骤

1. 酰化

在干燥的圆底烧瓶中，加入 5mL 新蒸馏的苯胺[1]、8.5mL 冰醋酸和 0.1g 锌粉[2] 并加入 1～2 粒沸石。立即装上分馏柱，在柱顶安装一支温度计，用小量筒收集蒸出的水和乙酸。实验装置参考图 16-6。用电热套缓慢加热至反应物沸腾。调节电压，当温度升至约 105℃时开始蒸馏。维持温度在 105℃左右约 30min[3]，这时反应所生成的水基本蒸出。当温度计的读数不断下降时，则反应达到终点，即可停止加热。

2. 结晶抽滤

在烧杯中加入 100mL 冷水，将反应液趁热[4] 以细流倒入水中，边倒边不断搅拌，此时有细粒状固体析出。冷却后抽滤，并用少量冷水洗涤固体，得到白色或黄色的乙酰苯胺粗品。

3. 重结晶

将粗产品转移到烧杯中，加入 100mL 水，在搅拌下加热至沸腾。观察是否有未溶解的油状物，若有则补加水，直到油珠全溶。稍冷后，加入 0.5g 活性炭，并煮沸 10min。在保温漏斗中趁热过滤除去活性炭[5]，滤液倒入热的烧杯中。然后自然冷却至室温，冰水冷却，待结晶完全析出后，进行抽滤。用少量冷水洗涤滤饼两次，压紧抽干。将结晶转移至表面皿中，自然晾干后称量。

## 六、产率计算

| 产品外观 | 实际产量 | 理论产量 | 产率 |
|---|---|---|---|
| | | | |

## 七、思考题

1. 用乙酸酰化制备乙酰苯胺方法如何提高产率？

2. 反应温度为什么控制在 105℃左右？过高和过低对实验有什么影响？

3. 根据反应式计算，理论上能产生多少毫升水？为什么实际收集的液体量多于理论量？

4. 反应终点时，温度计的温度为何下降？

## 八、注释

[1] 久置的苯胺因为氧化而颜色较深，使用前要重新蒸馏。因为苯胺的沸点较高，蒸馏时选用空气冷凝管冷凝，或采用减压蒸馏。

[2] 锌粉的作用是防止苯胺氧化，只要少量即可。加得过多，会出现不溶于水的氢氧化锌。

[3] 分馏温度不能太高，以免大量乙酸蒸出而降低产率。

[4] 若让反应液冷却，则乙酰苯胺固体析出，粘在烧瓶壁上不易倒出。

[5] 趁热过滤时，也可采用抽滤装置，但布氏漏斗和吸滤瓶一定要预热。滤纸大小要合适，抽滤过程要快，避免产品在布氏漏斗中结晶。

# 实验八　乙酸异戊酯的制备

## 一、目的要求

1. 熟悉酯化反应原理，掌握乙酸异戊酯的制备方法；

2. 掌握带分水器的回流装置的安装与操作；

3. 熟悉液体有机物的干燥，掌握分液漏斗的使用方法；

4. 学会利用萃取洗涤和蒸馏的方法纯化液体有机物的操作技术。

## 二、信息收集

1. 查阅乙酸异戊酯的性质、应用及制备原理，了解酯化反应的特点和提高产率的措施。

2. 查阅回流、萃取洗涤、干燥和蒸馏的原理及意义，带分水器回流装置和普通蒸馏装置的安装与操作要点及分液漏斗的使用方法。

3. 查阅鉴定产品乙酸异戊酯纯度的方法。

4. 通过查阅资料填写下表。

| 名　称 | 摩尔质量/(g/mol) | 沸点/℃ | 密度/(g/cm³) | 水溶性 | 投　料　量 | | 理论产量 |
|---|---|---|---|---|---|---|---|
| | | | | | 质量(体积)/g(mL) | $n$/mol | |
| 冰醋酸 | | | | | | | — |
| 异戊醇 | | | | | | | — |
| 浓硫酸 | — | — | — | — | | — | — |
| 碳酸钠溶液 | — | — | — | — | | — | — |
| 饱和食盐水 | — | — | — | — | | — | — |
| 水 | — | — | — | — | — | — | |
| 乙酸异戊酯 | | | | | — | — | |

## 三、实验原理

乙酸异戊酯为无色透明液体，不溶于水，易溶于乙醇、乙醚等有机溶剂。它是一种香精，因具有香蕉气味，又称为香蕉油。实验室通常采用冰醋酸和异戊醇在浓硫酸的催化下发生酯化反应来制取。其反应式如下：

$$\underset{\text{乙酸}}{CH_3\overset{\overset{\large O}{\|}}{C}-OH} + \underset{\text{异戊醇}}{HOCH_2CH_2\overset{\overset{\large CH_3}{|}}{C}HCH_3} \xrightleftharpoons[\triangle]{\text{浓 }H_2SO_4} \underset{\text{乙酸异戊酯}}{CH_3\overset{\overset{\large O}{\|}}{C}-OCH_2CH_2\overset{\overset{\large CH_3}{|}}{C}HCH_3} + H_2O$$

酯化反应是可逆的，本实验采取加入过量冰醋酸，并除去反应中生成的水，使反应不断向右进行，提高酯的产率。

生成的乙酸异戊酯中混有过量的冰醋酸、未完全转化的异戊醇、起催化作用的硫酸及副产物醚类，经过洗涤、干燥和蒸馏予以除去。其操作流程见流程图 4。

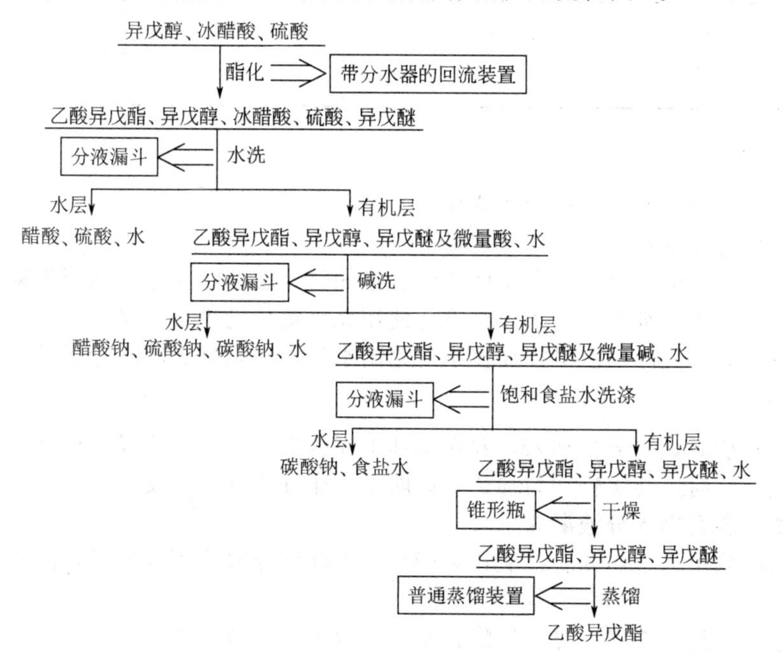


流程图 4

## 四、仪器与药品

圆底烧瓶（100mL）、球形冷凝管、分水器、蒸馏烧瓶（50mL）、直形冷凝管、尾接管、分液漏斗（100mL）、量筒（25mL）、温度计（200℃）、锥形瓶（50mL）、电热套

异戊醇、冰醋酸、硫酸（98%）、碳酸钠溶液（10%）、食盐水（饱和）、无水硫酸镁

## 五、实验步骤

1. 酯化

在干燥的圆底烧瓶中加入 18mL 异戊醇和 15mL 冰醋酸，在振摇与冷却下加入 1.5mL 浓硫酸[1]，混匀后放入 1～2 粒沸石。按图 16-14（d）安装带分水器的回流装置。分水器中事先充水至支管口处，然后放出 3.5mL 水。

检查装置气密性后，用电热套（或甘油浴）缓缓加热至烧瓶中的液体沸腾。继续加热[2]，控制回流速度，使蒸气浸润面不超过球形冷凝管下端的第一个球，当分水器充满水，反应基本完成，大约需要 1.5h。

2. 洗涤

停止加热，稍冷后拆除回流装置。将烧瓶中的反应液倒入分液漏斗中[3]，用 15mL 冷水淋洗烧瓶内壁，洗涤液并入分液漏斗。充分振摇，静置，待分界面清晰后，分去水层。再用 15mL 冷水重复操作一次。然后酯层用 20mL 10%碳酸钠溶液分两次洗涤[4]。最后再用 15mL 饱和食盐水[5] 洗涤一次。

3. 干燥

经过水洗、碱洗和食盐水洗涤后的酯层由分液漏斗上口倒入干燥的锥形瓶中，加入 2g 无水硫酸镁，盖上塞子，充分振摇后，放置 30min。

4. 蒸馏

安装普通蒸馏装置。将干燥好的粗酯小心滤入干燥的蒸馏烧瓶中，放入 1～2 粒沸石，加热蒸馏。用称过质量的锥形瓶作接收器收集 138～142℃馏分。

## 六、产率计算

| 产品外观 | 实际产量 | 理论产量 | 产率 |
|---|---|---|---|
| | | | |

## 七、思考题

1. 制备乙酸异戊酯时，使用的哪些仪器必须是干燥的？为什么？
2. 分水器内为什么事先要充有一定量水？
3. 酯化反应制得的粗酯中含有哪些杂质？是如何除去的？洗涤时能否先碱洗再水洗？
4. 酯可用哪些干燥剂干燥？为什么不能使用无水氯化钙进行干燥？
5. 酯化反应时，实际出水量往往多于理论出水量，这是什么原因造成的？

## 八、注释

[1] 加浓硫酸时，要分批加入，并在冷却下充分振摇，以防止异戊醇被氧化。

[2] 回流酯化时，要缓慢均匀加热，以防止碳化并确保完全反应。

[3] 不要将沸石倒入分液漏斗中。

[4] 碱洗时放出大量热并有二氧化碳产生，因此洗涤时要不断放气，防止分液漏斗内的液体冲出来。

[5] 用饱和食盐水洗涤，可降低酯在水中的溶解度，减少酯的损失。

# 实验九　1-溴丁烷的制备

## 一、目的要求

1. 熟悉醇与氢卤酸发生亲核取代反应的原理，掌握1-溴丁烷的制备方法；
2. 掌握带气体吸收的回流装置的安装与操作及液体的干燥操作；
3. 掌握使用分液漏斗洗涤和分离液体有机物的操作技术；
4. 熟练掌握蒸馏装置的安装与操作。

## 二、信息收集

1. 查阅1-溴丁烷的性质、应用及制备原理。

2. 查阅回流、蒸馏、萃取洗涤、干燥的原理及意义，以及带有气体吸收的回流装置和普通蒸馏装置的安装与操作要点及分液漏斗的使用方法。

3. 查阅鉴定产品1-溴丁烷纯度的方法。

4. 通过查阅资料填写下表：

| 名　称 | 摩尔质量/(g/mol) | 沸点/℃ | 密度/(g/cm³) | 水溶性 | 投　料　量 | | 理论产量 |
|---|---|---|---|---|---|---|---|
| | | | | | 质量(体积)/g(mL) | $n$/mol | |
| 正丁醇 | | | | | | | — |
| 溴化钠 | | — | — | | | | — |
| 浓硫酸 | | — | | — | | | — |
| 碳酸钠溶液 | — | — | — | — | | — | — |
| 无水氯化钙 | — | — | — | — | | — | — |
| 溴化氢 | — | — | | | | — | |
| 水 | — | | | — | | — | |
| 1-溴丁烷 | | | | | — | — | |

## 三、实验原理

1-溴丁烷又称正溴丁烷，是无色透明液体，沸点为101.6℃，密度为1.2758g/mL。不溶于水，易溶于乙醇、乙醚、丙酮等有机溶剂。可用作有机溶剂及有机合成中间体，也可用作医药原料（如胃肠解痉药丁溴东莨菪碱的原料）。实验室通常采用正丁醇与氢溴酸在浓硫酸催化下发生亲核取代反应来制取。其反应式如下：

主反应：

$$NaBr + H_2SO_4 \longrightarrow HBr + NaHSO_4$$

$$\underset{\text{正丁醇}}{CH_3CH_2CH_2CH_2OH} + HBr \rightleftharpoons \underset{\text{1-溴丁烷}}{CH_3CH_2CH_2CH_2Br} + H_2O$$

本实验主反应为可逆反应，为提高产率反应时使氢溴酸过量。通常用溴化钠和浓硫酸作用并加一定量的水来制取氢溴酸。

反应时浓硫酸应缓慢加入，反应温度也不宜过高，否则易发生下列副反应：

$$2CH_3CH_2CH_2CH_2OH \xrightarrow[\triangle]{\text{浓 }H_2SO_4} \underset{\text{正丁醚}}{CH_3CH_2CH_2CH_2OCH_2CH_2CH_2CH_3} + H_2O$$

$$CH_3CH_2CH_2CH_2OH \xrightarrow[\triangle]{\text{浓 }H_2SO_4} CH_3CH_2CH{=}CH_2 + H_2O$$

$$2HBr + \text{浓 }H_2SO_4 \longrightarrow Br_2 + SO_2\uparrow + 2H_2O$$

由于反应中产生的溴化氢气体有毒，为防止溴化氢气体逸出，选用了带气体吸收的回流装置。

生成的1-溴丁烷中混有过量的氢溴酸、硫酸、未完全转化的正丁醇及副产物烯烃、醚类等，经过洗涤、干燥和蒸馏予以除去。其操作流程见流程图5。

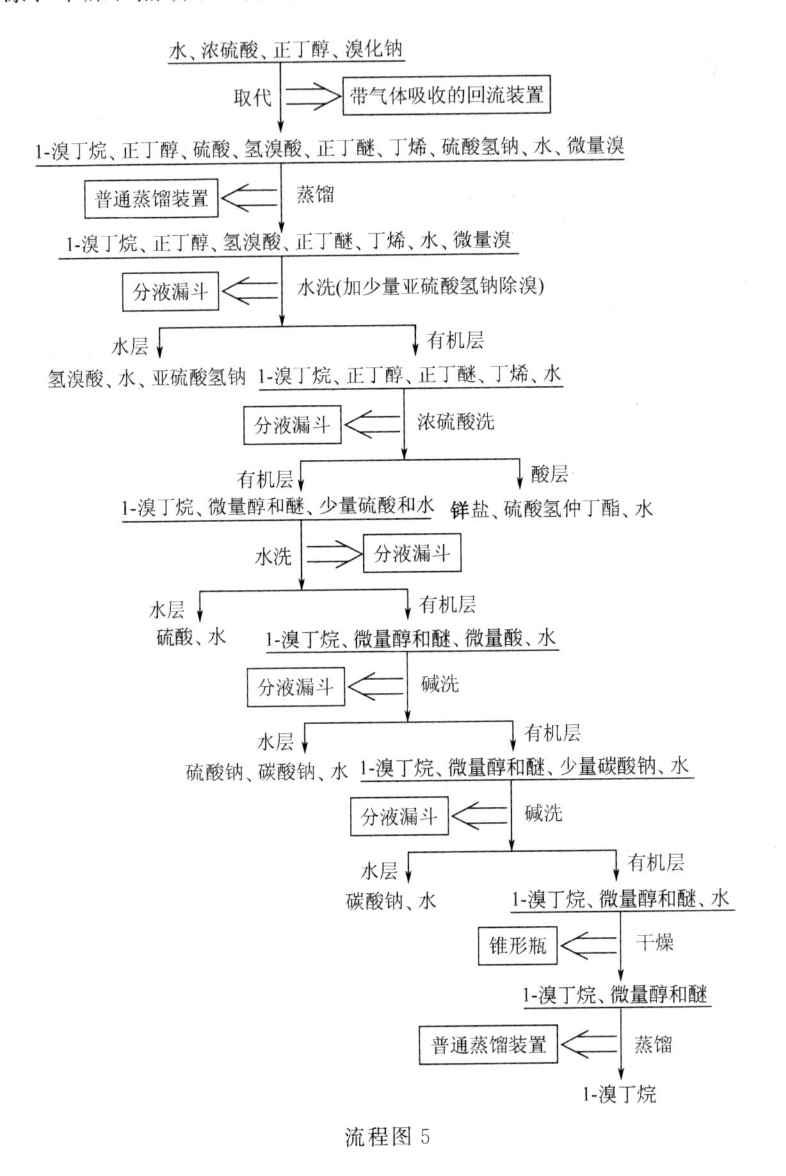


流程图5

## 四、仪器与药品

圆底烧瓶（100mL）、球形冷凝管、玻璃漏斗、烧杯（200mL）、蒸馏烧瓶（50mL）、直形冷凝管、尾接管、分液漏斗（100mL）、量筒（10mL、25mL）、温度计（200℃）、锥形瓶（50mL）、电热套

正丁醇、溴化钠、硫酸（98%）、碳酸钠溶液（10%）、无水氯化钙、亚硫酸氢钠、氢氧化钠溶液（5%）

## 五、实验步骤

1. 取代

在圆底烧瓶中，加入12mL水，置烧瓶于冰水浴中，在振摇下分批加入15mL浓硫酸，混匀并冷却至室温，再慢慢加入9.7mL正丁醇[1]，混合均匀后，加入13.3g研细的溴化钠

和1～2粒沸石，充分振摇后参照图16-14(b)安装带气体吸收的回流装置[2]。用200mL烧杯盛放100mL 5%氢氧化钠溶液作吸收液。

用电热套（或酒精灯）加热[3]，并经常摇动烧瓶[4]，促使溴化钠不断溶解，加热过程中始终保持反应液呈微沸，缓缓回流约1h。反应结束，溴化钠固体消失，溶液出现分层。

2.蒸馏

稍冷后拆去回流冷凝管，补加1～2粒沸石，在圆底烧瓶上安装蒸馏头改为蒸馏装置，用锥形瓶作为接收器。加热蒸馏，直至馏出液中无油滴生成为止。停止蒸馏后，烧瓶中的残液应趁热倒入废酸缸中[5]。

3.洗涤

将蒸出的粗1-溴丁烷倒入分液漏斗，用10mL水洗涤一次[6]，将下层的1-溴丁烷分入干燥的锥形瓶中。再向盛粗1-溴丁烷的锥形瓶中滴入4mL浓硫酸，并将锥形瓶置于冰水浴中冷却并轻轻振摇。然后倒入一个干燥的分液漏斗中，静置片刻，小心地分去下层酸液。油层依次用12mL水、6mL 10%碳酸钠溶液、12mL水各洗涤一次。

4.干燥

经洗涤后的粗1-溴丁烷由分液漏斗上口倒入干燥的锥形瓶中，加入2g无水氯化钙，盖上塞子，充分振摇后，放置30min。

5.蒸馏

安装普通蒸馏装置[7]。将干燥好的粗1-溴丁烷小心滤入干燥的蒸馏烧瓶中，放入1～2粒沸石，加热蒸馏。用称过质量的锥形瓶收集99～103℃馏分。

## 六、产率计算

| 产品外观 | 实际产量 | 理论产量 | 产率 |
|---|---|---|---|
| | | | |

## 七、思考题

1.在制备1-溴丁烷的整个实验过程中提高产率的关键是什么？

2.加热回流后，反应瓶内上层呈橙红色，说明其中溶有何种物质？它是如何产生的？又应如何除去？

3.反应后产物中可能含有哪些杂质？各步洗涤的目的是什么？

4.干燥1-溴丁烷能否用无水硫酸镁来代替无水氯化钙？为什么？

5.由叔醇制备叔溴代烷时，能否用溴化钠和过量浓硫酸作试剂？为什么？

## 八、注释

[1] 要分批慢慢加入，以防正丁醇被氧化。

[2] 注意溴化氢气体吸收装置，玻璃漏斗不要浸入水中，防止倒吸。

[3] 用电热套加热时，一定要缓慢升温，使反应液呈微沸，烧瓶不要紧贴在电热套上，以便容易控制温度。

[4] 可用振荡整个铁架台的方法使烧瓶摇动。

[5] 残液中的硫酸氢钠冷却后结块，不易倒出。

[6] 第一次水洗时，如果产品有色（含溴），可加少量$NaHSO_3$振摇后除去。

[7] 全套蒸馏仪器必须是干燥的，否则蒸出的产品呈现浑浊。

# 附录　有机化学实验项目教学设计

## 实验项目一　液体混合物丙酮和水的分离

### Ⅰ.实验项目任务书

**一、任务要求**

在化学品或药物生产过程中，常使用丙酮溶媒作溶剂、洗涤剂和萃取剂等，使用后产生废丙酮溶媒，其组成主要含丙酮（大于70%）和水。为使废丙酮溶媒重复利用，需对废丙酮溶媒回收处理，以得到含水量≤0.5%（质量分数）的丙酮溶媒。请选择适合在实训室分离丙酮和水（50%～70%）混合液的方法并实施。

**二、项目准备工作**（制作成PPT讲稿）

**1. 信息收集**

① 丙酮的理化性质及应用。

② 常见分离液体混合物的方法及使用范围。

③ 鉴定液体产品纯度常用的方法；阿贝折射仪的使用方法。

④ 常压蒸馏和简单分馏的原理、意义、装置及安装、基本操作与注意事项。

⑤ 目前在实际生产中回收丙酮的先进工艺。

**2. 方案设计**（参见实验四）

① 根据收集的信息，确定最佳方法（在实训室切实可行）。

② 设计详细的实施方案。主要内容包括实验目的；实验原理；所用药品的规格、用量及相关物理常数（用表格表示）；所用仪器及完整的装置图；实验步骤；实验注意事项等。

**三、实验报告单**

班级____________　实验小组成员____________________　项目负责人__________

<table>
<tr><td>项目名称</td><td colspan="2">液体混合物丙酮和水的分离</td><td>实验日期</td><td></td></tr>
<tr><td>丙酮规格及用量</td><td></td><td>水规格及用量</td><td colspan="2"></td></tr>
<tr><td colspan="2">蒸馏操作数据记录</td><td colspan="3">分馏操作数据记录</td></tr>
<tr><td colspan="2">$T_0=$</td><td colspan="3">$T_0=$</td></tr>
<tr><td colspan="2">$T_0 \sim T_0+1$ 馏分的折射率＝</td><td colspan="3">$T_0 \sim T_0+1$ 馏分的折射率＝</td></tr>
<tr><td>温度范围/℃</td><td>馏出液体积/mL</td><td>温度范围/℃</td><td colspan="2">馏出液体积/mL</td></tr>
<tr><td>$T_0 \sim T_0+1$</td><td></td><td>$T_0 \sim T_0+1$</td><td colspan="2"></td></tr>
<tr><td>$T_0+1 \sim 62$</td><td></td><td>$T_0+1 \sim 62$</td><td colspan="2"></td></tr>
<tr><td>62～70</td><td></td><td>62～70</td><td colspan="2"></td></tr>
<tr><td>70～80</td><td></td><td>70～80</td><td colspan="2"></td></tr>
</table>

续表

| 项目名称 | 液体混合物丙酮和水的分离 | | 实验日期 | |
|---|---|---|---|---|
| 80～95 | | 80～95 | | |
| 剩余物 | | 剩余物 | | |
| 分离效果比较：依据 $T_0$～$T_0$+1 馏分的折射率及各温度段馏出液体积进行分析，比较蒸馏与分馏的分离效果 | | | | |

**成绩评定**

| 方案设计及研讨(40%) | 实际操作(40%) | 纪律卫生(10%) | 实验结果(10%) |
|---|---|---|---|
| | | | |
| 总分 | | 教师签名 | |

## Ⅱ.实验项目教学设计

| 学习情境 | 普通蒸馏、简单分馏基本操作训练 | | |
|---|---|---|---|
| 项目 | 液体混合物(丙酮-水)的分离 | 计划学时 | 6 |
| 教学描述 | 以分离丙酮和水为任务载体，采用教学做一体的项目化教学方法，使学生学会普通蒸馏、简单分馏的原理、意义、装置的安装及基本操作过程 | | |
| 教学目标 | 知识目标：<br>①掌握蒸馏、分馏法分离有机化合物的基本原理及适用范围。<br>②掌握在实训室进行蒸馏和分馏的基本操作过程。<br>③了解目前工业回收丙酮的方法及所用设备。<br>④了解阿贝折射仪的使用原理和方法。<br>技能目标：<br>①能够在实训室用蒸馏、分馏法将水与丙酮混合体系分离，并回收丙酮。增强学生循环使用原料和环保意识。<br>②能依据样品的用量选择合适的仪器并能选择合适的热源。<br>③能正确安装蒸馏、分馏装置。<br>④能熟练进行蒸馏、分馏基本操作。<br>⑤能正确使用阿贝折射仪。<br>素质目标：<br>①培养学生利用现代化网络获取知识的能力。<br>②培养学生自主学习和独立工作的能力。<br>③培养学生团队精神与协作能力。<br>④培养学生严肃认真、实事求是的科学态度和严谨的工作作风。<br>⑤培养学生良好的职业道德和环境保护意识。<br>总体目标：能熟练规范地运用所学操作技术独立完成实验项目 | | |

教学设计：
教学条件：多媒体教室、实训室、常用玻璃仪器、电热套、阿贝折射仪、试剂(丙酮)。
教学形式：教学做一体的项目化教学方法。
教学组织：
①学生以学习小组为单位，按照教师给的任务书收集信息，并制作成 ppt 演示文稿。
②各小组派代表展示自作的文稿，师生共同研讨确定实验方案。
③学生在实训室自主操作并完成实验报告。
④教师针对现场实际操作情况进行总结评价。

实施步骤

| 步骤 | 内容 | 方法手段 | 时间安排 |
|---|---|---|---|
| 引入<br>(收集信息) | 给学生布置任务，解析任务书各项要求 | 教师制定任务书并颁发给学生，学生以学习小组为单位，按照任务书要求收集信息，并制作成 PPT 演示文稿 | 课下完成 |

续表

| 学习情境 | 普通蒸馏、简单分馏基本操作训练 | | |
|---|---|---|---|
| 告知<br>（方案研讨） | 学习蒸馏、分馏操作技术 | 学生汇报收集信息及方案，师生共同研讨确定实验方案 | 2学时 |
| 技能训练<br>（方案实施） | 任务1　用蒸馏法对样品（50%丙酮水溶液）进行分离操作。<br>①依据样品用量选择所用仪器和热源。<br>②安装蒸馏装置。<br>③投料。<br>④进行分离操作。a. 升温速度和馏出液速度的控制（热源强弱的控制）；b. 操作过程中现象的观察；c. 正确接收不同温度段馏分；d. 正确停止蒸馏操作。<br>任务2　用分馏法对样品（50%丙酮水溶液）进行分离操作。<br>①依据样品用量选择所用仪器和热源。<br>②安装分馏装置。<br>③投料。<br>④进行分离操作。a. 升温速度和馏出液速度的控制（热源强弱的控制）；b. 操作过程中现象的观察；c. 正确接收不同温度段馏分；d. 正确停止分馏操作。<br>任务3　检验分离结果<br>①用阿贝折射仪测定第一馏分的折射率，以检验其纯度。<br>②根据两种方法接收不同温度段馏分的体积比较分离效果 | 学生分组自主操作，教师全程跟踪指导。（学生操作失败，允许反复练习） | 3.5学时 |
| 总结评价 | ①教师针对现场实际操作情况进行总结评价。（归纳知识点）<br>②在教师指导下填写实验报告 | 现场讲解与课下指导相结合 | 0.5学时 |

# 实验项目二　医用阿司匹林的制备

## Ⅰ.实验项目任务书

### 一、任务要求

阿司匹林从发明至今已有百年的历史，具有十分广泛的用途，其最基本的药理作用是解热镇痛，通过发汗增加散热作用，从而达到降温目的。同时，它可以有效地控制由炎症、手术等引起的慢性疼痛，如头痛、牙痛、神经痛、肌肉痛等。1898年，德国化学家霍夫曼用水杨酸与醋酐反应，合成了乙酰水杨酸，1899年，德国拜耳药厂正式生产这种药品，取商品名为Aspirin（阿司匹林）。请选择适合在实训室制备医用阿司匹林的方法并实施。

### 二、项目准备工作（制作成PPT讲稿）

#### 1. 信息收集

① 所用原料药品及产品阿司匹林的理化性质及用途。

② 阿司匹林的传统生产工艺及目前国内外先进的工艺，适用于实训室制备的方法。

③ 制备阿司匹林的基本原理，常用的酰基化试剂及活性顺序。

④ 常见固液混合物的分离提纯方法及使用范围。

⑤ 重结晶纯化固体有机物的操作技术原理及方法。

⑥ 鉴定产品纯度的方法。毛细管法测熔点的装置和操作方法；熔点仪的使用方法。

**2. 方案设计**（参见实验七）

① 根据收集的信息，确定最佳方法（在实训室切实可行）。

② 设计详细的实施方案。主要内容包括实验目的；实验原理；所用药品的规格、用量及相关物理常数（用表格表示）；所用仪器及完整的装置图；实验步骤；实验注意事项等。

## 三、实验报告单

班级__________　实验小组成员__________　项目负责人__________

| 项目名称 | 医用阿司匹林的制备 | | 实验日期 | |
|---|---|---|---|---|
| 药品名称 | 水杨酸 | 乙酸酐 | 浓硫酸 | 乙醇 |
| 药品规格或浓度 | | | | |
| 药品用量 | | | | |
| 产品外观 | | | | |
| 理论产量 | | | 实际产量 | |
| 产率计算 | | | | |
| 产品纯度检验 | 与三氯化铁显色试验 | | $\Delta T$(熔程) | |
| | 粗产品 | | $\Delta T = T_{全熔} - T_{初熔}$ | |
| | 精制产品 | | | |
| 思　考　题 | 1. 制备阿司匹林时有哪些副反应？产生哪些副产物？<br>2. 如何定量测定产品中阿司匹林的含量？ | | | |

# Ⅱ. 实验项目教学设计

| 学习情境 | 固体有机物的制备技术基本操作训练 | | |
|---|---|---|---|
| 项目 | 医用阿司匹林的制备 | 计划学时 | 8 |
| 教学描述 | 以医用阿司匹林的制备为任务载体，采用教学做一体的项目化教学方法，使学生学会酚羟基酰化反应的原理、意义、抽滤装置的安装及基本操作过程，学会利用重结晶纯化固体有机物的操作技术，学会通过测定熔点鉴定物质纯度的方法。 | | |
| 教学目标 | 知识目标：<br>①熟悉酰化反应的原理，掌握阿司匹林的制备方法。<br>②了解固液混合物的分离技术，掌握抽滤装置的安装与操作。<br>③了解重结晶纯化固体有机物的基本原理，掌握重结晶操作技术与方法。<br>④熟悉鉴定固体产品纯度的方法，掌握毛细管法测定熔点的装置和操作方法。<br>技能目标：<br>①能够在实训室通过酰化反应来制备酰基化合物，掌握有机物的制备技术。<br>②能依据样品用量选择合适的仪器和热源。<br>③能熟练安装反应装置、抽滤装置，并能正确操作。<br>④能正确使用毛细管法提勒管式装置测定熔点，能通过测定有机物的熔点来判断有机物的纯度。<br>素质目标：<br>①培养学生利用现代化网络获取知识的能力。<br>②培养学生自主学习和独立工作的能力。<br>③培养学生团队精神与协作能力。<br>④培养学生严肃认真、实事求是的科学态度和严谨的工作作风。<br>⑤培养学生良好的职业道德和环境保护意识。<br>总体目标：能熟练规范地运用所学操作技术独立完成实验项目 | | |

教学设计：

教学条件：多媒体教室、实训室、常用玻璃仪器、电炉、水浴锅、抽滤装置、试剂（乙酸酐、水杨酸、浓硫酸、35%的乙醇溶液）。

教学形式：教学做一体的项目化教学方法。

教学组织：

①学生以学习小组为单位，按照教师给的任务书收集信息，并制作成PPT演示文稿。

②各小组派代表展示自作的文稿，师生共同研讨确定实验方案。

③学生在实训室自主操作并完成实验报告。

④教师针对现场实际操作情况进行总结评价

实施步骤

| 步骤 | 内容 | 方法手段 | 时间安排 |
| --- | --- | --- | --- |
| 引入<br>(收集信息) | 给学生任务书,解析任务书各项要求 | 教师制定任务书并颁发给学生,学生以学习小组为单位,按照任务书要求收集信息,并制作成PPT演示文稿 | 课下完成 |
| 告知<br>(方案研讨) | 学习阿司匹林的制备方法;学习重结晶操作技术;学习熔点测定方法 | 学生汇报收集信息及方案,师生共同研讨确定实验方案。 | 2学时 |
| 技能训练<br>(方案实施) | 任务1　利用酰化反应制备阿司匹林<br>①依据样品用量选择所用仪器的规格和热源。<br>②安装酰化反应装置。<br>③投料。(分析纯:水杨酸、乙酸酐、浓硫酸)<br>④进行酰基化反应操作:<br>a. 升温速度控制。<br>b. 操作过程中现象的观察。<br>c. 反应期间物料的均匀混合程度的操作控制(搅拌操作)。<br>d. 恒温温度控制及时间的控制。<br>任务2　结晶抽滤进行固液混合物的分离操作<br>①将反应混合物转移至冷水中析出产品的正确操作。<br>②冰水冷却结晶操作。<br>③抽滤装置的安装。a. 滤纸的大小剪法;b. 滤纸的湿润;c. 布氏漏斗下端斜口的位置;d. 气密性的检查。<br>④进行分离操作。a. 打开真空泵,连接抽滤瓶;b. 操作过程中现象的观察;c. 正确进行滤饼洗涤的操作;d. 正确停止抽滤的操作。<br>任务3　重结晶进行产品纯化操作<br>①依据样品性质选择热源(水浴温度)。<br>②加热溶解过程控制(温度、速度)。<br>③结晶操作(静置冷却,冰水冷却)。<br>④进行分离操作。<br>⑤收集产品(自然晾干,称量)。<br>任务4　检验产品的纯度<br>①取少量粗制的阿司匹林产品于小试管中加入1mL95%乙醇溶解,滴加1～2滴氯化铁溶液。<br>②取少量精制的阿司匹林产品于小试管中加入1mL95%乙醇溶解,滴加1～2滴氯化铁溶液。比较两种产品的纯度。<br>③精制产品晾干后,测定熔点 | 学生分组自主操作,教师全程跟踪指导。(学生操作失败,允许反复练习) | 5.5学时 |
| 总结评价 | ①教师针对现场实际操作情况进行总结评价。(归纳知识点)<br>②在教师指导下填写实验报告 | 现场讲解与课下指导相结合 | 0.5学时 |

# 实验项目三　香料乙酸异戊酯的制备

## Ⅰ.实验项目任务书

### 一、任务要求

乙酸异戊酯是一种重要的化工产品,用途广泛,是国内外允许使用的食用香料,是香蕉、草莓、杨梅、苹果、香蕉、樱桃、葡萄、菠萝等果香型香精的调制成分，可用作化妆品、皂用香料及合成洗涤剂等日化香精配方中，也可用作溶剂及用于制革、人造丝、胶片和纺织品等加工工业。但主要的用途是作为食品添加剂用于食用香精配方中，在国内外具有广阔的需求市场。请选择适合在实训室制备乙酸异戊酯的方法并实施。

## 二、项目准备工作（制作成PPT讲稿）

### 1.信息收集

① 所用原料及产品的理化性质和产品的用途。

② 乙酸异戊酯的传统生产工艺和目前国内外先进的工艺，适合于实训室制备的方法。

③ 酯化反应的原理、意义。

④ 纯化液体有机物的方法和基本操作技术；分液漏斗的使用方法。

⑤ 液体有机物的干燥方法；干燥各类有机化合物常用的干燥剂。

⑥ 各类回流装置的安装及适用范围、基本操作技术及注意事项。

### 2.方案设计（参见实验九）

① 根据收集的信息，确定最佳方法（在实训室切实可行）。

② 设计详细的实施方案。主要内容包括实验目的；实验原理；所用药品的规格、用量及相关物理常数（用表格表示）；所用仪器及完整的装置图；实验步骤；实验注意事项等。

## 三、实验报告单

班级________ 实验小组成员______________ 项目负责人__________

| 项目名称 | 香料乙酸异戊酯的制备 | 实验日期 | |
|---|---|---|---|
| 原料名称 | 异戊醇 | 冰乙酸 | |
| 原料规格 | | | |
| 原料用量 | | | |
| 产品外观 | | | |
| 理论产量 | | 实际产量 | |
| 产率计算 | | | |
| 思考题 | 1.酯化反应制得的粗酯中含有哪些杂质？是如何除去的？<br>2.洗涤时能否先碱洗后水洗？能不能只用水洗？为什么？ | | |

**成绩评定**

| 方案设计及研讨(40%) | 实际操作(40%) | 纪律卫生(10%) | 实验结果(10%) |
|---|---|---|---|
| | | | |

# Ⅱ.实验项目教学设计

| 学习情境 | 液体有机物的制备技术基本操作训练 | | |
|---|---|---|---|
| 项目 | 香料乙酸异戊酯的制备 | 计划学时 | 8 |
| 教学描述 | 以香料乙酸异戊酯的制备为任务载体，采用教学做一体的项目化教学方法，使学生学会分水回流、萃取(洗涤)及干燥等基本操作原理及操作；学会制备液体有机化合物的基本操作技术；进一步掌握蒸馏法精制液体有机物的方法 | | |

续表

| 项目 | 香料乙酸异戊酯的制备 | 计划学时 | 8 |
|---|---|---|---|
| 教学目标 | 知识目标：<br>①掌握分水回流法制备酯类化合物的方法及原理。<br>②掌握萃取-洗涤分离液体有机化合物的方法及原理。<br>③掌握分水回流、萃取-洗涤分离、干燥及蒸馏等基本操作过程。<br>④了解目前工业制备乙酸异戊酯的方法及所用设备。<br>技能目标：<br>能依据样品的用量选择合适的仪器并能选择合适的热源。<br>能依据反应的特征选择适宜的回流装置并能规范操作。<br>①能在实训室正确使用分液漏斗(萃取-洗涤)分离出粗产品。<br>②能选择合适的干燥剂对粗产品进行干燥，会观察干燥效果。<br>③能选择正确的过滤方法将干燥剂与粗产品分离开。<br>④能熟练运用普通蒸馏操作，对粗产品进行精制。会通过是否有前馏分判断干燥效果，并能正确处理前馏分来提高产品的收率，同时培养环保意识。<br>素质目标：<br>①培养学生利用现代化网络获取知识的能力。<br>②培养学生自主学习和独立工作的能力。<br>③培养学生团队精神与协作能力。<br>④培养学生严肃认真、实事求是的科学态度和严谨的工作作风。<br>⑤培养学生良好的职业道德和环境保护意识。<br>总体目标：能熟练正确地运用所学知识与操作技术独立完成有机液体化合物的制备、分离及精制实验项目 | | |

教学设计：
教学条件：多媒体教室、实训室、常用玻璃仪器、电热套、试剂(冰乙酸、异戊醇等)。
教学形式：教学做一体的项目化教学方法。
教学组织：
①学生以学习小组为单位，按照教师给的任务书收集信息，并制作成 ppt 演示文稿。
②各小组派代表展示自作的文稿，师生共同研讨确定实验方案。
③学生在实训室自主操作并完成实验报告。
④教师针对现场实际操作情况进行总结评价

实施步骤

| 步骤 | 内容 | 方法手段 | 时间安排 |
|---|---|---|---|
| 引入<br>(收集信息) | 发给学生任务书，解析任务书各项要求 | 教师制定任务书并颁发给学生，学生以学习小组为单位，按照任务书要求收集信息，并制作成 ppt 演示文稿 | 课下完成 |
| 告知<br>(方案研讨) | 学习乙酸异戊酯的制备方法；学习回流、萃取、干燥、蒸馏操作技术 | 学生汇报收集信息及方案，师生共同研讨确定实验最佳方案 | 2 学时 |
| 技能训练<br>(方案实施) | 任务 1　酯化反应制备乙酸异戊酯<br>①依据样品用量选择所用仪器和热源。<br>②投料(分析纯：冰乙酸、异戊醇、浓硫酸、沸石)。<br>③安装分水回流装置。<br>④进行回流操作。a. 热源强弱的控制(注意前半小时的要求，开始分水至结束前的要求)；b. 操作过程中现象的观察；c. 终点的控制(判断终点的标志：分水量、是否有水滴下沉)。<br>任务 2　萃取(洗涤)法分离——粗产品<br>①依据样品量选择适宜的分液漏斗。<br>②水洗 2 次—碱洗 2 次—饱和食盐水洗 1 次(分液漏斗的正确使用) | 学生分组自主操作，教师全程跟踪指导。(学生操作失败，允许反复练习) | 5.5 学时 |

续表

| 步骤 | 内容 | 方法手段 | 时间安排 |
|---|---|---|---|
| 技能训练（方案实施） | 任务3　干燥粗产品(分离残存的水)<br>①依据样品性质选择合适的干燥剂——$MgSO_4$。<br>②依据样品量确定干燥剂的用量并称量。<br>③干燥操作：轻轻摇匀，静止30min(判断干燥效果，确定是否补加干燥剂)。<br>④过滤分出干燥剂。<br>任务4　蒸馏法精制乙酸异戊酯<br>①依据样品用量选择所用仪器和热源。<br>②安装蒸馏装置。<br>③投料。<br>④进行蒸馏操作：按要求温度段接收产品(前馏分的正确处理)并记录体积后回收 | 学生分组自主操作，教师全程跟踪指导。(学生操作失败，允许反复练习) | 5.5学时 |
| 总结评价 | ①教师针对现场实际操作情况进行总结评价。(归纳知识点)<br>②在教师指导下填写实验报告 | 现场讲解与课下指导相结合 | 约20分钟 |

# 实验项目四　从天然物中提取咖啡因

## Ⅰ.实验项目任务书

### 一、任务要求

咖啡因是中枢兴奋药，具有强心、利尿、兴奋中枢等药理功效，在医学上用作心脏、呼吸器官和神经系统的兴奋剂，也是一种重要的解热镇痛剂，还大量用作可乐型饮料的添加剂。近年来，随着人们自我保健意识的增强，“回归自然”、“绿色”消费已成时尚，人工合成的咖啡因含有原料残留，有的国家已禁止在饮料中使用合成咖啡因，因而天然咖啡因的市场需求与日俱增。请选择廉价易得的天然原料及适宜的提取方法在实训室实施。

### 二、项目准备工作（制作成PPT讲稿）

#### 1.信息收集

① 咖啡因的物理性质、化学构造式、在天然物中的存在情况及咖啡因用途。

② 常见固-固混合物分离的方法，索氏提取器的基本构造和使用方法。

③ 鉴定本产品纯度的方法。

④ 常压升华的原理、意义、装置的安装与操作方法。

⑤ 目前在实际生产中提取和合成咖啡因及回收乙醇的先进工艺。

#### 2.方案设计（参见实验六）

① 根据收集的信息，确定最佳方法（在实训室切实可行）。

② 设计详细的实施方案。主要内容包括实验目的；实验原理；所用药品的规格、用量及相关物理常数（用表格表示）；所用仪器及完整的装置图；实验步骤；实验注意事项等。

### 三、实验报告单

班级_________　实验小组成员_____________　项目负责人_______

| 项目名称 | 从天然物(茶叶)中提取咖啡因 | | | | 实验日期 | | |
|---|---|---|---|---|---|---|---|
| 茶叶用量 | | | | | 溶剂用量 | | |
| 虹吸次数 | 1 | 2 | 3 | 4 | 5 | 6 | 7 | 8 |

续表

| 虹吸时间 | | | | | | | | |
|---|---|---|---|---|---|---|---|---|
| 产品外观及熔点 | | | | | | | | |
| 溶剂回收量 | | | | | | | | |
| 思　考　题 | 1. 萃取固体物质可以采用哪些方法？利用脂肪提取器有何优越性？<br>2. 在处理萃取液过程中，蒸馏、中和、蒸发、焙炒的操作目的分别是什么？ | | | | | | | |

**成绩评定**

| 方案设计及研讨(40%) | 实际操作(40%) | 纪律卫生(10%) | 实验结果(10%) |
|---|---|---|---|
| | | | |

## Ⅱ. 实验项目教学设计

| 学习情境 | 天然有机物提取技术基本操作训练 | | |
|---|---|---|---|
| 项目 | 从天然物(茶叶)中提取咖啡因 | 计划学时 | 8 |
| 教学描述 | 以“从茶叶中提取咖啡因”项目为载体，采用以任务驱动教学做一体的项目化教学方法，使学生理解脂肪提取器萃取固体物质、蒸馏回收溶剂、蒸发焙炒及升华等基本操作原理；学会提取天然物的基本操作步骤和一般方法 | | |
| 教学目标 | 知识目标：<br>①熟悉从茶叶中提取咖啡因的原理和方法。<br>②掌握脂肪提取器的构造、原理、安装和使用方法。<br>③掌握实训室回流、萃取、分离、蒸发、焙炒及升华等基本操作过程。<br>④熟练掌握普通蒸馏基本操作过程。<br>⑤了解目前工业提取咖啡因的方法及所用设备。<br>技能目标：<br>①能正确安装脂肪提取装置，会折叠滤纸筒和升华所用滤纸的制作。<br>②能独立在实训室利用脂肪提取器进行固体物质萃取的规范操作，会观察虹吸现象并正确记录虹吸次数。<br>③能在实训室正确选择合适热源进行蒸发、焙炒、升华的规范操作，会观察除水效果和判断升华现象。<br>④能熟练运用普通蒸馏操作回收溶剂；会收集实验产品，同时提高环保意识。<br>素质目标：<br>①培养学生利用现代化网络获取知识的能力。<br>②培养学生自主学习和独立工作的能力。<br>③培养学生团队精神与协作能力。<br>④培养学生严肃认真、实事求是的科学态度和严谨的工作作风。<br>⑤培养学生良好的职业道德和环境保护意识。<br>总体目标：能熟练正确地运用所学知识与操作技术独立完成从天然物中提取物质的实验项目 | | |
| 教学设计：<br>教学条件：多媒体教室、实训室、常用玻璃仪器、蒸发皿、电热套、试剂(95%乙醇、生石灰等)。<br>教学形式：教学做一体的项目化教学方法。<br>教学组织：<br>①学生以学习小组为单位，按照教师给的任务书收集信息，并制作成 ppt 演示文稿。<br>②各小组派代表展示自作的文稿，师生共同研讨确定实验方案。<br>③学生在实训室自主操作并完成实验报告。<br>④教师针对现场实际操作情况进行总结评价 | | | |

续表

| 实施步骤 | | | |
| --- | --- | --- | --- |
| 步骤 | 内容 | 方法手段 | 时间安排 |
| 引入<br>（收集信息） | 发给学生任务书，解析任务书各项要求 | 教师制定任务书并颁发给学生，学生以学习小组为单位，按照任务书要求收集信息，并制作成 PPT 演示文稿 | 课下完成 |
| 告知<br>（方案研讨） | 学习固体萃取、蒸馏、中和、蒸发、焙炒、升华操作和天然物的提取技术 | 学生汇报收集信息及方案，师生共同研讨确定实验最佳方案 | 2 学时 |
| 技能训练<br>（方案实施） | 任务 1　抽提-乙醇萃取<br>①折叠滤纸筒。<br>②称取 8g 茶叶和量取 100mL 乙醇。<br>③安装脂肪提取装置。<br>④加热回流，观察虹吸现象，时间 2h。<br>任务 2　蒸馏-回收溶剂乙醇<br>①改装普通蒸馏装置。<br>②回收溶剂约 65mL，切忌不能蒸得太干。<br>任务 3　中和、蒸发、焙炒（中和单宁酸，除去残存的乙醇和水）<br>①将残液转移至蒸发皿中，加入 4g 生石灰。<br>②搅拌下蒸发除去乙醇。（电热套电压 60V）<br>③研细后焙炒至略变颜色。（电热套电压 70V）<br>任务 4　升华-精制产品<br>①选择电热套为热源，安装升华装置。<br>②均匀加热（电热套电压 40V），待有棕色油滴出现停止加热。<br>③冷却后取下滤纸，收集产品 | 学生自主操作，教师全程跟踪指导并检查考核。（注：若实验条件允许，本实验项目可以让学生独立完成，作为重点考核项目） | 5.5 学时 |
| 总结评价 | ①教师针对现场实际操作情况进行总结评价。（归纳知识点）<br>②在教师指导下填写实验报告 | 现场讲解与课下指导相结合 | 约 20 分钟 |

# 参考文献

[1] 初玉霞主编.有机化学.3版.北京：化学工业出版社，2012.
[2] 袁红兰等编.有机化学.2版.北京：化学工业出版社，2009.
[3] 汪小兰主编.有机化学.4版.北京：高等教育出版社，2005.
[4] 高鸿宾主编.有机化学.4版.北京：高等教育出版社，2005.
[5] 徐伟亮主编.有机化学.北京：科学出版社，2002.
[6] 钱旭红等编.有机化学.北京：化学工业出版社，1999.
[7] 尹冬冬等编.有机化学.北京：高等教育出版社，2003.
[8] 游文玮等编.医用化学.北京：化学工业出版社，2002.
[9] 初玉霞主编.化学实验技术.北京：高等教育出版社，2006.
[10] 初玉霞等编.有机化学学习指导.北京：化学工业出版社，2006.
[11] 邓苏鲁编.有机化学.3版.北京.化学工业出版社，1999.
[12] 邓苏鲁等编.有机化学例题与习题.2版.北京：化学工业出版社，2005.
[13] 姚虎卿主编.化工辞典.5版.北京：化学工业出版社，2014.
[14] 闻韧等编.药物合成反应.4版.北京：化学工业出版社，2017.
[15] 俞英主编.仪器分析实验.北京：化学工业出版社，2008.
[16] 朱嘉云主编.有机分析.2版.北京：化学工业出版社，2004.
[17] 王佛松等编.展望21世纪的化学.北京：化学工业出版社，2001.
[18] 闵恩泽等编著.绿色化学与化工.北京：化学工业出版社，2000.